贵州省农作物新品种试验汇编
（2016 年）

高 捷 主编

贵州省种子管理站

贵州大学出版社

GUIZHOU UNIVERSITY Press

图书在版编目（ＣＩＰ）数据

贵州省农作物新品种试验汇编.2016年 / 高捷主编
. -- 贵阳：贵州大学出版社, 2019.5
　ISBN 978-7-5691-0213-0

　Ⅰ.①贵… Ⅱ.①高… Ⅲ.①作物－品种试验－贵州
－2016 Ⅳ.①S338

中国版本图书馆CIP数据核字(2019)第064359号

贵州省农作物新品种试验汇编（2016年）

主　　编：高　捷

....

出 版 人：闵　军
责任编辑：但明天
责任校对：张从远

....

出版发行：贵州大学出版社有限责任公司
　　　　　地址：贵阳市花溪区贵州大学北校区出版大楼
　　　　　邮编：550025　电话：0851-88291180
印　　刷：贵阳快捷彩印有限公司
开　　本：889 毫米 ×1194 毫米　1/16
印　　张：33.75
字　　数：641 千字
版　　次：2019 年 5 月第 1 版
印　　次：2019 年 5 月第 1 次印刷

....

书　　号：ISBN 978-7-5691-0213-0
定　　价：136.00 元

主　　编:高　捷

副 主 编:李其义　杜月红　黄贵民　刘婷婷　阮仁超　涂　敏

　　　　　王金洪　张时龙　何海永

编写人员:(按姓氏拼音首字母排序)

安兴智	岑启根	车崇洪	陈发雄	陈惠查	陈能刚	陈世华	陈文贵
陈修凤	陈永莲	陈永双	陈忠文	程　蓉	邓　娅	丁　军	董峰应
杜月红	樊祖立	范方敏	丰佩明	冯　浪	冯明友	冯世义	郭其荣
韩武奇	何海永	何建令	何明飞	何秋敏	何　松	何应国	何友勋
胡　梅	黄贵民	黄如学	黄姚英	黄　颖	黄元敏	江　键	蒋　华
焦爱霞	揭良波	金帮文	雷安宁	雷　昊	李　标	李　飞	李承波
李承涛	李从信	李恩宏	李焕峰	李建华	李俊霖	李启立	李树杏
李天海	李文远	李兴华	李兴龙	李云珍	李运国	梁黔云	林　波
刘　榕	刘　霞	刘　勇	刘海萍	刘君华	刘婷婷	刘文改	刘衍彬
刘有祥	刘中祥	龙　凤	龙九洲	龙　涛	陆秀娟	陆忠权	彭德勇
罗　恒	罗爱民	罗玉兵	马　俊	马智點	毛思国	欧阳普	潘　玺
潘中涛	吕　梅	吕树鸣	彭韩才	彭　宏	彭　秋	彭诗云	瞿　辉
全　刚	任明见	任廷波	任祖益	阮仁超	石　明	石兴剑	舒　蒨
苏子才	谭金玉	谈孝凤	唐相群	唐　义	陶　勇	滕安平	涂　敏
汪　红	汪泽辉	王安康	王邦平	王福海	王怀昕	王会科	王家惠
王建平	王金洪	王进军	王良平	王　梅	王闽东	王天聆	王庭华
王　炜	王　阳	韦金莲	韦明华	魏忠芬	吴春俊	吴兰英	吴　琳
吴庆丽	吴晓留	席　明	夏加胜	夏娟娟	夏兴勇	肖文信	谢　嵘
徐如宏	杨　恒	杨丽娜	杨　奇	杨石秀	杨顺煜	杨天英	杨雯竹
杨秀军	杨学琼	杨永高	杨玉英	姚高学	姚正奎	尹　芳	余本勋
余　娟	余　萍	余启发	张彩凤	张桂林	张家洪	张洁涛	张　明
张品辉	张启东	张绍荣	张时龙	张万里	张元琴	张真华	赵继献
赵艳花	赵祖斌	郑小敏	郑晓霞	钟成飞	钟永先	周国富	周开云
周棱波	周训宪						

前　　言

　　农作物品种区域试验和生产试验是新品种审定和推广的重要基础和科学依据,对促进种植业结构的调整和实施农产品优势区域布局具有十分重要的意义。在贵州省农业委员会(以下简称省农委)的领导下,省农作物品种审定委员会办公室组织贵州大学、贵州省水稻研究所、贵州省旱粮研究所、贵州省植物保护研究所、贵州省农作物品种资源研究所和相关市、州、县种子管理站及农业科学院(所)等单位,圆满完成了我省2016年农作物新品种试验及相关工作。

　　2016年贵州省种子管理站在全省组织开展了水稻、玉米、小麦、大豆等农作物新品种的区域试验、生产试验等工作。全部试验共有28个组别,275个参试品种,63个承试点。

　　2017年还对参加生产试验的水稻、玉米品种和区域试验的小麦品种(系)进行了DNA指纹测试,并对品种的真实性、一致性做了评价。同时,对参加区域试验的水稻新品种进行了稻瘟病的田间自然鉴定和接种鉴定、耐冷性鉴定,对完成试验程序的待审品种做了食味鉴评,还对参加生产试验的玉米和小麦新品种(系)进行了抗病虫性鉴定和品质测试。

　　汇编中所有资料的来源、搜集、整理和总结工作凝聚了承试单位、承试人员及汇总单位、汇总人员的大量心血,同时也得到了有关领导和专家的关心、支持和帮助。在此,我们向长期辛勤工作的承试人员、汇总人员和多年来关心、支持这项工作的各位领导、专家表示衷心的感谢! 希望通过大家的共同努力,进一步提高我省农作物新品种的试验质量。

　　由于资料搜集、整理难度较大,不当之处恳请各位批评指正!

贵州省农作物品种审定委员会办公室

贵州省种子管理站

2018 年 9 月 17 日

目　　录

2016年贵州省杂交水稻区域试验迟熟A组汇总报告

为及时有效地鉴定各单位选育和推荐的水稻新品种(组合)在我省不同生态地区的丰产性、稳产性、适应性、抗性、米质及其他重要性状,进而为水稻新品种(组合)的审定及推广提供科学依据,特进行了本试验。根据2016年贵州省水稻区试会议安排,共有11个新品种参加迟熟A组试验,现将试验结果进行汇总。

一、试验概况

(一)参试品种及承试单位

参试品种11个,全部为续试品种且均为杂交组合;以F优498(CK)为对照。承试地点10个,分布在我省海拔272~1300米的不同生态地区。试验点基本情况见表1。

(二)试验设计、栽培管理及基本情况

各承试单位均按统一的试验实施方案进行试验,田间试验设计采用随机区组排列,三次重复。小区面积0.02亩,四周设保护行。所有参试品种同期播种、移栽,耕作栽培措施比当地大田生产水平略高,如设有防治病虫害措施。试验观察记载按《贵州省水稻品种区域试验技术操作规程》执行。

本年各试点试验正常,分别于4月8~29日播种,育秧方式为湿润育秧或旱育秧。移栽株行距规格:遵义试点9寸×5寸,铜仁试点8寸×5寸,正安试点(11+7)寸×5寸,贵阳试点(6+9)寸×6寸,思南试点7寸×7寸,黔西南和黔南试点9寸×6寸,黔南、天柱、黔东南、关岭等试点都是8寸×6寸。①

(三)统计分析

按照《农作物品种区域试验技术规范　水稻》等有关试验质量评价标准,对各试验

---

①实际试验时,植物株距仍以我国惯用的"寸"等为单位。试验分组,分点栽培,同期进行测试。鉴定评价。

点实验结果的可靠性、完整性、准确性、可比性以及对照品种表现情况等进行分析评价,确保汇总质量。2016 年各试验点实验结果正常,全部进入汇总。

试验品种产量结果用 RCT99 软件采用混合模型进行联合方差分析,品种间产量差异多重比较采用 Duncan's 新复极差法分析。参试品种的丰产性主要以品种在区试中相对于对照品种产量来衡量,参试品种的适应性主要以品种在区试中比对照品种增产的试验点比例来衡量,参试品种的稳产性主要以品种在年间区试中相对于对照品种产量的差异变化程度来衡量,参试品种的生育期主要以全生育期比对照品种的天数差异来衡量,参试品种的抗性以指定鉴定单位的鉴定结果为主要依据。

参试品种的米质检测、评价按照国家《优质稻谷》标准分优质一级、优质二级、优质三级,未达到优质级米质的均为等外级。

(四)特性鉴定

稻瘟病鉴定:设两个自然鉴定点,由湄潭县、麻江县植保站承担;一个接种鉴定点,由贵州省植物保护研究所承担。鉴定结果由贵州省植物保护研究所负责汇总。稻瘟病鉴定为高感的品种实行一票否决,不再试验或审定。

耐冷性鉴定:由安顺市农科所、毕节市农科所和贵州省品种资源研究所承担,鉴定结果也由贵州省品种资源研究所负责汇总。

米质分析:由遵义市农科所和贵州省水稻研究所统一提供稻谷样品,送农业部食品质量监督检验测试中心(武汉)负责检测分析。食味品质鉴定由贵州省种子总站组织有关专家在贵州省水稻研究所统一品尝鉴定。

二、结果分析

(一)产量

参试品种的平均亩产量变幅为 554.47～663.12 千克,对照 F 优 498(CK)平均亩产 626.55 千克,产量居第九位。其中参试品种较高的有香优 1139、9 香 A/R07、武优 6 号、成优 981,产量位居前四,平均亩产 644.42～663.12 千克,比对照 F 优 498(CK)增产 2.85%～5.84%;其他品种一般。友试 8 号、蓉优 592、泰丰优 2098、中浙优 8 号、隆两优 1146 平均亩产 612.53～631.12 千克,与对照产量相当,增减幅度不大;只有炳优 22 产量最低,平均亩产 554.47 千克,比对照减产 11.5%。品种产量比对照增减产百分率、品种间产量差异显著性、比对照增产试验点比例等汇总结果见表 2。

（二）生育期

参试品种的生育期平均在145.5~156.5天,对照F优498(CK)平均生育期为151.2天。其中炳优22生育期最短,比对照早熟5.7天;中浙优8号的生育期最长,比对照迟熟5.3天。主要的农艺经济性状见表2、表3。

（三）抗性（见表4）

（1）稻瘟病

根据贵州省品种审定委员会水稻专业组会议决定,水稻专家对我省稻瘟病抗性试验点湄潭县和麻江县进行了田间实地考察并对试验品种做出鉴定。首先,凡参试的组合被确定为高感(HS)的,在本年评定中不予通过;其次,两个自然鉴定点当中只要有一个点的结果为高感,即将该组合评定为高感,不能通过审定;最后,根据《主要农作物品种审定标准(国家级)》的规定,品种的稻瘟病综合抗性指数≤6.5,同时,长江上游稻区品种穗瘟损失率最高级≤7级时评定为通过审定(记为"Y")。为此,我们将综合抗性指数>6.5的品种的综合病级评定为9级,即不能通过审定(记为"N")。

通过以上审定得到品种年度综合总评结果:对照F优498(CK)和炳优22田间实地考察,经稻瘟病鉴定被现场淘汰;泰丰优2098综合抗性指数>6.5,评定为9级,高感稻瘟病亦被淘汰。其余品种通过了稻瘟病鉴定。

（2）耐冷性

综合评价:对照F优498(CK)表现为"强"。参试品种表现为"较强"的4个,"较弱"的2个,"弱"的3个,"极弱"的2个。

（四）米质

根据国家《优质稻谷》标准,对照F优498(CK)为优质三级,参试品种中除中浙优8号、友试8号、泰丰优2098、荃优399、9香A/R07等5个品种达到国标优质米三级外,其他品种米质皆属于等外级。品种糙米率、整精米率、粒长、长宽比、垩白粒率、垩白度、胶稠度、直链淀粉等米质性状见表5。

（五）品种在各试点的表现

品种在各试点的产量、生育期、主要的农艺经济性状及综合评价等见表6-1至表6-12。

三、品种评价

炳优22、泰丰优2098两个品种高感稻瘟病不再审定和试验,品种评价也不再一一叙述。

（1）香优 1139

2015 年初试平均亩产 646.69 千克,比组平均值增产 6.17%,增产点率 77.8%,居参试组合第二位;全生育期 154.7 天,比对照中优 169 早熟 1.1 天。2016 年续试平均亩产 663.12 千克,比对照 F 优 498(CK)增产 5.84%,达极显著水平;增产点率 90%,居参试组合第一位;全生育期 160.6 天,比对照早熟 0.6 天。两年区试平均亩产 654.9 千克,比对照增产 6.00%,两年累计增产点比例 84.2%;平均生育期 152.6 天。2016 年生产试验平均亩产 574.73 千克,比对照 F 优 498(CK)增产 8.12%,增产点率 83%。

主要农艺性状两年区试平均表现:株高 116.8 厘米,有效穗 14.4 万/亩,穗长 25.7 厘米,每穗总粒数 194.5 粒,结实率 75.9%,千粒重 32.5 克。

稻瘟病抗性鉴定结果:2015 年田间自然鉴定和接种鉴定综合评价为"中感",2016 年田间自然鉴定和接种鉴定综合评价为"中抗"。

耐冷性鉴定结果:2015 年表现为"弱",2016 年表现为"较弱"。

米质主要指标表现:整精米率 57.3%,粒型长/宽比 2.8,垩白粒率 22%,垩白度 3.8%,胶稠度 69 毫米,直链淀粉含量 14.0%,碱消值级 4.3,透明度级 1。国标等级属于等外级。

该品种经两年区试、一年生产试验综合表现:生育期适中,高产稳产,穗大粒多,千粒重较高,米质一般,抗性好。

（2）香 A/R07

2015 年初试平均亩产 617.92 千克,比组平均值增产 4.76%,增产点比例 88.9%,居参试组合第二位;全生育期 153.8 天,比对照中优 169 早熟 0.4 天。2016 年续试平均亩产 651.56 千克,比对照 F 优 498(CK)增产 3.99%,达极显著水平;增产点率 80%,居参试组合第二位;全生育期 149.9 天,比对照早熟 1.3 天。两年区试平均亩产 634.74 千克,比对照增产 4.37%,两年累计增产点比例 84.2%;平均生育期 151.8 天。2016 年生产试验平均亩产 569.72 千克,比对照 F 优 498(CK)增产 7.27%,增产点率 100%。

主要农艺性状两年区试平均表现:株高 112.3 厘米,有效穗 15.4 万/亩,穗长 23.8 厘米,每穗总粒数 192.1 粒,结实率 77.5%,千粒重 28.6 克。

稻瘟病抗性鉴定结果:2015 年田间自然鉴定和接种鉴定综合评价为"中感",2016 年田间自然鉴定和接种鉴定综合评价为"中抗"。

耐冷性鉴定结果:2015 年表现为"弱",2016 年表现为"较弱"。

米质主要指标表现：整精米率52.0%，粒型长/宽比3.0，垩白粒率26%，垩白度4.5%，胶稠度55毫米，直链淀粉含量15.0%，碱消值级4.2，透明度级1。国标等级属于优三级。

该品种经两年区试、一年生产试验综合表现：生育期适中，高产稳产，有效穗较多，米质较优，抗性好。

（3）武优6号

2015年初试平均亩产607.84千克，比组平均值增产4.06%，增产点比例77.8%，居参试组合第三位；全生育期157.3天，比对照中优169晚熟2.2天。2016年续试平均亩产648.27千克，比对照F优498（CK）增产3.47%，达极显著水平；增产点率80%，居参试组合第三位；全生育期151.5天，比对照迟熟0.3天。两年区试平均亩产628.05千克，比对照增产3.75%，两年累计增产点比例78.9%；平均生育期154.4天。2016年生产试验平均亩产577.8千克，比对照F优498（CK）增产5.81%，增产点率100%。

主要农艺性状两年区试平均表现：株高123.6厘米，有效穗14.1万/亩，穗长23.9厘米，每穗总粒数188.3粒，结实率77.1%，千粒重32.7克。

稻瘟病抗性鉴定结果：2015年田间自然鉴定和接种鉴定综合评价为"感"，2016年田间自然鉴定和接种鉴定综合评价为"中感"。

耐冷性鉴定结果：2015年表现为"较弱"，2016年表现为"弱"。

米质主要指标表现：整精米率45.2%，粒型长/宽比3.2，垩白粒率47%，垩白度11.4%，胶稠度35毫米，直链淀粉含量21.5%，碱消值级5.0，透明度级2。国标等级属于等外级。

该品种经两年区试、一年生产试验综合表现：生育期适中，高产稳产，千粒重较高，米质一般，抗性较好。

（4）成优981

2015年初试平均亩产617.58千克，比对照中优169增产3.35%，增产点比例55.6%，居参试组合第三位；全生育期159.7天，比对照中优169晚熟4.7天。2016年续试平均亩产644.42千克，比对照F优498（CK）增产2.85%，达极显著水平；增产点率80%，居参试组合第四位；全生育期153.8天，比对照迟熟2.6天。两年区试平均亩产631.00千克，比对照增产3.10%，两年累计增产点比例68.4%；平均生育期156.7天。2016年生产试验平均亩产580.24千克，比对照F优498（CK）增产6.20%，增产点率100%。

主要农艺性状两年区试平均表现：株高 120.2 厘米，有效穗 14.8 万/亩，穗长 26.1 厘米，每穗总粒数 186.3 粒，结实率 74.9%，千粒重 32.3 克。

稻瘟病抗性鉴定结果：2015～2016 年田间自然鉴定和接种鉴定综合评价均为"中感"。

耐冷性鉴定结果：2015 年表现为"较强"，2016 年表现为"较强"。

米质主要指标表现：整精米率 54.1%，粒型长/宽比 2.9，垩白粒率 65%，垩白度 9.1%，胶稠度 70 毫米，直链淀粉含量 15.5%，碱消值级 5.0，透明度级 2。国标等级属于等外级。

该品种经两年区试、一年生产试验综合表现：生育期适中，高产稳产，穗大粒大，米质一般，抗性较好。

（5）友试 8 号

2015 年初试平均亩产 649.18 千克，比组平均值增产 6.58%，增产点比例 88.9%，居参试组合第一位；全生育期 152.0 天，比对照中优 169 早熟 1.6 天。2016 年续试平均亩产 631.11 千克，比对照 F 优 498（CK）增产 0.73%，增产不显著，增产点率 70%；全生育期 151.8 天，比对照迟熟 0.6 天。两年区试平均亩产 640.14 千克，比对照增产 3.61%，两年累计增产点比例 78.9%；平均生育期 151.9 天。2016 年生产试验平均亩产 572.37 千克，比对照 F 优 498（CK）增产 7.55%，增产点率 100%。

主要农艺性状两年区试平均表现：株高 121.7 厘米，有效穗 15.5 万/亩，穗长 24.6 厘米，每穗总粒数 193.7 粒，结实率 79.5%，千粒重 27.9 克。

稻瘟病抗性鉴定结果：2015 年田间自然鉴定和接种鉴定综合评价为"中感"，2016 年田间自然鉴定和接种鉴定综合评价为"中抗"。

耐冷性鉴定结果：2015 年表现为"较弱"，2016 年表现为"弱"。

米质主要指标表现：整精米率 58.7%，粒型长/宽比 3.0，垩白粒率 13%，垩白度 2.5%，胶稠度 62 毫米，直链淀粉含量 15.1%，碱消值级 5.3，透明度级 1。国标等级属于优三级。

该品种经两年区试、一年生产试验综合表现：生育期适中，高产稳产，穗大粒多，结实率较高，米质较优，抗性好。

（6）中浙优 8 号

2015 年初试平均亩产 604.12 千克，比对照中优 169 增产 1.10%，增产点比例

66.7%;全生育期160.9天,比对照中优169晚熟5.9天。2016年续试平均亩产620.74千克,比对照F优498(CK)减产0.93%,增产点率60%,减产不显著;全生育期156.5天,比对照迟熟5.3天。两年区试平均亩产612.43千克,比对照增产0.06%,两年累计增产点比例63.2%;平均生育期158.7天。2016年生产试验平均亩产572.55千克,比对照F优498(CK)增产4.79%,增产点率100%。

主要农艺性状两年区试平均表现:株高121.2厘米,有效穗15.5万/亩,穗长27.6厘米,每穗总粒数205.7粒,结实率77.5%,千粒重26克。

稻瘟病抗性鉴定结果:2015年田间自然鉴定和接种鉴定综合评价为"中感",2016年田间自然鉴定和接种鉴定综合评价为"中感"。

耐冷性鉴定结果:2015年表现为"弱",2016年表现为"极弱"。

米质主要指标表现:整精米率60.3%,粒型长/宽比3.0,垩白粒率7%,垩白度0.9%,胶稠度65毫米,直链淀粉含量15.6%,碱消值级5.0,透明度级1。国标等级属于优三级,2015年的米质检测也达国标等级优三级。

该品种经两年区试、一年生产试验综合表现:生育期较晚,产量一般,穗大粒多,有效穗较多,千粒重较小,米质优,抗性较好。

(7)荃优399

2015年初试平均亩产590.70千克,比组平均值减产2.57%,增产点比例22.2%;全生育期153.8天,比对照中优169早熟0.7天。2016年续试平均亩产628.98千克,比对照F优498(CK)增产0.39%,增产点率50%,增产不显著;全生育期149.9天,比对照早熟1.3天。两年区试平均亩产609.84千克,比对照减产1.07%,两年累计增产点比例36.8%;平均生育期151.8天。2016年生产试验平均亩产573.38千克,比对照F优498(CK)增产4.82%,增产点率83%。

主要农艺性状两年区试平均表现:株高106.9厘米,有效穗14.2万/亩,穗长23.8厘米,每穗总粒数193.8粒,结实率82.2%,千粒重28.3克。

稻瘟病抗性鉴定结果:2015年田间自然鉴定和接种鉴定综合评价为"中感",2016年田间自然鉴定和接种鉴定综合评价为"感"。

耐冷性鉴定结果:2015年表现为"弱",2016年表现为"较强"。

米质主要指标表现:整精米率61.6%,粒型长/宽比3.0,垩白粒率11%,垩白度2.2%,胶稠度55毫米,直链淀粉含量15.4%,碱消值级7.0,透明度级1。国标等级属于优三级,2015 年的米质检测达国标等级优二级。

该品种经两年区试、一年生产试验综合表现:生育期适中,产量一般,结实率较高,米质优,抗性较好。

（8）蓉优 592、隆两优 1146

两品种在 2015 年都较组平均值增 3% 以上,2016 年蓉优 592 平均亩产 631.12 千克,比对照 F 优 498（CK）增 0.73%,增产点率 50%;隆两优 1146 平均亩产 612.53 千克,比对照 F 优 498（CK）减产 2.24%,增产点率 30%。两年平均亩产蓉优 592 比对照增产 2.00%,两年累计增产点率 63.2%;隆两优 1146 两年平均亩产比对照增产 0.31%,增产点率 57.9%;2016 生产试验两品种都较对照增产分别为 2.21%、3.20%,增产点率分别为 83%、50%。

稻瘟病鉴定都通过。

米质检测 2015、2016 两年均为等外级。

表 1 试验点基本情况

承试单位	试验地点	海拔高度（米）	经度	纬度	株行距规格（寸×寸）	试验点负责人及执行人
贵州省水稻研究所	贵阳市花溪区金农社区	1140	106°43′	26°35′	7.5×6	涂敏,李树杏,金帮文
遵义市农科所	遵义市新浦新舟镇槐安村	800	107°17′	27°80′	9×5	王炜,王怀昕,张元琴
正安县种子站	正安县瑞溪镇三把车组	625	107°37′	28°59′	(11.2+7)×5.5	杨杰和正安种子站全体人员
思南县种子站	思南县许家坝镇	570	108°06′	27°52′	7×7	安兴智,罗来芬
铜仁市农科所	铜仁市碧江区坝黄镇农科所	272	109°11′	27°43′	8×5	车崇洪,吴兰英
天柱县种子站	天柱县邦洞街道织云村	412	109°09′	26°53′	8×6	杨玉英,张彩凤,杨顺煜,袁仁阶
黔东南州农科所	黄平县旧州镇	640	107°55′	26°29′	8×6	浦选昌,彭朝才,雷安宁,杨秀军
关岭县种子站	关岭县关索镇北口村北口组	1010	105°34′	25°55′	8×6	杨桓,邓自龙,杨丽,杨全怀,刘清江
黔西南州农科所	兴义市木贾	1300	104°56′	25°06′	9×6	陈世华
黔南州农科所	贵定县盘江镇狮朴龙潭村	906.9	107°16′	26°54′	8×6	程蓉,庭立宗

表 2　2016 年贵州省迟熟 A 组区试品种产量、生育期及主要农艺性状汇总分析结果

品种名称	平均亩产（千克）	位次	比CK（±%）	增产点率（%）	产量差异显著性		回归系数	全生育期（天）	比CK（±天）	有效穗（万/亩）	株高（厘米）	穗长（厘米）	总粒数（粒/穗）	实粒数（粒/穗）	结实率（%）	千粒重（克）
					5%	1%										
成优981	644.42	4	2.85	80.0	b	BC	1.032	153.8	2.6	14.4	126.1	26.5	184.7	143.6	77.7	32.5
中浙优 8 号	620.74	10	-0.93	60.0	cd	DE	0.834	156.5	5.3	15.6	125.4	27.6	202.1	159.4	78.9	26.1
香优 1139	663.12	1	5.84	90.0	a	A	0.914	150.6	-0.6	14.5	120.4	25.9	194.0	150.9	77.8	32.2
炳优 22	554.47	12	-11.50	0.0	e	F	1.035	145.5	-5.7	12.9	113.0	25.6	236.6	182.0	76.9	25.0
友试 8 号	631.11	6	0.73	70.0	c	CD	1.026	151.8	0.6	15.5	125.0	24.9	190.2	148.7	78.2	28.4
泰丰优 2098	628.56	7	0.32	60.0	c	D	1.047	153.7	2.5	13.4	122.8	26.2	206.1	155.0	75.2	32.6
F 优 498（CK）	626.55	9	0	50.0	c	DE	1.004	151.2	0.0	14.5	119.7	27.4	191.0	154.2	80.8	30.0
荃优 399	628.98	8	0.39	50.0	c	D	1.099	149.9	-1.3	14.8	109.1	24.5	187.0	156.8	83.9	28.5
隆两优 1146	612.53	11	-2.24	30.0	d	E	0.626	150.2	-1.0	15.3	122.7	24.6	178.4	141.1	79.1	31.2
9 香 A/R07	651.56	2	3.99	80.0	ab	AB	1.062	149.9	-1.3	15.8	113.7	24.2	189.9	148.4	78.1	29.0
武优 6 号	648.27	3	3.47	80.0	b	AB	1.227	151.5	0.3	15.0	127.5	24.1	171.8	138.5	80.6	33.3
蓉优 592	631.12	5	0.73	50.0	c	CD	1.092	150.6	-0.6	14.4	121.9	25.9	196.9	155.2	78.8	28.9

表 3　贵州省迟熟 A 组区试品种产量和主要农艺性状汇总分析结果(2015～2016 两年平均)

品种名称	平均亩产(千克)	相对应的对照平均亩产(千克)	比 CK(±%)	增产点率(%)	全生育期(天)	有效穗(万/亩)	株高(厘米)	穗长(厘米)	总粒数(粒/穗)	实粒数(粒/穗)	结实率(%)	千粒重(克)
成优 981	631.00	612.05	3.10	68.4	156.8	14.8	120.2	26.1	186.3	139.5	74.9	32.3
中浙优 8 号	612.43	612.05	0.06	63.2	158.7	15.5	121.2	27.6	205.7	159.4	77.5	26.0
香优 1139	654.90	617.83	6.00	84.2	152.6	14.4	116.8	25.7	194.5	147.5	75.9	32.5
友试 8 号	640.14	617.83	3.61	78.9	151.9	15.5	121.7	24.6	193.7	154.1	79.5	27.9
茎优 399	609.84	616.43	-1.07	36.8	151.8	14.2	106.9	23.8	193.8	159.2	82.2	28.3
隆两优 1146	618.33	616.43	0.31	57.9	153.0	14.5	118.5	25.2	192.2	150.2	78.2	30.4
9 香 A/R07	634.74	608.19	4.37	84.2	151.8	15.4	112.3	23.8	192.1	148.9	77.5	28.6
武优 6 号	628.05	605.33	3.75	78.9	154.4	14.1	123.6	23.9	188.3	144.7	77.1	32.7
蓉优 592	620.36	608.19	2.00	63.2	152.7	14.4	119.7	25.3	197.1	150.9	76.6	29.7

表4 2016年贵州省杂交水稻区试抗性鉴定结果（迟熟 A 组）

品种名称	稻瘟病自然鉴定		人工接种鉴定		综合性评价			耐冷性自然鉴定综合评价
	麻江县 抗性评价	湄潭县 抗性评价	省植保所 抗性评价	平均穗瘟损失率病级指数	平均综合抗性指数	综合抗性指数病级	通过 Y/否 N	
成优981	MR	S	MS	5.67	5.38	5	Y	较强
中浙优8号	R	MR	HS	4.33	4.69	5	Y	极弱
香优1139	MR	R	S	3.67	3.57	3	Y	较弱
炳优22			现场鉴定为高感（HS）				N	
友试8号	MR	MR	MS	3.67	3.41	3	Y	弱
泰丰优2098	MS	HS	HS	7.67	7.37	9	N	极弱
F优498（CK）			现场鉴定为高感（HS）				N	强
奎优399	MR	MS	S	5.00	5.20	5	Y	较强
隆两优1146	MR	MS	HS	5.67	5.33	5	Y	较强
9香 A/R07	MS	MS	R	3.67	3.84	3	Y	较弱
武优6号	MR	MS	HS	5.67	5.28	5	Y	弱
蓉优592	MS	MR	MS	5.00	4.64	5	Y	弱

表 5 2016 年贵州省杂交水稻区试稻米品质主要指标（迟熟 A 组）

品种名称	国标等级	出糙率（%）	精米率（%）	整精米率（%）	粒长（毫米）	粒型长/宽比	垩白粒率（%）	垩白度（%）	直链淀粉（%）	胶稠度（毫米）	碱消值（级）	透明度（级）	水分（%）
成优 981		78.2	68.8	54.1	7.0	2.9	65	9.1	15.5	70	5.0	2	12.7
中浙优 8 号	优 3	78.3	69.8	60.3	6.8	3.0	7	0.9	15.6	65	5.0	1	13.0
香优 1139		80.0	69.2	57.3	6.2	2.8	22	3.8	14.0	69	4.3	1	13.2
炳优 22		78.7	69.7	51.1	7.5	3.1	57	11.6	22.7	32	6.0	2	13.7
友试 8 号	优 3	79.5	70.3	58.7	7.0	3.0	13	2.5	15.1	62	5.3	1	12.5
泰丰优 2098	优 3	75.7	65.4	52.0	7.4	3.1	24	4.3	15.4	60	6.0	2	13.5
F 优 498（CK）	优 3	79.6	69.3	56.7	7.0	3.0	22	4.1	21.3	50	6.5	1	12.8
荃优 399	优 3	78.9	70.2	61.6	6.8	3.0	11	2.2	15.4	55	7.0	1	13.1
隆两优 1146		78.9	70.3	59.3	7.0	2.8	11	2.4	13.9	70	4.7	1	13.3
9 香 A/R07	优 3	78.9	69.0	52.0	6.9	3.0	26	4.5	15.0	55	4.2	1	11.6
武优 6 号		79.9	69.8	45.2	7.6	3.2	47	11.4	21.5	35	5.0	2	11.9
蓉优 592		77.8	66.9	44.0	7.1	3.1	32	5.3	15.9	55	4.2	1	11.8

表 6-1 "成优 981"在各试点和产量、生育期及主要经济性状（迟熟 A 组）

地点	亩产(千克)	比CK(±%)	位次	播种期(月/天)	齐穗期(月/天)	成熟期(月/天)	全生育期(天)	有效穗(万/亩)	株高(厘米)	穗长(厘米)	穗粒数(粒/穗)	实粒数(粒/穗)	结实率(%)	千粒重(克)	各点评价
贵阳	680.28	3.61	4	4/11	8/10	9/20	162	13.1	128.3	26.3	203.6	161.5	79.3	33.1	B
遵义	734.43	2.75	7	4/18	8/16	9/25	160	13.0	127.0	26.0	199.3	157.6	79.1	36.3	B
正安	630.00	-2.07	5	4/1	8/16	9/4	156	14.7	121.9	27.6	190.2	143.2	75.3	32.2	A
思南	723.67	6.55	2	4/20	8/10	9/19	152	15.5	133.6	27.5	244.8	181.0	73.9	27.3	A
铜仁	555.00	7.59	3	4/23	8/6	9/14	144	14.8	139.1	28.8	167.1	146.3	87.6	30.1	B
天柱	623.00	1.47	6	4/21	8/4	9/7	139	14.8	129.7	26.7	164.5	138.3	84.1	31.1	C
凯里	602.83	6.26	1	4/20	8/10	9/15	148	13.1	126.6	26.5	170.6	132.1	77.4	34.9	A
贵定	563.67	3.08	3	4/15	8/13	9/18	156	11.3	113.3	25.2	144.2	121.5	84.3	32.3	A
兴义	774.33	2.90	6	4/16	8/23	9/29	166	19.4	107.1	24.3	155.0	124.0	79.9	33.8	B
关岭	557.00	-3.16	10	4/25	8/18	9/27	155	14.5	134.0	26.4	208.0	130.1	62.5	33.7	C

表 6-2 "中浙优 8 号"在各试点和产量、生育期及主要经济性状（迟熟 A 组）

地点	亩产(千克)	比CK(±%)	位次	播种期(月/天)	齐穗期(月/天)	成熟期(月/天)	全生育期(天)	有效穗(万/亩)	株高(厘米)	穗长(厘米)	穗粒数(粒/穗)	实粒数(粒/穗)	结实率(%)	千粒重(克)	各点评价
贵阳	592.81	-9.71	10	4/11	8/19	9/29	171	15.4	125.0	24.1	199.7	151.1	75.7	26.8	D
遵义	694.93	-2.78	9	4/18	8/21	10/1	166	14.0	131.6	28.5	222.9	163.5	73.3	28.8	C
正安	645.00	0.26	3	4/1	8/10	9/1	153	14.2	122.8	29.5	226.1	192.1	85.0	25.6	A
思南	726.17	6.92	1	4/20	8/18	9/26	159	14.9	139.8	28.7	225.1	191.2	84.9	26.0	A
铜仁	554.67	7.53	5	4/23	8/8	9/15	145	16.1	142.1	31.0	172.3	150.6	87.4	25.2	B
天柱	650.17	5.89	5	4/21	8/7	9/8	140	15.4	131.3	27.9	213.7	178.9	83.7	23.9	B
凯里	499.17	-12.02	11	4/20	8/16	9/17	150	13.6	128.4	27.4	151.1	125.3	82.9	29.9	d
贵定	554.83	1.46	4	4/15	8/13	9/18	156	10.4	109.6	27.6	220.6	168.2	76.2	23.3	A
兴义	685.50	-8.90	11	4/16	8/25	9/30	167	23.8	100.0	23.6	145.8	126.8	87.0	25.5	C
关岭	604.17	5.04	8	4/25	8/29	9/30	158	17.9	123.5	28.1	243.6	146.5	60.1	26.3	B

表 6-3 "香优 1139"在各试点和产量、生育期及主要经济性状（迟熟 A 组）

地点	亩产（千克）	比 CK（±%）	位次	播种期（米/天）	齐穗期（米/天）	成熟期（米/天）	全生育期（天）	有效穗（万/亩）	株高（厘米）	穗长（厘米）	穗粒数（粒/穗）	实粒数（粒/穗）	结实率（%）	千粒重（克）	各点评价
贵阳	726.71	10.69	1	4/11	8/1	9/16	158	14.5	118.2	25.9	193.4	158.1	81.7	32.8	A
遵义	741.79	3.78	6	4/18	8/15	9/25	160	14.2	123.2	26.0	206.0	148.8	72.3	35.2	B
正安	618.33	-3.89	6	4/1	8/13	9/4	156	10.1	119.4	27.0	230.0	208.8	90.8	32.4	A
思南	715.00	5.28	6	4/20	8/8	9/18	151	15.5	129.8	23.8	208.9	174.4	83.5	27.1	A
铜仁	630.50	22.23	1	4/23	7/31	9/9	139	15.8	131.0	28.2	164.8	148.7	90.2	30.0	A
天柱	615.00	0.16	7	4/21	8/3	9/3	135	15.5	121.8	26.3	150.1	122.8	81.8	33.1	C
凯里	600.17	5.79	2	4/20	8/4	9/7	140	13.8	122.1	25.8	164.3	132.5	80.6	33.5	A
贵定	572.50	4.69	1	4/15	8/11	9/16	154	9.6	111.3	25.1	237.2	135.5	57.1	32.4	A
兴义	789.17	4.87	2	4/16	8/18	9/25	162	22.9	100.6	23.1	150.7	111.0	73.6	32.6	A
关岭	622.00	8.14	3	4/25	8/14	9/23	151	13.2	126.1	27.6	234.7	168.1	71.6	32.4	A

表 6-3 "香优 1139"在各试点和产量、生育期及主要经济性状（迟熟 A 组）

地点	亩产（千克）	比 CK（±%）	位次	播种期（米/天）	齐穗期（米/天）	成熟期（米/天）	全生育期（天）	有效穗（万/亩）	株高（厘米）	穗长（厘米）	穗粒数（粒/穗）	实粒数（粒/穗）	结实率（%）	千粒重（克）	各点评价
贵阳	509.83	-22.35	12	4/11	7/29	9/10	152	13.3	108.7	22.8	205.1	160.7	78.4	23.9	D
遵义	673.83	-5.73	12	4/18	8/8	9/20	155	13.4	118.1	26.4	299.5	219.3	73.2	24.0	C
正安	565.00	-12.18	10	4/1	8/12	8/31	152	11.0	106.0	25.8	260.8	235.4	90.3	24.4	B
思南	580.50	-14.53	12	4/20	8/3	9/12	145	12.1	125.2	27.9	222.1	167.5	75.4	30.6	D
铜仁	494.50	-4.14	12	4/23	7/27	9/6	136	14.6	120.5	26.2	154.6	138.9	89.8	24.6	D
天柱	558.33	-9.07	11	4/21	8/1	8/30	131	13.0	116.4	27.1	206.2	179.3	87.0	24.1	D
凯里	463.83	-18.24	12	4/20	7/28	9/6	139	12.6	111.8	25.1	185.1	152.3	82.3	23.5	D
贵定	448.50	-17.98	12	4/15	8/1	9/6	144	7.5	101.7	25.1	244.1	210.8	86.4	25.3	C
兴义	700.00	-6.98	10	4/16	8/9	9/17	154	16.6	92.2	22.2	261.8	180.8	69.0	25.0	C
关岭	550.33	-4.32	12	4/25	8/10	9/19	147	14.7	129.8	27.3	326.7	175.0	68.9	24.4	C

表6-5 "友试8号"在各试点和产量、生育期及主要经济性状（迟熟A组）

地点	亩产（千克）	比CK（±%）	位次	播种期（米/天）	齐穗期（米/天）	成熟期（米/天）	全生育期（天）	有效穗（万/亩）	株高（厘米）	穗长（厘米）	穗粒数（粒/穗）	实粒数（粒/穗）	结实率（%）	千粒重（克）	各点评价
贵阳	688.50	4.87	2	4/11	8/8	9/18	160	16.7	129.9	24.9	182.5	151.1	82.8	27.6	B
遵义	674.38	-5.65	11	4/18	8/14	9/25	160	14.5	125.3	25.4	205.5	157.2	76.5	27.4	C
正安	523.33	-18.65	11	4/1	8/16	9/5	157	13.0	122.6	25.4	210.9	161.8	76.7	27.0	C
思南	719.17	5.89	5	4/20	8/8	9/13	146	15.9	140.6	26.2	185.2	145.0	78.3	33.1	A
铜仁	554.83	7.56	4	4/23	8/5	9/12	142	16.6	129.2	26.5	156.3	142.0	90.9	26.1	B
天柱	651.67	6.13	4	4/21	8/5	9/4	136	15.0	127.8	25.0	193.4	158.6	82.0	27.5	B
凯里	598.00	5.41	4	4/20	8/6	9/13	146	16.9	122.6	23.7	150.1	135.7	90.4	26.8	A
贵定	510.50	-6.64	10	4/15	8/11	9/16	154	11.7	117.0	26.3	159.9	135.3	84.6	28.5	C
兴义	780.33	3.70	4	4/16	8/16	9/25	162	21.8	101.7	19.5	180.4	135.6	75.1	27.5	B
关岭	610.33	6.11	7	4/25	8/18	9/27	155	13.0	133.4	25.7	278.0	164.5	59.2	32.7	B

表6-6 "泰丰优2098"在各试点和产量、生育期及主要经济性状（迟熟A组）

地点	亩产（千克）	比CK（±%）	位次	播种期（米/天）	齐穗期（米/天）	成熟期（米/天）	全生育期（天）	有效穗（万/亩）	株高（厘米）	穗长（厘米）	穗粒数（粒/穗）	实粒数（粒/穗）	结实率（%）	千粒重（克）	各点评价
贵阳	665.60	1.38	6	4/11	8/8	9/16	158	13.6	124.4	25.8	198.0	158.7	80.1	32.1	B
遵义	745.17	4.25	4	4/18	8/17	9/27	162	13.4	124.1	26.5	199.2	148.8	74.7	36.5	B
正安	658.33	2.33	2	4/1	8/16	9/5	157	9.2	127.0	27.7	263.2	216.6	82.3	33.3	A
思南	698.00	2.77	8	4/20	8/14	9/21	154	15.4	134.0	28.0	227.1	163.1	71.8	28.5	B
铜仁	540.50	4.78	9	4/23	8/4	9/12	142	14.6	128.7	27.5	158.6	142.5	89.8	30.4	C
天柱	567.50	-7.57	10	4/21	8/3	9/6	138	13.5	129.4	26.0	180.6	137.5	76.1	31.7	D
凯里	535.83	-5.55	10	4/20	8/9	9/17	150	11.9	123.0	27.3	162.5	130.8	80.5	34.2	D
贵定	530.33	-3.02	7	4/15	8/13	9/18	156	9.6	117.3	27.3	191.4	141.5	73.9	32.4	B
兴义	727.00	-3.39	9	4/16	8/23	9/30	167	21.1	97.2	19.6	196.5	115.4	58.6	33.4	C
关岭	617.33	7.33	6	4/25	8/16	9/25	153	11.7	123.2	26.8	284.2	194.8	68.5	33.6	B

表 6-7 "F 优 498(CK)"在各试点和产量、生育期及主要经济性状(迟熟 A 组)

地点	亩产(千克)	比CK(±%)	位次	播种期(米/天)	齐穗期(米/天)	成熟期(米/天)	全生育期(天)	有效穗(万/亩)	株高(厘米)	穗长(厘米)	穗粒数(粒/穗)	实粒数(粒/穗)	结实率(%)	千粒重(克)	各点评价
贵阳	656.54	0	7	4/11	8/8	9/18	160	13.7	118.1	26.5	193.5	157.4	81.3	30.5	B
遵义	714.79	0	8	4/18	8/15	9/25	160	14.5	116.4	27.6	205.7	163.1	79.3	32.0	B
正安	643.33	0	4	4/1	8/14	9/3	155	10.5	122.8	27.6	229.8	209.2	91.0	31.0	A
思南	679.17	0	9	4/20	8/11	9/15	148	16.3	133.6	28.6	220.8	160.8	72.8	29.0	B
铜仁	515.83	0	10	4/23	7/31	9/10	140	13.6	125.3	29.5	166.3	148.6	89.4	27.5	C
天柱	614.00	0	8	4/21	8/2	9/2	134	13.3	120.6	27.6	166.4	152.7	91.8	29.8	C
凯里	567.33	0	7	4/20	8/6	9/14	147	13.0	119.2	26.6	170.4	139.9	82.1	31.5	C
贵定	546.83	0	6	4/15	8/9	9/14	152	12.1	111.0	27.0	172.0	149.2	86.7	30.5	B
兴义	752.50	0	7	4/16	8/17	9/23	163	20.4	102.8	26.2	178.0	135.8	76.3	28.8	C
关岭	575.17	0	9	4/25	8/16	9/25	153	17.7	127.2	26.7	207.1	125.6	60.7	29.5	B

表 6-8 "荃优 399"在各试点和产量、生育期及主要经济性状(迟熟 A 组)

地点	亩产(千克)	比CK(±%)	位次	播种期(米/天)	齐穗期(米/天)	成熟期(米/天)	全生育期(天)	有效穗(万/亩)	株高(厘米)	穗长(厘米)	穗粒数(粒/穗)	实粒数(粒/穗)	结实率(%)	千粒重(克)	各点评价
贵阳	577.91	-11.98	11	4/11	8/7	9/18	160	13.4	109.9	25.7	201.0	154.5	76.8	28.8	D
遵义	743.88	4.07	5	4/18	8/14	9/25	160	15.2	111.8	25.1	203.1	160.3	78.9	29.2	B
正安	585.00	-9.07	9	4/1	8/13	8/31	152	13.5	112.5	23.6	191.4	166.9	87.2	28.4	B
思南	722.33	6.36	4	4/20	8/10	9/13	146	15.9	120.4	29.5	214.0	172.4	80.6	27.5	A
铜仁	541.33	4.94	8	4/23	7/31	9/10	140	14.9	119.4	27.0	169.4	150.4	88.8	27.5	C
天柱	689.50	12.30	1	4/21	8/2	9/1	133	14.2	108.7	23.4	187.8	170.4	90.7	28.7	A
凯里	558.33	-1.59	8	4/20	8/7	9/13	146	13.5	114.2	23.7	176.3	143.8	81.6	29.3	C
贵定	507.67	-7.16	11	4/15	8/5	9/10	148	11.3	100.7	23.3	168.9	153.9	91.1	29.0	C
兴义	744.50	-1.06	8	4/16	8/18	9/26	163	19.7	84.4	19.6	163.3	143.1	87.6	28.0	C
关岭	619.33	7.68	4	4/25	8/14	9/23	151	16.2	108.9	24.0	194.5	152.4	78.4	28.8	B

表6-9 "隆两优1146"在各试点产量、生育期及主要经济性状（迟熟A组）

地点	亩产(千克)	比CK(±%)	位次	播种期(米/天)	齐穗期(米/天)	成熟期(米/天)	全生育期(天)	有效穗(万/亩)	株高(厘米)	穗长(厘米)	穗粒数(粒/穗)	实粒数(粒/穗)	结实率(%)	千粒重(克)	各点评价
贵阳	645.24	-1.72	8	4/11	8/5	9/18	160	13.9	125.3	25.5	181.0	148.4	82.0	32.8	C
遵义	681.54	-4.65	10	4/18	8/15	9/25	160	13.4	120.3	25.0	183.8	140.2	76.3	34.2	C
正安	616.67	-4.15	7	4/1	8/15	9/2	154	10.5	132.7	25.8	220.8	194.5	88.1	32.1	A
思南	660.17	-2.80	11	4/20	8/9	9/9	142	16.0	138.8	24.2	234.2	180.7	77.2	24.8	C
铜仁	505.83	-1.94	11	4/23	8/1	9/10	140	14.0	128.7	25.8	157.6	140.3	89.0	30.2	C
天柱	668.00	8.79	2	4/21	8/4	9/3	135	14.2	125.5	24.6	172.7	151.7	87.8	31.9	A
凯里	584.33	3.00	6	4/20	8/5	9/14	147	16.1	125.7	23.6	123	108.5	88.2	33.2	B
贵定	515.83	-5.67	9	4/15	8/8	9/13	151	13.3	113.7	23.4	126.8	111.2	87.7	32.6	C
兴义	625.00	-16.94	12	4/16	8/17	9/24	161	24.2	94.0	22.8	164.4	108.4	65.9	26.3	C
关岭	622.67	8.26	2	4/25	8/15	9/24	152	16.9	122.2	25.6	219.6	127.4	58.0	33.5	A

表6-10 "9香A/R07"在各试点产量、生育期及主要经济性状（迟熟A组）

地点	亩产(千克)	比CK(±%)	位次	播种期(米/天)	齐穗期(米/天)	成熟期(米/天)	全生育期(天)	有效穗(万/亩)	株高(厘米)	穗长(厘米)	穗粒数(粒/穗)	实粒数(粒/穗)	结实率(%)	千粒重(克)	各点评价
贵阳	682.39	3.94	3	4/11	8/5	9/16	158	14.7	117.5	24.1	206.7	166.8	80.7	29.1	B
遵义	786.42	10.02	1	4/18	8/15	9/25	160	15.7	111.8	23.8	201.2	158.8	78.9	29.6	A
正安	606.67	-5.70	8	4/1	8/15	9/4	156	15.1	116.8	23.0	170.8	150.6	88.2	28.2	A
思南	723.50	6.53	3	4/20	8/5	9/13	146	14.3	127.8	29.3	210.7	150.1	71.2	33.8	A
铜仁	609.17	18.09	2	4/23	7/31	9/9	139	16.2	119.4	26.8	162.5	146.3	90.0	28.0	A
天柱	555.33	-9.55	12	4/21	8/2	9/2	134	13.1	113.5	23.1	187.7	165.1	88.0	26.7	D
凯里	596.33	5.11	5	4/20	8/5	9/11	144	15.3	113.3	23	175.4	140.3	80.0	28.9	B
贵定	552.50	1.04	5	4/15	8/8	9/13	151	12.5	105.3	22.7	139.8	127.6	91.3	30.1	B
兴义	776.00	3.12	5	4/16	8/17	9/24	161	23.6	92.6	22.1	159.4	125.5	78.7	28.4	B
关岭	627.33	9.07	1	4/25	8/13	9/22	150	17.2	118.6	24.4	284.7	152.6	53.6	27.7	A

表 6-11 "武优 6 号"在各试点和产量、生育期及主要经济性状（迟熟 A 组）

地点	亩产（千克）	比CK（±%）	位次	播种期（米/天）	齐穗期（米/天）	成熟期（米/天）	全生育期（天）	有效穗（万/亩）	株高（厘米）	穗长（厘米）	穗粒数（粒/穗）	实粒数（粒/穗）	结实率（%）	千粒重（克）	各点评价
贵阳	673.67	2.61	5	4/11	8/8	9/20	162	14.7	126.5	24.5	180.9	144.9	80.1	33.3	B
遵义	770.70	7.82	2	4/18	8/16	9/25	160	14.4	128.0	25.1	222.4	160.0	71.9	35.8	A
正安	663.33	3.11	1	4/1	8/15	9/5	157	12.2	129.1	25.1	222.5	170.1	76.4	32.7	A
思南	708.00	4.25	7	4/20	8/7	9/15	148	16.8	147.8	28.4	136.3	123.3	90.5	36.0	B
铜仁	544.00	5.46	6	4/23	8/1	9/8	138	14.2	140.1	26.5	174.3	154.2	88.5	29.4	C
天柱	654.00	6.51	3	4/21	8/3	9/3	135	13.3	127.9	22.0	172.3	150.1	87.1	33.2	B
凯里	545.50	-3.85	9	4/20	8/7	9/13	146	13.5	126.4	22.7	151.9	120.9	79.6	33.7	D
贵定	521.67	-4.60	8	4/15	8/10	9/15	153	12.1	116.3	23.2	129.6	114.6	88.4	33.4	B
兴义	783.50	4.12	3	4/16	8/20	9/27	164	23.5	96.5	18.6	132.7	114.2	86.0	31.7	B
关岭	618.33	7.51	5	4/25	8/15	9/24	152	15.7	136.1	25.0	195.2	132.5	67.9	33.9	B

表 6-12 "蓉优 592"在各试点和产量、生育期及主要经济性状（迟熟 A 组）

地点	亩产（千克）	比CK（±%）	位次	播种期（米/天）	齐穗期（米/天）	成熟期（米/天）	全生育期（天）	有效穗（万/亩）	株高（厘米）	穗长（厘米）	穗粒数（粒/穗）	实粒数（粒/穗）	结实率（%）	千粒重（克）	各点评价
贵阳	632.42	-3.67	9	4/11	8/6	9/17	159	13.7	123.8	25.7	202.1	156.1	77.3	30.4	C
遵义	766.25	7.20	3	4/18	8/15	9/25	160	15.7	120.0	27.4	249.2	168.4	67.6	28.7	A
正安	606.67	-5.70	8	4/1	8/12	9/3	155	14.2	115.6	26.0	173.6	157.9	90.1	28.2	A
思南	671.00	-1.20	10	4/20	8/7	9/18	151	14.9	138.2	26.6	205.7	170.9	83.1	27.3	C
铜仁	542.00	5.07	7	4/23	7/31	9/8	138	14.1	125.6	29.7	167.5	142.3	85.0	27.6	C
天柱	573.67	-6.57	9	4/21	8/4	9/1	133	13.4	123.0	23.7	177.2	153.1	86.4	28.6	D
凯里	598.17	5.43	3	4/20	8/9	9/16	149	13.3	124.7	24.8	180.2	148.8	82.6	30.7	B
贵定	572.17	4.63	2	4/15	8/8	9/13	151	10.4	112.3	23.5	162.9	149.3	91.7	30.0	A
兴义	795.50	5.71	1	4/16	8/17	9/24	161	21.5	106.5	25.1	191.7	138.6	73.2	28.9	A
关岭	553.33	-3.80	11	4/25	8/12	9/21	149	13.0	129.3	26.4	258.7	166.8	64.5	29.1	C

2016年贵州省杂交水稻区域试验迟熟B组汇总报告

及时有效地鉴定各单位选育和推荐的水稻新品种(组合)在我省不同生态地区的丰产性、稳产性、适应性、抗性、米质及其他重要性状,从而为水稻新品种(组合)的审定及推广提供科学依据,特进行了本试验。根据2016年贵州省水稻区试会议安排,共有11个新品种参加迟熟B组试验,现将试验结果进行汇总。

一、试验概况

(一)参试品种及承试单位

参试品种11个,全部为初试品种,均为杂交组合;以F优498(CK)为对照。承试地点10个,分布在我省海拔272~1300米的不同生态地区。试验点基本情况见表1。

(二)试验设计、栽培管理及基本情况

各承试单位均按统一的试验实施方案进行试验,田间试验设计采用随机区组排列,三次重复。小区面积0.02亩,四周设保护行。所有参试品种同期播种、移栽,耕作栽培措施比当地大田生产水平略高,如设有防治病虫害措施。试验观察记载按《贵州省水稻品种区域试验技术操作规程》执行。

本年各试点试验正常,分别于4月8~29日播种,育秧方式为湿润育秧或旱育秧。移栽株行距规格:遵义9寸×5寸,铜仁试点8寸×5寸,正安试点(11+7)寸×5寸,贵阳试点(6+9)寸×6寸,思南试点7寸×7寸,黔西南和黔南试点9寸×6寸,黔南、天柱、黔东南、关岭等试点都是8寸×6寸。

(三)统计分析

按照《农作物品种区域试验技术规范 水稻》等有关试验质量评价标准,对各试验点实验结果的可靠性、完整性、准确性、可比性以及对照品种表现情况等进行分析评价,确保汇总质量。2016年各试验点实验结果正常,全部进入汇总。

试验品种产量结果用 RCT99 软件采用混合模型进行联合方差分析,品种间产量差异多重比较采用 Duncan's 新复极差法分析。参试品种的丰产性主要以品种在区试中相对于对照品种产量做衡量,参试品种的适应性主要以品种在区试中比对照品种增产的试验点比例来衡量,参试品种的稳产性主要以品种在年间区试中相对于对照品种产量的差异变化程度来衡量,参试品种的生育期主要以全生育期比对照品种的天数差异来衡量,参试品种的抗性以指定鉴定单位的鉴定结果为主要依据。

参试品种的米质检测、评价按照国家《优质稻谷》标准分优质一级、优质二级、优质三级,未达到优质级米质的均为等外级。

(四)特性鉴定

稻瘟病鉴定:设两个自然鉴定点,由湄潭县、麻江县植保站承担;一个接种鉴定点,由贵州省植物保护研究所承担。鉴定结果由贵州省植物保护研究所负责汇总。稻瘟病鉴定为高感的品种实行一票否决,不再试验或审定。

耐冷性鉴定:由安顺市农科所、毕节市农科所和贵州省品种资源研究所承担,鉴定结果也由贵州省品种资源研究所负责汇总。

米质分析:由遵义市农科所和贵州省水稻研究所统一提供稻谷样品,送农业部食品质量监督检验测试中心(武汉)负责检测分析。食味品质鉴定由贵州省种子总站组织有关专家在贵州省水稻研究所统一品尝鉴定。

二、结果分析

(一)产量

参试品种的平均亩产量变幅为 603.39~666.75 千克,对照 F 优 498(CK)平均亩产 633.21 千克,产量居第七位。其中参试品种较高的有 12 正 H8312A/HR3485、成丰 A/R33、YD2998、吉丰 2 号,产量位居前四,平均亩产 646.39~666.75 千克,比对照 F 优 498(CK)增产 2.08%~5.30%,比对照增产都达到显著极显著水平,其他品种一般。旌香优 9139、川 345A/1288 较对照增产不显著,其他品种都较对照有不同程度的减产,其中蜀香 267、晶两优 7818 减产达显著,其余三个品种减产不显著。品种产量比对照增减产百分率、品种间产量差异显著性、比对照增产试验点比例等汇总结果见表 2。

(二)生育期

参试品种的生育期平均在 146.4~154.9 天,对照 F 优 498(CK)平均生育期为 151.2 天。其中五优 4456 生育期最短,比对照早熟 5.4 天;成丰 A/R33 的生育期最长,比对照迟熟 4.2 天。主要的农艺经济性状见表 2。

（三）抗性（见表 3）

（1）稻瘟病

根据贵州省品种审定委员会水稻专业组会议决定，水稻专家对我省稻瘟病抗性试验点湄潭县和麻江县进行了田间实地考察并对试验品种做出鉴定。首先，凡参试的组合被确定为高感（HS）的，在本年评定中不予通过；其次，两个自然鉴定点当中只要有一个点的结果为高感，即将该组合评定为高感，不能通过审定；最后，根据《主要农作物品种审定标准（国家级）》的规定，品种的稻瘟病综合抗性指数≤6.5，同时，长江上游稻区品种穗瘟损失率最高级≤7 级时评定为通过审定（记为"Y"）。为此，我们将综合抗性指数>6.5 的品种的综合病级评定为 9 级，即不能通过审定（记为"N"）。

通过以上评定得到品种年度综合总评结果：对照 F 优 498（CK）田间实地考察，经稻瘟病鉴定为高感被现均淘汰；五优 4456 综合抗性指数>6.5 评定为 9 级，高感稻瘟病亦被淘汰。其余品种通过了稻瘟病鉴定。

（2）耐冷性

综合评价：对照 F 优 498（CK）表现为"强"。参试品种表现为"较强"的 1 个，"较弱"的 4 个，"弱"的 4 个，"极弱"的 2 个。

（四）米质

根据国家《优质稻谷》标准，对照 F 优 498（CK）为优质三级，参试品种晶两优 7818 达国标优质米二级，12 正 H8312A/HR3485、蜀香 267、YD2998、宜香 1A/R5716、五优 4456 等 5 个品种达到国标优质米三级，其他品种米质属于等外级。品种糙米率、整精米率、粒长、长宽比、垩白粒率、垩白度、胶稠度、直链淀粉等米质性状见表 4。

（五）品种在各试点的表现

品种在各试点的产量、生育期、主要的农艺经济性状及综合评价等见表 5-1 至表 5-12。

三、品种评价

五优 4456 高感稻瘟病不再审定和试验，品种评价也不再一一叙述。

（1）12 正 H8312A/HR3485

2016 年初试平均亩产 666.75 千克，比对照 F 优 498（CK）增产 5.30%，增产点比例 80%，居参试组合第一位，达极显著水平；全生育期 152.1 天，比对照 F 优 498（CK）晚熟 0.9 天。

主要农艺性状表现：有效穗 14.4 万/亩，株高 123.6 厘米，穗长 25.8 厘米，每穗总粒数 198.1 粒,结实率 81.7%,千粒重 28.9 克。

稻瘟病抗性鉴定结果:综合评价为"中感"。

耐冷性鉴定结果:综合评价为"弱"。

米质主要指标表现:整精米率 55.6%,粒型长/宽比 3.1,垩白粒率 20%,垩白度 4.5%,胶稠度 57 毫米,直链淀粉含量 15.4%,碱消值 7.0,透明度 2,国标等级属于优三级。

该品种经过一年区试表现:产量高,生育期适中,穗大粒多,结实率较高,米质较优,通过稻瘟病鉴定,耐冷性弱。

（2）成丰 A/R33

2016 年初试平均亩产 661.64 千克,比对照 F 优 498(CK)增产 4.49%,增产点比例 80%,居参试组合第二位,达极显著水平;全生育期 156.0 天,比对照 F 优 498(CK)晚熟 4.8 天。

主要农艺性状表现:有效穗 13.9 万/亩,株高 132.1 厘米,穗长 26.2 厘米,每穗总粒数 188.3 粒,结实率 78.5%,千粒重 31.7 克。

稻瘟病抗性鉴定结果:综合评价为"中感"。

耐冷性鉴定结果:综合评价为"较强"。

米质主要指标表现:整精米率 42.9%,粒型长/宽比 2.8,垩白粒率 89%,垩白度 19.6%,胶稠度 70 毫米,直链淀粉含量 15.9%,碱消值 4.7,透明度 2,国标等级属于等外级。

该品种经过一年区试表现:产量高,生育期较晚,大穗,千粒重高,有效穗较少,米质一般,通过稻瘟病鉴定,耐冷性较强。

（3）YD2998

2016 年初试平均亩产 659.26 千克,比对照 F 优 498(CK)增产 4.11%,增产点比例 60%,居参试组合第三位,达极显著水平;全生育期 149.8 天,比对照 F 优 498(CK)早熟 1.4 天。

主要农艺性状表现:有效穗 15.9 万/亩,株高 112.7 厘米,穗长 23.9 厘米,每穗总粒数 176.4 粒,结实率 80.1%,千粒重 29.5 克。

稻瘟病抗性鉴定结果:综合评价为"中抗"。

耐冷性鉴定结果:综合评价为"极弱"。

米质主要指标表现:整精米率 52.0%,粒型长/宽比 3.2,垩白粒率 12%,垩白度 2.5%,胶稠度 70 毫米,直链淀粉含量 15.1%,碱消值 4.2,透明度 1,国标等级属于优三级。

该品种经过一年区试表现:产量高,生育期适中,结实率较高,有效穗较多,米质较优,通过稻瘟病鉴定,耐冷性极弱。

（4）吉丰 2 号

2016 年初试平均亩产 646.39 千克,比对照 F 优 498（CK）增产 2.08%,增产点比例 70%,居参试组合第四位,达显著水平;全生育期 151.1 天,比对照 F 优 498（CK）早熟 0.1 天。

主要农艺性状表现:有效穗 15.5 万/亩,株高 125.1 厘米,穗长 26.3 厘米,每穗总粒数 179.6 粒,结实率 78.6%,千粒重 30.8 克。

稻瘟病抗性鉴定结果:综合评价为“感”。

耐冷性鉴定结果:综合评价为“弱”。

米质主要指标表现:整精米率 49.8%,粒型长/宽比 3.1,垩白粒率 30%,垩白度 5.5%,胶稠度 70 毫米,直链淀粉含量 14.9%,碱消值 6.8,透明度 1,国标等级属于等外级。

该品种经过一年区试表现:产量较高,生育期适中,大穗,千粒重高,米质一般,通过稻瘟病鉴定,耐冷性弱。

（5）宜香 1A/R5716

2016 年初试平均亩产 622.08 千克,比对照 F 优 498（CK）减产 1.76%,减产不显著,增产点比例 40%;全生育期 151.8 天,比对照 F 优 498（CK）晚熟 0.6 天。

主要农艺性状表现:有效穗 15.8 万/亩,株高 123.8 厘米,穗长 26.3 厘米,每穗总粒数 179.9 粒,结实率 76.3%,千粒重 31.0 克。

稻瘟病抗性鉴定结果:综合评价为“中抗”。

耐冷性鉴定结果:综合评价为“较弱”。

米质主要指标表现:整精米率 52.0%,粒型长/宽比 3.3,垩白粒率 26%,垩白度 4.6%,胶稠度 73 毫米,直链淀粉含量 15.6%,碱消值 5.7,透明度 1,国标等级属于优三级。

该品种经过一年区试表现:产量一般,生育期适中,大穗,千粒重高,米质较优,抗性好,通过稻瘟病鉴定,耐冷性较弱。

（6）蜀香 267

2016 年初试平均亩产 611.94 千克,比对照 F 优 498（CK）减产 3.36%,减产达极显著,增产点比例 20%;全生育期 151.3 天,比对照 F 优 498（CK）晚熟 0.1 天。

主要农艺性状表现:有效穗 15.2 万/亩,株高 116.4 厘米,穗长 26.0 厘米,每穗总粒数 162.3 粒,结实率 81.6%,千粒重 31.4 克。

稻瘟病抗性鉴定结果:综合评价为"中抗"。

耐冷性鉴定结果:综合评价为"较弱"。

米质主要指标表现:整精米率 56.5%,粒型长/宽比 3.0,垩白粒率 19%,垩白度 4.9%,胶稠度 58 毫米,直链淀粉含量 15.2%,碱消值 7.0,透明度 1,国标等级属于优三级。

该品种经过一年区试表现:产量较低,生育期适中,大穗,千粒重高,米质较优,抗性好,通过稻瘟病鉴定,耐冷性较弱。

(7)晶两优 7818

2016 年初试平均亩产 603.39 千克,比对照 F 优 498(CK)减产 4.71%,减产达极显著,增产点比例 20%;全生育期 154.7 天,比对照 F 优 498(CK)晚熟 3.5 天。

主要农艺性状表现:有效穗 15.8 万/亩,株高 121.4 厘米,穗长 26.1 厘米,每穗总粒数 196.6 粒,结实率 78.6%,千粒重 26.7 克。

稻瘟病抗性鉴定结果:综合评价为"中抗"。

耐冷性鉴定结果:综合评价为"弱"。

米质主要指标表现:整精米率 61.1%,粒型长/宽比 3.0,垩白粒率 11%,垩白度 3.0%,胶稠度 60 毫米,直链淀粉含量 16.0%,碱消值 7.0,透明度 1,国标等级属于优二级。

该品种经过一年区试表现:产量较低,生育期较晚,穗大粒多,千粒重较低,米质优,抗性好,通过稻瘟病鉴定,耐冷性弱。

(8)旌香优 9139、川 345A/1288

两个品种 2016 年初试平均亩产量分别为 643.69 千克、633.59 千克,比对照增产分别为 1.66% 和 0.06%,不显著,米质检测为等外级,通过稻瘟病鉴定,耐冷性鉴定较弱。建议结束试验。

(9)宜香优制 2

2016 年初试平均亩产 622.03 千克,比对照减产 1.77%,减产不显著。米质检测为国标等外级。通过稻瘟病鉴定,耐冷性鉴定弱。建议结束试验。

表 1 试验点基本情况

承试单位	试验地点	海拔高度（米）	经度	纬度	株行距规格（寸×寸）	试验点负责人及执行人
贵州省水稻研究所	贵阳市花溪区金农社区	1140	106°43′	26°35′	7.5×6	涂敏、李树杏、金帮文
遵义市农科所	遵义市新浦新蒲新区新舟镇槐安村	800	107°17′	27°80′	9×5	王炜、王怀昕、张元琴
正安县种子站	正安县瑞溪镇三把车组	625	107°37′	28°59′	(11.2+7)×5.5	杨杰和正安种子站全体人员
思南县种子站	思南县许家坝镇	570	108°06′	27°52′	7×7	安兴智、李继智
铜仁市农科所	铜仁市碧江区坝黄镇农科所	272	109°11′	27°43′	8×5	车崇洪、吴兰英
天柱县种子站	天柱县邦洞街道织云村	412	109°09′	26°53′	8×6	杨玉英、张彩凤、杨顺煜、袁仁阶
黔东南州农科所	黄平县旧州镇	640	107°55′	26°29′	8×6	浦远昌、彭朝才、雷安宁、杨秀军
关岭县种子站	关岭县关索镇北村北口组	1010	105°34′	25°55′	8×6	杨恒、邓昌龙、杨丽、杨全怀、刘清江
黔西南州农科所	兴义市木贾	1300	104°56′	25°06′	9×6	陈世华
黔南州农科所	贵定县盘江镇狮朴龙潭村	906.9	107°16′	26°54′	8×6	程蓉、庭立宗

表 2　2016 年贵州省区试品种产量、生育期及主要农艺性状汇总分析结果（早熟 B 组）

品种名称	平均亩产（千克）	位次	比CK（±%）	增产点率（%）	产量差异显著性 5%	产量差异显著性 1%	回归系数	全生育期（天）	比CK（±天）	有效穗（万/亩）	株高（厘米）	穗长（厘米）	总粒数（粒/穗）	实粒数（粒/穗）	结实率（%）	千粒重（克）
12正H831 2A/HR3485	666.75	1	5.30	80.0	a	A	1.238	152.1	0.9	14.4	123.6	25.8	198.1	161.8	81.7	28.9
蜀香267	611.94	11	-3.36	20.0	ef	EF	0.907	151.3	0.1	15.2	116.4	26.0	162.3	132.4	81.6	31.4
YD2998	659.26	3	4.11	60.0	a	AB	0.867	149.8	-1.4	15.9	112.7	23.9	176.4	141.3	80.1	29.5
吉丰2号	646.39	4	2.08	70.0	b	BC	0.942	151.1	-0.1	15.5	125.1	26.3	179.6	141.2	78.6	30.8
川345A/1288	633.59	6	0.06	40.0	c	CD	1.097	154.9	3.7	15.2	124.0	25.3	178.4	138.3	77.5	31.8
宜香1A/R5716	622.08	8	-1.76	40.0	de	DE	0.926	151.8	0.6	15.8	123.8	26.3	179.9	137.3	76.3	31.0
F优498（CK）	633.21	7	0	50.0	cd	CD	1.067	151.2	0.0	14.3	120.4	27.0	191.4	156.8	81.9	30.3
旌香优9139	643.69	5	1.65	60.0	bc	C	0.892	152.1	0.9	15.3	120.0	25.4	189.6	155.8	82.2	27.0
五优4456	621.17	10	-1.90	50.0	e	DE	1.108	146.4	-4.8	15.2	104.7	23.8	186.9	156.5	83.7	26.6
成丰A/R33	661.64	2	4.49	80.0	a	A	1.174	156.0	4.8	13.9	132.1	26.2	188.3	147.9	78.5	31.7
宜香优制2	622.03	9	-1.77	30.0	de	DE	0.883	151.2	0.0	15.2	130.8	26.5	157.9	127.2	80.6	34.9
晶两优7818	603.39	12	-4.71	20.0	f	F	0.898	154.7	3.5	15.8	121.4	26.1	196.6	154.4	78.6	26.7

表3 2015年贵州省杂交水稻区试抗性鉴定结果（迟熟B组）

品种名称	稻瘟病自然鉴定		稻瘟病人工接种鉴定	综合抗性评价				耐冷性自然鉴定综合评价
	麻江县 抗性评价	湄潭县 抗性评价	省植保所 抗性评价	平均穗瘟损失率病级指数	平均综合抗性指数	综合抗性指数病级	通过Y/否N	
12正 H8312A/HR3485	MR	MR	HS	5.00	5.12	5	Y	弱
蜀香267	R	MR	MR	2.33	2.55	3	Y	较弱
YD2998	MR	MR	R	3.00	2.73	3	Y	极弱
吉丰2号	MR	MS	S	5.00	5.13	5	Y	弱
川345A/1288	R	MR	HS	4.33	4.30	5	Y	较弱
宜香1A/R5716	R	MR	S	4.33	4.00	3	Y	较弱
F优498（CK）			现场鉴定为高感（HS）				强	
旌香优9139	MR	MR	S	4.33	4.33	5	Y	极弱
五优4456	HS	MS	S	7.00	6.53	9	N	较弱
成丰A/R33	MS	MR	MS	4.33	4.45	5	Y	较强
宜香优制2	MS	MS	HS	6.33	5.90	5	Y	弱
晶两优7818	R	MR	S	4.33	3.63	3	Y	弱

表 4　2016 年贵州省杂交水稻区试稻米品质主要指标（迟熟 B 组）

品种名称	国标等级	出糙率(%)	精米率(%)	整精米率(%)	粒长(毫米)	粒型长/宽比	垩白粒率(%)	垩白度(%)	直链淀粉(%)	胶稠度(毫米)	碱消值(级)	透明度(级)	水分(%)
12 正 H8312A/HR3485	优 3	78.3	68.7	55.6	7.0	3.1	20	4.5	15.4	57	7.0	2	13.5
蜀香 267	优 3	78.5	69.3	56.5	7.1	3.0	19	4.9	15.2	58	7.0	1	13.2
YD2998	优 3	77.0	67.6	52.0	7.1	3.2	12	2.5	15.1	70	4.2	1	12.9
吉丰 2 号		78.2	68.7	49.8	7.2	3.1	30	5.5	14.9	70	6.8	1	12.8
川 345A/1288		77.7	67.8	50.5	7.5	3.1	48	9.0	19.0	37	7.0	1	12.5
宜香 1A/R5716	优 3	75.8	66.3	52.0	7.3	3.1	26	4.6	15.6	73	5.7	1	13.2
F 优 498（CK）	优 3	79.6	69.3	56.7	7.0	3.0	22	4.1	21.3	50	6.5	1	12.8
旌香优 9139		82.2	72.0	57.3	7.0	3.2	28	5.5	15.7	65	7.0	1	12.8
五优 4456	优 3	76.5	68.3	61.7	6.5	2.8	12	2.4	15.0	65	5.5	1	13.0
成丰 A/R33		75.9	66.3	42.9	7.1	2.8	89	19.6	15.9	70	4.7	2	12.3
宜香优制 2		77.9	68.9	49.3	7.3	2.8	28	5.3	16.2	52	7.0	1	12.2
晶两优 7818	优 2	78.0	69.6	61.1	6.7	3.0	11	3.0	16.0	60	7.0	1	13.5

表 5-1 "12 正 H8312A/HR3485"在各试点和产量、生育期及主要经济性状（迟熟 B 组）

地点	亩产（千克）	比CK（±%）	位次	播种期（月/天）	齐穗期（月/天）	成熟期（月/天）	全生育期（天）	有效穗（万/亩）	株高（厘米）	穗长（厘米）	穗粒数（粒/穗）	实粒数（粒/穗）	结实率（%）	千粒重（克）	各点评价
贵阳	696.59	4.01	4	4/11	8/5	9/18	160	14.6	122.5	25.1	217.6	176.8	81.3	27.6	B
遵义	790.82	5.44	1	4/18	8/15	9/25	160	13.3	118.5	26.0	219.7	169.9	77.3	33.2	A
正安	706.67	9.28	1	4/1	8/10	9/4	156	12.0	124.3	26.5	237.3	213.0	89.8	28.0	A
思南	716.67	3.09	5	4/20	8/9	9/17	150	14.9	131.4	27.2	189.0	156.8	83.0	31.2	B
铜仁	504.50	-4.75	12	4/23	8/2	9/10	140	15.5	135.1	27.8	157.4	137.2	87.2	28.1	D
天柱	696.00	19.35	1	4/27	8/5	9/10	136	15.1	132.8	25.7	195.0	166.6	85.4	28.1	A
凯里	579.33	3.64	5	4/20	8/5	9/14	147	13.6	120.3	25.1	171.1	143.2	83.7	29.9	B
贵定	596.67	6.52	1	4/15	8/12	9/17	155	10.0	115.3	24.7	210.6	176.3	83.7	28.6	A
兴义	821.17	6.28	2	4/16	8/21	9/27	164	21.8	108.2	22.6	188.64	159.46	84.5	25.3	B
关岭	559.13	-1.20	8	4/25	8/16	9/25	153	13.6	127.3	26.8	194.9	118.7	60.9	29.1	C

表 5-2 "蜀香 267"在各试点和产量、生育期及主要经济性状（迟熟 B 组）

地点	亩产（千克）	比CK（±%）	位次	播种期（月/天）	齐穗期（月/天）	成熟期（月/天）	全生育期（天）	有效穗（万/亩）	株高（厘米）	穗长（厘米）	穗粒数（粒/穗）	实粒数（粒/穗）	结实率（%）	千粒重（克）	各点评价
贵阳	681.61	1.78	5	4/11	8/7	9/20	162	16.0	117.7	26.9	178.1	148.0	83.1	29.1	C
遵义	697.32	-7.03	8	4/18	8/15	9/25	160	15.1	110.6	26.6	176.5	126.9	71.9	35.9	C
正安	606.67	-6.19	12	4/1	8/13	9/5	157	11.7	120.4	27.0	202.0	174.1	86.2	30.8	D
思南	686.00	-1.32	9	4/20	8/9	9/13	146	16.1	126.8	27.4	183.4	151.5	82.6	30.1	B
铜仁	518.50	-2.11	8	4/23	8/3	9/12	142	14.0	122.0	28.5	162.5	145.6	89.6	30.0	C
天柱	653.50	12.06	3	4/27	8/4	9/9	135	14.8	124.1	25.8	158.3	140.5	88.8	31.8	A
凯里	526.67	-5.78	12	4/20	8/6	9/13	146	13.0	113.8	25.2	151.5	126.3	83.4	32.8	D
贵定	522.33	-6.75	11	4/15	8/9	9/14	152	12.9	107.7	23.0	106.9	90.7	84.8	31.3	C
兴义	690.83	-10.59	12	4/16	8/19	9/25	162	21.4	99.4	23.3	136.76	108.21	79.9	30.6	C
关岭	535.93	-5.30	10	4/25	8/14	9/23	151	17.2	121.8	25.9	167.2	112.5	67.3	31.7	D

表 5-3 "YD2998"在各试点和产量、生育期及主要经济性状（迟熟 B 组）

地点	亩产（千克）	比CK（±%）	位次	播种期（米/天）	齐穗期（米/天）	成熟期（米/天）	全生育期（天）	有效穗（万/亩）	株高（厘米）	穗长（厘米）	穗粒数（粒/穗）	实粒数（粒/穗）	结实率（%）	千粒重（克）	各点评价
贵阳	665.79	-0.58	7	4/11	8/6	9/18	160	16.1	107.1	24.4	193.3	156.6	81.0	27.5	C
遵义	740.65	-1.25	7	4/18	8/14	9/25	160	14.9	111.9	24.0	192.5	151.3	78.6	32.0	C
正安	641.67	-0.77	11	4/1	8/11	9/4	156	15.2	114.7	23.2	170.9	147.2	86.1	28.7	C
思南	729.00	4.87	3	4/20	8/7	9/12	145	15.5	120.6	28.1	205.2	156.5	76.3	32.9	A
铜仁	604.17	14.07	1	4/23	8/3	9/12	142	15.9	120.1	26.1	154.2	140.2	90.9	27.2	A
天柱	665.33	14.09	2	4/27	8/5	9/10	136	14.1	120.8	23.9	186.5	164.8	88.4	29.2	A
凯里	608.33	8.83	1	4/20	8/9	9/12	145	15.1	109.9	21.9	160.5	128.9	80.3	31.3	A
贵定	528.00	-5.74	9	4/15	8/5	9/10	148	12.5	107.0	22.3	136.7	110.3	80.7	29.0	C
兴义	779.17	0.84	4	4/16	8/13	9/19	156	21.9	97.4	22.0	158.22	128.66	81.3	29.0	B
关岭	630.43	11.40	1	4/25	8/13	9/22	150	17.6	117.2	23.2	206.1	128.7	62.4	28.2	A

表 5-4 "吉丰 2 号"在各试点和产量、生育期及主要经济性状（迟熟 B 组）

地点	亩产（千克）	比CK（±%）	位次	播种期（米/天）	齐穗期（米/天）	成熟期（米/天）	全生育期（天）	有效穗（万/亩）	株高（厘米）	穗长（厘米）	穗粒数（粒/穗）	实粒数（粒/穗）	结实率（%）	千粒重（克）	各点评价
贵阳	720.45	7.58	2	4/11	8/8	9/20	162	14.2	119.1	27.4	201.6	165.1	81.9	31.0	A
遵义	758.87	1.18	5	4/18	8/16	9/25	160	15.2	123.2	26.4	199.2	147.6	74.1	33.7	B
正安	676.67	4.64	4	4/1	8/13	9/4	156	13.9	125.4	27.0	179.6	153.5	85.5	32.4	B
思南	724.17	4.17	4	4/20	8/9	9/15	148	17.1	139.2	26.5	226.5	186.8	82.5	22.8	A
铜仁	562.17	6.14	3	4/23	8/2	9/11	141	14.6	136.2	29.0	166.4	148.5	89.3	30.0	B
天柱	617.00	5.80	7	4/27	8/5	9/11	137	14.3	137.1	24.2	168.9	142.5	84.4	30.7	C
凯里	539.00	-3.58	11	4/20	8/6	9/14	147	12.9	127.0	24.9	154.9	127.5	82.3	33.8	D
贵定	551.67	-1.52	5	4/15	8/9	9/14	152	13.3	121.0	25.3	145.4	123.9	85.2	31.0	B
兴义	706.67	-8.54	11	4/16	8/16	9/22	159	21.6	100.0	25.0	149.91	109.65	73.1	31.4	C
关岭	607.23	7.30	4	4/25	8/12	9/21	149	17.6	122.7	27.2	203.4	107.0	52.6	31.6	B

表 5-5　"川 345A/1288" 在各试点和产量、生育期及主要经济性状（迟熟 B 组）

地点	亩产（千克）	比 CK（±%）	位次	播种期（米/天）	齐穗期（米/天）	成熟期（米/天）	全生育期（天）	有效穗（万/亩）	株高（厘米）	穗长（厘米）	穗粒数（粒/穗）	实粒数（粒/穗）	结实率（%）	千粒重（克）	各点评价
贵阳	643.74	-3.88	9	4/11	8/6	9/20	162	16.2	120.4	26.2	177.8	140.5	79.0	28.5	C
遵义	764.36	1.91	4	4/18	8/19	9/29	164	15.2	125.1	25.0	199.8	148.3	74.2	35.2	B
正安	656.67	1.55	8	4/1	8/14	9/6	158	13.0	122.4	26.5	228.6	168.2	73.6	32.3	C
思南	734.50	5.66	2	4/20	8/9	9/23	156	16.8	139.0	26.4	201.4	173.6	86.2	26.1	A
铜仁	523.83	-1.10	7	4/23	8/3	9/13	143	14.2	127.5	27.8	164.6	143.2	87.0	29.8	C
天柱	639.83	9.72	4	4/27	8/8	9/15	141	14.4	137.0	25.3	182.9	139.4	76.2	32.0	B
凯里	555.67	-0.60	7	4/20	8/7	9/16	149	12.4	118.8	25	160.8	128.2	79.7	35.7	C
贵定	552.00	-1.46	4	4/15	8/13	9/18	156	12.5	118.0	24.7	136.2	119.5	87.7	33.2	A
兴义	734.50	-4.94	7	4/16	8/23	10/1	168	22.0	107.6	23.0	168.59	110.59	65.6	31.0	C
关岭	530.83	-6.20	12	4/25	8/15	9/24	152	15.0	124.2	23.2	163.7	111.3	68.0	33.8	D

表 5-6　"宜香 1A/R5716" 在各试点和产量、生育期及主要经济性状（迟熟 B 组）

地点	亩产（千克）	比 CK（±%）	位次	播种期（米/天）	齐穗期（米/天）	成熟期（米/天）	全生育期（天）	有效穗（万/亩）	株高（厘米）	穗长（厘米）	穗粒数（粒/穗）	实粒数（粒/穗）	结实率（%）	千粒重（克）	各点评价
贵阳	623.43	-6.91	10	4/11	8/9	9/20	162	15.5	119.4	26.2	193.0	142.2	73.7	28.8	D
遵义	686.29	-8.50	10	4/18	8/17	9/27	162	16.6	125.6	25.8	197.5	130.1	65.8	33.4	C
正安	650.00	0.52	9	4/1	8/12	9/5	157	14.7	121.8	27.5	196.5	150.5	76.6	30.4	C
思南	735.50	5.80	1	4/20	8/6	9/13	146	17.1	137.2	27.6	171.0	136.8	80.0	33.0	A
铜仁	515.00	-2.77	9	4/23	8/2	9/10	140	14.5	138.0	29.8	167.2	145.2	86.8	29.0	C
天柱	592.33	1.57	9	4/27	8/6	9/12	138	14.1	137.4	25.7	173.4	140.1	80.8	30.3	D
凯里	597.50	6.89	2	4/20	8/5	9/14	147	11.6	124.6	25.7	177.2	154.1	87.0	32.7	A
贵定	536.17	-4.28	7	4/15	8/9	9/14	152	12.5	116.7	25.3	169.8	152.8	90.0	31.2	B
兴义	730.50	-5.46	8	4/16	8/19	9/24	161	23.0	101.8	23.7	194.52	119.42	61.4	29.0	C
关岭	554.04	-2.10	9	4/25	8/16	9/25	153	18.8	115.8	25.3	158.6	101.3	63.9	31.7	C

表 5-7 "F 优 498（CK）"在各试点和产量、生育期及主要经济性状（迟熟 B 组）

地点	亩产（千克）	比 CK（±%）	位次	播种期（米/天）	齐穗期（米/天）	成熟期（米/天）	全生育期（天）	有效穗（万/亩）	株高（厘米）	穗长（厘米）	穗粒数（粒/穗）	实粒数（粒/穗）	结实率（%）	千粒重（克）	各点评价
贵阳	669.70	0	6	4/11	8/9	9/18	160	13.7	119.8	27.2	198.2	165.7	83.6	29.2	C
遵义	750.03	0	6	4/18	8/15	9/25	160	14.4	116.4	27.2	208.8	155.6	74.5	33.9	B
正安	646.67	0	10	4/1	8/11	9/5	157	11.0	118.9	29.2	259.5	234.0	90.2	30.6	C
思南	695.17	0	8	4/20	8/10	9/14	147	15.3	134.8	29.1	195.1	160.8	82.4	28.5	B
铜仁	529.67	0	5	4/23	8/1	9/11	141	14.7	126.5	28.6	164.3	145.3	88.4	27.2	C
天柱	583.17	0	10	4/27	8/5	9/7	133	13.2	128.2	26.1	171.2	141.4	82.6	32.5	D
凯里	559.00	0	6	4/20	8/5	9/15	148	12.1	117.5	26.2	172.5	143.8	83.4	31.7	C
贵定	560.17	0	3	4/15	8/7	9/12	150	10.8	114.7	25.0	167.8	151.3	90.2	30.0	A
兴义	772.67	0	5	4/16	8/18	9/26	163	21.6	101.9	24.5	175.73	131.63	74.9	29.9	C
关岭	565.92	0	6	4/25	8/16	9/25	153	15.7	125.3	27.0	201.2	138.3	68.7	30.0	C

表 5-8 "旌香优 9139"在各试点和产量、生育期及主要经济性状（迟熟 B 组）

地点	亩产（千克）	比 CK（±%）	位次	播种期（米/天）	齐穗期（米/天）	成熟期（米/天）	全生育期（天）	有效穗（万/亩）	株高（厘米）	穗长（厘米）	穗粒数（粒/穗）	实粒数（粒/穗）	结实率（%）	千粒重（克）	各点评价
贵阳	659.81	-1.48	8	4/11	8/9	9/20	162	16.4	117.6	25.8	182.9	152.9	83.6	26.9	C
遵义	785.30	4.70	2	4/18	8/15	9/25	160	16.1	114.9	25.3	213.8	168.3	78.7	28.3	A
正安	670.00	3.61	5	4/1	8/14	9/5	157	13.5	118.4	26.5	214.0	194.0	90.7	27.3	B
思南	713.33	2.61	7	4/20	8/4	9/15	148	17.5	132.4	26.5	191.0	160.9	84.2	27.5	C
铜仁	575.67	8.68	2	4/23	8/2	9/11	141	15.4	128.7	29.2	161.8	146.7	90.7	25.6	A
天柱	580.83	-0.40	11	4/27	8/4	9/11	137	13.2	131.5	24.8	185.8	167.6	90.2	27.2	D
凯里	552.17	-1.22	9	4/20	8/5	9/15	148	13.3	115.1	23.2	160.9	142.3	88.4	28.5	D
贵定	563.67	0.62	2	4/15	8/10	9/15	153	10.4	118.3	24.3	173.9	148.7	85.5	26.5	A
兴义	712.50	-7.79	10	4/16	8/21	9/29	166	20.0	105.5	25.5	194.39	145.25	74.7	25.6	C
关岭	623.64	10.20	2	4/25	8/12	9/21	149	17.1	117.6	23.2	217.5	131.7	60.6	26.7	A

表 5-9 "五优 4456" 在各试点和产量、生育期及主要经济性状（迟熟 B 组）

地点	亩产（千克）	比CK（±%）	位次	播种期（米/天）	齐穗期（米/天）	成熟期（米/天）	全生育期（天）	有效穗（万/亩）	株高（厘米）	穗长（厘米）	穗粒数（粒/穗）	实粒数（粒/穗）	结实率（%）	千粒重（克）	各点评价
贵阳	584.63	-12.70	11	4/11	7/30	9/10	152	15.1	102.4	22.4	180.8	150.0	82.9	25.5	D
遵义	696.28	-7.17	9	4/18	8/11	9/23	158	14.6	101.4	24.0	212.5	166.8	78.5	26.5	C
正安	678.33	4.90	3	4/1	8/10	8/31	152	13.0	104.8	24.4	213.3	195.5	91.7	26.0	B
思南	716.00	3.00	6	4/20	8/4	9/8	141	16.3	116.6	25.6	176.3	139.5	79.1	32.6	A
铜仁	508.00	-4.09	11	4/23	7/30	9/9	139	13.5	105.7	27.7	164.7	148.3	90.0	25.8	C
天柱	516.50	-11.43	12	4/27	8/3	9/5	131	14.3	113.2	22.7	163.1	146.4	89.8	24.9	D
凯里	594.50	6.35	3	4/20	8/3	9/10	143	12.6	103.3	23.7	206.1	175.2	85.0	26.9	B
贵定	507.33	-9.43	12	4/15	8/4	9/9	147	10.8	90.3	23.0	166.1	154.9	93.3	26.8	C
兴义	805.17	4.21	3	4/16	8/13	9/13	150	24.1	90.9	22.3	163.73	144.4	88.2	24.7	B
关岭	604.97	6.90	5	4/25	8/14	9/23	151	18.2	118.8	22.7	222.8	143.7	64.5	26.2	B

表 5-10 "成丰 A/R33" 在各试点和产量、生育期及主要经济性状（迟熟 B 组）

地点	亩产（千克）	比CK（±%）	位次	播种期（米/天）	齐穗期（米/天）	成熟期（米/天）	全生育期（天）	有效穗（万/亩）	株高（厘米）	穗长（厘米）	穗粒数（粒/穗）	实粒数（粒/穗）	结实率（%）	千粒重（克）	各点评价
贵阳	736.85	10.03	1	4/11	8/10	9/20	162	15.4	138.5	27.7	194.8	161.8	83.1	30.1	A
遵义	770.82	2.77	3	4/18	8/19	9/29	164	14.8	123.4	25.2	193.9	151.6	78.2	34.6	A
正安	706.67	9.28	1	4/1	8/15	9/4	156	12.0	127.4	28.2	223.0	176.1	79.0	34.0	A
思南	672.17	-3.31	10	4/20	8/13	9/23	156	13.5	136.6	24.2	214.4	182.8	85.3	27.4	B
铜仁	532.67	0.57	4	4/23	8/8	9/15	145	12.9	143.0	28.5	166.4	144.1	86.6	29.5	C
天柱	611.00	4.77	8	4/27	8/15	9/20	146	13.5	147.8	28.0	205.2	158.1	77.0	29.5	C
凯里	589.17	5.40	4	4/20	8/13	9/16	149	12.8	131.4	25.9	160.5	130.9	81.6	35.8	B
贵定	550.50	-1.73	6	4/15	8/15	9/20	158	10.0	120.0	22.7	156.7	121.5	77.5	31.2	B
兴义	832.00	7.68	1	4/16	8/23	10/1	168	20.1	112.9	24.1	169.24	142.5	84.2	31.2	A
关岭	614.59	8.60	3	4/25	8/19	9/28	156	13.9	139.9	27.0	198.6	109.2	55.0	33.5	A

表 5-11　"宜香优制 2"在各试点和产量、生育期及主要经济性状（迟熟 B 组）

地点	亩产（千克）	比CK（±%）	位次	播种期（米/天）	齐穗期（米/天）	成熟期（米/天）	全生育期（天）	有效穗（万/亩）	株高（厘米）	穗长（厘米）	穗粒数（粒/穗）	实粒数（粒/穗）	结实率（%）	千粒重（克）	各点评价
贵阳	700.32	4.57	3	4/11	8/6	9/20	162	15.6	120.4	26.8	166.1	136.1	81.9	33.8	B
遵义	684.15	-8.78	11	4/18	8/14	9/25	160	14.1	130.4	26.4	177.6	125.2	70.5	37.0	C
正安	660.00	2.06	7	4/1	8/14	9/5	157	14.6	141.0	27.6	145.8	127.9	87.7	36.6	B
思南	656.67	-5.54	11	4/20	8/4	9/10	143	14.4	144.6	24.4	185.5	150.0	80.9	32.0	C
铜仁	529.00	-0.13	6	4/23	8/11	9/10	140	12.7	144.5	29.1	154.3	134.2	87.0	33.0	C
天柱	620.67	6.43	6	4/27	8/5	9/12	138	13.0	142.6	28.4	172.3	150.4	87.3	33.1	B
凯里	549.17	-1.76	10	4/20	8/5	9/13	146	11.6	131.1	27.6	152	125.5	82.6	37.8	C
贵定	532.33	-4.97	8	4/15	8/9	9/14	152	14.2	126.7	26.0	112.8	101.7	90.2	36.6	C
兴义	727.17	-5.89	9	4/16	8/17	9/25	162	21.6	105.0	26.2	144.6	102.72	71.0	34.5	C
关岭	560.83	-0.90	7	4/25	8/15	9/24	152	19.8	122.1	22.6	167.6	118.5	70.7	34.1	C

表 5-12　"晶两优 7818"在各试点和产量、生育期及主要经济性状（迟熟 B 组）

地点	亩产（千克）	比CK（±%）	位次	播种期（米/天）	齐穗期（米/天）	成熟期（米/天）	全生育期（天）	有效穗（万/亩）	株高（厘米）	穗长（厘米）	穗粒数（粒/穗）	实粒数（粒/穗）	结实率（%）	千粒重（克）	各点评价
贵阳	543.87	-18.79	12	4/11	8/16	9/25	167	15.4	126.6	24.2	173.7	143.9	82.8	25.2	D
遵义	673.22	-10.24	12	4/18	8/21	10/1	166	14.5	117.1	26.2	213.9	151.0	70.6	29.1	C
正安	663.33	2.58	6	4/1	8/14	8/31	152	14.0	130.0	27.1	212.5	182.9	86.1	26.2	B
思南	656.17	-5.61	12	4/20	8/9	9/19	152	14.3	127.8	27.0	239.2	187.1	78.2	26.5	C
铜仁	508.17	-4.06	10	4/23	8/6	9/12	142	14.0	125.4	28.2	167.1	150.3	89.9	25.2	C
天柱	628.00	7.69	5	4/27	8/12	9/17	143	15.2	139.7	27.2	212.6	166.4	78.3	25.0	B
凯里	555.17	-0.69	8	4/20	8/15	9/19	152	13.5	115.5	25.6	193.2	149.8	77.5	27.6	C
贵定	526.33	-6.04	10	4/15	8/13	9/18	156	14.2	114.0	25.7	135.4	111.3	82.2	28.0	C
兴义	744.83	-3.60	6	4/16	8/26	10/3	170	22.4	99.5	23.8	177.75	129.25	72.7	25.6	C
关岭	534.79	-5.50	11	4/25	8/10	9/19	147	20.3	118.1	26.3	240.2	172.5	71.8	28.2	D

2016年贵州省杂交水稻区域试验迟熟C组汇总报告

为及时有效地鉴定各单位选育和推荐的水稻新品种(组合)在我省不同生态地区的丰产性、稳产性、适应性、抗性、米质及其他重要性状,从而为我省水稻新品种(组合)的审定及推广提供科学依据,特进行了本试验。根据2016年贵州省水稻区试会议安排,共有11个新品种参加迟熟C组试验,现将试验结果进行汇总。

一、试验概况

(一) 参试品种及承试单位

参试品种11个,一个续试品种,10个初试品种,均为杂交组合;以F优498(CK)为对照。承试地点10个,分布在我省海拔272~1300米的不同生态地区。试验点基本情况见表1。

(二) 试验设计、栽培管理及基本情况

各承试单位均按统一的试验实施方案进行试验,田间试验设计采用随机区组排列,三次重复。小区面积0.02亩,四周设保护行。所有参试品种同期播种、移栽,耕作栽培措施比当地大田生产水平略高,如设有防治病虫害措施。试验观察记载按《贵州省水稻品种区域试验技术操作规程》执行。

本年各试点试验正常,分别于4月8~29日播种,育秧方式为湿润育秧或旱育秧。移栽株行距规格:遵义试点9寸×5寸,铜仁试点8寸×5寸,正安试点(11+7)寸×5寸,贵阳试点(6+9)寸×6寸,思南试点7寸×7寸,黔西南和黔南试点9寸×6寸,黔南、天柱、黔东南、关岭等试点都是8寸×6寸。

(三) 统计分析

按照《农作物品种区域试验技术规范 水稻》等有关试验质量评价标准,对各试验点实验结果的可靠性、完整性、准确性、可比性以及对照品种表现情况等进行分析评价,

确保汇总质量。2016 年各试验点实验结果正常,全部进入汇总。

试验品种产量结果用 RCT99 软件采用混合模型进行联合方差分析,品种间产量差异多重比较采用 Duncan's 新复极差法分析。参试品种的丰产性主要以品种在区试中相对于对照品种产量来衡量,参试品种的适应性主要以品种在区试中比对照种增产的试验点比例做衡量,参试品种的稳产性主要以品种在年间区试中相对于对照品种产量的差异变化程度来衡量,参试品种的生育期主要以全生育期比对照品种的天数差异来衡量,参试品种的抗性以指定鉴定单位的鉴定结果为主要依据。

参试品种的米质检测、评价按照国家《优质稻谷》标准分优质一级、优质二级、优质三级,未达到优质级米质的均为等外级。

(四)特性鉴定

稻瘟病鉴定:设两个自然鉴定点,由湄潭县、麻江县植保站承担;一个接种鉴定点,由贵州省植物保护研究所承担。鉴定为结果由贵州省植物保护研究所负责汇总。稻瘟病鉴定高感的品种实行一票否决,不再试验或审定。

耐冷性鉴定:由安顺市农科所、毕节市农科所和贵州省品种资源研究所承担,鉴定结果由贵州省品种资源研究所负责汇总。

米质分析:由遵义市农科所和贵州省水稻研究所统一提供稻谷样品,送农业部食品质量监督检验测试中心(武汉)负责检测分析。食味品质鉴定由贵州省种子总站组织有关专家在贵州省水稻研究所统一品尝鉴定。

二、结果分析

(一)产量

参试品种的平均亩产量变幅为 571.74~662.31 千克,对照 F 优 498(CK)平均亩产 624.62 千克,产量居第六位。其中参试品种较高的为 G48A/R785、禾优 98、赣 73 优明占、C 优 1152,产量位居前四,平均亩产 637.15~662.31 千克,比对照 F 优 498(CK)增产 2.01%~6.03%,除 C 优 1152 增产达不到显著水平以外,其余三个增产都达到极显著水平。YD998 较对照增产 1.17%,增产不显著。其他六个品种都较对照有不同程度的减产,其中 947A/R460、贵优 957、谷丰优 93 三品种减产不显著,其余三个品种减产达显著极显著。品种产量比对照增减产百分率、品种间产量差异显著性、比对照增产试验点比例等汇总结果见表 2。

（二）生育期

参试品种的生育期平均在 148.8～157.3 天,对照 F 优 498(CK)平均生育期为 148.9 天。其中 C 优 1152 生育期最短,比对照早熟 0.1 天;深两优 841 的生育期最长,比对照迟熟 8.4 天。主要的农艺经济性状见表 2。

（三）抗性(见表 3)

（1)稻瘟病

根据贵州省品种审定委员会水稻专业组会议决定,水稻专家对我省稻瘟病抗性试验点湄潭县和麻江县进行了田间实地考察并对试验品种做出鉴定。首先,凡参试的组合被确定为高感(HS)的,在本年评定中不予通过;其次,两个自然鉴定点当中只要有一个点的结果为高感,即将该组合评定为高感(HS),不能通过审定;最后,根据《主要农作物品种审定标准(国家级)》的规定,品种的稻瘟病综合抗性指数≤6.5,同时,长江上游稻区品种穗瘟损失率最高级≤7 级时评定为通过审定(记为"Y")。为此,我们将综合抗性指数>6.5 的品种的综合病级评定为 9 级,即不能通过审定(记为"N")。

通过以上审定得到品种年度综合总评结果:对照 F 优 498(CK)田间实地考察,经稻瘟病鉴定为高感被现均淘汰;YD998 综合抗性指数>6.5,评定为 9 级,高感稻瘟病亦被淘汰。其余品种通过了稻瘟病鉴定。

（2)耐冷性

综合评价:对照 F 优 498(CK)表现为"强"。参试品种表现为"强"的 2 个,"较强"的 3 个,"较弱"的 1 个,"弱"的 2 个,"极弱"的 3 个。

（四）米质

根据国家《优质稻谷》标准,对照 F 优 498(CK)达优质米三级,参试品种赣 73 优明占、YD998 达国标优质米三级,其余品种米质属于等外级。品种糙米率、整精米率、粒长、长宽比、垩白粒率、垩白度、胶稠度、直链淀粉等米质性状见表 4。

（五)品种在各试点的表现

品种在各试点的产量、生育期、主要的农艺经济性状及综合评价等见表 5-1 至表 5-12。

三、品种评价

品种 YD998 高感稻瘟病不再审定和试验,品种评价也不再一一叙述。

（一)续试品种

G48A/R785

2015年初试平均亩产614.85千克,比组平均值增产5.26%,增产点比例88.9%,居参试组合第二位;全生育期158.7天,比对照中优169晚熟3.6天。2016年续试平均亩产662.31千克,比对照F优498(CK)增产6.03%,达极显著水平,增产点率80%,居参试组合第一位;全生育期155.3天,比对照晚熟6.4天。两年区试平均亩产638.58千克,比对照增产5.66%,两年累计增产点比例84.2%;平均生育期157天。2016年生产试验平均亩产569.38千克,比对照F优498(CK)增产7.40%,增产点率100%。

主要农艺性状两年区试平均表现:株高129.0厘米,有效穗14.0万/亩,穗长27.0厘米,每穗总粒数197.0粒,结实率77.2%,千粒重31.8克。

稻瘟病抗性鉴定结果:2015年田间自然鉴定和接种鉴定综合评价为"中感",2016年田间自然鉴定和接种鉴定综合评价为"中抗"。

耐冷性鉴定结果:2015年表现为"较强",2016年表现为"极弱"。

米质主要指标表现:整精米率50.0%,粒型长/宽比3.0,垩白粒率56%,垩白度9.8%,胶稠度32毫米,直链淀粉含量20.2%,碱消值级4.5,透明度级2。国标等级属于等外级。

该品种经两年区试、一年生产试验综合表现:高产稳产,生育期较晚,穗大粒多,千粒重较高,米质一般,抗性较好,通过稻瘟病鉴定,耐冷性较强。

(二)初试品种

(1)禾优98

2016年初试平均亩产645.55千克,比对照F优498(CK)增产3.35%,增产点比例80%,居参试组合第二位,达极显著水平;全生育期152.2天,比对照F优498(CK)晚熟3.3天。

主要农艺性状表现:有效穗15.0万/亩,株高112.3厘米,穗长24.6厘米,每穗总粒数181.3粒,结实率83.2%,千粒重29.3克。

稻瘟病抗性鉴定结果:综合评价为"中感"。

耐冷性鉴定结果:综合评价为"较弱"。

米质主要指标表现:整精米率56.0%,粒型长/宽比3.2,垩白粒率22%,垩白度4.6%,胶稠度35毫米,直链淀粉含量20.1%,碱消值4.5,透明度1,国标等级属于等外级。

该品种经过一年区试表现:产量高,生育期较晚,结实率高,有效穗较多,米质一般,通过稻瘟病鉴定,耐冷性较弱。

(2)赣 73 优明占

2016 年初试平均亩产 645.45 千克,比对照 F 优 498(CK)增产 3.34%,增产点比例 50%,居参试组合第三位,达极显著水平;全生育期 153.8 天,比对照 F 优 498(CK)晚熟 4.9 天。

主要农艺性状表现:有效穗 14.9 万/亩,株高 125.3 厘米,穗长 25.1 厘米,每穗总粒数 197.2 粒,结实率 81.7%,千粒重 27.7 克。

稻瘟病抗性鉴定结果:综合评价为"中抗"。

耐冷性鉴定结果:综合评价为"弱"。

米质主要指标表现:整精米率 55.4%,粒型长/宽比 3.1,垩白粒率 9%,垩白度 2.6%,胶稠度 52 毫米,直链淀粉含量 15.6%,碱消值 7.0,透明度 1,国标等级属于优质三级。

该品种经过一年区试表现:产量高,生育期较晚,大穗粒多,结实率较高,米质较优,抗病性好,通过稻瘟病鉴定,耐冷性弱。

(3)C 优 1152

2016 年初试平均亩产 637.15 千克,比对照 F 优 498(CK)增产 2.01%,增产点比例 60%,居参试组合第四位,增产不显著;全生育期 148.8 天,比对照 F 优 498(CK)早熟 0.1 天。

主要农艺性状表现:有效穗 14.3 万/亩,株高 125.1 厘米,穗长 24.9 厘米,每穗总粒数 179.1 粒,结实率 79.9%,千粒重 32.9 克。

稻瘟病抗性鉴定结果:综合评价为"中感"。

耐冷性鉴定结果:综合评价为"较强"。

米质主要指标表现:整精米率 50.0%,粒型长/宽比 3.0,垩白粒率 56%,垩白度 9.8%,胶稠度 32 毫米,直链淀粉含量 20.2%,碱消值 4.5,透明度 2,国标等级属于等外级。

该品种经过一年区试表现:产量较高,生育期适中,结实率较高,千粒重高,米质一般,通过稻瘟病鉴定,耐冷性较强。

(4)947A/R460、贵优 957、奥两优 567、谷丰优 93、丰优 1186、深两优 841

这六个品种平均亩产都较对照 F 优 498(CK)有不同程度的减产,米质检测均为等外级。建议结束试验。

表 1　试验点基本情况

承试单位	试验地点	海拔高度（米）	经度	纬度	株行距规格（寸×寸）	试验点负责人及执行人
贵州省水稻研究所	贵阳市花溪区金农社区	1140	106°43′	26°35′	7.5×6	涂敏、李树杏、金帮文
遵义市农科所	遵义市新浦新区新舟镇槐安村	800	107°17′	27°80′	9×5	王炜、王怀昕、张元琴
正安县种子站	正安县瑞溪镇三把车组	625	107°37′	28°59′	（11.2+7）×5.5	杨杰和正安种子站全体人员
思南县种子站	思南县许家坝镇	570	108°06′	27°52′	7×7	安兴智、徐文霞
铜仁市农科所	铜仁市碧江区坝黄镇农科所	272	109°11′	27°43′	8×5	车崇洪、吴兰英
天柱县种子站	天柱县邦洞街道织云村	412	109°09′	26°53′	8×6	杨玉英、张彩凤
杨顺煜、袁仁阶黔东南州农科所	黄平县旧州镇	640	107°55′	26°29′	8×6	浦选昌、彭朝才
雷安宁、杨秀军关岭县种子站	关岭县关索镇北口村北口组	1010	105°34′	25°55′	8×6	杨恒、邓昌龙、杨丽、杨全怀、刘清江
黔西南州农科所	兴义市木贾	1300	104°56′	25°06′	9×6	陈世华
黔南州农科所	贵定县盘江镇狮朴龙潭村	906.9	107°16′	26°54′	8×6	程蓉、庭立宗

表 2　2016 年贵州省区试品种产量、生育期及主要农艺性状汇总分析结果(迟熟 C 组)

品种名称	区试年份(年)	平均亩产(千克)	位次	比CK(±%)	增产点率(%)	产量差异显著性 5%	产量差异显著性 1%	回归系数	全生育期(天)	比CK(±天)	有效穗(万/亩)	株高(厘米)	穗长(厘米)	总粒数(粒/穗)	实粒数(粒/穗)	结实率(%)	千粒重(克)
G48A/R785	2015~2016	638.58		5.66	84.2				157.0		14.0	129.0	27.0	197.0	151.8	77.2	31.8
	2015~2016	604.36		0													
C优1152	2016	637.15	4	2.01	60.0	bc	BC	1.371	148.8	-0.1	14.3	125.1	24.9	179.1	143.0	79.9	32.9
奥两优567	2016	606.41	11	-2.92	40.0	f	F	0.873	152.4	3.5	14.4	121.0	26.8	189.9	149.1	78.5	30.2
禾优98	2016	645.55	2	3.35	80.0	b	AB	1.246	152.2	3.3	15.0	112.3	24.6	181.3	150.9	83.2	29.3
贵优957	2016	618.67	8	-0.95	30.0	ef	DEF	1.116	151.5	2.6	14.7	121.4	26.7	202.5	154.3	76.2	28.2
赣73优明占	2016	645.45	3	3.34	50.0	b	AB	1.329	153.8	4.9	14.9	125.3	25.1	197.2	161.2	81.7	27.7
947A/R460	2016	619.45	7	-0.83	60.0	def	DEF	1.102	151.5	2.6	14.2	124.1	26.0	174.5	142.6	81.8	32.5
F优498(CK)	2016	624.62	6	0		cde	CDE	1.165	148.9	0.0	14.0	120.8	26.4	196.0	158.9	81.1	30.0
谷丰优93	2016	613.36	9	-1.80	30.0	ef	EF	0.984	152.8	3.9	15.0	121.1	24.9	180.8	149.9	82.9	28.6
丰优1186	2016	608.79	10	-2.53	30.0	f	EF	0.964	151.5	2.6	15.5	119.0	25.9	173.7	138.0	79.4	30.1
YD998	2016	631.95	5	1.17	60.0	cd	BCD	0.486	150.6	1.7	15.0	122.1	25.4	195.4	156.7	80.2	28.1
深两优841	2016	571.54	12	-8.50	10.0	克	G	0.527	157.3	8.4	15.4	116.4	24.9	176.0	139.9	79.5	27.8
G48A/R785	2016	662.31	1	6.03	80.0	a	A	0.835	155.3	6.4	14.3	131.8	27.1	190.1	153.5	80.8	31.8

表 3　2015 年贵州省杂交水稻区试抗性鉴定结果（迟熟 C 组）

品种名称	稻瘟病自然鉴定 麻江县 抗性评价	稻瘟病自然鉴定 湄潭县 抗性评价	稻瘟病人工接种鉴定 省植保所 抗性评价	稻瘟病人工接种鉴定 平均穗瘟损失率病级指数	综合抗性评价 平均综合抗性指数	综合抗性评价 综合抗性指数病级	综合抗性评价 通过 Y/否 N	耐冷性自然鉴定综合评价
C 优 1152	MS	MS	MR	5.00	4.84	5	Y	较强
奥两优 567	MR	MR	MS	4.33	4.36	5	Y	极弱
禾优 98	MR	MR	HS	5.00	4.91	5	Y	较弱
贵优 957	MS	MS	HS	6.33	6.23	7	Y	弱
赣 73 优明占	MR	MR	R	3.00	3.11	3	Y	弱
947A/R460	MR	MR	S	4.33	4.40	5	Y	强
F 优 498（CK）	现场鉴定为高感（HS）						强	
合丰优 93	MR	MR	MS	3.67	3.94	3	Y	较强
丰优 1186	S	MS	MS	5.67	5.57	5	Y	强
YD998	S	MS	HS	7.00	6.86	9	N	较强
深两优 841	MR	MR	HS	5.00	4.76	5	Y	极弱
G48A/R785	MR	MR	MS	3.67	3.68	3	Y	极弱

表4 2016年贵州省杂交水稻区试稻米品质主要指标（迟熟C组）

品种名称	国标等级	出糙率(%)	精米率(%)	整精米率(%)	粒长(毫米)	粒型长/宽比	垩白粒率(%)	垩白度(%)	直链淀粉(%)	胶稠度(毫米)	碱消值(级)	透明度(级)	水分(%)
C优1152		79.9	70.3	50.0	7.3	3.0	56	9.8	20.2	32	4.5	2	12.4
奥两优567		80.5	70.6	54.2	7.3	3.1	50	10.5	21.1	35	4.5	2	12.5
禾优98		79.6	69.0	56.0	7.2	3.2	22	4.6	20.1	35	4.5	1	14.1
贵优957		80.0	70.7	56.3	6.8	2.9	53	10.0	18.8	45	4.7	2	12.2
赣73优明占	优3	79.7	70.9	55.4	6.9	3.1	9	2.6	15.6	52	7.0	1	13.0
947A/R460		78.9	69.5	51.6	7.0	2.8	46	7.7	14.6	60	4.5	1	13.1
F优498(CK)	优3	79.6	69.3	56.7	7.0	3.0	22	4.1	21.3	50	6.5	1	12.8
合丰优93		79.8	70.7	47.3	7.1	3.0	40	6.0	16.0	50	4.3	2	13.7
丰优1186		80.4	72.1	60.3	6.8	3.0	18	4.4	14.4	65	4.8	1	13.8
YD998	优3	78.7	71.0	56.0	7.2	3.3	12	2.3	15.6	55	5.5	1	12.9
深两优841		80.8	71.0	38.4	6.9	2.7	83	20.0	20.0	45	4.8	2	12.8
C优1152		79.9	70.3	50.0	7.3	3.0	56	9.8	20.2	32	4.5	2	12.4

表 5-1　"C 优 1152"在各试点和产量、生育期及主要经济性状（迟熟 C 组）

地点	亩产（千克）	比CK（±%）	位次	播种期（米/天）	齐穗期（米/天）	成熟期（米/天）	全生育期（天）	有效穗（万/亩）	株高（厘米）	穗长（厘米）	穗粒数（粒/穗）	实粒数（粒/穗）	结实率（%）	千粒重（克）	各点评价
贵阳	607.94	-9.15	11	4/11	8/1	9/11	153	13.1	116.9	24.5	186.0	146.3	78.6	32.8	D
遵义	799.30	8.50	1	4/18	8/16	9/27	162	13.4	125.4	26.7	210.1	160.3	76.3	36.2	A
正安	666.67	11.73	2	4/1	8/13	8/31	152	11.7	126.2	25.1	186.0	168.7	90.7	33	A
思南	661.00	0.25	5	4/20	8/7	9/7	140	16.0	128.8	24.6	181.6	140.7	77.5	32.1	A
铜仁	506.50	-0.78	9	4/23	8/1	9/10	140	14.0	142.0	29.0	169.2	150.4	88.9	27.0	C
天柱	575.67	-6.90	11	4/22	8/1	9/6	137	13.1	137.7	25.0	165.5	137.3	83.0	32.8	D
凯里	551.17	-0.40	11	4/20	8/5	9/10	143	15.1	130.1	23.0	135.5	103.4	76.3	35.9	D
贵定	599.50	2.71	1	4/15	8/9	9/14	152	11.6	120.7	22.7	162.3	138.8	85.4	35.0	A
兴义	773.17	6.69	2	4/16	8/20	9/26	163	19.5	110.2	23.1	193.2	136.37	70.6	31.6	B
关岭	630.58	6.20	5	4/25	8/9	9/18	146	15.1	113.1	25.0	201.0	147.8	73.5	32.0	B

表 5-2　"奥两优 567"在各试点和产量、生育期及主要经济性状（迟熟 C 组）

地点	亩产（千克）	比CK（±%）	位次	播种期（米/天）	齐穗期（米/天）	成熟期（米/天）	全生育期（天）	有效穗（万/亩）	株高（厘米）	穗长（厘米）	穗粒数（粒/穗）	实粒数（粒/穗）	结实率（%）	千粒重（克）	各点评价
贵阳	662.67	-0.97	6	4/11	8/6	9/18	160	15.7	111.3	26.5	196.1	151.8	77.4	29.3	B
遵义	635.15	-13.78	12	4/18	8/17	9/27	162	14.1	119.7	27.0	205.1	140.7	68.6	33.4	D
正安	636.67	6.70	4	4/1	8/16	9/3	155	12.2	122.3	28.2	225.2	181.9	80.8	31	A
思南	677.00	2.68	2	4/20	8/8	9/15	148	14.3	128.6	28.5	214.0	164.5	76.9	29.6	A
铜仁	516.17	1.11	5	4/23	8/2	9/12	142	14.2	134.1	27.3	168.2	150.2	89.3	27.6	C
天柱	586.00	-5.23	10	4/22	8/3	9/12	143	13.3	130.0	25.6	163.8	146.1	89.2	30.5	D
凯里	586.17	5.92	7	4/20	8/9	9/16	149	12.8	121.0	24.9	158.6	140.9	88.8	32.8	C
贵定	524.00	-10.22	10	4/15	8/12	9/17	155	14.2	114.0	27.3	152.5	132.2	86.7	30.7	C
兴义	666.67	-8.01	10	4/16	8/21	9/29	166	18.2	104.7	26.8	189.5	136.8	72.2	28.2	C
关岭	573.58	-3.40	9	4/25	8/7	9/16	144	15.0	123.9	26.4	226.1	146.3	64.7	29.4	D

表5-3 "禾优98"在各试点和产量、生育期及主要经济性状（迟熟C组）

地点	亩产（千克）	比CK（±%）	位次	播种期（米/天）	齐穗期（米/天）	成熟期（米/天）	全生育期（天）	有效穗（万/亩）	株高（厘米）	穗长（厘米）	穗粒数（粒/穗）	实粒数（粒/穗）	结实率（%）	千粒重（克）	各点评价
贵阳	690.17	3.14	2	4/11	8/9	9/20	162	16.3	105.2	24.2	190.1	152.4	80.2	28.6	A
遵义	736.86	0.02	2	4/18	8/13	9/25	160	14.6	110.5	24.7	218.5	155.5	71.2	30.9	B
正安	613.33	2.79	9	4/1	8/14	9/4	156	15.7	117.2	23.5	144.3	133.3	92.4	30	B
思南	658.67	-0.10	7	4/20	8/9	9/14	147	17.8	118.8	24.0	192.6	144.3	74.9	27.5	B
铜仁	517.67	1.40	4	4/23	8/4	9/13	143	16.8	115.6	26.8	166.4	141.1	84.8	24.5	C
天柱	653.50	5.69	4	4/22	8/3	9/11	142	14.8	121.5	23.1	172.0	154.6	89.9	29.1	B
凯里	639.67	15.59	2	4/20	8/6	9/10	143	14.8	106.5	21.7	167.3	138.5	82.8	31.2	A
贵定	543.33	-6.91	8	4/15	8/12	9/17	155	12.5	102.7	22.3	137.7	121.4	88.2	30.2	C
兴义	759.83	3.52	3	4/16	8/20	9/26	163	19..92	93.8	22.2	184.9	184.9	80.5	27.2	B
关岭	642.46	8.20	3	4/25	8/14	9/23	151	11.8	131.0	33.5	238.9	182.5	76.4	34.0	A

表5-4 "贵优957"在各试点和产量、生育期及主要经济性状（迟熟C组）

地点	亩产（千克）	比CK（±%）	位次	播种期（米/天）	齐穗期（米/天）	成熟期（米/天）	全生育期（天）	有效穗（万/亩）	株高（厘米）	穗长（厘米）	穗粒数（粒/穗）	实粒数（粒/穗）	结实率（%）	千粒重（克）	各点评价
贵阳	609.34	-8.94	10	4/11	8/8	9/18	160	15.2	114.3	25.2	206.7	150.4	72.8	27.5	D
遵义	724.67	-1.63	4	4/18	8/14	9/25	160	14.5	117.5	28.0	261.4	162.3	62.1	30.0	B
正安	626.67	5.03	6	4/1	8/13	9/1	153	11.7	118.1	28.0	221.0	188.3	85.2	28	A
思南	643.17	-2.45	9	4/20	8/9	9/17	150	14.9	124.6	28.4	240.2	173.1	72.1	27.5	C
铜仁	505.17	-1.04	10	4/23	8/4	9/13	143	13.9	134.1	28.2	167.3	150.0	89.7	25.3	C
天柱	606.67	-1.89	7	4/22	8/4	9/10	141	13.9	137.2	26.0	182.3	155.2	85.1	28.7	C
凯里	584.50	5.62	8	4/20	8/7	9/12	145	14.1	123.8	24.7	161.5	139.4	86.3	29.3	C
贵定	575.83	-1.34	3	4/15	8/11	9/16	154	11.3	113.7	25.0	182.1	152.5	83.7	30.0	A
兴义	734.17	1.31	6	4/16	8/19	9/26	163	20.5	101.3	26.6	153.3	137.6	89.8	27.0	C
关岭	576.55	-2.90	8	4/25	8/9	9/18	146	17.2	129.0	27.1	249.6	134.3	53.8	28.5	D

2016年贵州省杂交水稻区域试验迟熟C组汇总报告

表5-5 "赣73优明占"在各试点和产量、生育期及主要经济性状（迟熟C组）

地点	亩产(千克)	比CK(±%)	位次	播种期(月/天)	齐穗期(月/天)	成熟期(月/天)	全生育期(天)	有效穗(万/亩)	株高(厘米)	穗长(厘米)	穗粒数(粒/穗)	实粒数(粒/穗)	结实率(%)	千粒重(克)	各点评价
贵阳	653.39	-2.36	7	4/11	8/9	9/20	162	16.1	121.4	22.8	183.1	153.2	83.7	27.0	C
遵义	719.29	-2.36	6	4/18	8/17	9/27	162	14.8	125.1	25.1	216.1	155.5	72.0	29.8	B
正安	683.33	14.53	1	4/1	8/10	9/4	156	15.1	125.5	25.6	197.0	175.1	88.9	27	A
思南	673.17	2.10	4	4/20	8/14	9/25	158	15.0	133.5	27.6	256.5	182.3	71.1	27.2	A
铜仁	483.83	-5.22	12	4/23	8/3	9/12	142	13.7	132.3	28.5	164.2	140.3	85.4	25.5	D
天柱	675.50	9.25	2	4/22	8/3	9/10	141	14.8	139.5	24.5	180.2	162.6	90.2	28.4	A
凯里	654.17	18.21	1	4/20	8/8	9/15	148	13.6	126.1	23.5	192.6	169.5	88.0	28.6	A
贵定	565.67	-3.08	5	4/15	8/9	9/14	152	10.0	113.0	24.3	187.1	169.4	90.5	28.9	B
兴义	780.33	7.73	1	4/16	8/20	9/28	165	21.1	107.7	22.9	198.4	155.9	78.6	25.3	A
关岭	565.86	-4.70	10	4/25	8/15	9/24	152	15.0	129.2	26.1	196.8	148.0	75.2	28.8	D

表5-6 "947A/R460"在各试点和产量、生育期及主要经济性状（迟熟C组）

地点	亩产(千克)	比CK(±%)	位次	播种期(月/天)	齐穗期(月/天)	成熟期(月/天)	全生育期(天)	有效穗(万/亩)	株高(厘米)	穗长(厘米)	穗粒数(粒/穗)	实粒数(粒/穗)	结实率(%)	千粒重(克)	各点评价
贵阳	672.34	0.47	4	4/11	8/6	9/18	160	14.5	115.1	25.1	179.1	144.3	80.5	32.8	B
遵义	675.94	-8.25	9	4/18	8/15	9/25	160	13.6	119.2	25.8	195.1	142.4	73.0	34.9	C
正安	620.00	3.91	7	4/1	8/11	9/2	154	12.6	124.0	26.7	165.3	154.7	93.6	34	B
思南	621.17	-5.79	11	4/20	8/7	9/13	146	13.9	133.4	28.4	218.0	160.0	73.4	31.0	C
铜仁	518.33	1.53	3	4/23	8/4	9/13	143	14.6	133.1	26.7	156.4	140.2	89.6	30.1	C
天柱	574.50	-7.09	12	4/22	8/2	9/8	139	12.9	131.1	25.2	160.3	143.4	89.5	32.4	D
凯里	590.17	6.65	6	4/20	8/6	9/14	147	12.4	120.9	24.8	168.3	138.8	82.5	35.1	B
贵定	515.17	-11.74	11	4/15	8/10	9/15	153	11.3	119.0	25.7	162.1	136.2	84.0	31.0	C
兴义	743.67	2.62	5	4/16	8/17	9/24	161	19.3	107.8	26.0	144.8	126.3	87.2	32.4	C
关岭	663.24	11.70	2	4/25	8/15	9/24	152	17.1	137.6	25.8	195.2	140.1	71.8	31.4	A

表 5-7 "F优498（CK）"在各试点和产量、生育期及主要经济性状（迟熟 C 组）

地点	亩产（千克）	比CK（±%）	位次	播种期（月/天）	齐穗期（月/天）	成熟期（米/天）	全生育期（天）	有效穗（万/亩）	株高（厘米）	穗长（厘米）	穗粒数（粒/穗）	实粒数（粒/穗）	结实率（%）	千粒重（克）	各点评价
贵阳	669.17	0	5	4/11	8/8	9/19	161	13.6	118.2	26.5	204.5	167.5	81.9	29.5	B
遵义	736.70	0	3	4/18	8/15	9/25	160	14.1	118.1	26.9	211.2	160.4	76.0	33.2	B
正安	596.67	0	10	4/1	8/13	9/4	156	11.0	119.8	30.0	214.0	186.8	87.3	30	B
思南	659.33	0	6	4/20	8/7	9/15	148	16.7	133.6	26.4	182.8	154.9	84.7	27.7	B
铜仁	510.50	0	7	4/23	8/1	9/10	140	14.9	122.2	27.0	157.6	138.2	87.7	28.0	C
天柱	618.33	0	6	4/22	8/1	9/10	110	14.1	126.0	26.1	164.5	147.9	89.9	30.0	C
凯里	553.38	0	10	4/20	8/5	9/14	147	12.9	116.5	23.9	169.9	138.1	81.3	31.6	D
贵定	583.67	0	2	4/15	8/8	9/13	151	9.6	113.0	26.7	203.6	185.1	90.9	31.0	A
兴义	724.67	0	7	4/16	8/18	9/24	162	20.4	100.8	22.5	173.8	135.0	77.7	28.7	C
关岭	593.77	0	7	4/25	8/18	9/26	154	12.6	140.2	27.6	277.8	175.6	63.2	30.4	C

表 5-8 "谷丰优 93"在各试点和产量、生育期及主要经济性状（迟熟 C 组）

地点	亩产（千克）	比CK（±%）	位次	播种期（月/天）	齐穗期（米/天）	成熟期（米/天）	全生育期（天）	有效穗（万/亩）	株高（厘米）	穗长（厘米）	穗粒数（粒/穗）	实粒数（粒/穗）	结实率（%）	千粒重（克）	各点评价
贵阳	622.55	-6.97	9	4/11	8/10	9/20	162	15.6	112.1	24.3	190.8	152.3	79.8	28.1	C
遵义	679.38	-7.78	8	4/18	8/14	9/25	160	13.3	120.7	26.1	231.2	165.9	71.7	31.4	C
正安	620.00	3.91	7	4/1	8/14	9/3	155	12.2	119.8	26.1	193.4	178.2	92.1	30	B
思南	632.50	-4.07	10	4/20	8/7	9/14	147	16.7	128.0	25.0	185.8	151.8	81.7	27.1	C
铜仁	494.83	-3.07	11	4/23	8/2	9/11	141	14.6	125.6	26.5	156.8	136.2	86.9	25.5	C
天柱	651.17	5.31	5	4/22	8/4	9/12	143	14.5	131.8	24.8	172.5	156.2	90.6	29.4	B
凯里	628.83	13.63	4	4/20	8/8	9/16	149	15.6	123.6	23.0	159.9	135.8	84.9	29.8	B
贵定	543.33	-6.91	9	4/15	8/12	9/17	155	13.8	109.0	23.0	130.1	112.6	86.5	26.5	C
兴义	699.33	-4.28	8	4/16	8/21	9/28	165	23.1	99.6	22.7	142.5	124.1	87.1	26.2	C
关岭	561.71	-5.40	11	4/25	8/14	9/23	151	10.6	141.0	27.5	244.7	185.8	75.9	32.3	D

表 5-9 "丰优 1186"在各试点和产量、生育期及主要经济性状(迟熟 C 组)

地点	亩产(千克)	比CK(±%)	位次	播种期(米/天)	齐穗期(米/天)	成熟期(米/天)	全生育期(天)	有效穗(万/亩)	株高(厘米)	穗长(厘米)	穗粒数(粒/穗)	实粒数(粒/穗)	结实率(%)	千粒重(克)	各点评价
贵阳	639.40	-4.45	8	4/11	8/7	9/18	160	16.0	113.6	24.7	163.3	134.3	82.2	30.7	C
遵义	683.20	-7.26	7	4/18	8/15	9/25	160	14.2	113.1	27.4	200.5	141.6	70.6	33.5	C
正安	630.00	5.59	5	4/1	8/15	9/4	156	16.4	115.4	27.0	170.0	142.8	84.0	29	A
思南	650.00	-1.42	8	4/20	8/7	9/15	148	14.8	125.4	28.6	184.3	160.4	87.0	28.9	C
铜仁	511.33	0.16	6	4/23	8/1	9/10	140	14.2	126.1	27.1	163.5	140.7	86.1	27.5	C
天柱	590.67	-4.47	8	4/22	8/2	9/10	141	13.1	129.2	24.9	165.7	148.9	89.9	31.2	D
凯里	584.17	5.56	9	4/20	8/5	9/11	144	14.1	122.1	24.4	158.8	127.7	80.4	32.4	C
贵定	554.33	-5.03	6	4/15	8/8	9/13	151	15.0	108.1	25.0	124.3	111.1	89.4	32.0	B
兴义	689.00	-4.90	9	4/16	8/18	1/25	162	21.5	101.1	24.1	190.6	122.2	64.2	28.5	C
关岭	555.77	-6.40	12	4/25	8/17	9/25	153	15.5	135.8	25.8	215.8	149.9	69.5	26.7	D

表 5-10 "YD998"在各试点和产量、生育期及主要经济性状(迟熟 C 组)

地点	亩产(千克)	比CK(±%)	位次	播种期(米/天)	齐穗期(米/天)	成熟期(米/天)	全生育期(天)	有效穗(万/亩)	株高(厘米)	穗长(厘米)	穗粒数(粒/穗)	实粒数(粒/穗)	结实率(%)	千粒重(克)	各点评价
贵阳	705.29	5.40	1	4/11	8/5	9/16	158.0	15.6	112	24.5	205.8	171.1	83.2	27.3	A
遵义	642.12	-12.84	11	4/18	8/15	9/25	160.0	13.2	120.0	25.3	232.4	161.6	69.5	28.8	D
正安	576.67	-3.35	12	4/1	8/14	9/5	157.0	15.5	120.6	25.3	186.0	158.4	85.2	27	C
思南	680.33	3.19	1	4/20	8/7	9/13	146.0	14.9	132.0	27.7	230.6	179.6	77.9	28.1	B
铜仁	582.83	14.17	2	4/23	7/31	9/10	140.0	15.8	127.0	27.2	159.7	143.9	90.1	26.8	A
天柱	654.17	5.80	3	4/22	8/1	9/8	139.0	14.3	130.1	24.2	179.9	165.1	91.8	27.9	B
凯里	629.00	13.66	3	4/20	8/5	9/14	147.0	14.9	120.0	24.2	180.1	148.8	82.6	28.8	A
贵定	547.00	-6.28	7	4/15	8/9	9/14	152.0	11.7	112.7	23.7	152.6	129.4	84.8	29.8	C
兴义	637.67	-12.01	11	4/16	8/17	9/24	161.0	21.2	98.2	21.6	172.6	116.4	67.4	27.2	C
关岭	664.43	11.90	1	4/25	8/9	9/18	146.0	13.2	148.3	29.9	253.9	192.7	75.9	29.9	A

表 5-11 "深两优 841"在各试点和产量、生育期及主要经济性状（迟熟 C 组）

地点	亩产(千克)	比CK(±%)	位次	播种期(月/天)	齐穗期(月/天)	成熟期(月/天)	全生育期(天)	有效穗(万/亩)	株高(厘米)	穗长(厘米)	穗粒数(粒/穗)	实粒数(粒/穗)	结实率(%)	千粒重(克)	各点评价
贵阳	571.08	-14.66	12	4/11	8/15	9/25	167	16.2	107.2	23.3	162.7	132.9	81.7	27.5	D
遵义	660.68	-10.32	10	4/18	8/19	9/29	164	15.0	121.3	25.1	203.3	139.7	68.7	29.3	C
正安	585.00	-1.96	11	4/1	8/16	9/5	157	16.0	119.5	24.5	155.7	135.4	87.0	27	C
思南	605.83	-8.11	12	4/20	8/18	9/26	159	15.9	127.8	25.4	188.8	154.5	81.8	26.5	D
铜仁	509.17	-0.26	8	4/23	8/8	9/15	145	15.4	117.4	28.2	167.5	141.3	84.4	25.3	C
天柱	588.33	-4.85	9	4/22	8/9	9/15	146	14.9	121.6	26.1	174.5	151.5	86.8	26.5	D
凯里	547.50	-1.06	12	4/20	8/15	9/17	150	15.8	108.9	22.9	159.9	127.0	79.4	27.7	D
贵定	490.33	-15.99	12	4/15	8/17	9/22	160	12.9	101.3	23.0	139.6	117.7	84.3	30.0	C
兴义	529.83	-26.78	12	4/16	9/3	10/10	177	20.4	91.3	20.6	140.1	104.4	74.5	26.5	C
关岭	627.61	5.70	6	4/25	8/11	9/20	148	11.4	147.2	29.6	267.6	194.5	72.7	31.9	C

表 5-12 "G48A/R785"在各试点和产量、生育期及主要经济性状（迟熟 C 组）

地点	亩产(千克)	比CK(±%)	位次	播种期(月/天)	齐穗期(月/天)	成熟期(月/天)	全生育期(天)	有效穗(万/亩)	株高(厘米)	穗长(厘米)	穗粒数(粒/穗)	实粒数(粒/穗)	结实率(%)	千粒重(克)	各点评价
贵阳	687.74	2.77	3	4/11	8/9	9/19	161	13.7	124.7	27.0	205.0	164.4	80.2	31.4	A
遵义	722.26	-1.96	5	4/18	8/20	9/29	164	14.1	133.7	26.8	193.2	142.1	73.5	36.1	B
正安	660.00	10.61	3	4/1	8/15	9/2	154	13.0	140.9	28.1	209.6	174.5	83.3	31	A
思南	673.67	2.17	3	4/20	8/17	9/22	155	15.6	144.8	28.4	211.3	159.5	75.5	27.8	B
铜仁	630.00	23.41	1	4/23	8/7	9/15	145	15.1	135.1	29.8	173.6	154.3	88.9	28.5	A
天柱	691.17	11.78	1	4/22	8/8	9/14	145	14.0	152.2	28.4	187.7	160.7	85.6	31.6	A
凯里	601.33	8.67	5	4/20	8/15	9/17	150	13.6	139.4	23.9	159.9	133.3	83.4	33.3	B
贵定	566.67	-2.91	4	4/15	8/15	9/20	158	12.1	120.3	25.0	143.5	133.5	93.0	36.1	A
兴义	756.17	4.35	4	4/16	8/23	9/29	166	19.2	112.9	26.1	186.8	147.4	78.9	28.0	C
关岭	634.15	6.80	4	4/25	8/19	9/27	155	12.9	114.2	27.9	229.9	165.0	71.8	34.0	B

2016年贵州省杂交水稻区域试验迟熟 D 组汇总报告

为及时有效地鉴定各单位选育和推荐的水稻新品种(组合)在我省不同生态地区的丰产性、稳产性、适应性、抗性、米质及其他重要性状,从而为水稻新品种(组合)的审定及推广提供科学依据,特进行了本试验。根据 2016 年贵州省水稻区试会议安排,共有 11 个新品种参加迟熟 D 组试验,现将试验结果进行汇总。

一、试验概况

(一) 参试品种及承试单位

参试品种 11 个,全部为初试品种,均为杂交组合;以 F 优 498(CK)为对照。承试地点 10 个,分布在我省海拔 272~1300 米的不同生态地区。试验点基本情况见表 1。

(二) 试验设计、栽培管理及基本情况

各承试单位均按统一的试验实施方案进行试验,田间试验设计采用随机区组排列,三次重复。小区面积 0.02 亩,四周设保护行。所有参试品种同期播种、移栽,耕作栽培措施比当地大田生产水平略高,如设有防治病虫害措施。试验观察记载按《贵州省水稻品种区域试验技术操作规程》执行。

本年各试点试验正常,分别于 4 月 8~29 日播种,育秧方式为湿润育秧或旱育秧。移栽株行距规格:遵义试点 9 寸×5 寸,铜仁试点 8 寸×5 寸,正安试点(11+7)寸×5 寸,贵阳试点(6+9)寸×6 寸,思南试点 7 寸×7 寸,黔西南和黔南试点 9 寸×6 寸,天柱、黔东南、关岭等四个试点都是 8 寸×6 寸。

(三) 统计分析

按照《农作物品种区域试验技术规范　水稻》等有关试验质量评价标准,对各试验点实验结果的可靠性、完整性、准确性、可比性以及对照品种表现情况等进行分析评价,确保汇总质量。2016 年各试验点实验结果正常,全部进入汇总。

试验品种产量结果用 RCT99 软件采用混合模型进行联合方差分析,品种间产量差异多重比较采用 Duncan's 新复极差法分析。参试品种的丰产性主要以品种在区试中相对于对照品种产量来衡量,参试品种的适应性主要以品种在区试中比对照品种增产的试验点比例来衡量,参试品种的稳产性主要以品种在年间区试中相对于对照品种产量的差异变化程度来衡量,参试品种的生育期主要以全生育期比对照品种的天数差异来衡量,参试品种的抗性以指定鉴定单位的鉴定结果为主要依据。

参试品种的米质检测、评价按照国家《优质稻谷》标准分优质一级、优质二级、优质三级,未达到优质级米质的均为等外级。

(四)特性鉴定

稻瘟病鉴定:设两个自然鉴定点,由湄潭县、麻江县植保站承担;一个接种鉴定点,由贵州省植物保护研究所承担。鉴定结果由贵州省植物保护研究所负责汇总;稻瘟病鉴定为高感的品种实行一票否决,不再试验或审定。

耐冷性鉴定:由安顺市农科所、毕节市农科所和贵州省品种资源研究所承担;鉴定结果由贵州省品种资源研究所负责汇总。

米质分析:由遵义市农科所和贵州省水稻研究所统一提供稻谷样品,送农业部食品质量监督检验测试中心(武汉)负责检测分析。食味品质鉴定由贵州省种子总站组织有关专家在贵州省水稻研究所统一品尝鉴定。

二、结果分析

(一)产量

参试品种的平均亩产量变幅为 555.24~641.38 千克,对照 F 优 498(CK)平均亩产 620.25 千克,产量居第五位。其中参试品种较高的有贵丰优 503、黔优 35、兆优 5455,产量位居前三,平均亩产 632.59~641.38 千克,F 优 498(CK)增产 1.99%~3.41%,比对照增产达极显著水平。禾香优 1963 较对照增产不显著。其他品种都较对照有不同程度的减产,其中卓优 118、富香优 59、蓉优 1855、黔丰优 286 减产显著,其余三个品种减产不显著。品种产量比对照增减产百分率、品种间产量差异显著性、比对照增产试验点比例等汇总结果见表 2。

(二)生育期

参试品种的生育期平均在 149.6~156.0 天,对照 F 优 498(CK)平均生育期为 152.5天。其中卓优 118 生育期最短,比对照早熟 2.9 天;内香优 1399 的生育期最长,比对照迟熟 3.5 天。主要的农艺经济性状见表 2。

（三）抗性（见表 3）

（1）稻瘟病

根据贵州省品种审定委员会水稻专业组会议决定，水稻专家对我省稻瘟病抗性试验点湄潭县和麻江县进行了田间实地考察并对试验品种做出鉴定。首先，凡参试的组合被确定为高感（HS）的，在本年评定中不予通过；其次，两个自然鉴定点当中只要有一个点的结果为高感，即将该组合评定为高感，不能通过审定；最后，根据《主要农作物品种审定标准（国家级）》的规定，品种的稻瘟病综合抗性指数≤6.5，同时，长江上游稻区品种穗瘟损失率最高级≤7 级时评定为通过审定（记为"Y"）。为此，我们将综合抗性指数>6.5 的品种的综合病级评定为 9 级，即不能通过审定（记为"N"）。

通过以上审定得到品种年度综合总评结果：对照 F 优 498（CK）田间实地考察，经稻瘟病鉴定为高感，其余品种通过了稻瘟病鉴定。

（2）耐冷性

综合评价：对照 F 优 498（CK）表现为"强"。参试品种表现为"较强"的 3 个，"较弱"的 4 个，"弱"的 2 个，"极弱"的 2 个。

（四）米质

根据国家《优质稻谷》标准，对照 F 优 498（CK）为优质三级，参试品种富香优 59、兆优 5455、禾香优 1963 达国标优质米二级，卓优 118、黔优 35、内香优 1399、蓉优 1855、双优 369 等品种达到国标优质米三级，其他品种米质属于等外级。品种糙米率、整精米率、粒长、长宽比、垩白粒率、垩白度、胶稠度、直链淀粉等米质性状见表 4。

（五）品种在各试点的表现

品种在各试点的产量、生育期、主要的农艺经济性状及综合评价等见表 5-1 至表 5-12。

三、品种评价

（1）贵丰优 503

2016 年初试平均亩产 641.38 千克，比对照 F 优 498（CK）增产 3.41%，增产点比例 60%，居参试组合第一位，达极显著水平；全生育期 152.8 天，比对照 F 优 498（CK）晚熟 0.3 天。

主要农艺性状表现：有效穗 14.5 万/亩，株高 123.8 厘米，穗长 26.2 厘米，每穗总粒数 194.4 粒，结实率 76.5%，千粒重 30.9 克。

稻瘟病抗性鉴定结果:综合评价为"中感"。

耐冷性鉴定结果:综合评价为"较弱"。

米质主要指标表现:整精米率 66.2%,粒型长/宽比 2.8,垩白粒率 70%,垩白度 10.3%,胶稠度 75 毫米,直链淀粉含量 15.2%,碱消值 4.2,透明度 2,国标等级属于等外级。

该品种经过一年区试表现:产量高,生育期适中,穗大粒多,千粒重较高,米质一般,通过稻瘟病鉴定,耐冷性较弱。

(2)黔优 35

2016 年初试平均亩产 641.09 千克,比对照 F 优 498(CK)增产 3.36%,增产点比例 80%,居参试组合第二位,达极显著水平;全生育期 154.0 天,比对照 F 优 498(CK)晚熟 1.5 天。

主要农艺性状表现:有效穗 15.4 万/亩,株高 125.1 厘米,穗长 25.3 厘米,每穗总粒数 178.2 粒,结实率 79.4%,千粒重 30.7 克。

稻瘟病抗性鉴定结果:综合评价为"中抗"。

耐冷性鉴定结果:综合评价为"较弱"。

米质主要指标表现:整精米率 62.0%,粒型长/宽比 6.9,垩白粒率 28%,垩白度 3.5%,胶稠度 53 毫米,直链淀粉含量 15.0%,碱消值 4.8,透明度 1,国标等级属于国标优三级。

该品种经过一年区试表现:产量高,生育期适中,大穗,千粒重高,有效穗较多,米质较优,通过稻瘟病鉴定,耐冷性较弱。

(3)兆优 5455

2016 年初试平均亩产 632.59 千克,比对照 F 优 498(CK)增产 1.99%,增产点比例 80%,居参试组合第三位,增产不显著;全生育期 154.4 天,比对照 F 优 498(CK)晚熟 1.9 天。

主要农艺性状表现:有效穗 15.6 万/亩,株高 119.2 厘米,穗长 25.8 厘米,每穗总粒数 183.7 粒,结实率 82.4%,千粒重 28.0 克。

稻瘟病抗性鉴定结果:综合评价为"中抗"。

耐冷性鉴定结果:综合评价为"较强"。

米质主要指标表现:整精米率 55.1%,粒型长/宽比 3.3,垩白粒率 8%,垩白度 2.4%,胶稠度 50 毫米,直链淀粉含量 16.0%,碱消值 7.0,透明度 1,国标等级属于优二级。

该品种经过一年区试表现:产量较高,生育期适中,结实率高,有效穗较多,米质优,通过稻瘟病鉴定,耐冷性较强。

(4)禾香优 1963

2016 年初试平均亩产 620.86 千克,比对照 F 优 498(CK)增产 0.10%,增产点比例 60%,居参试组合第四位,增产不显著;全生育期 153.1 天,比对照 F 优 498(CK)晚熟 0.6 天。

主要农艺性状表现:有效穗 15.2 万/亩,株高 119.0 厘米,穗长 25.2 厘米,每穗总粒数 180.5 粒,结实率 76.5%,千粒重 31.2 克。

稻瘟病抗性鉴定结果:综合评价为"中抗"。

耐冷性鉴定结果:综合评价为"较强"。

米质主要指标表现:整精米率 54.8%,粒型长/宽比 3.2,垩白粒率 12%,垩白度 2.2%,胶稠度 60 毫米,直链淀粉含量 19.2%,碱消值 7.0,透明度 1,国标等级属于国标二级。

该品种经过一年区试表现:产量较高,生育期适中,有效穗多,千粒重高,米质优,通过稻瘟病鉴定,耐冷较强。

(5)内香优 1399

2016 年初试平均亩产 606.53 千克,比对照 F 优 498(CK)减产 2.21%,减产显著,增产点比例 50%;全生育期 156.0 天,比对照 F 优 498(CK)晚熟 3.5 天。

主要农艺性状表现:有效穗 14.9 万/亩,株高 118.3 厘米,穗长 25.7 厘米,每穗总粒数 177.3 粒,结实率 76.3%,千粒重 31.9 克。

稻瘟病抗性鉴定结果:综合评价为"中感"。

耐冷性鉴定结果:综合评价为"极弱"。

米质主要指标表现:整精米率 54.0%,粒型长/宽比 3.0,垩白粒率 30%,垩白度 4.0%,胶稠度 70 毫米,直链淀粉含量 15.2%,碱消值 4.3,透明度 1,国标等级属于优三级。

该品种经过一年区试表现:产量一般,生育期较晚,千粒重高,米质较优,通过稻瘟病鉴定,耐冷性极弱。

(6)双优 369

2016 年初试平均亩产 605.08 千克,比对照 F 优 498(CK)减产 2.45%,减产显著,增产点比例 30%;全生育期 150.7 天,比对照 F 优 498(CK)早熟 1.8 天。

主要农艺性状表现:有效穗 14.5 万/亩,株高 123.2 厘米,穗长 25.8 厘米,每穗总粒数 191.6 粒,结实率 79.5%,千粒重 28.8 克。

稻瘟病抗性鉴定结果:综合评价为"中抗"。

耐冷性鉴定结果:综合评价为"较强"。

米质主要指标表现:整精米率 58.8%,粒型长/宽比 3.0,垩白粒率 30%,垩白度 4.8%,胶稠度 68 毫米,直链淀粉含量 15.5%,碱消值 4.0,透明度 1,国标等级属于优三级。

该品种经过一年区试表现:产量一般,生育期适中,米质较优,抗性好,通过稻瘟病鉴定,耐冷性较强。

(7)蓉优 1855

2016 年初试平均亩产 588.39 千克,比对照 F 优 498(CK)减产 5.14%,减产极显著,增产点比例 20%;全生育期 150.6 天,比对照 F 优 498(CK)早熟 1.9 天。

主要农艺性状表现:有效穗 14.5 万/亩,株高 136.0 厘米,穗长 25.4 厘米,每穗总粒数 198.4 粒,结实率 75.8%,千粒重 26.7 克。

稻瘟病抗性鉴定结果:综合评价为"中感"。

耐冷性鉴定结果:综合评价为"极弱"。

米质主要指标表现:整精米率 54.4%,粒型长/宽比 3.2,垩白粒率 5%,垩白度 0.3%,胶稠度 52 毫米,直链淀粉含量 15.4%,碱消值 4.2,透明度 1,国标等级属于优三级。

该品种经过一年区试表现:产量较低,生育期适中,千粒重较低,米质较优,通过稻瘟病鉴定,耐冷性极弱。建议结束试验。

(8)富香优 59

2016 年初试平均亩产 582.46 千克,比对照 F 优 498(CK)减产 6.09%,减产达极显著,增产点比例 50%;全生育期 153.9 天,比对照 F 优 498(CK)晚熟 1.4 天。

主要农艺性状表现:有效穗 17.1 万/亩,株高 107.3 厘米,穗长 24.6 厘米,每穗总粒数 188.2 粒,结实率 78.9%,千粒重 24.4 克。

稻瘟病抗性鉴定结果:综合评价为"感"。

耐冷性鉴定结果:综合评价为"弱"。

米质主要指标表现：整精米率 57.6%，粒型长/宽比 3.2，垩白粒率 3%，垩白度 0.4%，胶稠度 55 毫米，直链淀粉含量 16.0%，碱消值 4.2，透明度 1，国标等级属于优二级。

该品种经过一年区试表现：产量低，生育期适中，有效穗高，千粒重低，米质优，通过稻瘟病鉴定，耐冷性弱。

（9）卓优 118

2016 年初试平均亩产 555.24 千克，比对照 F 优 498（CK）减产 10.48%，减产达极显著，增产点比例 20%；全生育期 149.6 天，比对照 F 优 498（CK）早熟 2.9 天。

主要农艺性状表现：有效穗 14.8 万/亩，株高 124.4 厘米，穗长 25.4 厘米，每穗总粒数 186.3 粒，结实率 80.4%，千粒重 26.4 克。

稻瘟病抗性鉴定结果：综合评价为"中抗"。

耐冷性鉴定结果：综合评价为"较弱"。

米质主要指标表现：整精米率 62.0%，粒型长/宽比 3.2，垩白粒率 20%，垩白度 3.8%，胶稠度 53 毫米，直链淀粉含量 15.1%，碱消值 7.0，透明度 1，国标等级属于优三级。

该品种经过一年区试表现：产量低，生育期适中，千粒重较低，米质较优，通过稻瘟病鉴定，耐冷性较弱。建议结束试验。

（10）黔丰优 286、惠优 801

两个品种 2016 年初试平均亩产量分别为 601.37 千克、619.27 千克，比对照减产分别为 3.04% 和 0.16%，黔丰优 286 与对照达显著水平，惠优 801 不显著，米质检测为等外级。通过稻瘟病鉴定，耐冷性鉴定较弱。建议结束试验。

表 1　试验点基本情况

承试单位	试验地点	海拔高度(米)	经度	纬度	株行距规格(寸×寸)	试验点负责人及执行人
贵州省水稻研究所	贵阳市花溪区金农社区	1140	106°43'	26°35'	7.5×6	涂敏、李树杏、金帮文
遵义市农科所	遵义市新浦新区新舟镇偰安村	800	107°17'	27°80'	9×5	张元琴
正安县种子站	正安县瑞溪镇三把车组	625	107°37'	28°59'	(11.2+7)×5.5	杨杰和正安种子站全体人员
思南县种子站	思南县许家坝镇	570	108°06'	27°52'	7×7	安兴智、易玉霞
铜仁市农科所	铜仁市碧江区坝黄镇农科所	272	109°11'	27°43'	8×5	车崇洪、吴兰英
天柱县种子站	天柱县邦洞街道织云村	412	109°09'	26°53'	8×6	杨玉英、张彩凤
杨顺提、袁仁阶 黔东南州农业科学院	黄平县旧州镇	640	107°55'	26°29'	8×6	浦选昌、彭朝才
雷安宁、杨秀军 关岭县种子站	关岭县关索镇北口村北口组	1010	105°34'	25°55'	8×6	杨恒、邓昌龙、杨丽、杨全怀、刘清江
黔西南州农业科学院	兴义市木贾	1300	104°56'	25°06'	9×6	陈世华
黔南州农科所	贵定县盘江镇狮朴龙潭村	906.9	107°16'	26°54'	8×6	程蓉、庭立宗

表2 2016年贵州省区试品种产量、生育期及主要农艺性状汇总分析结果（早熟D组）

品种名称	平均亩产（千克）	位次	比CK（±%）	增产点率（%）	产量差异显著性 5%	产量差异显著性 1%	回归系数	全生育期（天）	比CK（±天）	有效穗（万/亩）	株高（厘米）	穗长（厘米）	总粒数（粒/穗）	实粒数（粒/穗）	结实率（%）	千粒重（克）
禾香优1963	620.86	4	0.10	60.0	bc	BC	1.032	153.1	0.6	15.2	119.0	25.2	180.5	138.0	76.5	31.2
双优369	605.08	8	−2.45	30.0	e	CDE	1.161	150.7	−1.8	14.5	123.2	25.8	191.6	152.3	79.5	28.8
黔丰优286	601.37	9	−3.04	40.0	ef	DE	1.260	152.3	−0.2	14.1	122.4	27.9	180.3	140.0	77.7	32.2
蓉1855	588.39	10	−5.14	20.0	f(克)	EF	0.795	150.6	−1.9	14.5	136.0	25.4	198.4	150.4	75.8	28.7
兆优5455	632.59	3	1.99	80.0	ab	AB	0.947	154.4	1.9	15.6	119.2	25.8	183.7	151.5	82.4	28.0
内香优1399	606.53	7	−2.21	50.0	de	CD	0.813	156.0	3.5	14.9	118.3	25.7	177.3	135.3	76.3	31.9
F优498（CK）	620.25	5	0	80.0	bc	BC	0.999	152.5	0.0	14.1	120.8	26.2	184.3	148.4	80.5	30.3
黔优35	641.09	2	3.36	80.0	a	A	1.192	154.0	1.5	15.4	125.1	25.3	178.2	141.5	79.4	30.7
卓优118	555.24	12	−10.48	20.0	h	G	0.752	149.6	−2.9	14.8	124.4	25.4	186.3	149.8	80.4	26.4
贵丰优503	641.38	1	3.41	60.0	a	A	1.194	152.8	0.3	14.5	123.8	26.2	194.4	148.8	76.5	30.9
惠优801	619.27	6	−0.16	40.0	cd	BC	1.251	154.0	1.5	14.4	129.8	27.1	188.3	146.1	77.6	30.5
富香优59	582.46	11	−6.09	50.0	克	F	0.605	153.9	1.4	17.1	107.3	24.6	188.2	148.6	78.9	24.4

表3 2016年贵州省杂交水稻区试抗性鉴定结果（迟熟D组）

品种名称	稻瘟病自然鉴定		稻瘟病人工接种鉴定		综合抗性评价			耐冷性自然鉴定综合评价
	麻江县 抗性评价	湄潭县 抗性评价	省植保所 抗性评价	平均穗瘟损失率级指数	平均综合抗性指数	综合抗性指数病级	通过 Y/否 N	
禾香优1963	MR	MS	R	3.00	3.25	3	Y	较强
双优369	MR	MS	R	3.00	3.17	3	Y	较强
黔丰优286	MR	MR	S	4.33	4.43	5	Y	弱
蓉优1855	MS	S	MS	6.33	5.93	5	Y	极弱
兆优5455	R	MR	S	3.67	3.73	3	Y	较强
内香优1399	MR	MR	S	4.33	4.76	5	Y	极弱
F优498（CK）			现场鉴定为高感（HS）				强	
黔优35	MS	MR	MR	3.67	3.82	3	Y	较弱
卓优118	MR	MR	R	2.33	2.76	3	Y	较弱
贵丰优503	MR	MS	MS	4.33	4.71	5	Y	较弱
惠优801	MR	MR	S	5.00	4.46	5	Y	较弱
富香优59	MS	MS	HS	7.00	6.15	7	Y	弱

表 4　2016 年贵州省杂交水稻区试稻米品质主要指标（迟熟 D 组）

品种名称	国标等级	出糙率（%）	精米率（%）	整精米率（%）	粒长（毫米）	粒型长/宽比	垩白粒率（%）	垩白度（%）	直链淀粉（%）	胶稠度（毫米）	碱消值（级）	透明度（级）	水分（%）
禾香优 1963	优 2	77.0	65.5	54.8	7.5	3.2	12	2.2	19.2	60	7.0	1	13.5
双优 369	优 3	80.7	71.3	58.8	7.0	3.0	30	4.8	15.6	68	4.0	1	13.3
黔丰优 286		79.1	71.0	52.4	6.8	2.6	47	7.5	15.5	55	4.3	1	13.7
蓉优 1855	优 3	80.6	70.0	54.4	7.1	3.2	5	0.9	15.4	52	4.2	1	13.5
兆优 5455	优 2	78.0	67.5	55.1	7.2	3.3	8	2.4	16.0	50	7.0	1	13.5
内香优 1399	优 3	78.8	69.3	54.0	7.3	3.0	30	4.0	15.2	70	4.3	1	13.2
F 优 498（CK）	优 3	79.6	69.3	56.7	7.0	3.0	22	4.1	21.3	50	6.5	1	12.8
黔优 35	优 3	80.3	71.8	62.0	6.9	3.0	28	3.5	15.0	53	4.8	1	13.5
卓优 118	优 3	79.1	70.0	62.0	6.9	3.2	20	3.8	15.1	53	7.0	1	13.5
贵丰优 503		77.0	66.2	47.3	7.1	2.8	70	10.3	15.2	75	4.2	2	13.8
惠优 801		77.8	66.8	52.3	7.4	3.1	75	11.2	19.0	40	4.8	2	13.4
富香优 59	优 2	77.0	68.4	57.6	6.7	3.2	3	0.4	16.0	55	4.3	1	13.5

表 5-1 "禾香优1963"在各试点和产量、生育期及主要经济性状（迟熟 D 组）

地点	亩产（千克）	比CK（±%）	位次	播种期（米/天）	齐穗期（米/天）	成熟期（米/天）	全生育期（天）	有效穗（万/亩）	株高（厘米）	穗长（厘米）	穗粒数（粒/穗）	实粒数（粒/穗）	结实率（%）	千粒重（克）	各点评价
贵阳	674.76	1.54	5	4/11	8/12	9/20	162	16.5	116.9	26.2	205.1	160.5	78.3	26.5	B
遵义	698.83	1.49	10	4/18	8/13	9/25	160	17.4	113.6	23.6	173.6	115.2	66.4	34.3	B
正安	611.67	4.56	5	4/1	8/16	8/30	151	13.6	117.2	24.4	169.4	148.7	87.8	30.9	A
思南	670.33	2.13	4	4/20	8/12	9/17	150	15.3	131.0	27.0	216.0	149.0	69.0	31.0	A
铜仁	505.17	−0.82	12	4/23	8/5	9/13	143	14.3	120.1	28.3	164.3	140.3	85.4	29.0	C
天柱	671.67	6.47	2	4/22	8/6	9/15	146	13.5	140.3	26.0	183.0	151.9	83.0	33.4	A
凯里	575.67	3.20	5	4/20	8/11	9/18	151	15.1	120.6	24.1	164.6	120.5	73.2	31.9	B
贵定	562.67	−4.31	4	4/15	8/14	9/19	157	13.3	111.3	23.0	144.8	121.3	83.8	32.2	A
兴义	675.50	−8.47	6	4/16	8/24	9/30	167	20.6	95.2	22.3	163.5	118.8	72.6	29.1	C
关岭	562.31	−3.70	9	4/25	8/7	9/16	144	12.0	123.8	27.4	220.8	154.0	69.8	34.1	C

表 5-2 "双优369"在各试点和产量、生育期及主要经济性状（迟熟 D 组）

地点	亩产（千克）	比CK（±%）	位次	播种期（米/天）	齐穗期（米/天）	成熟期（米/天）	全生育期（天）	有效穗（万/亩）	株高（厘米）	穗长（厘米）	穗粒数（粒/穗）	实粒数（粒/穗）	结实率（%）	千粒重（克）	各点评价
贵阳	687.81	3.50	3	4/11	8/9	9/20	162	16.2	120.7	24.1	202.0	164.1	81.2	26.7	B
遵义	765.14	11.12	2	4/18	8/8	9/22	157	14.8	123.6	26.3	215.0	166.5	77.4	30.7	A
正安	531.67	−9.12	11	4/1	8/12	9/6	158	13.5	118.9	26.1	191.6	148.6	77.6	28.7	C
思南	606.33	−7.62	11	4/20	8/4	9/11	144	15.5	135.8	25.5	181.8	151.8	83.5	27.2	C
铜仁	551.83	8.34	2	4/23	8/2	9/11	141	14.9	131.0	28.2	158.2	143.6	90.8	27.0	A
天柱	618.83	−1.90	9	4/22	8/3	9/10	141	14.2	139.0	25.0	195.4	167.4	85.7	26.6	C
凯里	532.17	−4.60	8	4/20	8/6	9/12	145	12.3	125.6	25.3	185.9	150.9	81.2	29.1	C
贵定	556.83	−5.30	5	4/15	8/9	9/14	152	11.7	115.7	25.7	175.2	145.9	83.3	30.1	B
兴义	644.83	−12.60	7	4/16	8/17	9/26	163	19.5	102.0	23.9	179.6	128.0	71.3	28.9	C
关岭	555.31	−4.90	10	4/25	8/7	9/16	144	12.1	119.3	28.0	231.5	156.0	67.4	33.2	D

表 5-3 "黔丰优 286"在各试点和产量、生育期及主要经济性状（迟熟 D 组）

地点	亩产（千克）	比CK（±%）	位次	播种期（米/天）	齐穗期（米/天）	成熟期（米/天）	全生育期（天）	有效穗（万/亩）	株高（厘米）	穗长（厘米）	穗粒数（粒/穗）	实粒数（粒/穗）	结实率（%）	千粒重（克）	各点评价
贵阳	726.54	9.33	2	4/11	8/8	9/18	160	13.6	118.2	27.5	200.6	160.9	80.2	33.8	A
遵义	725.13	5.31	5	4/18	8/12	9/25	160	15.0	118.7	28.3	172.8	136.2	78.8	35.3	B
正安	571.67	-2.28	10	4/1	8/15	9/1	153	12.2	121.3	28.8	173.7	158.1	91.0	32.8	B
思南	607.83	-7.39	10	4/20	8/8	9/14	147	14.9	134.8	28.9	172.3	136.7	79.3	30.7	D
铜仁	527.67	3.60	5	4/23	8/5	9/14	144	14.0	130.2	27.8	157.2	135.6	86.3	29.0	C
天柱	632.00	0.18	7	4/22	8/4	9/14	145	13.5	137.7	27.2	176.9	144.3	81.6	32.9	C
凯里	470.17	-15.72	11	4/20	8/9	9/14	147	10.8	126.1	29.1	208.7	133.9	64.2	33.8	D
贵定	547.33	-6.92	8	4/15	8/15	9/20	158	11.7	116.7	28.3	176.8	147.2	83.3	31.5	C
兴义	634.33	-14.02	9	4/16	8/19	9/28	165	19.3	102.1	25.5	142.8	108.0	75.7	31.6	C
关岭	571.07	-2.20	7	4/25	8/7	9/16	144	15.5	118.4	27.1	221.1	139.5	63.1	30.3	C

表 5-4 "蓉优 1855"在各试点和产量、生育期及主要经济性状（迟熟 D 组）

地点	亩产（千克）	比CK（±%）	位次	播种期（米/天）	齐穗期（米/天）	成熟期（米/天）	全生育期（天）	有效穗（万/亩）	株高（厘米）	穗长（厘米）	穗粒数（粒/穗）	实粒数（粒/穗）	结实率（%）	千粒重（克）	各点评价
贵阳	635.56	-4.36	9	4/11	8/9	9/20	162	15.0	231.1	23.4	192.5	140.2	72.8	31.1	C
遵义	711.74	3.37	7	4/18	8/9	9/24	159	16.3	125.5	26.2	210.9	140.9	66.8	30.9	B
正安	581.67	-0.57	8	4/1	8/14	9/1	153	11.7	123.5	26.1	227.0	179.0	78.9	27.8	B
思南	617.50	-5.92	8	4/20	8/5	9/13	146	15.1	135.8	26.2	198.0	157.0	79.3	27.4	D
铜仁	507.50	-0.36	11	4/23	7/30	9/9	139	14.0	125.4	28.1	159.6	136.1	85.3	28.5	C
天柱	588.33	-6.74	12	4/22	8/1	9/9	140	13.7	139.0	24.7	176.2	155.1	88.0	27.9	D
凯里	513.17	-8.01	9	4/20	8/5	9/15	148	12.4	133.3	26.1	200.8	146.9	73.2	28.4	C
贵定	575.17	-2.18	3	4/15	8/10	9/15	153	11.7	123.0	23.7	208.6	179.9	86.2	27.0	A
兴义	532.00	-27.91	11	4/16	8/16	9/25	162	19.2	105.2	25.2	195.6	115.1	58.9	28.9	C
关岭	621.29	6.40	4	4/25	8/7	9/16	144	15.6	118.7	24.5	215.0	153.3	71.3	29.3	B

表 5-5　"兆优 5455"在各试点和产量、生育期及主要经济性状（迟熟 D 组）

地点	亩产(千克)	比CK(±%)	位次	播种期(米/天)	齐穗期(米/天)	成熟期(米/天)	全生育期(天)	有效穗(万/亩)	株高(厘米)	穗长(厘米)	穗粒数(粒/穗)	实粒数(粒/穗)	结实率(%)	千粒重(克)	各点评价
贵阳	609.76	-8.25	10	4/11	8/12	9/23	165	17.4	113.4	23.6	164.6	137.0	83.2	25.9	D
遵义	701.90	1.94	9	4/18	8/16	9/25	160	16.1	117.0	26.0	169.9	121.7	71.6	35.5	B
正安	615.00	5.13	4	4/1	8/11	9/6	158	13.5	124.5	26.3	191.6	175.4	91.5	28.5	A
思南	685.00	4.37	1	4/20	8/12	9/19	152	16.5	133.6	27.7	195.3	153.8	78.8	27.6	A
铜仁	530.33	4.12	4	4/23	8/6	9/14	144	16.2	120.2	27.2	161.0	144.3	89.6	25.5	B
天柱	664.17	5.28	4	4/22	8/5	9/15	146	14.8	130.1	26.6	177.3	162.6	91.7	27.9	B
凯里	597.50	7.11	2	4/20	8/11	9/14	147	12.6	122.9	27.4	205.5	169.5	82.5	27.7	A
贵定	520.00	-11.56	10	4/15	8/14	9/19	157	12.1	113.7	27.7	167.6	148.5	88.6	26.0	C
兴义	744.17	0.81	1	4/16	8/21	9/26	163	19.9	92.8	21.2	188.9	145.8	77.2	27.5	B
关岭	658.08	12.70	1	4/25	8/15	9/24	152	17.4	123.6	24.0	215.5	156.1	72.4	27.7	A

表 5-6　"内香优 1399"在各试点和产量、生育期及主要经济性状（迟熟 D 组）

地点	亩产(千克)	比CK(±%)	位次	播种期(米/天)	齐穗期(米/天)	成熟期(米/天)	全生育期(天)	有效穗(万/亩)	株高(厘米)	穗长(厘米)	穗粒数(粒/穗)	实粒数(粒/穗)	结实率(%)	千粒重(克)	各点评价
贵阳	603.55	-9.18	11	4/11	8/16	9/25	167	15.8	121.4	26.0	178.2	127.8	71.7	30.9	D
遵义	706.95	2.67	8	4/18	8/15	9/25	160	18.4	118.7	26.2	165.9	122.6	73.9	31.3	B
正安	616.67	5.41	3	4/1	8/16	9/3	155	10.1	110.8	27.4	245.7	210.7	85.8	31.9	A
思南	637.17	-2.92	6	4/20	8/10	9/23	156	16.7	128.2	27.0	164.5	131.6	80.0	31.6	B
铜仁	509.83	0.10	9	4/23	8/8	9/15	145	14.2	115.8	27.3	157.8	138.9	88.0	30.1	C
天柱	641.50	1.69	5	4/22	8/9	9/17	148	14.4	141.2	26.1	175.4	135.8	77.4	33.0	B
凯里	614.50	10.16	1	4/20	8/12	9/17	150	13.6	122.6	25.8	171	138.8	81.2	33.2	A
贵定	538.83	-8.36	9	4/15	8/16	9/21	159	12.5	109.0	25.1	133.6	98.4	73.7	31.0	C
兴义	643.33	-12.80	8	4/16	8/26	10/1	168	19.8	92.0	20.4	162.4	108.9	67.0	31.6	C
关岭	552.97	-5.30	11	4/25	8/15	9/24	152	13.3	123.6	26.2	218.7	139.2	63.7	34.2	D

表 5-7 "F 优 498（CK）"在各试点和产量、生育期及主要经济性状（迟熟 D 组）

地点	亩产（千克）	比 CK（±%）	位次	播种期（米/天）	齐穗期（米/天）	成熟期（米/天）	全生育期（天）	有效穗（万/亩）	株高（厘米）	穗长（厘米）	穗粒数（粒/穗）	实粒数（粒/穗）	结实率（%）	千粒重（克）	各点评价
贵阳	664.55	0	7	4/11	8/9	9/20	162	13.8	121.0	25.9	198.4	165.1	83.2	29.5	C
遵义	688.55	0	11	4/18	8/15	9/25	160	13.6	116.9	26.7	203.6	150.2	73.8	32.9	B
正安	585.00	0	7	4/1	8/13	8/31	152	10.7	122.4	28.4	214.7	188.5	87.8	30.1	B
思南	656.33	0	5	4/20	8/5	9/15	148	15.6	137.4	27.1	180.5	145.7	80.7	29.7	B
铜仁	509.33	0	10	4/23	8/2	9/11	141	13.9	120.1	28.5	163.0	145.0	89.0	27.5	C
天柱	630.83	0	8	4/22	8/4	9/13	144	13.3	133.2	23.7	182.3	149.3	81.9	32.4	C
凯里	557.83	0	6	4/20	8/6	9/15	148	13.1	119.9	25.5	170.1	136.8	80.4	31.5	C
贵定	588.00	0	2	4/15	8/9	9/14	152	11.7	115.7	25.3	166.3	146.4	88.0	30.5	A
兴义	738.17	0	2	4/16	8/18	9/27	164	19.5	94.7	23.2	178.9	138.8	77.6	28.8	B
关岭	583.92	0	5	4/25	8/17	9/26	154	16.3	126.4	27.5	185.5	117.8	63.5	30.3	B

表 5-8 "黔优 35"在各试点和产量、生育期及主要经济性状（迟熟 D 组）

地点	亩产（千克）	比 CK（±%）	位次	播种期（米/天）	齐穗期（米/天）	成熟期（米/天）	全生育期（天）	有效穗（万/亩）	株高（厘米）	穗长（厘米）	穗粒数（粒/穗）	实粒数（粒/穗）	结实率（%）	千粒重（克）	各点评价
贵阳	676.43	1.79	4	4/11	8/14	9/22	164	16.8	123.4	25.0	195.1	143.4	73.5	28.7	B
遵义	755.38	9.71	3	4/18	8/15	9/25	160	16.2	126.9	25.6	172.1	127.3	73.9	35.4	A
正安	631.67	7.98	2	4/1	8/16	8/31	152	13.1	123.6	26.1	183.9	158.3	86.1	32.3	A
思南	682.33	3.96	2	4/20	8/10	9/17	150	15.9	133.2	24.4	174.8	138.5	79.2	31.5	A
铜仁	515.17	1.15	8	4/23	8/4	9/13	143	13.7	132.0	27.8	162.1	143.6	88.6	29.0	C
天柱	639.00	1.29	6	4/22	8/9	9/16	147	14.6	143.6	24.5	173.0	141.2	81.6	31.3	C
凯里	586.50	5.14	4	4/20	8/11	9/16	149	13.1	126.7	25.3	177.7	144.4	81.3	31.9	B
贵定	554.33	-5.73	6	4/15	8/14	9/19	157	13.8	121.0	25.2	136.0	120.8	88.8	30.6	B
兴义	737.17	-0.14	4	4/16	8/22	9/28	165	21.7	97.8	24.0	184.3	131.5	71.4	27.3	C
关岭	632.97	8.40	3	4/25	8/16	9/25	153	15.2	122.3	25.3	222.7	165.9	74.5	28.6	A

表 5-9　"卓优 118"在各试点和产量、生育期及主要经济性状（迟熟 D 组）

地点	亩产（千克）	比CK（±%）	位次	播种期（米/天）	齐穗期（米/天）	成熟期（米/天）	全生育期（天）	有效穗（万/亩）	株高（厘米）	穗长（厘米）	穗粒数（粒/穗）	实粒数（粒/穗）	结实率（%）	千粒重（克）	各点评价
贵阳	671.80	1.09	6	4/11	8/4	9/15	157	16.6	125.5	25.1	205.2	163.7	79.8	25.5	B
遵义	599.37	-12.95	12	4/18	8/9	9/23	158	16.2	123.7	24.7	173.8	138.9	79.9	27.4	C
正安	508.33	-13.11	12	4/1	8/11	8/31	152	13.5	122.4	25.0	206.6	158.7	76.8	25.6	C
思南	580.17	-11.60	12	4/20	8/5	9/9	142	15.3	138.6	26.2	195.3	168.0	86.0	24.3	D
铜仁	550.83	8.15	3	4/23	8/2	9/12	142	14.8	130.3	28.6	167.0	150.2	89.9	24.8	B
天柱	590.17	-6.45	11	4/22	8/1	9/8	139	14.5	135.0	25.1	185.8	158.4	85.3	26.0	D
凯里	436.67	-21.72	12	4/20	8/5	9/12	145	13.5	126.9	23.5	166.9	129.9	77.8	25.6	D
贵定	505.17	-14.09	11	4/15	8/9	9/14	152	11.3	119.0	24.7	182.4	162.4	89.0	26.8	C
兴义	558.67	-24.32	10	4/16	8/14	9/23	160	18.2	105.1	25.0	143.4	121.5	84.7	27.5	C
关岭	551.22	-5.60	12	4/25	8/12	9/21	149	13.9	118.0	26.0	236.4	146.5	62.0	30.8	D

表 5-10　"贵丰优 503"在各试点和产量、生育期及主要经济性状（迟熟 D 组）

地点	亩产（千克）	比CK（±%）	位次	播种期（米/天）	齐穗期（米/天）	成熟期（米/天）	全生育期（天）	有效穗（万/亩）	株高（厘米）	穗长（厘米）	穗粒数（粒/穗）	实粒数（粒/穗）	结实率（%）	千粒重（克）	各点评价
贵阳	762.34	14.71	1	4/11	8/9	9/20	162	14.1	129.4	27.7	229.3	184.4	80.4	30.0	A
遵义	768.42	11.60	1	4/18	8/12	9/24	159	16.8	121.4	26.8	192.8	126.0	65.4	35.4	A
正安	610.00	4.27	6	4/1	8/14	9/4	156	11.5	119.9	28.4	190.5	169.4	88.9	31.3	A
思南	620.17	-5.51	7	4/20	8/9	9/15	148	14.3	133.2	27.8	204.3	147.4	72.1	31.2	C
铜仁	567.83	11.49	1	4/23	8/1	9/11	141	14.2	127.5	29.2	161.8	145.1	89.7	30.0	A
天柱	669.00	6.05	3	4/22	8/4	9/13	144	14.8	140.2	23.7	213.5	167.1	78.3	27.3	A
凯里	551.50	-1.14	7	4/20	8/9	9/16	149	12.5	127.1	25.8	176.5	135.5	76.8	33.1	C
贵定	593.83	0.99	1	4/15	8/13	9/18	156	11.3	116.7	23.7	172.4	143.0	82.9	31.2	A
兴义	696.67	-5.62	5	4/16	8/17	9/26	163	19.6	102.7	23.5	175.4	119.4	68.1	31.5	C
关岭	573.99	-1.70	6	4/25	8/13	9/22	150	15.6	119.8	25.3	227.4	150.4	66.1	28.0	B

表 5-11 "惠优 801"在各试点和产量、生育期及主要经济性状（迟熟 D 组）

地点	亩产（千克）	比CK（±%）	位次	播种期（米/天）	齐穗期（米/天）	成熟期（米/天）	全生育期（天）	有效穗（万/亩）	株高（厘米）	穗长（厘米）	穗粒数（粒/穗）	实粒数（粒/穗）	结实率（%）	千粒重（克）	各点评价
贵阳	658.47	-0.92	8	4/11	8/9	9/20	162	14.5	127.2	26.5	219.2	167.5	76.4	28.8	C
遵义	729.54	5.95	4	4/18	8/9	9/23	158	15.6	127.8	27.1	194.8	134.8	69.2	34.3	B
正安	643.33	9.97	1	4/1	8/15	9/4	156	11.9	136.5	30.0	220.7	179.6	81.4	30.3	A
思南	681.00	3.76	3	4/20	8/9	9/21	154	15.1	146.8	28.5	198.2	158.2	79.8	28.7	A
铜仁	523.83	2.85	6	4/23	8/2	9/11	141	13.1	126.5	29.4	168.2	149.5	88.9	29.5	C
天柱	603.50	-4.33	10	4/22	8/4	9/14	145	13.3	150.2	27.8	174.5	147.2	84.4	31.9	C
凯里	497.67	-10.79	10	4/20	8/8	9/15	148	11.1	132.4	28.6	199.9	145	72.5	31.6	D
贵定	552.67	-6.01	7	4/15	8/13	9/18	156	12.5	129.3	24.3	166.6	136.9	82.2	30.2	B
兴义	737.50	-0.07	3	4/16	8/22	9/28	165	19.2	111.0	26.2	165.2	131.2	79.4	30.8	B
关岭	565.23	-3.20	8	4/25	8/22	9/27	155	17.8	110.2	22.6	176.1	111.5	63.3	28.9	C

表 5-12 "富香优 59"在各试点和产量、生育期及主要经济性状（迟熟 D 组）

地点	亩产（千克）	比CK（±%）	位次	播种期（米/天）	齐穗期（米/天）	成熟期（米/天）	全生育期（天）	有效穗（万/亩）	株高（厘米）	穗长（厘米）	穗粒数（粒/穗）	实粒数（粒/穗）	结实率（%）	千粒重（克）	各点评价
贵阳	520.61	-21.66	12	4/11	8/12	9/22	164	18.2	100	23.4	165.6	133.7	80.7	23.4	D
遵义	722.43	4.92	6	4/18	8/10	9/24	159	17.9	104.4	25.1	210.2	150.3	71.5	25.4	B
正安	576.67	-1.42	9	4/1	8/15	9/5	157	16.5	109.4	24.5	179.0	159.2	88.9	22.7	B
思南	610.67	-6.96	9	4/20	8/5	9/21	154	17.6	117.0	25.9	221.7	178.0	80.3	21.3	B
铜仁	520.50	2.19	7	4/23	8/2	9/12	142	16.1	110.2	26.5	163.2	131.7	80.7	24.5	C
天柱	683.17	8.30	1	4/22	8/2	9/10	141	15.3	117.9	26.2	219.1	183.5	83.8	24.6	A
凯里	588.50	5.50	3	4/20	8/6	9/16	149	16.5	103.1	23.4	170.5	150.9	88.5	23.6	A
贵定	495.00	-15.82	12	4/15	8/13	9/18	156	15.4	101.7	22.3	204.9	151.5	73.9	22.3	C
兴义	470.00	-36.31	12	4/16	8/21	9/25	163	23.2	79.3	21.6	145.3	94.8	65.3	23.8	D
关岭	637.06	9.10	2	4/25	8/18	9/26	154	14.7	130.2	26.7	202.9	152.3	75.1	32.3	A

2016年贵州省杂交水稻区域试验迟熟E组汇总报告

为及时有效地鉴定各单位选育和推荐的水稻新品种(组合)在我省不同生态地区的丰产性、稳产性、适应性、抗性、米质及其他重要性状,从而为水稻新品种(组合)的审定及推广提供科学依据,特进行了本试验。根据2016年贵州省水稻区试会议安排,共有11个新品种参加迟熟E组试验,现将试验结果进行汇总。

一、试验概况

(一)参试品种及承试单位

参试品种11个,全部为初试品种,均为杂交组合;以F优498(CK)为对照。承试地点10个,分布在我省海拔272~1300米的不同生态地区。试验点基本情况见表1。

(二)试验设计、栽培管理及基本情况

各承试单位均按统一的试验实施方案进行试验,田间试验设计采用随机区组排列,三次重复。小区面积0.02亩,四周设保护行。所有参试品种同期播种、移栽,耕作栽培措施比当地大田生产水平略高,如设有防治病虫害措施。试验观察记载按《贵州省水稻品种区域试验技术操作规程》执行。

本年各试点试验正常,分别于4月8~29日播种,育秧方式为湿润育秧或旱育秧。移栽株行距规格:遵义试点9寸×5寸,铜仁试点8寸×5寸,正安试点(11+7)寸×5寸,贵阳试点(6+9)寸×6寸,思南试点7寸×7寸,黔西南和黔南试点9寸×6寸,天柱、黔东南、关岭等试点都是8寸×6寸。

(三)统计分析

按照《农作物品种区域试验技术规范 水稻》等有关试验质量评价标准,对各试验点实验结果的可靠性、完整性、准确性、可比性以及对照品种表现情况等进行分析评价,确保汇总质量。2016年各试验点实验结果正常,全部进入汇总。

试验品种产量结果用RCT99软件采用混合模型进行联合方差分析,品种间产量差异多重比较采用Duncan's新复极差法分析。参试品种的丰产性主要以品种在区试中相对于对照品种产量来衡量,参试品种的适应性主要以品种在区试中比对照品种增产的试验点比例来衡量,参试品种的稳产性主要以品种在年间区试中相对于对照品种产量的差异变化程度来衡量,参试品种的生育期主要以全生育期比对照品种的天数差异来衡量,参试品种的抗性以指定的鉴定单位鉴定结果为主要依据。

参试品种的米质检测、评价按照国家《优质稻谷》标准分优质一级、优质二级、优质三级,未达到优质级米质的均为等外级。

（四）特性鉴定

稻瘟病鉴定:设两个自然鉴定点,由湄潭县、麻江县植保站承担;一个接种鉴定点,由贵州省植物保护研究所承担。鉴定为结果由贵州省植物保护研究所负责汇总;稻瘟病鉴定高感的品种实行一票否决,不再试验或审定。

耐冷性鉴定:由安顺市农科所、毕节市农科所和贵州省品种资源研究所承担,鉴定结果由贵州省品种资源研究所负责汇总。

米质分析:由遵义市农科所和贵州省水稻研究所统一提供稻谷样品,送农业部食品质量监督检验测试中心(武汉)负责检测分析。食味品质鉴定由贵州省种子总站组织有关专家在贵州省水稻研究所统一品尝鉴定。

二、结果分析

（一）产量

参试品种的平均亩产量变幅为559.42～634.58千克,对照F优498(CK)平均亩产612.87千克,产量居第五位。其中参试品种较高的有恒丰优387、两优1316、N两优1133、泰丰优733,产量位居前四,平均亩产618.14～634.58千克,比对照F优498(CK)增产0.86%～3.54%,增产达到显著水平。增产达极显著水平的只有恒丰优387。另外三个品种较对照增产都不显著,其他品种都较对照有不同程度的减产。品种产量比对照增减产百分率、品种间产量差异显著性、比对照增产试验点比例等汇总结果见表2。

（二）生育期

参试品种的生育期平均在146.2～154.4天,对照F优498(CK)平均生育期为151.7天。其中桃湘优华占生育期最短,比对照早熟5.5天;先丰优2号的生育期最长,比对照迟熟2.7天。主要的农艺经济性状见表2。

（三）抗性（见表3）

（1）稻瘟病

根据贵州省品种审定委员会水稻专业组会议决定，水稻专家对我省稻瘟病抗性鉴定试验点湄潭和麻江县进行了田间实地考察并对试验品种做出鉴定。首先，凡参试的组合被确定为高感（HS）的，在本年评定中不予通过；其次，两个自然鉴定点当中只要有一个点的结果为高感，即该组合评定为高感，不能通过审定；最后，根据《主要农作物品种审定标准（国家级）》的规定，品种的稻瘟病综合抗性指数≤6.5，同时，长江上游稻区品种穗瘟损失率最高级≤7级时评定为通过审定（记为"Y"）。为此，我们将综合抗性指数>6.5的品种的综合病级评定为9级，即不能通过审定（记为"N"）。

通过以上审定得到品种年度综合总评结果：对照F优498（CK）田间实地考察，经稻瘟病鉴定为高感；桃湘优华占、深优9716综合抗性指数>6.5，评定为9级，高感稻瘟病。其余品种通过了稻瘟病鉴定。

（2）耐冷性

综合评价：对照F优498（CK）表现为"强"。参试品种表现为"强"的1个，"较强"的1个，"较弱"的2个，"弱"的4个，"极弱"的3个。

（四）米质

根据国家《优质稻谷》标准，对照F优498（CK）为优质三级，参试品种神农优528、两优1316、先丰优2号、贵香优717等4个品种达到国标优质米三级，其他品种米质属于等外级。品种糙米率、整精米率、粒长、长宽比、垩白粒率、垩白度、胶稠度、直链淀粉等米质性状见表4。

（五）品种在各试点的表现

品种在各试点的产量、生育期、主要的农艺经济性状及综合评价等见表5-1至表5-12。

三、品种评价

桃湘优华占、深优9716两品种高感稻瘟病不再审定和试验，品种评价也不再一一叙述。

（1）恒丰优387

2016年初试平均亩产634.58千克，比对照F优498（CK）增产3.54%，增产点比例70%，居参试组合第一位，达极显著水平；全生育期149.2天，比对照F优498（CK）早熟2.5天。

主要农艺性状表现：有效穗16.6万/亩，株高113.9厘米，穗长23.4厘米，每穗总粒数 183.0 粒,结实率 80.0%,千粒重 27.2 克。

稻瘟病抗性鉴定结果:综合评价为"中感"。

耐冷性鉴定结果:综合评价为"较弱"。

米质主要指标表现:整精米率 51.9%,粒型长/宽比 3.2,垩白粒率 20%,垩白度 4.8%,胶稠度 62 毫米,直链淀粉含量 14.2%,碱消值 5.8,透明度 1,国标等级属于等外级。

该品种经过一年区试表现:产量高,生育期适中,有效穗较多,结实率较高,米质一般,通过稻瘟病鉴定,耐冷性较弱。

(2)两优 1316

2016 年初试平均亩产 623.87 千克,比对照 F 优 498(CK)增产 1.78%,增产点比例 60%,居参试组合第二位,增产不显著;全生育期 151.3 天,比对照 F 优 498(CK)早熟 0.4 天。

主要农艺性状表现:有效穗 17.6 万/亩,株高 111.5 厘米,穗长 22.8 厘米,每穗总粒数 189.1 粒,结实率 78.1%,千粒重 24.5 克。

稻瘟病抗性鉴定结果:综合评价为"中感"。

耐冷性鉴定结果:综合评价为"弱"。

米质主要指标表现:整精米率 60.0%,粒型长/宽比 3.0,垩白粒率 16%,垩白度 2.5%,胶稠度 55 毫米,直链淀粉含量 15.0%,碱消值 6.0,透明度 1,国标等级属于优质三级。

该品种经过一年区试表现:产量较高,生育期适中,有效穗多,千粒重较低,米质较优,通过稻瘟病鉴定,耐冷性弱。

(3)贵香优 717

2016 年初试平均亩产 593.56 千克,比对照 F 优 498(CK)减产 3.15%,增产点比例 40%,减产达极显著;全生育期 152.8 天,比对照 F 优 498(CK)晚熟 1.1 天。

主要农艺性状表现:有效穗 14.4 万/亩,株高 122.1 厘米,穗长 24.2 厘米,每穗总粒数 183.2 粒,结实率 78.7%,千粒重 30.4 克。

稻瘟病抗性鉴定结果:综合评价为"中抗"。

耐冷性鉴定结果:综合评价为"极弱"。

米质主要指标表现:整精米率 58.6%,粒型长/宽比 3.2,垩白粒率 22%,垩白度

4.5%,胶稠度 50 毫米,直链淀粉含量 19.6%,碱消值 6.8,透明度 1,国标等级属于优质三级。

该品种经过一年区试表现:产量较低,生育期适中,千粒重较高,米质较优,抗病性好,通过稻瘟病鉴定,耐冷性极弱。

(4)先丰优 2 号

2016 年初试平均亩产 581.06 千克,比对照 F 优 498(CK)减产 5.19%,增产点比例 30%,减产达极显著;全生育期 154.4 天,比对照 F 优 498(CK)晚熟 2.7 天。

主要农艺性状表现:有效穗 15.1 万/亩,株高 120.0 厘米,穗长 24.0 厘米,每穗总粒数 202.4 粒,结实率 79.9%,千粒重 25.2 克。

稻瘟病抗性鉴定结果:综合评价为"中感"。

耐冷性鉴定结果:综合评价为"极弱"。

米质主要指标表现:整精米率 53.8%,粒型长/宽比 2.9,垩白粒率 20%,垩白度 5.0%,胶稠度 50 毫米,直链淀粉含量 19.4%,碱消值 7.0,透明度 1,国标等级属于优质三级。

该品种经过一年区试表现:产量较低,生育期较晚,穗粒数较多,千粒重较低,米质较优,通过稻瘟病鉴定,耐冷性极弱。

(5)N 两优 1133、泰丰优 733

两个品种 2016 年初试平均亩产量分别为 618.63 千克、618.14 千克,比对照增产分别为 0.94%和 0.86%,增产不显著,米质检测为等外级。建议结束试验。

(6)黄两优 091、神农优 528 和花优 673

三个品种都较对照有不同程度的减产,米质检测为国标等外级,通过稻瘟病鉴定。建议结束试验。

表 1 试验点基本情况

承试单位	试验地点	海拔高度（米）	经度	纬度	株行距规格（寸×寸）	试验点负责人及执行人
贵州省水稻研究所	贵阳市花溪区金农社区	1140	106°43′	26°35′	7.5×6	涂敏、李树杏、金帮文
遵义市农科所	遵义市新蒲新区新舟镇楼安村	800	107°17′	27°80′	9×5	王炜、王怀昕、张元萃
正安县种子站	正安县瑞溪镇三把车组	625	107°37′	28°59′	(11.2+7)×5.5	杨杰和正安种子站全体人员
思南县种子站	思南县许家坝镇	570	108°06′	27°52′	7×7	安兴智、候建昌
铜仁市农科所	铜仁市碧江区坝黄镇农科所	272	109°11′	27°43′	8×5	吴兰英、欧根友
天柱县种子站	天柱县邦洞街道织云村	412	109°09′	26°53′	8×6	杨玉英、张彩凤、杨顺煜、袁仁阶
黔东南州农科所	黄平县旧州镇	640	107°55′	26°29′	8×6	浦连昌、彭朝才、雷安宁、杨秀军
关岭县种子站	关岭县关索镇北口村北口组	1010	105°34′	25°55′	8×6	杨恒、邓昌龙、杨丽、杨全怀、刘清江
黔西南州农科所	兴义市木贾	1300	104°56′	25°06′	9×6	陈世华
黔南州农科所	贵定盘江镇狮朴龙潭村	906.9	107°16′	26°54′	8×6	程蓉、庭立宗

表 2　2016 年贵州省区试品种产量、生育期及主要农艺性状汇总分析结果(早熟 E 组)

品种名称	平均亩产(千克)	位次	比 CK(±%)	增产点率(%)	产量差异显著性 5%	产量差异显著性 1%	回归系数	全生育期(天)	比 CK(±天)	有效穗(万/亩)	株高(厘米)	穗长(厘米)	总粒数(粒/穗)	实粒数(粒/穗)	结实率(%)	千粒重(克)
黄两优 091	588.58	10	-3.96	30.0	cd	C	0.842	150.5	-1.2	16.6	115.1	22.7	179.7	139.7	77.7	26.9
神农优 528	592.89	8	-3.26	40.0	cd	C	0.924	150.6	-1.1	15.9	120.2	24.5	207.3	158.6	76.5	24.0
恒丰优 387	634.58	1	3.54	70.0	a	A	1.215	149.2	-2.5	16.6	113.9	23.4	183.0	146.4	80.0	27.2
两优 1316	623.87	2	1.79	60.0	ab	AB	1.008	151.3	-0.4	17.6	111.5	22.8	189.1	147.7	78.1	24.5
桃湘优华占	559.42	12	-8.72	0.0	e	D	0.863	146.2	-5.5	16.5	105.6	22.8	202.9	160.7	79.2	22.5
泰丰优 733	618.14	4	0.86	60.0	b	AB	1.211	150.6	-1.1	15.6	122.1	23.1	177.7	142.8	80.4	29.3
F 优 498(CK)	612.87	5	0	0.0	b	B	1.12	151.7	0.0	14.7	119.7	25.9	186.7	149.3	80.0	29.9
先丰优 2 号	581.06	11	-5.19	30.0	d	C	1.043	154.4	2.7	15.1	120.0	24.0	202.4	161.7	79.9	25.2
贵香优 717	593.56	7	-3.15	40.0	cd	C	0.761	152.8	1.1	14.4	122.1	24.2	183.2	144.1	78.7	30.4
花优 673	594.65	6	-2.97	30.0	c	C	1.097	152.5	0.8	15.4	129.2	26.3	165.3	127.4	77.1	31.8
N 两优 1133	618.63	3	0.94	40.0	b	AB	0.878	154.3	2.6	16.4	116.1	26.4	201.2	148.7	73.9	27.1
深优 9716	591.87	9	-3.43	40.0	cd	C	1.039	147.8	-3.9	14.6	120.3	26.0	185.5	152.9	82.4	28.0

表 3　2016 年贵州省杂交水稻区试抗性鉴定结果（迟熟 E 组）

品种名称	稻瘟病自然鉴定 麻江县 抗性评价	稻瘟病自然鉴定 湄潭县 抗性评价	稻瘟病人工接种鉴定 省植保所 抗性评价	稻瘟病人工接种鉴定 平均穗瘟损失率病级指数	综合抗性评价 平均综合抗性指数	综合抗性评价 综合抗性指数病级	综合抗性评价 通过 Y/否 N	耐冷性自然鉴定综合评价
黄两优 091	MS	MS	S	6.33	6.03	7	Y	弱
神农优 528	MR	MR	MS	3.67	4.04	5	Y	弱
恒丰优 387	MR	MS	MS	4.33	4.24	5	Y	较弱
两优 1316	MR	MS	S	5.00	4.73	5	Y	弱
桃湘优华占	S	S	S	7.00	6.63	9	N	较强
泰丰优 733	MR	MS	S	5.67	5.05	5	Y	极弱
F 优 498（CK）			现场鉴定为高感（HS）				强	
先丰优 2 号	MS	MR	HS	5.67	5.12	5	Y	极弱
贵香优 717	MR	MS	MR	3.67	3.87	3	Y	极弱
花优 673	R	MR	S	3.67	3.67	3	Y	较弱
N 两优 1133	R	MR	HS	4.33	4.28	5	Y	弱
深优 9716	HS	MS	S	7.67	7.29	9	N	强

表4 2016 年贵州省杂交水稻区试稻米品质主要指标（迟熟 E 组）

品种名称	国标等级	出糙率（%）	精米率（%）	整精米率（%）	粒长（毫米）	粒型长/宽比	垩白粒率（%）	垩白度（%）	直链淀粉（%）	胶稠度（毫米）	碱消值（级）	透明度（级）	水分（%）
黄两优091		76.2	66.6	51.3	6.6	2.8	28	5.9	15.2	78	4.7	1	15.0
神农优528	优3	75.0	66.5	59.5	6.6	3.0	18	2.3	15.0	60	5.5	1	13.1
恒丰优387		77.4	68.8	51.9	7.1	3.2	20	4.8	14.2	62	5.8	1	14.5
两优1316	优3	76.5	69.1	60.0	6.6	3.0	16	2.5	15.0	55	6.0	1	13.5
桃湘优华占		74.7	66.3	53.0	6.6	3.1	34	7.2	14.8	52	4.7	1	13.8
泰丰优733		77.3	69.0	56.8	7.7	3.6	26	5.3	14.6	65	6.0	1	13.8
F优498(CK)	优3	79.6	69.3	56.7	7.0	3.0	22	4.1	21.3	50	6.5	1	12.8
先丰优2号	优3	77.5	69.0	53.8	6.6	2.9	20	5.0	19.4	50	7.0	1	13.5
贵香优717	优3	78.6	70.6	58.6	7.3	3.2	22	4.5	19.6	50	6.8	1	13.5
花优673		76.4	67.6	52.5	7.2	2.9	28	5.5	15.2	53	5.0	1	13.2
N两优1133		74.8	66.6	55.1	7.0	3.1	26	5.7	15.7	50	5.0	1	14.3
深优9716		75.2	67.5	58.0	6.5	2.7	16	4.2	15.0	52	7.0	1	14.2

表 5－1 "黄两优 091"在各试点和产量、生育期及主要经济性状（迟熟 E 组）

地点	亩产（千克）	比 CK（±%）	位次	播种期（月/天）	齐穗期（月/天）	成熟期（月/天）	全生育期（天）	有效穗（万/亩）	株高（厘米）	穗长（厘米）	穗粒数（粒/穗）	实粒数（粒/穗）	结实率（%）	千粒重（克）	各点评价
贵阳	694.82	2.74	5	4/11	8/10	9/22	164	18.8	112.1	21.4	166.8	136.0	81.5	28.0	B
遵义	628.26	-1.74	7	4/18	8/8	9/23	158	15.9	112.9	22.7	196.4	136.0	69.2	29.3	B
正安	575.00	-8.24	6	4/1	8/12	9/2	154	12.2	116.9	23.9	192.1	174.1	90.6	27.3	B
思南	558.33	-12.87	12	4/20	8/11	9/23	156	16.9	125.2	23.5	186.1	136.4	73.3	26.3	D
铜仁	510.67	-1.45	9	4/23	7/31	9/8	138	14.9	123.4	25.8	168.2	151.2	89.9	26.0	C
天柱	587.17	2.20	7	4/25	8/1	9/6	134	14.8	109.3	21.5	178.2	154.2	86.5	25.9	D
凯里	609.00	5.15	2	4/20	8/7	9/11	144	15.1	118.5	21.6	165.6	143.3	86.5	28.1	A
贵定	553.33	-7.42	9	4/15	8/9	9/14	152	14.6	110.0	23.7	186.3	126.6	68.0	29.0	C
兴义	680.00	-13.21	10	4/16	8/17	9/25	162	21.4	98.2	20.8	153.66	128.33	83.5	26.1	C
关岭	489.25	-0.70	7	4/29	8/10	9/19	143	21.6	124.4	21.6	203.8	111.2	54.6	23.1	C

表 5－2 "神农优 528"在各试点和产量、生育期及主要经济性状（迟熟 E 组）

地点	亩产（千克）	比 CK（±%）	位次	播种期（月/天）	齐穗期（月/天）	成熟期（月/天）	全生育期（天）	有效穗（万/亩）	株高（厘米）	穗长（厘米）	穗粒数（粒/穗）	实粒数（粒/穗）	结实率（%）	千粒重（克）	各点评价
贵阳	701.57	3.74	3	4/11	8/9	9/18	160	15.5	121.2	24.3	239.1	198.9	83.2	23.5	A
遵义	673.91	5.40	2	4/18	8/11	9/25	160	16.6	117.7	25.2	219.9	155.6	70.7	26.0	A
正安	575.00	-8.24	6	4/1	8/15	9/3	155	13.5	122.5	27.0	230.2	186.1	80.8	24.3	B
思南	652.50	1.82	7	4/20	8/8	9/13	146	16.9	133.8	25.9	224.2	173.4	77.3	22.5	C
铜仁	505.83	-2.38	10	4/23	8/1	9/10	140	14.8	125.7	25.6	163.4	145.2	88.9	24.8	C
天柱	578.83	0.75	8	4/25	8/3	9/7	135	15.9	121.9	23.4	179.8	157.7	87.7	23.7	D
凯里	566.33	-2.22	7	4/20	8/6	9/12	145	14.6	120.7	23.5	209.7	165.8	79.1	24.1	C
贵定	554.00	-7.31	8	4/15	8/13	9/18	156	13.3	119.3	26.3	177.1	129.4	73.1	24.2	B
兴义	644.50	-17.74	12	4/16	8/18	9/26	163	20.8	109.4	21.4	230.34	152.53	66.2	21.4	C
关岭	476.44	-3.30	10	4/29	8/13	9/22	146	17.5	109.7	22.3	198.9	121.5	61.1	25.4	D

表 5-3 "恒丰优 387"在各试点和产量、生育期及主要经济性状（迟熟 E 组）

地点	亩产（千克）	比CK（±%）	位次	播种期（米/天）	齐穗期（米/天）	成熟期（米/天）	全生育期（天）	有效穗（万/亩）	株高（厘米）	穗长（厘米）	穗粒数（粒/穗）	实粒数（粒/穗）	结实率（%）	千粒重（克）	各点评价
贵阳	705.20	4.28	2	4/11	8/9	9/19	161	15.6	108.8	22.1	198.6	162.5	81.8	28.1	A
遵义	678.20	6.07	1	4/18	8/7	9/24	159	17.0	111.6	22.3	172.7	137.6	79.7	28.9	A
正安	603.33	-3.72	3	4/1	8/11	9/1	153	13.5	112.5	24.3	201.6	182.5	90.5	26.9	A
思南	682.50	6.50	2	4/20	8/6	9/13	146	16.4	131.4	23.8	215.7	170.5	79.0	26.4	A
铜仁	513.17	-0.96	8	4/23	7/29	9/8	138	14.7	123.0	26.1	164.8	148.6	90.2	26.0	C
天柱	569.17	-0.93	10	4/25	8/1	9/6	134	14.6	117.9	21.4	167.1	148.6	88.9	26.5	D
凯里	656.17	13.29	1	4/20	8/3	9/8	141	16.5	113.0	21.0	168.8	143.9	85.2	27.7	A
贵定	607.83	1.70	1	4/15	8/9	9/14	152	13.8	110.0	24.6	157.8	123.6	78.3	28.2	A
兴义	808.50	3.19	1	4/16	8/16	9/23	160	21.6	101.4	24.0	199.43	145.53	72.9	27.0	A
关岭	521.77	5.90	5	4/29	8/15	9/24	148	22.6	109.5	24.8	183.5	100.6	54.8	26.0	B

表 5-4 "两优 1316"在各试点和产量、生育期及主要经济性状（迟熟 E 组）

地点	亩产（千克）	比CK（±%）	位次	播种期（米/天）	齐穗期（米/天）	成熟期（米/天）	全生育期（天）	有效穗（万/亩）	株高（厘米）	穗长（厘米）	穗粒数（粒/穗）	实粒数（粒/穗）	结实率（%）	千粒重（克）	各点评价
贵阳	691.43	2.24	6	4/11	8/9	9/20	162	18.3	108.0	22.4	200.6	162.6	81.0	24.2	B
遵义	624.54	-2.32	9	4/18	8/11	9/25	160	15.9	110.0	22.7	203.2	140.9	69.3	26.5	B
正安	600.00	-4.26	4	4/1	8/15	9/4	156	16.8	111.8	23.4	205.6	165.3	80.4	24.4	A
思南	677.00	5.64	4	4/20	8/7	9/16	149	16.9	118.4	24.0	222.0	171.5	77.3	23.6	B
铜仁	527.83	1.87	4	4/23	8/2	9/11	141	15.0	115.3	25.5	160.3	140.6	87.7	25.1	C
天柱	685.17	19.26	1	4/25	8/4	9/10	138	15.7	114.2	20.6	195.4	173.2	88.6	25.4	A
凯里	602.83	4.09	3	4/20	8/6	9/11	144	14.4	115.4	21.5	158.8	140.5	88.5	25.3	B
贵定	554.17	-7.28	7	4/15	8/12	9/17	155	15.8	107.7	24.3	172.7	119.8	69.4	24.5	B
兴义	749.50	-4.34	4	4/16	8/18	9/25	162	20.1	100.8	21.8	200.66	162.43	80.9	24.1	B
关岭	526.20	6.80	4	4/29	8/13	9/22	146	27.1	112.9	21.5	171.8	100.5	58.5	22.2	B

表 5-5 "桃湘优华占"在各试点和产量、生育期及主要经济性状(迟熟 E 组)

地点	亩产(千克)	比CK(±%)	位次	播种期(米/天)	齐穗期(米/天)	成熟期(米/天)	全生育期(天)	有效穗(万/亩)	株高(厘米)	穗长(厘米)	穗粒数(粒/穗)	实粒数(粒/穗)	结实率(%)	千粒重(克)	各点评价
贵阳	658.11	-2.68	10	4/11	5/31	9/13	155	18.2	103.8	22.9	226.4	168.6	74.5	22.0	C
遵义	530.41	-17.05	12	4/18	8/2	9/21	156	14.6	99.2	22.0	215.2	162.1	75.3	22.3	C
正安	520.00	-17.02	11	4/1	8/10	8/31	152	13.9	102.4	23.6	247.8	208.4	84.1	22.8	C
思南	560.00	-12.61	11	4/20	8/4	9/13	146	18.2	114.8	22.8	202.0	164.6	81.5	20.6	D
铜仁	483.33	-6.72	11	4/23	7/27	9/6	136	15.2	110.1	24.0	156.1	137.9	88.3	24.2	D
天柱	512.83	-10.73	12	4/25	7/29	9/3	131	14.6	109.0	21.5	177.1	158.9	89.7	22.5	D
凯里	570.17	-1.55	6	4/20	7/28	9/4	137	15.1	104.9	21.6	199.5	165.1	82.8	23.1	C
贵定	581.67	-2.68	3	4/15	8/4	9/9	147	13.3	107.6	22.6	221.0	172.7	78.1	22.8	A
兴义	693.33	-11.49	9	4/16	8/13	9/18	155	22.6	90.8	20.8	179.57	146.6	81.6	21.5	C
关岭	484.32	-1.70	9	4/29	8/14	9/23	147	19.7	113.3	25.8	204.4	122.2	59.8	22.8	C

表 5-6 "泰丰优 733"在各试点和产量、生育期及主要经济性状(迟熟 E 组)

地点	亩产(千克)	比CK(±%)	位次	播种期(米/天)	齐穗期(米/天)	成熟期(米/天)	全生育期(天)	有效穗(万/亩)	株高(厘米)	穗长(厘米)	穗粒数(粒/穗)	实粒数(粒/穗)	结实率(%)	千粒重(克)	各点评价
贵阳	723.81	7.03	1	4/11	8/6	9/18	160	16.6	123.9	21.7	192.6	156.6	81.3	28.3	A
遵义	639.02	-0.06	6	4/18	8/9	9/24	159	15.9	119.3	23.5	157.6	124.1	78.7	31.9	B
正安	523.33	-16.49	10	4/1	8/14	9/3	155	14.7	126.1	23.7	167.0	140.3	84.0	28.9	C
思南	683.67	6.68	1	4/20	8/4	9/15	148	16.6	131.4	25.0	205.7	152.0	73.9	27.1	A
铜仁	590.33	13.93	1	4/23	7/31	9/8	138	15.3	121.0	25.0	160.2	143.6	89.6	29.0	A
天柱	593.17	3.25	5	4/25	7/30	9/5	133	13.3	125.2	23.1	165.5	145.6	88.0	32.0	C
凯里	524.12	-9.50	12	4/20	8/4	9/15	148	14.1	123.0	23.3	171.1	130.7	76.4	29.1	D
贵定	553.00	-7.47	10	4/15	8/9	9/14	152	14.6	120.6	23.6	160.7	134.9	83.9	30.9	C
兴义	807.50	6.25	2	4/16	8/18	9/26	163	18.7	109.6	20.6	196.04	154.52	78.8	28.8	B
关岭	543.45	10.30	1	4/29	8/17	9/26	150	16.2	121.0	21.9	200.5	145.7	72.7	26.6	A

表 5-7 "F优498（CK）"在各试点和产量、生育期及主要经济性状（迟熟 E 组）

地点	亩产（千克）	比CK（±%）	位次	播种期（米/天）	齐穗期（米/天）	成熟期（米/天）	全生育期（天）	有效穗（万/亩）	株高（厘米）	穗长（厘米）	穗粒数（粒/穗）	实粒数（粒/穗）	结实率（%）	千粒重（克）	各点评价
贵阳	676.27	0	8	4/11	8/9	9/20	162	15.5	113.9	25.7	199.2	150.6	75.6	29.1	B
遵义	639.40	0	5	4/18	8/15	9/25	160	13.4	115.8	27.2	193.1	144.4	74.8	33.2	B
正安	626.67	0	1	4/1	8/13	9/4	156	11.3	119.6	29.3	215.3	183.2	85.1	30.7	A
思南	640.83	0	8	4/20	8/7	9/17	150	14.7	133.8	29.0	204.6	163.8	80.1	28.9	B
铜仁	518.17	0	7	4/23	8/1	9/10	140	14.3	124.4	27.2	157.3	140.2	89.1	28.4	C
天柱	574.50	0	9	4/25	8/3	9/8	136	13.7	120.2	24.8	177.5	145.2	81.8	29.9	D
凯里	579.17	0	5	4/20	8/5	9/15	148	13.1	118.3	25.6	171.2	140.9	82.3	31.6	B
贵定	597.67	0	2	4/15	8/11	9/16	154	12.5	123.0	26.7	190.6	165.0	86.6	30.5	A
兴义	783.33	0	3	4/16	8/19	9/27	164	21.9	100.8	21.8	181.13	137.32	75.8	28.6	B
关岭	492.70	0	6	4/29	8/14	9/23	147	16.4	127.4	21.4	177.0	122.5	69.2	28.3	B

表 5-8 "先丰优 2 号"在各试点和产量、生育期及主要经济性状（迟熟 E 组）

地点	亩产（千克）	比CK（±%）	位次	播种期（米/天）	齐穗期（米/天）	成熟期（米/天）	全生育期（天）	有效穗（万/亩）	株高（厘米）	穗长（厘米）	穗粒数（粒/穗）	实粒数（粒/穗）	结实率（%）	千粒重（克）	各点评价
贵阳	605.16	-10.51	12	4/11	8/13	9/23	165	14.6	112.9	24.0	226.0	178.3	78.9	24.0	D
遵义	656.80	2.72	3	4/18	8/15	9/25	160	15.5	116.8	25.2	200.7	153.6	76.5	27.3	A
正安	491.67	-21.54	12	4/1	8/16	9/6	158	12.1	120.9	25.5	215.7	178.1	82.6	25.6	D
思南	622.67	-2.83	9	4/20	8/13	9/23	156	16.9	132.2	23.6	206.9	172.3	83.3	21.7	C
铜仁	520.17	0.39	6	4/23	8/5	9/14	144	14.2	128.1	27.0	154.6	135.4	87.6	27.4	C
天柱	634.83	10.50	3	4/25	8/7	9/12	140	15.6	123.5	23.2	197.1	167.2	84.8	24.5	B
凯里	537.73	-7.16	11	4/20	8/9	9/16	149	11.6	120.3	23.5	221.3	178.0	80.4	26.4	D
贵定	534.67	-10.54	12	4/15	8/15	9/20	158	12.1	120.7	24.3	225.8	173.7	76.9	26.6	C
兴义	732.00	-6.57	7	4/16	8/25	10/1	168	20.2	101.8	21.8	203.39	158.32	77.8	24.1	C
关岭	474.96	-3.60	11	4/29	8/13	9/22	146	18.1	123.1	21.5	172.6	122.3	70.9	24.8	D

表 5-9 "贵香优 717"在各试点和产量、生育期及主要经济性状(迟熟 E 组)

地点	亩产(千克)	比CK(±%)	位次	播种期(米/天)	齐穗期(米/天)	成熟期(米/天)	全生育期(天)	有效穗(万/亩)	株高(厘米)	穗长(厘米)	穗粒数(粒/穗)	实粒数(粒/穗)	结实率(%)	千粒重(克)	各点评价
贵阳	697.13	3.09	4	4/11	8/12	9/22	164	15.5	124.1	25.0	189.5	146.7	77.4	31.8	B
遵义	624.62	-2.31	8	4/18	8/15	9/25	160	14.4	117.4	23.9	184.2	127.9	69.4	33.9	B
正安	570.00	-9.04	8	4/1	8/13	9/4	156	11.7	123.3	25.5	204.4	169.4	82.9	30.6	B
思南	597.67	-6.74	10	4/20	8/7	9/17	150	14.5	128.2	25.3	186.3	146.4	78.6	28.8	C
铜仁	541.33	4.47	3	4/23	8/3	9/12	142	14.7	130.2	25.6	153.4	139.6	91.0	29.5	B
天柱	592.67	3.16	6	4/25	8/5	9/10	138	13.8	124.9	23.0	182.2	151.6	83.2	29.0	C
凯里	553.00	-4.52	10	4/20	8/5	9/14	147	12.0	122.6	24.7	196.5	144.7	73.6	32.2	D
贵定	553.00	-7.47	11	4/15	8/14	9/19	157	11.7	117.3	24.7	198.7	158.9	80.0	29.8	C
兴义	677.00	-13.59	11	4/16	8/22	9/24	163	19.7	106.2	23.0	160.24	128.67	80.3	28.1	C
关岭	529.16	7.40	3	4/29	8/18	9/27	151	15.6	126.3	21.7	176.4	127.0	72.0	30.7	A

表 5-10 "花优 673"在各试点和产量、生育期及主要经济性状(迟熟 E 组)

地点	亩产(千克)	比CK(±%)	位次	播种期(米/天)	齐穗期(米/天)	成熟期(米/天)	全生育期(天)	有效穗(万/亩)	株高(厘米)	穗长(厘米)	穗粒数(粒/穗)	实粒数(粒/穗)	结实率(%)	千粒重(克)	各点评价
贵阳	638.35	-5.61	11	4/11	8/10	9/22	164	16.1	124.9	26.5	176.8	132.5	74.9	31.2	D
遵义	649.83	1.63	4	4/18	8/12	9/24	159	17.8	127.5	25.4	138.4	103.3	74.7	34.9	B
正安	596.67	-4.79	5	4/1	8/14	8/31	152	14.2	132.0	27.3	189.1	147.7	78.1	31.7	B
思南	662.33	3.36	5	4/20	8/9	9/23	156	15.4	141.0	28.3	198.5	147.9	74.5	30.7	B
铜仁	482.83	-6.82	12	4/23	8/1	9/11	141	13.1	132.0	28.5	161.1	133.2	82.7	31.1	C
天柱	614.00	6.88	4	4/25	8/3	9/8	136	13.9	135.8	25.8	159.7	142.7	89.4	31.5	C
凯里	563.33	-2.73	8	4/20	8/9	9/15	148	13.9	128.5	25.7	140.8	121.9	86.6	33.7	C
贵定	555.00	-7.14	6	4/15	8/14	9/19	157	12.9	128.7	27.1	154.7	118.0	76.3	32.8	B
兴义	723.00	-7.72	9	4/16	8/20	9/30	167	20.0	115.6	25.0	168.6	125.68	74.5	30.0	C
关岭	461.17	-6.40	12	4/29	8/12	9/21	145	17.1	125.7	23.6	165.1	100.8	61.1	30.6	D

表5-11 "N两优1133"在各试点和产量、生育期及主要经济性状(迟熟E组)

地点	亩产(千克)	比CK(±%)	位次	播种期(米/天)	齐穗期(米/天)	成熟期(米/天)	全生育期(天)	有效穗(万/亩)	株高(厘米)	穗长(厘米)	穗粒数(粒/穗)	实粒数(粒/穗)	结实率(%)	千粒重(克)	各点评价
贵阳	660.29	-2.36	9	4/11	8/12	9/24	166	15.2	114.7	26.3	233.7	176.1	75.3	26.1	C
遵义	620.40	-2.97	10	4/18	8/12	9/24	159	17.0	115.2	25.2	174.9	121.1	69.2	30.2	B
正安	605.00	-3.46	2	4/1	8/15	8/31	152	13.5	110.9	27.1	228.5	183.6	80.4	26.9	A
思南	682.00	6.42	3	4/20	8/14	9/20	153	15.7	129.8	28.6	234.1	175.6	75.0	27.1	A
铜仁	545.33	5.24	2	4/23	8/4	9/13	143	15.8	117.3	26.0	154.3	138.2	89.6	26.5	B
天柱	668.67	16.39	2	4/25	8/8	9/13	141	15.6	118.8	23.3	185.6	163.7	88.2	26.4	A
凯里	558.00	-3.65	9	4/20	8/11	9/18	151	14.0	115.4	25.2	170.0	133.5	78.5	30.9	D
贵定	565.67	-5.35	5	4/15	8/18	9/23	161	12.1	124.0	27.3	235.5	156.6	66.5	25.0	B
兴义	740.00	-5.55	5	4/16	8/23	10/2	169	23.6	102.5	24.7	187.63	129.46	68.9	26.4	C
关岭	540.98	9.80	2	4/29	8/15	9/24	148	21.8	112.4	30.0	207.9	109.4	52.7	26.0	A

表5-12 "深优9716"在各试点和产量、生育期及主要经济性状(迟熟E组)

地点	亩产(千克)	比CK(±%)	位次	播种期(米/天)	齐穗期(米/天)	成熟期(米/天)	全生育期(天)	有效穗(万/亩)	株高(厘米)	穗长(厘米)	穗粒数(粒/穗)	实粒数(粒/穗)	结实率(%)	千粒重(克)	各点评价
贵阳	677.10	0.12	7	4/11	8/6	9/16	158	15.3	115.5	26.1	205.1	170.1	82.9	26.5	B
遵义	579.51	-9.37	11	4/18	8/4	9/21	156	13.2	114.1	24.6	160.5	141.7	88.3	29.9	C
正安	540.00	-13.83	9	4/1	8/10	9/1	153	13.5	109.0	26.0	176.7	159.0	90.0	28.3	C
思南	662.33	3.36	5	4/20	8/5	9/12	145	15.1	135.2	28.8	229.5	176.9	77.1	26.5	B
铜仁	525.33	1.38	5	4/23	7/30	9/9	139	13.6	130.0	29.0	166.1	148.7	89.5	27.0	C
天柱	553.00	-3.74	11	4/25	8/1	9/6	134	13.3	125.9	25.1	165.5	150.6	91.0	28.2	D
凯里	581.33	0.37	4	4/20	8/4	9/8	141	12.4	125.9	24.5	195.5	167.1	85.5	28.4	B
贵定	577.83	-3.32	4	4/15	8/10	9/15	153	11.7	125.6	26.7	187.7	162.3	86.5	28.6	A
兴义	735.00	-6.19	6	4/16	8/10	9/11	148	21.0	103.8	23.8	174.7	138.22	79.1	27.1	C
关岭	487.28	-1.10	8	4/29	8/18	9/27	151	16.7	117.6	25.7	194.2	114.7	59.1	29.1	C

2016年贵州省杂交水稻区域试验迟熟F组汇总报告

为及时有效地鉴定各单位选育和推荐的水稻新品种(组合)在我省不同生态地区的丰产性、稳产性、适应性、抗性、米质及其他重要性状,从而为水稻新品种(组合)的审定及推广提供科学依据,特进行了本试验。根据2016年贵州省水稻区试会议安排,共有11个新品种参加迟熟F组试验,现将试验结果进行汇总。

一、试验概况

(一)参试品种及承试单位

参试品种11个,全部为初试品种,均为杂交组合。以F优498(CK)为对照。承试地点10个,分布在我省海拔272~1300米的不同生态地区。试验点基本情况见表1。

(二)试验设计、栽培管理及基本情况

各承试单位均按统一的试验实施方案进行试验,田间试验设计采用随机区组排列,三次重复。小区面积0.02亩,四周设保护行。所有参试品种同期播种、移栽,耕作栽培措施比当地大田生产水平略高,如设有防治病虫害措施。试验观察记载按《贵州省水稻品种区域试验技术操作规程》执行。

本年各试点试验正常,分别于4月8~29日播种,育秧方式为湿润育秧或旱育秧。移栽株行距规格:遵义试点9寸×5寸、铜仁试点8寸×5寸,正安试点(11+7)寸×5寸,贵阳试点(6+9)寸×6寸,思南试点7寸×7寸,黔西南和黔南试点9寸×6寸,天柱、黔东南、关岭等试点都是8寸×6寸。

(三)统计分析

按照《农作物品种区域试验技术规范　水稻》等有关试验质量评价标准,对各试验点实验结果的可靠性、完整性、准确性、可比性以及对照品种表现情况等进行分析评价,确保汇总质量。2016年各试验点实验结果正常,全部进入汇总。

试验品种产量结果用 RCT99 软件采用混合模型进行联合方差分析,品种间产量差异多重比较采用 Duncan's 新复极差法分析。参试品种的丰产性主要以品种在区试中相对于对照品种产量来衡量,参试品种的适应性主要以品种在区试中比对照品种增产的试验点比例来衡量,参试品种的稳产性主要以品种在年间区试中相对于对照品种产量的差异变化程度来衡量,参试品种的生育期主要以全生育期比对照品种的天数差异来衡量,参试品种的抗性以指定鉴定单位的鉴定结果为主要依据。

参试品种的米质检测、评价按照国家《优质稻谷》标准分优质一级、优质二级、优质三级,未达到优质级米质的均为等外级。

(四) 特性鉴定

稻瘟病鉴定:设两个自然鉴定点,由湄潭县、麻江县植保站承担;一个接种鉴定点,由贵州省植物保护研究所承担。鉴定结果由贵州省植物保护研究所负责汇总;稻瘟病鉴定为高感的品种实行一票否决,不再试验或审定。

耐冷性鉴定:由安顺市农科所、毕节市农科所和贵州省品种资源研究所承担,鉴定结果由贵州省品种资源研究所负责汇总。

米质分析:由遵义市农科所和贵州省水稻研究所统一提供稻谷样品,送农业部食品质量监督检验测试中心(武汉)负责检测分析。食味品质鉴定由省种子总站组织有关专家在贵州省水稻研究所统一品尝鉴定。

二、结果分析

(一) 产量

参试品种的平均亩产量变幅为 565.74～641.62 千克,对照 F 优 498(CK)平均亩产 610.21 千克,产量居第九位。其中参试品种较高的有内香优 6368、惠优 139、扬籼优 709、创两优 513,产量位居前四,平均亩产 633.18～641.62 千克,比对照 F 优 498(CK)增产 3.87%～5.15%,增产都达到极显著水平;宜香优 62、内 5 优 573、双优 505、荃优 9300 较对照增产不显著;其他品种都较对照有不同程度的减产,其中绿优 2758 减产不显著,繁优 598、野香优 668 较对照减产极显著。品种产量比对照增减产百分率、品种间产量差异显著性、比对照增产试验点比例等汇总结果见表 2。

(二) 生育期

参试品种的生育期平均在 147.4～154.9 天,对照 F 优 498(CK)平均生育期为 152.3 天。其中繁优 598 生育期最短,比对照早熟 4.9 天;野香优 668 的生育期最长,比对照迟熟 2.6 天。主要的农艺经济性状见表 2。

（三）抗性（见表 3）

（1）稻瘟病

根据贵州省品种审定委员会水稻专业组会议决定，水稻专家对我省稻瘟病抗性试验点湄潭和麻江县进行了田间实地考察并对试验品种做出鉴定。首先，凡参试的组合被确定为高感（HS）的，在本年评定中不予通过；其次，两个自然鉴定点当中只要有一个点的结果为高感，即该组合定为高感，不能通过审定；最后，根据《主要农作物品种审定标准（国家级）》的规定，品种的稻瘟病综合抗性指数≤6.5，同时，长江上游稻区品种穗瘟损失率最高级≤7 级时评定为通过审定（记为"Y"）。为此，我们将综合抗性指数>6.5 的品种的综合病级评定为 9 级，即不能通过审定（记为"N"）。

通过以上审定得到品种年度综合总评结果：对照 F 优 498（CK）田间实地考察，经稻瘟病鉴定为高感，基地所有参试品种都通过了稻瘟病鉴定。

（2）耐冷性

综合评价：对照 F 优 498（CK）表现为"强"。参试品种表现为"强"的 1 个，"较强"的 3 个，"较弱"的 4 个，"弱"的 1 个，"极弱"的 2 个。

（四）米质

根据国家《优质稻谷》标准，对照 F 优 498（CK）为优质三级，参试品种野香优 668 达国标优质米二级，双优 50512、繁优 598、宜香优 62、绿优 2758、创两优 513 等品种达到国标优质米三级，其他品种米质属于等外级。品种糙米率、整精米率、粒长、长宽比、垩白粒率、垩白度、胶稠度、直链淀粉等米质性状见表 4。

（五）品种在各试点的表现

品种在各试点的产量、生育期、主要的农艺经济性状及综合评价等见表 5-1 至表 5-12。

三、品种评价

（1）内香优 6368

2016 年初试平均亩产 641.62 千克，比对照 F 优 498（CK）增产 5.15%，增产点比例 80%，居参试组合第一位，达极显著水平；全生育期 154.2 天，比对照 F 优 498（CK）晚熟 1.9 天。

主要农艺性状表现：有效穗 16.7 万/亩，株高 122.7 厘米，穗长 26.9 厘米，每穗总粒数 174.2 粒，结实率 78.1%，千粒重 29.9 克。

稻瘟病抗性鉴定结果:综合评价为"中感"。

耐冷性鉴定结果:综合评价为"较弱"。

米质主要指标表现:整精米率 45.3%,粒型长/宽比 3.0,垩白粒率 42%,垩白度 6.7%,胶稠度 75 毫米,直链淀粉含量 14.6%,碱消值 4.0,透明度 1,国标等级属于等外级。

该品种经过一年区试表现:产量高,生育期适中,有效穗多,米质一般,通过稻瘟病鉴定,耐冷性较弱。

(2)惠优 139

2016 年初试平均亩产 639.49 千克,比对照 F 优 498(CK)增产 4.8%,增产点比例 70%,居参试组合第二位,达极显著水平;全生育期 151.5 天,比对照 F 优 498(CK)早熟 0.8 天。

主要农艺性状表现:有效穗 16.2 万/亩,株高 124.5 厘米,穗长 24.8 厘米,每穗总粒数 177.4 粒,结实率 81.4%,千粒重 30.3 克。

稻瘟病抗性鉴定结果:综合评价为"中感"。

耐冷性鉴定结果:综合评价为"较弱"。

米质主要指标表现:整精米率 56.0%,粒型长/宽比 3.2,垩白粒率 50%,垩白度 10.3%,胶稠度 32 毫米,直链淀粉含量 22.0%,碱消值 5.5,透明度 2,国标等级属于等外级。

该品种经过一年区试表现:产量高,生育期适中,有效穗较多,千粒重较高,结实率较高,米质一般,通过稻瘟病鉴定,耐冷性较弱。

(3)扬籼优 709

2016 年初试平均亩产 638.70 千克,比对照 F 优 498(CK)增产 4.67%,增产点比例 80%,居参试组合第三位,达极显著水平;全生育期 148.9 天,比对照 F 优 498(CK)早熟 3.4 天。

主要农艺性状表现:有效穗 15.5 万/亩,株高 115.7 厘米,穗长 23.3 厘米,每穗总粒数 193.5 粒,结实率 80.8%,千粒重 27.6 克。

稻瘟病抗性鉴定结果:综合评价为"中感"。

耐冷性鉴定结果:综合评价为"较强"。

米质主要指标表现:整精米率 60.0%,粒型长/宽比 3.1,垩白粒率 30%,垩白度

7.0%,胶稠度 52 毫米,直链淀粉含量 15.9%,碱消值 4.0,透明度 1,国标等级属于等外级。

该品种经过一年区试表现:产量高,生育期适中,结实率较高,有效穗较多,千粒重较低,米质一般,通过稻瘟病鉴定,耐冷性较强。

(4)创两优 513

2016 年初试平均亩产 633.81 千克,比对照 F 优 498(CK)增产 3.87%,增产点比例 60%,居参试组合第四位,达显著水平;全生育期 151.0 天,比对照 F 优 498(CK)早熟 1.3 天。

主要农艺性状表现:有效穗 17.8 万/亩,株高 109.1 厘米,穗长 22.0 厘米,每穗总粒数 206.7 粒,结实率 76.9%,千粒重 23.8 克。

稻瘟病抗性鉴定结果:综合评价为"中感"。

耐冷性鉴定结果:综合评价为"较强"。

米质主要指标表现:整精米率 63.1%,粒型长/宽比 3.3,垩白粒率 20%,垩白度 4.5%,胶稠度 60 毫米,直链淀粉含量 15.2%,碱消值 5.0,透明度 1,国标等级属于优质三级。

该品种经过一年区试表现:产量高,生育期适中,有效穗多,穗粒数较多,千粒重低,米质较优,通过稻瘟病鉴定,耐冷性较强。

(5)宜香优 62

2016 年初试平均亩产 620.28 千克,比对照 F 优 498(CK)增产 1.65%,增产不显著,增产点比例 60%;全生育期 151.1 天,比对照 F 优 498(CK)早熟 1.2 天。

主要农艺性状表现:有效穗 16.2 万/亩,株高 127.7 厘米,穗长 26.8 厘米,每穗总粒数 160.1 粒,结实率 80.2%,千粒重 31.9 克。

稻瘟病抗性鉴定结果:综合评价为"抗"。

耐冷性鉴定结果:综合评价为"强"。

米质主要指标表现:整精米率 56.8%,粒型长/宽比 3.0,垩白粒率 20%,垩白度 3.5%,胶稠度 5573 毫米,直链淀粉含量 15.4%,碱消值 6.8,透明度 1,国标等级属于优质三级。

该品种经过一年区试表现:产量较高,生育期适中,大穗,有效穗较多,千粒重较高,结实率较高,米质较优,抗性好,通过稻瘟病鉴定,耐冷性强。

（6）双优 505

2016 年初试平均亩产 614.09 千克，比对照 F 优 498（CK）增产 0.64%，增产不显著，增产点比例 60%；全生育期 150.9 天，比对照 F 优 498（CK）早熟 1.4 天。

主要农艺性状表现：有效穗 14.7 万/亩，株高 118.9 厘米，穗长 24.2 厘米，每穗总粒数 201.4 粒，结实率 77.7%，千粒重 27.5 克。

稻瘟病抗性鉴定结果：综合评价为"中感"。

耐冷性鉴定结果：综合评价为"较弱"。

米质主要指标表现：整精米率 56.3%，粒型长/宽比 2.9，垩白粒率 24%，垩白度 3.5%，胶稠度 60 毫米，直链淀粉含量 15.8%，碱消值 4.3，透明度 1，国标等级属于优质三级。

该品种经过一年区试表现：产量较高，生育期适中，穗粒数较多，千粒重较低，米质较优，通过稻瘟病鉴定，耐冷性较弱。

（7）绿优 2758

2016 年初试平均亩产 604.79 千克，比对照 F 优 498（CK）减产 0.89%，减产不显著，增产点比例 60%；全生育期 152.7 天，比对照 F 优 498（CK）晚熟 0.4 天。

主要农艺性状表现：有效穗 16.8 万/亩，株高 126.9 厘米，穗长 24.2 厘米，每穗总粒数 179.6 粒，结实率 74.5%，千粒重 28.1 克。

稻瘟病抗性鉴定结果：综合评价为"中感"。

耐冷性鉴定结果：综合评价为"较弱"。

米质主要指标表现：整精米率 52.1%，粒型长/宽比 3.0，垩白粒率 30%，垩白度 5.0%，胶稠度 77 毫米，直链淀粉含量 15.6%，碱消值 5.0，透明度 1，国标等级属于优质三级。

该品种经过一年区试表现：产量一般，生育期适中，有效穗较多，米质较优，通过稻瘟病鉴定，耐冷性较弱。

（8）野香优 668

2016 年初试平均亩产 565.74 千克，比对照 F 优 498（CK）减产 7.29%，减产达极显著，增产点比例 30%；全生育期 154.9 天，比对照 F 优 498（CK）晚熟 2.6 天。

主要农艺性状表现：有效穗 16.6 万/亩，株高 129.0 厘米，穗长 23.2 厘米，每穗总粒数 182.1 粒，结实率 78.6%，千粒重 24.7 克。

稻瘟病抗性鉴定结果：综合评价为"中抗"。

耐冷性鉴定结果:综合评价为"极弱"。

米质主要指标表现:整精米率 60.0%,粒型长/宽比 3.1,垩白粒率 14%,垩白度 0.4%,胶稠度 60 毫米,直链淀粉含量 16.0%,碱消值 5.0,透明度 1,国标等级属于优质二级。

该品种经过一年区试表现:产量较低,生育期适中,有效穗较多,米质优,抗病性好,通过稻瘟病鉴定,耐冷性极弱。

(9)繁优 598

2016 年初试平均亩产 568.51 千克,比对照减产 6.83%,减产达极显著。米质检测为国标优质三级。通过稻瘟病鉴定,耐冷性鉴定极弱。产量太低,建议结束试验。

(10)内 5 优 573、荃优 9300

两品种 2016 年初试平均亩产量分别为 614.96 千克、612.96 千克,比对照增产分别为 0.78%和 0.45%,增产不显著,米质检测为等外级。建议结束试验。

表 1 　试验点基本情况

承试单位	试验地点	海拔高度（米）	经度	纬度	株行距规格（寸×寸）	试验点负责人及执行人
贵州省水稻研究所	贵阳市花溪区金农社区	1140	106°43′	26°35′	7.5×6	涂敏、李树杏、金帮文
遵义市农科所	遵义市游浦新区新舟镇槐安村	800	107°17′	27°80′	9×5	王炜、王怀昕、张元琴
正安县种子站	正安县瑞溪镇三把车组	625	107°37′	28°59′	(11.2+7)×5.5	杨杰和正安种子站全体人员
思南县种子站	思南县许家坝镇	570	108°06′	27°52′	7×7	安兴智、李昊昊
铜仁市农科所	铜仁市碧江区坝黄镇农科所	272	109°11′	27°43′	8×5	吴兰英、龙昌文
天柱县种子站	天柱县邦洞街道织云村	412	109°09′	26°53′	8×6	杨玉英、张彩凤、杨顺煜、袁仁阶
黔东南州农科所	黄平县旧州镇	640	107°55′	26°29′	8×6	浦选昌、彭朝才、雷安宁、杨秀军
关岭县种子站	关岭县关索镇北口村北口组	1010	105°34′	25°55′	8×6	杨恒、邓昌龙、杨丽、杨全怀、刘清江
黔西南州农科所	兴义市木贾	1300	104°56′	25°06′	9×6	陈世华
黔南州农科所	贵定县盘江镇狮朴龙潭村	906.9	107°16′	26°54′	8×6	程蓉、庭立宗

表 2 2016 年贵州省区试品种产量、生育期及主要农艺性状汇总分析结果（早熟 F 组）

品种名称	平均亩产（千克）	位次	比 CK（±%）	增产点率（%）	产量差异显著性 5%	产量差异显著性 1%	回归系数	全生育期（天）	比 CK（±天）	有效穗（万/亩）	株高（厘米）	穗长（厘米）	总粒数（粒/穗）	实粒数（粒/穗）	结实率（%）	干粒重（克）
双优 505	614.09	7	0.64	60.0	bc	CD	0.839	150.9	−1.4	14.7	118.9	24.2	201.4	156.5	77.7	27.5
内 5 优 573	614.96	6	0.78	50.0	bc	CD	1.528	149.8	−2.5	14.6	121.4	25.8	184.8	149.7	81.0	30.7
繁优 598	568.51	11	−6.83	10.0	d	E	0.99	147.4	−4.9	15.2	122.3	25.5	199.2	153.3	77.0	26.2
惠优 139	639.49	2	4.80	70.0	a	A	0.803	151.5	−0.8	16.2	124.5	24.8	177.4	144.5	81.4	30.3
扬籼优 709	638.70	3	4.67	80.0	a	A	1.088	148.9	−3.4	15.5	115.7	23.3	193.5	156.4	80.8	27.6
野香优 668	565.74	12	−7.29	30.0	d	E	0.295	154.9	2.6	16.6	129.0	23.2	182.1	143.1	78.6	24.7
F 优 498（CK）	610.21	9	0	40.0	bc	CD	0.998	152.3	0.0	14.6	121.7	26.1	190.9	150.8	79.0	29.3
荃优 9300	612.96	8	0.45	60.0	bc	CD	0.881	153.4	1.1	15.4	115.9	24.7	190.9	143.3	75.0	30.1
宜香优 62	620.28	5	1.65	60.0	b	BC	0.952	151.1	−1.2	16.2	127.7	26.8	160.1	128.5	80.2	31.9
内香优 6368	641.62	1	5.15	80.0	a	A	1.619	154.2	1.9	16.7	122.7	26.9	174.2	136.1	78.1	29.9
绿优 2758	604.79	10	−0.89	60.0	c	D	1.097	152.7	0.4	16.8	126.9	24.2	179.6	133.8	74.5	28.1
创两优 513	633.81	4	3.87	60.0	a	AB	0.912	151.0	−1.3	17.8	109.1	22.0	206.7	159.0	76.9	23.8

表 3 2016 年贵州省杂交水稻区试抗性鉴定结果（迟熟 F 组）

品种名称	稻瘟病自然鉴定		稻瘟病人工接种鉴定		综合抗性评价				耐冷性自然鉴定综合评价
	麻江县 抗性评价	湄潭县 抗性评价	省植保所 抗性评价	平均穗瘟损失率病级指数	平均综合抗性指数	综合抗性指数病级	通过 Y/否 N		
双优 505	MR	MS	S	5.67	5.13	5	Y		较弱
内 5 优 573	MR	MS	MS	5.00	4.75	5	Y		较强
繁优 598	MS	MS	S	5.67	5.42	5	Y		弱
惠优 139	MS	MR	S	5.00	5.04	5	Y		较弱
扬籼优 709	MR	MR	S	5.00	4.54	5	Y		较强
野香优 668	MR	R	R	1.67	2.30	3	Y		极弱
F 优 498（CK）			现场鉴定为高感（HS）				强		
荃优 9300	MR	MS	HS	5.67	5.94	5	Y		极弱
宜香优 62	R	MR	R	1.67	1.95	1	Y		强
内香优 6368	MR	MR	HS	5.00	5.07	5	Y		较弱
绿优 2758	MR	MR	MS	4.33	4.08	5	Y		较弱
创两优 513	MS	MR	S	5.67	5.05	5	Y		较强

表 4　2016 年贵州省杂交水稻区试稻米品质主要指标（迟熟 F 组）

品种名称	国标等级	出糙率（%）	精米率（%）	整精米率（%）	粒长（毫米）	粒型长/宽比	垩白粒率（%）	垩白度（%）	直链淀粉（%）	胶稠度（毫米）	碱消值（级）	透明度（级）	水分（%）
双优 505	优 3	76.7	69.2	56.3	6.9	2.9	24	3.5	15.8	60	4.3	1	13.1
内 5 优 573		77.3	69.0	50.5	7.4	3.1	32	5.3	16.1	50	6.8	1	13.2
繁优 598	优 3	75.2	66.0	57.4	7.3	3.3	26	3.4	17.2	50	7.0	1	13.5
惠优 139		80.1	70.2	56.0	7.4	3.2	50	10.3	22.0	32	5.5	2	13.6
扬籼优 709	优 2	76.1	68.6	60.0	6.8	3.1	30	7.0	15.9	52	4.0	1	13.7
野香优 668	优 3	77.9	65.5	60.0	6.7	3.1	4	0.4	16.0	60	5.0	1	13.4
F 优 498（CK）	优 3	79.6	69.3	56.7	7.0	3.0	22	4.1	21.3	50	6.5	1	12.8
荃优 9300		76.6	67.6	56.3	7.1	3.0	48	10.5	16.2	65	7.0	2	13.3
宜香优 62	优 3	78.0	70.1	56.8	7.2	3.0	20	3.5	15.4	55	6.8	1	13.3
内香优 6368		79.6	70.7	45.3	7.1	3.0	42	6.7	14.6	75	4.0	1	13.2
绿优 2758	优 3	75.5	67.2	52.1	7.0	3.0	30	5.0	15.6	77	5.0	1	13.3
创两优 513	优 3	78.0	70.6	63.1	6.6	3.3	20	4.5	15.2	60	5.0	1	13.5

表 5-1 "双优 505" 在各试点和产量、生育期及主要经济性状 (迟熟 F 组)

地点	亩产(千克)	比CK(±%)	位次	播种期(米/天)	齐穗期(米/天)	成熟期(米/天)	全生育期(天)	有效穗(万/亩)	株高(厘米)	穗长(厘米)	穗粒数(粒/穗)	实粒数(粒/穗)	结实率(%)	千粒重(克)	各点评价
贵阳	625.28	-4.87	10	4/11	8/13	9/22	164	14.2	108.6	24.1	193.3	159.4	82.4	27.5	D
遵义	709.55	3.11	5	4/18	8/12	9/24	159	16.2	112.1	23.9	217.4	135.0	62.1	30.9	B
正安	578.33	1.17	6	4/1	8/15	9/5	157	11.7	115.6	26.1	232.4	192.0	82.6	28.5	B
思南	551.50	-5.54	11	4/20	8/7	9/9	142	14.3	135.8	22.6	188.6	155.0	82.2	26.6	B
铜仁	542.83	4.29	5	4/23	8/1	9/9	139	13.1	120.4	25.9	202.3	168.2	83.1	25.3	C
天柱	640.67	5.63	4	4/21	8/3	9/10	142	14.7	132.6	24.8	204.5	161.2	78.8	27.4	C
凯里	575.83	0.91	2	4/20	8/5	9/11	144	13.8	117.3	22.3	167.4	140.1	83.7	29.9	A
贵定	648.00	7.76	1	4/15	8/9	9/14	152	14.0	110.0	23.0	168.7	149.1	88.4	28.5	A
兴义	681.50	-2.43	8	4/16	8/16	9/24	161	19.7	99.2	23.5	181.1	136.6	75.4	26.1	C
关岭	587.42	-2.70	8	4/27	8/14	9/23	149	15.6	137.2	25.9	258.7	168.4	65.1	24.8	B

表 5-2 "内 5 优 573" 在各试点和产量、生育期及主要经济性状 (迟熟 F 组)

地点	亩产(千克)	比CK(±%)	位次	播种期(米/天)	齐穗期(米/天)	成熟期(米/天)	全生育期(天)	有效穗(万/亩)	株高(厘米)	穗长(厘米)	穗粒数(粒/穗)	实粒数(粒/穗)	结实率(%)	千粒重(克)	各点评价
贵阳	708.87	7.85	2	4/11	8/9	9/20	162	14.0	121.8	27.1	201.0	165.4	82.3	31.1	A
遵义	712.14	3.49	4	4/18	8/11	9/24	159	14.7	113.5	26.6	183.8	137.2	74.6	34.9	B
正安	513.33	-10.20	11	4/1	8/14	9/4	156	11.3	115.9	27.4	180.0	167.5	93.1	32.1	C
思南	630.00	7.91	3	4/20	8/9	9/10	143	16.0	135.6	23.2	261.0	200.0	76.6	20.9	A
铜仁	525.17	0.90	8	4/23	8/1	9/9	139	12.0	122.5	28.3	185.7	162.0	87.2	31.1	C
天柱	601.33	-0.85	10	4/21	8/3	9/9	141	13.3	136.8	27.0	162.9	143.6	88.2	32.3	C
凯里	518.83	-9.08	10	4/20	8/3	9/9	142	13.9	116.5	24.5	156	111.5	71.5	34.3	D
贵定	595.00	-1.05	6	4/15	8/8	9/13	151	13.0	109.3	24.0	150.5	139.1	92.4	34.0	B
兴义	754.50	8.02	3	4/16	8/15	9/23	160	18.8	108.4	22.6	156.4	129.0	82.5	31.2	B
关岭	590.44	-2.20	7	4/27	8/10	9/19	145	18.8	133.9	27.0	210.8	142.1	67.4	24.8	B

表 5-3 "繁优 598"在各试点和产量、生育期及主要经济性状（迟熟 F 组）

地点	亩产（千克）	比CK（±%）	位次	播种期（米/天）	齐穗期（米/天）	成熟期（米/天）	全生育期（天）	有效穗（万/亩）	株高（厘米）	穗长（厘米）	穗粒数（粒/穗）	实粒数（粒/穗）	结实率（%）	千粒重（克）	各点评价
贵阳	614.14	-6.56	11	4/11	8/4	9/16	158	14.7	116.6	25.2	212.0	156.2	73.7	27.3	D
遵义	635.02	-7.72	10	4/18	8/6	9/20	155	13.9	113.8	26.0	210.5	155.4	73.8	28.7	B
正安	513.33	-10.20	11	4/1	8/12	9/3	155	11.0	118.9	27.0	212.3	189.7	89.4	27.4	C
思南	530.67	-9.11	12	4/20	8/3	9/13	146	14.9	137.0	23.9	201.2	172.9	85.9	22.6	D
铜仁	492.17	-5.44	12	4/23	7/26	9/4	134	14.0	126.3	25.8	183.2	135.6	74.0	26.2	D
天柱	616.50	1.65	8	4/21	8/1	9/7	139	15.0	131.1	26.4	196.2	152.5	77.7	27.2	C
凯里	530.33	-7.07	8	4/20	8/2	9/6	139	13.3	118.2	23.9	163.9	138.9	84.7	28.7	C
贵定	521.33	-13.30	12	4/15	8/4	9/9	147	14.0	112.0	23.7	183.8	151.5	82.4	27.7	C
兴义	649.00	-7.09	11	4/16	8/12	9/20	157	20.0	114.4	25.4	186.9	132.3	70.8	26.1	C
关岭	582.59	-3.50	10	4/27	8/9	9/18	144	21.5	134.7	28.0	241.7	148.2	61.3	20.4	C

表 5-4 "惠优 139"在各试点和产量、生育期及主要经济性状（迟熟 F 组）

地点	亩产（千克）	比CK（±%）	位次	播种期（米/天）	齐穗期（米/天）	成熟期（米/天）	全生育期（天）	有效穗（万/亩）	株高（厘米）	穗长（厘米）	穗粒数（粒/穗）	实粒数（粒/穗）	结实率（%）	千粒重（克）	各点评价
贵阳	679.24	3.34	6	4/11	8/8	9/18	160	14.6	118.4	24.6	200.8	164.7	82.0	29.2	B
遵义	683.34	-0.69	9	4/18	8/8	9/23	158	15.7	120.3	24.2	160.5	120.8	75.3	35.2	B
正安	616.67	7.87	2	4/1	8/10	9/6	158	11.7	128.6	26.7	206.8	187.6	90.7	32.0	A
思南	628.67	7.68	4	4/20	8/9	9/16	149	15.0	132.4	27.6	197.4	161.0	81.6	28.3	A
铜仁	650.00	24.88	1	4/23	8/5	9/11	141	15.6	130.1	24.1	160.0	144.6	90.4	31.3	A
天柱	558.50	-7.91	12	4/21	8/6	9/13	145	13.5	139.3	25.1	182.8	139.3	76.2	30.7	D
凯里	557.70	-2.27	7	4/20	8/5	9/9	142	12.8	121.5	23.4	153.5	131.2	85.5	33.5	C
贵定	611.17	1.64	3	4/15	8/9	9/14	152	18.0	118.3	22.3	153.9	131.8	85.6	30.2	A
兴义	760.00	8.80	2	4/16	8/21	9/27	164	19.3	109.4	24.2	157.6	137.1	86.9	30.2	B
关岭	649.60	7.60	4	4/27	8/11	9/20	146	26.0	126.8	25.9	200.9	127.0	63.2	22.0	A

表 5-5 "扬籼优 709"在各试点和产量、生育期及主要经济性状（迟熟 F 组）

地点	亩产（千克）	比 CK（±%）	位次	播种期（米/天）	齐穗期（米/天）	成熟期（米/天）	全生育期（天）	有效穗（万/亩）	株高（厘米）	穗长（厘米）	穗粒数（粒/穗）	实粒数（粒/穗）	结实率（%）	千粒重（克）	各点评价
贵阳	714.79	8.75	1	4/11	8/8	9/18	160	17.2	112.2	21.9	202.6	165.0	81.4	26.4	A
遵义	715.68	4.00	3	4/18	8/11	9/25	160	14.8	111.5	22.7	208.1	163.0	78.3	28.5	A
正安	563.33	-1.46	9	4/1	8/13	9/5	157	15.1	113.8	23.2	194.2	170.4	87.7	27.1	A
思南	552.83	-5.31	10	4/20	8/6	9/8	141	13.8	129.2	28.6	206.0	141.3	68.6	31.0	C
铜仁	554.00	6.44	3	4/23	7/29	9/7	137	14.2	120.3	22.7	184.2	166.9	90.6	25.4	B
天柱	635.50	4.78	5	4/21	8/3	9/8	140	14.5	129.2	22.9	198.5	170.3	85.8	26.1	C
凯里	635.08	11.29	1	4/20	8/3	9/8	141	14.1	116.6	21.7	182.6	165	90.4	27.5	A
贵定	619.17	2.97	2	4/15	8/7	9/12	150	14.5	107.0	22.0	134.3	123.1	91.7	29.0	A
兴义	744.00	6.51	4	4/16	8/16	9/24	161	20.8	101.8	23.2	167.6	143.8	85.8	26.2	B
关岭	652.62	8.10	3	4/27	8/7	9/16	142	16.4	115.2	24.4	256.5	154.9	60.4	28.4	A

表 5-6 "野香优 668"在各试点和产量、生育期及主要经济性状（迟熟 F 组）

地点	亩产（千克）	比 CK（±%）	位次	播种期（米/天）	齐穗期（米/天）	成熟期（米/天）	全生育期（天）	有效穗（万/亩）	株高（厘米）	穗长（厘米）	穗粒数（粒/穗）	实粒数（粒/穗）	结实率（%）	千粒重（克）	各点评价
贵阳	524.42	-20.21	12	4/11	8/25	9/26	168	18.5	128.3	21.9	169.3	124.2	73.3	23.1	D
遵义	575.18	-16.41	12	4/18	8/14	9/25	160	15.0	122.1	22.0	178.6	138.4	77.5	25.7	C
正安	598.33	4.66	4	4/1	8/11	9/6	158	12.6	125.9	24.0	225.3	208.4	92.5	23.9	A
思南	656.67	12.48	1	4/20	8/11	9/9	142	14.4	135.2	25.6	227.2	173.8	76.5	27.9	B
铜仁	514.67	-1.12	10	4/23	8/9	9/13	143	15.5	137.2	22.8	156.2	135.4	86.7	24.6	D
天柱	626.33	3.27	6	4/21	8/8	9/17	149	15.9	144.0	22.3	180.0	159.8	88.8	24.8	C
凯里	466.33	-18.28	12	4/20	8/14	9/16	149	14.8	127.9	20.2	150.1	124.1	82.7	25.5	D
贵定	552.67	-8.09	11	4/15	8/14	9/19	157	16.5	118.3	24.0	124.8	109.6	87.8	26.0	B
兴义	565.00	-19.11	12	4/16	8/26	10/3	170	21.7	116.8	23.0	173.4	114.0	65.7	23.4	D
关岭	577.76	-4.30	11	4/27	8/18	9/27	153	20.7	133.8	26.4	236.3	143.4	60.7	21.9	D

表 5－7 "F 优 498（CK）"在各试点和产量、生育期及主要经济性状（迟熟 F 组）

地点	亩产（千克）	比 CK（±%）	位次	播种期（月/天）	齐穗期（月/天）	成熟期（月/天）	全生育期（天）	有效穗（万/亩）	株高（厘米）	穗长（厘米）	穗粒数（粒/穗）	实粒数（粒/穗）	结实率（%）	千粒重（克）	各点评价
贵阳	657.28	0	8	4/11	8/9	9/20	162	13.7	116.0	25.3	195.9	158.3	80.8	30.9	C
遵义	688.13	0	7	4/18	8/15	9/25	160	13.9	112.9	27.0	204.6	143.6	70.2	32.4	B
正安	571.67	0	7	4/1	8/13	9/5	157	11.0	114.9	27.0	197.0	181.4	92.1	30.7	B
思南	583.83	0	9	4/20	8/13	9/15	148	13.5	148.6	28.4	192.4	160.8	83.6	29.3	C
铜仁	520.50	0	9	4/23	8/1	9/10	140	14.7	125.6	26.1	160.1	131.7	82.3	27.3	C
天柱	606.50	0	9	4/21	8/3	9/10	142	14.0	133.1	27.0	182.2	151.5	83.2	29.3	C
凯里	570.67	0	3	4/20	8/5	9/15	148	12.8	118.3	24.4	168.9	139.1	82.4	32.4	B
贵定	601.33	0	5	4/15	8/7	9/12	150	13.5	116.0	26.0	163.1	140.9	86.4	30.5	B
兴义	698.50	0	7	4/16	8/18	9/26	163	19.4	107.8	24.0	184.7	135.5	73.4	28.6	C
关岭	603.72	0	6	4/27	8/9	9/27	153	19.4	123.5	25.3	260.6	165.5	63.5	21.5	B

表 5－8 "荃优 9300"在各试点和产量、生育期及主要经济性状（迟熟 F 组）

地点	亩产（千克）	比 CK（±%）	位次	播种期（月/天）	齐穗期（月/天）	成熟期（月/天）	全生育期（天）	有效穗（万/亩）	株高（厘米）	穗长（厘米）	穗粒数（粒/穗）	实粒数（粒/穗）	结实率（%）	千粒重（克）	各点评价
贵阳	682.08	3.77	5	4/11	8/14	9/24	166	15.4	116.6	23.5	181.9	149.9	82.4	30.7	B
遵义	683.40	-0.69	8	4/18	8/13	9/25	160	16.8	105.1	24.1	190.2	119.2	62.7	33.9	B
正安	551.67	-3.50	10	4/1	8/14	9/6	158	11.3	107.7	25.4	200.8	176.1	87.7	31.0	B
思南	616.00	5.51	7	4/20	8/16	9/13	146	14.5	133.4	27.6	197.4	155.1	78.6	29.2	B
铜仁	544.17	4.55	4	4/23	8/5	9/11	141	13.2	126.3	25.1	193.5	150.9	78.0	30.2	C
天柱	659.33	8.71	2	4/21	8/6	9/13	145	14.1	131.5	24.9	193.6	157.8	81.5	30.5	B
凯里	564.33	-1.11	6	4/20	8/11	9/15	148	12.4	117.3	22.6	160	141.5	88.4	32.3	B
贵定	588.67	-2.11	7	4/15	8/13	9/18	156	14.0	112.3	22.7	160.4	134.0	83.5	30.5	B
兴义	655.00	-6.23	10	4/16	8/23	9/29	166	21.9	97.5	21.2	198.8	110.6	57.9	29.1	D
关岭	585.00	-3.10	9	4/27	8/13	9/22	148	20.2	111.0	29.5	232.4	137.6	59.2	23.7	C

表 5-9 "宜香优 62"在各试点和产量、生育期及主要经济性状（迟熟 F 组）

地点	亩产(千克)	比CK(±%)	位次	播种期(米/天)	齐穗期(米/天)	成熟期(米/天)	全生育期(天)	有效穗(万/亩)	株高(厘米)	穗长(厘米)	穗粒数(粒/穗)	实粒数(粒/穗)	结实率(%)	千粒重(克)	各点评价
贵阳	695.31	5.79	3	4/11	8/9	9/20	162	16.7	125.2	26.9	175.4	142.2	81.1	31.0	B
遵义	620.69	-9.80	11	4/18	8/10	9/23	158	17.5	119.6	25.7	130.1	101.7	78.2	34.4	B
正安	570.00	-0.29	8	4/1	8/12	9/7	159	13.9	133.8	27.7	175.6	153.5	87.4	30.3	B
思南	625.50	7.14	5	4/20	8/10	9/12	145	14.4	142.6	29.2	196.3	152.7	77.8	30.6	A
铜仁	540.33	3.81	6	4/23	8/1	9/9	139	13.7	130.3	29.3	168.9	146.2	86.6	31.1	C
天柱	624.83	3.02	7	4/21	8/5	9/11	143	14.2	147.2	27.6	162.1	142.4	87.8	31.6	C
凯里	569.00	-0.29	4	4/20	8/4	9/8	141	13.8	127.4	26.5	151.3	123.6	81.7	33.6	A
贵定	577.00	-4.05	9	4/15	8/11	9/16	154	14.5	124.7	25.7	112.5	100.9	89.7	33.5	C
兴义	725.67	3.87	5	4/16	8/25	9/31	167	20.1	110.8	21.6	175.3	127.2	72.6	30.0	C
关岭	654.43	8.40	2	4/27	8/8	9/17	143	23.6	115.3	28.1	153.6	94.1	61.3	33.2	A

表 5-10 "内香优 6368"在各试点和产量、生育期及主要经济性状（迟熟 F 组）

地点	亩产(千克)	比CK(±%)	位次	播种期(米/天)	齐穗期(米/天)	成熟期(米/天)	全生育期(天)	有效穗(万/亩)	株高(厘米)	穗长(厘米)	穗粒数(粒/穗)	实粒数(粒/穗)	结实率(%)	千粒重(克)	各点评价
贵阳	683.36	3.97	4	4/11	8/12	9/22	164	15.8	120.2	27.4	185.7	150.4	81.0	31.1	B
遵义	720.94	4.77	2	4/18	8/15	9/23	158	17.8	113.5	25.9	145.9	106.6	73.1	35.8	A
正安	588.33	2.92	5	4/1	8/13	9/6	158	14.2	114.7	27.9	169.1	146.7	86.8	31.6	B
思南	622.50	6.62	6	4/20	8/13	9/11	144	15.4	135.0	27.1	198.1	161.9	81.7	27.4	A
铜仁	502.33	-3.49	11	4/23	8/9	9/13	143	14.8	126.6	28.1	154.6	120.3	77.8	30.3	D
天柱	650.17	7.20	3	4/21	8/11	9/16	148	15.8	144.7	27.0	209.6	178.3	85.1	22.8	B
凯里	567.50	-0.55	5	4/20	8/10	9/14	147	12.8	116.1	26.7	157.6	135.5	86.0	33.3	B
贵定	604.33	0.50	4	4/15	8/16	9/21	159	16.0	119.0	25.0	127.4	107.6	84.5	30.2	A
兴义	832.00	19.11	1	4/16	8/25	10/3	170	21.0	106.4	24.8	155.5	132.6	85.2	31.0	A
关岭	644.77	6.80	5	4/27	8/16	9/25	151	23.5	130.4	28.8	238.1	120.7	50.7	25.6	B

表 5-11 "绿优 2758"在各试点和产量、生育期及主要经济性状（迟熟 F 组）

地点	亩产（千克）	比 CK（±%）	位次	播种期（米/天）	齐穗期（米/天）	成熟期（米/天）	全生育期（天）	有效穗（万/亩）	株高（厘米）	穗长（厘米）	穗粒数（粒/穗）	实粒数（粒/穗）	结实率（%）	千粒重（克）	各点评价
贵阳	667.69	1.58	7	4/11	8/12	9/22	164	17.3	120.5	24.8	192.1	142.7	74.3	27.6	C
遵义	690.43	0.33	6	4/18	8/14	9/23	158	17.4	119.6	24.1	174.6	119.3	68.3	31.6	B
正安	618.33	8.16	1	4/1	8/10	9/3	155	16.0	122.2	25.7	179.6	136.7	76.1	28.0	A
思南	611.67	4.77	8	4/20	8/10	9/14	147	14.3	138.2	27.5	196.0	152.5	77.8	30.9	A
铜仁	533.50	2.50	7	4/23	8/5	9/11	141	14.9	135.1	26.8	180.3	135.8	75.3	26.5	C
天柱	572.00	-5.69	11	4/21	8/6	9/13	145	13.5	150.7	25.3	186.8	150.5	80.6	28.7	D
凯里	502.67	-11.92	0	4/20	8/10	9/15	148	14.6	124.4	23.9	143.5	114.4	79.7	30.5	D
贵定	577.33	-3.99	8	4/15	8/14	9/19	157	17.5	124.0	24.7	147.0	120.4	81.9	28.0	C
兴义	702.00	0.50	6	4/16	8/22	9/28	165	20.7	112.2	23.6	178.6	131.9	73.9	26.9	C
关岭	572.33	-5.20	12	4/27	8/12	9/21	147	21.9	121.9	15.8	217.7	133.4	61.3	22.2	D

表 5-12 "创两优 513"在各试点和产量、生育期及主要经济性状（迟熟 F 组）

地点	亩产（千克）	比 CK（±%）	位次	播种期（米/天）	齐穗期（米/天）	成熟期（米/天）	全生育期（天）	有效穗（万/亩）	株高（厘米）	穗长（厘米）	穗粒数（粒/穗）	实粒数（粒/穗）	结实率（%）	千粒重（克）	各点评价
贵阳	630.04	-4.14	9	4/11	8/9	9/19	161	18.1	107.0	21.5	219.8	168.6	76.7	21.4	D
遵义	731.51	6.31	1	4/18	8/10	9/23	158	18.8	105.3	22.5	243.8	156.3	64.1	23.5	A
正安	613.33	7.29	3	4/1	8/15	9/4	156	14.7	109.3	22.9	233.2	209.4	89.8	22.3	A
思南	631.50	8.16	2	4/20	8/5	9/15	148	14.1	119.4	26.7	232.7	160.1	68.8	29.6	A
铜仁	601.00	15.47	2	4/23	8/1	9/9	139	16.3	115.8	21.9	194.4	167.6	86.2	25.2	B
天柱	707.17	16.60	1	4/21	8/5	9/12	144	15.1	122.9	22.5	199.4	173.9	87.2	27.1	A
凯里	521.50	-8.62	9	4/20	8/4	9/8	141	16.0	103.8	19.9	175.4	149.9	85.5	21.7	C
贵定	555.33	-7.65	10	4/15	8/12	9/17	155	20.0	106.0	20.0	162.8	115.6	71.0	22.5	C
兴义	679.00	-2.79	9	4/16	8/16	9/23	160	21.6	95.6	20.8	184.0	145.2	78.9	22.4	C
关岭	667.71	10.60	1	4/27	8/13	9/22	148	23.4	105.6	21.2	221.3	143.4	64.8	22.5	A

2016年贵州省杂交水稻区域试验早熟G组汇总报告

为及时有效地鉴定各单位选育和推荐的水稻新品种(组合)在我省不同生态地区的丰产性、稳产性、适应性、抗性、米质及其他重要性状,从而为水稻新品种(组合)的审定及推广提供科学依据,特进行了本试验。根据2016年贵州省水稻区试会议安排,共有11个新品种参加早熟G组试验,现将试验结果进行汇总。

一、试验概况

(一) 参试品种及承试单位

参试品种11个,全部为初试品种,均为杂交组合;以香早优2017(CK)为对照;承试地点8个,分布在我省海拔845~1400米的不同生态地区。试验点基本情况见表1。

(二) 试验设计、栽培管理及基本情况

各承试单位均按统一的试验实施方案进行试验,田间试验设计采用随机区组排列,三次重复。小区面积0.02亩,四周设保护行。所有参试品种同期播种、移栽,耕作栽培措施比当地大田生产水平略高,如设有防治病虫害措施。试验观察记载按《贵州省水稻品种区域试验技术操作规程》执行。

本年各试点试验正常,分别于4月5~19日播种,育秧方式为湿润育秧或旱育秧。移栽株行距规格:遵义、麻江、贵定、黔西南试点8寸×5寸,贵阳、安顺、长顺试点(6+9)寸×5寸,黔西7寸×5寸。

(三) 统计分析

按照《农作物品种区域试验技术规范 水稻》等有关试验质量评价标准,对各试验点实验结果的可靠性、完整性、准确性、可比性以及对照品种表现情况等进行分析评价,确保汇总质量。2016年各试验点实验结果正常,全部进入汇总。

试验品种产量结果用RCT99软件采用混合模型进行联合方差分析,品种间产量差

异多重比较采用 Duncan's 新复极差法分析。参试品种的丰产性主要以品种在区试中相对于对照品种产量来衡量,参试品种的适应性主要以品种在区试中比对照品种增产的试验点比例来衡量,参试品种的稳产性主要以品种在年间区试中相对于对照品种产量的差异变化程度来衡量,参试品种的生育期主要以全生育期比对照品种的天数差异来衡量,参试品种的抗性以指定的鉴定单位的鉴定结果为主要依据。

参试品种的米质检测、评价按照国家《优质稻谷》标准分优质一级、优质二级、优质三级,未达到优质级米质的均为等外级。

(四)特性鉴定

稻瘟病鉴定:设两个自然鉴定点,由湄潭县、麻江县植保站承担;一个接种鉴定点,由贵州省植物保护研究所承担。鉴定结果由贵州省植物保护研究所负责汇总;稻瘟病鉴定为高感的品种实行一票否决,不再试验或审定。

耐冷性鉴定:由安顺市农科所、毕节市农科所和贵州省品种资源研究所承担,鉴定结果由贵州省品种资源研究所负责汇总。

米质分析:由遵义市农科所和贵州省水稻研究所统一提供稻谷样品,送农业部食品质量监督检验测试中心(武汉)负责检测分析。食味品质鉴定由贵州省种子总站组织有关专家在贵州省水稻研究所统一品尝鉴定。

二、结果分析

(一)产量

参试品种的平均亩产量变幅为 563.04~716.8 千克,对照香早优 2017(CK)平均亩产 624.74 千克,产量居第九位。其中参试品种较高的有 10 东 5346A/R781、LX2064、泰优 390、金秋香优 1079、泸香优 912、M 优 152 产量位居前六,平均亩产 661.38~716.80 千克,比对照香早优 2017(CK)增产 2.94%~14.74%,比对照增产都达到极显著水平;泸香优 110、繁优 323 较对照增产不显著。其他品种都较对照有不同程度的减产,其中友早 68、繁优 3199 减产达显著水平,其余品种减产不显著。品种产量比对照增减产百分率、品种间产量差异显著性、比对照增产试验点比例等汇总结果见表 2。

(二)生育期

参试品种的生育期平均在 149.0~155.5 天,对照香早优 2017(CK)平均生育期为 152.5 天。其中友早 68 生育期最短,比对照早熟 3.5 天;泸香优 110 的生育期最长,比对照迟熟 3.0 天。主要的农艺经济性状见表 2。

（三）抗性（见表3）

（1）稻瘟病

根据贵州省品种审定委员会水稻专业组会议决定，水稻专家对我省稻瘟病抗性鉴定试验点湄潭和麻江县进行了田间实地考察并对试验品种做出鉴定。首先，凡参试的组合被确定为高感（HS）的，在本年评定中不予通过；其次，两个自然鉴定点当中只要有一个点的结果为高感，即将该组合定为高感，不能通过审定；最后，根据《主要农作物品种审定标准（国家级）》的规定，品种的稻瘟病综合抗性指数≤6.5，同时，长江上游稻区品种穗瘟损失率最高级≤7级时评定为通过审定（记为"Y"）。为此，我们将综合抗性指数>6.5的品种的综合病级评定为9级，即不能通过审定（记为"N"）。

通过以上审定得到品种年度综合总评结果：Q两优313、繁优3199田间实地考察，经稻瘟病鉴定为高感；友早68、香早优2017（CK）综合抗性指数>6.5，评定为9级，高感稻瘟病。其余品种通过了稻瘟病鉴定。

（2）耐冷性

综合评价：对照香早优2017（CK）表现为"强"。参试品种表现为"极强"的5个，"较强"的5个，"较弱"的1个。

（四）米质

根据国家《优质稻谷》标准，参试品种泸香优110、繁优3199达国标优质米二级；除泰优390、10东5346A/R781、M优152、金秋香优1079等品种达到国标优质米三级外，其他品种米质属于等外级。品种糙米率、整精米率、粒长、长宽比、垩白粒率、垩白度、胶稠度、直链淀粉等米质性状见表4。

（五）品种在各试点的表现

品种在各试点的产量、生育期、主要的农艺经济性状及综合评价等见表5-1至表5-13。

三、品种评价

友早68、Q两优313、繁优3199三个品种高感稻瘟病不再审定和试验，品种评价也不再一一叙述。

（1）10东5346A/R781

2016年初试平均亩产716.80千克，比对照香早优2017（CK）增产14.74%，增产点比例100%，居参试组合第一位，达极显著水平；全生育期154.8天，比对照香早优2017

（CK）晚熟 2.3 天。

主要农艺性状表现：有效穗 16.1 万/亩，株高 104.2 厘米，穗长 25.0 厘米，每穗总粒数 172.3 粒，结实率 83.0%，千粒重 30.0 克。

稻瘟病抗性鉴定结果：综合评价为"中抗"。

耐冷性鉴定结果：综合评价为"极强"。

米质主要指标表现：整精米率 54.2%，粒型长/宽比 3.2，垩白粒率 20%，垩白度 3.4%，胶稠度 65 毫米，直链淀粉含量 16.0%，碱消值 7.0，透明度 1，国标等级属于优三级。

该品种经过一年区试表现：产量高，有效穗多，生育期适中，穗大粒多，结实率较高，米质较优，通过稻瘟病鉴定，耐冷性极强。

（2）LX2064

2016 年初试平均亩产 691.24 千克，比对照香早优 2017（CK）增产 10.64%，增产点比例 100%，居参试组合第二位，达极显著水平；全生育期 152.1 天，比对照香早优 2017（CK）早熟 0.4 天。

主要农艺性状表现：有效穗 15.2 万/亩，株高 102.3 厘米，穗长 24.9 厘米，每穗总粒数 187.9 粒，结实率 85.0%，千粒重 28.0 克。

稻瘟病抗性鉴定结果：综合评价为"感"。

耐冷性鉴定结果：综合评价为"强"。

米质主要指标表现：整精米率 52.3%，粒型长/宽比 3.1，垩白粒率 60%，垩白度 10.8%，胶稠度 70 毫米，直链淀粉含量 15.2%，碱消值 5.0，透明度 2，国标等级属于等外级。

该品种经过一年区试表现：产量高，生育期适中，有效穗较多，米质一般，通过稻瘟病鉴定，耐冷性强。

（3）泰优 390

2016 年初试平均亩产 686.51 千克，比对照香早优 2017（CK）增产 9.89%，增产点比例 87.5%，居参试组合第三位，达极显著水平；全生育期 154.9 天，比对照香早优 2017（CK）晚熟 2.4 天。

主要农艺性状表现：有效穗 17.4 万/亩，株高 97.7 厘米，穗长 24.4 厘米，每穗总粒数 183.6 粒，结实率 80.6%，千粒重 25.6 克。

稻瘟病抗性鉴定结果:综合评价为"中感"。

耐冷性鉴定结果:综合评价为"较强"。

米质主要指标表现:整精米率 55.3%,粒型长/宽比 3.7,垩白粒率 20%,垩白度 3.5%,胶稠度 65 毫米,直链淀粉含量 15.0%,碱消值 4.0,透明度 1,国标等级属于优三级。

该品种经过一年区试表现:产量高,生育期适中,结实率较高,有效穗较多,米质较优,通过稻瘟病鉴定,耐冷性较强。

(4)金秋香优 1079

2016 年初试平均亩产 670.46 千克,比对照香早优 2017(CK)增产 7.32%,增产点比例 75%,居参试组合第四位,达极显著水平;全生育期 154.1 天,比对照香早优 2017(CK)晚熟 1.6 天。

主要农艺性状表现:有效穗 16.3 万/亩,株高 99.6 厘米,穗长 25.0 厘米,每穗总粒数 178.9 粒,结实率 84.8%,千粒重 26.8 克。

稻瘟病抗性鉴定结果:综合评价为"中感"。

耐冷性鉴定结果:综合评价为"极强"。

米质主要指标表现:整精米率 61.3%,粒型长/宽比 3.3,垩白粒率 13%,垩白度 3.0%,胶稠度 60 毫米,直链淀粉含量 15.0%,碱消值 7.0,透明度 1,国标等级属于国标优三级。

该品种经过一年区试表现:产量高,生育期适中,有效穗多,结实率高,米质较优,通过稻瘟病鉴定,耐冷性极强。

(5)泸香优 912

2016 年初试平均亩产 661.38 千克,比对照香早优 2017(CK)增产 5.87%,增产点比例 75.0%,居参试组合第五位,达极显著水平;全生育期 154.9 天,比对照香早优 2017(CK)晚熟 2.4 天。

主要农艺性状表现:有效穗 15.6 万/亩,株高 96.9 厘米,穗长 23.7 厘米,每穗总粒数 180.7 粒,结实率 79.7%,千粒重 27.6 克。

稻瘟病抗性鉴定结果:综合评价为"感"。

耐冷性鉴定结果:综合评价为"较强"。

米质主要指标表现:整精米率 46.4%,粒型长/宽比 3.2,垩白粒率 36%,垩白度

6.8%,胶稠度 30 毫米,直链淀粉含量 19.8%,碱消值 6.5,透明度 2,国标等级属于等外级。

该品种经过一年区试表现:产量高,生育期适中,有效穗较多,米质一般,通过稻瘟病鉴定,耐冷性较强。

(6) M 优 152

2016 年初试平均亩产 643.12 千克,比对照香早优 2017(CK)增产 2.94%,增产点比例 50.0%,居参试组合第六位,达显著水平;全生育期 153.0 天,比对照香早优 2017(CK)晚熟 0.5 天。

主要农艺性状表现:有效穗 15.1 万/亩,株高 102.8 厘米,穗长 24.1 厘米,每穗总粒数 183.3 粒,结实率 81.0%,千粒重 29.6 克。

稻瘟病抗性鉴定结果:综合评价为"感"。

耐冷性鉴定结果:综合评价为"极强"。

米质主要指标表现:整精米率 52.0%,粒型长/宽比 3.2,垩白粒率 18%,垩白度 3.2%,胶稠度 62 毫米,直链淀粉含量 15.0%,碱消值 5.0,透明度 1,国标等级属于优三级。

该品种经过一年区试表现:产量较高,生育期适中,有效穗较多,结实率较高,米质较优,通过稻瘟病鉴定,耐冷性极强。

(7)泸香优 110

2016 年初试平均亩产 632.90 千克,比对照香早优 2017(CK)增产 1.31%,不显著,增产点比例 62.5%;全生育期 155.5 天,比对照香早优 2017(CK)晚熟 3.0 天。

主要农艺性状表现:有效穗 14.7 万/亩,株高 97.9 厘米,穗长 27.2 厘米,每穗总粒数 205.0 粒,结实率 75.2%,千粒重 28.4 克。

稻瘟病抗性鉴定结果:综合评价为"中感"。

耐冷性鉴定结果:综合评价为"较弱"。

米质主要指标表现:整精米率 54.0%,粒型长/宽比 3.4,垩白粒率 8%,垩白度 2.1%,胶稠度 52 毫米,直链淀粉含量 16.4%,碱消值 7.0,透明度 1,国标等级属于优二级。

该品种经过一年区试表现:产量较高,生育期适中,穗大粒多,米质优,通过稻瘟病鉴定,耐冷性较弱。

(8)繁优 323

2016 年初试平均亩产 625.08 千克,比对照香早优 2017(CK)增产 0.06%,不显著,增产点比例 50.0%;全生育期 154.1 天,比对照香早优 2017(CK)晚熟 1.6 天。

主要农艺性状表现:有效穗 15.0 万/亩,株高 101.2 厘米,穗长 24.8 厘米,每穗总粒数 174.8 粒,结实率 78.6%,千粒重 29.3 克。

稻瘟病抗性鉴定结果:综合评价为"中感"。

耐冷性鉴定结果:综合评价为"较强"。

米质主要指标表现:整精米率 55.0%,粒型长/宽比 3.1,垩白粒率 22%,垩白度 3.2%,胶稠度 52 毫米,直链淀粉含量 15.5%,碱消值 7.0,透明度 1,国标等级属于优三级。

该品种经过一年区试表现:产量一般,生育期适中,千粒重较高,米质较优,通过稻瘟病鉴定,耐冷性较强。

(9)德优 727

2016 年初试平均亩产量为 624.39 千克,比对照减产分别为 0.06%,不显著,米质检测为等外级。通过稻瘟病鉴定,耐冷性鉴定较强。建议结束试验。

表 1 试验点基本情况

承试单位	试验地点	海拔高度（米）	经度	纬度	株行距规格（寸×寸）	试验点负责人及执行人
贵州省水稻研究所	贵阳市花溪区金农社区	1140	106°43′	26°35′	(6+9)×5	涂敏、李树杏
遵义市农科所	遵义市新蒲新区樏安村	850	106°53′	27°31′	8×5	张元琴
安顺市农科所	安顺市普定县白岩镇	1400	105°55′	26°15′	(6+9)×5	张家洪
长顺县种子站	长顺县广顺镇四寨村麦路组	1280	106°13′	25°38′	(6+9)×5	丰佩明
黔西县种子站	黔西县文峰办事处田坎社区	1136	106°06′	27°02′	7×5	黄如学
麻江县种子站	麻江县贤昌乡高枧村	845	107°32′	26°27′	8×5	陈永莲
黔西南州种子站	兴义市下午屯办事处油村	1180	104°56′	25°03′	8×5	刘婷婷
黔南州农科所	贵定县盘江镇狮朴龙潭村	906.9	107°16′	26°54′	8×5	程蓉 庭立宗

表 2 2016 年贵州省区试品种产量、生育期及主要农艺性状汇总分析结果(早熟 G 组)

品种名称	平均亩产(千克)	位次	比CK(±%)	增产点率(%)	产量差异显著性 5%	产量差异显著性 1%	回归系数	全生育期(天)	比CK(±天)	有效穗(万/亩)	株高(厘米)	穗长(厘米)	总粒数(粒/穗)	实粒数(粒/穗)	结实率(%)	千粒重(克)
LX2064	691.24	2	10.64	100.0	b	B	1.112	152.1	-0.4	15.2	102.3	24.9	187.9	159.7	85.0	28.0
泸香优 110	632.90	7	1.31	62.5	ef	EF	0.794	155.5	3.0	14.7	97.9	27.2	205.0	154.1	75.2	28.4
友早 68	563.04	13	-9.88	25.0	i	H	1.466	149.0	-3.5	10.9	102.0	26.3	242.2	196.7	81.2	29.1
泰优 390	686.51	3	9.89	87.5	bc	B	0.942	154.9	2.4	17.4	97.7	24.4	183.6	148.1	80.6	25.6
10 东 5346 A/R781	716.80	1	14.74	100.0	a	A	1.031	154.8	2.3	16.1	104.2	25.0	172.3	142.9	83.0	30.0
繁优 323	625.08	8	0.06	50.0	f(克)	EF	1.032	154.1	1.6	15.0	101.2	24.8	174.8	137.5	78.6	29.3
香早优 2017(CK)	624.74	9	0	0.0	f(克)	EF	1.077	152.5	0.0	15.1	100.9	25.2	151.9	127.5	84.0	32.6
M 优 152	643.12	6	2.94	50.0	e	DE	0.985	153.0	0.5	15.1	102.8	24.1	183.3	148.5	81.0	29.6
金秋香优 1079	670.46	4	7.32	75.0	cd	BC	0.951	154.1	1.6	16.3	99.6	25.0	178.9	151.8	84.8	26.8
Q 两优 313	615.25	11	-1.52	25.0	g	F	0.987	151.9	-0.6	15.6	93.2	24.8	159.9	133.9	83.7	28.8
泸香优 912	661.38	5	5.87	75.0	d	CD	0.923	154.9	2.4	15.6	96.9	23.7	180.7	144.1	79.7	27.6
繁优 3199	589.40	12	-5.66	25.0	h	G	0.846	154.0	1.5	16.5	97.6	25.0	168.8	128.9	76.4	27.9
德优 727	624.39	10	-0.06	75.0	f(克)	EF	0.854	153.4	0.9	15.1	105.2	25.0	158.4	129.9	82.0	31.3

表 3　2016 年贵州省杂交水稻区试抗性鉴定结果（早熟 G 组）

品种名称	稻瘟病自然鉴定		稻瘟病人工接种鉴定	综合抗性评价				耐冷性自然鉴定综合评价
	麻江县 抗性评价	湄潭县 抗性评价	省植保所 抗性评价	平均穗瘟损失率病级指数	平均综合抗性指数	综合抗性指数病级	通过 Y/否 N	
LX2004	S	S	MS	6.33	6.21	7	Y	强
泸香优 110	R	MS	HS	5.00	4.98	5	Y	较弱
友早 68	HS	S	S	7.67	7.64	9	N	极强
泰优 390	MS	MS	S	6.33	5.97	5	Y	较强
10 东 5346A/R781	R	MR	S	3.67	3.83	3	Y	极强
繁优 323	MS	MS	MS	5.67	5.60	5	Y	较强
香早优 2017(CK)	S	S	HS	7.67	7.39	9	N	强
M 优 152	MS	S	S	6.33	6.19	7	Y	极强
金秋香优 1079	MS	MS	S	5.67	5.86	5	Y	极强
Q 两优 313	现场鉴定为高感		S				N	极强
泸香优 912	S	MS	S	6.33	6.09	7	Y	较强
繁优 3199	现场鉴定为高感		S				N	较强
德优 727	MS	MS	S	6.33	5.85	5	Y	较强

表 4 2016 年贵州省杂交水稻区试稻米品质主要指标（早熟 G 组）

品种名称	国标等级	出糙率（%）	精米率（%）	整精米率（%）	粒长（毫米）	粒型长/宽比	垩白粒率（%）	垩白度（%）	直链淀粉（%）	胶稠度（毫米）	碱消值（级）	透明度（级）	水分（%）
LX2064		76.5	67.3	52.3	6.9	3.1	60	10.8	15.2	70	5.0	2	12.9
泸香优 110	优 2	77.0	66.5	54.0	7.3	3.4	8	2.1	16.4	52	7.0	1	12.9
友早 68		79.0	71.0	43.8	6.9	3.0	28	5.2	14.7	60	4.0	1	13.4
泰优 390	优 3	75.7	65.7	55.3	7.4	3.7	20	3.5	15.0	65	4.0	1	13.5
10 东 5346A/R781	优 3	79.4	71.5	54.2	7.4	3.2	20	3.4	16.0	65	7.0	1	13.5
繁优 323	优 3	79.1	69.3	55.0	7.1	3.1	22	3.2	15.5	52	7.0	1	13.3
香早优 2017（CK）		80.3	69.5	35.4	7.3	3.1	34	6.0	14.6	57	7.0	1	13.3
M 优 152	优 3	80.7	71.8	52.0	7.1	3.2	18	3.2	15.0	62	5.0	1	13.3
金秋香优 1079	优 3	80.8	72.2	61.3	7.0	3.3	13	3.0	15.0	60	7.0	1	13.3
Q 两优 313		80.8	71.8	39.3	7.1	3.2	20	5.3	13.7	67	4.3	2	13.1
泸香优 912		80.5	69.3	46.4	7.0	3.2	36	6.8	19.8	30	6.5	2	13.1
繁优 3199	优 2	79.5	70.0	54.0	7.2	3.3	10	2.8	16.3	50	7.0	1	13.2
德优 727		81.5	72.0	57.2	7.0	3.0	48	7.5	20.2	30	7.0	2	13.2

表 5-1 "LX2064"在各试点和产量、生育期及主要经济性状（早熟 G 组）

地点	亩产（千克）	比CK（±%）	位次	播种期（米/天）	齐穗期（米/天）	成熟期（米/天）	全生育期（天）	有效穗（万/亩）	株高（厘米）	穗长（厘米）	穗粒数（粒/穗）	实粒数（粒/穗）	结实率（%）	千粒重（克）	各点评价
贵阳	752.48	2.02	3	4/13	7/25	9/6	146	15.3	112.0	26.3	214.4	178.8	83.4	28.1	B
遵义	721.27	10.84	2	4/18	8/3	9/19	154	17.6	106.3	25.5	167.9	133.4	79.4	28.9	A
安顺	676.00	14.48	5	4/16	8/3	9/20	157	13.8	93.0	22.4	153.0	126.1	82.4	28.6	B
麻江	553.17	8.18	2	4/19	7/20	9/8	142	11.9	101.2	26.8	207.6	177.8	85.7	25.1	A
贵定	504.67	7.49	6	4/15	7/30	9/4	142	14.2	106.0	23.0	178.6	165.6	92.7	27.0	B
长顺	781.23	15.25	4	4/5	7/25	9/16	164	16.9	108.0	25.3	208.5	158.4	76.0	29.4	B
兴义	847.92	5.83	1	4/12	8/9	9/12	153	15.0	94	26.0	194.1	181.3	93.4	29.9	A
黔西	693.17	23.96	1	4/11	7/30	9/17	159	17.2	97.6	24.3	179.0	156.0	87.2	27.1	A

表 5-2 "泸香优 110"在各试点和产量、生育期及主要经济性状（早熟 G 组）

地点	亩产（千克）	比CK（±%）	位次	播种期（米/天）	齐穗期（米/天）	成熟期（米/天）	全生育期（天）	有效穗（万/亩）	株高（厘米）	穗长（厘米）	穗粒数（粒/穗）	实粒数（粒/穗）	结实率（%）	千粒重（克）	各点评价
贵阳	665.66	-9.75	11	4/13	8/5	9/15	155	16.7	105.1	25.4	207.2	149.0	71.9	27.1	D
遵义	689.46	5.95	6	4/18	8/8	9/22	157	15.4	100.8	28.3	191.3	148.3	77.5	29.1	B
安顺	540.83	-8.41	12	4/16	8/9	9/22	159	13.6	94.1	28.0	260.1	180.1	69.2	28.2	C
麻江	545.67	6.71	4	4/19	7/26	9/9	143	11.6	92.1	25.3	221.9	144.1	64.9	26.6	B
贵定	532.00	13.31	4	4/15	8/4	9/9	147	13.8	100.7	27.3	174.8	148.8	85.1	28.0	A
长顺	642.19	-5.26	13	4/5	8/2	9/20	168	15.0	98.2	26.9	180.1	140.9	78.2	31.3	D
兴义	828.38	3.39	4	4/12	8/9	9/12	153	15.9	95.5	26.9	190.3	171.3	90.0	30.3	A
黔西	619.00	10.70	5	4/11	8/6	9/20	162	16.1	96.4	29.1	214.0	150.0	70.1	26.9	B

表5-3 "友早68"在各试点和产量、生育期及主要经济性状（早熟G组）

地点	亩产（千克）	比CK（±%）	位次	播种期（米/天）	齐穗期（米/天）	成熟期（米/天）	全生育期（天）	有效穗（万/亩）	株高（厘米）	穗长（厘米）	穗粒数（粒/穗）	实粒数（粒/穗）	结实率（%）	千粒重（克）	各点评价
贵阳	695.14	-5.75	9	4/13	7/27	9/8	148	12.8	106.7	25.8	221.7	189.3	85.4	28.1	C
遵义	439.62	-32.44	13	4/18	7/28	9/17	152	12.1	109.6	26.8	170.2	128.2	75.3	29.2	D
安顺	538.33	-8.83	13	4/16	7/25	9/10	147	8.4	89.7	25.2	293.0	248.6	84.8	28.2	D
麻江	445.00	-12.97	13	4/19	7/19	9/3	137	12.3	100.0	26.3	205.9	155.6	75.6	27.8	D
贵定	310.83	-33.79	13	4/15	7/29	9/3	141	7.5	103.7	23.7	207.7	187.2	90.1	27.0	C
长顺	732.39	8.04	8	4/5	7/21	9/13	161	9.6	108.4	26.5	292.9	236.2	80.7	31.8	C
兴义	774.64	-3.32	7	4/12	8/8	9/10	151	10.5	102	28.3	298.6	282.6	94.7	32.2	B
黔西	568.33	1.64	10	4/11	7/27	9/13	155	14.4	96.3	27.4	248.0	146.0	58.9	28.4	C

表5-4 "泰优390"在各试点和产量、生育期及主要经济性状（早熟G组）

地点	亩产（千克）	比CK（±%）	位次	播种期（米/天）	齐穗期（米/天）	成熟期（米/天）	全生育期（天）	有效穗（万/亩）	株高（厘米）	穗长（厘米）	穗粒数（粒/穗）	实粒数（粒/穗）	结实率（%）	千粒重（克）	各点评价
贵阳	699.48	-5.16	8	4/13	8/2	9/12	152	18.6	100.8	22.9	210.3	163.2	77.6	23.6	C
遵义	716.86	10.16	3	4/18	8/5	9/20	155	20.1	100.2	24.8	176.3	136.5	77.4	26.3	A
安顺	708.50	19.98	2	4/16	8/6	9/23	160	15.4	86.7	25.2	203.6	161.8	79.5	25.2	A
麻江	556.33	8.80	1	4/19	7/25	9/11	145	13.3	92.9	26.0	200.3	138.1	68.9	25.8	A
贵定	550.17	17.18	2	4/15	8/4	9/9	147	14.2	100.6	22.0	147.4	131.2	89.0	26.0	A
长顺	781.07	15.22	5	4/5	7/29	9/18	166	18.3	103.9	23.0	183.9	156.9	85.3	28.0	B
兴义	829.14	3.49	3	4/12	8/8	9/10	151	18.6	101	28.0	168.4	156.1	92.7	26.5	A
黔西	650.50	16.33	3	4/11	8/7	9/21	163	20.7	95.5	23.8	179.0	141.0	78.8	23.4	A

表 5-5 "10 东 5346A/R781"在各试点和产量、生育期及主要经济性状（早熟 G 组）

地点	亩产（千克）	比 CK（±%）	位次	播种期（月/天）	齐穗期（月/天）	成熟期（月/天）	全生育期（天）	有效穗（万/亩）	株高（厘米）	穗长（厘米）	穗粒数（粒/穗）	实粒数（粒/穗）	结实率（%）	千粒重（克）	各点评价
贵阳	802.62	8.82	1	4/13	7/28	9/8	148	17.0	112.4	25.5	183.6	156.0	85.0	30.7	A
遵义	732.46	12.56	1	4/18	8/4	9/19	154	16.4	106.1	26.9	171.6	137.2	80.0	31.1	A
安顺	702.17	18.91	4	4/16	8/10	9/25	162	13.6	92.8	23.6	187.2	148.1	79.1	28.6	B
麻江	543.50	6.29	5	4/19	7/26	9/10	144	13.2	94.7	26.2	182.2	128.2	70.4	28.6	B
贵定	603.83	28.61	1	4/15	8/5	9/10	148	15.4	108.3	24.3	152.0	143.2	94.2	30.0	A
长顺	845.09	24.67	2	4/5	7/28	9/19	167	18.2	103.4	23.8	179.2	141.4	78.9	31.4	A
兴义	830.76	3.69	2	4/12	8/1	9/12	153	18.9	112.5	23.2	151.5	141.4	93.3	31.9	A
黔西	674.00	20.54	2	4/11	8/3	9/20	162	16.4	103.2	26.1	171.0	148.0	86.5	28.1	A

表 5-6 "繁优 323"在各试点和产量、生育期及主要经济性状（早熟 G 组）

地点	亩产（千克）	比 CK（±%）	位次	播种期（月/天）	齐穗期（月/天）	成熟期（月/天）	全生育期（天）	有效穗（万/亩）	株高（厘米）	穗长（厘米）	穗粒数（粒/穗）	实粒数（粒/穗）	结实率（%）	千粒重（克）	各点评价
贵阳	640.84	-13.11	12	4/13	8/2	9/14	154	16.6	105.9	23.4	173.3	136.9	79.0	29.1	D
遵义	627.50	-3.57	10	4/18	8/1	9/19	154	14.8	100.2	24.9	174.1	142.7	82.0	29.5	B
安顺	635.83	7.68	7	4/16	8/10	9/24	161	13.4	93.7	25.4	205.3	145.7	70.9	29.0	C
麻江	503.50	-1.53	10	4/19	7/24	9/8	142	12.4	94.5	24.2	129.6	113.4	87.5	28.0	D
贵定	469.83	0.07	8	4/15	8/2	9/7	145	14.2	104.7	24.1	156.4	135.7	86.8	29.7	B
长顺	732.55	8.07	7	4/5	7/29	9/16	164	17.2	107.0	22.6	186.9	138.6	74.2	31.0	D
兴义	795.59	-0.70	6	4/12	8/7	9/12	153	16.2	105	28.5	160.9	138.8	86.3	30.8	B
黔西	595.00	6.41	6	4/11	8/1	9/18	160	15.5	98.8	25.2	212.0	148.0	69.8	27.2	C

表 5-7 "香早优 2017（CK）"在各试点和产量、生育期及主要经济性状（早熟 G 组）

地点	亩产（千克）	比CK（±%）	位次	播种期（月/天）	齐穗期（月/天）	成熟期（月/天）	全生育期（天）	有效穗（万/亩）	株高（厘米）	穗长（厘米）	穗粒数（粒/穗）	实粒数（粒/穗）	结实率（%）	千粒重（克）	各点评价
贵阳	737.56	0	4	4/13	7/24	9/5	145	14.2	108.7	26.0	187.2	158.2	84.5	33.1	B
遵义	650.74	0	9	4/18	7/30	9/18	153	17.9	103.8	24.9	130.5	104.1	79.8	34.1	B
安顺	590.50	0	10	4/16	8/5	9/21	158	15.5	92.3	24.2	180.9	154.5	85.4	32.2	C
麻江	511.33	0	9	4/19	7/23	9/6	140	13.0	91.9	25.0	135.1	115.6	85.5	28.7	D
贵定	469.50	0	9	4/15	8/2	9/7	145	12.5	101.3	25.0	118.2	97.0	82.1	33.5	B
长顺	677.87	0	10	4/5	7/25	9/18	166	14.4	100.0	24.5	176.8	159.5	90.2	30.8	D
兴义	801.21	0	5	4/12	8/10	9/10	151	17.4	112	26.6	136.1	120.3	88.4	35.5	B
黔西	559.17	0	11	4/11	8/2	9/20	162	16.2	97.5	25.7	150.0	111.0	74.0	33.3	C

表 5-8 "M 优 152"在各试点和产量、生育期及主要经济性状（早熟 G 组）

地点	亩产（千克）	比CK（±%）	位次	播种期（月/天）	齐穗期（月/天）	成熟期（月/天）	全生育期（天）	有效穗（万/亩）	株高（厘米）	穗长（厘米）	穗粒数（粒/穗）	实粒数（粒/穗）	结实率（%）	千粒重（克）	各点评价
贵阳	796.18	7.95	2	4/13	7/24	9/5	145	15.5	109.1	25.0	209.8	178.2	84.9	29.1	A
遵义	610.22	-6.23	12	4/18	7/29	9/18	153	17.0	101.1	24.0	154.5	117.2	75.9	30.0	C
安顺	707.33	19.79	3	4/16	8/5	9/20	157	13.8	99.9	23.5	251.4	209.9	83.5	28.5	A
麻江	539.33	5.48	7	4/19	7/24	9/8	142	11.8	96.7	24.8	170.0	126.5	74.4	28.2	C
贵定	464.67	-1.03	11	4/15	8/3	9/8	146	14.6	104.3	25.0	154.9	133.6	86.2	29.2	C
长顺	675.20	-0.39	11	4/5	7/26	9/20	168	18.3	106.2	23.0	175.7	134.5	76.5	29.0	D
兴义	760.03	-5.14	9	4/12	8/10	9/11	152	13.8	111.5	23.4	162.8	155.0	95.2	33.7	B
黔西	592.00	5.87	7	4/11	7/30	9/19	161	16.3	93.9	24.2	187.0	133.0	71.1	29.1	C

表 5-9 "金秋香优 1079"在各试点和产量、生育期及主要经济性状（早熟 G 组）

地点	亩产（千克）	比 CK（±%）	位次	播种期（月/天）	齐穗期（月/天）	成熟期（米/天）	全生育期（天）	有效穗（万/亩）	株高（厘米）	穗长（厘米）	穗粒数（粒/穗）	实粒数（粒/穗）	结实率（%）	千粒重（克）	各点评价
贵阳	703.27	-4.65	7	4/13	8/2	9/12	152	16.8	103.4	25.2	189.3	166.1	87.7	25.7	B
遵义	696.16	6.98	4	4/18	8/4	9/19	154	19.3	100.9	25.3	167.0	130.3	78.0	26.8	B
安顺	743.17	25.85	1	4/16	8/9	9/20	157	15.2	98.2	26.0	225.4	189.0	83.9	27.8	A
麻江	541.67	5.93	6	4/19	7/25	9/8	142	12.3	93.7	25.6	163.4	142.6	87.2	26.9	C
贵定	528.83	12.64	5	4/15	8/5	9/10	148	13.3	105.0	25.3	179.7	159.9	89.0	26.0	A
长顺	852.76	25.80	1	4/5	8/2	9/16	164	19.9	105.8	24.4	183.2	154.0	84.1	27.0	A
兴义	722.03	-9.88	11	4/12	8/10	9/12	153	15.6	99.5	24.2	144.3	135.4	93.9	29.3	C
黔西	575.83	2.98	9	4/11	8/7	9/21	163	17.9	90.7	24.0	179.0	137.0	76.5	24.7	C

表 5-10 "Q 两优 313"在各试点和产量、生育期及主要经济性状（早熟 G 组）

地点	亩产（千克）	比 CK（±%）	位次	播种期（月/天）	齐穗期（月/天）	成熟期（米/天）	全生育期（天）	有效穗（万/亩）	株高（厘米）	穗长（厘米）	穗粒数（粒/穗）	实粒数（粒/穗）	结实率（%）	千粒重（克）	各点评价
贵阳	689.82	-6.47	10	4/13	7/25	9/5	145	14.9	103.3	26.2	197.3	162.7	82.5	29.1	C
遵义	617.72	-5.07	11	4/18	7/30	9/18	153	18.2	93.3	23.7	149.2	120.2	80.5	27.9	C
安顺	630.83	6.83	8	4/16	8/5	9/20	157	13.8	87.4	24.2	205.2	170.6	83.1	27.6	D
麻江	501.50	-1.92	11	4/19	7/19	9/6	140	13.5	88.0	24.4	121.5	102.5	84.4	28.3	D
贵定	435.67	-7.21	12	4/15	8/1	9/6	144	17.5	93.3	24.0	114.9	95.9	83.5	28.5	C
长顺	664.53	-1.97	12	4/5	7/26	9/20	168	16.3	100.6	25.1	184.7	146.7	79.4	28.7	D
兴义	762.57	-4.82	8	4/12	8/8	9/10	151	13.5	97	26.5	151.3	142.7	94.3	30.5	B
黔西	619.33	10.76	4	4/11	7/28	9/15	157	16.9	83.1	24.8	155.0	130.0	83.9	29.9	B

表 5-11 "泸香优 912"在各试点和产量、生育期及主要经济性状（早熟 G 组）

地点	亩产（千克）	比CK（±%）	位次	播种期（米/天）	齐穗期（米/天）	成熟期（米/天）	全生育期（天）	有效穗（万/亩）	株高（厘米）	穗长（厘米）	穗粒数（粒/穗）	实粒数（粒/穗）	结实率（%）	千粒重（克）	各点评价
贵阳	729.69	-1.07	6	4/13	8/1	9/12	152	16.1	105.3	24.9	197.4	159.8	81.0	27.8	B
遵义	695.52	6.88	5	4/18	8/6	9/21	156	19.2	97.8	24.9	157.8	120.4	76.3	28.9	B
安顺	669.50	13.38	6	4/16	8/10	9/24	161	13.4	92.6	23.5	186.8	150.3	80.5	26.8	B
麻江	551.67	7.89	3	4/19	7/25	9/9	143	12.4	82.9	21.6	147.1	114.7	77.9	26.0	A
贵定	537.67	14.52	3	4/15	8/5	9/10	148	14.2	97.3	21.7	166.6	141.2	84.8	27.5	A
长顺	813.08	19.95	3	4/5	8/1	9/16	164	15.9	101.9	23.6	220.2	182.4	82.8	28.5	B
兴义	734.74	-8.30	10	4/12	8/10	9/10	151	17.4	104	25.4	173.4	149.7	86.3	29.4	C
黔西	559.17	0	11	4/11	8/6	9/22	164	16.1	93	24.3	196.0	134.0	68.4	26	C

表 5-12 "繁优 3199"在各试点和产量、生育期及主要经济性状（早熟 G 组）

地点	亩产（千克）	比CK（±%）	位次	播种期（米/天）	齐穗期（米/天）	成熟期（米/天）	全生育期（天）	有效穗（万/亩）	株高（厘米）	穗长（厘米）	穗粒数（粒/穗）	实粒数（粒/穗）	结实率（%）	千粒重（克）	各点评价
贵阳	605.15	-17.95	13	4/13	8/1	9/13	153	17.0	100.9	25.3	174.4	128.9	73.9	28.3	D
遵义	658.16	1.14	8	4/18	8/3	9/18	153	18.7	98.7	24.3	150.8	119.8	79.4	27.7	B
安顺	559.50	-5.25	11	4/16	8/11	9/25	162	15.5	91.7	23.8	168.5	133.6	79.3	28.2	D
麻江	474.83	-7.14	12	4/19	7/23	9/7	141	12.0	87.8	23.6	176.0	141.6	80.5	26.4	D
贵定	468.17	-0.28	10	4/15	8/2	9/7	145	12.5	105.3	24.7	160.3	129.8	81.0	28.0	C
长顺	734.72	8.39	6	4/5	7/27	9/14	162	19.8	103.3	24.8	194.1	132.6	68.3	29.2	D
兴义	665.68	-16.92	13	4/12	8/10	9/10	151	17.4	96.5	28.5	147.1	128.1	87.1	29.2	D
黔西	549.00	-1.82	12	4/11	8/1	9/23	165	19.1	96.3	25.0	179.0	117.0	65.4	25.9	D

表 5-13 "德优 727"在各试点和产量、生育期及主要经济性状（早熟 G 组）

地点	亩产（千克）	比 CK（±%）	位次	播种期（米/天）	齐穗期（米/天）	成熟期（米/天）	全生育期（天）	有效穗（万/亩）	株高（厘米）	穗长（厘米）	穗粒数（粒/穗）	实粒数（粒/穗）	结实率（%）	千粒重（克）	各点评价
贵阳	733.59	-0.54	5	4/13	8/2	9/14	154	16.5	107.9	25.7	188.3	155.3	82.5	29.2	B
遵义	681.54	4.73	7	4/18	8/3	9/19	154	18.0	113.0	26.3	141.0	114.1	80.9	33.3	B
安顺	593.33	0.48	9	4/16	8/3	9/21	158	11.6	99.9	23.3	144.7	115.3	79.7	29.0	C
麻江	534.00	4.43	8	4/19	7/19	9/8	142	12.5	95.5	25.7	182.6	136.2	74.6	29.7	C
贵定	475.50	1.28	7	4/15	8/1	9/6	144	13.3	117.3	25.7	164.7	140.9	85.5	31.5	B
长顺	687.37	1.40	9	4/5	7/28	9/15	163	20.6	98.4	21.8	137.5	110.2	80.1	33.5	C
兴义	706.96	-11.76	12	4/12	8/9	9/10	151	13.8	107	25.8	146.5	133.0	90.8	33.3	D
黔西	582.83	4.23	8	4/11	7/28	9/19	161	14.6	102.8	25.4	162.0	134.0	82.7	31.2	C

2016年贵州省杂交水稻区域试验糯稻H组汇总报告

为及时有效地鉴定各单位选育和推荐的水稻新品种(组合)在我省不同生态地区的丰产性、稳产性、适应性、抗性、米质及其他重要性状,从而为水稻新品种(组合)的审定及推广提供科学依据,特进行了本试验。根据2016年贵州省水稻区试会议安排,共有11个新品种参加糯稻H组试验,但是荃香糯/华籼糯有4个点未发芽,取消汇总。现将试验结果进行汇总。

一、试验概况

(一)参试品种及承试单位

参试品种11个,全部为初试品种,均为杂交组合;以糯杂6211(CK)为对照。承试地点5个,分布在我省海拔272~1140米的不同生态地区。试验点基本情况见表1。

(二)试验设计、栽培管理及基本情况

各承试单位均按统一的试验实施方案进行试验,田间试验设计采用随机区组排列,三次重复。小区面积0.02亩,四周设保护行。所有参试品种同期播种、移栽,耕作栽培措施比当地大田生产水平略高,如防治病虫害。试验观察记载按《贵州省水稻品种区域试验技术操作规程》执行。

本年各试点试验正常,分别于4月11~23日播种,育秧方式为湿润育秧或旱育秧。移栽株行距规格:遵义试点9寸×5寸,贵阳、黔南试点7.5寸×6寸,铜仁试点8寸×5寸,黔东南试点8寸×6寸。

(三)统计分析

按照《农作物品种区域试验技术规范 水稻》等有关试验质量评价标准,对各试验点实验结果的可靠性、完整性、准确性、可比性以及对照品种表现情况等进行分析评价,确保汇总质量。2016年各试验点实验结果正常,全部进入汇总。

试验品种产量结果用 RCT99 软件采用混合模型进行联合方差分析,品种间产量差异多重比较采用 Duncan's 新复极差法分析。参试品种的丰产性主要以品种在区试中相对于对照品种产量来衡量,参试品种的适应性主要以品种在区试中比对照品种增产的试验点比例来衡量,参试品种的稳产性主要以品种在年间区试中相对于对照品种产量的差异变化程度来衡量,参试品种的生育期主要以全生育期比对照品种的天数差异来衡量,参试品种的抗性以指定鉴定单位的鉴定结果为主要依据。

参试品种的米质检测、评价按照国家《优质稻谷》标准分优质一级、优质二级、优质三级,未达到优质级的品种米质均为等外级。

(四) 特性鉴定

稻瘟病鉴定:设两个自然鉴定点,由湄潭县、麻江县植保站承担;一个接种鉴定点,由贵州省植物保护研究所承担。鉴定结果由贵州省植物保护研究所负责汇总;稻瘟病鉴定为高感的品种实行一票否决,不再试验或审定。

耐冷性鉴定:由安顺市农科所、毕节市农科所和贵州省品种资源研究所承担,鉴定结果由贵州省品种资源研究所负责汇总。

米质分析:由遵义市农科所和贵州省水稻研究所统一提供稻谷样品,送农业部食品质量监督检验测试中心(武汉)负责检测分析。食味品质鉴定由贵州省种子总站组织有关专家在贵州省水稻研究所统一品尝鉴定。

二、结果分析

(一) 产量

参试品种的平均亩产量变幅为 408.12～605.40 千克,对照糯杂 6211(CK)平均亩产 565.70 千克,产量居第二位。其中参试品种较高的品种嘉糯 2 优 2 号产量位居首位,比对照糯杂 6211(CK)增产 7.02%,达到极显著水平;其他品种都较对照有不同程度的减产。品种产量比对照增减产百分率、品种间产量差异显著性、比对照增产试验点比例等汇总结果见表 2。

(二) 生育期

参试品种的生育期平均在 143.0～152.6 天,对照糯杂 6211(CK)平均生育期为 148.4 天。其中糯优 8249 生育期最短,比对照早熟 5.4 天,锦糯 1 号、友香糯 799 的生育期最长,比对照迟熟 4.2 天。主要的农艺经济性状见表 2。

(三) 抗性(见表3)

稻瘟病

根据贵州省品种审定委员会水稻专业组会议决定,水稻专家对我省稻瘟病抗性鉴定试验点湄潭和麻江县进行了田间实地考察并对试验品种做出鉴定。首先,凡参试的组合被确定为高感(HS)的,在本年评定中不予通过;其次,两个自然鉴定点当中只要有一个点的结果为高感,即该组合评定为高感,不能通过审定;最后,根据《主要农作物品种审定标准(国家级)》的规定,品种的稻瘟病综合抗性指数≤6.5,同时,长江上游稻区品种穗瘟损失率最高级≤7 级时评定为通过审定(记为"Y")。为此,我们将综合抗性指数>6.5的品种的综合病级评定为9 级,即不能通过审定(记为"N")。

通过以上审定得到品种年度综合总评结果:荃香糯 2 号田间实地考察,经稻瘟病鉴定为高感;吉糯 2 号、糯优 718、糯杂 6211(CK)、糯优 8248、糯优 8225 综合抗性指数>6.5,评定为9 级,高感稻瘟病。其余品种通过了稻瘟病鉴定。

(四) 米质

根据国家《优质稻谷》标准,参试品种锦糯 1 号、糯优 8248、嘉糯 2 优 2 号等达到国标优质糯米外,其他品种米质属于等外级。品种糙米率、整精米率、粒长、长宽比、垩白粒率、垩白度、胶稠度、直链淀粉等米质性状见表4。

(五)品种在各试点的表现

品种在各试点的产量、生育期、主要的农艺经济性状及综合评价等见表5-1 至表5-11。

三、品种评价

吉糯 2 号、荃香糯 2 号、糯优 718、糯优 8248、糯优 8225 三个品种高感稻瘟病不再审定和试验,品种评价也不再一一叙述。

(1)嘉糯 2 优 2 号

2016 年初试平均亩产 605.40 千克,比对照糯杂 6211(CK)增产 7.02%,增产点比例80%,居参试组合第一位,达极显著水平;全生育期 150.0 天,比对照糯杂 6211(CK)晚熟1.6 天。

主要农艺性状表现:有效穗 15.1 万/亩,株高 115.1 厘米,穗长 24.3 厘米,每穗总粒数 170.0 粒,结实率 79.4%,千粒重 27.8 克。

稻瘟病抗性鉴定结果:综合评价为"中感"。

米质主要指标表现:整精米率 56.3%,粒型长/宽比 2.9,垩白粒率糯米,垩白度糯米,胶稠度 100 毫米,直链淀粉含量 1.4%,碱消值 6.0,透明度 3,国标等级属于优糯。

该品种经过一年区试表现:产量高,有效穗多,生育期适中,粒多,米质较优,通过稻瘟病鉴定。

（2）糯优 8248

2016 年初试平均亩产 553.47 千克,比对照糯杂 6211（CK）减产 2.16%,增产点比例 40%,居参试组合第三位,不显著;全生育期 149.6 天,比对照糯杂 6211（CK）晚熟 1.2 天。

主要农艺性状表现:有效穗 12.9 万/亩,株高 118.2 厘米,穗长 26.6 厘米,每穗总粒数 205.8 粒,结实率 76.2%,千粒重 26.4 克。

稻瘟病抗性鉴定结果:综合评价为"高感"。

米质主要指标表现:整精米率 56.5%,粒型长/宽比 2.8,垩白粒率糯米,垩白度糯米,胶稠度 100 毫米,直链淀粉含量 1.6%,碱消值 4.5,透明度 3,国标等级属于优糯。

该品种经过一年区试表现:产量一般,生育期适中,穗大粒多,米质优,稻瘟病高感。

（3）锦糯 1 号、友香糯 799、糯优 8249 和吉糯 1 号

2016 年初试平均亩产量分别为 408.12 千克、528.45 千克、502.28 千克、529.72 千克,比对照减产分别为 27.86%、6.59%、11.21% 和 6.36%,米质检测为等外级。通过稻瘟病鉴定,耐冷性鉴定较强。建议结束试验。

表 1　试验点基本情况

承试单位	试验地点	海拔高度（米）	经度	纬度	株行距规格（寸×寸）	试验点负责人及执行人
贵州省水稻研究所	贵阳市花溪区金农社区	1140	106°43′	26°35′	7.5×6	涂敏、李树杏、金帮文
遵义市农科所	遵义市新蒲新区新舟镇槐安村	800	107°17′	27°80′	9×5	王炜、王怀昕、张元琴
铜仁市农科所	铜仁市碧江区坝黄黄镇农科村	272	109°11′	27°43′	8×5	吴兰英、龙昌文
黔东南州农业科学院	黄平县旧州镇	640	107°55′	26°29′	8×6	浦选昌、彭朝才、雷安宁、杨秀军
黔南州农科所	都匀市平浪镇平浪村白花寨组	910	107°16′	26°54′	7.5×6	李丽云、吴春俊、张桂芳、周莉萍

表 2　2016 年贵州省区试品种产量、生育期及主要农艺性状汇总分析结果（糯稻 H 组）

品种名称	平均亩产（千克）	位次	比CK（±%）	增产点率（%）	产量差异显著性 5%	产量差异显著性 1%	回归系数	全生育期（天）	比CK（±天）	有效穗（万/亩）	株高（厘米）	穗长（厘米）	总粒数（粒/穗）	实粒数（粒/穗）	结实率（%）	千粒重（克）
锦糯 1 号	408.12	11	-27.86	0.0	克	H	0.454	152.6	4.2	13.1	115.6	23.7	183.0	129.6	70.8	23.0
吉糯 2 号	552.93	4	-2.26	40.0	b	B	1.417	146.8	-1.6	13.9	109.8	24.2	175.8	141.0	80.2	26.2
奎香糯 2 号	441.84	10	-21.90	0.0	f	G	1.136	142.0	-6.4	15.3	97.8	21.6	147.8	111.0	75.1	26.3
友香糯 799	528.45	8	-6.59	40.0	e	F	0.634	152.6	4.2	15.5	102.6	20.7	153.1	123.0	80.4	24.9
糯优 718	546.75	5	-3.35	20.0	c	DE	1.08	144.4	-4.0	12.2	115.2	25.4	141.5	118.1	83.5	35.6
糯优 8249	502.28	9	-11.21	0.0	d	E	0.433	143.0	-5.4	12.1	103.3	24.8	153.4	121.8	79.4	32.9
糯杂 6211（CK）	565.70	2	0		b	BC	0.807	148.4	0.0	12.1	111.0	24.8	174.7	143.3	82.0	31.4
糯优 8248	553.47	3	-2.16	40.0	b	B	1.253	149.6	1.2	12.9	118.2	26.6	205.8	156.9	76.2	26.4
嘉糯 2 优 2 号	605.40	1	7.02	80.0	a	A	1.654	150.0	1.6	15.1	115.1	24.3	170.0	135.0	79.4	27.8
吉糯 1 号	529.72	7	-6.36	20.0	b	BC	1.227	147.4	-1.0	12.4	112.9	25.8	215.4	155.8	72.3	24.4
糯优 8225	539.18	6	-4.69	0.0	c	CD	0.905	146.2	-2.2	11.7	117.2	26.8	190.6	154.5	81.0	28.0

表3 2016年贵州省杂交水稻区试抗性鉴定结果(糯稻H组)

品种名称	稻瘟病自然鉴定		稻瘟病人工接种鉴定	综合抗性评价				耐冷性自然鉴定综合评价
	麻江县 抗性评价	湄潭县 抗性评价	省植保所 抗性评价	平均穗瘟损失率级病指数	平均综合抗性指数	综合抗性指数病级	通过 Y/否 N	
锦糯1号	MR	不熟	S	5.00	5.33	5	Y	
吉糯2号	HS	HS	HS	9.00	8.43	9	N	
荃香糯2号			现场鉴定为高感(HS)					
友香糯799	MR	MS	HS	6.33	5.88	5	Y	
糯优718	HS	S	S	7.67	7.43	9	N	
糯优8249	MS	S	S	6.33	6.22	7	Y	
糯杂6211(CK)	HS	MS	HS	7.67	7.26	9	N	
糯优8248	HS	MS	S	7.67	7.12	9	N	
嘉糯2优2号	S	MR	S	5.67	5.68	5	Y	
吉糯1号	S	MR	HS	6.33	5.79	5	Y	
糯优8225	HS	MR	HS	6.33	6.12	7	N	

表 4 2016 年贵州省杂交水稻区试稻米品质主要指标(糯稻 H 组)

品种名称	国标等级	出糙率(%)	精米率(%)	整精米率(%)	粒长(毫米)	粒型长/宽比	垩白粒率(%)	垩白度(%)	直链淀粉(%)	胶稠度(毫米)	碱消值(级)	透明度(级)	水分(%)
锦糯 1 号	优糯	86.2	74.1	69.3	4.7	1.8	糯米	糯米	1.8	100	7.0	5	12.2
吉糯 2 号		80.4	69.9	49.5	6.1	2.5	糯米	糯米	1.4	100	6.0	5	12.5
荃香糯 2 号		80.2	71.0	50.6	6.1	2.6	糯米	糯米	1.4	100	6.0	2	11.5
友香糯 799		79.9	70.9	56.7	4.8	1.7	糯米	糯米	1.2	100	6.5	5	12.2
糯优 718		80.5	69.5	45.1	7.0	2.7	糯米	糯米	1.4	100	4.8	2	12.7
糯优 8249		80.0	69.3	41.3	6.9	2.9	糯米	糯米	1.8	100	6.0	2	12.1
糯杂 6211(CK)		79.5	67.9	47.0	6.0	2.3	糯米	糯米	1.4	100	5.0	5	13.0
糯优 8248	优糯	79.2	68.6	56.5	6.2	2.8	糯米	糯米	1.6	100	4.5	3	13.0
嘉糯 2 优 2 号	优糯	80.0	70.4	56.3	6.4	2.9	糯米	糯米	1.4	100	6.0	3	13.2
吉糯 1 号		80.0	70.5	58.8	5.7	2.5	糯米	糯米	1.5	100	6.0	2	12.7
糯优 8225		79.4	68.2	52.6	5.9	2.5	糯米	糯米	1.8	100	4.2	1	12.4

表 5-1 "锦糯 1 号"在各试点和产量、生育期及主要经济性状(糯稻 H 组)

地点	亩产(千克)	比CK(±%)	位次	播种期(米/天)	齐穗期(米/天)	成熟期(米/天)	全生育期(天)	有效穗(万/亩)	株高(厘米)	穗长(厘米)	穗粒数(粒/穗)	实粒数(粒/穗)	结实率(%)	千粒重(克)	各点评价
贵阳	512.84	-12.90	10	4/11	8/9	9/20	162	17.1	98.4	23.0	179.2	127.6	71.2	24.3	D
遵义	359.78	-43.70	11	4/18	8/15	9/25	160	11.7	116.9	23.8	201.0	130.5	64.9	23.7	D
都匀	369.17	-32.30	10	4/19	8/6	9/18	152	10.0	100.2	21.9	156.6	112.4	71.8	21.7	D
凯里	394.67	-21.72	10	4/20	8/11	9/15	148	12.5	128.1	24.1	205.6	143.1	69.6	22.3	D
铜仁	404.17	-26.67	11	4/23	8/5	9/11	141	14.0	134.3	25.8	172.6	134.4	77.9	23.1	D

表 5-2 "香糯 2 号"在各试点和产量、生育期及主要经济性状(糯稻 H 组)

地点	亩产(千克)	比CK(±%)	位次	播种期(米/天)	齐穗期(米/天)	成熟期(米/天)	全生育期(天)	有效穗(万/亩)	株高(厘米)	穗长(厘米)	穗粒数(粒/穗)	实粒数(粒/穗)	结实率(%)	千粒重(克)	各点评价
贵阳	623.91	5.97	3	4/11	8/6	9/16	158	16.3	124.6	24.6	189.5	155.3	81.9	26.6	B
遵义	659.25	3.15	3	4/18	8/7	9/21	156	15.6	104.0	25.1	213.4	155.8	73.0	27.2	A
都匀	529.33	-2.93	3	4/19	8/1	9/8	142	10.4	94.4	22.4	142.8	116.6	81.7	23.4	B
凯里	484.50	-3.90	7	4/20	8/2	9/8	141	12.1	109.8	24.2	169.6	149.8	88.3	27.4	C
铜仁	467.67	-15.15	10	4/23	7/29	9/7	137	15.3	116.4	25.0	164.0	127.6	77.8	26.6	C

表 5-3 "荃香糯 2 号"在各试点和产量、生育期及主要经济性状(糯稻 H 组)

地点	亩产(千克)	比CK(±%)	位次	播种期(米/天)	齐穗期(米/天)	成熟期(米/天)	全生育期(天)	有效穗(万/亩)	株高(厘米)	穗长(厘米)	穗粒数(粒/穗)	实粒数(粒/穗)	结实率(%)	千粒重(克)	各点评价
贵阳	551.92	-6.26	4	4/11	7/26	9/8	150	15.7	118.7	22.9	186.1	132.4	71.1	26.8	C
遵义	473.78	-25.87	10	4/18	7/28	9/19	154	15.8	85.0	21.0	150.1	122.5	81.6	25.2	C
都匀	424.33	-22.19	9	4/19	7/25	9/6	140	13.7	81.4	20.3	105.8	76.4	72.2	24.8	C
凯里	384.67	-23.70	11	4/20	7/26	9/1	134	13.9	104.2	22.1	182.6	130.9	71.7	26.6	D
铜仁	374.50	-32.05	12	4/23	7/26	9/2	132	17.6	99.6	21.9	114.4	93.0	81.3	28.0	D

表 5-4 "友香糯 799" 在各试点和产量、生育期及主要经济性状（糯稻 H 组）

地点	亩产（千克）	比CK（±%）	位次	播种期（米/天）	齐穗期（米/天）	成熟期（米/天）	全生育期（天）	有效穗（万/亩）	株高（厘米）	穗长（厘米）	穗粒数（粒/穗）	实粒数（粒/穗）	结实率（%）	千粒重（克）	各点评价
贵阳	616.27	4.67	4	4/11	8/9	9/18	160	15.8	111.4	23.0	197.6	155.2	78.5	26.3	B
遵义	521.81	-18.35	9	4/18	8/15	9/24	159	16.6	99.9	21.2	170.0	125.2	73.6	24.4	C
都匀	454.50	-16.66	8	4/19	8/9	9/18	152	13.3	92.4	18.3	92.1	68.0	73.8	23.6	C
凯里	532.17	5.55	2	4/20	8/12	9/16	149	13.5	108.0	21.3	170.1	146.3	86.0	27.1	A
铜仁	517.50	-6.11	6	4/23	8/9	9/13	143	18.6	101.3	20.0	135.6	120.4	88.8	23.4	D

表 5-5 "糯优 718" 在各试点和产量、生育期及主要经济性状（糯稻 H 组）

地点	亩产（千克）	比CK（±%）	位次	播种期（米/天）	齐穗期（米/天）	成熟期（米/天）	全生育期（天）	有效穗（万/亩）	株高（厘米）	穗长（厘米）	穗粒数（粒/穗）	实粒数（粒/穗）	结实率（%）	千粒重（克）	各点评价
贵阳	624.74	6.11	2	4/11	7/31	9/10	152	13.2	117.2	24.6	165.7	134.8	81.3	37.1	B
遵义	599.85	-6.14	7	4/18	7/30	9/20	155	14.2	113.2	25.6	149.9	119.2	79.5	35.8	B
都匀	481.67	-11.67	6	4/19	7/23	9/10	144	10.1	93.0	22.4	93.9	77.5	82.5	35.4	C
凯里	489.33	-2.94	5	4/20	7/27	9/1	134	10.4	122.3	27.6	158.5	131.1	82.7	36.3	B
铜仁	538.17	-2.36	2	4/23	7/29	9/7	137	13.2	130.2	26.8	139.4	128.2	92.0	33.1	B

表 5-6 "糯优 8249" 在各试点和产量、生育期及主要经济性状（糯稻 H 组）

地点	亩产（千克）	比CK（±%）	位次	播种期（米/天）	齐穗期（米/天）	成熟期（米/天）	全生育期（天）	有效穗（万/亩）	株高（厘米）	穗长（厘米）	穗粒数（粒/穗）	实粒数（粒/穗）	结实率（%）	千粒重（克）	各点评价
贵阳	486.54	-17.36	11	4/11	7/24	9/10	152	12.4	110.1	23.9	176.1	127.3	72.3	33.7	D
遵义	567.20	-11.25	8	4/18	7/28	9/21	156	11.7	101.1	26.4	179.7	144.4	80.4	33.6	B
都匀	464.33	-14.85	7	4/19	7/27	9/6	140	10.9	88.4	22.8	116.1	87.3	75.2	32.5	C
凯里	465.65	-7.64	8	4/20	7/27	9/2	135	12.9	110.4	25.1	138.0	110.0	79.7	32.5	C
铜仁	527.67	-4.26	4	4/23	7/24	9/2	132	12.8	106.4	25.8	157.4	140.0	88.9	32.0	B

表5-7 "糯杂6211(CK)"在各试点和产量、生育期及主要经济性状(糯稻H组)

地点	亩产(千克)	比CK(±%)	位次	播种期(米/天)	齐穗期(米/天)	成熟期(米/天)	全生育期(天)	有效穗(万/亩)	株高(厘米)	穗长(厘米)	穗粒数(粒/穗)	实粒数(粒/穗)	结实率(%)	千粒重(克)	各点评价
贵阳	588.76	0	7	4/11	8/6	9/17	159	13.0	108.2	24.2	199.3	148.5	74.5	31.6	C
遵义	639.09	0	5	4/18	8/5	9/24	159	13.9	111.1	24.6	182.4	145.1	79.6	31.5	B
都匀	545.33	0	1	4/19	8/1	9/11	145	10.9	97.6	22.8	121.8	101.5	83.3	31.3	A
凯里	504.17	0	3	4/20	8/2	9/7	140	10.3	117.8	25.8	173.1	153.9	88.9	31.9	B
铜仁	551.17	0	1	4/23	8/1	9/9	139	12.3	120.2	26.6	196.8	167.2	85.0	30.5	A

表5-8 "糯优8248"在各试点和产量、生育期及主要经济性状(糯稻H组)

地点	亩产(千克)	比CK(±%)	位次	播种期(米/天)	齐穗期(米/天)	成熟期(米/天)	全生育期(天)	有效穗(万/亩)	株高(厘米)	穗长(厘米)	穗粒数(粒/穗)	实粒数(粒/穗)	结实率(%)	千粒重(克)	各点评价
贵阳	601.66	2.19	6	4/11	8/9	9/20	162	15.4	115.8	25.1	205.6	167.0	81.2	25.1	C
遵义	660.53	3.35	2	4/18	8/12	9/23	158	14.6	116.5	28.3	228.2	165.1	72.3	27.3	A
都匀	500.17	-8.28	4	4/19	8/6	9/7	141	9.1	98.4	25.3	200.9	138.1	68.7	25.4	B
凯里	497.17	-1.39	4	4/20	8/6	9/13	146	9.8	118.1	28.9	245.9	190.1	77.3	27.1	B
铜仁	507.83	-7.86	7	4/23	8/5	9/11	141	15.6	142.1	25.7	148.6	124.3	83.6	26.9	B

表5-9 "嘉糯2优2号"在各试点和产量、生育期及主要经济性状(糯稻H组)

地点	亩产(千克)	比CK(±%)	位次	播种期(米/天)	齐穗期(米/天)	成熟期(米/天)	全生育期(天)	有效穗(万/亩)	株高(厘米)	穗长(厘米)	穗粒数(粒/穗)	实粒数(粒/穗)	结实率(%)	千粒重(克)	各点评价
贵阳	705.38	19.81	1	4/11	8/9	9/20	162	15.0	104.9	25.7	218.3	181.3	83.0	27.1	A
遵义	714.25	11.76	1	4/18	8/10	9/24	159	16.5	118.4	25.1	199.1	155.6	78.1	27.9	A
都匀	545.50	0.03	1	4/19	8/7	9/9	143	14.4	101.0	21.1	82.4	69.6	84.5	27.2	A
凯里	548.17	8.73	1	4/20	8/5	9/12	145	14.9	118.8	24.4	150.1	126.6	84.3	29.0	A
铜仁	513.72	-6.79	5	4/23	8/5	9/11	141	14.8	132.3	25.4	200.4	142.2	71.0	28.1	C

表 5－10 "苦糯 1 号"在各试点和产量、生育期及主要经济性状（糯稻 H 组）

地点	亩产（千克）	比CK（±%）	位次	播种期（月/天）	齐穗期（月/天）	成熟期（月/天）	全生育期（天）	有效穗（万/亩）	株高（厘米）	穗长（厘米）	穗粒数（粒/穗）	实粒数（粒/穗）	结实率（%）	千粒重（克）	各点评价
贵阳	563.70	-4.26	9	4/11	8/6	9/16	158	12.5	114.8	26.6	234.7	192.7	82.1	23.9	C
遵义	644.55	0.85	4	4/18	8/5	9/23	158	16.1	109.4	27.6	229.6	155.7	67.8	24.5	B
都匀	533.50	-2.17	2	4/19	8/5	9/7	141	10.5	96.4	22.2	159.6	104.6	65.5	21.1	B
凯里	434.83	-13.75	9	4/20	8/4	9/8	141	10.1	119.3	25.9	239.9	176.1	73.4	24.8	C
铜仁	472.00	-14.36	9	4/23	8/1	9/9	139	12.7	124.7	26.5	213.2	149.8	70.3	27.6	C

表 5－11 "糯优 8225"在各试点和产量、生育期及主要经济性状（糯稻 H 组）

地点	亩产（千克）	比CK（±%）	位次	播种期（月/天）	齐穗期（月/天）	成熟期（月/天）	全生育期（天）	有效穗（万/亩）	株高（厘米）	穗长（厘米）	穗粒数（粒/穗）	实粒数（粒/穗）	结实率（%）	千粒重（克）	各点评价
贵阳	574.62	-2.40	8	4/11	8/4	9/14	156	12.7	114.5	25.7	204.2	164.3	80.4	28.0	C
遵义	612.96	-4.09	6	4/18	8/4	9/23	158	14.0	114.6	27.1	193.8	153.4	79.2	28.2	B
都匀	488.17	-10.48	5	4/19	8/1	9/11	145	9.3	103.6	23.8	139.9	120.7	86.3	27.3	C
凯里	486.50	-3.50	6	4/20	7/28	9/5	138	9.9	123.9	29.4	233.4	175.8	75.3	28.3	C
铜仁	533.67	-3.18	3	4/23	7/26	9/4	134	12.5	129.5	28.2	182.0	158.4	87.0	28.3	B

2016年贵州省粳稻品种（组合）区域试验汇总总结

根据2016年贵州省水稻区试会议安排，本试验及时有效地鉴定省内外各单位选育或引进的粳稻新品种（组合）在我省不同生态区的丰产性和抗逆性，以期为品种（组合）审定及推广提供科学依据。

一、试验概况

（1）参试品种（表1）

参试品种（组合）共11个，其中初试9个，复试两个，以滇杂31作对照。试验实行统一编号制度，各参试品种（组合）由贵州省种子站委托毕节市种子站统一编号后寄往各承试单位。

（2）试验承试单位（表2）

试验承试单位共6个，分布在我省海拔1140～1456米的不同生态地区。

（3）试验设计及基本情况

各试点均按统一的试验实施方案进行试验，采用随机区组排列，三次重复。小区面积0.02亩，四周设保护行。所有参试品种同期播种、同期移栽，耕作栽培措施比当地大田生产水平略高，如设防治病虫害措施。试验观察记载按《贵州省水稻品种区域试验技术操作规程》进行。

育秧方式采用旱育秧、湿润育秧、两段育秧等，栽插规格（行株距）：贵阳点（9+6）寸×6寸，毕节点（9+6）寸×5寸，安顺点6寸×5寸，织金点7.5寸×4.85寸，都匀点6寸×7.5寸。

（4）气候条件对水稻生长发育的影响

今年试点气候条件正常，适合水稻生长发育要求。试验正常，数据可靠。

（5）特殊情况说明

无。

（6）统计分析方法

本试验数据用 RCT99 软件进行分析,产量联合方差分析采用混合模型,品种间差异性比较采用最小差数显著(LSD)法,品种稳定性分析采用均值变异系数法,其他性状分析采用加权平均数统计分析方法。

（7）稻瘟病抗性鉴定

田间自然鉴定由毕节市农科所承担,接种鉴定由贵州省植保所承担。综合总评为高感的品种实行一票否决制,不再试验或审定。

二、试验结果分析

（一）产量（详见表3、表4和表5）

联合方差分析结果表明,品种间、试点间及品种与试点间存在显著差异,参试品种间以及参试品种在各地点间存在产量上的真实差异。参试品种亩产 424.47~592.56 千克,对照滇杂 31 亩产 520.46 千克。参试品种(组合)中有 6 个比对照增产,其中浙科优 288(GJ1)、黔粳杂 295(GJ9)、黔粳杂 57(GJ2)、浦优 501(GJ10)、毕粳优 5 号(GJ7)分别比对照增产 15.5%、13.72%、9.3%、7.91%、6.27%,差异达极显著水平;W020(GJ4)比对照增产 0.8%,差异不显著;其余 4 个比对照减产,减幅−19.13%~−13.53%,差异极显著。

（二）稳产性分析（见表6）

利用 RCT99 分析方法以品种−均值变异系数和适应度为指标进行品种稳定性分析,结果显示参试品种(组合)的稳产性强弱顺序依次为浙科优 288> 滇杂 31>浦优 501>黔粳杂 57>黔粳杂 295> 长粳优 5 号>W020>毕粳优 5 号>筑香 753>渝粳优 5029>毕粳优 4 号。品种适应度浙科优 288、浦优 501 均为 100%,黔粳杂 295、黔粳杂 57、毕粳优 5 号均为83.333%,W020、滇杂 31 均为 50%,毕粳优 4 号、渝粳优 5029、长粳优 9 号、筑香 753 均为 0。

各试点误差变异系数、品种比较精度、对品种的分辨力见表7。

各试点试验误差变异系数在 1.421~6.896 之间,其大小顺序依次为织金(6.896%)、都匀(6.760%)、贵阳(6.067%)、安顺(3.076%)、黔西南(2.908%)、毕节(1.421%)。品种比较精度从小到大依次为毕节点 2.425%、黔西南点 4.963%、安顺点5.249%、贵阳点 10.353%、都匀点 11.536%、织金点 11.767%。品种的分辨力从大到小依次为毕节点 20.185%、安顺点 17.058%、织金点 14.681%、都匀点 14.005%、贵阳点11.778%、黔西南点 11.744%。

（三）生育期（详见表8）

参与汇总的品种（组合）生育期为154.17~170.0天,对照滇杂31生育期为159.83天。黔粳杂57最早熟,比对照早熟5.66天;长粳优9号最晚熟,比对照晚熟10.17天。

（四）主要经济性状（详见表9）

株高:参试品种（组合）株高87.98~113.8厘米,对照滇杂31株高98.72厘米。

有效穗:参试品种（组合）有效穗12.24~17.56万/亩,对照滇杂31最高。

穗粒数:参试品种（组合）穗粒数148.6~229.7粒,对照滇杂31穗粒数152.83粒。

结实率:参试品种（组合）结实率54.46%~82.27%,对照滇杂31为78.05%。

千粒重:参试品种（组合）千粒重24.13~32.48克,对照滇杂31为25.91克。

（五）稻瘟病抗性（详见表10）

2016年稻瘟病田间自然鉴定综合评价结果均为R。人工接种鉴定结果为"HS"的有两个,分别是W020(GJ4)和浦优501(GJ10)。

三、品种评价（表12）

（一）两年区试品种

（1）浙科优288(GJ1)

杂交稻,2015年区试平均亩产540.09千克,居参试品种（组合）第三位,比对照滇杂31增产3.56(%),差异不显著。5个试点3增2减,增幅11.1%~25.1%。平均生育期164.6天,比对照晚熟2.8天。株高94.4厘米,亩有效穗17.7万,成穗率75.7%,穗长17.0厘米,穗粒数204.7粒,结实率73.5%,千粒重25.3克。2016年续试平均亩产592.56千克,居所有参试品种（组合）第一位,比对照滇杂31增产15.5%,差异极显著,6个试点均增产,增幅1.17%~37.07%。平均生育期155.17天,比对照滇杂31早熟4.66天。株高96.33厘米,亩有效穗13.1万,成穗率70.61%,穗长18.38厘米,穗粒数217.18粒,结实率77.83%,千粒重27.85克。

两年区试平均亩产566.33千克,比对照增产8.7%,两年11个点次有9个点增产,占试点数的81.8%。

主要农艺性状两年区试平均表现:生育期159.89天,比对照早熟0.93天,株高95.37厘米,亩有效穗15.4万,穗粒数210.94粒,结实率75.67%,千粒重26.58克。

稻瘟病抗性鉴定结果:2015年稻瘟病田间自然鉴定叶瘟三级,穗瘟三级,损失率15%,抗性指数1.5,抗性评价R。2016年田间自然鉴定叶瘟二级,穗瘟一级,损失率15.0%,抗性指数病级 1.3 级,抗性评价 R。人工接种鉴定叶瘟 2.0 级,病穗率 63.6%,病穗率病级 9 级,损失率 36.36%,损失率病级 7 级,抗性指数 6.25,抗性指数分级 7 级,抗性评价 S。

田间自然鉴定和人工接种鉴定结果:综合抗性评价为 MS。

在 2016 年生产试验中,三个试点 2 增 1 减,平均亩产 572.18 千克,比对照(551.25 千克)增产 3.8%。毕节点亩产 676.84 千克,比对照(632.86 千克)增产 6.95%;织金点亩产 650.3 千克,比对照(599.4 千克)增产 8.5%;安顺点亩产 389.37 千克,比对照(421.49 千克)减产 7.6%。

该组合经两年区试、一年生产试验表现:高产稳产,群体整齐,穗大粒多,适应性广,综合性状好。建议申报审定。

(2)黔粳杂 57(GJ2)

杂交稻,2015 年区试平均亩产 555.50 千克,居参试品种(组合)第二位,比对照滇杂 31 增产 6.5(%),差异极显著。5 个试点 3 增 2 减,增幅 17.7%~22.8%。平均生育期 163.6 天,比对照晚熟 1.8 天。株高 104.3 厘米,亩有效穗 16.9 万,成穗率 72.2%,穗长 21.3 厘米,穗粒数 202.4 粒,结实率 73.9%,千粒重 24.3 克。2016 年续试平均亩产 565.66 千克,居所有参试品种(组合)第三位,比对照滇杂 31 增产 9.3%,差异极显著,6 个试点 5 增 1 减,增幅 1.39%~20.25%。平均生育期 158.89 天,比对照滇杂 31 早熟 1.93 天。株高 102.12 厘米,亩有效穗 13.83 万,成穗率 72.07%,穗长 21.01 厘米,穗粒数 203.92 粒,结实率 77.83%,千粒重 27.85 克。

两年区试平均亩产 560.58 千克,比对照增产 7.6%,两年 11 个点次有 8 个点增产,占试点数的 72.7%。

主要农艺性状两年区试平均表现:生育期 158.89 天,比对照早熟 1.93 天,株高 103.21 厘米,亩有效穗 15.37 万,穗粒数 203.16 粒,结实率 75.87%,千粒重 26.08 克。

稻瘟病抗性鉴定结果:2015 年稻瘟病田间自然鉴定叶瘟 1 级,穗瘟 1 级,损失率 5.0%,抗性指数病级 1 级,抗性评价 R。2016 年田间自然鉴定叶瘟 1.8 级,穗瘟 1 级,损失率 20%,抗性指数病级 1.2 级,抗性评价 R。

人工接种鉴定结果:叶瘟 5.0 级,病穗率 36.4%,病穗率病级 7 级,损失率 20.0%,损失率病级 5 级,抗性指数 5.5,抗性指数分级 5 级,抗性评价 MS。田间自然鉴定和人工接种鉴定综合抗性评价为 MS。

在 2016 年生产试验中,三个试点均增产,平均亩产 598.03 千克,比对照(551.25 千克)增产 8.49%。毕节点亩产 652.0 千克,比对照(632.86 千克)增产 3.02%;织金点亩产 695.6 千克,比对照(599.4 千克)增产 16.0%;安顺点亩产 446.49 千克,比对照(421.49 千克)增产 5.9%。

该组合经两年区试、一年生产试验综合表现:群体整齐,穗粒结构协调,结实率高,生育期适中,综合性状好。建议申报审定。

(二) 一年区试品种

(1)黔粳杂 295(GJ9)

杂交稻,试验平均亩产 586.88 千克,居参试品种(组合)第二位,比对照滇杂 31 增产 13.72(%),差异极显著。6 个试点 4 增 2 减,增幅 12.61%~31.20%。平均生育期 155.17 天,比对照早熟 4.66 天,株高 94.25 厘米,亩有效穗 16.41 万,成穗率 73.28%,穗长 19.53 厘米,穗粒数 187.52 粒,结实率 82.27%,千粒重 24.17 克。

稻瘟病田间自然鉴定结果:叶瘟 1 级,穗瘟 1 级,损失率 5%,抗性指数病级 1.0 级,抗性评价 R。

人工接种鉴定结果:叶瘟 3.7 级,病穗率 55.6%,病穗率病级 9 级,损失率 32.22%,损失率病级 7 级,抗性指数 6.67,抗性指数分级 7 级,抗性评价 S。

田间自然鉴定和人工接种鉴定结果:综合抗性评价为 MS。

该组合经一年区试综合表现:群体整齐,穗粒结构协调,结实率高,生育期适中,综合性状好。建议进入区试续试和生产试验。

(2)浦优 501(GJ10)

杂交稻,试验平均亩产 555.92 千克,居参试品种(组合)第四位,比对照滇杂 31 增产 7.91(%),差异极显著。6 个试点 3 增 3 减,增幅 18.84%~22.69%。平均生育期 166 天,比对照晚熟 6.17 天。株高 94.08 厘米,亩有效穗 14.15 万,成穗率 69.95%,穗长 17.41 厘米,穗粒数 207.62 粒,结实率 77.6%,千粒重 25.17 克。

稻瘟病田间自然鉴定结果:叶瘟 1 级,穗瘟 1 级,损失率 5%,抗性指数病级 1.0 级,抗性评价 R。

人工接种鉴定结果:叶瘟 7.3 级,病穗率 72.7%,病穗率病级 9 级,损失率 44.09%,损失率病级 7 级,抗性指数 7.58,抗性指数分级 9 级,抗性评价 HS。

田间自然鉴定和人工接种鉴定结果:综合抗性评价为 S。

该组合经一年区试综合表现:群体整齐,穗粒结构协调,综合性状好。建议进入区试续试和生产试验。

（3）毕粳优 5 号（GJ7）

杂交稻，试验平均亩产 553.63 千克，居参试品种（组合）第五位，比对照滇杂 31 增产 6.27（%），差异极显著，6 个试点 3 增 3 减，增幅 14.8%～15.82%，减产幅度－6.26%～－ 0.21%。平均生育期 154.33 天，比对照早熟 5.5 天。株高 104.07 厘米，亩有效穗 14.84 万，成穗率 70.42%，穗长 19.35 厘米，穗粒数 188.25 粒，结实率 80.15%，千粒重 25.6 克。

稻瘟病田间自然鉴定结果：叶瘟 1.8 级，穗瘟 1 级，损失率 15%，抗性指数病级 1.4 级，抗性评价 R。

人工接种鉴定结果：叶瘟 5 级，病穗率 36.4%，病穗率病级 7 级，损失率 30.0%，损失率病级 5 级，抗性指数 5.5，抗性指数分级 5 级，抗性评价 MS。

田间自然鉴定和人工接种鉴定结果：综合抗性评价为 MS。

该组合经一年区试综合表现：群体整齐，穗粒结构协调，生育期适中，综合性状好。建议进入区试续试和生产试验。

（4）W020（GJ4）

常规稻，试验平均亩产 519.59 千克，居参试品种（组合）第六位，比对照滇杂 31 增产 0.8%，差异不显著，6 个试点 4 增 2 减，增幅 1.83%～18.78%。平均生育期 157.67 天，比对照早熟 2.16 天，株高 87.98 厘米，亩有效穗 16.42 万，成穗率 76.19%，穗长 15.7 厘米，穗粒数 148.6 粒，结实率 78.71%，千粒重 27.71 克。

稻瘟病田间自然鉴定结果：叶瘟 1.5 级，穗瘟 1 级，损失率 10%，抗性指数病级 1.1 级，抗性评价 R。

人工接种鉴定结果：叶瘟 5.3 级，病穗率 72.7%，病穗率病级 9 级，损失率 54.09%，损失率病级 9 级，抗性指数 8.08，抗性指数分级 9 级，抗性评价 HS。

田间自然鉴定和人工接种鉴定结果：综合抗性评价为 S。

该品种（系）经一年区试综合表现：品质优良，群体整齐，穗粒结构协调，生育期适中，综合性状较好。建议进入区试续试和生产试验。

（5）其余品种（系）组合

毕粳优 4 号（GJ3）、渝粳优 5029（GJ6）、筑香 753（GJ5）、长粳优 9 号（GJ8）试验平均亩产分别为 452.19 千克、448.10 千克、424.47 千克、419.32 千克，分别居参试品种（组合）第 8、第 9、第 10、第 11 位，分别比对照滇杂 31 减产 13.53（%）、15.56（%）、18.14（%）、19.43（%），差异极显著。上述品系（组合）建议不再试验。

表 1　2016 年贵州省粳稻区试参试品种及供种单位

编号	参试种名称	供种单位	备注
GJ1	浙科优 288	贵州众望种业有限公司	杂交稻,复试
GJ2	黔粳杂 57	贵阳金黔农业科技有限公司	杂交稻,复试
GJ3	毕粳优 4 号	毕节市农业科学研究所	杂交稻,初试
GJ4	W020	南京农业大学农学院	常规稻,初试
GJ5	筑香 753	贵州省水稻研究所	杂交稻,初试
GJ6	渝粳优 5029	重庆再生稻研究中心、重庆金慧种业有限责任公司	杂交稻,初试
GJ7	毕粳优 5 号	毕节市农业科学研究所	杂交稻,初试
GJ8	长粳优 9 号	中国水稻研究所	杂交稻,初试
GJ9	黔粳杂 295	贵阳金黔农业科技有限公司	杂交稻,初试
GJ10	浦优 501	上海市浦东新区农业技术推广中心	杂交稻,初试
GJ11	滇杂 31(CK)	毕节市农业科学研究所	杂交稻

表 2　2016 年贵州省粳稻区试各试点试验基本概况

试验承试单位	海拔(米)	纬度(北纬)	经度(东经)	育秧方式	播种期(米/天)	移栽期(米/天)	行株距(寸×寸)
省水稻研究所	1140	26°35'	106°43'	湿润薄膜育秧	4/13	5/21	(9+6)×6
安顺市农业科学院	1400	26°15'	105°55'	湿润薄膜育秧	4/15	6/06	6×5
毕节市农科所	1456	27°18'	105°43'	湿润薄膜育秧	4/5	5/27	(9+6)×5
都匀市种子站	1280	26°15'	107°18'	温室两段育秧	4/19	6/07	6×7.5
织金县农牧局	1295			旱育秧	4/10	5/23	7.5×4.85
黔西南州种子站					4/12	5/27	

表 3　2016 年贵州省粳稻区试各品种(组合)产量汇总分析结果

编号	品种(组合)名称	2015 年平均				2016 年平均				两年平均	比 CK(±%)
		产量(千克/亩)	比 CK(±%)	位次	显著性	产量(千克/亩)	比 CK(±%)	位次	显著性		
GJ1	浙科优 288	540.09	+3.56	3		592.56	15.50	1	* *	566.33	8.70
GJ2	黔粳杂 57	555.50	+6.52	2	* *	565.66	9.30	3	* *	560.58	7.60
GJ3	毕粳优 4 号					452.19	−13.53	8	* *		
GJ4	W020					519.59	0.8	6			
GJ5	筑香 753					424.47	−18.14	10	* *		
GJ6	渝粳优 5029					448.10	−15.56	9	* *		
GJ7	毕粳优 5 号					553.63	6.27	5	* *		
GJ8	长粳优 9 号					419.32	−19.43	11	* *		
GJ9	黔粳杂 295					586.88	13.72	2	* *		
GJ10	浦优 501					555.92	7.91	4	* *		
GJ11	滇杂 31(CK)	521.52		5		520.46		7		520.99	

注:

*

表4　2016年贵州省粳稻区试联合方差分析表（试点效应固定）

变异来源	自由度	平方和	均方	F值	概率（小于0.05显著）
试点内区组	12	3.98245	0.33187	1.10620	0.361
品种	10	316.56282	31.65628	105.51782	0.000
试点	5	812.95960	162.59192	541.95706	0.000
品种×试点	50	122.12850	2.44257	8.14166	0.000
误差	120	36.00106	0.30001		
总变异	197	1291.63443			

误差变异系数（CV）（%）=5.202

表5　2015年贵州省粳稻区试各品种（组合）产量多重比较结果（LSD法）

品种（组合）	品种均值	0.05 显著性	0.01 显著性
GJ1	12.13722	a	A
GJ9	12.01167	a	AB
GJ2	11.54167	b	BC
GJ10	11.53278	b	C
GJ7	11.35444	b	C
GJ4	10.76000	c	D
GJ11	10.60556	c	D
GJ3	9.23500	d	E
GJ6	9.21389	d	EF
GJ8	8.74778	e	FG
GJ5	8.67111	e	G

LSD0.05=0.3615 LSD0.01=0.4784

表 6 2015 年贵州省粳稻区试各品种(组合)产量稳定性和适应度分析

编号	品种(组合)名称	品种均值	均值-变异系数(CV)(%)	适应度(%)
GJ1	浙科优 288	12.13722	16.812	100.0
GJ9	黔粳杂 295	12.01167	21.171	83.333
GJ2	黔粳杂 57	11.54167	20.878	83.333
GJ10	浦优 501	11.53278	20.478	100.0
GJ7	毕粳优 5 号	11.35444	24.487	83.333
GJ4	W020	10.76000	21.745	50.0
GJ11	滇杂 31(CK)	10.60556	20.120	50
GJ3	毕粳优 4 号	9.23500	29.743	0
GJ6	渝粳优 5029	9.21389	27.341	0
GJ8	长粳优 9 号	8.74778	21.428	0
GJ5	筑香 753	8.67111	26.234	0

表 7 2015 年贵州省粳稻区试各试点误差变异系数、品种比较精度、对品种的分辨力

试点	误差-变异系数(CV)(%)	品种比较精度(RSLD0.05)(%)	对品种的分辨力(GCV)(%)
贵阳	6.067	10.353	11.778
安顺	3.076	5.249	17.058
毕节	1.421	2.425	20.185
都匀	6.760	11.536	14.005
织金	6.896	11.767	14.681
黔西南州	2.908	4.963	11.744

表8 2016年贵州省粳稻区试各品种(组合)生育期汇总分析结果

编号	品种(组合)名称	2015年平均		2016年平均		两年平均(天)	比CK(±天)
		生育期(天)	比CK(±天)	生育期(天)	比CK(±天)		
GJ1	浙科优288	164.6	+2.8	155.17	-4.66	159.89	-0.93
GJ2	黔粳杂57	163.6	+1.8	154.17	-5.66	158.89	-1.93
GJ3	毕粳优4号			155.33	-4.5		
GJ4	W020			157.67	-2.16		
GJ5	筑香753			161.83	2		
GJ6	渝粳优5029			161.33	1.5		
GJ7	毕粳优5号			154.33	-5.5		
GJ8	长粳优9号			170.0	10.17		
GJ9	黔粳杂295			155.17	-4.66		
GJ10	浦优501			166.0	6.17		
GJ11	滇杂31(CK)	161.8		159.83		160.82	

*注:

表 9 2015 年贵州省粳稻区试各品种（组合）主要经济性状汇总分析结果

编号	品种（组合）名称	株高（厘米）		有效穗（万/亩）		穗总粒数		结实率（%）		千粒重（克）	
		平均	比CK（±%）	平均	比CK（±%）	平均	比CK（±%）	平均	比CK（±%）	平均	比CK（±%）
GJ1	浙科优 288	96.33	-2.39	13.1	-4.46	217.18	64.35	77.83	-0.22	27.85	1.94
GJ2	黔粳杂 57	102.12	3.4	13.83	-3.73	203.92	51.09	77.83	-0.22	27.85	1.94
GJ3	毕粳优 4 号	113.8	15.08	13.72	-3.84	159.92	7.09	70.75	-7.3	30.74	4.83
GJ4	W020	87.98	-10.74	16.42	-1.14	148.6	-4.23	78.71	0.66	27.71	1.8
GJ5	筑香 753	110.10	11.38	12.24	-5.32	172.18	19.35	74.91	-3.14	32.48	6.57
GJ6	渝粳优 5029	94.48	-4.24	17.12	-0.44	159.95	7.12	77.32	-0.73	26.55	0.64
GJ7	毕粳优 5 号	104.07	5.35	14.84	-2.72	188.25	35.42	80.15	2.1	25.6	-0.31
GJ8	长粳优 9 号	105.95	7.23	14.81	-2.75	229.7	76.87	54.46	-23.59	24.13	-1.78
GJ9	黔粳杂 295	94.25	-4.47	16.41	-1.15	187.52	34.69	82.27	4.22	24.17	-1.74
GJ10	浦优 501	94.08	-4.64	14.15	-3.41	207.62	54.79	77.6	-0.45	25.17	-0.74
GJ11	滇杂 31（CK）	98.72		17.56		152.83		78.05		25.91	

表 10　2016 年贵州省粳稻区试各品种（组合）抗性鉴定结果

编号	品种（组合）名称	田间自然鉴定（毕节农科所）					人工接种鉴定（省植保所）								综合评价
		叶瘟病级	病穗率病级	损失率（%）	抗性指数	抗性评价	叶瘟病级	病穗率（%）	病穗率病级	损失率（%）	损失率病级	抗性指数	抗性指数分级	抗性评价	
GJ1	浙科优 288	2	1	15	1.3	R	2.0	63.6	9	36.36	7	6.25	7	S	MS
GJ2	黔粳杂 57	1.8	1	20	1.2	R	5.0	36.4	7	20.00	5	5.50	5	MS	MS
GJ3	毕粳优 4 号	1.8	1	15	1.2	R	3.0	41.7	7	28.33	5	5.00	5	MS	MS
GJ4	W020	1.5	1	10	1.1	R	5.3	72.7	9	54.09	9	8.08	9	HS	S
GJ5	筑香 753	2.25	1	15	1.3	R	2.0	54.5	9	40.00	7	6.25	7	S	MS
GJ6	渝粳优 5029	2	1	15	1.5	R	4.0	63.6	9	45.00	7	6.75	7	S	MS
GJ7	毕粳优 5 号	1.8	1	15	1.4	R	5.0	36.4	7	30.00	5	5.50	5	MS	MS
GJ8	长粳优 9 号	1	1	5	1.0	R	0.0	22.2	5	8.33	3	2.75	3	MR	MR
GJ9	黔粳杂 295	1	1	5	1.0	R	3.7	55.6	9	32.22	7	6.67	7	S	MS
GJ10	浦优 501	1	1	5	1.0	R	7.3	72.7	9	44.09	7	7.58	9	HS	S
GJ11	滇杂 31（CK）	1	1	5	1.5	R	3.3	54.5	9	43.64	7	6.58	7	S	MS

表 11 2016 年贵州省粳稻区试各品种(组合)在各试点的自评结果

编号	品种(组合)名称	贵阳	安顺	毕节	都匀	织金	黔西南	A(%)	B(%)	C(%)	D(%)
GJ1	浙科优 288	A	A	A		A		100			
GJ2	黔粳杂 57	A	A	B		B		50	50		
GJ3	毕粳优 4 号	C	D	D		C				50	50
GJ4	W020	B	B	B		A		25	75		
GJ5	筑香 753	C	C	D		D				50	50
GJ6	渝粳优 5029	C	C	D		D				50	50
GJ7	毕粳优 5 号	B	D	B		A		25	50		25
GJ8	长粳优 9 号	D	C	D		D				50	50
GJ9	黔粳杂 295	A	A	A		A		100			
GJ10	浦优 501	B	A	B		B		25	75		
GJ11	滇杂 31(CK)	A	B	C		B		25	50	25	

表 12-1 2016 年贵州省粳稻区试浙科优 288（GJ1）在各试点的产量、生育特性及主要经济性状

项目/试点		贵阳	安顺	毕节	都匀	织金	黔西南	平均值
产量	（千克/亩）	592.62	567.91	467.0	493.73	663.3	770.82	592.56
	比 CK（±%）	1.17	24.68	37.07	3.01	9.04	18.01	15.50
	位次	2	2	1	1	3	3	1
始穗期（米/天）		7/29	7/30	8/4	8/2	8/9		
齐穗期（米/天）		8/5	8/4	8/11	8/13	8/15		
成熟期（米/天）		9/5	9/5	9/29	9/22	9/22		
全生育期（天）		143	149	163	165	163	155.17	
有效穗（万/亩）		14.1	11.52	11.88	17.17	12.1	13.10	
成穗率（%）		81.98		69	58.56	64.0	70.61	
株高（厘米）		92	81.9	87.8	91.5	100.5	96.33	
穗长（厘米）		18.35	16.7	18.42	16.5	22.5	18.38	
穗总粒（粒）		207.3	198.9	185.8	192	288.8	217.18	
穗实粒（粒）		158.95	158.3	124.7	149	244.3	170.44	
结实率（%）		76.68	79.6	67.1	77.6	84.6	77.83	
千粒重（克）		27.9	29.9	28.02	26.2	27.5	27.85	

表 12-2 2016 年贵州省粳稻区试黔粳杂 57(GJ2)在各试点的产量、生育特性及主要经济性状

项目\试点		贵阳	安顺	毕节	都匀	织金	黔西南	平均值
产量	(千克/亩)	593.93	536.5	409.7	455.79	640.0	758.03	565.66
	比 CK(±%)	1.39	17.78	20.25	-4.90	5.21	16.05	9.30
	位次	1	4	4	5	5	4	3
始穗期(米/天)	7/18	7/18	7/28	8/4	8/5	8/9		
齐穗期(米/天)	7/22	7/24	8/2	8/11	8/13	8/15		
成熟期(米/天)	9/4	9/2	9/8	9/26	9/23	9/22		
全生育期(天)	144	140	152	160	166	163	154.17	
有效穗(万/亩)	12.3	13.8	10.99	15.57	18.52	11.8	13.83	
成穗率(%)	81.6	79.31		66.00	61.43	72.0	72.07	
株高(厘米)	114.8	98	97.9	97.00	93.0	112	102.12	
穗长(厘米)	21.2	22.25	18.8	18.73	20.1	25.0	21.01	
穗总粒(粒)	219.1	234.6	182.4	168.6	175.0	243.8	203.92	
穗实粒(粒)	194.2	174.8	163.4	130.6	139.0	217.5	170.44	
结实率(%)	88.6	74.51	89.6	77.5	79.43	89.2	77.83	
千粒重(克)	25.4	24.3	26.0	25.15	25.5	27.5	27.85	

表12-3　2016年贵州省粳稻区试毕粳优4号（GJ3）在各试点的产量、生育特性及主要经济性状

项目/试点	贵阳	安顺	毕节	都匀	织金	黔西南	平均值
产量（千克/亩）	476.52	335.54	317.7	399.15	528.3	655.95	452.19
产量 比CK(±%)	-18.65	-26.34	-6.75	-16.72	-13.15	0.42	-13.53
产量 位次	10	11	9	7	9	7	8
始穗期(米/天)	7/18	7/28	8/4	8/5	8/9	7/20	
齐穗期(米/天)	7/23	8/2	8/9	8/15	8/15	7/24	
成熟期(米/天)	9/1	9/9	9/27	9/24	9/23	9/8	
全生育期(天)	139	153	161	167	164	148	155.33
有效穗(万/亩)	11.1	10.72	15.84	15.46	15.9	13.3	13.72
成穗率(%)	77.62		69.00	54.76	84.1	79.7	73.04
株高(厘米)	114.1	104.8	107.00	112.5	141.5	102.9	113.80
穗长(厘米)	23.83	21.5	21.64	26.3	21.2	24.4	23.15
穗总粒(粒)	183.5	145.0	117.4	182.0	162.6	169.0	159.92
穗实粒(粒)	108.3	133.0	62.5	135.0	131.6	110.6	113.50
结实率(%)	59.02	91.7	53.2	74.18	80.9	65.5	70.75
千粒重(克)	31	33.9	29.61	26.3	32.5	31.1	30.74

表 12-4　2016 年贵州省粳稻区试 W020(GJ4)在各试点的产量、生育特性及主要经济性状表

项目/试点		贵阳	安顺	毕节	都匀	织金	黔西南	平均值
产量	(千克/亩)	527.87	503.78	404.7	371.06	645.0	665.13	519.59
	比 CK(±%)	-9.88	10.60	18.78	-22.58	6.03	1.83	0.8
	位次	7	5	5	9	4	6	6
始穗期(月/日)		7/26	7/30	8/5	8/4	8/2	8/9	
齐穗期(月/日)		7/29	8/10	8/10	8/11	8/13	8/15	
成熟期(月/日)		9/10	9/10	9/13	9/26	9/25	9/22	
全生育期(天)		150	148	157	160	168	163	157.67
有效穗(万/亩)		15.4	16.6	14.99	11.61	20.7	19.2	16.42
成穗率(%)		78.7	94.86		71.00	56.88	79.5	76.19
株高(厘米)		106.2	87.9	76.9	75.80	85.1	96	87.98
穗长(厘米)		14.8	15.53	15.4	14.05	17.9	16.5	15.70
穗总粒(粒)		156.5	178.4	120.8	111.8	185.0	139.1	148.60
穗实粒(粒)		126.1	127.1	97.7	90.7	124.0	127.2	115.47
结实率(%)		80.6	71.24	80.9	81.1	67.03	91.4	78.71
千粒重(克)		28.3	28.1	29.8	26.95	25.7	27.4	27.71

12-5　2016 年贵州省粳稻区试筑香 753（GJ5）在各试点的产量、生育特性及主要经济性状

项目/试点		贵阳	安顺	毕节	都匀	织金	黔西南	平均值
产量	（千克/亩）	485.85	385.74	267.3	314.39	513.3	580.26	424.47
	比 CK（±%）	-17.06	-15.32	-21.54	-34.41	-15.62	-11.17	-18.14
	位次	9	10	10	11	10	11	10
始穗期（米/天）		8/1	8/8	8/14	8/11	8/5	8/9	
齐穗期（米/天）		8/5	8/12	8/19	8/16	8/13	8/15	
成熟期（米/天）		9/15	9/10	9/27	9/28	9/29	9/22	
全生育期（天）		155	148	171	162	172	163	161.83
有效穗（万/亩）		12.7	11.2	8.80	13.72	15.7	11.3	12.24
成穗率（%）		76.6	74.67		68.00	56.35	60.6	67.24
株高（厘米）		87.8	120.2	107.6	108.20	116.5	120.3	110.10
穗长（厘米）		25.9	23.78	22.7	22.18	21.3	23.0	23.14
穗总粒（粒）		174.0	204.3	161.1	136.4	178.0	179.3	172.18
穗实粒（粒）		124.7	124.1	126.3	96.9	136.0	163.5	128.58
结实率（%）		71.7	60.74	78.4	71.0	76.4	91.2	74.91
千粒重（克）		33.9	34	35.4	32.68	24.2	34.7	32.48

表 12-6 2016 年贵州省粳稻区试渝粳优 5029(CJ6)在各试点的产量、生育特性及主要经济性状

项目/试点		贵阳	安顺	毕节	都匀	织金	黔西南	平均值
产量	(千克/亩)	498.66	391.78	238.3	364.34	576.7	618.80	448.10
	比CK(±%)	-14.87	-13.99	-30.06	-23.98	-5.19	-5.26	-15.56
	位次	8	9	11	10	7	9	9
始穗期(月/天)		7/28	7/10	8/11	8/4	8/5	8/9	
齐穗期(月/天)		7/31	8/8	8/16	8/11	8/13	8/15	
成熟期(月/天)		9/10	9/15	9/25	9/27	9/29	9/22	
全生育期(天)		150	153	169	161	172	163	161.33
有效穗(万/亩)		15.0	20.9	11.97	19.00	18.22	17.6	17.12
成穗率(%)		73.3	96.31		67.00	58.17	78.2	74.60
株高(厘米)		97.1	97	87.2	87.80	94.3	103.5	94.48
穗长(厘米)		18.6	17.1	17.0	19.55	16.2	20.0	18.08
穗总粒(粒)		160.2	202.4	166.9	117.6	165.0	147.6	159.95
穗实粒(粒)		129.8	83.1	124.4	112.2	138.0	130.3	119.63
结实率(%)		81.0	41.06	74.5	95.4	83.64	88.3	77.32
千粒重(克)		27.3	26.4	26.6	28.82	23.8	26.4	26.55

表12-7 2016年贵州省粳稻区试毕粳优5号（GJ7）在各试点的产量、生育特性及主要经济性状

项目\试点		贵阳	安顺	毕节	都匀	织金	黔西南	平均值
产量	(千克/亩)	549.09	454.55	392.7	470.64	698.3	756.5	553.63
	比CK(±%)	-6.26	-0.21	15.26	-1.80	14.80	15.82	6.27
	位次	5	8	6	3	1	5	5
始穗期(月/天)		7/18	7/18	7/27	8/5	8/5	8/9	
齐穗期(月/天)		7/22	7/24	8/1	8/10	8/12	8/15	
成熟期(月/天)		9/4	9/1	9/8	9/27	9/24	9/22	
全生育期(天)		144	139	152	161	167	163	154.33
有效穗(万/亩)		11.9	16.8	10.40	15.31	19.8	14.8	14.84
成穗率(%)		73.4	88.89		65.00	57.81	67.0	70.42
株高(厘米)		106.3	105.6	96.9	100.20	101.4	114	104.07
穗长(厘米)		22.0	17.62	19.7	16.05	17.2	23.5	19.35
穗总粒(粒)		199.5	156.8	210.1	176.1	176.0	211.0	188.25
穗实粒(粒)		164.7	116.4	191.0	100.7	148.0	193.8	152.43
结实率(%)		82.6	74.23	90.9	57.2	84.09	91.9	80.15
千粒重(克)		26.5	25.2	26.9	23.92	24.5	26.6	25.60

表 12-8 2016 年贵州省粳稻区试长粳优 9 号(GJ8)在各试点的产量、生育特性及主要经济性状

项目/试点		贵阳	安顺	毕节	都匀	织金	黔西南	平均值
产量	(千克/亩)	381.21	460.76	321.0	373.55	391.7	587.68	419.32
	比 CK(±%)	-34.92	1.15	-5.78	-22.06	-35.61	-10.03	-19.13
	位次	11	7	8	8	11	10	11
始穗期(米/天)		8/14	8/17	8/15	8/10	8/9		
齐穗期(米/天)		8/20	8/22	8/21	8/20	8/15		
成熟期(米/天)		9/30	9/30	10/5	9/29	9/28		
全生育期(天)		170	174	171	172	169	170.00	
有效穗(万/亩)		14.1	13.49	14.52	17.92	14.4	14.81	
成穗率(%)		81.3		70.00	57.6	68.9	68.36	
株高(厘米)		130.1	89.2	92.60	101.3	121.5	105.95	
穗长(厘米)		20.6	19.9	18.25	16.2	20.5	19.18	
穗总粒(粒)		166.8	303.1	230.8	197	263.1	229.70	
穗实粒(粒)		110.9	102.9	107	93	185.6	122.45	
结实率(%)		66.5	33.9	46.4	47.21	70.5	54.46	
千粒重(克)		25.2	27.0	19.38	23.6	23.2	24.13	

表 12-9 2016 年贵州省粳稻区试黔粳杂 295(GJ9)在各试点的产量、生育特性及主要经济性状

项目/试点		贵阳	安顺	毕节	都匀	织金	黔西南	平均值
产量	(千克/亩)	580.54	590.67	447.0	418.42	685.0	799.62	586.88
	比 CK(±%)	-0.89	29.68	31.20	-12.70	12.61	22.42	13.72
	位次	4	1	2	6	2	1	2
始穗期(米/天)		7/19	7/29	8/5	8/12	8/9		
齐穗期(米/天)		7/30	8/3	8/10	8/19	8/15		
成熟期(米/天)		9/4	9/10	9/26	9/23	9/22		
全生育期(天)		142	154	160	167	163	155.17	
有效穗(万/亩)		16.8	11.47	16.63	19.78	17.4	16.41	
成穗率(%)		79.62		65.50	57.58	87.4	73.28	
株高(厘米)		94	88.0	91.40	87.6	107.5	94.25	
穗长(厘米)		19.2	17.2	18.17	18.2	24.2	19.53	
穗总粒(粒)		184.2	221.5	176	171	193.0	187.52	
穗实粒(粒)		149.9	170.7	130	143	176.9	154.08	
结实率(%)		81.38	77.1	73.9	83.63	91.7	82.27	
千粒重(克)		24	24.5	22.49	24.6	25.4	24.17	

下注始穗期下第二行起始列标为 (米/天)

表 12-10 2016 年贵州省粳稻区试浦优 501(GJ10)在各试点的产量、生育特性及主要经济性状表

项目/试点		贵阳	安顺	毕节	都匀	织金	黔西南	平均值
产量	(千克/亩)	545.63	541.33	418.0	469.05	573.3	788.19	555.92
	比CK(±%)	-6.85	18.84	22.69	-2.14	-5.75	20.67	7.91
	位次	6	3	3	4	8	2	42
始穗期(月/天)	8/9	8/8	8/18	8/14	8/3	8/9		
齐穗期(月/天)	8/15	8/14	8/24	8/20	8/12	8/15		
成熟期(月/天)	9/25	9/15	10/2	10/4	9/25	9/23		
全生育期(天)	165	153	176	170	168	164	166.00	
有效穗(万/亩)	15.3	13	12.05	15.31	16.92	12.3	14.15	
成穗率(%)	74.7	82.28		67.30	59.68	65.8	69.95	
株高(厘米)	110.3	86.1	84.3	84.80	99.5	99.5	94.08	
穗长(厘米)	18.7	17.14	16.3	16.10	18.2	18.0	17.41	
穗总粒(粒)	192.2	219.6	196.2	184.3	176	277.4	207.62	
穗实粒(粒)	151.1	168.8	148.9	120	137	253.4	163.20	
结实率(%)	78.6	76.87	75.9	65.1	77.84	91.3	77.60	
千粒重(克)	26.2	26.6	25.6	21.21	25.1	26.3	25.17	

12-11 2016 年贵州省粳稻区试滇杂 31（GJ11）在各试点的产量、生育特性及主要经济性状

项目/试点		贵阳	安顺	毕节	都匀	织金	黔西南	平均值
产量	（千克/亩）	585.77	455.5	340.7	479.29	608.3	653.19	520.46
	比 CK（±%）							
	位次	3	6	7	2	6	8	7
始穗期（月/天）		7/25	8/3	8/6	8/10	8/9		
齐穗期（月/天）		8/9	8/9	8/11	8/20	8/15		
成熟期（月/天）		9/10	9/15	10/3	9/25	9/22		
全生育期（天）		148	159	169	168	163	159.83	
有效穗（万/亩）		16.6	13.49	18.48	19.4	20.9	17.56	
成穗率（%）		77.21		69.00	50.31	87.4	73.32	
株高（厘米）		98.8	86.9	95.40	89.1	107.3	98.72	
穗长（厘米）		18.2	18.0	18.80	18.2	22.5	19.25	
穗总粒（粒）		130.6	133.3	150.3	175	165.6	152.83	
穗实粒（粒）		105.8	114.1	104.3	131	122.0	118.83	
结实率（%）		81.01	85.6	69.4	74.86	73.6	78.05	
千粒重（克）		27.2	26.6	24.48	24.8	26.1	25.91	

2016年贵州省水稻生产试验汇总报告

根据2016年贵州省水稻区试会议安排,本试验及时有效地鉴定我省各单位选育和引进的水稻品种(组合)在不同生态地区的丰产性和抗逆性,加速品种(组合)的鉴定和示范,为品种(组合)的审定及推广提供科学依据。共有16个迟熟品种进入生产试验,分别在6个不同生态地区进行试验,6个承试试点数据无异常全部采用,现将试验结果进行汇总。

一、迟熟组

(一)参试品种及承试单位(见表1)

参试品种:成优981、中浙优8号、香优1139、炳优22、友试8号、荃优399、隆两优1146、9香A/R07、蓉优592、泰丰优2098、武优6号、G48A/R785、荃优822、德优3301、绿丰优348、臻优178共16个,以F优498(CK)为对照,试点设在海拔389~1175米的6个不同地区。

(二)试验概况

试验按统一方案实施,生产试验采用大区对比法,两次重复,小区面积0.2亩。也可采用一次重复,小区面积0.5亩。各试点根据田块面积自行安排组别,同组所有参试组合同期播种,同期同田移栽,要求试验田肥力良好、均匀,栽培管理措施与当地大田生产相同或略高,如设有防治病虫害措施,并且保证同组施肥均匀一致。记载项目及经济性状考察按《全国南方水稻品种区试及生产试验技术操作规程》执行。

试验分别在6个试点进行,育秧方式为旱育秧或两段育秧。栽插规格:遵义县(现播州区)试点10寸×6寸,龙里县试点(9+6)寸×7寸,玉屏县试点8寸×6寸,麻江县试点(10+6)寸×6寸,都匀市试点7.5寸×6寸,黔西南苗族侗族自治州试点9寸×5寸。

(三)试验结果及分析

(一)产量(见表2)

参试组合的产量变幅在502.42~580.24千克/亩,除炳优22比对照减产外,其余品种都较对照 F 优 498（CK）增产,增产点率都在 50%以上。

（二）品种评价

炳优 22、泰丰优 2098 两个品种稻瘟病鉴定为高感,不在试验和审定,也不再一一评价。

（1）成优 981

2015 年初试,2016 年续试同时参加生产试验,平均亩产 580.24 千克,较对照 F 优 498（CK）增产 6.20%,增产点率 100%。

2015 年初试平均亩产 617.58 千克,比对照中优 169 增产 3.35%,增产点比例 55.6%,居参试组合第三位;全生育期 159.7 天,比对照中优 169 晚熟 4.7 天。2016 年续试平均亩产 644.42 千克,比对照 F 优 498（CK）增产 2.85%,达极显著水平,增产点率 80%,居参试组合第四位;全生育期 153.8 天,比对照迟熟 2.6 天。两年区试平均亩产 631.00 千克,比对照增产 3.10%,两年累计增产点比例 68.4%;平均生育期 156.7 天。2016 年生产试验平均亩产 580.24 千克,比对照 F 优 498（CK）增产 6.20%,增产点率 100%。

主要农艺性状两年区试平均表现:株高 120.2 厘米,有效穗 14.8 万/亩,穗长 26.1 厘米,每穗总粒数 186.3 粒,结实率 74.9%,千粒重 32.3 克。

稻瘟病抗性鉴定结果:2015～2016 年田间自然鉴定和接种鉴定综合评价均为“中感”。

耐冷性鉴定结果:2015 年表现为“较强”,2016 年表现为“较强”。

米质主要指标表现:整精米率 54.1%,粒型长/宽比 2.9,垩白粒率 65%,垩白度 9.1%,胶稠度 70 毫米 ,直链淀粉含量 15.5%,碱消值级 5.0,透明度级 2。国标等级属于等外级。

该品种经两年区试、一年生产试验综合表现:生育期适中,高产稳产,穗大粒大,米质一般,抗性较好。

（2）中浙优 8 号

2015 年初试,2016 年续试同时参加生产试验,平均亩产 572.55 千克,较对照 F 优 498（CK）增产 4.79%,增产点率 100%。

2015 年初试平均亩产 604.12 千克,比对照中优 169 增产 1.10%,增产点比例 66.7%;全生育期 160.9 天,比对照中优 169 晚熟 5.9 天。2016 年续试平均亩产 620.74

千克,比对照 F 优 498(CK)减产 0.93%,增产点率 60%,减产不显著;全生育期 156.5 天,比对照迟熟 5.3 天。两年区试平均亩产 612.43 千克,比对照增产 0.06%,两年累计增产点比例 63.2%;平均生育期 158.7 天。2016 年生产试验平均亩产 572.55 千克,比对照 F 优 498(CK)增产 4.79%,增产点率 100%。

主要农艺性状两年区试平均表现:株高 121.2 厘米,有效穗 15.5 万/亩,穗长 27.6 厘米,每穗总粒数 205.7 粒,结实率 77.5%,千粒重 26 克。

稻瘟病抗性鉴定结果:2015 年田间自然鉴定和接种鉴定综合评价为"中感",2016 年田间自然鉴定和接种鉴定综合评价为"中感"。

耐冷性鉴定结果:2015 年表现为"弱",2016 年表现为"极弱"。

米质主要指标表现:整精米率 60.3%,粒型长/宽比 3.0,垩白粒率 7%,垩白度 0.9%,胶稠度 65 毫米,直链淀粉含量 15.6%,碱消值级 5.0,透明度级 1。国标等级属于优三级。2015 年的米质检测也达国标等级优三级。

该品种经两年区试、一年生产试验综合表现:生育期较晚,产量一般,穗大粒多,有效穗较多,千粒重较小,米质优,抗性较好。

(3)香优 1139

2015 年初试,2016 年续试同时参加生产试验,平均亩产 574.73 千克,较对照 F 优 498(CK)增产 8.12%,增产点率 83%。

2015 年初试平均亩产 646.69 千克,比组平均值增产 6.17%,增产点率 77.8%,居参试组合第二位;全生育期 154.7 天,比对照中优 169 早熟 1.1 天。2016 年续试平均亩产 663.12 千克,比对照 F 优 498(CK)增产 5.84%,达极显著水平,增产点率 90%,居参试组合第一位;全生育期 160.6 天,比对照早熟 0.6 天。两年区试平均亩产 654.9 千克,比对照增产 6.00%,两年累计增产点比例 84.2%;平均生育期 152.6 天。2016 年生产试验平均亩产 574.73 千克,比对照 F 优 498(CK)增产 8.12%,增产点率 83%。

主要农艺性状两年区试平均表现:株高 116.8 厘米,有效穗 14.4 万/亩,穗长 25.7 厘米,每穗总粒数 194.5 粒,结实率 75.9%,千粒重 32.5 克。

稻瘟病抗性鉴定结果:2015 年田间自然鉴定和接种鉴定综合评价为"中感",2016 年田间自然鉴定和接种鉴定综合评价为"中抗"。

耐冷性鉴定结果:2015 年表现为"弱",2016 年表现为"较弱"。

米质主要指标表现:整精米率 57.3%,粒型长/宽比 2.8,垩白粒率 22%,垩白度

3.8%,胶稠度 69 毫米,直链淀粉含量 14.0%,碱消值级 4.3,透明度级 1。国标等级属于等外级。

该品种经两年区试、一年生产试验综合表现:生育期适中,高产稳产,穗大粒多,千粒重较高,米质一般,抗性好。

(4)友试 8 号

2015 年初试,2016 年续试同时参加生产试验,平均亩产 572.39 千克,较对照 F 优498(CK)增产 7.55%,增产点率 100%。

2015 年初试平均亩产 649.18 千克,比组平均值增产 6.58%,增产点比例 88.9%,居参试组合第一位;全生育期 152.0 天,比对照中优 169 早熟 1.6 天。2016 年续试平均亩产 631.11 千克,比对照 F 优 498(CK)增产 0.73%,增产不显著,增产点率 70%;全生育期151.8 天,比对照迟熟 0.6 天。两年区试平均亩产 640.14 千克,比对照增产 3.61%,两年累计增产点比例 78.9%;平均生育期 151.9 天。2016 年生产试验平均亩产 572.37 千克,比对照 F 优 498(CK)增产 7.55%,增产点率 100%。

主要农艺性状两年区试平均表现:株高 121.7 厘米,有效穗 15.5 万/亩,穗长 24.6厘米,每穗总粒数 193.7 粒,结实率 79.5%,千粒重 27.9 克。

稻瘟病抗性鉴定结果:2015 年田间自然鉴定和接种鉴定综合评价为"中感",2016 年田间自然鉴定和接种鉴定综合评价为"中抗"。

耐冷性鉴定结果:2015 年表现为"较弱",2016 年表现为"弱"。

米质主要指标表现:整精米率 58.7%,粒型长/宽比 3.0,垩白粒率 13%,垩白度2.5%,胶稠度 62 毫米,直链淀粉含量 15.1%,碱消值级 5.3,透明度级 1。国标等级属于优三级。

该品种经两年区试、一年生产试验综合表现:生育期适中,高产稳产,穗大粒多,结实率较高,米质较优,抗性好。完成试验程序。

(5)荃优 399

2015 年初试,2016 续试同步参加生产试验,平均亩产 573.38 千克,较对照 F 优 498(CK)增产 4.82%,增产点率 83%。

2015 年初试平均亩产 590.70 千克,比平均值减产 2.57%,增产点比例 22.2%;全生育期 153.8 天,比对照早熟 0.7 天。2016 年续试平均亩产 628.98 千克,比对照 F 优 498(CK)增产 0.39%,增产点率 50%,增产不显著;全生育期 149.9 天,比对照早熟 1.3 天。

两年区试平均亩产 609.84 千克,比对照减产 1.07%,两年累计增产点比例 36.8%;平均生育期 151.8 天。2016 年生产试验平均亩产 573.38 千克,比对照 F 优 498(CK)增产 4.82%,增产点率 83%。

主要农艺性状两年区试平均表现:株高 106.9 厘米,有效穗 14.2 万/亩,穗长 23.8 厘米,每穗总粒数 193.8 粒,结实率 82.2%,千粒重 28.3 克。

稻瘟病抗性鉴定结果:2015 年田间自然鉴定和接种鉴定综合评价为"中感",2016 年田间自然鉴定和接种鉴定综合评价为"感"。

耐冷性鉴定结果:2015 年表现为"弱",2016 年表现为"较强"。

米质主要指标表现:整精米率 61.6%,粒型长/宽比 3.0,垩白粒率 11%,垩白度 2.2%,胶稠度 55 毫米,直链淀粉含量 15.4%,碱消值级 7.0,透明度级 1。国标等级属于优三级。2015 年的米质检测达国标等级优二级。

该品种经两年区试、一年生产试验综合表现:生育期适中,产量一般,结实率较高,米质优,抗性较好。

(6)9 香 A/R07

2015 年初试,2016 年续试同时参加生产试验,平均亩产 569.72 千克,较对照 F 优 498(CK)增产 7.27%,增产点率 100%。

2015 年初试平均亩产 617.92 千克,比组平均值增产 4.76%,增产点比例 88.9%,居参试组合第二位;全生育期 153.8 天,比对照早熟 0.4 天。2016 年续试平均亩产 651.56 千克,比对照 F 优 498(CK)增产 3.99%,达极显著水平,增产点率 80%,居参试组合第二位;全生育期 149.9 天,比对照早熟 1.3 天。两年区试平均亩产 634.74 千克,比对照增产 4.37%,两年累计增产点比例 84.2%;平均生育期 151.8 天。2016 年生产试验平均亩产 569.72 千克,比对照 F 优 498(CK)增产 7.27%,增产点率 100%。

主要农艺性状两年区试平均表现:株高 112.3 厘米,有效穗 15.4 万/亩,穗长 23.8 厘米,每穗总粒数 192.1 粒,结实率 77.5%,千粒重 28.6 克。

稻瘟病抗性鉴定结果:2015 年田间自然鉴定和接种鉴定综合评价"中感",2016 年田间自然鉴定和接种鉴定综合评价为"中抗"。

耐冷性鉴定结果:2015 年表现为"弱",2016 年表现为"较弱"。

米质主要指标表现:整精米率 52.0%,粒型长/宽比 3.0,垩白粒率 26%,垩白度 4.5%,胶稠度 55 毫米,直链淀粉含量 15.0%,碱消值级 4.2,透明度级 1。国标等级属于优三级。

该品种经两年区试、一年生产试验综合表现：生育期适中，高产稳产，有效穗较多，米质较优，抗性好。

（7）武优 6 号

2015 年初试，2016 年续试同时参加生产试验，平均亩产 577.80 千克，较对照 F 优 498（CK）增产 5.81%，增产点率 100%。

2015 年初试平均亩产 607.84 千克，比平均值增产 4.06%，增产点比例 77.8%，居参试组合第三位；全生育期 157.3 天，比对照中优 169 晚熟 2.2 天。2016 年续试平均亩产 648.27 千克，比对照 F 优 498（CK）增产 3.47%，达极显著水平，增产点率 80%，居参试组合第三位；全生育期 151.5 天，比对照迟熟 0.3 天。两年区试平均亩产 628.05 千克，比对照增产 3.75%，两年累计增产点比例 78.9%；平均生育期 154.4 天。2016 年生产试验平均亩产 577.8 千克，比对照 F 优 498（CK）增产 5.81%，增产点率 100%。

主要农艺性状两年区试平均表现：株高 123.6 厘米，有效穗 14.1 万/亩，穗长 23.9 厘米，每穗总粒数 188.3 粒，结实率 77.1%，千粒重 32.7 克。

稻瘟病抗性鉴定结果：2015 年田间自然鉴定和接种鉴定综合评价 为"感"，2016 年田间自然鉴定和接种鉴定综合评价为"中感"。

耐冷性鉴定结果：2015 年表现为"较弱"，2016 年表现为"弱"。

米质主要指标表现：整精米率 45.2%，粒型长/宽比 3.2，垩白粒率 47%，垩白度 11.4%，胶稠度 35 毫米，直链淀粉含量 21.5%，碱消值级 5.0，透明度级 2。国标等级属于等外级。

该品种经两年区试、一年生产试验综合表现：生育期适中，高产稳产，千粒重较高，米质一般，抗性较好。

（8）G48A/R785

2015 年初试，2016 年续试同时参加生产试验，平均亩产 569.38 千克，较对照 F 优 498（CK）增产 7.40%，增产点率 100%。

2015 年初试平均亩产 614.85 千克，比平均值增产 5.26%，增产点比例 88.9%，居参试组合第二位；全生育期 158.7 天，比对照中优 169 晚熟 3.6 天。2016 年续试平均亩产 662.31 千克，比对照 F 优 498（CK）增产 6.03%，达极显著水平，增产点率 80%，居参试组合第一位；全生育期 155.3 天，比对照晚熟 6.4 天。两年区试平均亩产 638.58 千克，比对照增产 5.66%,两年累计增产点比例 84.2%;平均生育期 157 天。2016 年生产试验平均亩产 569.38 千克,比对照 F 优 498(CK)增产 7.40%,增产点率 100%。

主要农艺性状两年区试平均表现:株高 129.0 厘米,有效穗 14.0 万/亩,穗长 27.0 厘米,每穗总粒数 197.0 粒,结实率 77.2%,千粒重 31.8 克。

稻瘟病抗性鉴定结果:2015 年田间自然鉴定和接种鉴定综合评价为"中感",2016 年田间自然鉴定和接种鉴定综合评价为"中抗"。

耐冷性鉴定结果:2015 年表现为"较强",2016 年表现为"极弱"。

米质主要指标表现:整精米率 50.0%,粒型长/宽比 3.0,垩白粒率 56%,垩白度 9.8%,胶稠度 32 毫米,直链淀粉含量 20.2%,碱消值级 4.5,透明度级 2。国标等级属于等外级。

该品种经两年区试、一年生产试验综合表现:高产稳产,生育期较晚,穗大粒多,千粒重较高,米质一般,抗性较好,通过稻瘟病鉴定,耐冷性较强。

(9)荃优 822

2014 年初试,2015 年续试,2016 年参加生产试验,平均亩产 557.44 千克,较对照 F 优 498(CK)增产 2.21%,增产点率 83%。

2014 年初试平均亩产 614.37 千克,比平均值增产 3.26%,增产点比例 80%,居参试组合第三位;全生育期 156.3 天,比对照晚熟 0.2 天。2015 年续试平均亩产 591.79 千克,比对照中优 169 减产 0.96%,增产点率 33.3%。两年区试平均亩产 603.08 千克,比对照增产 1.15%,两年累计增产点比例 57.9%,和对照中优 169 相当;平均生育期 156.2 天。

主要农艺性状两年区试平均表现:株高 108.8 厘米,有效穗 14.5 万/亩,穗长 25.5 厘米,每穗总粒数 187.1 粒,结实率 80.4%,千粒重 28.1 克。

稻瘟病抗性鉴定结果:2014～2015 年田间自然鉴定和接种鉴定综合评价都为"中感"。

耐冷性鉴定结果:2014 年表现为"较弱",2015 年表现为"极弱"。

米质主要指标表现:整精米率 60.3%,粒型长/宽比 3.0,垩白粒率 11%,垩白度 3.3%,胶稠度 52 毫米,直链淀粉含量 17.6%,碱消值级 6.0,透明度级 1。国标等级属于优三级。

该品种经两年区试、一年生产试验综合表现:产量较高,生育期适中,综合性状较好,米质优,耐冷性较弱。

(10)德优 3301

2014 年初试,2015 年续试,2016 年参加生产试验,平均亩产 560.11 千克,较对照 F 优 498(CK)增产 2.58%,增产点率 83%。

2014 年初试平均亩产 622.39 千克,比平均值增产 1.95%,增产点率 80%;全生育期 161.9 天,比对照中优 169 晚熟 5.8 天。2015 年续试平均亩产 609.74 千克,比对照增中优 169 增产 1.82%,增产点率 77.8%;全生育期 158.3 天,比对照晚熟 3.9 天。两年区试平均亩产 616.06 千克,比对照增产 1.88%,两年累计增产点比例 78.9%;平均生育期 153.6 天,比对照晚熟 4.8 天。

主要农艺性状两年区试平均表现:有效穗 15.4 万/亩,株高 118.0 厘米,穗长 25.1 厘米,每穗总粒数 202.0 粒,结实率 78.3%,千粒重 26.9 克。

稻瘟病抗性鉴定结果:2014-2015 年田间自然鉴定和接种鉴定综合评价为"中感"。

耐冷性鉴定结果:2014 年表现均为"较强",2015 年表现为"强"。

米质主要指标表现:整精米率 53.8%,粒型长/宽比 3.2,垩白粒率 24%,垩白度 6.1%,胶稠度 75 毫米,直链淀粉含量 15.8%,碱消值 4.2,透明度级 1,国标等级属于等外级。2014 年的米质国标等级表现为优三级。

该品种经两年区试、一年生产试验综合表现:产量较高,生育期较晚,穗大粒多,有效穗较多,千粒重较低;通过稻瘟病鉴定,耐冷性较强,米质较优。

(11)绿丰优 348

2014 年初试,2015 年续试,2016 年参加生产试验,平均亩产 555.02 千克,较对照 F 优 498(CK)增产 4.57%,增产点率 67%。

2014 年初试平均亩产 608.58 千克,比平均值增产 0.26%,增产点比例 50%,居参试组合第 6 位;全生育期 158.1 天,比对照晚熟 0.8 天。2015 年续试平均亩产 615.35 千克,比对照增中优 169 增产 2.75%,增产点率 88.9%;全生育期 154.0 天,比对照早熟 0.4 天。两年区试平均亩产 611.96 千克,比对照增产 1.5%,两年累计增产点比例 68.4%;平均生育期 156.1 天,比对照早熟 0.2 天。

主要农艺性状两年区试平均表现:有效穗 13.6 万/亩,株高 111.5 厘米,穗长 25.3 厘米,每穗总粒数 206.8 粒,结实率 76.1%,千粒重 30.2 克。

稻瘟病抗性鉴定结果:2014~2015 年田间自然鉴定和接种鉴定综合评价为"感"。

耐冷性鉴定结果：2014 年表现均为"较弱"，2015 年表现为"弱"。

米质主要指标表现：整精米率 48%，粒型长/宽比 3.2，垩白粒率 22%，垩白度 5.6%，胶稠度 70 毫米，直链淀粉含量 17.0%，碱消值 5.5，透明度级 1，国标等级属于等外级。2014 年的米质国标等级表现为优三级。

该品种经两年区试、一年生产试验综合表现：产量较高稳产，生育期适中，穗大粒多，千粒重较高，有效穗较少；通过稻瘟病鉴定，耐冷性较弱，米质较优。

（12）臻优 178

2014 年初试，2015 年续试，2016 年参加生产试验，平均亩产 567.13 千克，较对照 F 优 498（CK）增产 6.76%，增产点率 83%。

2014 年初试平均亩产 611.87 千克，比平均值增产 2.84%，增产点比例 70%，居参试组合第 4 位；全生育期 158.6 天，比对照晚熟 2.5 天。2015 年续试平均亩产 576.69 千克，比对照中优 169 增产 1.25%，增产点率 66.7%；全生育期 159.8 天，比对照中优 169 晚熟 4.7 天。两年区试平均亩产 594.28 千克，比对照增产 2.07%，两年累计增产点比例 68.4%；平均生育期 159.2 天，比对照中优 169 晚熟 3.6 天。

主要农艺性状两年区试平均表现：有效穗 14.7 万/亩，株高 107.3 厘米，穗长 25.7 厘米，每穗总粒数 188.8 粒，结实率 78.0%，千粒重 28.8 克。

稻瘟病抗性鉴定结果：2014 年瘟病抗性鉴定综合评价"中抗"，2015 年田间自然鉴定和接种鉴定综合评价都为"中感"。

耐冷性鉴定结果：2014 年表现为"较弱"，2015 年表现为"弱"。

米质主要指标表现：整精米率 60.7%，粒型长/宽比 3.2，垩白粒率 18%，垩白度 5.0%，胶稠度 50 毫米，直链淀粉含量 18.3%，碱消值级 4.2，透明度级 1。国标等级属于优质三级。

该品种经两年区试、一年生产试验综合表现：产量较高，生育期较晚，综合性状较好，抗性好，米质较优，通过稻瘟病鉴定，耐冷性较弱。

（13）蓉优 592

2015 年初试，2016 年续试同时参加生产试验，平均亩产 555.96 千克，较相对应的对照 F 优 498（CK）增产 4.54%，增产点率 100%。

2015 年初试平均亩产 609.60 千克，比平均值增产 3.35%，增产点比例 77.8%，居参试组合第四位；全生育期 154.9 天，比对照中优 169 早熟 0.7 天。2016 年平均亩产

631.12 千克,比对照 F 优 498(CK)增 0.73%,增产点率 50%。两年平均亩产 620.36 千克,比对照增产 2.00%,两年累计增产点率 63.2%。2015~2016 年米质检测国标等级属于等外级。

该品种经过两年区试、一年生产试验表现:产量一般,生育期适中,米质一般,通过稻瘟病鉴定,耐冷性鉴定较弱。

(14)隆两优 1146

2015 年初试,2016 年续试同时参加生产试验,平均亩产 563.88 千克,较相对应的对照 F 优 498(CK)增产 3.20%,增产点率 50%。

2015 年初试平均亩产 624.13 千克,比平均值增产 3.00%,增产点比例 88.9%,居参试组合第二位;全生育期 155.8 天,比对照晚熟 1.3 天。2016 年平均亩产 612.53 千克,比对照 F 优 498(CK)减产 2.24%,增产点率 30%。两年平均亩产 618.33 千克,比对照增产 0.31%,增产点率 57.9%。2015~2016 年米质检测国标等级属于等外级。

该品种经过两年区试、一年生产试验表现:产量一般,生育期适中,米质一般,通过稻瘟病鉴定,耐冷性较强。

表 1 2015 年贵州省水稻生产试验参试品种及承试单位基本情况（迟熟组）

承试单位	海拔（米）	育秧方式	播种期（米/天）	移栽期（米/天）	株行距（寸×寸）	试验点负责人及执行人
播州区种子站	870	旱育秧	3/29	5/26	10×6	范方敏,姚高学
龙里县种子站	1080	两段育秧	4/13	6/6	(9+6)×7	杨学琼,林礼银,周朝刚
麻江县种子站	861	旱育秧	4/19–20	5/20–21	(10+6)×6	陈永连
玉屏县种子站	389	水育秧	4/29	6/8	8×6	汪泽辉,邓娅
都匀县种子站	910	两段育秧	4/12	5/27	7.5×6	吴春俊,李丽云,吴春俊,张桂芳,周莉萍
黔西南州种子站	1140	旱育秧	4/12	5/27	9×5	刘婷婷

表2 2015 生产试验产量表（迟熟组）

品种名称	平均亩产（千克）							比CK（±%）	增产点率	对照 F 优 498 平均亩产（千克）						
	龙里	麻江	都匀	玉屏	遵义	兴义	平均			龙里	麻江	都匀	玉屏	遵义	兴义	平均
成优981	558.43	566.25	538.05	515.22	641.84	661.67	580.24	6.20	100（%）	550.93	537.50	467.00	505.08	607.94	609.64	546.35
中浙优8号	567.40	572.00	479.20	533.48	628.54	654.71	572.55	4.79	100（%）	550.93	541.50	467.00	501.42	607.94	609.64	546.40
香优1139	548.05	544.50	486.55	546.64	634.56	688.07	574.73	8.12	83（%）	550.93	452.50	467.00	501.42	607.94	609.64	531.57
炳优22	546.83	470.25	417.50	491.18	521.08	567.77	502.43	-5.29	17（%）	550.93	446.00	467.00	501.42	607.94	609.64	530.49
友试8号	572.45	546.75	492.40	530.90	654.50	637.24	572.37	7.55	100（%）	550.93	452.50	467.00	505.08	607.94	609.64	532.18
荃优399	561.03	618.50	445.25	540.54	645.30	629.67	573.38	4.82	83（%）	550.93	541.50	467.00	505.08	607.94	609.64	547.01
隆两优1146	542.80	604.00	487.00	488.52	656.54	604.44	563.88	3.20	50（%）	550.93	541.50	467.00	501.42	607.94	609.64	546.40
9香A/R07	553.88	485.75	528.50	522.72	640.64	686.85	569.72	7.27	100（%）	550.93	446.00	467.00	505.08	607.94	609.64	531.10
蓉优592	560.75	509.25	484.30	512.66	639.74	629.04	555.96	4.54	100（%）	550.93	452.50	467.00	505.08	607.94	607.54	531.83
泰丰优2098	559.50	574.25	473.00	519.16	651.88	653.16	571.82	4.85	100（%）	550.93	537.50	467.00	501.42	607.94	607.54	545.39
武优6号	565.93	567.00	536.65	523.88	644.84	628.52	577.80	5.81	100（%）	550.93	541.50	467.00	501.42	607.94	607.54	546.05
G48A/R785	552.58	502.25	497.30	521.34	662.40	680.43	569.38	7.40	100（%）	550.93	446.00	467.00	501.42	607.94	607.54	530.14
荃优822	554.38	544.75	426.50	530.62	650.56	637.81	557.44	2.21	83（%）	550.93	537.50	467.00	501.42	607.94	607.54	545.39
德优3301	554.10	567.75	462.10	508.98	656.70	611.00	560.11	2.58	83（%）	550.93	537.50	467.00	505.08	607.94	607.54	546.00
绿丰优348	530.58	470.25	490.00	449.12	667.64	722.53	555.02	4.57	67（%）	550.93	446.00	467.00	505.08	607.94	607.54	530.75
臻优178	575.68	526.00	530.50	527.40	646.54	596.67	567.13	6.76	83（%）	550.93	452.50	467.00	501.42	607.94	607.54	531.22

2016 年贵州省粳稻品种(组合)生产试验汇总总结

根据 2016 年贵州省水稻区试会议安排,本试验及时有效地鉴定省内外各单位选育或引进的粳稻新品种(组合)在我省不同生态区的丰产性和抗逆性,以期为品种(组合)审定及推广提供科学依据。

一、试验概况

(1)参试品种(表 1)

参试品种(组合)共 3 个,以滇杂 31 作对照。

(2)试验承试单位(表 2)

试验承试单位共 3 个,分布在我省海拔 1295～1456 米的不同生态地区。

(3)试验设计及基本情况

各试点均按统一的试验实施方案进行试验,采用随机区组排列,两次重复或大区试验,不设重复。小区面积 0.2～0.7 亩,四周设保护行,所有参试品种同期播种,同期移栽,耕作栽培措施比当地大田生产水平略高,设有防治病虫害措施。

育秧方式采用旱育秧、湿润育秧。栽插规格(行株距):毕节点(9+6)寸×5 寸,安顺点 6 寸×5 寸,织金点 7.5 寸×4.85 寸。

(4)气候条件对水稻生长发育的影响

今年各试点气候条件均正常,适合水稻生长发育要求,试验正常,数据可靠。

(5)特殊情况说明

无。

二、试验产量结果(详见表 3)

(1)浙科优 288

三个点平均亩产 572.18 千克,比对照(551.25 千克)增产 3.8%;毕节点亩产 676.84

千克,比对照(632.86千克)增产6.95%;织金点亩产650.3千克,比对照(599.4千克)增产8.5%;安顺点亩产389.37千克,比对照(421.49千克)减产7.6%。

(2)黔粳杂57

三个点平均亩产598.03千克,比对照(551.25千克)增产8.49%;毕节点亩产652.0千克,比对照(632.86千克)增产3.02%;织金点亩产695.6千克,比对照(599.4千克)增产16.0%;安顺点亩产446.49千克,比对照(421.49千克)增产5.9%。

三、品种评价

(1)浙科优288

杂交稻,三个点平均亩产572.18千克,比对照(551.25千克)增产3.8%。该组合综合表现为高产稳产,群体整齐,穗大粒多,适应性广,综合性状好。建议申报审定。

(2)黔粳杂57

杂交稻,三个点平均亩产598.03千克,比对照(551.25千克)增产8.49%。该品种表现高产稳产,群体整齐,株高适中,穗粒数多,结实率高,适应性广,综合性状好。建议申报审定。

表 1　2016 年贵州省粳稻生产试验参试品种及供种单位

品种（组合）名称/项目	类型	选育/供种单位
浙科优 288	杂交稻	贵州众望种业有限公司
黔粳杂 57	杂交稻	贵阳金黔农业科技有限公司
滇杂 31（CK）	杂交稻	毕节市农业科学研究所

表 2　2016 年贵州省粳稻生产试验各试点试验基本概况

试验承试单位	海拔（米）	纬度（北纬）	经度（东经）	育秧方式	播种期（米/天）	移栽期（米/天）	行株距（寸×寸）
安顺市农业科学院	1400	26°15′	105°55′	湿润薄膜育秧	4/15	6/06	6×5
毕节市农科所	1456	27°18′	105°43′	湿润薄膜育秧	4/5	5/27	(9+6)×5
织金县农牧局	1295			旱育秧	4/10	5/23	7.5×4.85

表3 2016年贵州省粳稻生产试验各品种(组合)产量汇总分析结果

试点	品种编号	小区产量(千克/亩)				亩产(千克)	比(CK)		三点比CK	
		I	II	合计	平均		千克(±%)	综合平均	千克(±%)	综合平均
毕节(0.7亩)	浙科优288	473.80				676.86	44.00	6.95	572.18	3.80
	黔粳杂57	456.40				652.00	19.14	3.02	598.03	8.49
	滇杂31(CK)	443.00				632.86			551.25	
织金(0.2亩)	浙科优288	131.90	128.30	260.10	130.10	650.30	50.90	8.50		
	黔粳杂57	137.50	140.80	278.20	139.10	695.60	96.20	16.00		
	滇杂31(CK)	123.90	115.90	239.70	119.90	599.40				
安顺(0.2亩)	浙科优288	77.90				389.37	-32.12	-7.60		
	黔粳杂57	89.30				446.49	25.00	5.90		
	滇杂31(CK)	84.30				421.49				

2016年贵州省水稻区试品种(组合)抗稻瘟病性鉴定总结

水稻品种(组合)对稻瘟病的抗性水平作为品种审定的重要参考依据之一,2016年我所受贵州省种子管理站的委托,对109份水稻品种(组合)材料进行抗稻瘟病鉴定与评价,并对两个自然诱发鉴定点(湄潭、麻江)鉴定结果进行汇总,以期为我省水稻品种的审定和推广布局提供依据,现将汇总结果做整理。

一、材料和方法

(一)供试材料

贵州省种子站提供水稻区试品种(组合)109份(其中两个为对照品种),分属A、B、C、D、E、F、G、H和GT组,其中H组为糯稻,GT组为粳稻(表5)。

(二)供试菌源

选取2013~2015年全省具代表性的稻瘟病菌优势种群为致病菌源。在28℃条件下用米糠培养基培养,在26~29℃条件下用黑光灯照射48小时诱发,使其产生大量的分生孢子,然后用无菌水将孢子洗下,临时配制成每视野25~30个孢子(16×10倍)的稻瘟病菌分生孢子悬浮液供接种之用。

(三)鉴定方法

(1)人工接种鉴定

苗期鉴定:在室内采用56~60℃的温水将供试材料浸种24小时(自然冷却至室温),然后催芽并播于水泥池内,每个品种播10~15粒种子,三次重复。按10千克/666.7平方米施肥两次,待稻苗有3叶1心时,在隔离条件下采用空压机喷雾接种。遮光保湿24小时,喷雾保湿7天后调查其病情。

成株期鉴定:在温室内将供试材料采用大田水稻栽培方法进行种植,当水稻进入破口始穗期时采用人工注射穗苞接种。每穗注射1毫升孢子液,每种材料接种15穗,吊牌标记,待其黄熟后调查。

（2）田间自然诱发鉴定

选择湄潭县和麻江县两个不同生态条件的稻瘟病常发区作为田间自然抗病性鉴定监测点,小区周围栽插感病糯稻作为诱发品种。各监测点选择大小适宜、肥力中等、排灌方便、湿度大的田块作为鉴定圃。采用正常的肥水管理和害虫防治措施,在整个生育期不施杀菌剂,于分蘖盛期调查其叶瘟,待穗瘟发生稳定后于 9 月中下旬调查和记载。

（四）病情记载与评价标准

（1）田间自然诱发鉴定

病情调查:按农业部农技推广中心《水稻品种区域试验抗稻瘟病鉴定技术规程》（未颁布）的标准进行。叶瘟在感病对照品种达 7 级时按照表 1 的标准调查,每个品种调查 20 丛,每丛选一株发病最重的调查记载其病级;穗瘟在黄熟初期按照表 2、表 3 的标准调查,每个品种调查 40 丛,以穗为单位,记载穗瘟发病率及损失率。

（2）人工接种鉴定

病情调查:叶瘟调查全部接种苗,标准按照自然诱发鉴定执行。穗瘟调查全部接种穗,通过人工考种记载病株数、穗总粒数、每穗实粒用病粒数,同时随机剪取两株未接种穗,调查每穗总粒数、实粒数作为对照。

数据统计:综合叶瘟病级、穗瘟发病率病级、穗损失指数病级计算综合抗性指数及其病级。其中,穗瘟发病率=病穗数/调查总穗数×100%,穗瘟发病率病级遵照表 3 的规定评价;穗瘟损失指数 = $\sum$（各级发病数×各级损失率）/（调查总穗数×分级标准最高级损失率）×100%;综合抗性指数 = （叶瘟病级×25%＋穗瘟发病率病级×25%＋穗瘟损失指数病级×50%）。在叶瘟感病对照未达到 7 级时,综合指数按照公式:综合抗性指数 = （发病率病级×25%＋穗瘟损失指数病级×50%）/75%计算。平均损失指数病级 = （湄潭试验点损失指数病级+麻江试验点损失指数病级+人工接种试验点损失指数病级）/3,平均抗性指数 = （湄潭试验点抗性指数+麻江试验点抗性指数+人工接种试验点试验点抗性指数）/3。

表1 苗叶瘟抗性评价分级标准

病级	病情
0	无病
1	针头状大小褐点
2	褐点较大
3	圆形至椭圆形的灰色病斑,边缘褐色,直径1~2毫米
4	典型纺锤形病斑,长1~2厘米,通常局限在两叶脉之间,为害面积小于叶面积的2%
5	典型纺锤形病斑,为害面积占叶面积的2%~10%
6	典型纺锤形病斑,为害面积占叶面积的11%~25%
7	典型纺锤形病斑,为害面积占叶面积的26%~50%
8	典型纺锤形病斑,为害面积占叶面积的51%~75%
9	典型纺锤形病斑,为害面积大于叶面积的75%

注:0~3级按病斑型考查,以严重病斑型为准;4~9级按为害面积比例进行估测,以发病最重的稻株3株以上作为该品种的抗性级别;叶片上无叶瘟,但有叶枕瘟发生者记作5级

表2 水稻穗瘟发病率群体抗性分级标准

抗级	抗感类型	病穗率(%)
0	高抗 HR	0
1	抗 R	≤5.0
3	中抗 MR	5.1~10.0
5	中感 MS	10.1~25.0
7	感 S	25.1~50.0
9	高感 HS	≥50.1

表3 水稻穗瘟单穗分级标准

病级	病情
0	无病
1	小枝梗发病,每穗损失5(%)以下
3	1/3枝梗发病,每穗损失20(%)左右
5	主轴或穗颈发病,谷粒半瘟,每穗损失50(%)左右
7	穗颈发病,大部分瘟谷,每穗损失70(%)左右
9	穗颈发病,每穗损失70(%)以上

(3)综合抗性评价标准

综合评价按表4的分级标准进行评价,并结合以下规定进行评价和执行:①2016年9月组织贵州省农作物品种审定委员会水稻专业委员会部分委员和水稻专家,对我省稻瘟病抗性鉴定试验点湄潭和麻江县进行了田间实地考察和鉴定,对参试的6个组合(A4、A7、G10、G12和H3)确定为高感(9级HS);②湄潭和麻江鉴定点中任一个的抗性为高感(HS),该品种综合评价为高感(9级HS);③其余品种按照新的国审标准第"6.2"的评定原则,即品种综合抗性指数>6.5,同时穗瘟损失率最高级>7级的品种不予通过评定。

表4 稻瘟病抗性综合评价分级标准

抗级	抗感类型	综合抗性指数
0	高抗 HR	<0.1
1	抗 R	≤01~2.0
3	中抗 MR	2.1~4.0
5	中感 MS	4.1~6.0
7	感 S	6.1~7.5
9	高感 HS	≥7.6

二、结果与分析

通过湄潭、麻江田间自然鉴定和贵州省植保所的人工接种鉴定,对109份水稻区试组合的数据进行统计分析。首先,2015年9月专家组田间现场对抗病性情况进行评定,确定A4、A7、G10、G12和H3对稻瘟病的抗性水平为高感(HS);其次,两个自然鉴定点当中只要有一个点的结果为高感(HS),即该组合评定为高感(HS),不能通过审定;最后,根据新的国审标准基本条件"6.2"的规定,品种的稻瘟病综合抗性指数≤6.5,同时,长江上游稻区的稻瘟病损失率最高≤7级时可以通过审定(记为"Y")。为此,我们将综合抗性指数>6.5的品种其综合病级评定为9级,即不能通过审定(记为"N")(见表5)。

根据上述评价原则,即不能通过审定的有20个组合(包括田间考察确定为高感的5个品种),分别为A4、A6、A7、C10、B9、E5、E12、G3、G7、G10、G12、H2、H3、H5、H7、H9、H12、H13、GT4和GT10(见表5)。

表 5　2016 年贵州省水稻区试（品种）组合抗稻瘟病性鉴定综合结果

品种/组合	湄潭县							麻江县								人工接种								综合评价			
	穗颈瘟				综合指数	分级	抗性评价	叶瘟病级	病穗率(%)	病级	损失指数	分级	综合指数	分级	抗性评价	叶瘟病级	成株期				综合指数	分级	抗性评价	损失指数病级(平均)	综合抗性指数(平均)	综合病级	N/Y
	病穗率(%)	病级	损失指数	分级													病穗率(%)	病级	损失指数	分级							
成优981	42.00	7	33.11	7	7.00	7	S	4	6.8	3	10.08	3	3.24	3	MR	2.7	45.5	7	49.55	7	5.92	5	MS	5.67	5.38	5	Y
中浙优8号	15.00	5	9.22	3	3.67	3	MR	4	1.6	1	1.81	1	1.81	1	R	7.3	100.0	9	100.00	9	8.58	9	HS	4.33	4.69	5	Y
香优1139	8.00	3	4.22	1	1.67	1	R	2	6.3	3	12.57	3	2.79	3	MR	4.0	36.4	7	46.36	7	6.25	7	S	3.67	3.57	3	Y
病优22	现场鉴定为高感（HS）																										N
友试8号	10.00	3	6.22	3	3.00	3	MR	3	3.0	1	8.94	1	2.48	3	MR	4.0	25.0	5	23.75	5	4.75	5	MS	3.67	3.41	3	Y
泰丰优2098	66.00	9	50.80	9	9.00	9	HS	2	15.1	5	20.45	5	4.36	5	HS	8.0	100.0	9	100.00	9	8.75	9	HS	7.67	7.37	9	N
F优498	现场鉴定为高感（HS）																										N
荃优399	26.00	7	21.20	7	5.67	5	MS	5	5.2	3	8.66	3	3.43	3	MR	3.0	75.0	9	42.50	7	6.50	7	S	5.00	5.20	5	Y
隆两优1146	26.00	5	20.40	5	5.67	5	MS	2	2.9	1	6.78	1	2.31	3	MR	5.0	100.0	9	100.00	9	8.00	9	HS	5.67	5.33	5	Y
9香A/R07	22.00	5	17.00	5	5.00	5	MS	4	30.3	7	25.51	7	5.36	5	MS	2.7	0.0	0	5.00	1	1.17	1	R	3.67	3.84	3	Y
武优6号	31.00	7	24.40	7	5.67	5	MS	3	2.0	3	9.56	3	2.44	3	MR	4.0	100.0	9	100.00	9	7.75	9	HS	5.67	5.28	5	Y
蓉优592	13.00	3	9.20	3	3.67	3	MR	3	24.1	5	23.68	5	4.58	5	MR	1.7	27.3	7	34.09	7	5.67	5	MS	5.00	4.64	5	Y
12正 H8312 A/HR3485	13.00	5	9.40	5	3.67	3	MR	3	5.1	3	13.86	3	2.94	3	MR	8.0	100.0	9	100.00	9	8.75	9	HS	5.00	5.12	5	Y
蜀香267	7.00	3	3.80	1	1.67	1	R	3	4.3	1	12.28	3	2.48	3	MR	3.0	20.0	5	14.00	3	3.50	3	MR	2.33	2.55	3	Y
YD2998	9.00	3	6.60	3	3.00	3	MR	4	8.4	3	13.12	3	3.19	3	MR	2.0	0.0	3	11.82	3	2.00	1	R	3.00	2.73	3	Y
吉丰2号	12.00	5	8.80	5	3.67	3	MR	3	10.8	5	15.83	5	4.38	5	MR	6.3	60.0	9	46.50	7	7.33	7	S	5.00	5.13	5	Y
川345A/1288	7.00	3	4.80	1	1.67	1	R	3	13.8	5	14.35	3	3.49	3	R	4.0	100.0	9	100.00	9	7.75	9	HS	4.33	4.30	5	Y
宜香1A/R5716	7.00	3	5.00	3	1.67	1	R	3	5.5	3	11.98	3	3.08	3	MR	4.0	50.0	7	55.50	7	7.25	7	S	4.33	4.00	3	Y

续表

品种/组合	湄潭县穗颈瘟 病穗率(%)	病级	损失指数	分级	综合指数	分级	抗性评价	麻江县 叶瘟病级	病穗率(%)	病级	损失指数	分级	综合指数	分级	抗性评价	人工接种成株期 叶瘟病级	病穗率(%)	病级	损失指数	分级	综合指数	分级	综合评价	综合评价 损失指数病级(平均)	综合抗性指数(平均)	综合病级	N/Y
旌香优9139	10.00	3	7.20	3	3.00	3	MR	3	7.9	3	13.81	3	3.09	3	MR	6.7	41.7	7	50.00	7	6.92	7	S	4.33	4.33	5	Y
五优4456	63.00	9	52.20	9	9.00	9	HS	3	21.2	5	24.46	5	4.44	5	HS	1.7	62.5	9	46.25	7	6.17	7	S	7.00	6.53	9	N
成丰A/R33	22.00	5	18.00	5	5.00	5	MS	3	7.1	3	12.63	3	3.03	3	MS	4.3	30.0	7	29.50	5	5.33	5	MS	4.33	4.45	5	Y
宜香优制2	23.00	5	18.00	5	5.00	5	MS	2	17.0	5	17.89	5	4.36	3	MS	6.3	100.0	9	100.00	9	8.33	9	HS	6.33	5.90	5	Y
晶两优7818	7.00	1	3.80	1	1.67	1	R	3	6.0	3	13.32	3	2.96	3	MR	0.0	46.7	7	52.33	9	6.25	7	S	4.33	3.63	3	Y
C优1152	20.00	5	15.80	5	5.00	5	MS	3	50.7	7	40.45	7	5.95	7	MS	3.3	16.7	5	15.00	3	3.58	3	MR	5.00	4.84	5	Y
奥两优567	12.00	3	8.80	3	3.67	3	MR	4	11.3	5	12.07	3	3.74	3	MR	1.7	28.6	7	35.71	7	5.67	7	MS	4.33	4.36	5	Y
禾优98	16.00	5	9.80	3	3.67	3	MR	3	7.9	3	13.50	3	3.08	3	MR	5.0	100.0	9	100.00	9	8.00	9	HS	5.00	4.91	5	Y
贵优957	26.00	5	20.20	5	5.67	5	MS	4	18.2	5	20.59	5	4.76	5	MS	8.0	50.0	7	52.50	9	8.25	9	HS	6.33	6.23	7	Y
赣73优明占	17.00	5	9.80	3	3.67	3	MR	4	15.3	5	14.60	3	3.65	3	MR	2.0	0.0	0	10.45	3	2.00	1	R	3.00	3.11	3	Y
947A/R460	15.00	5	9.40	3	3.67	3	MR	3	3.4	1	11.18	1	2.46	1	MR	7.3	50.0	7	33.50	7	7.08	7	S	4.33	4.40	5	Y
谷丰优93	18.00	5	10.20	3	3.67	3	MR	4	2.9	1	9.71	1	2.66	3	MR	5.0	27.3	7	29.09	5	5.50	5	MS	3.67	3.94	3	Y
丰优1186	38.00	7	31.80	7	7.00	7	S	4	26.6	7	27.30	5	5.13	5	S	3.3	25.0	5	28.75	5	4.58	5	MS	5.67	5.57	5	Y
YD998	42.00	7	34.20	7	7.00	7	S	3	38.7	7	28.41	5	5.08	5	S	7.0	100.0	9	100.00	9	8.50	9	HS	7.00	6.86	9	N
深两优841	16.00	5	9.80	3	3.67	3	MR	3	1.8	1	6.92	1	2.53	3	MR	5.3	100.0	9	100.00	9	8.08	9	HS	5.00	4.76	5	Y
G48A/R785	15.00	5	10.20	3	3.67	3	MR	3	1.7	1	11.06	3	2.53	3	MR	2.3	40.0	5	24.50	5	4.83	5	MS	3.67	3.68	3	Y
禾香优1963	14.00	5	9.60	3	3.67	3	MR	4	11.5	5	15.22	5	4.83	5	MR	3.0	0.0	0	5.00	1	1.25	1	R	3.00	3.25	3	Y
双优369	15.00	5	10.80	3	3.67	3	MR	3	24.6	5	26.47	5	4.66	3	MR	2.7	0.0	0	5.00	1	1.17	1	R	3.00	3.17	3	Y
黔丰优286	12.00	5	8.20	3	3.67	3	MR	3	3.0	1	7.41	3	2.45	3	MR	7.7	50.0	7	43.50	7	7.17	7	S	4.33	4.43	5	Y
蓉优1855	26.00	7	21.20	5	5.67	5	MS	3	34.9	7	29.94	7	6.11	7	MS	3.0	40.0	7	33.00	7	6.00	5	MS	6.33	5.93	5	Y

续表

品种/组合	湄潭县 穗颈瘟 病穗率(%)	湄潭县 穗颈瘟 病级	湄潭县 穗颈瘟 损失指数	湄潭县 穗颈瘟 分级	湄潭县 穗颈瘟 综合指数	湄潭县 穗颈瘟 分级	湄潭县 穗颈瘟 抗性评价	麻江县 叶瘟病级	麻江县 病穗率(%)	麻江县 病级	麻江县 损失指数	麻江县 分级	麻江县 综合指数	麻江县 分级	麻江县 抗性评价	人工接种 叶瘟病级	人工接种 成株期 病穗率(%)	人工接种 成株期 病级	人工接种 成株期 损失指数	人工接种 成株期 分级	人工接种 成株期 综合指数	人工接种 抗性评价 分级	人工接种 抗性评价 综合评价	综合评价 损失指数病级(平均)	综合评价 综合抗性指数级(平均)	综合评价 综合病级	综合评价 N/Y
兆优5455	8.00	3	4.40	1	1.67	1	R	4	2.7	1	6.54	3	2.78	3	MR	4.0	60.0	9	33.50	7	6.75	7	S	3.67	3.73	3	Y
内香优1399	19.00	5	14.40	3	3.67	3	MR	4	13.0	5	14.90	3	3.63	3	MR	7.0	50.0	7	43.00	7	7.00	7	S	4.33	4.76	5	Y
黔优35	21.00	5	17.20	5	5.00	5	MS	3	1.5	1	6.03	3	2.46	3	MR	5.0	20.0	5	14.50	3	4.00	3	MR	3.67	3.82	3	Y
卓优118	16.00	3	12.60	3	3.67	3	MR	4	8.0	3	13.68	3	3.19	3	MR	3.7	0.0	0	5.00	1	1.42	1	R	2.33	2.76	3	Y
贵丰优503	13.00	5	10.40	3	3.67	3	MR	5	17.3	5	19.45	5	4.89	5	MS	5.3	40.0	7	25.00	5	5.58	5	MS	4.33	4.71	5	Y
惠优801	15.00	5	12.40	3	3.67	3	MR	3	1.6	1	5.92	3	2.46	3	MR	4.0	50.0	7	60.00	9	7.25	7	S	5.00	4.46	5	Y
富香优59	20.00	5	15.60	5	5.00	5	MS	3	29.0	7	27.48	5	5.88	7	MS	3.3	100.0	9	100.00	9	7.58	9	HS	7.00	6.15	7	Y
黄两优091	28.00	7	23.20	5	5.67	5	MS	5	16.8	5	20.01	5	4.93	5	MS	3.0	100.0	9	100.00	9	7.50	7	S	6.33	6.03	7	Y
神农优528	16.00	5	12.60	3	3.67	3	MR	4	7.9	3	12.18	3	3.21	3	MR	4.0	30.0	5	26.50	5	5.25	5	MS	3.67	4.04	5	Y
恒丰优387	16.00	5	12.00	3	3.67	3	MR	3	24.0	5	22.68	5	4.56	5	MS	1.0	40.0	7	24.50	5	4.50	5	MS	4.33	4.24	5	Y
两优1316	13.00	5	9.60	3	3.67	3	MR	2	11.5	5	17.67	5	4.36	5	MR	1.7	70.0	9	43.50	7	6.17	7	S	5.00	4.73	5	Y
桃湘优华占	43.00	7	35.60	7	7.00	7	S	4	29.2	7	25.12	5	6.14	7	S	4.0	60.0	9	47.50	7	6.75	7	S	7.00	6.63	9	N
泰丰优733	15.00	5	11.40	3	3.67	3	MR	3	11.4	5	16.83	5	4.49	5	MR	1.0	80.0	9	65.00	9	7.00	9	S	5.67	5.05	5	Y
先丰优2号	19.00	5	15.40	5	5.00	5	MS	3	1.3	1	12.65	3	2.61	3	MS	4.0	100.0	9	100.00	9	7.75	9	HS	5.67	5.12	5	Y
贵香优717	17.00	3	14.20	3	3.67	3	MR	3	15.6	5	15.82	5	4.53	5	MR	7.7	0.0	3	8.00	3	3.42	3	MR	3.67	3.87	3	Y
花优673	8.00	1	5.00	1	1.67	1	R	3	1.3	1	7.33	3	2.51	3	R	4.3	70.0	9	50.00	7	6.83	7	S	3.67	3.67	3	Y
N两优1133	8.00	1	4.20	1	1.67	1	R	4	1.5	1	9.38	3	2.66	3	R	7.0	100.0	9	100.00	9	8.50	9	HS	4.33	4.28	5	Y
深优9716	70.00	9	51.60	9	9.00	9	HS	7	42.4	7	29.17	7	5.78	7	HS	5.3	54.5	9	32.27	7	7.08	7	S	7.67	7.29	9	N
双优505	17.00	5	11.00	3	3.67	3	MR	3	20.0	5	20.13	5	4.56	5	MR	1.7	58.3	9	55.42	9	7.17	7	S	5.67	5.13	5	Y
内5优573	22.00	5	12.60	3	3.67	3	MR	4	13.8	5	19.22	5	4.76	5	MS	4.3	18.2	5	30.45	7	5.83	5	MS	5.00	4.75	5	Y

续表

品种/组合	湄潭县 穗颈瘟 病穗率(%)	病级	损失指数	分级	综合指数	分级	抗性评价	麻江县 叶瘟病级	病穗率(%)	病级	损失指数	分级	综合指数	分级	抗性评价	人工接种 成株期 叶瘟病级	病穗率(%)	病级	损失指数	分级	综合指数	分级	综合评价	抗性评价 损失指数病级(平均)	综合抗性指数(平均)	综合病级	综合评价 N/Y
繁优598	22.00	5	17.80	5	5.00	5	MS	4	20.9	5	20.68	5	4.68	5	MS	3.3	63.6	9	49.09	7	6.58	7	S	5.67	5.42	5	Y
惠优139	21.00	5	16.40	5	5.00	5	MS	4	9.4	3	10.83	3	3.21	3	MR	4.7	54.5	9	41.36	7	6.92	7	S	5.00	5.04	5	Y
扬籼优709	15.00	5	8.80	3	3.67	3	MR	4	4.0	1	11.10	3	2.71	3	MR	2.0	63.6	9	67.27	9	7.25	9	S	5.00	4.54	5	Y
野香优668	14.00	5	8.20	3	3.67	3	MR	3	0.0	0	4.19	1	1.23	1	R	3.0	7.7	3	5.00	1	2.00	1	R	1.67	2.30	3	Y
奎优9300	14.00	5	7.40	3	3.67	3	MS	5	27.5	7	23.42	5	5.40	5	MS	8.0	100.0	9	100.00	9	8.75	9	HS	5.67	5.94	5	Y
宜香优62	10.00	5	4.80	1	1.67	1	R	3	6.9	3	10.08	3	2.93	3	MR	3.0	0.0	0	5.00	1	1.25	1	R	1.67	1.95	1	Y
内香优6368	12.00	5	7.20	3	3.67	3	MR	3	5.5	3	11.47	3	3.05	3	MR	7.0	63.6	9	62.73	9	8.50	9	HS	5.00	5.07	5	Y
绿优2758	21.00	5	11.60	5	3.67	3	MR	3	2.8	3	7.35	3	2.56	3	MR	3.0	45.5	7	45.45	7	6.00	5	MS	4.33	4.08	5	Y
创两优513	32.00	5	21.60	5	5.67	5	MS	3	3.4	3	11.99	3	2.48	3	MR	1.0	66.7	9	65.42	9	7.00	7	S	5.67	5.05	7	Y
LX2064	50.00	7	39.40	7	7.00	7	S	5	25.8	7	25.71	7	6.46	7	S	3.7	35.7	7	30.00	5	5.18	5	MS	6.33	6.21	7	Y
泸香优110	9.00	5	4.60	1	1.67	1	R	4	32.9	7	23.80	5	5.29	5	MS	5.0	100.0	9	100.00	9	8.00	9	HS	5.00	4.98	5	Y
友早68	71.00	9	54.60	9	9.00	9	HS	5	75.2	9	44.22	7	6.93	7	S	5.0	54.5	9	49.55	7	7.00	7	S	7.67	7.64	9	N
泰优390	27.00	5	20.40	5	5.67	5	MS	3	25.7	7	25.28	7	6.00	7	MS	2.0	58.3	9	49.58	7	6.25	7	S	6.33	5.97	5	Y
10东5346A/R781	8.00	3	5.00	1	1.67	1	R	3	9.5	3	12.39	3	3.08	3	MR	4.0	66.7	9	49.44	7	6.75	7	S	3.67	3.83	3	Y
繁优323	33.00	7	23.40	5	5.67	5	MS	4	25.2	7	24.76	7	5.14	5	MS	3.0	33.3	7	41.67	7	6.00	5	MS	5.67	5.60	5	Y
香早优2017	45.00	7	36.80	7	7.00	7	S	4	51.7	9	37.26	7	6.68	7	S	7.0	100.0	9	100.00	9	8.50	9	HS	7.67	7.39	9	N
M优152	19.00	5	15.80	5	5.00	5	MS	3	32.7	7	29.02	7	6.06	7	S	7.0	54.5	9	48.64	7	7.50	7	S	6.33	6.19	7	Y
金秋香优1079	26.00	7	22.20	5	5.67	5	MS	3	15.5	5	18.33	5	4.40	5	MS	7.0	54.5	9	30.91	7	7.50	7	S	5.67	5.86	5	Y

续表

品种/组合	湄潭县 穗颈瘟 病穗率(%)	病级	损失指数	分级	综合指数	分级	抗性评价	麻江县 叶瘟病级	病穗率(%)	病级	损失指数	分级	综合指数	分级	抗性评价	人工接种 叶瘟病级	成株期 病穗率(%)	病级	损失指数	分级	抗性评价 综合指数	分级	综合评价	综合评价 损失指数病级(平均)	综合抗性病级(平均)	综合病级	N/Y
Q两优313									现场鉴定为高感(HS)																		N
沪香优912	44.00	7	36.20	7	7.00	7	S	3	20.3	5	21.98	5	4.51	5	MS	4.0	54.5	9	41.36	7	6.75	7	S	6.33	6.09	7	Y
繁香3199									现场鉴定为高感(HS)																		N
德优727	25.00	5	19.80	5	5.00	5	MS	3	25.7	7	21.52	5	5.06	5	MS	3.0	60.0	9	65.50	9	7.50	7	S	6.33	5.85	5	Y
锦糯1号	15.00	5	10.20	3	3.67	3	MR	3	不能成熟							5.0	66.7	9.0	38.9	7.0	7.00	7	S	5.00	5.33	5	Y
吉糯2号	69.00	9	52.40	9	9.00	9	HS	4	65.8	9	50.17	9	7.70	9	HS	7.3	100.0	9	100.00	9	8.58	9	HS	9.00	8.43	9	N
荃香糯2号									现场鉴定为高感(HS)																		N
友香糯799	20.00	5	12.20	3	3.67	3	MR	3	48.4	7	35.59	7	5.99	7	MS	5.0	100.0	9	100.00	9	8.00	9	HS	6.33	5.88	5	Y
糯优718	65.00	9	50.80	9	9.00	9	HS	3	53.8	9	41.92	9	6.53	7	S	6.0	50.0	7	48.00	7	6.75	7	S	7.67	7.43	9	N
糯优8249	20.00	5	15.80	5	5.00	5	MS	4	43.5	7	33.13	7	6.16	7	S	7.0	54.5	9	42.27	7	7.50	7	S	6.33	6.22	7	Y
糯杂6211(CK)	68.00	9	50.40	9	9.00	9	HS	3	21.7	5	23.92	5	4.54	5	MS	6.0	100.0	9	100.00	9	8.25	9	HS	7.67	7.26	9	N
荃香糯/华籼糯	33.00	5	24.20	5	5.67	5	MS	3	12.2	5	16.46	5	4.54	5	MS	6.0	45.5	7	50.00	7	6.75	7	S	5.67	5.65	5	Y
糯优8248	65.00	9	50.80	9	9.00	9	HS	2	35.8	7	27.93	7	5.76	7	MS	5.3	44.4	7	49.44	7	6.58	7	S	7.67	7.12	9	N
嘉糯2优2号	47.00	7	38.00	7	7.00	7	S	4	4.2	1	10.81	3	2.63	3	MR	6.7	54.5	7	44.55	7	7.42	7	S	5.67	5.68	5	Y
吉糯1号	47.00	7	35.80	7	7.00	7	S	2	5.1	3	13.32	3	2.80	3	MR	3.3	100.0	9	100.00	9	7.58	9	HS	6.33	5.79	5	Y
糯优8225	57.00	9	43.60	9	7.67	9	HS	3	6.3	3	14.66	3	2.94	3	MR	4.0	100.0	9	100.00	9	7.75	9	HS	6.33	6.12	7	N
N13																6.0	100.0	9	100.00	9	8.25	9	HS				N

续表

品种/组合	湄潭县 穗颈瘟 病穗率(%)	病级	损失指数	分级	综合指数	抗性评价	叶瘟病级	麻江县	人工接种 成株期 叶瘟病级	病穗率(%)	病级	损失指数	分级	综合指数	分级	综合评价	损失指数病级(平均)	综合抗性指数级(平均)	综合病级	N/Y
黎香1号	20.00	5	16.20	5	5.00	MS	3	不能成熟												
浙科优288									2.0	63.6	9	36.36	7	6.25	7	S				Y
黔粳杂57									5.0	36.4	7	20.00	5	5.50	5	MS				Y
毕粳优4号									3.0	41.7	7	28.33	7	5.00	5	MS				Y
W020									5.3	72.7	9	54.09	9	8.08	9	HS				N
筑香753									2.0	54.5	9	40.00	7	6.25	7	S				Y
渝粳优5029									4.0	63.6	9	45.00	9	6.75	7	S				Y
毕粳优5号									5.0	36.4	7	30.00	5	5.50	5	MS				Y
长粳优9号									0.0	22.2	5	8.33	3	2.75	3	MR				Y
黔粳杂295									3.7	55.6	9	32.22	7	6.67	7	S				Y
浦优501									7.3	72.7	9	44.09	9	7.58	9	HS				N
滇杂31(CK)									3.3	54.5	9	43.64	7	6.58	7	S				Y

2016年贵州省杂交籼稻人工控温耐冷性鉴定报告

耐冷性是贵州杂交籼稻育种重要的控湿目标之一。在完成异地自然低温鉴定的基础上,试验并全面了解和掌握杂交籼稻的耐冷特性,继续开展人工控温鉴定,以期为今后的品种审定以及生产应用布局提供技术依据。

一、材料与方法

(一)供试材料

以参加2016年贵州省杂交水稻生产试验迟熟组共17个组合为人工控温耐冷性鉴定材料。

鉴定实行编号制,由贵州省种子管理站统一编号并集中供种。

(二)试验方法

试验按照《贵州省杂交籼稻耐冷性鉴定与评价技术规范》,采用可调节温度、湿度和光照强度的人工气候室进行鉴定和评价。

处理时期:孕穗-开花期。

处理温度:18.0℃,3000勒克斯,5天。以同期未经低温处理的稻株(穗)为本组合(品种)的空白对照。设置两个重复。

(三)鉴定步骤

供鉴材料的浸种、催芽、育苗等按照耐冷性自然鉴定方法实施,操作流程见图1。

在3~4叶龄期将供试材料移栽到鉴定专用塑料钵中,3~4株/钵。钵内装入适量当地稻田土为基质,酌情施用氮、磷、钾肥。在孕穗期按剑叶叶枕距来判断鉴定时期。当剑叶叶枕距达到-2~+2厘米时,即可挂牌注明品种名称、日期等基本信息。对于开花期,在处理前一天傍晚或处理当日早晨,将需要处理的稻穗进行挂牌标记,并剪除此前已开过的颖花。处理当日早晨,将完成整理后的适期待测植株放入18.0℃、光照3000勒克斯条件下的人工气候室中进行处理并开始计时。处理期间每天调换处理材料在气候箱中的位置,使低温处理保持均匀一致。完成低温处理的既定天数(5 天)后,将材料移置温度为 25～28℃的温室或网室(注意防鼠雀危害)。待成熟后,调查挂牌标记稻穗的小穗育性(或空壳率)。每个材料调查 5～10 株,以其平均值作为统计数据。

图 1　杂交籼稻人工控温耐冷性鉴定工作流程

（4）评价指标与标准

以杂交籼稻孕穗至开花期人工控温下低温处理后的小穗育性及其冷敏指数（CRI）作为耐冷性评价的主要指标，采用 1~9 级制，按照极强（HR）、强（R）、较强（MR）、较弱（MS）、弱（S）和极弱（HS）6 个等级进行耐冷性评价，见表 1。

表 1   杂交籼稻孕穗–开花期人工控温（18℃低温，处理 5 天）耐冷性评价标准

评价等级	1 级	3 级	4 级	6 级	7 级	9 级
评价指标	极强（HR）	强（R）	较强（MR）	较弱（MS）	弱（S）	极弱（HS）
小穗育性（%）	≥70.1	60.1~70.0	50.1~60.0	40.1~50.0	30.1~40.0	≤30.0
冷敏指数 CRI	≤20.0	≤30.0	≤40.0	≤50.0	≤60.0	≥60.1

评价方法：①对照杂交籼稻孕穗至开花期耐冷性评价标准，核对供鉴材料低温小穗育性（%）数值及其对应等级；②核实该等级下 CRI 对应范围，若相符，即确定该等级；若不符，则依次被评定为下一等级。

二、结果与分析

按照杂交籼稻孕穗–开花期人工控温评价标准，试验各组别的耐冷性鉴定结果列于表 2 中。

表 2   贵州省杂交水稻生产试验组合人工控温耐冷性鉴定结果（2016 年）

组别	耐冷性等级						合计
	HR	R	MR	MS	S	HS	
迟熟组	0	2	4	7	3	1	17（含 CK）

三、耐冷性评价

17 个参试材料（含对照品种）耐冷性鉴定结果详见表 3。

极强（HR）的组合：___无___。

强（R）的组合：___S-9（隆两优 1146）和 S-17（德优 3301）___。

较强（MR）的组合：S-1（成优 981）、S-5（友试 8 号）、S-7F 优 498）和 S-8（荃优 399）。

较弱（MS）的组合：S-2（中浙优 8 号）、S-3（香优 1139）、S-4（炳优 22）、S-6（泰丰优 2098）、S-11（武优 6 号）、S-12（蓉优 592）和 S-14（绿优 348）。

弱（S）的组合：S-10（9 香 A/R07）、S-13（G48A/R785）和 S-16（荃优 822）。

极弱（HS）的组合：S-15（臻优 178）。

鉴定人员：陈惠查、焦爱霞、谭金玉

签发：阮仁超

2016 年 12 月

表3　2016年杂交水稻组合人工气候室耐冷性鉴定结果

编号	名称	处理	I					II					育性均值	标准差	CRI(%)	评价
			穗数	穗长(厘米)	颖花数	穗均颖数	小穗育性(%)	穗数	穗长(厘米)	颖花数	穗均颖数	小穗育性(%)				
S-1	成优981	T-1	7	21.6	1056	150.9	55.21	11	25.6	1720	156.4	51.86	53.54	2.37	31.5	MR
		S-1-CK	10	23.7	2120	212.0	78.21						78.21			
S-2	中浙优8号	T-2	7	24.2	1042	148.9	54.44	9	26.1	1479	164.3	38.73	46.59	11.11	49.5	MS
		S-2-CK	7	27.9	1475	210.7	92.27						92.27			
S-3	香优1139	T-3	6	27.3	1171	195.2	49.38	6	23.3	1037	172.8	50.14	49.76	0.54	38.5	MS
		S-3-CK	7	26.0	1390	198.6	80.94						80.94			
S-4	炳优22	T-4	4	20.4	665	166.3	45.06	5	17.8	455	91.0	152.75	98.91	76.15	-10.9	MS
		S-4-CK	6	23.4	1329	221.5	89.16						89.16			
S-5	友试8号	T-5	6	23.6	1085	180.9	58.66	7	23.0	1328	189.7	51.43	55.05	5.11	36.1	MR
		S-5-CK	6	23.8	994	165.7	86.12						86.12			
S-6	泰丰优2098	T-6	3	17.9	321	107.0	42.86	5	20.1	724	144.7	54.84	48.85	8.47	39.9	MS
		S-6-CK	5	28.9	1024	204.8	81.25						81.25			
S-7	F优498	T-7	4	24.0	610	152.5	63.93	3	19.5	370	123.3	53.51	58.72	7.37	35.3	MR
		S-7-CK	6	27.0	1295	215.8	90.73						90.73			
S-8	荃优399	T-8	4	20.5	511	127.7	57.03	4	21.2	432	108.0	60.94	58.99	2.76	34.5	MR
		S-8-CK	6	26.5	1056	188.3	90.09						90.09			
S-9	隆两优1146	T-9	4	25.3	620	155.0	60.97	5	19.5	690	138.0	59.45	60.21	1.07	29.7	R
		S-9-CK	8	23.0	1093	136.6	85.59						85.59			
S-10	9香A/R07	T-10	4	13.7	656	164.0	31.48	3	20.8	510	170.0	43.14	37.31	8.24	59.0	S
		S-10-CK	6	26.6	920	153.3	91.05						91.05			
S-11	武优6号	T-11	6	25.9	1246	207.7	55.35	7	23.4	1407	201.0	43.54	49.45	8.35	42.4	MS
		S-11-CK	7	25.4	1183	169.0	85.80						85.80			
S-12	蓉优592	T-12	4	27.9	775	193.7	39.63	6	23.7	1177	196.2	54.96	47.30	10.84	47.9	MS
		S-12-CK	6	26.3	1094	182.3	90.86						90.86			
S-13	G48A/R785	T-13	5	24.4	925	185.0	38.16	4	21.7	590	147.5	41.69	39.93	2.50	54.6	S
		S-13-CK	8	27.4	1524	190.5	87.86						87.86			
S-14	绿优348	T-14	9	22.5	1885	209.4	46.01	13	24.3	2763	212.5	49.05	47.53	2.15	42.2	MS
		S-14-CK	6	25.7	1153	192.2	82.29						82.29			
S-15	臻优178	T-15	11	22.6	1645	149.5	33.41	15	24.1	2040	136.0	26.43	29.92	4.94	60.5	HS
		S-15-CK	11	24.1	1768	160.7	75.79						75.79			
S-16	荃优822	T-16	10	22.5	1440	144.0	38.84	6	23.2	811	135.2	40.71	39.78	1.32	51.1	S
		S-16-CK	6	23.7	828	138.0	81.30						81.30			
S-17	德优3301	T-17	11	26.2	1623	147.5	62.40	23	23.0	3487	151.6	58.20	60.30	2.97	21.7	R
		S-17-CK	8	23.2	1708	213.5	76.98						76.98			

2016 年贵州省杂交水稻区试组合耐冷性自然鉴定综合报告

为了保障区域粮食安全和生产用种安全,贵州省农作物品种审定委员会根据我省主要稻作区的自然生态特点,组织贵州省农作物品种资源研究所、安顺市农业科学研究所和毕节市农业科学研究所分别在贵阳、安顺和毕节等地鉴定和评价我省杂交水稻区域试验新组合的耐冷特性,为今后品种审定和生产应用提供技术依据。

一、材料与方法

(一)鉴定材料

以 2016 年参加贵州省杂交水稻区域试验 A、B、C、D、E、F 和 G 共 7 个组别,81 个组合为耐冷性异地自然鉴定材料。鉴定实行编号制,由贵州省种子管理站统一编号并集中供种。

(二)鉴定方法

按照《贵州省杂交籼稻耐冷性鉴定与评价技术规范》,贵州省农作物品种资源研究所、安顺市农业科学院和毕节市农业科学研究所分别在其试验基地以田间分期播种的自然低温法进行耐冷性鉴定和评价。各试点实施的基本情况参见表5。

(三)评价指标与评价标准

评价指标:①异地分期自然群体结实率均值(M-1)及其变异度(CV-1),②异地低温结实率均值(M-2)及其变异度(CV-2),③异地冷敏指数(CRI)均值(M-3)及其变异度(CV-3),④叶赤枯度等其他参考指标。其中,M-1、M-2 和 M-3 为主要评价指标,CV-1、CV-2、CV-3 和叶赤枯度等为辅助参考指标。

评价标准:不同熟期(迟熟和早熟)类别材料实行耐冷性分类评价(表1)。按照国际通用 1~9 级制,分别以 1 级、3 级、4 级、6 级、7 级和 9 级对应极强(HR)、强(R)、较强(MR)、较弱(MS)、弱(S)和极弱(HS)共 6 个等级进行耐冷性综合评价。

表 1 贵州省杂交籼稻异地自然低温耐冷性鉴定综合评价标准

评价指标与耐冷等级	1 级 极强(HR)	3 级 强(R)	4 级 较强(MR)	6 级 较弱(MS)	7 级 弱(S)	9 级 极弱(HS)	备注	
异地分期结实率(%)M-1	≥80.1	75.1~80.0	65.1~75.0	55.1~65.0	45.1~55.0	≤45.0	主标	迟熟
异地分期结实率变异(%)CV-1	≤15.0	≤20.0	≤25.0	≤30.0	≤40.0	≥40.1	参标	
异地低温结实率(%)M-2	≥75.1	65.1~75.0	55.1~65.0	45.1~55.0	35.1-45.0	≤35.0	主标	
异地低温结实率变异(%)CV-2	≤15.0	≤20.0	≤25.0	≤30.0	≤40.0	≥40.1	参标	
异地冷敏指数 CRI(%) M-3	≤10.0	≤15.0	≤20.0	≤25.0	≤35.0	≥35.1	主标	
异地冷敏指数变异(%) CV-3	≤15.0	≤20.0	≤25.0	≤30.0	≤40.0	≥40.1	参标	
异地低温结实率均值(%)M	≥80.1	75.1~80.0	65.1~75.0	60.1~65.0	50.1~60.0	≤50.0	主标	早熟
异地低温结实率变异(%)CV	≤15.0	≤20.0	≤25.0	≤30.0	≤40.0	≥40.1	参标	
异地冷敏指数均值(%)CRI	≤10.0	≤15.0	≤20.0	≤25.0	≤35.0	≥35.1	主标	
叶赤枯度	无赤枯	轻微黄化	轻度赤枯	明显赤枯	变赤褐色	变褐色	参标	

(一)评价方法

迟熟类组合:①依照评价标准,查 M-1 和 M-2 值及其对应等级;②比较 M-1 值和 M-2值对应等级,当两者为同一等级时,核查该等级下 CRI 对应 M-3 值,若相符即确定该等级,若不符则列为其次级;③当 M-2 所在等级弱于 M-1 相应等级时,以 M-2 所在等级为基础,核查该等级下 CRI 对应 M-3 值,若相符即确定该等级,若不符则列为其次级;④当 M-2 所在等级强于 M-1 相应等级时,以 M-1 所在等级为基础,查该等级下 CRI 对应 M-3 值,若相符即确定该等级,若不符则列为其次级;⑤参考 CV-1、CV-2、CV-3 和叶赤枯度等辅助指标,最终确定品种的耐冷等级。

早熟类组合:首先查验异地低温结实率 M 值及其对应等级,其次比较 M 值对应等级和 CRI 取值范围,当两者处于同一等级时,核查该等级下 CV 对应取值范围,相符即评定为该等级;反之则评定为下一等级。若 M 对应等级的 CRI 值取值范围超出标准,参考其 CV 对应取值范围,以 M 值对应等级的次级评定品种的耐冷等级。

(二)鉴定结果

本年参试组合耐冷性异地鉴定结果列于表2中。以贵阳、安顺和毕节 3 个试点的耐冷性鉴定结果(参见表 3-1~表 3-7)为基础数据,按照《贵州省杂交籼稻耐冷性异地自然低温鉴定评价标准》进行综合评价。

表 2　贵州省杂交水稻区试组合耐冷性异地鉴定结果(2016 年)

区试组别	耐冷性等级						合计
	极强(HR)	强(R)	较强(MR)	较弱(MS)	弱(S)	极弱(HS)	
A 组	0	1	4	2	3	2	12
B 组	0	0	1	4	4	2	11
C 组	0	2	3	1	2	3	11
D 组	0	0	3	4	2	2	11
E 组	0	1	1	2	4	3	11
F 组	0	1	3	4	1	2	11
G 组	5	2	5	1	1	0	14
合计	5	7	20	18	17	14	81

三、综合评价

(1)A 组

据 A 组 12 个组合异地鉴定结果(详见表 4-1),耐冷性综合评价为

极强(HR)的组合：___无___；

强(R)的组合：___A-7___；

较强(MR)的组合：___A-1、A-4、A-8、A-9___；

较弱(MS)的组合：___A-3、A-10___；

弱(S)的组合：___A-5、A-11、A-12___；

极弱(HS)的组合：___A-2、A-6___。

(2)B 组

据 B 组 11 个组合异地鉴定结果(详见表 4-1),耐冷性综合评价为

极强(HR)的组合：___无___；

强(R)的组合：___无___；

较强(MR)的组合：___B-10___；

较弱(MS)的组合：B-2、B-5、B-6、B-9___；

弱(S)的组合：___B-1、B-4、B-11、B-12___；

极弱(HS)的组合：___B-3、B8___。

(3)C 组

据 C 组 11 个组合异地鉴定结果(详见表 4-2),耐冷性综合评价为

极强(HR)的组合：___无___；

强(R)的组合：__C-6、C-9__；

较强(MR)的组合：__C-1、C-8、C-10__；

较弱(MS)的组合：__C-3__；

弱(S)的组合：__C-4、C-5__；

极弱(HS)的组合：__C-2、C-11、C-12__。

(4)D 组

据 D 组 11 个组合异地鉴定结果(详见表 4-2)，耐冷性综合评价为

极强(HR)的组合：__无__；

强(R)的组合：__无__；

较强(MR)的组合：__D-1、D-2、D-5__；

较弱(MS)的组合：__D-8、D-9、D-10、D-11__；

弱(S)的组合：__D-3、D-12__；

极弱(HS)的组合：__D-4、D-6__。

(5)E 组

据 E 组 11 个组合异地鉴定结果(详见表 4-3)，耐冷性综合评价为

极强(HR)的组合：__无__；

强(R)的组合：__E-12__；

较强(MR)的组合：__E-5__；

较弱(MS)的组合：__E-3、E-10__；

弱(S)的组合：__E-1、E-2、E-4、E-11__；

极弱(HS)的组合：__E-6、E-8、E-9__。

(6)F 组

据 F 组 11 个组合异地鉴定结果(详见表 4-3)，耐冷性综合评价为

极强(HR)的组合：__无__；

强(R)的组合：__F-9__；

较强(MR)的组合：__F-2、F-5、F-12__；

较弱(MS)的组合：__F-1、F-4、F-10、F-11__；

弱(S)的组合：__F-3__；

极弱(HS)的组合：__F-6、F-8__。

（7）G 组

据 F 组 14 个组合异地鉴定结果（详见表 4-3），耐冷性综合评价为

极强（HR）的组合：G-3、G-5、G-8、G-9、G-10   ；

强（R）的组合：   G-1、G-7   ；

较强（MR）的组合：   G-4、G-6、G-11、G-12、G-13   ；

较弱（MS）的组合：   G-2   ；

弱（S）的组合：   G-14   ；

极弱（HS）的组合：   无   。

报告签发人：阮仁超

2016 年 12 月 21 日

表 3-1　2016 年贵州省杂交水稻区试（A 组）组合耐冷性鉴定结果

编号	组合名称	试点	I 结实率(%)	II 结实率(%)	III 结实率(%)	M±SD			正常结实率(%)	低温结实率(%)	CRI (%)	试点初评	备注
A-1	成优 981	贵阳	95.00	87.32	80.96	87.76	±	7.03	95.00	80.96	14.77	R	
		安顺	83.50	57.00	49.50	63.33	±	14.59	83.50	49.50	40.72	HS	
		毕节	90.00	81.00	76.60	82.50	±	6.80	90.00	76.60	14.90	R	
A-2	中浙优 8 号	贵阳	79.14	75.56	79.79	78.16	±	2.28	79.79	75.56	5.30	R	
		安顺	60.00	6.10	7.60	24.57	±	25.06	60.00	6.10	89.83	HS	过晚
		毕节	55.40	51.70	33.50	46.90	±	11.70	55.40	33.50	39.50	HS	
A-3	香优 1139	贵阳	93.38	84.14	77.40	84.97	±	8.03	93.38	77.40	17.12	MR	
		安顺	73.40	55.50	54.30	61.07	±	8.73	73.40	54.30	26.02	S	
		毕节	80.00	71.00	69.00	73.30	±	5.90	80.00	69.00	13.80	R	
A-4	炳优 22	贵阳	80.93	83.80	84.20	82.98	±	1.78	84.20	80.93	3.88	HR	
		安顺	79.90	74.20	50.40	68.17	±	12.78	79.90	50.40	36.92	HS	
		毕节	91.60	84.40	71.80	82.60	±	10.00	91.60	71.80	21.60	MR	
A-5	友试 8 号	贵阳	83.60	82.57	72.18	79.45	±	6.32	83.60	72.18	13.66	MR	
		安顺	68.70	55.20	12.50	45.47	±	23.95	68.70	12.50	81.80	HS	
		毕节	84.20	81.60	72.10	79.30	±	6.40	84.20	72.10	14.40	R	
A-6	泰丰优 2098	贵阳	78.18	68.48	67.12	71.26	±	6.04	78.18	67.12	14.15	MR	
		安顺	59.80	56.30	4.10	40.07	±	25.47	59.80	4.10	93.14	HS	
		毕节	74.30	66.70	41.70	60.90	±	17.10	74.30	41.70	43.90	HS	
A-7	F 优 498	贵阳	90.84	92.77	88.88	90.83	±	1.94	92.77	88.88	4.19	HR	
		安顺	78.50	61.40	49.00	62.97	±	12.09	78.50	49.00	37.58	HS	
		毕节	89.80	82.90	80.00	84.20	±	5.00	89.80	80.00	10.90	R	
A-8	荃优 399	贵阳	93.60	91.27	77.27	87.38	±	8.83	93.60	77.27	17.45	R	
		安顺	79.40	73.90	60.40	71.23	±	7.98	79.40	60.40	23.93	MS	
		毕节	93.80	91.60	86.70	90.70	±	3.60	93.80	86.70	7.60	HR	

续表

编号	组合名称	试点	I 结实率(%)	II 结实率(%)	III 结实率(%)	M±SD	正常结实率(%)	低温结实率(%)	CRI(%)	试点初评	备注
A-9	隆两优1146	贵阳	93.75	86.39	80.53	86.89 ± 6.63	93.75	80.53	14.11	HR	
		安顺	76.80	66.20	65.40	69.47 ± 5.20	76.80	65.40	14.84	MR	
		毕节	84.90	57.20	75.10	72.40 ± 14.00	84.90	57.20	32.60	S	
A-10	9香A/R07	贵阳	84.60	87.56	78.17	83.44 ± 4.80	87.56	78.17	10.72	R	
		安顺	70.10	55.00	45.00	56.70 ± 10.32	70.10	45.00	35.81	HS	
		毕节	83.30	50.10	53.60	62.30 ± 18.20	83.30	50.10	39.90	S	
A-11	武优6号	贵阳	89.35	83.65	69.90	80.97 ± 10.00	89.35	69.90	21.76	MR	
		安顺	67.80	22.40	30.90	40.37 ± 19.71	67.80	22.40	66.96	HS	
		毕节	70.10	86.70	59.90	72.20 ± 13.50	86.70	59.90	30.90	MS	
A-12	蓉优592	贵阳	83.14	76.21	75.56	78.30 ± 4.20	83.14	75.56	9.12	R	
		安顺	65.70	11.40	22.90	33.33 ± 23.36	65.70	11.40	82.65	HS	
		毕节	73.00	64.90	65.50	67.80 ± 4.50	73.00	64.90	11.10	MR	

表3-2 2016 年贵州省杂交水稻区试（B 组）组合耐冷性鉴定结果

编号	组合名称	试点	I 结实率(%)	II 结实率(%)	III 结实率(%)	M±SD	正常结实率(%)	低温结实率(%)	CRI(%)	试点初评	备注
B-1	H8312A/HR3485	贵阳	81.80	74.65	72.58	76.35 ± 4.84	81.80	72.58	11.27	MR	
		安顺	60.50	47.50	21.00	43.00 ± 16.44	60.50	21.00	65.29	HS	
		毕节	75.30	63.60	54.50	64.50 ± 10.40	75.30	54.50	27.70	S	
B-2	蜀香267	贵阳	75.40	78.63	70.32	74.78 ± 4.19	78.63	70.32	10.57	MR	
		安顺	73.00	63.10	56.00	64.03 ± 6.97	73.00	56.00	23.29	MS	
		毕节	77.50	68.40	75.10	73.70 ± 4.70	77.50	68.40	11.70	R	
B-3	YD2998	贵阳	88.66	88.93	77.08	84.89 ± 6.77	88.93	77.08	13.33	R	
		安顺	59.20	31.60	48.00	46.27 ± 11.33	59.20	31.60	46.62	HS	
		毕节	53.10	23.70	42.80	39.90 ± 14.90	53.10	23.70	55.40	HS	

续表

编号	组合名称	试点	I 结实率(%)	II 结实率(%)	III 结实率(%)	M±SD			正常结实率(%)	低温结实率(%)	CRI (%)	试点初评	备注
B-4	吉丰2号	贵阳	88.48	91.76	78.89	86.38	±	6.69	91.76	78.89	14.02	R	
		安顺	74.40	46.80	21.10	47.43	±	21.76	74.40	21.10	71.64	HS	
		毕节	84.00	50.20	48.50	60.90	±	20.00	84.00	48.50	42.30	S	
B-5	川345A /1288	贵阳	78.32	66.17	62.37	68.95	±	8.34	78.32	62.37	20.37	MS	
		安顺	47.40	57.70	15.00	40.03	±	18.19	57.70	15.00	74.00	HS	
		毕节	75.20	75.80	72.00	74.30	±	2.00	75.20	72.00	4.20	HR	
B-6	宜香1A /R5716	贵阳	91.89	68.58	70.19	76.88	±	13.02	91.89	68.58	25.37	MS	
		安顺	49.10	48.00	36.10	44.40	±	5.89	49.10	36.10	26.48	HS	
		毕节	71.40	64.50	61.10	65.70	±	5.30	71.40	61.10	14.40	MR	
B-7		贵阳					±						
		安顺					±						
		毕节					±						
B-8	旌香优 9139	贵阳	83.80	88.33	81.72	84.62	±	3.38	88.33	81.72	7.47	HR	
		安顺	63.60	53.60	35.80	51.00	±	11.50	63.60	35.80	43.71	HS	
		毕节	66.70	24.00	46.10	45.60	±	21.30	66.70	24.00	64.00	HS	
B-9	五优 4456	贵阳	88.48	93.55	86.62	89.55	±	3.58	93.55	86.62	7.40	HR	
		安顺	73.50	73.10	68.30	71.63	±	2.36	73.50	68.30	7.07	R	
		毕节	80.50	79.90	62.10	74.20	±	10.40	80.50	62.10	22.80	MS	
B-10	成丰 A/R33	贵阳	78.20	75.15	78.20	77.18	±	1.76	78.20	75.15	3.90	R	
		安顺	67.40	15.80	4.00	29.07	±	27.53	67.40	4.00	94.07	HS	
		毕节	76.20	65.60	64.40	68.70	±	6.50	76.20	64.40	15.50	MR	
B-11	宜香 优制2	贵阳	85.44	88.20	98.07	90.57	±	6.64	98.07	85.44	12.87	R	
		安顺	71.30	74.80	47.30	64.47	±	12.22	74.80	47.30	36.76	HS	
		毕节	62.00	70.10	57.60	63.20	±	6.30	62.00	57.60	7.10	MS	
B-12	晶两优 7818	贵阳	78.67	70.48	67.01	72.06	±	5.99	78.67	67.01	14.82	MS	
		安顺	44.80	9.90	不实	18.23	±	19.22	44.80	0.00	100.00	HS	
		毕节	72.70	70.10	48.10	63.60	±	13.50	72.70	48.10	33.90	HS	

表 3-3 2016 年贵州省杂交水稻区试（C 组）组合耐冷性鉴定结果

编号	组合名称	试点	I 结实率（%）	II 结实率（%）	III 结实率（%）	M±SD		正常结实率（%）	低温结实率（%）	CRI（%）	试点初评	备注
C-1	C 优 1152	贵阳	91.03	84.77	78.25	84.69	± 6.39	91.03	78.25	14.04	R	
		安顺	68.30	48.10	50.00	55.47	± 9.11	68.30	48.10	29.58	S	
		毕节	74.00	78.10	76.30	76.10	± 2.00	78.10	74.00	5.20	HR	
C-2	奥两优 567	贵阳	88.55	84.93	77.24	83.57	± 5.77	88.55	77.24	12.77	R	
		安顺	54.50	20.00	22.20	32.23	± 15.77	54.50	20.00	63.30	HS	
		毕节	69.80	35.50	39.90	48.40	± 18.70	69.80	35.50	49.10	HS	
C-3	禾优 98	贵阳	91.02	81.64	84.41	85.69	± 4.82	91.02	81.64	10.31	HR	
		安顺	66.10	33.70	39.20	46.33	± 14.16	66.10	33.70	49.02	HS	
		毕节	69.70	71.00	79.80	73.50	± 5.50	79.80	69.70	12.70	R	
C-4	贵优 957	贵阳	85.44	89.82	81.85	85.71	± 3.99	89.82	81.85	8.87	HR	
		安顺	68.30	29.00	32.00	43.10	± 17.86	68.30	29.00	57.54	HS	
		毕节	76.30	63.60	54.80	64.90	± 10.80	76.30	54.80	28.20	S	
C-5	赣 73 优明占	贵阳	89.52	81.83	67.84	79.73	± 10.99	89.52	67.84	24.21	MS	
		安顺	57.20	11.10	32.30	33.53	± 18.84	57.20	11.10	80.59	HS	
		毕节	93.60	85.40	87.60	88.90	± 4.20	93.60	85.40	8.70	HR	
C-6	947A /R460	贵阳	93.53	93.20	90.20	92.31	± 1.83	93.53	90.20	3.55	HR	
		安顺	78.10	56.70	59.40	64.73	± 9.52	78.10	56.70	27.40	S	
		毕节	77.60	72.70	69.70	73.30	± 4.00	77.60	69.70	10.20	R	
C-7		贵阳										
		安顺										
		毕节										
C-8	谷丰优 93	贵阳	97.57	91.23	84.94	91.24	± 6.32	97.57	84.94	12.95	R	
		安顺	67.00	53.90	43.00	54.63	± 9.81	67.00	43.00	35.82	HS	
		毕节	84.00	80.50	77.80	80.80	± 3.10	84.00	77.80	7.40	HR	

续表

编号	组合名称	试点	I 结实率(%)	II 结实率(%)	III 结实率(%)	M±SD			正常结实率(%)	低温结实率(%)	CRI(%)	试点初评	备注
C-9	丰优1186	贵阳	92.13	80.77	86.76	86.56	±	5.68	92.13	80.77	12.33	R	
		安顺	67.00	73.10	61.40	67.17	±	4.78	73.10	61.40	16.00	MR	
		毕节	89.50	82.30	82.60	84.80	±	4.10	89.50	82.30	8.10	HR	
C-10	YD998	贵阳	88.90	79.00	81.32	83.07	±	5.18	88.90	79.00	11.14	R	
		安顺	78.30	60.00	47.30	61.87	±	12.72	78.30	47.30	39.59	HS	
		毕节	57.90	60.90	55.70	58.20	±	2.60	60.90	55.70	8.50	MS	
C-11	深两优841	贵阳	81.77	76.25	65.43	74.48	±	8.31	81.77	65.43	19.98	MS	
		安顺	43.30	11.50	不结实	18.27	±	18.31	43.30	0.00	100.00	HS	
		毕节	58.10	48.70	49.40	52.00	±	5.20	58.10	48.70	16.10	S	
C-12	G48A/R785	贵阳	87.48	82.11	81.27	83.62	±	3.37	87.48	81.27	7.10	HR	
		安顺	67.80	12.00	不结实	26.60	±	29.54	67.80	0.00	100.00	HS	
		毕节	45.20	24.10	37.50	35.20	±	10.70	45.20	24.10	46.60	HS	

表 3-4 2016 年贵州省杂交水稻区试(D 组)组合耐冷性鉴定结果

编号	组合名称	试点	I 结实率(%)	II 结实率(%)	III 结实率(%)	M±SD			正常结实率(%)	低温结实率(%)	CRI(%)	试点初评	备注
D-1	禾香优1963	贵阳	81.55	79.62	72.29	77.82	±	4.89	81.55	72.29	11.36	MR	
		安顺	72.80	52.60	50.80	58.73	±	9.97	72.80	50.80	30.22	HS	
		毕节	66.30	63.10	59.60	63.00	±	3.40	66.30	59.60	10.10	MS	
D-2	双优369	贵阳	90.74	87.63	87.29	88.55	±	1.90	90.74	87.29	3.80	HR	
		安顺	71.50	58.10	51.70	60.43	±	8.25	71.50	51.70	27.69	MS	
		毕节	71.30	78.40	72.30	74.00	±	3.80	78.40	71.30	9.10	HR	
D-3	黔丰优286	贵阳	86.29	87.42	84.06	85.92	±	1.71	87.42	84.06	3.84	HR	
		安顺	70.40	56.20	18.90	48.50	±	21.72	70.40	18.90	73.15	HS	
		毕节	55.10	47.90	52.10	51.70	±	3.60	55.10	47.90	13.10	S	

续表

编号	组合名称	试点	I 结实率(%)	II 结实率(%)	III 结实率(%)	M±SD		正常结实率(%)	低温结实率(%)	CRI (%)	试点初评	备注
D-4	蓉优1855	贵阳	80.05	77.16	87.72	81.64	± 5.46	87.72	77.16	12.04	R	
		安顺	61.10	34.10	42.60	45.93	± 11.27	61.10	34.10	44.19	HS	
		毕节	10.70	34.50	14.10	19.80	± 12.90	34.50	10.70	69.00	HS	
D-5	兆优5455	贵阳	91.65	89.68	82.19	87.84	± 4.99	91.65	82.19	10.33	HR	
		安顺	54.90	49.00	41.40	48.43	± 5.53	54.90	41.40	24.59	S	
		毕节	82.40	79.00	75.30	78.90	± 3.50	82.40	75.30	8.60	HR	
D-6	内香优1399	贵阳	82.04	88.88	66.39	79.10	± 11.53	88.88	66.39	25.30	MS	
		安顺	65.00	2.80	20.30	29.37	± 26.19	65.00	2.80	95.69	HS	
		毕节	46.00	42.00	32.00	40.00	± 7.20	46.00	32.00	30.40	HS	
D-7		贵阳										
		安顺										
		毕节										
D-8	黔优35	贵阳	91.38	88.97	83.93	88.09	± 3.80	91.38	83.93	8.15	HR	
		安顺	62.10	44.20	54.50	53.60	± 7.34	62.10	44.20	28.82	S	
		毕节	43.90	50.40	59.60	51.30	± 7.90	59.60	43.90	26.30	S	
D-9	卓优118	贵阳	90.33	91.83	85.92	89.36	± 3.07	91.83	85.92	6.44	HR	
		安顺	68.00	55.00	6.00	43.00	± 26.70	68.00	6.00	91.18	HS	
		毕节	84.40	86.20	78.60	83.10	± 4.00	86.20	78.60	8.80	HR	
D-10	贵丰优503	贵阳	91.97	91.63	85.96	89.85	± 3.38	91.97	85.96	6.54	HR	
		安顺	55.30	63.70	32.60	50.53	± 13.14	63.70	32.60	48.82	HS	
		毕节	82.20	81.10	75.10	79.50	± 3.80	82.20	75.10	8.60	HR	
D-11	惠优801	贵阳	91.54	86.95	77.41	85.30	± 7.21	91.54	77.41	15.44	R	
		安顺	76.20	19.20	23.70	39.70	± 25.87	76.20	19.20	74.80	HS	
		毕节	91.40	89.60	82.40	87.80	± 4.80	91.40	82.40	9.80	HR	
D-12	富香优59	贵阳	78.17	80.97	73.40	77.51	± 3.82	80.97	73.40	9.34	R	
		安顺	70.00	32.10	39.30	47.13	± 16.43	70.00	32.10	54.14	HS	
		毕节	53.50	42.60	38.80	45.00	± 7.60	53.50	38.80	27.50	HS	

表3-5　2016年贵州省杂交水稻区试（E组）组合耐冷性鉴定结果

编号	组合名称	试点	I 结实率(%)	II 结实率(%)	III 结实率(%)	M	±	SD	正常结实率(%)	低温结实率(%)	CRI (%)	试点初评	备注
E-1	黄两优091	贵阳	89.31	72.02	69.21	76.85	±	10.89	89.31	69.21	22.51	MS	
		安顺	64.20	63.10	39.40	55.57	±	11.44	64.20	39.40	38.63	HS	
		毕节	55.90	55.80	46.20	52.60	±	5.60	55.90	46.20	17.30	HS	
E-2	神农优528	贵阳	81.10	87.06	80.53	82.90	±	3.61	87.06	80.53	7.49	HR	
		安顺	78.40	23.20	不结实	33.87	±	32.88	78.40	0.00	100.00	HS	
		毕节	62.50	58.80	60.40	60.60	±	1.90	62.50	58.80	5.90	MS	
E-3	佰丰优387	贵阳	90.40	90.88	88.46	89.91	±	1.28	90.88	88.46	2.67	HR	
		安顺	45.70	39.00	42.60	42.43	±	2.74	45.70	39.00	14.66	HS	
		毕节	46.90	47.60	38.50	44.30	±	5.10	47.60	38.50	19.10	HS	
E-4	两优1316	贵阳	88.81	86.02	72.09	82.31	±	8.96	88.81	72.09	18.83	MR	
		安顺	68.70	39.80	41.60	50.03	±	13.22	68.70	39.80	42.07	HS	
		毕节	41.00	48.10	31.50	40.20	±	8.30	48.10	31.50	34.50	HS	
E-5	桃湘优华占	贵阳	64.19	67.14	72.13	67.82	±	4.02	72.13	64.19	11.02	MS	
		安顺	74.90	66.80	56.50	66.07	±	7.53	74.90	56.50	24.57	MS	
		毕节	79.60	76.00	82.60	79.40	±	3.30	82.60	76.00	8.00	HR	
E-6	泰丰优733	贵阳	80.62	82.52	59.67	74.27	±	12.68	82.52	59.67	27.69	S	
		安顺	68.30	48.40	32.30	49.67	±	14.72	68.30	32.30	52.71	HS	
		毕节	53.90	48.70	39.40	47.30	±	7.30	53.90	39.40	26.90	HS	
E-7		贵阳											
		安顺											
		毕节											
E-8	先丰优2号	贵阳	90.13	73.52	77.65	80.43	±	8.65	90.13	73.52	18.43	MR	
		安顺	19.60	28.40	不结实	16.00	±	11.87	28.40	0.00	100.00	HS	
		毕节	22.60	24.40	19.80	22.30	±	2.30	24.40	19.80	18.90	HS	

续表

编号	组合名称	试点	I 结实率 (%)	II 结实率 (%)	III 结实率 (%)	M±SD			正常结实率 (%)	低温结实率 (%)	CRI (%)	试点初评	备注
E-9	贵香优717	贵阳	80.18	85.47	71.64	79.10	±	6.98	85.47	71.64	16.18	MR	
		安顺	52.60	50.30	9.20	37.37	±	19.94	52.60	9.20	82.51	HS	
		毕节	23.80	31.20	26.30	27.10	±	3.80	31.20	23.80	23.70	HS	
E-10	花优673	贵阳	77.78	84.82	77.25	79.95	±	4.23	84.82	77.25	8.92	R	
		安顺	60.00	39.50	47.80	49.10	±	8.42	60.00	39.50	34.17	HS	
		毕节	43.10	38.50	42.40	41.30	±	2.50	43.10	38.50	10.70	HS	
E-11	N两优1133	贵阳	80.78	96.33	69.56	82.23	±	13.44	96.33	69.56	27.79	S	
		安顺	51.30	26.10	23.30	33.57	±	12.59	51.30	23.30	54.58	HS	
		毕节	79.60	82.10	73.40	78.40	±	4.50	82.10	73.40	10.60	R	
E-12	深优9716	贵阳	93.87	86.04	90.61	90.17	±	3.93	93.87	86.04	8.33	HR	
		安顺	86.70	66.60	63.00	72.10	±	10.43	86.70	63.00	27.34	S	
		毕节	88.20	82.30	78.90	83.20	±	4.70	88.20	78.90	10.50	R	

表 3-6 2016 年贵州省杂交水稻区试（F 组）组合耐冷性鉴定结果

编号	组合名称	试点	I 结实率 (%)	II 结实率 (%)	III 结实率 (%)	M±SD			正常结实率 (%)	低温结实率 (%)	CRI (%)	试点初评	备注
F-1	双优505	贵阳	80.26	77.93	82.85	80.35	±	2.46	82.85	77.93	5.94	R	
		安顺	62.20	59.20	42.60	54.67	±	8.62	62.20	42.60	31.51	HS	
		毕节	55.20	65.80	55.60	58.90	±	6.00	65.80	55.20	16.10	MS	
F-2	内5优573	贵阳	94.73	85.58	92.37	90.89	±	4.75	94.73	85.58	9.65	HR	
		安顺	75.90	67.70	66.90	70.17	±	4.07	75.90	66.90	11.86	R	
		毕节	62.30	55.20	42.50	53.40	±	10.00	62.30	42.50	31.80	HS	
F-3	繁优598	贵阳	88.09	81.64	71.96	80.56	±	8.12	88.09	71.96	18.31	MR	
		安顺	66.50	38.50	10.20	38.40	±	22.98	66.50	10.20	84.66	HS	
		毕节	56.30	53.40	57.20	55.60	±	2.00	57.20	53.40	6.60	MS	

续表

编号	组合名称	试点	I 结实率(%)	II 结实率(%)	III 结实率(%)	M±SD	正常结实率(%)	低温结实率(%)	CRI(%)	试点初评	备注
F-4	惠优139	贵阳	88.57	78.70	69.37	78.88 ± 9.60	88.57	69.37	21.68	MS	
		安顺	61.20	38.40	49.20	49.60 ± 9.31	61.20	38.40	37.25	HS	
		毕节	51.40	48.20	46.80	48.80 ± 2.40	51.40	46.80	8.90	S	
F-5	扬籼优709	贵阳	82.81	82.63	83.80	83.08 ± 0.63	83.80	82.63	1.39	HR	
		安顺	61.30	62.90	49.40	57.87 ± 6.02	62.90	49.40	21.46	MS	
		毕节	83.20	86.20	78.60	82.70 ± 3.80	86.20	78.60	8.80	HR	
F-6	野香优668	贵阳	89.15	84.12	79.60	84.29 ± 4.77	89.15	79.60	10.71	R	
		安顺	51.60	不实	不结实	17.20 ± 24.32	51.60	0.00	100.00	HS	
		毕节	60.90	62.40	58.20	60.50 ± 2.10	62.40	58.20	6.70	MS	
F-7		贵阳									
		安顺									
		毕节									
F-8	奎优V9300	贵阳	84.91	83.33	72.21	80.15 ± 6.92	84.91	72.21	14.96	MR	
		安顺	50.10	不实	25.20	25.10 ± 20.45	50.10	0.00	100.00	HS	
		毕节	57.90	54.70	46.70	53.10 ± 5.80	57.90	46.70	19.40	S	
F-9	宜香优62	贵阳	92.69	90.01	92.61	91.77 ± 1.52	92.69	90.01	2.89	HR	
		安顺	81.50	54.40	68.30	68.07 ± 11.06	81.50	54.40	33.25	HS	
		毕节	89.90	86.50	80.30	85.60 ± 4.90	89.90	80.30	10.70	R	
F-10	内香优6368	贵阳	94.32	89.11	81.32	88.25 ± 6.54	94.32	81.32	13.78	R	
		安顺	70.50	51.80	36.40	52.90 ± 13.94	70.50	36.40	48.37	HS	
		毕节	52.80	42.90	39.40	45.00 ± 7.00	52.80	39.40	25.40	HS	
F-11	绿优2758	贵阳	83.78	83.05	77.45	81.43 ± 3.47	83.78	77.45	7.56	R	
		安顺	57.70	36.40	49.30	47.80 ± 8.76	57.70	36.40	36.92	HS	
		毕节	60.80	38.40	38.30	45.80 ± 12.90	60.80	38.30	36.90	HS	
F-12	创两优513	贵阳	77.29	73.29	72.83	74.47 ± 2.45	77.29	72.83	5.77	MR	
		安顺	62.80	33.20	35.90	43.97 ± 13.36	62.80	33.20	47.13	HS	
		毕节	92.10	87.50	84.20	87.90 ± 4.00	92.10	84.20	8.60	HR	

表 3-7 2016 年贵州省杂交水稻区试（G 组）组合耐冷性鉴定结果

编号	组合名称	试点	I 结实率（%）	II 结实率（%）	III 结实率（%）	M±SD		正常结实率（%）	低温结实率（%）	CRI（%）	试点初评	备注
G-1	LX2064	贵阳	87.53	83.82	90.99	87.44	± 3.58	90.99	83.82	7.88	HR	
		安顺	75.10	56.80	42.00	57.97	± 13.54	75.10	42.00	44.07	HS	
		毕节	91.30	89.20	85.60	88.70	± 2.90	91.30	85.60	6.20	HR	
G-2	泸香优110	贵阳	81.07	85.64	81.98	82.90	± 2.42	85.64	81.07	5.34	HR	
		安顺	60.40	65.80	41.10	55.77	± 10.60	65.80	41.10	37.54	HS	
		毕节	55.20	47.50	54.10	52.30	± 4.20	55.20	47.50	13.90	HS	
G-3	友早68	贵阳	92.13	93.18	93.95	93.09	± 0.91	93.95	92.13	1.93	HR	
		安顺	79.00	84.90	72.50	78.80	± 5.06	84.90	72.50	14.61	R	
		毕节	83.60	84.30	82.20	83.40	± 1.10	84.30	82.20	2.50	HR	
G-4	泰优390	贵阳	88.09	90.93	84.80	87.94	± 3.07	90.93	84.80	6.74	HR	
		安顺	82.00	74.20	60.80	72.33	± 8.75	82.00	60.80	25.85	MS	
		毕节	53.50	45.60	39.40	46.20	± 7.10	53.50	39.40	26.40	HS	
G-5	10东5346 A/R781	贵阳	94.56	95.15	90.73	93.48	± 2.40	95.15	90.73	4.64	HR	
		安顺	81.80	71.40	64.30	72.50	± 7.19	81.80	64.30	21.39	MS	
		毕节	89.70	82.40	78.30	83.50	± 5.80	89.70	78.30	12.70	R	
G-6	繁优323	贵阳	83.23	75.67	79.67	79.52	± 3.78	83.23	75.67	9.08	R	
		安顺	81.30	73.80	67.20	74.10	± 5.76	81.30	67.20	17.34	MR	
		毕节	66.50	56.80	53.70	59.00	± 6.70	66.50	53.70	19.30	MS	
G-7	香早优2017	贵阳	79.92	81.16	79.86	80.31	± 0.73	81.16	79.86	1.60	R	
		安顺	78.00	72.30	68.40	72.90	± 3.94	78.00	68.40	12.31	R	
		毕节	82.10	76.30	72.40	76.90	± 4.90	82.10	72.40	11.80	R	
G-8	M优152	贵阳	89.79	92.83	87.05	89.89	± 2.89	92.83	87.05	6.22	HR	
		安顺	85.20	77.10	71.00	77.77	± 5.82	85.20	71.00	16.67	MR	
		毕节	85.60	80.50	74.40	80.10	± 5.60	85.60	74.40	13.10	R	

续表

编号	组合名称	试点	I 结实率(%)	II 结实率(%)	III 结实率(%)	M±SD			正常结实率(%)	低温结实率(%)	CRI(%)	试点初评	备注
G-9	金秋香优1079	贵阳	87.13	90.99	88.06	88.73	±	2.01	90.99	87.13	4.24	HR	
		安顺	83.40	73.90	77.30	78.20	±	3.93	83.40	73.90	11.39	R	
		毕节	81.60	77.20	71.10	76.60	±	5.30	81.60	71.10	12.90	R	
G-10	Q两优313	贵阳	90.21	90.72	84.52	88.48	±	3.44	90.72	84.52	6.84	HR	
		安顺	92.60	79.50	85.50	85.87	±	5.35	92.60	79.50	14.15	R	
		毕节	81.60	79.40	75.20	78.70	±	3.20	81.60	75.20	7.80	HR	
G-11	沪香优912	贵阳	85.63	87.65	89.05	87.44	±	1.72	89.05	85.63	3.84	HR	
		安顺	65.20	70.70	57.20	64.37	±	5.54	70.70	57.20	19.09	MS	
		毕节	55.90	52.30	48.20	52.10	±	3.80	55.90	48.20	13.70	S	
G-12	繁优3199	贵阳	86.09	79.20	85.22	83.50	±	3.75	86.09	79.20	8.01	R	
		安顺	72.80	75.70	63.30	70.60	±	5.30	75.70	63.30	16.38	MR	
		毕节	68.50	62.60	52.80	61.30	±	7.90	68.50	52.80	22.90	MS	
G-13	德优727	贵阳	89.36	84.02	92.28	88.55	±	4.19	92.28	84.02	8.95	HR	
		安顺	82.30	73.90	71.90	76.03	±	4.51	82.30	71.90	12.64	R	
		毕节	44.40	49.20	42.50	45.40	±	3.40	49.20	42.50	13.60	HS	
G-14	黎香1号	贵阳	89.89	75.75	57.61	74.42	±	16.18	89.89	57.61	35.91	HS	
		安顺	不结实	不结实	不结实	0.00			0.00	0.00	0.00	HS	
		毕节	66.30	62.40	58.20	62.30	±	4.00	66.30	58.20	12.20	MS	

表4 2016年贵州省杂交水稻区试（A、B组）组合耐冷性综合评价

组别编号	名称	异地分期平均结实率(%)						异地低温平均结实率(%)						异地冷敏指数CRI(%)						综合评价
		贵阳	安顺	毕节	M-1	sd-1	CV-1	贵阳	安顺	毕节	M-2	sd-2	CV-2	贵阳	安顺	毕节	M-3	sd-3	CV-3	
A-1	成优981	87.76	63.33	82.50	77.86	12.86	16.51	80.96	49.50	76.60	69.02	17.05	24.70	14.77	40.72	14.90	23.46	14.94	63.69	MR
A-2	中浙优8号	78.16	24.57	46.90	49.88	26.92	53.97	75.56	6.10	33.50	38.39	34.99	91.14	5.30	89.83	39.50	44.88	42.52	94.75	HS
A-3	香优1139	84.97	61.07	73.30	73.11	11.95	16.35	77.40	54.30	69.00	66.90	11.69	17.47	17.12	26.02	13.80	18.98	6.32	33.29	MS
A-4	炳优22	82.98	68.17	82.60	77.92	8.44	10.83	80.93	50.40	71.80	67.71	15.67	23.14	3.88	36.92	21.60	20.80	16.53	79.49	MR
A-5	友试8号	79.45	45.47	79.30	68.07	19.58	28.76	72.18	12.50	72.10	52.26	34.43	65.89	13.66	81.80	14.40	36.62	39.13	106.86	S
A-6	泰丰优2098	71.26	40.07	60.90	57.41	15.88	27.67	67.12	4.10	41.70	37.64	31.70	84.23	14.15	93.14	43.90	50.40	39.89	79.15	HS
A-7	F优498	90.83	62.97	84.20	79.33	14.55	18.34	88.88	49.00	80.00	72.63	20.94	28.83	4.19	37.58	10.90	17.56	17.66	100.59	R
A-8	荃优399	87.38	71.23	90.70	83.10	10.42	12.53	77.27	60.40	86.70	74.79	13.32	17.82	17.45	23.93	7.60	16.33	8.22	50.36	MR
A-9	隆两优1146	86.89	69.47	72.40	76.25	9.33	12.23	80.53	65.40	57.20	67.71	11.83	17.48	14.11	14.84	32.60	20.52	10.47	51.04	MR
A-10	9香A/R07	83.44	56.70	62.30	67.48	14.10	20.90	78.17	45.00	50.10	57.76	17.86	30.93	10.72	35.81	39.90	28.81	15.80	54.85	MS
A-11	武优6号	80.97	40.37	72.20	64.51	21.36	33.11	69.90	22.40	59.90	50.73	25.04	49.36	21.76	66.96	30.90	39.87	23.90	59.93	S
A-12	蓉优592	78.30	33.33	67.80	59.81	23.53	39.33	75.56	11.40	64.90	50.62	34.38	67.92	9.12	82.65	11.10	34.29	41.89	122.18	S
B-1	H8312A/HR3485	76.35	43.00	75.30	64.50	18.96	29.39	72.58	21.00	63.60	54.50	27.56	50.56	11.27	65.29	54.50	27.70	28.59	103.21	S
B-2	蜀香267	74.78	64.03	77.50	73.70	7.12	9.67	70.32	56.00	68.40	68.40	7.77	11.36	10.57	23.29	75.10	11.70	34.18	292.15	MS
B-3	YD2998	84.89	46.27	53.10	39.90	20.61	51.66	77.08	31.60	23.70	23.70	28.81	121.57	13.33	46.62	42.80	55.40	18.22	32.89	MS
B-4	吉丰2号	86.38	47.43	84.00	60.90	21.83	35.85	78.89	21.10	50.20	48.50	28.90	59.58	14.02	71.64	48.50	42.30	28.99	68.54	S
B-5	川345A/1288	68.95	40.03	75.20	74.30	18.76	25.25	62.37	15.00	75.80	72.00	31.94	44.36	20.37	74.00	72.00	4.20	30.40	723.80	MS
B-6	宣香1A/R5716	76.88	44.40	71.40	65.70	17.39	26.47	68.58	36.10	64.50	61.10	17.69	28.95	25.37	26.48	61.10	14.40	20.32	141.08	MS
B-7																				
B-8	旌香优9139	84.62	51.00	66.70	45.60	16.82	36.89	81.72	35.80	24.00	24.00	30.50	127.07	7.47	43.71	46.10	64.00	21.64	33.82	HS
B-9	五优4456	89.55	71.63	80.50	74.20	8.96	12.08	86.62	68.30	79.90	62.10	9.27	14.92	7.40	7.07	62.10	22.80	31.68	138.93	MS
B-10	成丰A/R33	77.18	29.07	76.20	68.70	27.50	40.03	75.15	4.00	65.60	64.40	38.62	59.96	3.90	94.07	64.40	15.50	45.95	296.47	MR
B-11	宣香优制2	90.57	64.47	62.00	63.20	15.83	25.05	85.44	47.30	70.10	57.60	19.19	33.32	12.87	36.76	57.60	7.10	22.38	315.22	S

续表

组别编号	名称	异地分期平均结实率(%)						异地低温平均结实率(%)						异地冷敏指数 CRI(%)						综合评价
		贵阳	安顺	毕节	M-1	sd-1	CV-1	贵阳	安顺	毕节	M-2	sd-2	CV-2	贵阳	安顺	毕节	M-3	sd-3	CV-3	
B-12	晶两优7818	72.06	18.23	72.70	63.60	31.26	49.16	67.01	0.00	70.10	48.10	39.61	82.35	14.82	100.00	48.10	33.90	42.93	126.64	S
C-1	C优1152	84.69	55.47	76.10	72.09	15.02	20.83	78.25	48.10	74.00	66.78	16.32	24.44	14.04	29.58	5.20	16.27	12.34	75.85	MR
C-2	奥两优567	83.57	32.23	48.40	54.73	26.25	47.96	77.24	20.00	35.50	44.25	29.61	66.91	12.77	63.30	49.10	41.72	26.06	62.46	HS
C-3	禾优98	85.69	46.33	73.50	68.51	20.15	29.41	81.64	33.70	69.70	61.68	24.96	40.46	10.31	49.02	12.70	24.01	21.69	90.36	MS
C-4	贵优957	85.71	43.10	64.90	64.57	21.30	33.00	81.85	29.00	54.80	55.22	26.43	47.86	8.87	57.54	28.20	31.54	24.50	77.70	S
C-5	赣73优明占	79.73	33.53	88.90	67.39	29.68	44.04	67.84	11.10	85.40	54.78	38.83	70.89	24.21	80.59	8.70	37.83	37.83	99.99	S
C-6	947A/R460	92.31	64.73	73.30	76.78	14.12	18.38	90.20	56.70	69.70	72.20	16.89	23.39	3.55	27.40	10.20	13.72	12.31	89.71	R
C-7																				
C-8	谷丰优93	91.24	54.63	80.80	75.56	18.86	24.96	84.94	43.00	77.80	68.58	22.44	32.72	12.95	35.82	7.40	18.72	15.06	80.47	MR
C-9	丰优1186	86.56	67.17	84.80	79.51	10.72	13.49	80.77	61.40	82.30	74.82	11.65	15.57	12.33	16.00	8.10	12.14	3.95	32.56	R
C-10	YD998	83.07	61.87	58.20	67.71	13.43	19.83	79.00	47.30	55.70	60.67	16.42	27.07	11.14	39.59	8.50	19.74	17.24	87.31	MR
C-11	深两优841	74.48	18.27	52.00	48.25	28.29	58.64	65.43	0.00	48.70	38.04	33.99	89.35	19.98	100.00	16.10	45.36	47.36	104.41	HS
C-12	G48A/R785	83.62	26.60	35.60	48.61	30.65	63.07	81.27	0.00	24.10	35.12	41.74	118.84	7.10	100.00	46.60	51.23	46.62	91.01	HS
D-1	禾香优1963	77.82	58.73	63.00	66.52	10.02	15.06	72.29	50.80	59.60	60.90	10.80	17.74	11.36	30.22	10.10	17.23	11.27	65.43	MR
D-2	双优369	88.55	60.43	74.00	74.33	14.06	18.92	87.29	51.70	71.30	70.10	17.82	25.43	3.80	27.69	9.10	13.53	12.54	92.71	MR
D-3	黔丰优286	85.92	48.50	51.70	62.04	20.74	33.44	84.06	18.90	47.90	50.29	32.65	64.92	3.84	73.15	13.10	30.03	37.63	125.30	S
D-4	荟优1855	81.64	45.93	19.80	49.12	31.05	63.20	77.16	34.10	10.70	40.65	33.71	82.92	12.04	44.19	69.00	41.74	28.56	68.41	HS
D-5	兆优5455	87.84	48.43	78.90	71.72	20.66	28.81	82.19	41.40	75.30	66.30	21.83	32.93	10.33	24.59	8.60	14.51	8.78	60.50	MR
D-6	内香优1399	79.10	29.37	40.00	49.49	26.19	52.92	66.39	2.80	32.00	33.73	31.83	94.37	25.30	95.69	30.40	50.46	39.25	77.78	HS
D-7																				
D-8	黔优35	88.09	53.60	51.30	64.33	20.61	32.04	83.93	44.20	43.90	57.34	23.03	40.15	8.15	28.82	26.30	21.09	11.28	53.46	MS
D-9	卓优118	89.36	43.00	83.10	71.82	25.15	35.02	85.92	6.00	78.60	56.84	44.18	77.73	6.44	91.18	8.80	35.47	48.26	136.03	MS
D-10	贵丰优503	89.85	50.53	79.50	73.29	20.38	27.81	85.96	32.60	75.10	64.55	28.20	43.69	6.54	48.82	8.60	21.32	23.84	111.81	MS

续表

组别编号	名称	异地分期平均结实率（%）						异地低温平均结实率（%）						异地冷敏指数 CRI（%）						综合评价
		贵阳	安顺	毕节	M-1	sd-1	CV-1	贵阳	安顺	毕节	M-2	sd-2	CV-2	贵阳	安顺	毕节	M-3	sd-3	CV-3	
D-11	惠优801	85.30	39.70	87.80	70.93	27.08	38.17	77.41	19.20	82.40	59.67	35.14	58.88	15.44	74.80	9.80	33.35	36.01	107.99	MS
D-12	富香优59	77.51	47.13	45.00	56.55	18.19	32.16	73.40	32.10	38.80	48.10	22.17	46.08	9.34	54.14	27.50	30.33	22.53	74.30	S
E-1	黄两优091	76.85	55.57	52.60	61.67	13.22	21.44	69.21	39.40	46.20	51.60	15.62	30.27	22.51	38.63	17.30	26.15	11.12	42.53	S
E-2	神农优528	82.90	33.87	60.60	59.12	24.55	41.52	80.53	0.00	58.80	46.44	41.66	89.71	7.49	100.00	5.90	37.80	53.87	142.53	S
E-3	恒丰优387	89.91	42.43	44.30	58.88	26.89	45.67	88.46	39.00	38.50	55.32	28.70	51.88	2.67	14.66	19.10	12.14	8.50	70.01	MS
E-4	两优1316	82.31	50.03	40.20	57.51	22.03	38.30	72.09	39.80	31.50	47.80	21.45	44.87	18.83	42.07	34.50	31.80	11.86	37.28	S
E-5	桃湘优华占	67.82	66.07	79.40	71.10	7.24	10.19	64.19	56.50	76.00	65.56	9.82	14.98	11.02	24.57	8.00	14.53	8.83	60.75	MR
E-6	泰丰优733	74.27	49.67	47.30	57.08	14.93	26.16	59.67	32.30	39.40	43.79	14.20	32.43	27.69	52.71	26.90	35.77	14.68	41.04	HS
E-7																				
E-8	先丰优2号	80.43	16.00	22.30	39.58	35.52	89.75	73.52	0.00	19.80	31.11	38.04	122.30	18.43	100.00	18.90	45.78	46.96	102.59	HS
E-9	贵香优717	79.10	37.37	27.10	47.86	27.54	57.55	71.64	9.20	23.80	34.88	32.66	93.64	16.18	82.51	23.70	40.80	36.32	89.03	HS
E-10	花优673	79.95	49.10	41.30	56.78	20.44	35.99	77.25	39.50	38.50	51.75	22.09	42.69	8.92	34.17	10.70	17.93	14.09	78.58	MS
E-11	N两优1133	82.23	33.57	78.40	64.73	27.05	41.80	69.56	23.30	73.40	55.42	27.88	50.31	27.79	54.58	10.60	30.99	22.16	71.52	S
E-12	深优9716	90.17	72.10	83.20	81.82	9.12	11.14	86.04	63.00	78.90	75.98	11.80	15.52	8.33	27.34	10.50	15.39	10.40	67.60	R
F-1	双优505	80.35	54.67	58.90	64.64	13.77	21.30	77.93	42.60	55.20	58.58	17.91	30.57	5.94	31.51	16.10	17.85	12.88	72.14	MS
F-2	内5优573	90.89	70.17	53.40	71.49	18.78	26.27	85.58	66.90	42.50	64.99	21.60	33.24	9.65	11.86	31.80	17.77	12.20	68.65	MR
F-3	繁优598	80.56	38.40	55.60	58.19	21.20	36.44	71.96	10.20	53.40	45.19	31.69	70.13	18.31	84.66	6.60	36.52	42.10	115.25	S
F-4	惠优139	78.88	49.60	48.80	59.09	17.14	29.01	69.37	38.40	46.80	51.52	16.02	31.09	21.68	37.25	8.90	22.61	14.20	62.80	MS
F-5	扬籼优709	83.08	57.87	82.70	74.55	14.45	19.38	82.63	49.40	78.60	70.21	18.14	25.83	1.39	21.46	8.80	10.55	10.15	96.22	MR
F-6	野香优668	84.29	17.20	60.50	54.00	34.01	62.99	79.60	0.00	58.20	45.93	41.19	89.68	10.71	100.00	6.70	39.14	52.75	134.78	HS
F-7																				
F-8	荃优9300	80.15	25.10	53.10	52.78	27.53	52.15	72.21	0.00	46.70	39.64	36.62	92.39	14.96	100.00	19.40	44.79	47.87	106.88	HS
F-9	宜香优62	91.77	68.07	85.60	81.81	12.30	15.03	90.01	54.40	80.30	74.90	18.41	24.58	2.89	33.25	10.70	15.61	15.77	100.97	R

续表

组别编号	名称	异地分期平均结实率(%)						异地低温平均结实率(%)						异地冷敏指数 CRI(%)						综合评价
		贵阳	安顺	毕节	M-1	sd-1	CV-1	贵阳	安顺	毕节	M-2	sd-2	CV-2	贵阳	安顺	毕节	M-3	sd-3	CV-3	
F-10	内香优6368	88.25	52.90	45.00	62.05	23.03	37.12	81.32	36.40	39.40	52.37	25.11	47.95	13.78	48.37	25.40	29.18	17.60	60.32	MS
F-11	绿优2758	81.43	47.80	45.80	58.34	20.02	34.31	77.45	36.40	38.30	50.72	23.17	45.69	7.56	36.92	36.90	27.13	16.94	62.46	MS
F-12	创两优513	74.47	43.97	87.90	68.78	22.51	32.73	72.83	33.20	84.20	63.41	26.77	42.22	5.77	47.13	8.60	20.50	23.11	112.71	MR
G-1	LX2064	87.44	57.97	88.70	78.04	17.39	22.28	83.82	42.00	85.60	70.47	24.67	35.01	7.88	44.07	6.20	19.38	21.40	110.39	R
G-2	泸香优110	82.90	55.77	52.30	63.66	16.75	26.32	81.07	41.10	47.50	56.56	21.47	37.96	5.34	37.54	13.90	18.93	16.68	88.11	MS
G-3	友早68	93.09	78.80	83.40	85.10	7.29	8.57	92.13	72.50	82.20	82.28	9.82	11.93	1.93	14.61	2.50	6.35	7.16	112.80	HR
G-4	泰优390	87.94	72.33	46.20	68.82	21.09	30.64	84.80	60.80	39.40	61.67	22.71	36.83	6.74	25.85	26.40	19.66	11.19	56.92	MR
G-5	5346A/R781	93.48	72.50	83.50	83.16	10.49	12.62	90.73	64.30	78.30	77.78	13.22	17.00	4.64	21.39	12.70	12.91	8.38	64.88	HR
G-6	繁优323	79.52	74.10	59.00	70.87	10.63	15.00	75.67	67.20	53.70	65.52	11.08	16.91	9.08	17.34	19.30	15.24	5.43	35.60	MR
G-7	香早优2017	80.31	72.90	76.90	76.70	3.71	4.84	79.86	68.40	72.40	73.55	5.82	7.91	1.60	12.31	11.80	8.57	6.04	70.53	R
G-8	M优152	89.89	77.77	80.10	82.59	6.43	7.79	87.05	71.00	74.40	77.48	8.46	10.92	6.22	16.67	13.10	12.00	5.31	44.26	HR
G-9	金秋香优1079	88.73	78.20	76.60	81.18	6.59	8.12	87.13	73.90	71.10	77.38	8.56	11.07	4.24	11.39	12.90	9.51	4.63	48.64	HR
G-10	Q两优313	88.48	85.87	78.70	84.35	5.06	6.00	84.52	79.50	75.20	79.74	4.66	5.85	6.84	14.15	7.80	9.60	3.97	41.41	HR
G-11	泸香优912	87.44	64.37	52.10	67.97	17.94	26.40	85.63	57.20	48.20	63.68	19.54	30.68	3.84	19.09	13.70	12.21	7.73	63.35	MR
G-12	繁优3199	83.50	70.60	61.30	71.80	11.15	15.53	79.20	63.30	52.80	65.10	13.29	20.42	8.01	16.38	22.90	15.76	7.47	47.36	MR
G-13	德优727	88.55	76.03	45.40	69.99	22.20	31.72	84.02	71.90	42.50	66.14	21.35	32.28	8.95	12.64	13.60	11.73	2.45	20.92	MR
G-14	黎香1号	74.42	0.00	62.30	45.57	39.93	87.62	57.61	0.00	58.20	38.60	33.43	86.61	35.91	0.00	12.20	16.04	18.26	113.87	S

表 5　鉴定点基本情况

试点概况	贵阳	安顺	毕节
秧田土壤质地与肥力	肥力中等偏上	黄壤,肥力上等,均匀,前作绿肥	壤土,中等肥力
种子处理	浸种催芽	无	干种子撒播
播种日期	I-4 月 24 日;II-5 月 4 日;III-5 月 14 日	I-4 月 15 日;II-4 月 25 日;III-5 月 5 日	I-4 月 14 日;II-4 月 24 日;III-5 月 4 日
育秧方式	湿润育秧	播干谷,泥浆踏谷,湿润育秧,架拱棚,塑料薄膜覆盖至二叶一心期	湿润秧田塑料薄膜覆盖育秧
秧田施肥	基肥:农家肥 750 千克/亩　追肥:尿素 5 千克/亩	前作绿肥约每亩 1500 千克青杆粉碎回田　5 月 6 日亩施尿素 7.5 千克	芬兰复合肥亩施 30 千克　均亩施尿素 10 千克作提苗肥
本田前作、质地、肥力和耕整情况	土质黄壤,肥力中等,抗冬田	黄壤,肥力上等,均匀,前作绿肥,约每亩 1500 千克青杆粉碎回田,机耕多次	前作抗冬,壤土,中上等肥力,两犁两耙亩施芬兰复合肥 20 千克作基肥,同时撒施除草剂(野老 2 包/亩)
移栽日期	6 月 8 日	6 月 10 日	5 月 29 日
移栽规格	(20+30)/2 厘米×20 厘米	25 厘米×20 厘米	(9+6)寸×4 寸
小区排列方式和面积(平方米)	顺序排列	顺序排列	顺序排列
本田施肥	基肥:农家肥 1500 千克/亩,普钙 50 千克/亩　追肥:6 月 16 日追尿素一次,15 千克/亩	绿肥鲜草约每亩 1500 千克粉碎回田　6 月 16 日每亩追施"撒可富"20 千克,尿素 5 千克	亩施芬兰复合肥 1500 千克亩施 20 千克作基肥　追肥一次,6 月 27 日亩施尿素 15 千克
旱、病、虫、草、鼠、鸟等逆境情况与处理说明	未受到影响	无	用 40 乳油富土一号防稻瘟病,用敌敌畏+毒死蜱+千红吡虫啉 10%可湿性粉剂防治象皮虫,稻飞虱,螟虫等虫害
当年天气状况	本年前期温度偏低,生育后期温度较常年偏高,且未出现较大波动,总体表现低温逼温度低	天气正常,详见气象资料	各组合抽穗期间气温多在 22℃或以上

2016 年水稻区试品种农业部食品质量监督检验检测中心（武汉）检验报告

表 1　2016 年水稻区试品种食品质量检测结果

				贵州省种子管理站						检验依据 GB/T17891－1999NY/T593－2002					
检验品种名称	委托样分析编号	国标等级	出糙率（%）	精米率（%）	整精米率（%）	粒长（毫米）	粒型长/宽比	垩白粒率（%）	垩白度（%）	直链淀粉（%）	胶稠度（毫米）	碱消值（级）	透明度（级）	水分（%）	备注
成优 981	2016QS1377		78.2	68.8	54.1	7.0	2.9	65	9.1	15.5	70	5.0	2	12.7	
中浙优 8 号	2016QS1378	优 3	78.3	69.8	60.3	6.8	3.0	7	0.9	15.6	65	5.0	1	13.0	
香优 1139	2016QS1379		80.0	69.2	57.3	6.2	2.8	22	3.8	14.0	69	4.3	1	13.2	
炳优 22	2016QS1380		78.7	69.7	51.1	7.5	3.1	57	11.6	22.7	32	6.0	2	13.7	
友试 8 号	2016QS1381	优 3	79.5	70.3	58.7	7.0	3.0	13	2.5	15.1	62	5.3	1	12.5	
泰丰优 2098	2016QS1382	优 3	75.7	65.4	52.0	7.4	3.1	24	4.3	15.4	60	6.0	2	13.5	
F 优 498	2016QS1383	优 3	79.6	69.3	56.7	7.0	3.0	22	4.1	21.3	50	6.5	1	12.8	
荃优 399	2016QS1384	优 3	78.9	70.2	61.6	6.8	3.0	11	2.2	15.4	55	7.0	1	13.1	
隆两优 1146	2016QS1385		78.9	70.3	59.3	7.0	2.8	11	2.4	13.9	70	4.7	1	13.3	
9 香 A/R07	2016QS1386	优 3	78.9	69.0	52.0	6.9	3.0	26	4.5	15.0	55	4.2	1	11.6	
武优 6 号	2016QS1387		79.9	69.8	45.2	7.6	3.2	47	11.4	21.5	35	5.0	2	11.9	

续表

检验品种名称	委托样分析编号	国标等级	贵州省种子管理站							检验依据 GB/T17891-1999NY/T593-2002					备注
			出糙率(%)	精米率(%)	整精米率(%)	粒长(毫米)	粒型长/宽比	垩白粒率(%)	垩白度(%)	直链淀粉(%)	胶稠度(毫米)	碱消值(级)	透明度(级)	水分(%)	
蓉优592	2016QS1388		77.8	66.9	44.0	7.1	3.1	32	5.3	15.9	55	4.2	1	11.8	
12正 H8312A/HR3485	2016QS1389	优3	78.3	68.7	55.6	7.0	3.1	20	4.5	15.4	57	7.0	2	13.5	
蜀香267	2016QS1390	优3	78.5	69.3	56.5	7.1	3.0	19	4.9	15.2	58	7.0	1	13.2	
YD2998	2016QS1391	优3	77.0	67.6	52.0	7.1	3.2	12	2.5	15.1	70	4.2	1	12.9	
吉丰2号	2016QS1392		78.2	68.7	49.8	7.2	3.1	30	5.5	14.9	70	6.8	1	12.8	
川345A/1288	2016QS1393		77.7	67.8	50.5	7.5	3.1	48	9.0	19.0	37	7.0	1	12.5	
宜香1A/R5716	2016QS1394	优3	75.8	66.3	52.0	7.3	3.1	26	4.6	15.6	73	5.7	1	13.2	
旌香优9139	2016QS1395		82.2	72.0	57.3	7.0	3.2	28	5.5	15.7	65	7.0	1	12.8	
五优4456	2016QS1396	优3	76.5	68.3	61.7	6.5	2.8	12	2.4	15.0	65	5.5	1	13.0	
成丰A/R33	2016QS1397		75.9	66.3	42.9	7.1	2.8	89	19.6	15.9	70	4.7	2	12.3	
宜香优制2	2016QS1398		77.9	68.9	49.3	7.3	2.8	28	5.3	16.2	52	7.0	1	12.2	
晶两优7818	2016QS1399	优2	78.0	69.6	61.1	6.7	3.0	11	3.0	16.0	60	7.0	1	13.5	
C优1152	2016QS1400		79.9	70.3	50.0	7.3	3.0	56	9.8	20.2	32	4.5	2	12.4	
奥两优567	2016QS1401		80.5	70.6	54.2	7.3	3.1	50	10.5	21.1	35	4.5	2	12.5	
禾优98	2016QS1402		79.6	69.0	56.0	7.2	3.2	22	4.6	20.1	35	4.5	2	14.1	
贵优957	2016QS1403		80.0	70.7	56.3	6.8	2.9	53	10.0	18.8	45	4.7	2	12.2	
赣73优明占	2016QS1404	优3	79.7	70.9	55.4	6.9	3.1	9	2.6	15.6	52	7.0	1	13.0	
947A/R460	2016QS1405		78.9	69.5	51.6	7.0	2.8	46	7.7	14.6	60	4.5	1	13.1	
谷丰优93	2016QS1406		79.5	69.8	49.3	6.3	2.6	40	6.8	18.2	45	4.5	1	13.8	

续表

检验品种名称	委托样分析编号	国标等级	出糙率(%)	精米率(%)	整精米率(%)	粒长(毫米)	粒型长/宽比	垩白粒率(%)	垩白度(%)	直链淀粉(%)	胶稠度(毫米)	碱消值(级)	透明度(级)	水分(%)	备注
			贵州省种子管理站								检验依据 GB/T17891-1999NY/T593-2002				
丰优1186	2016QS1407		79.8	70.7	47.3	7.1	3.0	40	6.0	16.0	50	4.3	2	13.7	
YD998	2016QS1408		80.4	72.1	60.3	6.8	3.0	18	4.4	14.4	65	4.8	1	13.8	
深两优841	2016QS1409	优3	78.7	71.0	56.0	7.2	3.3	12	2.3	15.6	55	5.5	1	12.9	
G48A/R785	2016QS1410		80.8	71.0	38.4	6.9	2.7	83	20.0	20.0	45	4.8	2	12.8	
禾香优1963	2016QS1411	优2	77.0	65.5	54.8	7.5	3.2	12	2.2	19.2	60	7.0	1	13.5	
双优369	2016QS1412	优3	80.7	71.3	58.8	7.0	3.0	30	4.8	15.6	68	4.0	1	13.3	
黔丰优286	2016QS1413		79.1	71.0	52.4	6.8	2.6	47	7.5	15.5	55	4.3	1	13.7	
蓉优1855	2016QS1414	优3	80.6	70.0	54.4	7.1	3.2	5	0.9	15.4	52	4.2	1	13.5	
兆优5455	2016QS1415	优2	78.0	67.5	55.1	7.2	3.3	8	2.4	16.0	50	7.0	1	13.5	
内香优1399	2016QS1416	优3	78.8	69.3	54.0	7.3	3.0	30	4.0	15.2	70	4.3	1	13.2	
黔优35	2016QS1417	优3	80.3	71.8	62.0	6.9	3.0	28	3.5	15.0	53	4.8	2	13.5	
卓优118	2016QS1418	优3	79.1	70.0	62.0	6.9	3.2	20	3.8	15.1	53	7.0	1	13.5	
贵丰优503	2016QS1419		77.0	66.2	47.3	7.1	2.8	70	10.3	15.2	75	4.2	2	13.8	
惠优801	2016QS1420		77.8	66.8	52.3	7.4	3.1	75	11.2	19.0	40	4.8	2	13.4	
富香优59	2016QS1421	优2	77.0	68.4	57.6	6.7	3.2	3	0.4	16.0	55	4.3	1	13.5	
黄两优091	2016QS1422		76.2	66.6	51.3	6.6	2.8	28	5.9	15.2	78	4.7	1	15.0	
神农优528	2016QS1423	优3	75.1	66.5	59.5	6.6	3.0	18	2.3	15.0	60	5.5	1	13.1	

续表

检验品种名称	委托样分析编号	国标等级	贵州省种子管理站							检验依据	GB/T17891-1999NY/T593-2002				备注
			出糙率(%)	精米率(%)	整精米率(%)	粒长(毫米)	粒型长/宽比	垩白粒率(%)	垩白度(%)	直链淀粉(%)	胶稠度(毫米)	碱消值(级)	透明度(级)	水分(%)	
佰丰优387	2016QS1424		77.4	68.8	51.9	7.1	3.2	20	4.8	14.2	62	5.8	1	14.5	
两优1316	2016QS1425	优3	76.5	69.1	60.0	6.6	3.0	16	2.5	15.0	55	6.0	1	13.5	
桃湘优华占	2016QS1426		74.7	66.3	53.0	6.6	3.1	34	7.2	14.8	52	4.7	1	13.8	
泰丰优733	2016QS1427		77.3	69.0	56.8	7.7	3.6	26	5.3	14.6	65	6.0	1	13.8	
先丰优2号	2016QS1428	优3	77.5	69.0	53.8	6.6	2.9	20	5.0	19.4	50	7.0	1	13.5	
贵香优717	2016QS1429	优3	78.6	70.6	58.6	7.3	3.2	22	4.5	19.6	50	6.8	1	13.5	
花优673	2016QS1430		76.4	67.6	52.5	7.2	2.9	28	5.5	15.2	53	5.0	1	13.2	
N两优1133	2016QS1431		74.8	66.6	55.1	7.0	3.1	26	5.7	15.7	50	5.0	1	14.3	
深优9716	2016QS1432		75.2	67.5	58.0	6.5	2.7	16	4.2	15.0	52	7.0	1	14.2	
双优505	2016QS1433	优3	76.7	69.2	56.3	6.9	2.9	24	3.5	15.8	60	4.3	1	13.1	
内5优573	2016QS1434		77.3	69.0	50.5	7.4	3.1	32	5.3	16.1	50	6.8	1	13.2	
繁优598	2016QS1435	优3	75.2	66.0	57.4	7.3	3.3	26	3.4	17.2	50	7.0	1	13.5	
惠优139	2016QS1436		80.1	70.2	56.0	7.4	3.2	50	10.3	22.0	32	5.5	2	13.6	
扬籼优709	2016QS1437		76.1	68.6	60.0	6.8	3.1	30	7.0	15.9	52	4.0	1	13.7	
野香优668	2016QS1438	优2	77.9	65.5	60.0	6.7	3.1	4	0.4	16.0	60	5.0	1	13.4	
F优498	2016QS1439		78.7	69.4	57.7	7.0	3.0	38	6.8	18.8	35	5.5	1	13.8	
荃优9300	2016QS1440		76.6	67.6	56.3	7.1	3.0	48	10.5	16.2	65	7.0	2	13.3	
宜香优62	2016QS1441	优3	78.0	70.1	56.8	7.2	3.0	20	3.5	15.4	55	6.8	1	13.3	
内香优6368	2016QS1442		79.6	70.7	45.3	7.1	3.0	42	6.7	14.6	75	4.0	1	13.2	
绿优2758	2016QS1443	优3	75.5	67.2	52.1	7.0	3.0	30	5.0	15.6	77	5.0	1	13.3	

续表

检验品种名称	委托样分析编号	国标等级	贵州省种子管理站								检验依据 GB/T17891-1999 NY/T593-2002				备注
			出糙率(%)	精米率(%)	整精米率(%)	粒长(毫米)	粒型长/宽比	垩白粒率(%)	垩白度(%)	直链淀粉(%)	胶稠度(毫米)	碱消值(级)	透明度(级)	水分(%)	
创两优513	2016QS1444	优3	78.0	70.6	63.1	6.6	3.3	20	4.5	15.2	60	5.0	1	13.5	
LX2064	2016QS1445		76.5	67.3	52.3	6.9	3.1	60	10.8	15.2	70	5.0	2	12.9	
泸香优110	2016QS1446	优2	77.0	66.5	54.0	7.3	3.4	8	2.1	16.4	52	7.0	1	12.9	
友早68	2016QS1447	优3	79.0	71.0	43.8	6.9	3.0	28	5.2	14.7	60	4.0	1	13.4	
泰优390	2016QS1448	优3	75.7	65.7	55.3	7.4	3.7	20	3.5	15.0	65	4.0	1	13.5	
10东5346A/R781	2016QS1449	优3	79.4	71.5	54.2	7.4	3.2	20	3.4	16.0	65	7.0	1	13.5	
繁优323	2016QS1450	优3	79.1	69.3	55.0	7.1	3.1	22	3.2	15.5	52	7.0	1	13.3	
香早优2017	2016QS1451		80.3	69.5	35.4	7.3	3.1	34	6.0	14.6	57	7.0	1	13.3	
M优152	2016QS1452	优2	80.7	71.8	52.0	7.1	3.2	18	3.2	15.0	62	5.0	1	13.3	
金秋香优1079	2016QS1453	优3	80.8	72.2	61.3	7.0	3.3	13	3.0	15.0	60	7.0	1	13.3	
Q两优313	2016QS1454		80.8	71.8	39.3	7.1	3.2	20	5.3	13.7	67	4.3	2	13.1	
泸香优912	2016QS1455		80.5	69.3	46.4	7.0	3.2	36	6.8	19.8	30	6.5	2	13.1	
繁优3199	2016QS1456	优2	79.5	70.0	54.0	7.2	3.3	10	2.8	16.3	50	7.0	1	13.2	
德优727	2016QS1457		81.5	72.0	57.2	7.0	3.0	48	7.5	20.2	30	7.0	2	13.2	
浙科优288	2016QS1458		80.3	70.9	61.5	5.7	2.1	65	13.0	15.8	65	5.0	2	13.6	
黔粳杂57	2016QS1459		81.8	72.5	57.3	5.8	2.2	29	6.3	15.6	50	7.0	1	13.6	
毕粳优4号	2016QS1460		82.3	72.9	57.8	6.3	2.4	36	5.5	15.3	70	7.0	1	13.4	
W020	2016QS1461	优3	82.0	73.0	65.0	4.9	1.6	30	3.2	15.0	75	7.0	1	13.4	
筑香753	2016QS1462		81.4	70.8	58.0	7.6	3.1	13	3.4	16.1	60	7.0	1	13.3	

续表

检验品种名称	委托样分析编号	国标等级	出糙率（%）	精米率（%）	整精米率（%）	粒长（毫米）	粒型长/宽比	垩白粒率（%）	垩白度（%）	直链淀粉（%）	胶稠度（毫米）	碱消值（级）	透明度（级）	水分（%）	备注
					贵州省种子管理站					检验依据 GB/T17891-1999NY/T593-2002					
渝粳优5029	2016QS1463		81.6	71.2	57.3	5.1	1.9	28	5.5	16.7	60	7.0	1	13.5	
毕粳优5号	2016QS1464		82.1	72.5	59.3	5.7	2.2	42	6.2	15.5	58	7.0	1	13.4	
长粳优9号	2016QS1465	优3	78.8	70.2	62.0	5.9	2.5	4	0.4	16.0	75	5.0	1	13.7	
黔粳杂295	2016QS1466		82.0	72.0	52.1	5.4	2.0	64	21.0	12.8	75	7.0	2	13.2	
浦优501	2016QS1467		81.0	71.4	58.8	7.2	3.0	36	5.8	15.2	70	6.0	1	13.7	
滇杂31	2016QS1468		83.1	70.3	67.8	5.0	1.7	60	7.8	15.2	60	7.0	1	13.7	
锦糯1号	2016QS1469	优糯	86.2	74.1	69.3	4.7	1.8	糯米	糯米	1.8	100	7.0	5	12.2	糯
吉糯2号	2016QS1470		80.4	69.9	49.5	6.1	2.5	糯米	糯米	1.4	100	6.0	5	12.5	糯
荃香糯2号	2016QS1471		80.2	71.0	50.6	6.1	2.6	糯米	糯米	1.4	100	6.0	2	11.5	糯
友香糯799	2016QS1472		79.9	70.9	56.7	4.8	1.7	糯米	糯米	1.2	100	6.5	5	12.2	糯
糯优718	2016QS1473		80.5	69.5	45.1	7.0	2.7	糯米	糯米	1.4	100	4.8	2	12.7	糯
糯优8249	2016QS1474		80.0	69.3	41.3	6.9	2.9	糯米	糯米	1.8	100	6.0	2	12.1	糯
糯杂6211	2016QS1475		79.5	67.9	47.0	6.0	2.3	糯米	糯米	1.4	100	5.0	5	13.0	糯
糯优8248	2016QS1476	优糯	79.2	68.6	56.5	6.2	2.8	糯米	糯米	1.6	100	4.5	3	13.0	糯
嘉糯2优2号	2016QS1477	优糯	80.0	70.4	56.3	6.4	2.9	糯米	糯米	1.4	100	6.0	3	13.2	糯
吉糯1号	2016QS1478		80.0	70.5	58.8	5.7	2.5	糯米	糯米	1.5	100	6.0	2	12.7	糯
糯优8225	2016QS1479		79.4	68.2	52.6	5.9	2.5	糯米	糯米	1.8	100	4.2	1	12.4	糯
中香1号	2016QS1480	优3	79.0	71.2	66.2	6.8	3.1	15	3.2	16.0	75	7.0	1	12.7	
宜香优1号	2016QS1481	优3	80.1	69.9	61.7	6.8	2.9	8	1.8	15.2	60	7.0	1	13.3	香

2016 年贵州省水稻生产试验品种食味品质鉴定

2017 年 3 月 31 日,由贵州省农作物品种审定委员会办公室主持,邀请贵州省农作物品种审定委员会部分委员和水稻专家组成鉴评小组(见表 2),在贵州省水稻研究所对贵州省 2016 年生产试验部分品种进行了食味鉴评,以期为品种审定提供参照依据。经与会专家讨论,以生产上广泛推广的 F 优 498 为对照,依据中华人民共和国国家标准《稻米蒸煮试验品质评定》(GB/T 15682-2008)有关操作规程进行鉴评,参评品种采用无记名打分,最后取平均值,鉴评结果汇总如表 1 所示。

表 1 各参评品种综合得分

序号	品种名称	得分	名次	序号	品种名称	得分	名次
1	F 优 498(CK)	77.3	17	11	G48A/R785	73.8	19
2	成优 981	80.3	5	12	荃优 822	82.7	2
3	中浙优 8 号	82.3	3	13	德优 3301	81.5	4
4	香优 1139	72.7	20	14	绿丰优 348	79.5	9
5	友试 8 号	83.0	1	15	臻优 178	80.3	5
6	荃优 399	78.3	13	16	天隆优 619	77.9	15
7	隆两优 1146	80.0	8	17	中香 1 号	78.5	12
8	9 香 A/R07	80.2	7	18	滇杂 31	75.5	18
9	蓉优 592	79.2	11	19	浙科优 288	77.5	16
10	武优 6 号	79.5	9	20	黔粳杂 57	78.0	14

表 2　2016 年贵州省水稻试验品种食味品质鉴定参评专家名单

姓名	单位	职务/职称
阮仁超	贵州省农作物品种资源研究所	所长/研究员
李其义	贵州省农委	调研员/研究员
熊玉唐	贵州省农委	研究员
程尚明	贵州禾睦福种子有限公司	高农
杨占烈	贵州省水稻研究所	研究员
涂敏	贵州省水稻研究所	高农
江学海	贵州省水稻研究所	副研究员
李树杏	贵州省水稻研究所	高农
游俊梅	贵州省水稻研究所	副研究员
高捷	贵州省农委	副站长/高农
黄贵民	贵州省农委	高农

2016 年贵州省农作物种质（水稻）DNA 指纹鉴定报告

一、检测目的

受贵州省农作物品种审定委员会和贵州省种子管理站委托，参照我国农业行业标准《水稻品种鉴定技术规程 SSR 标记法》（NY/T 1433-2014），贵州省农业生物工程重点实验室对贵州省种子管理站所送的水稻种子材料进行了 SSR 分子标记分析，建立了 SSR-DNA 指纹图谱数据库，以便于贵州省品种管理部门对品种试验进行有效的质量管理，为品种审定提供科学依据。

二、送检材料

供试材料来源于 2016 年贵州省种子管理站提供的 20 个水稻品种种子，具体名称如表 1 所示。

表 1　水稻 DNA 鉴定品种名称和来源

序号	编号	材料名称
2016-S01-01	A01	成优 981
2016-S01-02	A02	中浙优 8 号
2016-S01-03	A03	香优 1139
2016-S01-04	A04	炳优 22
2016-S01-05	A05	友试 8 号
2016-S01-06	A06	泰丰优 2098
2016-S01-07	A07	F498
2016-S01-08	A08	荃优 399
2016-S01-09	A09	隆两优 1146
2016-S01-10	A10	9 香 A/R07
2016-S01-11	A11	武优 6 号
2016-S01-12	A12	蓉优 592
2016-S01-13	B01	G48A/R785
2016-S01-14	B02	荃优 822
2016-S01-15	B03	臻优 178
2016-S01-16	B04	德优 3301
2016-S01-17	B05	绿丰优 348
2016-S01-18	B06	黎香 1 号
2016-S01-19	B07	黔粳杂 57
2016-S01-20	B08	春优 984（浙科优 288）

三、检测方法

(一)测试方法

参照我国农业行业标准《水稻品种鉴定技术规程 SSR 标记法》(NY/T 1433-2014)的规定执行。主要测试工作程序:各品种进行 DNA 的提取→24 对基本核心 SSR 引物的 PCR 多态性扩增→凝胶电泳检测→谱带分析→统计分析→SSR 检测报告。

所用 24 对基本核心 SSR 引物名称和分布见表 2。

表 2 用于 SSR 分子标记分析的 24 对核心引物

编号	引物	染色体	引物组别	退火温度(℃)	引物序列(5′→3′)		荧光	常见等位变异(碱基对)	参照品种
A01	RM583	1	I	55	正向: agatccatccctgtggagag	反向: gcgaactcgcgttgtaatc	VIC	180 189 192 195	陆川早 1 号 合江 18 竹云糯 IR 30
A02	RM71	2	I	55	正向: ctagaggcgaaaacgagatg	反向: gggtgggcgaggtaataatg	FAM	122 139 148	合江 18 Dasanbyeo CPY 2199
A03	RM85	3	I	55	正向: ccaaagatgaaacctggattg	反向: gcacaaggtgagcagtcc	FAM	80 95 104	紫香糯 安育早 1 号 齐粒丝苗
A04	RM471	4	I	55	正向: acgcacaagcagatgatgag	反向: gggagaagacgaatgtttgc	VIC	102 104 114	元子占稻 竹云糯 陆川早 1 号
A05	RM274	5	I	55	正向: cctcgcttatgagagcttcg	反向: cttctccatcactcccatgg	VIC	149 162	元子占稻 竹云糯
A06	RM190	6	I	55	正向: ctttgtctatctcaagacac	反向: ttgcagatgttcttcctgatg	VIC	109 120 122	广陆矮 4 号 竹云糯 合江 18
A07	RM336	7	I	55	正向: cttacagagaaacggcatcg	反向: gctggtttgtttcaggttcg	VIC	151 154 160 163 166 193	陆川早 1 号 竹云糯 红壳老来青 元子占稻 CPY 2199 轮回 01
A08	RM72	8	I	55	正向: ccggcgataaaacaatgag	反向: gcatcggtcctaactaaggg	PET	163 175 178 190 193	广陆矮 4 号 红壳老来青 Tsukushiakamochi 合江 18 Koshihikari
A09	RM219	9	I	55	正向: cgtcggatgatgtaaagcct	反向: catatcggcattcgcctg	FAM	194 200 202 215 222	合江 18 Yumetoiro 桂花黄 陆川早 1 号 IR 30
A10	RM311	10	I	55	正向: tggtagtataggtactaaacat	反向: tcctatacacatacaaacatac	VIC	160 166 170 182	桂花黄 元子占稻 陆川早 1 号 Dasanbyeo

续表

编号	引物	染色体	连锁群	退火温度	引物序列	荧光	片段大小	品种
A11	RM209	11	I	55	正向：atatgagttgctgtcgtgcg 反向：caacttgcatcctcccctcc	VIC	125 132 151 153 160	合江 18 矮糯 CPY 2199 竹云糯 川 7 号
A12	RM19	12	I	55	正向：caaaaacagagcagatgac 反向：ctcaagatggacgccaaga	PET	216 247 250 253	合江 18 Dasanbyeo 竹云糯 齐粒丝苗
B01	RM1195	1	II	55	正向：atggaccacaaacgaccttc 反向：cgactcccttgttcttctgg	FAM	142 144 146 148 150 152	佳辐占 桂花黄 浙场 9 号 丽水糯 合江 18 鄂糯 10 号
B02	RM208	2	II	55	正向：tctgcaagccttgtctgatg 反向：taagtcgatcattgtgtggacc	PET	167 172 175 180 182	元子占稻 合江 18 广陆矮 4 号 轮回 01 紫香糯
B03	RM232	3	II	55	正向：ccggtatccttcgatattgc 反向：ccgacttttcctcctgacg	PET	141 150 156 159 161	昌米 011 桂花黄 合江 18 轮回 01 陆川早 1 号
B04	RM119	4	II	67	正向：catccccctgctgctgctg 反向：cgccggatgtgtgggactagcg	PET	166 169	竹云糯 轮回 01
B05	RM267	5	II	55	正向：tgcagacatagagaaggaagtg 反向：agcaacagcacaacttgatg	NED	138 154 156	元子占稻 陆川早 1 号 浙场 9 号
B06	RM253	6	II	55	正向：tccttcaagagtgcaaaacc 反向：gcattgtcatgtcgaagcc	PET	133 135 142	陆川早 1 号 元子占稻 浙场 9 号
B07	RM481	7	II	55	正向：tagctagccgattgaatggc 反向：ctccacctcctatgttgttg	FAM	146 162 165	IR 30 陆川早 1 号 竹云糯
B08	RM339	8	II	55	正向：gtaatcgatgctgtgtgggaag 反向：gagtcatgtgatagccgatatg	VIC	140 146 158	合江 18 竹云糯 陆川早 1 号
B09	RM278	9	II	55	正向：gtagtgagcctaacaataatc 反向：tcaactcagcatctctgtcc	NED	128 138 140 142	元子占稻 轮回 01 陆川早 1 号 广籼 2 号
B10	RM258	10	II	55	正向：tgctgtatgtagctcgcacc 反向：tggcctttaaagctgtcgc	FAM	128 132 136 146	元子占稻 陆川早 1 号 广陆矮 4 号 轮回 01
B11	RM224	11	II	55	正向：atcgatcgatcttcacgagg 反向：tgctataaaaggcattcggg	NED	120 128 131 143 153 155 157	合江 18 早籼 276 陆川早 1 号 川 7 号 矮糯 紫香糯 竹云糯
B12	RM17	12	II	55	正向：tgccctgttatttcttctctc 反向：ggtgatcctttcccatttca	NED	159 185	轮回 01 广陆矮 4 号

（二）数据处理及分析

SSR 扩增产物按在相同迁移位置上（相同分子量片段）有带记为"1"，无带记为"0"，全部以 1、0 统计建立数据库，转换为数值矩阵后，用 NTSYSpc 2.10e 分析软件中的 Qualitative Data 进行矩阵分析和用 SAHN Clustering 计算遗传距离，并按 UPMGA 法构建亲缘关系树状图。

四、检测结果

（一）送检样品的 DNA 指纹图谱

通过对 20 份水稻品种的 DNA 样品进行 SSR 多态性分析，20 份材料对应的 24 个引物所得到的一行由"0""1"组成的数字构成了各个品种的 DNA 指纹，见表 3。

表 3　送检水稻样品的 DNA 指纹

引物名称	品种序号																			
	1	2	3	4	5	6	7	8	9	10	11	12	13	14	15	16	17	18	19	20
A01	0	0	0	1	1	0	0	1	1	0	0	0	1	1	1	0	0	0	0	0
	1	1	1	1	1	0	0	1	1	0	1	1	1	1	1	1	1	1	0	0
	1	1	1	1	1	1	1	1	1	1	1	1	1	1	1	1	1	1	0	0
	1	1	0	1	0	0	0	1	0	1	1	0	0	1	0	1	0	0	1	1
A02	1	1	1	1	1	1	1	1	1	1	1	1	1	1	1	1	1	1	1	1
	1	1	1	1	1	1	1	1	1	1	1	1	1	1	1	1	1	1	1	1
	1	1	1	1	1	1	1	1	1	1	1	1	1	1	1	1	1	1	1	1
A03	1	1	1	1	1	1	1	1	1	1	1	1	1	1	1	1	1	1	1	1
	0	0	0	0	0	1	1	0	1	0	0	0	1	1	1	0	0	0	0	0
	1	1	1	1	1	1	1	1	1	1	1	1	1	1	1	1	1	1	1	1
A04	1	1	1	1	1	1	1	1	1	1	1	1	1	0	1	1	1	1	1	1
	1	1	1	1	1	1	1	1	1	1	1	1	1	1	1	1	1	1	1	1
	0	1	1	1	1	0	1	1	1	1	1	0	0	1	1	1	1	1	1	1
A05	0	0	0	1	0	0	0	0	0	0	0	0	0	1	0	1	0	0	0	1
	0	0	1	1	0	0	0	0	0	0	0	0	0	0	0	0	0	1	1	1
A06	0	0	0	0	0	0	0	0	0	0	0	0	0	0	0	0	0	0	0	0
	0	0	1	0	0	0	1	0	0	0	0	0	1	0	0	0	0	0	0	0
	0	0	0	0	0	0	0	0	0	0	0	0	0	0	0	0	0	0	0	0
A07	0	0	0	1	0	0	0	0	0	0	0	0	0	0	0	0	0	0	0	0
	0	0	0	1	0	0	0	0	0	0	0	0	0	0	0	0	0	0	0	0
	1	1	1	1	1	1	1	1	1	1	1	1	1	1	1	1	1	1	0	1
	1	1	0	1	1	1	1	1	1	1	1	1	1	1	1	1	1	1	1	1
	1	1	1	1	1	1	1	1	1	1	1	1	1	1	1	1	1	1	1	1
	0	0	0	0	0	0	0	0	0	1	1	1	0	0	1	0	0	0	0	0
A08	0	0	1	1	0	0	1	0	1	1	0	0	0	0	0	0	1	0	0	0
	1	1	1	1	1	1	1	1	1	1	1	1	1	1	1	1	1	1	1	1
	1	1	1	1	1	1	1	1	1	1	1	1	1	1	1	1	1	1	1	1
	1	1	1	1	1	1	1	1	1	1	1	1	1	1	0	1	1	1	1	1

续表

引物名称	品种序号																			
	1	2	3	4	5	6	7	8	9	10	11	12	13	14	15	16	17	18	19	20
A09	1	1	1	1	1	1	1	1	1	1	1	1	1	1	1	1	1	1	1	1
	0	0	0	0	0	0	0	0	0	0	0	0	0	0	0	0	0	0	0	0
	0	0	0	0	0	0	0	0	0	0	0	0	0	0	0	0	0	0	0	0
	0	0	0	1	1	0	0	0	0	0	1	0	0	1	0	1	1	1	1	1
	1	1	1	1	1	1	1	1	1	1	1	0	0	1	0	1	1	1	1	1
A10	0	0	0	0	0	0	0	0	0	0	0	0	0	0	0	0	0	0	0	0
	1	1	1	1	0	0	1	1	1	1	1	1	1	1	1	1	1	1	1	1
	1	1	1	1	1	1	1	1	1	1	1	1	1	1	1	1	1	1	1	1
	1	1	1	1	1	1	0	1	1	1	1	1	1	1	1	1	1	1	1	1
A11	0	1	1	1	1	1	1	1	1	1	1	1	1	1	1	1	1	1	0	1
	1	1	1	1	1	1	1	1	0	0	1	1	1	1	1	1	1	1	1	1
	1	1	1	1	1	1	1	1	1	1	1	1	1	1	1	1	1	1	1	1
	1	1	1	1	1	1	1	1	1	1	1	1	1	1	1	1	1	1	1	1
	0	0	0	0	1	1	1	1	0	1	1	0	1	0	0	0	0	0	1	0
A12	1	1	1	1	1	1	1	1	1	1	1	1	1	1	1	1	1	1	1	1
	1	0	1	0	1	0	1	1	1	0	0	1	0	1	0	1	1	0	0	1
	0	0	0	0	0	0	0	0	0	0	0	0	0	0	0	0	0	0	0	0
	1	1	1	1	1	1	1	1	1	1	1	1	1	1	1	1	1	1	1	1
B01	1	1	1	1	1	1	1	1	1	1	1	1	1	1	1	1	1	1	1	1
	1	1	1	1	1	1	1	1	1	1	1	1	1	1	1	1	1	1	1	1
	1	1	1	1	1	1	1	1	1	1	1	1	1	1	1	1	1	1	1	1
	0	0	0	0	0	0	0	0	0	0	0	0	0	0	0	0	0	0	0	0
	1	1	1	1	1	1	1	1	1	1	1	1	1	1	1	1	1	1	1	1
	1	1	1	1	1	1	1	1	1	1	1	1	1	1	1	1	1	1	1	1
B02	0	1	1	1	1	1	1	0	1	1	1	1	0	1	1	1	1	0	1	1
	0	0	0	0	0	0	0	0	0	0	0	0	0	0	0	0	0	0	0	0
	1	1	1	1	0	1	1	0	1	1	1	1	1	1	1	1	1	1	1	1
	0	0	0	0	0	0	0	0	0	0	0	0	0	0	0	0	0	0	0	0
	0	0	0	0	0	0	0	0	0	0	0	0	0	0	0	0	0	0	0	0
B03	1	0	1	0	0	1	1	1	1	0	0	0	1	1	1	1	1	1	1	0
	0	0	0	0	0	0	0	0	0	0	0	0	0	0	0	0	0	0	0	0
	1	1	1	1	1	1	1	1	1	1	1	1	1	1	1	1	1	1	1	1
	0	0	0	0	0	0	0	0	0	0	1	0	1	1	1	1	0	1	1	1
	0	0	0	0	0	0	0	0	0	0	1	1	1	1	1	1	0	1	1	1
B04	0	0	0	0	0	0	0	0	0	0	0	0	0	0	0	0	0	0	0	0
	0	0	0	0	0	0	0	0	0	0	0	0	0	0	0	0	0	0	0	0
B05	1	1	1	1	1	1	1	1	1	1	1	1	1	1	1	1	1	1	1	1
	1	1	1	0	1	1	1	0	1	1	1	1	1	1	1	1	1	1	1	1
	1	1	1	1	1	1	1	0	1	1	1	1	1	1	1	1	1	1	1	1
B06	1	1	1	1	1	1	1	1	1	1	1	1	1	1	1	1	1	1	1	1
	1	1	1	1	1	1	1	1	1	1	1	1	1	1	1	1	1	1	1	1
	0	0	1	0	0	0	0	0	0	1	1	1	0	0	1	0	0	1	1	1

续表

引物名称	品种序号																			
	1	2	3	4	5	6	7	8	9	10	11	12	13	14	15	16	17	18	19	20
B07	1	0	1	1	0	1	1	1	1	1	1	1	1	1	1	1	0	1	0	0
	1	0	1	1	0	1	1	1	1	1	1	1	1	1	1	1	0	1	0	0
	0	0	0	0	0	0	0	0	0	0	0	0	0	0	0	0	0	0	0	0
B08	1	1	1	1	1	1	1	1	1	1	1	1	1	1	1	1	1	1	1	1
	0	1	1	1	0	1	0	0	0	0	0	0	1	0	1	0	0	0	0	0
	0	0	0	0	0	0	0	0	0	0	0	0	0	0	0	0	0	0	0	1
B09	1	0	1	1	1	1	1	1	1	1	1	1	1	1	1	1	0	1	0	0
	1	1	1	1	1	1	1	1	1	0	1	1	1	1	1	1	1	1	1	1
	1	1	1	1	1	1	1	1	1	0	1	1	1	1	1	1	1	1	1	1
	0	0	0	0	0	0	0	0	0	0	0	0	0	0	0	0	0	0	0	0
B10	0	0	0	0	0	0	0	0	0	0	0	0	0	0	0	0	0	0	0	0
	0	0	0	0	0	0	0	0	0	0	0	0	0	0	0	0	0	0	0	0
	1	1	0	1	1	1	1	1	1	1	1	1	1	0	1	1	1	1	1	1
	1	1	1	1	1	1	1	1	1	1	1	1	1	1	1	1	1	1	1	1
B11	1	1	1	1	1	1	1	1	1	1	1	1	1	1	1	1	1	1	1	1
	1	1	1	1	1	1	1	1	1	1	1	1	1	1	0	0	0	0	1	1
	1	1	0	1	1	1	0	0	0	0	1	1	0	0	0	1	1	0	1	1
	1	1	0	1	1	1	1	1	1	1	1	1	1	1	1	1	1	1	1	1
	1	1	1	1	1	1	1	1	1	1	1	1	1	1	1	1	1	1	1	1
	1	1	1	1	1	1	1	1	1	1	1	1	1	1	1	1	1	1	1	1
	1	1	1	1	1	1	0	1	1	0	0	1	1	0	0	1	1	0	1	0	0
B12	0	0	0	0	0	0	0	0	0	0	0	0	0	0	0	0	0	0	0	0
	1	0	0	1	0	0	1	1	1	0	1	0	0	1	1	0	0	0	1	1

注:每个引物的扩增谱带从上到下分子量依次降低。

(二)样品间的聚类分析

根据 SSR 分析结果,20 份材料的遗传相似系数值见图 1。从 20 份材料的遗传相似系数看,遗传相似系数变化范围为 0.702~0.915,以相似系数为基础进行聚类分析,结果见图 2。

(三)真实性检测结果

根据判定标准检测到品种间差异的引物对≥2,故判定为不同品种;品种间差异的引物对=1,故判定为近似品种;品种间差异的引物对=0,故判定为相同品种或极近似品种。

用 24 对核心 SSR 引物对 20 个参试材料进行 PCR 扩增,将每对引物的扩增谱带组合起来,发现所有的参试材料之间互不相同。遗传相似系数变化范围为 0.702~0.915,其中遗传相似系数最大的为德优 3301 与绿丰优 348 的 0.915。在 6 对引物上有差异,其他的材料间至少在 6 对引物以上有差异,差异位点数都>6。同时,与前几批次和本次其他批次贵州省种子管理站提供的水稻材料进行比较,除相同名称材料外,20 个参试材料与它们也不相同,每两个品种间至少有 3 对以上的引物标记差异,说明参试的水稻品种与其他所送材料也不同。

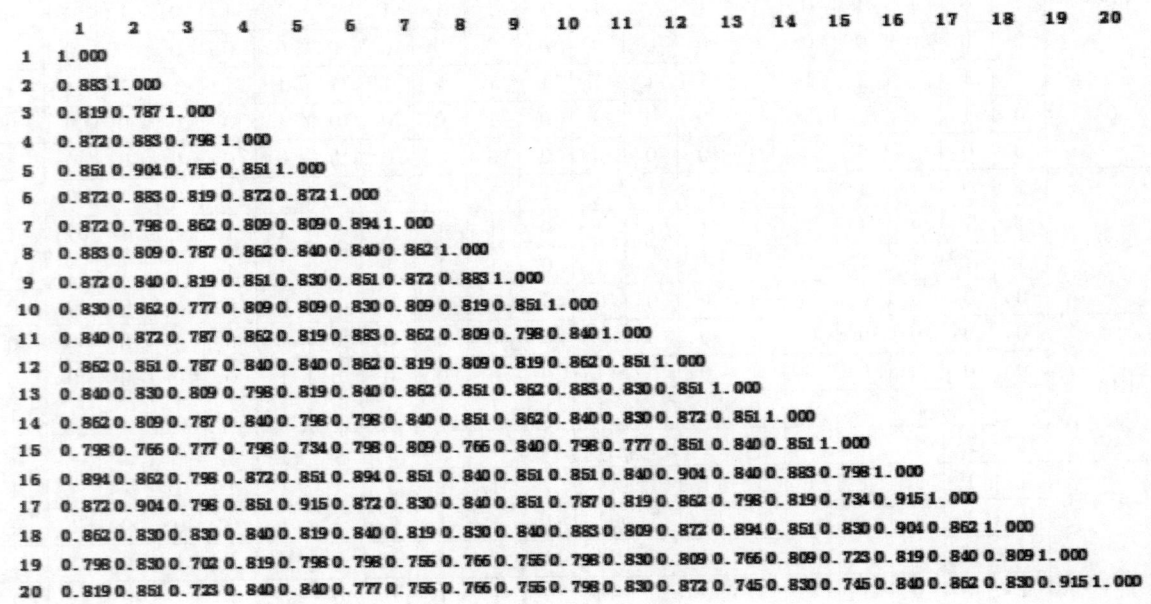

图 1　样品的相似系数

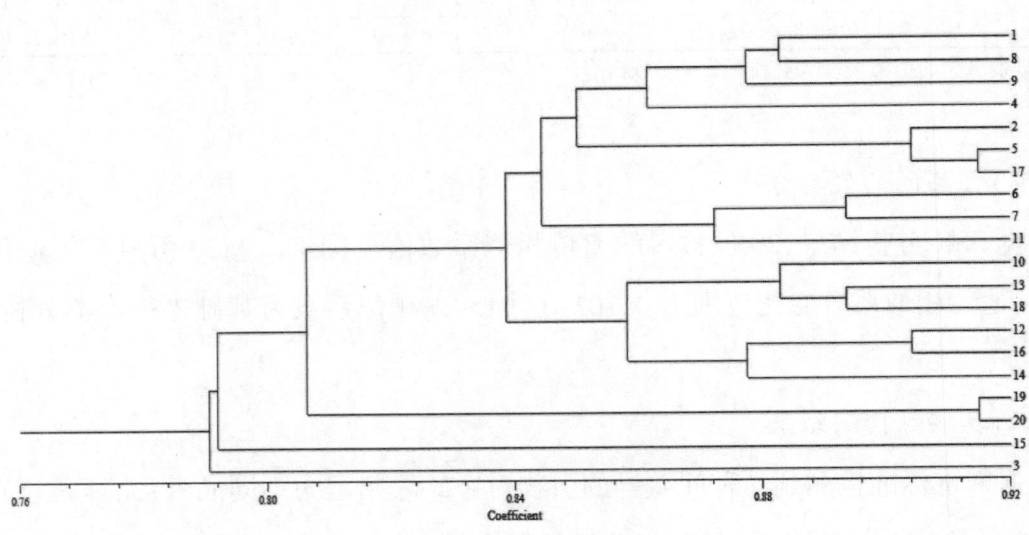

图 2　遗传相似系数聚类图

叶片和种子相同材料间的比较结果见表 4。黎香 1 号的叶片和种子间差异引物对数为 1。

表 4　叶片和种子相同材料的分析结果

序号	品种名称	相似系数	差异引物对数
1	黎香 1 号	0.991	1

五、结论

本试验所有参试材料其 SSR-DNA 指纹互不相同,同时与其他参加区试的品系比较,除相同名称材料外,20 个参试材料与它们也不相同,至少在 3 对引物上有差异,差异位点数都>3。根据标准,可以判定送检的 20 个样品为不同品种。

在叶片和种子名称相同材料间,黎香 1 号的叶片和种子间差异引物对数为 1。

六、其他说明

本检测结果只对本次送检样品负责。

本报告一共 9 页,一式二份,一份鉴定单位存档,一份给送检单位。

2016 年贵州省玉米新品种区域试验 A 组综合总结

本试验于 2016 年 3 月 30 日根据贵州省种子总站安排实施,目的是鉴定新育成组合在本省不同生态地区的丰产性、适应性及抗逆性,为品种审定提供科学依据。

一、试验概况

(一)参试组合及供种单位(表 1)

表 1   参试品种及供种单位

组合名称	供种单位	组合名称	供种单位
煌单 658※	贵州省遵义市辉煌种业公司	海 2105	贵州万胜种业有限公司
金秋 7209※	安顺新金秋科技股份有限公司	T539	湖南桃花园种业公司
华玉 11	华中农大	金玉福 66	贵州绿丰实业有限责任公司
GJ718	湖南金键种业公司	LY1	
禾盛玉 89	湖北省种子集团公司	中单 808(CK)	金色农华种业有限责任公司
SL2018	贵州三力种业有限公司		

注:标"※"号的为续试组合。

(二)试点田间设计

全省设 8 个试点:贵阳市农业试验中心、遵义市农科所、道真县种子管理站、铜仁市农科所、德江县种子管理站、镇远县种子管理站、平塘县种子管理站和黔南州农科所。试点分布在海拔 272~1050 米,平均海拔 707 米。各试点均按贵州省种子总站的统一方案实施,小区采用随机区组排列,三次重复。五行区,小区面积 20 平方米(5 米×4 米)。种植密度为 3167 株/亩,每小区 95 株,每行 19 株。试验区四周设有面积不等的保护区,收获时以小区中间三行为准测产。

（三）试验完成情况

根据有关专家对大部分试点田间考察、测产的结果及对各试点上报材料的审阅,黔南州农科所试点因土壤肥力不均,试验误差大,试验报废;其他 7 个试点田间管理及时到位,各项调查记载较全面,基本能按照试验方案要求完成试验任务,参试组合试验数据齐全,全部纳入汇总。

二、气候条件对玉米生长发育的影响

贵阳:播种后,前期雨水偏多,后期正常,对参试品种的产量无影响。

道真:播种至出苗气候正常,出苗整齐;出苗后至乳熟期,雨水较历年同期多,光照较历年同期少,对玉米生长有一定影响;蜡熟末期遭遇高温伏旱逼熟,成熟期提早。

平塘:无。

镇远:4~5 月连续性降雨,导致播种时间延迟;灌浆期干旱 20 余天,严重影响灌浆,秃尖大。

遵义:无。

德江:4~7 月中旬,阴雨天气过多,温度低,导致出苗慢,不整齐。

铜仁:4~5 月持续性降雨,苗期发育迟缓。

三、试验结果

试验产量、农艺性状等数据均采用平均数法进行统计。

（一）产量

参试组合平均亩产 563.5~702.2 千克,参试组合产量以中单 808（580.7 千克/亩）为对照。本组试验参试组合产量比对照增产 5% 以上,增产点占试点总数 70% 以上的有华玉 11、煌单 658、T539、金玉福 66、LY1、金秋 7209 等六个组合（详见表 2）。

（二）生育期

参试组合生育期在 116~121 天,中单 808 为 116 天;SL2018、海 2105 两个参试组合生育期与对照相当,其余参试组合生育期比中单 808 长 1~5 天（详见表 3）。

（三）主要产量性状（详见表 2）

穗行数:参试组合穗行数平均 14.5~19.1 行,中单 808 为 13.6 行。

百粒重:参试组合平均 31.9~39.8 克,中单 808 为 38.2 克。

单穗粒重:参试组合平均 182~233.6 克, 中单 808 为 193.3 克。

（四）抗逆性

（1）抗倒性（详见表 4）

少数参试组合在个别试点有轻微倒伏、倒折现象发生。

（2）抗病性（详见表 4）

贵阳的大小斑病、锈病，道真的丝黑穗病，贞丰的纹枯病，少数组合有感病记载，其余试点病害较轻。

四、组合综述（抗病性根据四川农业科学院植保所鉴定）

（1）煌单 658（两年试验）

2015 年平均亩产 728.2 千克，比参试组合平均亩产增产 6.91%，产量居第一位；8 个试点 7 增 1 减，增产点占总试点数的 87.5%。2016 年平均亩产 684.3 千克，比中单 808 增产 17.84%，产量居第二位；7 个试点全部增产，增产点占总试点数的 100%。两年 15 点次平均亩产 706.3 千克，比对照增产 11.93%。2015 年和 2016 年分别有 87.5% 和 100% 的试点产量比对照增产，平均为 93.3%。2016 年生育期 120 天，比中单 808 长 4 天。株高 283 厘米，穗位高 134 厘米，穗长 18.6 厘米，穗行数 18.9 行，秃尖 1.3 厘米；单穗粒重 233.6 克，百粒重 34.8 克，轴白色、马齿，籽粒黄色。上位穗上叶轻度下披，花药浅紫色，花丝紫红色，果穗苞叶覆盖程度中等，籽粒排列直。抗纹枯病，中抗大斑病、小斑病，感丝黑穗病、穗腐病、灰斑病，高感茎腐病。遵义试点有倒伏、倒折现象发生。

（2）金秋 7209（两年试验）

2015 年平均亩产 723.6 千克，比参试组合平均亩产增产 6.23%，产量居第二位；8 个试点 6 增 2 减，增产点占总试点数的 75%。2016 年平均亩产 637.5 千克，比中单 808 增产 9.77%，产量居第六位；7 个试点全部增产，增产点占总试点数的 100%。两年 15 点次平均亩产 680.6 千克，比对照增产 7.86%。2015 年和 2016 年分别有 75% 和 100% 的试点产量比对照增产，平均为 86.7%。2016 年生育期 121 天，比中单 808 长 5 天。株高 288 厘米，穗位高 117 厘米，穗长 20 厘米，穗行数 15 行，秃尖 1.6 厘米；单穗粒重 204.1 克，百粒重 32.3 克，轴白色、硬粒，籽粒黄色。上位穗上叶轻度下披，花药浅紫色，花丝淡紫色，果穗苞叶覆盖长，籽粒排列直。中抗大斑病、小斑病、纹枯病、穗腐病，感丝黑穗病、茎腐病、灰斑病。所有试点无倒伏、倒折现象发生。

（3）华玉 11

平均亩产 702.2 千克，比中单 808 增产 20.92%，产量居第一位；7 个试点全部增产，增产点占总试点数的100%。生育期117天,比中单808长1天。株高323厘米,穗位高132厘米,穗长19.1厘米,穗行数14.5行,秃尖0.3厘米;单穗粒重224.9克,百粒重39.8克,轴红色,马齿粒,籽粒黄色。上位穗上叶中度下披,花药绿色,花丝白色,果穗苞叶覆盖长,籽粒排列不规则。无四川农业科学院植保所抗病性鉴定资料。德江试点有轻微倒伏、倒折现象发生。

(4)GJ718

平均亩产605.6千克,比中单808增产4.28%,产量居第七位;7个试点5增2减,增产点占总试点数的71.4%。生育期120天,比中单808长4天。株高257厘米,穗位高94厘米,穗长17.9厘米,穗行数14.6行,秃尖0.6厘米;单穗粒重188.9克,百粒重36.5克,轴白色,硬粒,籽粒黄色。上位穗上叶轻度下披,花药浅紫色,花丝浅紫色,果穗苞叶覆盖长,籽粒排列直。无四川农业科学院植保所抗病性鉴定资料。铜仁试点有轻微倒伏现象发生。

(5)禾盛玉89

平均亩产597.3千克,比中单808增产2.85%,产量居第八位;7个试点4增3减,增产点占总试点数的57.1%。生育期117天,比中单808长1天。株高280厘米,穗位高117厘米,穗长17.8厘米,穗行数18.1行,秃尖1.3厘米;单穗粒重197.9克,百粒重33.3克,轴白色,马齿粒,籽粒黄色。上位穗上叶轻度下披,花药浅紫色,花丝紫红色,果穗苞叶覆盖程度中等,籽粒排列不规则。无四川农业科学院植保所抗病性鉴定资料。所有试点无倒伏、倒折现象发生。

(6)SL2018

平均亩产563.5千克,比中单808减产2.97%,产量居第十一位;7个试点3增4减,增产点占总试点数的42.9%。生育期116天,与中单808相当。株高266厘米,穗位高94厘米,穗长18.6厘米,穗行数15.7行,秃尖1.4厘米;单穗粒重186.5克,百粒重33.9克,轴白色,半马齿粒,籽粒黄色。上位穗上叶轻度下披,花药紫色,花丝紫红色,果穗苞叶覆盖长,籽粒排列不规则。无四川农业科学院植保所抗病性鉴定资料。德江试点有轻微倒伏、倒折现象发生。

(7)海2105

平均亩产573.7千克,比中单808减产1.22%,产量居第十位;7个试点3增4减,增产点占总试点数的42.9%。生育期116天,与中单808相当。株高280厘米,穗位高120

厘米,穗长 16.9 厘米,穗行数 14.6 行,秃尖 1.8 厘米;单穗粒重 182 克,百粒重 36.6 克,轴白色,马齿粒,籽粒黄色。上位穗上叶轻度下披,花药浅紫色,花丝白色,果穗苞叶覆盖长,籽粒排列不规则。无四川农业科学院植保所抗病性鉴定资料。德江试点有轻微倒折现象发生。

（8）T539

平均亩产 665.4 千克,比中单 808 增产 14.57%,产量居第三位;7 个试点 6 增 1 减,增产点占总试点数的 85.7%。生育期 117 天,比中单 808 长 1 天。株高 249 厘米,穗位高 85 厘米,穗长 20 厘米,穗行数 16.4 行,秃尖 0.9 厘米;单穗粒重 216.2 克,百粒重 33.2 克,轴红色,半马齿粒,籽粒黄色。上位穗上叶轻度下披,花药紫色,花丝紫红色,果穗苞叶覆盖长,籽粒排列不规则。无四川农业科学院植保所抗病性鉴定资料。德江试点有轻微倒伏现象发生。

（9）金玉福 66

平均亩产 644.3 千克,比中单 808 增产 10.94%,产量居第四位;7 个试点全部增产,增产点占总试点数的 100%。生育期 119 天,比中单 808 长 3 天。株高 280 厘米,穗位高 132 厘米,穗长 17.3 厘米,穗行数 18.7 行,秃尖 0.4 厘米;单穗粒重 217.4 克,百粒重 34.4 克,轴红色,半马齿粒,籽粒黄色。上位穗上叶中度下披,花药紫色,花丝紫红色,果穗苞叶覆盖程度中等,籽粒排列不规则。无四川农业科学院植保所抗病性鉴定资料。德江、铜仁试点有倒伏、倒折现象发生。

（10）LY1

平均亩产 643 千克,比中单 808 增产 10.73%,产量居第五位;7 个试点 6 增 1 减,增产点占总试点数的 85.7%。生育期 120 天,比中单 808 长 4 天。株高 301 厘米,穗位高 148 厘米,穗长 16.7 厘米,穗行数 19.1 行,秃尖 0.9 厘米;单穗粒重 200.9 克,百粒重 31.9 克,轴白色,半马齿粒,籽粒黄色。上位穗上叶中度下披,花药绿色,花丝白色,果穗苞叶覆盖短,籽粒排列直。无四川农业科学院植保所抗病性鉴定资料。遵义试点有轻微倒伏现象发生。

表 2-1　2016 年贵州省玉米区试 A 组产量汇总表

试点	煌单 658※			金秋 7209※			华玉 11			GJ718		
	亩产(千克)	比 CK(±%)	位次	亩产(千克)	比 CK(±%)	位次	亩产(千克)	比 CK(±%)	位次	亩产(千克)	比 CK(±%)	位次
贵阳	751.7	10.41	3	725	6.5	5	812.4	19.34	1	744.7	9.38	4
道真	675	3.15	5	677.1	3.46	4	724.3	10.68	2	528.2	-19.29	10
平塘	643	23.13	2	545.8	4.51	7	706	35.19	1	622.6	19.23	4
镇远	702.1	30.28	1	688.2	27.7	2	619.7	14.99	5	553.7	2.75	10
遵义	608.2	47.26	4	551	33.4	7	629.7	52.46	3	639.7	54.88	2
德江	760	9.56	2	706.1	1.79	8	792.4	14.23	1	710	2.35	7
铜仁	650.4	15.71	1	569.3	1.28	7	631	12.25	2	440.4	-21.65	11
平均值	684.3	17.84	2	637.5	9.77	6	702.2	20.92	1	605.6	4.28	7

注:标"※"号的为续试组合。

表 2-2　2016 年贵州省玉米区试 A 组产量汇总表

试点	禾盛玉 89			SL2018			海 2105			T539		
	亩产(千克)	比 CK(±%)	位次	亩产(千克)	比 CK(±%)	位次	亩产(千克)	比 CK(±%)	位次	亩产(千克)	比 CK(±%)	位次
贵阳	604.7	-11.18	11	606.5	-10.91	10	660.6	-2.97	8	645.4	-5.2	9
道真	660.8	0.97	6	493	-24.67	11	611.5	-6.55	8	741.5	13.31	1
平塘	516.7	-1.05	9	485	-7.12	10	462.6	-11.41	11	632.3	21.08	3
镇远	597.8	10.93	6	566.1	5.05	9	593	10.04	8	656.3	21.79	3
遵义	489.5	18.52	10	548	32.69	8	528	27.84	9	641	55.2	1
德江	750.6	8.2	3	672.4	-3.06	11	703.6	1.42	9	731.7	5.48	4
铜仁	560.8	-0.24	9	573.5	2.04	6	456.5	-18.79	10	609.5	8.43	3
平均值	597.3	2.85	8	563.5	-2.97	11	573.7	-1.22	10	665.4	14.57	3

表2-3 2016年贵州省玉米区试A组产量汇总表

| 试点 | 金玉福66 | | | LY1 | | | 中单808 CK | |
	亩产(千克)	比CK(±%)	位次	亩产(千克)	比CK(±%)	位次	亩产(千克)	位次
贵阳	702.6	3.21	6	753.4	10.66	2	680.8	7
道真	711.3	8.7	3	600.2	-8.28	9	654.5	7
平塘	612.4	17.28	5	608.9	16.61	6	522.2	8
镇远	593.4	10.11	7	625.4	16.05	4	538.9	11
遵义	579.5	40.31	6	584.7	41.56	5	413	11
德江	715	3.08	6	723.4	4.28	5	693.7	10
铜仁	595.6	5.96	5	605.2	7.67	4	562.1	8
平均值	644.3	10.94	4	643.0	10.73	5	580.7	9

表 3-1　2016 年贵州省玉米区试 A 组主要性状汇总表

品种	试点	海拔（米）	播种期（日/月）	出苗期（日/月）	成熟期（日/月）	生育期（天）	比对照（±天）	株高（厘米）	穗位高（厘米）	穗长（厘米）	穗行数（行）	秃尖（厘米）	单穗粒重（克）	百粒重（克）	轴色	粒型	粒色
煌单658※	贵阳	1050	18/4	2/5	25/8	115	-1	232	105	16.7	18	1.5	227	35.8	白	马	黄
	道真	615	28/3	12/4	21/8	131	+3	289	134	17.6	18	1.9	229.2	36	白	马	黄
	平塘	720		12/4	7/8	117	+7	305	151	23	20	0.3	315.4	37.8	白	马	黄
	镇远	560	3/5	11/5	5/9	117	+2	285	123	17.2	20	0.4	236.1	32	白	马	黄
	遵义	900	30/4	16/5	8/9	115	0	266	131	16.8	19	2.5	185	33.1	白	半马	黄
	德江	830	19/4	2/5	6/9	128	+11	316	158	18.4	19.4	0.5			白		
	铜仁	272	31/3	12/4	6/8	116	+1	288	135	20.4	18	2	208.6	34.1	白	半马	黄
	平均值	707				120	+4	283	134	18.6	18.9	1.3	233.6	34.8			
金秋7209※	贵阳	1050	18/4	2/5	27/8	117	+1	234	103	21	14	1.6	229	37.1	白	硬	黄
	道真	615	28/3	11/4	20/8	131	+3	327	127	19.4	16	1.9	208.5	34	白	硬	黄
	平塘	720		12/4	7/8	117	+7	305	132	20	14	0.1	260	33.2	白	马	黄
	镇远	560	3/5	11/5	5/9	117	+2	282	112	19.5	14	1.3	181.7	30	白	半马	黄
	遵义	900	30/4	16/5	11/9	118	+3	262	102	18.4	15	1.8	164.9	28.8	白	硬	黄
	德江	830	19/4	2/5	4/9	126	+9	319	140	21.8	16	2			白		
	铜仁	272	31/3	11/4	8/8	119	+4	290	105	20	16	2.2	180.6	30.6	白	硬	黄
	平均值	707				121	+5	288	117	20.0	15.0	1.6	204.1	32.3			

注：标"※"号的为续试组合。

表3-2 2016年贵州省玉米区试 A 组主要性状汇总表

品种	试点	海拔(米)	播种期(日/月)	出苗期(日/月)	成熟期(日/月)	生育期(天)	比对照(±天)	株高(厘米)	穗位高(厘米)	穗长(厘米)	穗行数(行)	秃尖(厘米)	单穗粒重(克)	百粒重(克)	轴色	粒型	粒色
华玉11	贵阳	1050	18/4	2/5	27/8	117	+2	256	109	17.6	14	0.2	233	39.5	红	硬	黄
	道真	615	28/3	12/4	18/8	128	0	354	142	19.3	14	0.6	221.5	43	红	马	黄
	平塘	720		12/4	6/8	116	+6	365	145	23	14	0	340	44.4	红	马	黄
	镇远	560	3/5	11/5	4/9	116	+1	311	126	16.9	15	0.5	159.2	33	红	马	黄
	遵义	900	30/4	16/5	8/9	115	0	293	115	18.4	14.5	0.4	195.3	41.3	红	马	黄
	德江	830	19/4	2/5	26/8	117	0	353	150	19.5	14.8	0			红		
	铜仁	272	31/3	12/4	3/8	113	−2	330	135	19.2	15	0.5	200.4	37.3	红	半马	黄
	平均值	707				117	+1	323	132	19.1	14.5	0.3	224.9	39.8	红	马	黄
GJ718	贵阳	1050	18/4	2/5	24/8	114	−1	191	64	15	12	0.5	217	35.1	白	硬	黄
	道真	615	28/3	12/4	22/8	132	+4	268	116	18.3	14	0.8	181.6	40	白	硬	黄
	平塘	720		12/4	6/8	116	+6	295	125	22	16	0	269	42.6	白	半马	黄
	镇远	560	3/5	11/5	6/9	118	+3	274	89	16.4	14	0.2	146	32	白	硬	黄
	遵义	900	30/4	16/5	8/9	115	0	232	81	18.1	13.9	0.6	178	36	白	硬	黄
	德江	830	19/4	2/5	7/9	129	+12	265	96	18.4	17.2	0.2			白		
	铜仁	272	31/3	13/4	7/8	116	+1	276	90	17.4	15	2	142	33.2	白	硬	黄
	平均值	707				120	+4	257	94	17.9	14.6	0.6	188.9	36.5	白	硬	黄

表 3-3 2016 年贵州省玉米区试 A 组主要性状汇总表

品种	试点	海拔(米)	播种期(日/月)	出苗期(日/月)	成熟期(日/月)	生育期(天)	比对照(±天)	株高(厘米)	穗位高(厘米)	穗长(厘米)	穗行数(行)	秃尖(厘米)	单穗粒重(克)	百粒重(克)	轴色	粒型	粒色
禾盛玉89	贵阳	1050	18/4	2/5	22/8	112	-3	232	82	16.8	16	0.6	219	35.6	白	马	黄
	道真	615	28/3	11/4	17/8	128	0	318	128	16.8	18	2.1	206.8	36	白	马	黄
	平塘	720		12/4	30/7	109	-1	300	216	18	18	0.2	245	35.6	白	马	黄
	镇远	560	3/5	11/5	3/9	115	0	281	98	16.8	19	2.4	179.2	31	白	马	黄
	遵义	900	30/4	16/5	8/9	115	0	250	95	16.4	18.7	1.8	157.6	28.7	白	马	黄
	德江	830	19/4	2/5	29/8	120	+3	296	116	20.1	18.8	0.1			白		
	铜仁	272	31/3	11/4	6/8	117	+2	280	85	19.4	18	2	179.6	32.6	白	半马	黄
	平均值	707				117	+1	280	117	17.8	18.1	1.3	197.9	33.3	白	马	黄
中单808(CK)	贵阳	1050	18/4	2/5	25/8	115		216	115	18.2	14	0.3	220	40.1	红	马	黄
	道真	615	28/3	12/4	18/8	128		321	135	17.8	14	0.9	192.6	42	红	马	黄
	平塘	720		12/4	31/7	110		305	147	20	12	0.2	259	38.2	红	马	黄
	镇远	560	3/5	11/5	3/9	115		298	131	18.3	13	1.2	173.5	37	红	马	黄
	遵义	900	30/4	16/5	8/9	115		232	98	15.4	12.7	2.1	134.7	38.8	红	马	黄
	德江	830	19/4	4/5	28/8	117		290	118	19.2	14.4	0.2			红		
	铜仁	272	31/3	12/4	5/8	115		270	110	19.6	15	2	179.8	32.8	红	马	黄
	平均值	707				116		276	122	18.4	13.6	1.0	193.3	38.2	红	马	黄

表3-4　2016年贵州省玉米区试A组主要性状汇总表

品种	试点	海拔(米)	播种期(日/月)	出苗期(日/月)	成熟期(日/月)	生育期(天)	比对照(±天)	株高(厘米)	穗位高(厘米)	穗长(厘米)	穗行数(行)	秃尖(厘米)	单穗粒重(克)	百粒重(克)	轴色	粒型	粒色
SL2018	贵阳	1050	18/4	2/5	26/8	116	+1	205	63	17.5	14	1.9	173	33.3	白	硬	黄
	道真	615	28/3	11/4	16/8	127	-1	300	111	16	16	1	149.6	32	白	硬	黄
	平塘	720		12/4	31/7	110	0	295	119	21	16	0.2	262	36.6	白	马	黄
	镇远	560	3/5	11/5	2/9	114	-1	254	86	17.6	16	2.1	171	32	白	半马	黄
	遵义	900	30/4	16/5	11/9	118	+3	261	93	19	16	2.3	180.3	34.8	白	半马	黄
	德江	830	19/4	2/5	26/8	117	0	284	102	19.4	15.8	0.5			白		
	铜仁	272	31/3	13/4	3/8	112	-3	265	85	19.6	16	1.5	182.8	34.7	白	半马	黄
	平均值	707				116	0	266	94	18.6	15.7	1.4	186.5	33.9	白	半马	黄
海2105	贵阳	1050	18/4	2/5	23/8	113	-2	237	86	17.4	14	3.9	192	37.9	白	马	黄
	道真	615	28/3	11/4	15/8	126	-2	325	141	16	14	2	181.5	41	白	马	黄
	平塘	720		12/4	30/7	109	-1	247	150	18	16	0.3	238	39.6	白	马	黄
	镇远	560	3/5	11/5	5/9	117	+2	281	115	16.2	15	1.2	172.9	33	白	马	黄
	遵义	900	30/4	16/5	8/9	115	0	287	122	15.8	14.7	2.3	162.7	32.5	白	马	黄
	德江	830	19/4	2/5	27/8	118	+1	289	117	18.6	14.8	1			白		
	铜仁	1000	31/3	12/4	5/8	115	0	295	110	16	14	2	145.1	35.8	白	马	黄
	平均值	707				116	0	280	120	16.9	14.6	1.8	182.0	36.6	白	马	黄

表 3-5　2016 年贵州省玉米区试 A 组主要性状汇总表

品种	试点	海拔(米)	播种期(日/月)	出苗期(日/月)	成熟期(日/月)	生育期(天)	比对照(±天)	株高(厘米)	穗位高(厘米)	穗长(厘米)	穗行数(行)	秃尖(厘米)	单穗粒重(克)	百粒重(克)	轴色	粒型	粒色
T539	贵阳	1050	18/4	2/5	21/8	111	-4	221	84	19.2	14	0.4	197	32.2	红	马	黄
	道真	615	28/3	12/4	22/8	132	+4	275	110	20	17	0.6	219	35	红	硬	黄
	平塘	720		12/4	7/8	117	+7	255	88	22	18	0	315.9	40.2	红	马	黄
	镇远	560	3/5	11/5	4/9	116	+1	242	86	19	16	2	175.1	28	红	马	黄
	遵义	900	30/4	16/5	8/9	115	0	234	74	19.2	16.6	2	194.2	31.1	红	半马	黄
	德江	830	19/4	2/5	23/8	114	-3	265	77	21	15.4	0.1			红		
	铜仁	272	31/3	13/4	8/8	116	+1	250	75	19.8	18	1	195.7	32.5	红	半马	黄
	平均值	707				117	+1	249	85	20.0	16.4	0.9	216.2	33.2	红	半马	黄
金玉福66	贵阳	1050	18/4	2/5	26/8	116	+1	240	119	17.5	18	0.6	214	34.6	红	马	黄
	道真	615	28/3	11/4	22/8	133	+5	300	135	19.5	18	0.2	246.4	35	红	硬	黄
	平塘	720		12/4	5/8	115	+5	290	154	18	22	0.1	307	37	红	马	黄
	镇远	560	3/5	11/5	5/9	117	+2	282	123	14.5	18	0	167.8	33	红	半马	黄
	遵义	900	30/4	16/5	11/9	118	+3	268	127	15.5	18.4	0	176.5	33.2	红	硬	黄
	德江	830	19/4	2/5	29/8	120	+3	299	136	18.2	18.6	0			红		
	铜仁	272	31/3	13/4	8/8	117	+2	280	130	18	18	2	192.4	33.4	红	半马	黄
	平均值	707				119	+3	280	132	17.3	18.7	0.4	217.4	34.4	红	半马	黄

表 3-6 2016 年贵州省玉米区试 A 组主要性状汇总表

品种	试点	海拔（米）	播种期（日/月）	出苗期（日/月）	成熟期（日/月）	生育期（天）	比对照（±天）	株高（厘米）	穗位高（厘米）	穗长（厘米）	穗行数（行）	秃尖（厘米）	单穗粒重（克）	百粒重（克）	轴色	粒型	粒色
LY1	贵阳	1050	18/4	2/5	26/8	116	+1	219	113	15.7	20	1.6	223	36.6	白	硬	黄
	道真	615	28/3	11/4	19/8	130	+2	329	157	15.2	20	1.4	191.9	31	白	硬	黄
	平塘	720		12/4	6/8	116	+6	325	183	21	18	0.1	264.2	31.8	白	马	黄
	镇远	560	3/5	11/5	6/9	118	+3	302	153	13.7	20	1	157.7	29	白	马	黄
	遵义	900	30/4	16/5	11/9	118	+3	306	153	15.5	13.9	0.6	174.7	30.5	白	半马	黄
	德江	830	19/4	2/5	1/9	123	+6	324	136	17.7	21.8	0.8			白		
	铜仁	272	31/3	12/4	9/8	119	+4	300	140	18	20	1	193.7	32.5	白	半马	黄
	平均值	707				120	+4	301	148	16.7	19.1	0.9	200.9	31.9			

表 4-1 2016 年贵州省玉米区试 A 组抗逆性汇总表

试点	煌单 658※ 大斑（级）	小斑（级）	丝黑穗（级）	青枯（级）	纹枯（级）	锈病（级）	倒伏率（%）	倒折率（%）	金秋 7209※ 大斑（级）	小斑（级）	丝黑穗（级）	青枯（级）	纹枯（级）	锈病（级）	倒伏率（%）	倒折率（%）
贵阳	5	5	1	1	5	5	0	0	5	3	1	1	3	3	0	0
道真	1	3	1	1	1	1	0	0	1	3	1	1	1	1	0	0
平塘	1	1	1	0	1	1	0	0	1	3	1	0	1	1	0	0
镇远	1	1	1	1	1	1	0	0	1	1	1	1	1	1	0	0
遵义	1	1	1	1	3	1	4.1	7.6	1	1	1	1	1	1	0	0
德江	1	1	0	0	3	1	0	0	3	1	0	0	3	1	0	0
铜仁	1	1	1	1	1	1	0	0	1	1	1	1	1	1	0	0

注：标"※"号的为续试组合。

表 4-2 2015 年贵州省玉米区试 A 组抗逆性汇总表

华玉 11

试点	大斑(级)	小斑(级)	丝黑穗(级)	青枯(级)	纹枯(级)	锈病(级)	倒伏率(%)	倒折率(%)
贵阳	3	5	1	1	1	3	0	0
道真	1	1	1	1	1	1	0	0
平塘	1	1	1	0	1	1	0	0
镇远	1	1	1	1	1	1	0	0
遵义	1	3	1	1	1	1	0	0
德江	3	1	0	0	1	1	1.7	1
铜仁	1	1	1	1	1	1	0	0

GJ718

试点	大斑(级)	小斑(级)	丝黑穗(级)	青枯(级)	纹枯(级)	锈病(级)	倒伏率(%)	倒折率(%)
贵阳	3	5	1	1	3	3	0	0
道真	1	3	1	1	1	1	0	0
平塘	1	1	1	0	3	1	0	0
镇远	1	1	1	1	1	1	0	0
遵义	1	1	1	3	1	1	0	0
德江	1	1	0	0	5	1	0	0
铜仁	1	1	1	1	1	1	2.3	0

表 4-3 2015 年贵州省玉米区试 A 组抗逆性汇总表

禾盛玉 89

试点	大斑(级)	小斑(级)	丝黑穗(级)	青枯(级)	纹枯(级)	锈病(级)	倒伏率(%)	倒折率(%)
贵阳	3	5	1	1	5	5	0	0
道真	3	5	1	1	3	1	0	0
平塘	1	3	1	3	3	3	0	0
镇远	1	1	1	1	1	1	0	0
遵义	1	1	1	1	1	1	0	0
德江	1	1	0	0	3	1	0	0
铜仁	1	1	1	1	1	1	0	0

中单 808(CK)

试点	大斑(级)	小斑(级)	丝黑穗(级)	青枯(级)	纹枯(级)	锈病(级)	倒伏率(%)	倒折率(%)
贵阳	5	5	1	1	3	5	0	0
道真	5	7	1	1	1	1	0	0
平塘	1	3	1	0	5	1	0	0
镇远	1	1	1	1	1	1	0	0
遵义	1	1	1	1	1	1	0	0
德江	3	1	0	0	3	3	0	0
铜仁	3	1	1	1	1	1	0	0

表 4-4　2015 年贵州省玉米区试 A 组抗逆性汇总表

试点	SL2018								海 2105							
	大斑（级）	小斑（级）	丝黑穗（级）	青枯（级）	纹枯（级）	锈病（级）	倒伏率（%）	倒折率（%）	大斑（级）	小斑（级）	丝黑穗（级）	青枯（级）	纹枯（级）	锈病（级）	倒伏率（%）	倒折率（%）
贵阳	7	5	1	1	3	3	0	0	5	5	1	1	3	3	0	0
道真	5	7	1	1	1	1	0	0	3	3	1	1	1	1	0	0
平塘	1	1	1	0	3	1	0	0	1	0	1	0	1	1	0	0
镇远	1	1	1	1	1	1	0	0	1	1	1	1	1	1	0	0
遵义	1	1	1	1	3	3	0	0	3	1	1	1	1	1	0	0
德江	5	3	0	0	3	3	2	1.5	5	3	0	0	1	1	0	1
铜仁	3	1	1	1	1	1	0	0	1	1	1	1	1	1	0	0

表 4-5　2015 年贵州省玉米区试 A 组抗逆性汇总表

试点	T539								金玉福 66							
	大斑（级）	小斑（级）	丝黑穗（级）	青枯（级）	纹枯（级）	锈病（级）	倒伏率（%）	倒折率（%）	大斑（级）	小斑（级）	丝黑穗（级）	青枯（级）	纹枯（级）	锈病（级）	倒伏率（%）	倒折率（%）
贵阳	3	3	1	5	3	1	0	0	3	5	1	1	3	1	0	0
道真	3	5	1	1	1	1	0	0	1	3	1	1	1	1	0	0
平塘	1	7	1	0	5	1	0	0	1	1	1	0	5	1	0	0
镇远	1	1	1	1	1	1	0	0	1	1	1	1	1	1	0	0
遵义	1	3	1	1	1	1	0	0	1	1	1	1	1	1	0	0
德江	3	1	0	1	3	4	5	0	1	3	0	0	5	3	5.2	4
铜仁	1	3	1	1	1	1	0	0	1	3	1	1	1	3	35.7	0

表 4-6 2015 年贵州省玉米区试 A 组抗逆性汇总表

LY1

试点	大斑（级）	小斑（级）	丝黑穗（级）	青枯（级）	纹枯（级）	锈病（级）	倒伏率（%）	倒折率（%）
贵阳	1	3	1	1	3	3	0	0
道真	3	3	1	1	1	1	0	0
平塘	1	1	1	0	3	1	0	0
镇远	1	1	1	1	1	1	0	0
遵义	1	1	1	1	1	1	2.4	0
德江	3	1	0	0	3	1	0	0
铜仁	1	1	1	1	1	1	0	0

2016年贵州省玉米新品种区域试验B组综合总结

本试验于2016年3月30日根据贵州省种子总站安排实施,目的是鉴定新育成组合在本省不同生态地区的丰产性、适应性及抗逆性,为品种审定提供科学依据。

一、试验概况

(一)参试组合及供种单位(表1)

表1　参试品种及供种单位

组合名称	供种单位	组合名称	供种单位
JDY1504※	贵州吉丰种业有限责任公司	正红431	四川农大正红生物技术有限公司
惠农15※	毕节市七星关区惠农玉米育种科学研究所	LF8101	云南绿晶种业公司
华兴单88	云南盛衍种业有限公司	北玉1521	云南北玉种子公司
成单716	四川省农业科学院作物所	JDY1602	贵州吉丰种业有限责任公司
兴试5023	黔西南州农业科学院	贵单8号(CK)	贵州大学玉米研究所
福科15号	贵州梵净山种业有限公司		

注:标"※"号的为续试组合。

(二)试点田间设计

全省设8个试点:贵阳市农业试验中心、毕节市农科所、黔西县种子管理站、安顺市农科所、六盘水市种子管理站、六枝特区种子管理站、黔西南州种子管理站和贞丰县种子管理站。试点分布在海拔高度1000~1615米,平均海拔1222米。各试点均按贵州省种子总站的统一方案实施,小区采用随机区组排列,三次重复。五行区,小区面积20平方米(5米×4米)。种植密度为3300株/亩,每小区100株,每行20株。试验区四周设有面积不等的保护区,收获时以小区中间三行为准测产。

(三)试验完成情况

根据有关专家对大部分试点田间考察、测产的结果及对各试点上报材料的审阅,六盘水市种子站因试点安排在盘州市,试验地海拔过高,品种特征特性无法得到真实体现,试验结果不纳入汇总;其他 7 个试点田间管理及时到位,各项调查记载较全面,基本能按照试验方案要求完成试验任务,参试组合试验数据齐全,全部纳入汇总。

二、气候条件对玉米生长发育的影响

贵阳:播种后,前期雨水偏多,后期正常,对参试品种的产量无影响。

黔西南:玉米试验地 6 月 19 日受暴雨天气影响,20 日被水淹 2 小时,后采取排水处理,对试验未造成影响。

毕节:试验期间气候正常。

黔西:玉米生长前期多雨低温寡照,不利于玉米营养体的生长。7 月 19 日到 8 月 5 日连续 17 天高温干旱天气,严重影响玉米灌浆。8 月 7 日至 8 月 25 日的高温高湿天气有利于玉米病害的发生,同时造成高温逼熟,不耐高温高湿、不抗旱的玉米品种导致玉米产量比常年偏低。

六枝:乳熟期前后出现连续暴雨,部分植株倒伏。

贞丰:试验期间气候正常,7 月下旬有两次大暴雨,但对试验影响不大。

安顺:播种时土壤墒情好,出苗整齐一致。后期气候条件较有利于玉米生长,对试验产量无影响。

三、试验结果

试验产量、农艺性状等数据均采用平均数法进行统计。

(一)产量

参试组合平均亩产 671.8~854.3 千克,参试组合产量以贵单 8 号(758.7 千克/亩)为对照。本组试验参试组合产量比对照增产 5% 以上,增产点占试点总数 70% 以上的有惠农 15、北玉 1521 两个组合(详见表 2)。

(二)生育期

参试组合生育期 119~125 天,贵单 8 号为 122 天;福科 15 号生育期与对照相当,其余参试组合生育期比贵单 8 号长或短 1~3 天(详见表 3)。

(三)主要产量性状(详见表 3)

穗行数:参试组合穗行数平均 14.2~17.8 行,贵单 8 号为 15.2 行。

百粒重:参试组合平均 34.7~42.6 克,贵单 8 号为 40.5 克。

单穗粒重:参试组合平均 200.2~258 克,贵单 8 号为 206.7 克。

（四）抗逆性

（1）抗倒性（详见表4）

少数参试组合在个别试点有轻微倒伏现象发生。

（2）抗病性（详见表4）

贵阳的大、小斑病、锈病，道真的丝黑穗病，贞丰的纹枯病，少数组合有感病记载，其余试点病害较轻。

四、组合综述（抗病性根据四川农业科学院植保所鉴定）

（1）惠农15（两年试验）

2015年平均亩产775.6千克，比贵单8号增产16.6%，产量居第一位；8个试点7增1减，增产点占总试点数的87.5%。2016年平均亩产854.3千克，比贵单8号增产12.6%，产量居第一位；7个试点6增1减，增产点占总试点数的85.7%。两年15点次平均亩产815千克，比对照增产14.47%。2015年和2016年分别有87.5%和85.7%的试点产量比对照增产，平均为86.7%。2016年生育期125天，比贵单8号长3天。株高283厘米，穗位高134厘米，穗长20.7厘米，穗行数15.8行，秃尖1.3厘米；单穗粒重258克，百粒重42.6克，轴白色，马齿粒，籽粒黄色。上位穗上叶中度下披，花药紫色，花丝紫红色，果穗苞叶覆盖长，籽粒排列直。抗大斑病、小斑病、灰斑病，中抗丝黑穗病、纹枯病、穗腐病、茎腐病。六枝试点有倒伏、倒折现象发生。

（2）华兴单88

平均亩产758.3千克，比贵单8号减产0.05%，产量居第六位；7个试点3增4减，增产点占总试点数的42.9%。生育期120天，比贵单8号短2天。株高274厘米，穗位高108厘米，穗长19.8厘米，穗行数15行，秃尖1.2厘米；单穗粒重208克，百粒重38克，轴白色，硬粒，籽粒黄色。上位穗上叶轻度下披，花药紫色，花丝浅紫色，果穗苞叶覆盖短，籽粒排列直。无四川农业科学院植保所抗病性鉴定资料。所有试点无倒伏、倒折现象发生。

（3）成单716

平均亩产730千克，比贵单8号减产3.78%，产量居第八位；7个试点1增6减，增产点占总试点数的14.2%。生育期119天，比贵单8号短3天。株高268厘米，穗位高100厘米，穗长20.3厘米，穗行数16.1行，秃尖1厘米；单穗粒重225.8克，百粒重34.7克，轴红色，马齿粒，籽粒黄色。上位穗上叶轻度下披，花药紫色，花丝紫色，果穗苞叶覆盖短,籽粒排列直。无四川农业科学院植保所抗病性鉴定资料。六枝试点有倒伏现象发生。

（4）兴试 5023

平均亩产 686.9 千克,比贵单 8 号减产 9.46%,产量居第十位;7 个试点 1 增 6 减,增产点占总试点数的 14.2%。生育期 120 天,比贵单 8 号短 2 天。株高 294 厘米,穗位高 132 厘米,穗长 20.1 厘米,穗行数 14.2 行,秃尖 1 厘米;单穗粒重 217.3 克,百粒重 40.1 克,轴红色,半马齿粒,籽粒黄色。上位穗上叶中度下披,花药紫色,花丝浅紫色,果穗苞叶覆盖程度中等,籽粒呈螺旋排列。无四川农业科学院植保所抗病性鉴定资料。贵阳、六枝试点有轻微倒伏、倒折发生,黔西试点倒伏、倒折现象严重。

（5）福科 15 号

平均亩产 713.2 千克,比贵单 8 号减产 5.99%,产量居第九位;7 个试点 1 增 6 减,增产点占总试点数的 14.2%。生育期 122 天,与贵单 8 号相当。株高 261 厘米,穗位高 91 厘米,穗长 19.7 厘米,穗行数 16.7 行,秃尖 0.8 厘米;单穗粒重 222.2 克,百粒重 35.7 克,轴白色,半马齿粒,籽粒白色。上位穗上叶中度下披,花药浅紫色,花丝浅紫色,果穗苞叶覆盖长,籽粒呈螺旋排列。无四川农业科学院植保所抗病性鉴定资料。贵阳、六枝试点有轻微倒伏、倒折发生,黔西试点倒伏、倒折现象严重。

（6）正红 431

平均亩产 787.8 千克,比贵单 8 号增产 3.84%,产量居第三位;7 个试点 4 增 3 减,增产点占总试点数的 57.1%。生育期 123 天,比贵单 8 号长 1 天。株高 260 厘米,穗位高 99 厘米,穗长 20.5 厘米,穗行数 16.5 行,秃尖 0.9 厘米;单穗粒重 235.5 克,百粒重 38 克,轴红色,半马齿粒,籽粒黄色。上位穗上叶轻度下披,花药浅紫色,花丝浅紫色,果穗苞叶覆盖程度中等,籽粒排列直。无四川农业科学院植保所抗病性鉴定资料。所有试点无倒伏、倒折现象发生。

（7）LF8101

平均亩产 777.7 千克,比贵单 8 号增产 2.51%,产量居第四位;7 个试点 5 增 2 减,增产点占总试点数的 71.4%。生育期 124 天,比贵单 8 号长 2 天。株高 286 厘米,穗位高 135 厘米,穗长 21.1 厘米,穗行数 17.8 行,秃尖 1.9 厘米;单穗粒重 239.4 克,百粒重 35.1 克,轴白色,硬粒,籽粒黄色。上位穗上叶中度下披,花药黄色,花丝紫色,果穗苞叶覆盖程度中等,籽粒呈螺旋排列。无四川农业科学院植保所抗病性鉴定资料。所有试点无倒伏、倒折现象发生。

（8）北玉1521

平均亩产847千克,比贵单8号增产11.64%,产量居第二位;7个试点全部增产,增产点占总试点数的100%。生育期121天,比贵单8号短1天。株高275厘米,穗位高113厘米,穗长21.4厘米,穗行数17.3行,秃尖1.5厘米;单穗粒重257.3克,百粒重38.3克,轴白色,半马齿粒,籽粒黄色。上位穗上叶中度下披,花药紫红色,花丝紫红色,果穗苞叶覆盖极短,籽粒排列直。无四川农业科学院植保所抗病性鉴定资料。贵阳试点有轻微倒伏现象发生。

（9）JDY1602

平均亩产737.3千克,比贵单8号减产2.82%,产量居第七位,7个试点5增2减,增产点占总试点数的71.4%。生育期123天,比贵单8号长1天。株高300厘米,穗位高132厘米,穗长20.4厘米,穗行数16.4行,秃尖1.9厘米;单穗粒重237.5克,百粒重40克,轴白色,马齿粒,籽粒白色。上位穗上叶中度下披,花药黄色,花丝浅紫色,果穗苞叶覆盖程度中等,籽粒呈螺旋排列。无四川农业科学院植保所抗病性鉴定资料。贵阳试点有轻微倒伏发生,黔西、六枝试点倒伏现象严重。

表 2-1 2016 年贵州省玉米区试 B 组产量汇总表

试点	JDY1504※ 亩产(千克)	比CK(±%)	位次	惠农15※ 亩产(千克)	比CK(±%)	位次	华兴单88 亩产(千克)	比CK(±%)	位次	成单716 亩产(千克)	比CK(±%)	位次
贵阳	803.9	11.02	3	837.8	15.7	1	655.2	-9.51	10	719.5	-0.64	7
黔西南	684.3	-24.51	11	872.1	-3.8	5	751.1	-17.14	10	871.5	-3.86	6
毕节	599.7	-18.4	11	796.5	8.38	2	791.5	7.7	4	667.6	-9.15	9
黔西	631	9.62	6	824.1	43.17	1	723.2	25.64	3	548.5	-4.7	10
六枝	729.3	-13.17	9	890.2	5.99	1	794.1	-5.45	7	834.5	-0.64	4
贞丰	476.1	-29.07	11	799.5	19.09	2	737.6	9.88	5	721.1	7.43	6
安顺	778.2	-9.34	9	959.9	11.82	2	855.2	-0.37	6	747.4	-12.93	10
平均值	671.8	-11.45	11	854.3	12.60	1	758.3	-0.05	6	730.0	-3.78	8

注:标"※"号的为续试组合。

表 2-2 2016 年贵州省玉米区试 B 组产量汇总表

试点	兴试5023 亩产(千克)	比CK(±%)	位次	福科15号 亩产(千克)	比CK(±%)	位次	正红431 亩产(千克)	比CK(±%)	位次	LF8101 亩产(千克)	比CK(±%)	位次
贵阳	571.9	-21.02	11	714.9	-1.28	9	716.1	-1.1	8	730.4	0.87	5
黔西南	809.3	-10.72	8	785.2	-13.38	9	866	-4.47	7	887.3	-2.12	4
毕节	725.2	-1.32	8	651.7	-11.32	10	798	8.59	1	786.9	7.07	6
黔西	511.1	-11.2	11	568.5	-1.23	9	678.2	17.82	5	601	4.41	7
六枝	653.6	-22.19	10	751.5	-10.52	8	815	-2.96	5	811.9	-3.33	6
贞丰	746	11.12	3	714.5	6.43	7	693.7	3.34	9	738.9	10.07	4
安顺	791.3	-7.81	8	806.3	-6.07	7	947.6	10.4	3	887.6	3.41	4
平均值	686.9	-9.46	10	713.2	-5.99	9	787.8	3.84	3	777.7	2.51	4

表 2-3　2016 年贵州省玉米区试 B 组产量汇总表

| 试点 | 北玉 1521 | | | | JDY1602 | | | | 贵单 8 号(CK) | |
	亩产 (千克)	比 CK (±%)	位次		亩产 (千克)	比 CK (±%)	位次		亩产 (千克)	位次
贵阳	821.5	13.45	2		749.5	3.51	4		724.1	6
黔西南	981.9	8.32	1		910.8	0.47	2		906.5	3
毕节	788.6	7.3	5		794.5	8.11	3		734.9	7
黔西	703.9	22.29	4		730.6	26.93	2		575.6	8
六枝	868.2	3.37	2		536	-36.19	11		839.9	3
贞丰	802.4	19.54	1		695.2	3.56	8		671.3	10
安顺	962.3	12.1	1		744.5	-13.27	11		858.4	5
平均值	847.0	11.64	2		737.3	-2.82	7		758.7	5

表 3-1 2016 年贵州省玉米区试 B 组主要性状汇总表

品种	试点	海拔(米)	播种期(日/月)	出苗期(日/月)	成熟期(日/月)	生育期(天)	比对照(±天)	株高(厘米)	穗位高(厘米)	穗长(厘米)	穗行数(行)	秃尖(厘米)	单穗粒重(克)	百粒重(克)	轴色	粒型	粒色
JDY1504※	贵阳	1050	18/4	2/5	24/8	114	-2	216	92	16.5	16	0.8	216	40.4	白	马	白
	黔西南	1140	25/4	7/5	19/8	104	-7	265	110	20.1	15	0.7	284.0	39.5	白	半马	白
	毕节	1615	14/4	2/5	13/9	135	+2	291	125	24	14.4	2	156.6	33	白	马	白
	黔西	1146	4/4	14/4	26/8	134	+7	234	118	18	15	1.4	162.1	32.5	白	马	白
	六枝	1200	13/4	26/4	19/8	115	-3	251	115	21.8	14	1.7	246	38	白	半马	白
	贞丰	1000	9/5	14/5	8/9	117	-2	257	96	17.8	15	2.2	142.8	28.9	白	半马	白
	安顺	1400	21/4	3/5	26/8	116	-12	267	113	18.8	13.8	0.2	193.7	38.8	白	马	白
	平均值	1222				119	-3	254	110	19.6	14.7	1.3	200.2	35.9	白	马	白
惠农15※	贵阳	1050	18/4	2/5	28/8	118	+2	225	107	16.9	16	1.6	234	45.1	白	马	黄
	黔西南	1140	25/4	7/5	26/8	111	0	279	138	22.3	16	1.1	344.5	45.0	白	马	白
	毕节	1615	14/4	2/5	14/9	136	+3	310	152	26	14.8	1	205.7	40	白	马	黄
	黔西	1146	4/4	14/4	31/8	139	+12	290	130	19.1	16.6	1.2	245.2	43.7	白	马	黄
	六枝	1200	13/4	26/4	27/8	123	+5	283	135	21.6	16	0.9	294	45	白	马	黄
	贞丰	1000	9/5	14/5	12/9	121	+2	280	125	20.3	15	3	239.8	39.4	白	马	白
	安顺	1400	21/4	5/5	7/9	126	-2	314	149	18.7	16.2	0.3	243	39.7	白	马	白
	平均值	1222				125	+3	283	134	20.7	15.8	1.3	258.0	42.6	白	马	黄

注：标"※"号的为续试组合。

表3-2 2016年贵州省玉米区试B组主要性状汇总表

品种	试点	海拔(米)	播种期(日/月)	出苗期(日/月)	成熟期(日/月)	生育期(天)	比对照(±天)	株高(厘米)	穗位高(厘米)	穗长(厘米)	穗行数(行)	秃尖(厘米)	单穗粒重(克)	百粒重(克)	轴色	粒型	粒色
华兴单88	贵阳	1050	18/4	2/5	22/8	112	-4	232	84	13.7	12	2.2	142	34.8	白	硬	黄
	黔西南	1140	25/4	7/5	26/8	111	0	274	100	21.9	16	0.0	260.5	40.6	白	硬	黄
	毕节	1615	14/4	3/5	15/9	136	+3	307	127	21	16.2	1	179.2	39	白	硬	黄
	黔西	1146	4/4	14/4	16/8	124	-3	267	105	18.8	16	1.8	192.4	34.2	白	硬	黄
	六枝	1200	13/4	26/4	21/8	117	-1	290	133	22.1	15	1.2	222	42	白	硬	黄
	贞丰	1000	9/5	14/5	8/9	117	-2	246	89	19.8	14	1.8	221.2	35.2	白	硬	黄
	安顺	1400	21/4	3/5	30/8	120	-8	300	120	21	16	0.6	238.4	40.1	白	硬	黄
	平均值	1222				120	-2	274	108	19.8	15.0	1.2	208.0	38.0	白	硬	黄
成单716	贵阳	1050	18/4	2/5	25/8	115	-1	221	86	18.6	16	1.5	237	38.1	红	马	黄
	黔西南	1140	25/4	7/5	26/8	111	0	280	104	21.6	16	0.9	299.5	38.3	红	马	黄
	毕节	1615	14/4	4/5	10/9	131	-2	279	119	20	15.8	0	163.4	33	红	马	黄
	黔西	1146	4/4	16/4	16/8	124	-3	255	92.3	19.8	16.2	1.1	172.8	32.4	红	马	黄
	六枝	1200	13/4	26/4	23/8	119	+1	281	106	22.3	16	0.5	270	39	红	半马	黄
	贞丰	1000	9/5	14/5	8/9	117	-2	277	90	20	16	2.9	216.4	29.3	红	马	黄
	安顺	1400	21/4	3/5	26/8	116	-12	282	105	20	16.8	0.4	221.8	33	红	马	黄
	平均值	1222				119	-3	268	100	20.3	16.1	1.0	225.8	34.7	红	马	黄

表 3-3　2016 年贵州省玉米区试 B 组主要性状汇总表

品种	试点	海拔(米)	播种期(日/月)	出苗期(日/月)	成熟期(日/月)	生育期(天)	比对照(±天)	株高(厘米)	穗位高(厘米)	穗长(厘米)	穗行数(行)	秃尖(厘米)	单穗粒重(克)	百粒重(克)	轴色	粒型	粒色
兴试5023	贵阳	1050	18/4	2/5	26/8	116	0	256	116	15.2	14	1.5	173	39.3	红	硬	黄
	黔西南	1140	25/4	7/5	23/8	108	-3	302	137	21.7	14	0.8	270.0	44.6	红	半马	黄
	毕节	1615	14/4	4/5	15/9	135	+2	344	156	22	14.2	1	222.3	38	红	马	黄
	黔西	1146	4/4	4/5	18/8	126	-1	273	129.7	17.4	15.4	2.6	155.5	32.4	红	马	黄
	六枝	1200	13/4	26/4	21/8	117	-1	298	145	21.7	14	0.3	245	44	红	半马	黄
	贞丰	1000	9/5	14/5	8/9	117	-2	300	110	22	13	0.2	223.8	39.7	红	硬	黄
	安顺	1400	21/4	3/5	28/8	118	-10	287	132	20.7	14.8	0.9	231.4	42.4	红	马	黄
	平均值	1222				120	-2	294	132	20.1	14.2	1.0	217.3	40.1	红	半马	黄
贵单8号(CK)	贵阳	1050	18/4	2/5	26/8	116		254	121	16.7	16	1.8	224	40.6	白	硬	黄
	黔西南	1140	25/4	7/5	26/8	111		290	115	19.5	14	1.0	247.5	43.6	白	半马	黄
	毕节	1615	14/4	5/5	14/9	133		293	141	22	16.2	1	144.8	35	白	马	黄
	黔西	1146	4/4	4/5	19/8	127		262	123.5	18.3	14	1.5	151.1	40.4	白	硬	黄
	六枝	1200	13/4	26/4	22/8	118		293	125	20.9	16	0.8	247	44	白	硬	黄
	贞丰	1000	9/5	14/5	10/9	119		274	114	20.8	15	2.3	201.4	36.8	白	硬	黄
	安顺	1400	21/4	3/5	7/9	128		295	139	19.5	15	0.8	231.2	43.4	白	硬	黄
	平均值	1222				122		280	126	19.7	15.2	1.3	206.7	40.5	白	硬	黄

表 3-4　2016 年贵州省玉米区试 B 组主要性状汇总表

品种	试点	海拔(米)	播种期(日/月)	出苗期(日/月)	成熟期(日/月)	生育期(天)	比对照(±天)	株高(厘米)	穗位高(厘米)	穗长(厘米)	穗行数(行)	秃尖(厘米)	单穗粒重(克)	百粒重(克)	轴色	粒型	粒色
福科15号	贵阳	1050	18/4	2/5	24/8	114	-2	233	85	16.9	14	0.3	212	34.4	白	硬	白
	黔西南	1140	25/4	7/5	26/8	111	0	263	100	20.8	17	1.4	303.5	41.7	白	半马	白
	毕节	1615	14/4	5/5	16/9	135	+2	292	105	21	17.8	0	190.3	39	白	马	白
	黔西	1146	4/4	5/5	27/8	135	+8	247	84	17.3	16.8	2.2	153	30	白	半马	白
	六枝	1200	13/4	26/4	20/8	116	-2	268	99	21.7	17	0.7	250	38	白	半马	白
	贞丰	1000	9/5	14/5	10/9	119	0	256	80	20.3	17	1	214.3	31.3	白	硬	白
	安顺	1400	21/4	4/5	1/9	121	-7	265	83	19.6	17	0.3	232.3	35.8	白	半马	白
	平均值	1222				122		261	91	19.7	16.7	0.8	222.2	35.7	白	半马	白
正红431	贵阳	1050	18/4	2/5	25/8	115	-1	248	98	16.3	14	0.6	207	40.1	红	硬	黄
	黔西南	1140	25/4	7/5	26/8	111	0	287	97	20.8	17	1.5	306.0	42.4	红	半马	黄
	毕节	1615	14/4	4/5	15/9	133	0	290	112	22	16.4	0	214.5	33	红	马	黄
	黔西	1146	4/4	3/5	1/9	140	+13	234	85.7	19.2	17	1.3	208	37.2	紫	马	黄
	六枝	1200	13/4	27/4	24/8	119	+1	252	100	20.6	17	0.7	232	41	红	半马	黄
	贞丰	1000	9/5	14/5	12/9	121	+2	250	98	20.6	17	1.7	208.1	31.2	红	半马	黄
	安顺	1400	21/4	4/5	3/9	123	-5	260	103	24	17	0.6	273	40.8	红	马	黄
	平均值	1222				123		260	99	20.5	16.5	0.9	235.5	38.0	红	半马	黄

表 3-5　2016 年贵州省玉米区试 B 组主要性状汇总表

品种	试点	海拔（米）	播种期（日/月）	出苗期（日/月）	成熟期（日/月）	生育期（天）	比对照（±天）	株高（厘米）	穗位高（厘米）	穗长（厘米）	穗行数（行）	秃尖（厘米）	单穗粒重（克）	百粒重（克）	轴色	粒型	粒色
LF8101	贵阳	1050	18/4	2/5	27/8	117	+1	252	109	18.1	16	1.2	227	33.6	白	硬	黄
	黔西南	1140	25/4	7/5	26/8	111	0	287	150	22.8	18	2.3	314.0	40.4	白	半马	黄
	毕节	1615	14/4	3/5	16/9	137	+4	302	134	22	16	2	226.9	40	白	马	黄
	黔西	1146	4/4	2/5	28/8	136	+9	283	131.5	23.6	19.5	3.6	210.7	31.6	白	半马	黄
	六枝	1200	13/4	26/4	23/8	119	+1	275	131	20.2	19	1.1	231	36	白	硬	黄
	贞丰	1000	9/5	14/5	12/9	121	+2	306	145	21.2	18	2.3	221.7	28.8	白	半马	黄
	安顺	1400	21/4	3/5	6/9	127	-1	295	146	20	18.4	1	244.6	35.1	白	硬	黄
	平均值	1222				124	+2	286	135	21.1	17.8	1.9	239.4	35.1	白	硬	黄
北玉1521	贵阳	1050	18/4	2/5	24/8	114	-2	253	95	18.5	18	0.8	263	39.1	白	硬	黄
	黔西南	1140	25/4	7/5	26/8	111	0	261	131	23.0	17	1.0	310.0	39.4	白	半马	黄
	毕节	1615	14/4	3/5	16/9	137	+4	278	105	23	17.8	2	226.5	40	白	马	黄
	黔西	1146	4/4	4/5	20/8	128	+1	259	96.7	18.6	17.4	1.8	197.2	30.8	白	马	黄
	六枝	1200	13/4	26/4	24/8	120	+2	281	123	23.1	17	2	275	40	白	半马	黄
	贞丰	1000	9/5	14/5	12/9	121	+2	291	121	22.5	16	1.6	240.7	38.6	白	半马	黄
	安顺	1400	21/4	3/5	29/8	119	-9	299	119	21.3	17.8	1.6	288.7	40	白	半马	黄
	平均值	1222				121	-1	275	113	21.4	17.3	1.5	257.3	38.3	白	半马	黄

表 3-6　2016 年贵州省玉米区试 B 组主要性状汇总表

品种	试点	海拔(米)	播种期(日/月)	出苗期(日/月)	成熟期(日/月)	生育期(天)	比对照(±天)	株高(厘米)	穗位高(厘米)	穗长(厘米)	穗行数(行)	秃尖(厘米)	单穗粒重(克)	百粒重(克)	轴色	粒型	粒色
JDY 1602	贵阳	1050	18/4	2/5	25/8	115	-1	278	112	17.3	16	1.8	231	40.8	白	马	黄
	黔西南	1140	25/4	7/5	23/8	108	-3	291	137	21.7	16	2.4	322.0	46.6	白	马	白
	毕节	1615	14/4	4/5	15/9	135	+2	291	115	22	14.6	1	269.9	41	白	马	黄
	黔西	1146	4/4	6/5	27/8	135	+8	290	134.7	23	17	2.7	200.4	37.3	白	半马	白
	六枝	1200	13/4	26/4	25/8	121	+3	312	128	21.4	18	2.2	221	45	白	半马	黄
	贞丰	1000	9/5	14/5	10/9	119	0	311	133	20.5	16	2.2	208.5	33.8	白	硬	黄
	安顺	1400	21/4	3/5	9/9	130	+2	325	162	17.2	17.2	0.9	209.5	35.5	白	马	白
	平均值	1222				123	+1	300	132	20.4	16.4	1.9	237.5	40.0	白	马	白

表 4-1　2016 年贵州省玉米区试 B 组抗逆性汇总表

试点	JDY1504※								惠农 15※							
	大斑(级)	小斑(级)	丝黑穗(级)	青枯(级)	纹枯(级)	锈病(级)	倒伏率(%)	倒折率(%)	大斑(级)	小斑(级)	丝黑穗(级)	青枯(级)	纹枯(级)	锈病(级)	倒伏率(%)	倒折率(%)
贵阳	5	3	1	1	3	3	0	0	3	1	1	1	1	1	0	0
黔西南	3	1	1	1	1	3	0	0	1	3	1	1	1	1	0	0
毕节	5	1	0	0	3	0	0	0	3	1	0	0	0	0	0	0
黔西	5	3	0	0	0	0	53.5	37.3	0	1	0	0	1	0	0	0
六枝	3	3	1	3	3	5	12	5	1	1	1	1	1	1	5	2
贞丰	1	3	0	5	3	0	0	0	1	1	0	1	1	0	0	0
安顺	7	5	0	5	3	3	0	0	3	1	0	0	1	1	0	0

注：标"※"号的为续试组合。

表 4-2 2015 年贵州省玉米区试 B 组抗逆性汇总表

华兴单 88

试点	大斑（级）	小斑（级）	丝黑穗（级）	青枯（级）	纹枯（级）	锈病（级）	倒伏率（%）	倒折率（%）
贵阳	5	5	1	1	3	3	0	0
黔西南	5	1	1	1	1	5	0	0
毕节	5	1	0	0	3	0	0	0
黔西	1	1	0	0	1	0	0	0
六枝	1	1	1	3	1	3	0	0
贞丰	1	1	0	1	1	0	0	0
安顺	3	1	0	0	1	1	0	0

成单 716

试点	大斑（级）	小斑（级）	丝黑穗（级）	青枯（级）	纹枯（级）	锈病（级）	倒伏率（%）	倒折率（%）
贵阳	3	5	1	1	3	3	0	0
黔西南	5	1	1	1	1	5	0	0
毕节	7	1	0	0	5	0	0	0
黔西	0	3	0	0	1	0	0	0
六枝	1	3	1	5	1	5	7	0
贞丰	1	3	0	7	3	0	0	0
安顺	7	5	0	5	3	5	0	0

表 4-3 2015 年贵州省玉米区试 B 组抗逆性汇总表

兴试 5023

试点	大斑（级）	小斑（级）	丝黑穗（级）	青枯（级）	纹枯（级）	锈病（级）	倒伏率（%）	倒折率（%）
贵阳	3	3	1	1	3	5	0	1.7
黔西南	5	1	1	1	1	1	0	0
毕节	5	1	0	0	5	0	0	0
黔西	1	3	0	0	1	0	7.8	5
六枝	1	1	1	3	1	1	3	0
贞丰	1	3	0	1	1	0	0	0
安顺	5	3	0	3	2	3	0	0

贵单 8 号 CK

试点	大斑（级）	小斑（级）	丝黑穗（级）	青枯（级）	纹枯（级）	锈病（级）	倒伏率（%）	倒折率（%）
贵阳	3	3	1	1	3	3	0	3.4
黔西南	3	1	1	1	1	3	0	0
毕节	5	1	0	0	5	0	0	0
黔西	1	3	0	0	1	0	18.7	12.3
六枝	3	3	1	3	1	5	2	1
贞丰	1	3	0	0	1	0	0	0
安顺	3	1	0	0	1	1	0	0

表 4-4 2015 年贵州省玉米区试 B 组抗逆性汇总表

福科 15 号

试点	大斑（级）	小斑（级）	丝黑穗（级）	青枯（级）	纹枯（级）	锈病（级）	倒伏率（%）	倒折率（%）
贵阳	3	3	1	1	5	3	1.7	1.7
黔西南	3	1	1	1	1	1	0	0
毕节	5	3	0	0	3	0	0	0
黔西	1	1	0	0	0	0	38.3	17.7
六枝	1	3	1	3	1	2	3	1
贞丰	1	1	0	3	3	0	0	0
安顺	5	5	0	1	3	3	0	0

正红 431

试点	大斑（级）	小斑（级）	丝黑穗（级）	青枯（级）	纹枯（级）	锈病（级）	倒伏率（%）	倒折率（%）
贵阳	3	3	1	1	3	5	0	0
黔西南	1	1	1	1	1	3	0	0
毕节	1	0	0	0	3	0	0	0
黔西	1	0	0	0	1	0	0	0
六枝	1	1	1	3	1	1	0	0
贞丰	1	1	0	5	1	0	0	0
安顺	3	1	0	1	2	1	0	0

表 4-5 2015 年贵州省玉米区试 B 组抗逆性汇总表

LF8101

试点	大斑（级）	小斑（级）	丝黑穗（级）	青枯（级）	纹枯（级）	锈病（级）	倒伏率（%）	倒折率（%）
贵阳	3	3	1	1	5	3	0	0
黔西南	1	3	1	1	1	1	0	0
毕节	3	1	0	0	3	0	0	0
黔西	1	1	1	0	1	0	0	0
六枝	1	1	1	3	1	0	0	0
贞丰	1	1	0	0	1	0	0	0
安顺	3	1	0	1	1	1	0	0

北玉 1521

试点	大斑（级）	小斑（级）	丝黑穗（级）	青枯（级）	纹枯（级）	锈病（级）	倒伏率（%）	倒折率（%）
贵阳	3	3	1	1	3	3	1.7	0
黔西南	3	1	1	1	1	5	0	0
毕节	5	1	0	0	3	0	0	0
黔西	0	3	0	0	1	0	0	0
六枝	1	1	1	1	1	1	0	0
贞丰	1	3	0	1	1	0	0	0
安顺	3	3	0	1	1	1	0	0

表 4-6 2015 年贵州省玉米区试 B 组抗逆性汇总表

JDY1602

试点	大斑（级）	小斑（级）	丝黑穗（级）	青枯（级）	纹枯（级）	锈病（级）	倒伏率（%）	倒折率（%）
贵阳	3	5	1	1	3	3	3.4	0
黔西南	1	1	1	1	1	1	0	0
毕节	3	1	0	0	1	0	0	0
黔西	1	3	0	0	0	0	23.5	6.2
六枝	1	3	1	3	2	3	48	8
贞丰	1	3	0	3	1	0	0	0
安顺	5	3	0	3	2	3	0	0

2016年贵州省玉米新品种区域试验 C 组综合总结

本试验于 2016 年 3 月 30 日根据贵州省种子总站安排实施,目的是鉴定新育成组合在本省不同生态地区的丰产性、适应性及抗逆性,为品种审定提供科学依据。

一、试验概况

(一)参试组合及供种单位(表 1)

表 1　参试品种及供种单位

组合名称	供种单位	组合名称	供种单位
友玉 8 号※	贵州友禾种业有限公司	丰乐 730	合肥丰乐种业股份有限公司
隆玉 818	四川隆平高科种业有限公司	中玉 101	北京中农三禾农业有限公司
黔 1503	三北种业有限公司	恩单 336	恩施州农业科学院
屯玉 501	北京屯玉种业有限责任公司	贵单 6256	贵州大学玉米研究所
惠民 585	湖北惠民农业科技有限公司	黔单 16(CK)	贵州省旱粮研究所
金玉 398	贵州金农科技有限责任公司		

注:标"※"号的为续试组合。

(二)试点田间设计

全省设 10 个试点:铜仁市农科所、镇远县种子管理站、遵义市农科所、黔南州农科所、贵阳市农业试验中心、毕节市农科所、安顺市农科所、黔西南州农科所、习水县种子管理站和德江县种子管理站。试点分布在海拔高度 272～1615 米,平均海拔 967 米。各试点均按贵州省种子总站的统一方案实施,小区采用随机区组排列,三次重复。五行区,小区面积 20 平方米(5 米×4 米)。种植密度为 4000 株/亩,每小区 120 株,每行 24 株。试验区四周设有面积不等的保护区,收获时以小区中间三行为准测产。

(三)试验完成情况

根据有关专家对大部分试点田间考察、测产的结果及对各试点上报材料的审阅,黔南州农科所试点因土壤肥力差异大,试验误差大,试验报废,中玉 101 在贵阳、贞丰等试点高感锈病和青枯病,作田间淘汰处理;其他 9 个试点田间管理及时到位,各项调查记载较全面,基本能按照试验方案要求完成试验任务,参试组合试验数据齐全,全部纳入汇总。

二、气候条件对玉米生长发育的影响

贵阳:播种后,前期雨水偏多,后期正常,对参试品种的产量无影响。

德江:4 月至 7 月中旬,因阴雨天气过多、温度低,导致出苗慢,不整齐。

铜仁:4~5 月持续降雨,温度较低,光照不足,墒情重,玉米不能正常生长。

镇远:4~5 月连续降雨,导致播种时间延迟;灌浆期干旱 20 余天,严重影响灌浆,秃尖大。

安顺:播种时土壤墒情好,出苗整齐一致;后期气候条件较有利于玉米生长,对试验产量无影响。

黔西南:播种至出苗气候比较反常,晴天气温太高,下雨气温骤降。6 月 14 日和 19 日以及 7 月 3 日晚均强风暴雨,造成个别品种倒伏;灌浆期至成熟期雨水较多,个别参试品种穗腐现象较重。

毕节:试验期间无主要自然灾害。

遵义:无。

习水:今年总的来说晴天少,中期雨水较多。

三、试验结果

试验产量、农艺性状等数据均采用平均数法进行统计。

(一)产量

参试组合平均亩产 678.2~781.9 千克,续试组合产量以黔单 16(649.7 千克/亩)为对照,其他新参试组合以组平均 715.7 千克/亩为对照(详见表 2)。

本组试验参试组合产量比对照增产 5% 以上,增产点占试点总数的 70% 以上的有友玉 8 号、惠民 585 两个组合(详见表 2)。

(二)生育期

参试组合生育期 119~123 天,对照黔单 16 为 122 天。黔 1503、金玉 398 两个参试组合生育期与对照相当,其余参试组合生育期比黔单 16 长或短 1~3 天(详见表 3)。

(三)主要产量性状(详见表 3)

穗行数:参试组合穗行数平均 14.4~18.4 行,黔单 16 为 16.2 行。

百粒重:参试组合平均 32.8~38.7 克,黔单 16 为 32.6 克。

单穗粒重:参试组合平均 172.4~193.3 克, 黔单 16 为 170 克。

(四)抗逆性

(1)抗倒性(详见表4)

少数参试组合在个别试点有轻微倒伏现象发生。

(2)抗病性(详见表4)

贵阳的大、小斑病、锈病,道真的丝黑穗病,贞丰的纹枯病,少数组合有感病记载,其余试点病害较轻。

四、组合综述(抗病性根据四川农业科学院植保所鉴定)

(1)友玉 8 号(两年试验)

2015 年平均亩产 738 千克,比参试组合平均亩产增产 9.38%,产量居第二位;9 个试点 8 增 1 减,增产点占总试点数的 88.9%。2016 年平均亩产 768.2 千克,比黔单 16 增产 18.24%,产量居第二位;9 个试点 8 增 1 减,增产点占总试点数的 88.9%。两年 18 点次平均亩产 753.1 千克,比对照增产 13.73%。2015 年和 2016 年平均有 88.9% 试点产量比对照增产。2016 年生育期 121 天,比黔单 16 短 1 天。株高 293 厘米,穗位高 116 厘米,穗长 19.4 厘米,穗行数 16.6 行,秃尖 1.1 厘米;单穗粒重 192.3 克,百粒重 32.8 克,轴白色,半马齿,籽粒黄色。上位穗上叶轻度下披,花药紫色,花丝紫色,果穗苞叶覆盖程度中等,籽粒排列直。抗大斑病、小斑病,中抗茎腐病、灰斑病,感丝黑穗病、纹枯病、穗腐病。德江、黔西南、遵义、习水等试点有倒伏、倒折现象发生。

(2)隆玉 818

平均亩产 713.7 千克,比组平均减产 0.28%,产量居第五位;9 个试点 4 增 5 减,增产点占总试点数的 44.4%。生育期 121 天,比黔单 16 短 1 天。株高 306 厘米,穗位高 140 厘米,穗长 19.7 厘米,穗行数 14.9 行,秃尖 1.2 厘米;单穗粒重 172.4 克,百粒重 33 克,轴白色,硬粒,籽粒黄色。上位穗上叶轻度下披,花药黄色,花丝浅紫色,果穗苞叶覆盖极短,籽粒排列直。无四川农业科学院植保所抗病性鉴定资料。德江、黔西南试点有轻微倒伏、倒折发生,遵义、习水试点倒伏、倒折现象严重。

(3)黔 1503

平均亩产 742.1 千克,比组平均增产 3.69%,产量居第三位;9 个试点 7 增 2 减,增产点占总试点数的 77.8%。生育期 122 天,与黔单 16 相当。株高 313 厘米,穗位高 142 厘米,穗长 19.3 厘米,穗行数 15.7 行,秃尖 1.3 厘米;单穗粒重 185.7 克,百粒重 38.7 克,轴白色,半马齿粒,籽粒黄色。上位穗上叶轻度下披,花药紫色,花丝紫红色,果穗苞叶覆盖长,籽粒呈螺旋排列。无四川农业科学院植保所抗病性鉴定资料。德江、贵阳、遵义、习水试点有倒伏、倒折现象发生。

（4）屯玉 501

平均亩产 701.4 千克,比组平均减产 2%,产量居第七位;9 个试点 3 增 6 减,增产点占总试点数的 33.3%。生育期 121 天,比黔单 16 短 1 天。株高 274 厘米,穗位高 88 厘米,穗长 19 厘米,穗行数 15.4 行,秃尖 0.9 厘米;单穗粒重 186.9 克,百粒重 35.2 克,轴红色,硬粒,籽粒黄色。上位穗上叶轻度下披,花药浅紫色,花丝白色,果穗苞叶覆盖极短,籽粒排列直。无四川农业科学院植保所抗病性鉴定资料。德江、贵阳、习水试点有轻微倒伏、倒折现象发生。

（5）惠民 585

平均亩产 781.9 千克,比组平均增产 9.24%,产量居第一位;9 个试点全部增产,增产点占总试点数的 100%。生育期 123 天,比黔单 16 长 1 天。株高 293 厘米,穗位高 116 厘米,穗长 18.5 厘米,穗行数 18.3 行,秃尖 0.5 厘米;单穗粒重 193.3 克,百粒重 36.1 克,轴白色,半马齿粒,籽粒黄色。上位穗上叶轻度下披,花药浅紫色,花丝紫色,果穗苞叶覆盖短,籽粒排列直。无四川农业科学院植保所抗病性鉴定资料。德江、黔西南、遵义、习水试点有倒伏、倒折现象发生。

（6）金玉 398

平均亩产 693.9 千克,比组平均减产 3.04%,产量居第八位;9 个试点 1 增 8 减,增产点占总试点数的 11.1%。生育期 122 天,与黔单 16 相当。株高 309 厘米,穗位高 130 厘米,穗长 18.5 厘米,穗行数 14.4 行,秃尖 0.9 厘米;单穗粒重 187.7 克,百粒重 37.4 克,轴白色,硬粒,籽粒黄色。上位穗上叶轻度下披,花药紫色,花丝白色,果穗苞叶覆盖程度中等,籽粒排列直。无四川农业科学院植保所抗病性鉴定资料。贵阳、习水试点有轻微倒伏、倒折发生,遵义试点倒伏、倒折现象严重。

（7）丰乐 730

平均亩产 704.7 千克,比组平均减产 1.54%,产量居第六位;9 个试点 3 增 6 减,增产点占总试点数的 33.3%。生育期 123 天,比黔单 16 长 1 天。株高 334 厘米,穗位高 144 厘米,穗长 17.5 厘米,穗行数 18.4 行,秃尖 1.5 厘米;单穗粒重 186.9 克,百粒重 35.5

克,轴红色,马齿粒,籽粒黄色。上位穗上叶中度下披,花药紫色,花丝白色,果穗苞叶覆盖短,籽粒呈螺旋排列。无四川农业科学院植保所抗病性鉴定资料。德江、贵阳、遵义、习水试点有轻微倒伏、倒折现象发生,黔西南试点倒伏、倒折现象严重。

(8)恩单336

平均亩产723.5千克,比组平均增产1.09%,产量居第四位;9个试点5增4减,增产点占总试点数的55.6%。生育期123天,比黔单16长1天。株高328厘米,穗位高145厘米,穗长18.8厘米,穗行数16.5行,秃尖0.6厘米;单穗粒重186.3克,百粒重35.3克,轴红色,马齿粒,籽粒黄色。上位穗上叶中度下披,花药紫色,花丝浅紫色,果穗苞叶覆盖长,籽粒排列直。无四川农业科学院植保所抗病性鉴定资料。德江、贵阳、遵义试点有倒伏、倒折现象发生。

(9)贵单6256

平均亩产678.2千克,比组平均减产5.25%,产量居第九位;9个试点3增6减,增产点占总试点数的33.3%。生育期119天,比黔单16短3天。株高281厘米,穗位高103厘米,穗长18.3厘米,穗行数16行,秃尖0.7厘米;单穗粒重180.6克,百粒重32.8克,轴白色,硬粒,籽粒黄色。上位穗上叶中度下披,花药浅紫色,花丝白色,果穗苞叶覆盖短,籽粒呈螺旋排列。无四川农业科学院植保所抗病性鉴定资料。德江、黔西南、遵义、习水试点有轻微倒伏、倒折现象发生,贵阳试点倒伏情况严重。

表 2-1 2016 年贵州省玉米区试 C 组产量汇总表

试点	友玉 8 号※				隆玉 818				黔 1503				屯玉 501			
	亩产(千克)	比CK(±%)	比组平均(±%)	位次	亩产(千克)	比CK(±%)	比组平均(±%)	位次	亩产(千克)	比CK(±%)	比组平均(±%)	位次	亩产(千克)	比CK(±%)	比组平均(±%)	位次
贵阳	847.3	11.72	6.27	3	851	12.21	6.73	2	821.5	8.32	3.04	4	765.4	0.92	-4	7
德江	840.6	13.07	10.59	1	713	-4.09	-6.2	9	796.5	7.15	4.79	4	728.4	-2.02	-4.17	7
铜仁	669.3	11.75	13.61	1	551.7	-7.88	-6.35	8	604.8	0.99	2.67	5	617.8	3.16	4.87	3
镇远	570	70.72	5.35	4	519.1	55.47	-4.07	8	609.5	82.53	12.64	2	505.6	51.42	-6.56	9
安顺	1105.6	31.06	18.73	1	866.5	2.72	-6.95	9	917.3	8.73	-1.5	6	929.5	10.18	-0.18	4
黔西南	945	15.29	10.87	1	885.8	8.06	3.92	3	917.1	11.88	7.59	2	792.4	-3.32	-7.03	10
毕节	745.8	24.98	8.02	1	723.6	21.26	4.8	4	650	8.94	-5.85	8	721	20.82	4.43	5
遵义	509.8	-3.84	-14.24	10	571.5	7.79	-3.87	7	657.3	23.96	10.56	1	608	14.67	2.27	5
习水	680.6	9.28	-0.72	6	741.3	19.03	8.14	3	705.2	13.23	2.88	4	644.7	3.51	-5.96	8
平均值	768.2	18.24	7.33	2	713.7	9.85	-0.28	5	742.1	14.22	3.69	3	701.4	7.96	-2.00	7

注:标"※"号的为续试组合,以黔单 16(CK)为对照。

表 2-2 2016 年贵州省玉米区试 C 组产量汇总表

试点	惠民 585				金玉 398				丰乐 730				恩单 336			
	亩产(千克)	比CK(±%)	比组平均(±%)	位次	亩产(千克)	比CK(±%)	比组平均(±%)	位次	亩产(千克)	比CK(±%)	比组平均(±%)	位次	亩产(千克)	比CK(±%)	比组平均(±%)	位次
贵阳	922.6	21.66	15.72	1	756.7	-0.22	-5.09	9	767.8	1.24	-3.7	6	775.4	2.24	-2.75	5
德江	824.9	10.96	8.52	2	731.9	-1.55	-3.71	6	724.5	-2.54	-4.69	8	817.1	9.91	7.5	3
铜仁	647.6	8.14	9.93	2	511.1	-14.65	-13.23	9	603	0.68	2.36	6	615.2	2.72	4.43	4
镇远	694.1	107.88	28.28	2	526.1	57.57	-2.77	6	537.4	60.96	-0.68	5	593	77.6	9.59	3
安顺	1008.6	19.56	8.31	2	898.6	6.52	-3.5	7	887.6	5.22	-4.68	8	922.1	9.3	-0.98	5
黔西南	852.5	4	0.01	4	838.6	2.3	-1.62	6	840.2	2.5	-1.43	5	802.1	-2.15	-5.9	9
毕节	715	19.83	3.57	6	734.3	23.06	6.36	2	733.4	22.9	6.22	3	591.9	-0.81	-14.27	10
遵义	629.7	18.76	5.91	4	590	11.28	-0.75	6	561.7	5.94	-5.52	8	650	22.6	9.34	2
习水	741.7	19.09	8.2	2	658.2	5.68	-3.99	7	686.9	10.29	0.2	5	744.7	19.57	8.63	1
平均值	781.9	20.33	9.24	1	693.9	6.80	-3.04	8	704.7	8.46	-1.54	6	723.5	11.35	1.09	4

表 2-3 2016 年贵州省玉米区试 C 组产量汇总表

| 试点 | 贵单 6256 | | | | 黔单 16(CK) | | 组平均 |
	亩产（千克）	比 CK（±%）	比组平均（±%）	位次	亩产（千克）	位次	亩产（千克）
贵阳	707.3	-6.74	-11.29	10	758.4	8	797.3
德江	681.1	-8.37	-10.39	10	743.4	5	760.1
铜仁	471.5	-21.27	-19.96	10	598.9	7	589.1
镇远	522.1	56.35	-3.52	7	333.9	10	541.1
安顺	933	10.6	0.19	3	843.6	10	931.2
黔西南	830.6	1.33	-2.56	7	819.7	8	852.4
毕节	692.8	16.11	0.35	7	596.7	9	690.4
遵义	636.5	20.05	7.07	3	530.2	9	594.5
习水	628.5	0.92	-8.31	9	622.8	10	685.5
平均值	678.2	4.37	-5.25	9	649.7	10	715.7

表 3-1 2016 年贵州省玉米区试 C 组主要性状汇总表

品种	试点	海拔(米)	播种期(日/月)	出苗期(日/月)	成熟期(日/月)	生育期(天)	比对照(±天)	株高(厘米)	穗位高(厘米)	穗长(厘米)	穗行数(行)	秃尖(厘米)	单穗粒重(克)	百粒重(克)	轴色	粒型	粒色
友玉8号※	贵阳	1050	18/4	2/5	26/8	116	+2	231	101	16.4	14	1.6	213	37.4	白	硬	黄
	德江	830	19/4	4/5	1/9	121	+2	283	111	18.9	16.2	0.3		37	白	半马	黄
	铜仁	272	28/3	10/4	9/8	121	+3	298	108	19.7	16	1.2	169	34.2	白	马	黄
	镇远	560	3/5	11/5	3/9	115	-2	296	126	15.6	17	1.7	103.6	23	白	马	黄
	安顺	1400	21/4	3/5	28/8	118	-12	304	124	22.6	17.2	0.5	257.5	37.8	白	半马	黄
	黔西南	1230	27/4	3/5	24/8	114	-5	280	99	20.6	17.0	0.7	264.6	37	白	硬	黄
	毕节	1615	13/4	1/5	15/9	138	-1	285	125	23.1	15.8	1.2	217.7	38.7	红	马	黄
	遵义	900	30/4	16/5	11/9	118	+3	282	111	15.1	16.4	1.6	126	27.9	白	马	黄
	习水	850	28/3	3/4	2/8	122	-3	308	120	19.3	17	0.7	208	31	白	半马	黄
	平均值	967				121	-1	293	116	19.4	16.6	1.1	192.3	32.8	白	半马	黄
隆玉818	贵阳	1050	18/4	2/5	24/8	114	0	252	115	19.5	14	1.5	216	37.8	白	硬	黄
	德江	830	19/4	5/5	1/9	121	+2	325	143	19.5	14.8	0.2		37	白	硬	黄
	铜仁	272	28/3	11/4	7/8	118	0	322	161	19.5	14	0.2	141	33.1	白	硬	黄
	镇远	560	3/5	11/5	1/9	113	-4	313	151	17.3	16	2.8	112.2	27	白	硬	黄
	安顺	1400	21/4	3/5	31/8	121	-9	315	156	20	15.8	1.6	203.6	35.3	白	硬	黄
	黔西南	1230	27/4	3/5	27/8	117	-2	294	128	21.2	14.6	0	233.7	40	白	硬	黄
	毕节	1615	13/4	30/4	16/9	140	+1	298	138	21.9	14.2	1.4	204.3	32.6	白	马	黄
	遵义	900	30/4	16/5	8/9	115	0	276	109	18	14.4	1.7	137.7	28.9	白	硬	黄
	习水	850	28/3	2/4	4/8	125	0	326	139	19.8	15	0.4	174.2	34	白	硬	黄
	平均值	967				121	-1	306	140	19.7	14.9	1.2	172.4	33.0	白	硬	黄

表3-2 2016年贵州省玉米区试C组主要性状汇总表

品种	试点	海拔(米)	播种期(日/月)	出苗期(日/月)	成熟期(日/月)	生育期(天)	比对照(±天)	株高(厘米)	穗位高(厘米)	穗长(厘米)	穗行数(行)	秃尖(厘米)	单穗粒重(克)	百粒重(克)	轴色	粒型	粒色
黔1503	贵阳	1050	18/4	2/5	26/8	116	+2	248	134	17.3	14	2.8	229	42.8	白	马	黄
	德江	830	19/4	4/5	1/9	121	+2	321	155	19.4	15.8	0.1		38	白	半马	黄
	铜仁	272	28/3	10/4	8/8	122	+4	317	124	16.8	15	1	159	39.8	白	马	黄
	镇远	560	3/5	11/5	5/9	117	0	321	156	17.8	16	1.8	140	39	白	马	黄
	安顺	1400	21/4	3/5	29/8	119	-11	330	156	18	16.6	1.3	205.1	38.6	白	马	黄
	黔西南	1230	27/4	3/5	29/8	119	0	312	140	20.3	16.6	0.6	264.1	41	白	硬	黄
	毕节	1615	13/4	1/5	16/9	139	0	305	145	24.8	15.8	1.9	186.4	41.2	白	马	黄
	遵义	900	30/4	16/5	8/9	115	0	272	113	18.3	15	1.7	163.3	37	白	半马	黄
	习水	850	28/3	2/4	4/8	125	0	332	162	18.8	15	0.6	182.1	34	白	半马	黄
	平均值	967				122	0	313	142	19.3	15.7	1.3	185.7	38.7	白	半马	黄
屯玉501	贵阳	1050	18/4	2/5	26/8	116	+2	233	102	18.6	14	0.8	231	36.8	红	硬	黄
	德江	830	19/4	5/5	30/8	119	0	285	126	19.5	15.2	0.5		33	红	硬	黄
	铜仁	272	28/3	11/4	6/8	117	-1	282	86	16.5	16	1.3	156	33.9	红	半	黄
	镇远	560	3/5	11/5	4/9	116	-1	272	13	17.4	15	2	132.8	31	红	硬	黄
	安顺	1400	21/4	4/5	1/9	121	-9	274	111	21	15.4	0.5	237.4	40.5	红	硬	黄
	黔西南	1230	27/4	4/5	29/8	118	-1	271	88	19.6	16.0	0.3	233.5	37	红	硬	黄
	毕节	1615	13/4	2/5	14/9	136	-3	268	108	22.9	16	1	211.9	40.7	红	马	黄
	遵义	900	30/4	16/5	8/9	115	0	257	106	16.5	14.7	1.1	144.8	30.3	红	硬	黄
	习水	850	28/3	3/4	6/8	126	+1	296	104	19.1	15	0.1	192	33	红	硬	黄
	平均值	967				121	-1	274	88	19.0	15.4	0.9	186.9	35.2	红	硬	黄

表 3-3 2016年贵州省玉米区试 C 组主要性状汇总表

品种	试点	海拔（米）	播种期（日/月）	出苗期（日/月）	成熟期（日/月）	生育期（天）	比对照（±天）	株高（厘米）	穗位高（厘米）	穗长（厘米）	穗行数（行）	秃尖（厘米）	单穗粒重（克）	百粒重（克）	轴色	粒型	粒色
惠民585	贵阳	1050	18/4	2/5	27/8	117	+3	257	98	16.8	16	0.9	232	40.2	白	硬	黄
	德江	830	19/4	5/5	2/9	122	+3	306	125	19.0	18.2	0.0		40	白	半马	黄
	铜仁	272	28/3	12/4	8/8	120	+2	277	82	18.9	18	0.8	167	34.6	白	马	黄
	镇远	560	3/5	12/5	4/9	115	-2	286	128	14.9	17	0.3	106.2	36	白	半马	黄
	安顺	1400	21/4	4/5	7/9	127	-3	291	122	17.5	19.2	0.1	244.7	37.5	白	半马	黄
	黔西南	1230	27/4	4/5	30/8	119	0	308	115	19.3	17.4	0.5	257.4	40	白	半马	黄
	毕节	1615	13/4	3/5	14/9	135	-4	289	124	22.7	22	0.9	210.2	40.1	白	马	黄
	遵义	900	30/4	16/5	8/9	115	0	280	115	15.8	16.2	0.9	154.7	32.7	白	硬	黄
	习水	850	28/3	3/4	8/8	128	+3	320	123	20.1	18	0.1	212.7	32	白	半马	黄
	平均值	967				123	+1	293	116	18.5	18.3	0.5	193.3	36.1	白	半马	黄
黔单16（CK）	贵阳	1050	18/4	2/5	24/8	114		216	95	17.2	14	0.5	208	35.8	红	马	黄
	德江	830	19/4	5/5	30/8	119		290	131	19.0	16.8	0.3		32	红	半马	黄
	铜仁	272	28/3	11/4	7/8	118		286	112	17.6	16	0.7	154	32.7	红	马	黄
	镇远	560	3/5	11/5	5/9	117		296	116	14.5	15	1.7	93.1	29	红	马	黄
	安顺	1400	21/4	3/5	9/9	130		302	137	17.6	17	0.1	204	32.6	红	半马	黄
	黔西南	1230	27/4	3/5	29/8	119		297	120	20.0	17.0	0.5	234.4	37	红	半马	黄
	毕节	1615	13/4	1/5	16/9	139		280	121	22.3	16.4	1.1	174.7	35.9	红	马	黄
	遵义	900	30/4	16/5	8/9	115		283	127	15.9	15.7	1.6	132	28.9	红	半马	黄
	习水	850	28/3	2/4	4/8	125		294	128	19	16	0	197.9	32	红	半马	黄
	平均值	967				122		291	123	18.1	16.2	0.8	170.0	32.6	红	半马	黄

表 3-4　2016 年贵州省玉米区试 C 组主要性状汇总表

品种	试点	海拔(米)	播种期(日/月)	出苗期(日/月)	成熟期(日/月)	生育期(天)	比对照(±天)	株高(厘米)	穗位高(厘米)	穗长(厘米)	穗行数(行)	秃尖(厘米)	单穗粒重(克)	百粒重(克)	轴色	粒型	粒色
金玉398	贵阳	1050	18/4	2/5	22/8	112	-2	253	103	19	14	2.4	223	40	白	硬	黄
	德江	830	19/4	5/5	31/8	119	0	316	134	19.6	14.2	0.5		42	白	硬	黄
	铜仁	272	28/3	12/4	7/8	119	+1	305	103	16.4	14	2.2	131	35.8	白	半马	黄
	镇远	560	3/5	11/5	7/9	119	+2	303	123	17.6	14	2.2	145.6	34	白	硬	黄
	安顺	1400	21/4	3/5	28/8	118	-12	317	142	18	14.4	0.1	219.8	40.2	白	硬	黄
	黔西南	1230	27/4	3/5	27/8	117	-2	337	126	20.9	14.0	0.4	244.4	40	白	硬	黄
	毕节	1615	13/4	30/4	15/9	139	0	280	129	19.7	15.6	0	212.1	41.7	白	硬	黄
	遵义	900	30/4	16/5	8/9	115	0	295	138	18.6	13.8	1.4	154.7	34.2	白	硬	黄
	习水	850	28/3	3/4	4/8	124	-1	329	148	18.5	15	0.1	206.3	36	白	硬	黄
	平均值	967				122	0	309	130	18.5	14.4	0.9	187.7	37.4	白	硬	黄
海2105	贵阳	1050	18/4	2/5	28/8	118	+4	238	102	15.6	18	2.5	237	36.6	红	马	红
	德江	830	19/4	5/5	30/8	118	-1	306	160	16.9	18.2	0.2		39	红	半马	黄
	铜仁	272	28/3	12/4	11/8	123	+5	321	112	16.6	16	1.2	152	32.9	红	马	黄
	镇远	560	3/5	11/5	4/9	116	-1	313	141	13.3	17	1.9	103.8	35	红	半马	黄
	安顺	1400	21/4	3/5	9/9	130	0	350	160	17	20	1.4	220.1	36.7	红	半马	红
	黔西南	1230	27/4	3/5	28/8	118	-1	344	148	19.2	20.0	1.1	275.4	40	红	半马	黄
	毕节	1615	13/4	4/5	14/9	134	-5	323	145	23.2	19.8	2.1	207.5	41.8	红	马	黄
	遵义	900	30/4	16/5	11/9	118	+3	324	154	15.3	16.8	2.3	136.4	31.3	红	马	红
	习水	850	28/3	4/4	2/8	121	-4	366	147	18.1	19	0.7	212.8	31	红	马	黄
	平均值	967				123	+1	334	144	17.5	18.4	1.5	186.9	35.5	红	马	黄

表 3-5　2016 年贵州省玉米区试 C 组主要性状汇总表

品种	试点	海拔(米)	播种期(日/月)	出苗期(日/月)	成熟期(日/月)	生育期(天)	比对照(±天)	株高(厘米)	穗位高(厘米)	穗长(厘米)	穗行数(行)	秃尖(厘米)	单穗粒重(克)	百粒重(克)	轴色	粒型	粒色
恩单336	贵阳	1050	18/4	2/5	28/8	118	+4	247	114	16.3	18	0.6	212	37.6	红	马	黄
	德江	830	19/4	4/5	29/8	117	-2	341	155	18.4	16.8	0.2		37	红	半马	黄
	铜仁	272	28/3	11/4	8/8	119	+1	322	123	18.6	16	1.1	155	34.3	白	马	黄
	镇远	560	3/5	11/5	2/9	114	-3	317	163	17	16	0.3	120.3	32	红	马	黄
	安顺	1400	21/4	4/5	9/9	129	-1	339	153	17.2	16.4	0.5	213.1	38	红	马	黄
	黔西南	1230	27/4	4/5	29/8	118	-1	314	120	22.1	16.4	0	279.1	39	红	马	黄
	毕节	1615	13/4	30/4	16/9	140	+1	328	148	21.5	17.8	1.1	171.6	34.6	红	马	黄
	遵义	900	30/4	16/5	11/9	118	+3	323	157	16.7	16.6	1.1	168.6	35	白	马	黄
	习水	850	28/3	2/4	4/8	125	0	354	153	18.4	16	0.2	196.7	34	红	马	黄
	平均值	967				123	+1	328	145	18.8	16.5	0.6	186.3	35.3	红	马	黄
贵单6256	贵阳	1050	18/4	2/5	20/8	109	-5	252	102	16.4	14	1.4	197	34.2	白	硬	黄
	德江	830	19/4	5/5	29/8	117	-2	289	116	18.7	17.2	1.5		34	白	硬	黄
	铜仁	272	28/3	12/4	6/8	118	0	281	89	15.8	14	0.8	124	31.5	白	半马	黄
	镇远	560	3/5	11/5	2/9	115	-2	296	126	16.8	16	1.8	106.2	26	白	硬	黄
	安顺	1400	21/4	3/5	27/8	117	-13	279	112	18.6	17.6	0.1	241.7	35.1	白	硬	黄
	黔西南	1230	27/4	4/5	24/8	113	-6	276	79	20.6	15.2	0	233.1	38	白	硬	黄
	毕节	1615	13/4	30/4	14/9	134	-5	263	109	19.2	18	0	201.3	38.6	白	马	黄
	遵义	900	30/4	16/5	8/9	115	0	273	105	17.7	15.3	2.2	156.9	27.3	白	半马	黄
	习水	850	28/3	3/4	3/8	123	-2	299	99	19.2	16	0.3	200.8	33	白	硬	黄
	平均值	967				119	-3	281	103	18.3	16.0	0.7	180.6	32.8	白	硬	黄

表 4-1　2016 年贵州省玉米区试 C 组抗逆性汇总表

试点	友玉 8 号※								隆玉 818							
	大斑（级）	小斑（级）	丝黑穗（级）	青枯（级）	纹枯（级）	锈病（级）	倒伏率（%）	倒折率（%）	大斑（级）	小斑（级）	丝黑穗（级）	青枯（级）	纹枯（级）	锈病（级）	倒伏率（%）	倒折率（%）
贵阳	3	3	1	1	3	3	0	0	3	5	1	1	5	3	0	0
德江	3	1	0	0	3	3	2.7	3	3	3	0	0	3	3	2.7	3
铜仁	1	1	1	0	1	1	0	0	3	3	1	0	3	1	0	0
镇远	1	1	1	1	1	1	0	0	1	1	1	1	1	1	0	0
安顺	3	3	0	1	3	3	0	0	5	3	0	3	2	3	5	0
黔西南	3	3	1	3.3	3	1	3	2	3	3	1	0	3	3	0	0
毕节	3	1	0	0	3	1	0	0	5	1	0	0	3	1	0	0
遵义	1	1	1	1	1	1	21.5	47.5	1	1	1	1	1	1	16.8	39.7
习水	3	1	0	0	1	0	3	11	3	1	0	0	3	0	5	6

表 4-2　2016 年贵州省玉米区试 C 组抗逆性汇总表

试点	黔 1503								屯玉 501							
	大斑（级）	小斑（级）	丝黑穗（级）	青枯（级）	纹枯（级）	锈病（级）	倒伏率（%）	倒折率（%）	大斑（级）	小斑（级）	丝黑穗（级）	青枯（级）	纹枯（级）	锈病（级）	倒伏率（%）	倒折率（%）
贵阳	1	3	1	1	1	3	3.4	0	3	3	1	1	1	5	0	1.7
德江	1	1	0	0	3	1	5	3.6	3	3	0	0	3	3	2	1
铜仁	1	1	1	0	1	1	0	0	1	3	1	0	1	1	0	0
镇远	1	1	1	1	1	1	0	0	1	1	1	1	1	1	0	0
安顺	3	1	0	1	2	3	0	0	3	3	0	1	2	1	0	0
黔西南	3	3	1	0	3	3	3	0	3	3	1	0	3	3	0	0
毕节	3	1	0	0	1	1	0	0	1	3	0	0	1	1	0	0
遵义	1	1	1	1	1	1	15	25.3	1	1	1	0	3	1	0	0
习水	1	1	0	0	1	0	2	13	1	0	0	0	0	0	2	7

表 4-3 2016 年贵州省玉米区试 C 组抗逆性汇总表

惠民 585

试点	大斑（级）	小斑（级）	丝黑穗（级）	青枯（级）	纹枯（级）	锈病（级）	倒伏率（%）	倒折率（%）
贵阳	1	3	1	1	3	3	0	0
德江	1	1	0	0	1	1	1	0
铜仁	1	1	1	0	1	1	0	0
镇远	1	1	1	1	1	1	0	0
安顺	3	1	0	0	1	1	0	0
黔西南	3	3	1	0	3	3	3	0
毕节	3	1	0	0	1	1	0	0
遵义	1	3	1	0	1	1	0	4.2
习水	0	0	0	0	0	0	2	17

黔单 16（CK）

试点	大斑（级）	小斑（级）	丝黑穗（级）	青枯（级）	纹枯（级）	锈病（级）	倒伏率（%）	倒折率（%）
贵阳	3	3	1	1	5	5	0	0
德江	3	3	0	0	5	5	2	1
铜仁	1	1	1	0	1	1	0	0
镇远	1	1	1	1	1	1	0	0
安顺	5	5	0	3	3	3	0	0
黔西南	3	3	1	0	3	3	5	0
毕节	5	3	0	0	3	1	0	0
遵义	1	1	1	1	1	1	6.2	9.5
习水	0	1	0	0	0	0	2	5

表 4-4 2016 年贵州省玉米区试 C 组抗逆性汇总表

金玉 398

试点	大斑（级）	小斑（级）	丝黑穗（级）	青枯（级）	纹枯（级）	锈病（级）	倒伏率（%）	倒折率（%）
贵阳	3	3	1	1	3	7	1.7	0
德江	3	1	0	0	3	3	0	0
铜仁	1	3	1	0	1	1	0	0
镇远	1	1	1	1	1	1	0	0
安顺	5	3	0	1	3	3	0	0
黔西南	3	3	1	0	3	5	0	0
毕节	1	1	0	0	1	1	0	0
遵义	1	1	1	1	1	1	5.7	8.5
习水	1	0	0	0	0	0	0	0

丰乐 730

试点	大斑（级）	小斑（级）	丝黑穗（级）	青枯（级）	纹枯（级）	锈病（级）	倒伏率（%）	倒折率（%）
贵阳	3	3	1	1	3	7	1.7	1.7
德江	3	1	0	0	3	3	3	3
铜仁	3	1	1	0	1	1	0	0
镇远	1	1	0	0	1	1	0	0
安顺	1	1	0	0	1	1	0	0
黔西南	1	3	1	8.3	3	3	8	6
毕节	1	1	0	0	1	1	0	0
遵义	1	1	1	1	1	1	3.3	6
习水	0	1	0	0	0	0	4	4

表 4-5　2016 年贵州省玉米区试 C 组抗逆性汇总表

试点	恩单 336								贵单 6256							
	大斑(级)	小斑(级)	丝黑穗(级)	青枯(级)	纹枯(级)	锈病(级)	倒伏率(%)	倒折率(%)	大斑(级)	小斑(级)	丝黑穗(级)	青枯(级)	纹枯(级)	锈病(级)	倒伏率(%)	倒折率(%)
贵阳	3	3	1	1	3	5	0	3.4	3	3	1	1	5	7	18.3	0
德江	3	3	0	0	3	1	3	1	5	3	0	0	5	5	8	1
铜仁	1	1	1	0	1	1	0	0	3	1	1	0	3	1	0	0
镇远	1	1	1	1	1	1	0	0	1	1	1	1	1	1	0	0
安顺	1	1	0	1	1	1	0	0	5	3	0	1	3	3	0	0
黔西南	3	3	1	0	3	3	0	0	3	3	1	0	3	5	5	0
毕节	5	3	0	0	1	1	0	0	3	3	0	0	3	1	0	0
遵义	1	1	1	1	3	1	2.8	9.3	1	1	1	1	1	1	0	1.9
习水	0	1	0	0	0	0	0	0	0	1	0	0	0	0	1	0

2016年贵州省玉米新品种区域试验D组综合总结

本试验于2016年3月30日根据贵州省种子总站安排实施,目的是鉴定新育成组合在本省不同生态地区的丰产性、适应性及抗逆性,为品种审定提供科学依据。

一、试验概况

(一)参试组合及供种单位(表1)

表1　参试品种及供种单位

组合名称	供种单位	组合名称	供种单位
丰玉28※	贵州日月丰农业科技有限公司	W1123	贵州慧芳源种业有限公司
金秋20151※	安顺新金秋科技股份有限公司	雅玉219	贵州众望种业公司
筑黄K1M237	贵州筑农科种业有限公司	华龙玉503	四川华龙种业公司
5071	遵义裕丰种苗科技研究所	嘉玉8号	贵州鑫玉种业有限公司
金秋玉41	云南金秋种业有限公司	黔单16(CK)	贵州省旱粮研究所
GY218	贵州三正种业有限公司		

注:标"※"号的为续试组合。

(二)试点田间设计

全省设10个试点:铜仁市农科所、镇远县种子管理站、遵义市农科所、平塘县种子站、贵阳市农业试验中心、毕节市农科所、安顺市农科所、黔西南州农科所、道真县种子管理站和德江县种子管理站。试点分布在海拔高度272~1615米,平均海拔916米。各试点均按贵州省种子总站的统一方案实施,小区采用随机区组排列,三次重复。五行区,小区面积20平方米(5米×4米)。种植密度为3300株/亩,每小区100株,每行20株。试验区四周设有面积不等的保护区,收获时以小区中间三行为准测产。

(二)试验完成情况

根据有关专家对大部分试点田间考察、测产的结果及对各试点上报材料的审阅,十个试点田间管理及时到位,各项调查记载较全面,基本能按照试验方案要求完成试验任务,参试组合试验数据齐全,全部纳入汇总。

二、气候条件对玉米生长发育的影响

道真:播种至出苗期气候正常,出苗整齐;出苗后至乳熟期(4月15至7月6日),多雨、光照少,玉米生长受到影响;蜡熟末期高温伏旱逼熟,成熟期提早,但对玉米产量影响不大;个别参试组合7月14日因短时期急风骤雨发生严重倒折现象倒伏。

铜仁:4~5月持续降雨,苗期发育迟缓。

平塘:无。

镇远:4~5月连续降雨,导致播种时间延迟;灌浆期干旱20余天,严重影响灌浆,秃尖大。

德江:4月至7月中旬,因阴雨天过多、温度低,导致出苗慢和不整齐。

毕节:试验期间气候正常。

安顺:播种时土壤墒情好,出苗整齐一致;后期气候条件较有利于玉米生长,对试验产量无影响。

黔西南:播种至出苗气候比较反常,晴天气温太高,下雨气温骤降。6月14日和19日以及7月3日晚均强风暴雨,造成个别品种倒伏;灌浆期至成熟期雨水较多,个别参试品种穗腐情况较重。

贵阳:播种后前期雨水偏多,后期正常,对参试组合的产量无影响。

遵义:无。

三、试验结果

试验产量、农艺性状等数据均采用平均数法进行统计。

(一)产量

参试组合平均亩产639~763.4千克,续试组合产量以黔单16(645.1千克/亩)为对照,其他新参试组合以组平均690.1千克/亩为对照(详见表2)。

本组试验参试组合产量比对照增产5%以上,增产点占试点总数70%以上的有丰玉28、金秋20151、5071、筑黄K1M237四个组合(详见表2)。

(二)生育期

参试组合生育期117~121天,黔单16为120天;丰玉28、筑黄K1M237、金秋玉41、W1123与对照相当,其余参试组合生育期比黔单16长或短1~3天(详见表3)。

（三）主要产量性状（详见表3）

穗行数：参试组合穗行数平均 13.7～18.1 行,黔单 16 为 15.9 行。

百粒重：参试组合平均 34～39.3 克,黔单 16 为 34.6 克。

单穗粒重：参试组合平均 195.3～236.2 克,黔单 16 为 192.2 克。

（四）抗逆性

（1）抗倒性（详见表4）

少数参试组合在个别试点有轻微倒伏、倒折现象发生。

（2）抗病性（详见表4）

贵阳的大、小斑病、锈病,道真的丝黑穗病,贞丰的纹枯病,少数组合有感病记载,其余试点病害较轻。

四、组合综述（抗病性根据四川农业科学院植保所鉴定）

（1）丰玉 28（两年试验）

2015 年平均亩产 724.8 千克,比参试组合平均亩产增产 5.38%,产量居第二位;10 个试点 8 增 2 减,增产点占总试点数的 80%。2016 年平均亩产 744 千克,比黔单 16 增产 15.33%,产量居第二位;10 个试点全部增产,增产点占总试点数的 100%。两年 20 点次平均亩产 734.4 千克,比对照增产 10.19%。2015 年和 2016 年分别有 80% 和 100% 的试点产量比对照增产,平均为 90%。2016 年生育期 120 天,与黔单 16 相当。株高 277 厘米,穗位高 113 厘米,穗长 19.8 厘米,穗行数 17.7 行,秃尖 1.8 厘米;单穗粒重 232 克,百粒重 37.9 克,轴白色,半马齿,籽粒黄色。上位穗上叶中度下披,花药浅紫色,花丝紫红色,果穗苞叶覆盖程度中等,籽粒排列不规则。抗大斑病、丝黑穗病,中抗小斑病,感纹枯病、穗腐病、茎腐病、灰斑病。镇远、德江、贵阳、遵义试点有轻微倒伏、倒折现象发生。

（2）金秋 20151（两年试验）

2015 年平均亩产 727.4 千克,比参试组合平均亩产增产 5.75%,产量居第一位;10 个试点 9 增 1 减,增产点占总试点数的 90%。2016 年平均亩产 691.9 千克,比黔单 16 增产 7.26%,产量居第五位;10 个试点 8 增 2 减,增产点占总试点数的 80%。两年 20 点次平均亩产 709.7 千克,比对照增产 6.48%。2015 年和 2016 年分别有 90% 和 80% 的试点产量比对照增产,平均为 85%。2016 年生育期 118 天,比黔单 16 短两天。株高 299 厘米,穗位高 95 厘米,穗长 20.5 厘米,穗行数 15.8 行,秃尖 1.9 厘米;单穗粒重 217 克,百粒重 36.4 克,轴白色,硬粒,籽粒黄色。上位穗上叶轻度下披,花药浅紫色,花丝浅紫色,果穗苞叶覆盖短,籽粒排列直。抗小斑病、丝黑穗病,中抗大斑病、穗腐病、茎腐病、灰斑病,感纹枯病。镇远、德江、遵义试点有轻微倒伏、倒折现象发生。

（3）筑黄 K1M237

平均亩产 724.9 千克,比组平均增产 5.04%,产量居第三位;10 个试点 8 增 2 减,增产点占总试点数的 80%。生育期 120 天,与黔单 16 相当。株高 295 厘米,穗位高 124 厘米,穗长 18.9 厘米,穗行数 17.4 行,秃尖 1 厘米;单穗粒重 218 克,百粒重 39.3 克,轴白色,半马齿粒,籽粒黄色。上位穗上叶中度下披,花药浅紫色,花丝浅紫色,果穗苞叶覆盖程度中等,籽粒排列不规则。无四川农业科学院植保所抗病性鉴定资料。镇远、德江试点有轻微倒伏、倒折现象发生。

（4）5071

平均亩产 763.4 千克,比组平均增产 10.63%,产量居第一位;10 个试点 8 增 2 减,增产点占总试点数的 80%。生育期 121 天,比黔单 16 长 1 天。株高 316 厘米,穗位高 139 厘米,穗长 19.5 厘米,穗行数 17.7 行,秃尖 1.2 厘米;单穗粒重 236.2 克,百粒重 34 克,轴白色,马齿粒,籽粒黄色。上位穗上叶轻度下披,花药黄色,花丝浅紫色,果穗苞叶覆盖短,籽粒排列直。无四川农业科学院植保所抗病性鉴定资料。镇远、德江、道真、遵义试点有倒伏、倒折现象发生。

（5）金秋玉 41

平均亩产 679 千克,比组平均减产 1.6%,产量居第六位;10 个试点 5 增 5 减,增产点占总试点数的 50%。生育期 120 天,与黔单 16 相当。株高 317 厘米,穗位高 139 厘米,穗长 20.6 厘米,穗行数 15.3 行,秃尖 0.9 厘米;单穗粒重 213.3 克,百粒重 35.3 克,轴白色,半马齿粒,籽粒黄色。上位穗上叶中度下披,花药浅紫色,花丝紫红色,果穗苞叶覆盖长,籽粒排列不规则。无四川农业科学院植保所抗病性鉴定资料。镇远、德江、黔西南、贵阳、遵义试点有倒伏、倒折现象发生。

（6）GY218

平均亩产 707.9 千克,比组平均增产 2.58%,产量第四位;10 个试点 7 增 3 减,增产点占总试点数的 70%。生育期 119 天,比黔单 16 短 1 天。株高 298 厘米,穗位高 125 厘米,穗长 21.2 厘米,穗行数 15.7 行,秃尖 2.1 厘米;单穗粒重 216.6 克,百粒重 37.1 克,轴白色,硬粒,籽粒黄色。上位穗上叶轻度下披,花药黄色,花丝浅紫色,果穗苞叶覆盖长,籽粒排列直。无四川农业科学院植保所抗病性鉴定资料。镇远、黔西南、遵义试点有倒伏、倒折现象发生。

（7）W1123

平均亩产 678.2 千克，比组平均减产 1.73%，产量居第七位；10 个试点 5 增 5 减，增产点占总试点数的 50%。生育期 120 天，与黔单 16 相当。株高 293 厘米，穗位高 136 厘米，穗长 18.1 厘米，穗行数 18.1 行，秃尖 1.4 厘米；单穗粒重 201.1 克，百粒重 34.7 克，轴红色，硬粒，籽粒黄色。上位穗上叶直，花药浅紫色，花丝浅紫色，果穗苞叶覆盖程度中等，籽粒排列直。无四川农业科学院植保所抗病性鉴定资料。镇远、德江、遵义试点有倒伏、倒折现象发生。

（8）雅玉 219

平均亩产 663.1 千克，比组平均减产 3.91%，产量居第八位；10 个试点 3 增 7 减，增产点占总试点数的 30%。生育期 121 天，比黔单 16 长 1 天。株高 329 厘米，穗位高 149 厘米，穗长 20.5 厘米，穗行数 15.4 行，秃尖 1.2 厘米；单穗粒重 195.9 克，百粒重 34.7 克，轴白色，硬粒，籽粒黄色。上位穗上叶中度下披，花药浅紫色，花丝紫红色，果穗苞叶覆盖程度中等，籽粒呈螺旋排列。无四川农业科学院植保所抗病性鉴定资料。镇远、德江、黔西南试点有轻微倒伏、倒折发生，遵义试点倒伏、倒折现象严重。

（9）华龙玉 503

平均亩产 639 千克，比组平均减产 7.4%，产量居第十一位；10 个试点 1 增 9 减，增产点占总试点数的 10%。生育期 117 天，比黔单 16 短 3 天。株高 287 厘米，穗位高 121 厘米，穗长 20.4 厘米，穗行数 16.6 行，秃尖 1 厘米；单穗粒重 195.3 克，百粒重 35.9 克，轴红色，半马齿粒，籽粒黄色。上位穗上叶中度下披，花药浅紫色，花丝浅紫色，果穗苞叶覆盖长，籽粒排列直。无四川农业科学院植保所抗病性鉴定资料。平塘、镇远、德江、黔西南试点有轻微倒伏、倒折现象发生，遵义试点倒伏、倒折现象严重。

（10）嘉玉 8 号

平均亩产 654.3 千克，比组平均减产 5.18%，产量居第九位；10 个试点 3 增 7 减，增产点占总试点数的 30%。生育期 118 天，比黔单 16 短 2 天。株高 305 厘米，穗位高 136 厘米，穗长 20.6 厘米，穗行数 13.7 行，秃尖 0.8 厘米；单穗粒重 200.5 克，百粒重 36.5 克，轴白色，硬粒，籽粒黄色。上位穗上叶轻度下披，花药黄色，花丝紫色，果穗苞叶覆盖程度中等，籽粒排列不规则。无四川农业科学院植保所抗病性鉴定资料。镇远、贵阳、黔西南试点有轻微倒伏、倒折现象发生，德江、遵义试点倒伏、倒折现象严重。

表 2-1 2016 年贵州省玉米区试 D 组产量汇总表

试点	丰玉28※ 亩产(千克)	比CK(±%)	比组平均(±%)	位次	金秋20151※ 亩产(千克)	比CK(±%)	比组平均(±%)	位次	筑黄K1M237 亩产(千克)	比CK(±%)	比组平均(±%)	位次	5071 亩产(千克)	比CK(±%)	比组平均(±%)	位次
道真	767.8	16.57	17.31	1	666.7	1.21	1.86	5	709.3	7.68	8.37	3	623.4	-5.36	-4.76	7
铜仁	687.6	12.93	19.13	1	561.1	-7.84	-2.78	6	448.7	-26.31	-22.26	11	684.1	12.35	18.52	2
平塘	666.1	59.44	29.07	1	510.8	22.25	-1.03	6	572.6	37.06	10.95	4	660.6	58.11	28	2
镇远	493.2	17.37	1.87	6	508.7	21.07	5.09	5	537.6	27.94	11.06	3	553.7	31.78	14.38	1
德江	768.6	8.22	1.98	4	767.4	8.06	1.84	5	822.8	15.86	9.19	2	869.5	22.43	15.38	1
毕节	775	12.26	1.22	9	784.5	13.63	2.45	5	669.5	-3.03	-12.57	11	792.3	14.75	3.47	1
安顺	912.1	8.87	2.61	4	907.3	8.29	2.07	5	963.6	15.01	8.4	2	1031.3	23.1	16.03	1
黔西南	889.1	13.9	2.85	4	877.1	12.36	1.46	5	940.8	20.52	8.82	2	980.6	25.62	13.43	1
贵阳	792.4	20.54	4.67	4	743.9	13.16	-1.74	6	861.3	31.02	13.77	1	736	11.95	-2.79	7
遵义	688.2	2.88	7.68	4	591.7	-11.54	-7.42	9	722.4	8	13.04	1	702.8	5.07	9.97	2
平均值	744.0	15.33	7.82	2	691.9	7.26	0.27	5	724.9	12.37	5.04	3	763.4	18.34	10.63	1

注:标"※"号的为续试组合,以黔单16(CK)对照。

表 3-2 2016 年贵州省玉米区试 D 组产量汇总表

试点	金秋玉41※ 亩产(千克)	比CK(±%)	比组平均(±%)	位次	GY218 亩产(千克)	比CK(±%)	比组平均(±%)	位次	W1123 亩产(千克)	比CK(±%)	比组平均(±%)	位次	雅玉219 亩产(千克)	比CK(±%)	比组平均(±%)	位次
道真	702.1	6.58	7.27	4	727.1	10.38	11.09	2	603.2	-8.43	-7.84	9	580.4	-11.89	-11.32	10
铜仁	657.3	7.94	13.87	3	519.3	-14.72	-10.03	8	512.8	-15.78	-11.16	9	641.7	5.39	11.17	4
平塘	408.5	-2.22	-20.84	10	475.9	13.92	-7.78	7	405.9	-2.84	-21.34	11	514.1	23.05	-0.39	5
镇远	490	16.62	1.22	7	539.8	28.47	11.51	2	519.5	23.62	7.31	4	458.5	9.12	-5.28	8
德江	736	3.63	-2.34	7	795.4	12	5.55	3	703.7	-0.91	-6.62	10	715	0.68	-5.12	8
毕节	791	14.57	3.3	2	781.9	13.25	2.11	7	788.7	14.24	3.01	3	783.6	13.49	2.33	6
安顺	824.5	-1.59	-7.25	10	944.9	12.78	6.3	3	894.5	6.77	0.63	6	724.9	-13.48	-18.46	11
黔西南	780.4	-0.02	-9.73	11	858.2	9.94	-0.73	7	909.3	16.49	5.18	3	804.1	3.01	-6.99	9
贵阳	705	7.25	-6.88	10	770.2	17.16	1.73	5	825.8	25.61	9.07	2	809.3	23.11	6.89	3
遵义	695.4	3.96	8.81	3	666	-0.44	4.2	6	618.2	-7.58	-3.27	7	599.5	-10.38	-6.2	8
平均值	679.0	5.26	-1.60	6	707.9	9.73	2.58	4	678.2	5.13	-1.73	7	663.1	2.79	-3.91	8

注:"※"号的为续试组合。

表 2-3　2016 年贵州省玉米区试 D 组产量汇总表

试点	华龙玉 503				嘉玉 8 号				黔单 16(CK)	
	亩产(千克)	比 CK(±%)	比组平均(±%)	位次	亩产(千克)	比 CK(±%)	比组平均(±%)	位次	亩产(千克)	位次
道真	609.1	-7.53	-6.94	8	551.3	-16.3	-15.76	11	658.7	6
铜仁	540.4	-11.25	-6.38	7	486.9	-20.04	-15.65	10	608.9	5
平塘	457.1	9.4	-11.44	8	587.1	40.51	13.75	3	417.8	9
镇远	412.1	-1.94	-14.88	10	392.1	-6.7	-19.01	11	420.2	9
德江	658.9	-7.22	-12.56	11	742.3	4.51	-1.5	6	710.2	9
毕节	779.3	12.88	1.78	8	786.3	13.9	2.69	4	690.4	10
安顺	885.8	5.73	-0.35	7	851.7	1.66	-4.18	8	837.8	9
黔西南	814.7	4.36	-5.76	8	874.7	12.05	1.18	6	780.6	10
贵阳	713.7	8.57	-5.73	8	712.6	8.4	-5.87	9	657.4	11
遵义	518.9	-22.42	-18.81	11	558.4	-16.53	-12.63	10	668.9	5
平均值	639.0	-0.94	-7.40	11	654.3	1.43	-5.18	9	645.1	10

表 3-1　2016 年贵州省玉米区试 D 组主要性状汇总表

品种	试点	海拔(米)	播种期(日/月)	出苗期(日/月)	成熟期(日/月)	生育期(天)	比对照(±天)	株高(厘米)	穗位高(厘米)	穗长(厘米)	穗行数(行)	秃尖(厘米)	单穗粒重(克)	百粒重(克)	轴色	粒型	粒色
丰玉28※	道真	615	18/4	12/4	20/8	130	+2	310	141	18.5	18	1.6	220.9	34	白	硬	黄
	铜仁	272	31/3	13/4	10/8	119	+4	280	103	20.6	18	1	210.3	34.2	白	半马	黄
	平塘	720		12/4	8/8	118	+1	286	122	22	18	0.3	306.2	38.4	白	马	黄
	镇远	560	4/5	12/5	4/9	115	+1	271	109	15	16	2.8	145.2	39	红	半马	黄
	德江	830	19/4	2/5	26/8	117	-4	285	126	18.9	16.2	0.3		42.4	白	半马	黄
	毕节	1615	14/4	4/5	15/9	135	-1	282	117	25	18.2	2	221.7	38	白	马	黄
	安顺	1400	21/4	5/5	4/9	123	-3	279	117	18.1	19.4	1.9	242	34.7	白	半马	黄
	黔西南	1200	24/4	2/5	20/8	111	0	289	104	21.4	19.0	1.9	300.9	38	白	半马	黄
	贵阳	1050	18/4	2/5	24/8	114	-2	221	78	20	16	3.4	242	40.8	白	马	黄
	遵义	900	29/4	14/5	7/9	116	-1	268	111	18.3	18.4	2.3	198.7	39.4	白	半马	黄
	平均值	916				120	0	277	113	19.8	17.7	1.8	232.0	37.9	白	半马	黄
金秋20151※	道真	615	18/4	13/4	20/8	129	+1	323	107	20.1	14	2	206.1	40	白	半马	黄
	铜仁	272	31/3	12/4	4/8	114	-1	305	100	20	16	1.5	172.9	32.5	白	马	黄
	平塘	720		12/4	30/7	109	-8	306	111	17.4	20	0.8	247.8	35.2	白	半马	黄
	镇远	560	4/5	12/5	2/9	113	-1	300	98	16.3	16	3.2	139.1	30	白	半马	黄
	德江	830	19/4	2/5	27/8	118	-3	315	94	19.5	14.8	0.2		42.6	白	硬	黄
	毕节	1615	14/4	3/5	14/9	135	-1	310	97	26	16.4	3	240	33	白	马	黄
	安顺	1400	21/4	5/5	4/9	124	-2	307	99	22	16	1.7	245.7	39.6	白	硬	黄
	黔西南	1200	24/4	2/5	14/8	105	-6	290	82	24.3	15.8	1.7	289.0	38	白	硬	黄
	贵阳	1050	18/4	2/5	24/8	114	-2	231	69	19.7	14	1.6	239	39.5	白	硬	黄
	遵义	900	29/4	14/5	8/9	117	0	305	96	19.2	14.9	3	173.3	33.6	白	硬	黄
	平均值	916				118	-2	299	95	20.5	15.8	1.9	217.0	36.4	白	硬	黄

注:标"※"号的为续试组合。

表 2-2 2016 年贵州省玉米区试 D 组主要性状汇总表

品种	试点	海拔(米)	播种期(日/月)	出苗期(日/月)	成熟期(日/月)	生育期(天)	比对照(±天)	株高(厘米)	穗位高(厘米)	穗长(厘米)	穗行数(行)	秃尖(厘米)	单穗粒重(克)	百粒重(克)	轴色	粒型	粒色
筑黄K1M237	道真	615	18/4	14/4	19/8	127	-1	318	132	17.4	17	0.1	207.6	39	白	马	白
	铜仁	272	31/3	14/4	10/8	118	+3	280	115	18	16	1.5	149.1	31	白	半马	黄
	平塘	720		12/4	8/8	118	+1	315	130	19.2	18	0.1	276	41.6	白	马	黄
	镇远	560	4/5	13/5	6/9	116	+2	301	131	15	17	0.9	153.1	40	白	半马	黄
	德江	830	19/4	5/5	31/8	119	-2	333	136	19.4	15.8	0.1		43.2	白	半马	黄
	毕节	1615	14/4	5/5	10/9	129	-7	292	118	23	18.2	3	171.7	36	白	马	黄
	安顺	1400	21/4	5/5	4/9	121	-5	293	123	19	17.8	0.8	220.1	38.2	白	马	黄
	黔西南	1200	24/4	2/5	22/8	113	+2	318	133	21.9	17.8	1.0	314.3	42	白	半马	黄
	贵阳	1050	18/4	2/5	26/8	116	0	206	91	17.4	20	1.2	258	41.2	白	马	黄
	遵义	900	29/4	14/5	11/9	121	+4	295	130	18.6	16.5	1.7	212.4	41	白	硬	黄
	平均值	916				120	0	295	124	18.9	17.4	1.0	218.0	39.3	白	半马	黄
5071	道真	615	18/4	12/4	22/8	132	+4	331	141	17.3	18	2.2	178.5	32	白	马	黄
	铜仁	272	31/3	13/4	5/8	114	-1	305	125	20	18	1.5	208.9	32.1	白	马	黄
	平塘	720	12/4	12/4	7/8	117	0	340	170	22	18	0	288	34.2	红	马	黄
	镇远	560	4/5	12/5	8/9	119	+5	302	133	17.8	17	2	211.5	34	白	马	黄
	德江	830	19/4	5/5	29/8	119	-2	341	140	19.5	15.2	0.5		37.7	白	硬	黄
	毕节	1615	14/4	3/5	15/9	136	0	321	135	20	17.8	2	228.5	32	白	马	黄
	安顺	1400	21/4	5/5	4/9	126	0	322	149	20.8	18.2	0.2	268.8	36.7	白	马	黄
	黔西南	1200	24/4	2/5	20/8	111	0	329	130	22.8	18.6	0.3	315.6	38	白	马	黄
	贵阳	1050	18/4	2/5	28/8	118	+2	243	120	16.9	18	1.3	226	33.4	白	半马	黄
	遵义	900	29/4	14/5	8/9	117	0	323	149	17.8	18.5	2.1	200.2	29.7	白	马	黄
	平均值	916.0				121	+1	316	139	19.5	17.7	1.2	236.2	34.0	白	马	黄

表 3-3　2016 年贵州省玉米区试 D 组主要性状汇总表

品种	试点	海拔(米)	播种期(日/月)	出苗期(日/月)	成熟期(日/月)	生育期(天)	比对照(±天)	株高(厘米)	穗位高(厘米)	穗长(厘米)	穗行数(行)	秃尖(厘米)	单穗粒重(克)	百粒重(克)	轴色	粒型	粒色
金秋玉41	道真	615	18/4	12/4	19/8	129	+1	349	158	20.7	14	0.7	208.3	36	红	硬	黄
	铜仁	272	31/3	12/4	5/8	115	0	318	141	19.8	16	1	200.7	34.7	红	半马	黄
	平塘	720		12/4	8/8	118	+1	330	156	20.6	14	0.16	223	38.2	红	马	黄
	镇远	560	4/5	12/5	3/9	114	0	308	136	19.9	14	2.2	190.9	32	红	硬	黄
	德江	830	19/4	4/5	30/8	119	-2	338	143	19.0	18.2	0.0		46.4	白	半马	黄
	毕节	1615	14/4	5/5	18/9	139	+3	325	146	24	16.6	1	229.7	28	红	马	黄
	安顺	1400	21/4	5/5	4/9	123	-3	322	143	19.5	15	1.1	221.2	35.8	红	硬	黄
	黔西南	1200	24/4	2/5	18/8	109	-2	311	113	22.0	14.4	0.5	233.3	33	红	硬	黄
	贵阳	1050	18/4	2/5	27/8	117	+1	241	108	20	16	0.8	213	35.4	红	硬	黄
	遵义	900	29/4	14/5	8/9	117	0	323	145	20.1	15.1	1.9	199.5	33.4	红	半马	黄
	平均值	916				120	0	317	139	20.6	15.3	0.9	213.3	35.3	红	硬	黄
黔单16(CK)	道真	615	18/4	12/4	18/8	128		318	146	17.1	15	0.4	192	34	红	半马	黄
	铜仁	272	31/3	13/4	6/8	115		298	120	18.6	16	1.5	185.6	34.4	红	马	黄
	平塘	720	21/4	12/4	7/8	117		280	142	17.8	14	0.6	213.6	33.4	红	马	黄
	镇远	560	4/5	12/5	3/9	114		288	115	14.7	16	2	134.2	32	红	半马	黄
	德江	830	19/4	2/5	30/8	121		292	137	19.0	16.8	0.3		36.9	红	马	黄
	毕节	1615	14/4	2/5	14/9	136		288	133	22	17.8	0	159.6	36	红	马	黄
	安顺	1400	21/4	5/5	4/9	126		294	135	17.4	16.2	0.7	190.8	34.2	红	马	黄
	黔西南	1200	24/4	2/5	20/8	111		299	107	21.0	16.6	0.3	244.2	36	红	半马	黄
	贵阳	1050	18/4	2/5	26/8	116		237	103	17.2	14	0.5	216	37.2	红	马	黄
	遵义	900	29/4	14/5	8/9	117		318	139	17	16.6	1.6	193.7	31.4	红	半马	黄
	平均值	916				120		291	128	18.2	15.9	0.8	192.2	34.6	红	半马	黄

表 3-4　2016 年贵州省玉米区试 D 组主要性状汇总表

品种	试点	海拔(米)	播种期(日/月)	出苗期(日/月)	成熟期(日/月)	生育期(天)	比对照(±天)	株高(厘米)	穗位高(厘米)	穗长(厘米)	穗行数(行)	秃尖(厘米)	单穗粒重(克)	百粒重(克)	轴色	粒型	粒色
GY218	道真	615	18/4	13/4	21/8	130	+2	328	136	19.1	17	2	212	37	白	硬	黄
	铜仁	272	31/3	13/4	5/8	114	-1	297	115	20.8	16	1	159.2	30	白	硬	黄
	平塘	720		12/4	7/8	117	0	300	126	17.4	14	0.08	254	34	白	半马	黄
	镇远	560	4/5	13/5	4/9	114	0	299	131	19.4	16	2.3	159.6	34	白	半马	黄
	德江	830	19/4	4/5	28/8	119	-2	323	132	19.6	14.2	0.5		47.9	白	硬	黄
	毕节	1615	14/4	3/5	13/9	134	-2	284	124	27	16.4	4	213.8	37	白	半马	黄
	安顺	1400	21/4	5/5	4/9	118	-8	279	118	23.8	17.8	3.2	265.9	38.9	白	半马	黄
	黔西南	1200	24/4	2/5	18/8	109	-2	320	129	24.1	15.8	2.3	246.6	37	白	硬	黄
	贵阳	1050	18/4	2/5	27/8	117	+1	232	100	19.9	14	3	248	41.1	白	硬	橙
	遵义	900	29/4	14/5	11/9	121	+4	316	136	20.9	16.2	2.5	190.5	34.3	白	硬	黄
	平均值	916				119	-1	298	125	21.2	15.7	2.1	216.6	37.1	白	硬	黄
W1123	道真	615	18/4	13/4	19/8	128	0	299	152	16.7	16	1.8	176.6	32	红	硬	黄
	铜仁	272	31/3	13/4	6/8	115	0	305	130	18	18	2.5	158.5	29.1	红	硬	黄
	平塘	720	21/4	12/4	8/9	119	+2	310	165	18	28	0.28	201.4	33.2	红	硬	黄
	镇远	560	4/5	12/5	5/9	116	+2	292	126	15.1	16	2.1	142.2	31	红	硬	黄
	德江	830	19/4	5/5	1/9	120	-1	309	161	16.9	18.2	0.2		46.4	红	半马	黄
	毕节	1615	14/4	4/5	14/9	133	-3	278	138	21	18.8	1	188.9	35	红	半马	黄
	安顺	1400	21/4	5/5	4/9	127	+1	287	131	18.1	17.8	1	234	35.3	红	硬	黄
	黔西南	1200	24/4	2/5	16/8	107	-4	309	110	22.3	16.6	0.7	284.5	36	红	硬	黄
	贵阳	1050	18/4	2/5	24/8	114	-2	243	114	17.7	16	2.2	239	39.6	红	硬	黄
	遵义	900	29/4	14/5	8/9	117	0	294	133	16.8	15.9	2	184.7	29.3	红	硬	黄
	平均值	916				120	0	293	136	18.1	18.1	1.4	201.1	34.7	红	硬	黄

表 3-5　2016 年贵州省玉米区试 D 组主要性状汇总表

品种	试点	海拔(米)	播种期(日/月)	出苗期(日/月)	成熟期(日/月)	生育期(天)	比对照(±天)	株高(厘米)	穗位高(厘米)	穗长(厘米)	穗行数(行)	秃尖(厘米)	单穗粒重(克)	百粒重(克)	轴色	粒型	粒色
雅玉219	道真	615	18/4	13/4	18/8	127	-1	361	172	19.1	15	1.3	174.4	31	白	硬	黄
	铜仁	272	31/3	12/4	9/8	119	+4	328	135	21	14	1	190.5	35.7	白	硬	黄
	平塘	720		12/4	9/8	119	+2	330	165	23	16	0.2	226.4	34.6	白	半马	黄
	镇远	560	4/5	13/5	6/9	116	+2	309	159	15.3	14	2	117.2	31	白	硬	黄
	德江	830	19/4	3/5	26/8	116	+5	384	181	20.1	18.8	0.5		38.3	红	半马	黄
	毕节	1615	14/4	5/5	15/9	134	-2	317	126	24	14.6	1	162.3	36	白	硬	黄
	安顺	1400	21/4	5/5	4/9	128	+2	331	150	20.4	16.4	0.6	229.4	35.2	白	硬	黄
	黔西南	1200	24/4	2/5	21/8	112	+1	335	135	22.0	16.2	0.5	250.1	34	白	硬	黄
	贵阳	1050	18/4	2/5	28/8	118	+2	267	110	20.8	14	2.7	241	37.5	白	硬	黄
	遵义	900	29/4	14/5	11/9	121	+4	330	157	19	14.9	2.4	171.8	33.3	白	硬	黄
	平均值	916				121	+1	329	149	20.5	15.4	1.2	195.9	34.7	红	马	黄
华龙玉503	道真	615	18/4	12/4	19/8	129	+1	308	132	18.5	16	0.3	179.1	37	红	半马	黄
	铜仁	272	31/3	12/4	5/8	115	0	275	105	21.6	16	1.5	168.3	31.5	红	马	黄
	平塘	720	21/4	12/4	30/7	109	-8	311	135	20	16	0.12	246.8	34.8	红	半马	黄
	镇远	560	24/4	12/5	4/9	115	+1	278	119	14.6	15	1.9	90.6	30	红	半马	黄
	德江	830	19/4	3/5	23/8	113	-8	309	130	18.4	16.8	0.2		43.0	红	马	黄
	毕节	1615	14/4	5/5	13/9	132	-4	278	121	25	18.2	2	191.1	36	红	半马	黄
	安顺	1400	21/4	5/5	4/9	118	-8	287	123	22.3	18.2	1.1	261.5	39.3	红	半马	黄
	黔西南	1200	24/4	2/5	15/8	106	-5	312	127	23.5	17.2	0.2	247.2	38	红	马	黄
	贵阳	1050	18/4	2/5	22/8	112	-4	247	98	20.1	16	0.8	213	36.3	红	马	黄
	遵义	900	29/4	14/5	8/9	117	0	264	122	19.6	16.3	2	160	33.4	红	半马	黄
	平均值	916				117	-3	287	121	20.4	16.6	1.0	195.3	35.9	红	半马	黄

表3-6 2016年贵州省玉米区试D组主要性状汇总表

品种	试点	海拔(米)	播种期(日/月)	出苗期(日/月)	成熟期(日/月)	生育期(天)	比对照(±天)	株高(厘米)	穗位高(厘米)	穗长(厘米)	穗行数(行)	秃尖(厘米)	单穗粒重(克)	百粒重(克)	轴色	粒型	粒色
嘉玉8号	道真	615	18/4	12/4	18/8	128	0	307	127	18.1	13	1.3	167.7	38	白	硬	黄
	铜仁	272	31/3	13/4	6/8	115	0	300	132	21.2	14	0.5	154.1	31.4	白	硬	黄
	平塘	720		12/4	3/8	113	-4	325	148	22.8	16	0.14	242.2	35.4	白	马	黄
	镇远	560	4/5	12/5	5/9	116	+2	292	118	18.1	13	1.3	158.6	36	白	半马	黄
	德江	830	19/4	3/5	30/8	120	-1	326	151	18.7	17.2	1.5		39.8	白	硬	黄
	毕节	1615	14/4	5/5	15/9	134	-2	313	140	23	12.8	0	200.4	27	白	硬	黄
	安顺	1400	21/4	5/5	4/9	119	-7	321	143	21.3	12.8	0.1	219.4	44.2	白	硬	黄
	黔西南	1200	24/4	1/5	18/8	110	-1	323	144	24.1	12.4	0	267.5	38	白	硬	黄
	贵阳	1050	18/4	2/5	21/8	111	-5	249	126	19.9	12	1.3	229	38.9	白	硬	黄
	遵义	900	29/4	14/5	8/9	117	0	290	134	18.9	13.4	2.2	165.3	36	白	硬	红
	平均值	916				118	-2	305	136	20.6	13.7	0.8	200.5	36.5	白	硬	黄

表4-1 2016年贵州省玉米区试D组抗逆性汇总表

丰玉28※

试点	大班(级)	小班(级)	丝黑穗(级)	青枯(级)	纹枯(级)	锈病(级)	倒伏率(%)	倒折率(%)
道真	3	7	1	1	3	1	0	0
铜仁	1	1	1	1	3	1	0	0
平塘	0	1	0	0	3	1	0	0
镇远	1	1	1	1	3	3	1	1
德江	3	1	0	0	3	3	3	3
毕节	3	1	0	0	1	0	0	0
安顺	3	1	0	1	2	1	0	0
黔西南	1	3	1	0	5	3	0	1.7
贵阳	3	3	1	1	3	3	0	0
遵义	1	1	1	1	1	1	2.8	5.5

金秋20151※

试点	大班(级)	小班(级)	丝黑穗(级)	青枯(级)	纹枯(级)	锈病(级)	倒伏率(%)	倒折率(%)
道真	1	5	1	1	1	1	0	0
铜仁	3	1	1	1	1	1	0	0
平塘	0	1	0	0	1	7	0	0
镇远	1	1	1	1	1	1	1	1
德江	3	3	0	0	3	3	6	2.6
毕节	5	1	0	0	3	0	0	0
安顺	3	3	0	0	3	1	0	0
黔西南	3	3	1	0	5	3	0	0
贵阳	3	3	1	1	3	3	0	0
遵义	1	1	1	1	1	1	2.2	5.1

注:"※"号的为续试组合。

表 4-2　2016 年贵州省玉米区试 D 组抗逆性汇总表

筑黄 K1M237

试点	大斑(级)	小斑(级)	丝黑穗(级)	青枯(级)	纹枯(级)	锈病(级)	倒伏率(%)	倒折率(%)
道真	1	1	1	1	1	1	0	0
铜仁	1	1	1	1	1	1	0	0
平塘	0	0	0	0	7	1	0	0
镇远	1	1	1	1	1	1	1	1
德江	1	1	0	0	3	1	4	3
毕节	3	1	0	0	3	0	0	0
安顺	3	1	0	1	2	1	0	0
黔西南	1	3	1	0	5	3	0	0
贵阳	1	1	1	1	3	3	0	0
遵义	1	1	1	1	3	1	1.6	3.7

5071

试点	大斑(级)	小斑(级)	丝黑穗(级)	青枯(级)	纹枯(级)	锈病(级)	倒伏率(%)	倒折率(%)
道真	3	5	1	1	1	1	31	40
铜仁	1	3	1	1	1	1	0	0
平塘	3	1	0	0	5	3	0	0
镇远	1	1	1	1	1	1	1	1
德江	3	3	0	0	3	3	2	1.5
毕节	3	1	0	0	5	0	0	0
安顺	3	3	0	0	2	3	0	0
黔西南	1	3	1	0	3	3	0	0
贵阳	3	3	1	0	1	3	0	0
遵义	1	1	1	1	1	1	3.9	8.4

表 4-3　2016 年贵州省玉米区试 D 组抗逆性汇总表

5 金秋玉 41

试点	大斑(级)	小斑(级)	丝黑穗(级)	青枯(级)	纹枯(级)	锈病(级)	倒伏率(%)	倒折率(%)
道真	5	5	1	1	1	1	0	0
铜仁	1	1	1	1	1	1	0	0
平塘	0	1	0	3	1	1	0	0
镇远	1	1	1	1	1	1	1	1
德江	1	1	0	0	1	1	1.5	0
毕节	5	1	0	0	5	0	0	0
安顺	3	1	0	0	1	1	0	0
黔西南	1	3	1	0	3	1	7	0
贵阳	3	3	1	1	3	5	0	5
遵义	1	1	1	1	3	1	1.6	3.7

黔单 16(CK)

试点	大斑(级)	小斑(级)	丝黑穗(级)	青枯(级)	纹枯(级)	锈病(级)	倒伏率(%)	倒折率(%)
道真	5	5	1	1	1	1	0	0
铜仁	3	3	1	1	3	1	0	0
平塘	1	1	0	0	7	7	0	0
镇远	1	1	1	1	1	1	1	1
德江	3	3	0	0	5	5	2	0
毕节	7	1	0	0	3	0	0	0
安顺	5	5	0	1	3	3	0	0
黔西南	3	3	1	0	3	3	3	0
贵阳	3	3	1	1	3	5	1.7	3
遵义	1	1	1	1	1	1	4.4	7.7

表 4-4　2016 年贵州省玉米区试 D 组抗逆性汇总表

试点	GY218 大斑(级)	小斑(级)	丝黑穗(级)	青枯(级)	纹枯(级)	锈病(级)	倒伏率(%)	倒折率(%)	W1123 大斑(级)	小斑(级)	丝黑穗(级)	青枯(级)	纹枯(级)	锈病(级)	倒伏率(%)	倒折率(%)
道真	3	5	1	1	1	1	0	0	3	5	1	1	3	1	0	0
铜仁	1	3	1	1	1	1	0	0	1	1	1	1	3	3	0	0
平塘	0	1	0	0	1	3	0	0	0	0	0	0	1	1	1	0
镇远	1	1	1	1	1	1	1	1	1	1	1	1	1	1	1	1
德江	3	1	0	0	5	3	0	0	3	1	0	0	3	3	4	4
毕节	5	3	0	0	3	0	0	0	5	3	0	0	3	0	0	0
安顺	5	3	0	1	2	1	0	0	3	3	0	1	2	3	0	0
黔西南	1	3	1	0	3	5	3	0	1	3	1	0	5	1	0	0
贵阳	3	5	1	1	3	3	0	0	3	3	1	1	3	3	0	0
遵义	1	3	1	1	1	1	1.1	3.4	1	1	1	1	1	1	2.2	9.4

表 4-5　2016 年贵州省玉米区试 D 组抗逆性汇总表

试点	雅玉 219 大斑(级)	小斑(级)	丝黑穗(级)	青枯(级)	纹枯(级)	锈病(级)	倒伏率(%)	倒折率(%)	华龙玉 503 大斑(级)	小斑(级)	丝黑穗(级)	青枯(级)	纹枯(级)	锈病(级)	倒伏率(%)	倒折率(%)
道真	1	3	1	1	1	1	0	0	1	3	1	1	1	1	0	0
铜仁	1	1	1	1	1	1	0	0	1	1	1	1	5	1	0	0
平塘	0	0	0	0	1	1	0	0	1	1	0	0	1	1	1	0
镇远	1	1	1	1	1	1	1	1	1	3	1	1	3	1	1	1
德江	5	3	0	0	3	5	4.5	3	3	3	0	0	3	1	3	1.5
毕节	3	0	0	0	1	0	0	0	3	1	0	0	1	0	0	0
安顺	3	3	0	3	2	1	0	0	5	3	0	3	3	3	0	0
黔西南	1	3	1	0	3	1	5	0	1	3	1	0	3	1	2	0
贵阳	3	3	1	1	1	3	0	0	3	3	1	1	1	3	0	0
遵义	1	1	1	1	1	1	6.1	8.9	1	1	1	1	1	1	2.2	9.4

表 3-6　2016 年贵州省玉米区试 D 组抗逆性汇总表

嘉玉 8 号

试点	大斑（级）	小斑（级）	丝黑穗（级）	青枯（级）	纹枯（级）	锈病（级）	倒伏率（%）	倒折率（%）
道真	3	5	1	1	5	1	0	0
铜仁	1	1	1	1	1	1	0	0
平塘	0	1	0	0	3	1	0	0
镇远	1	1	1	1	1	1	1	1
德江	5	3	0	0	5	5	7	3
毕节	5	3	0	0	3	0	0	0
安顺	3	3	0	3	3	3	0	0
黔西南	1	3	1	0	3	1	5	0
贵阳	3	3	1	1	3	3	0	1.7
遵义	1	3	1	1	1	1	5.5	9.4

2016年贵州省玉米新品种区域试验E组综合总结

本试验于2016年1月30日根据贵州省种子总站安排实施,目的是鉴定新育成组合在本省不同生态地区的丰产性、适应性及抗逆性,为品种审定提供科学依据。

一、试验概况

(一)参试组合及供种单位(表1)

表1　参试品种及供试单位

组合名称	供种单位	组合名称	供种单位
金玉932※	贵州金农科技有限责任公司	裕丰162	遵义裕农种业有限责任公司
黔1403※	贵州省农业科学院玉米工程中心	QZM1501	贵州省旱粮研究所
百隆玉908	遵义市百隆源农科所	金辉807	六枝金辉农科所
新中玉820	贵州新中一种业股份有限公司	JDY1601	贵州吉丰种业有限责任公司
1326	贵州省遵义县种子公司	黔单16(CK)	贵州省旱粮研究所
神农玉5808	贵州神农大丰科技有限公司		

注:标"※"号组合为续试组合。

(二)试点田间设计

全省设10个试点:贵阳市农业试验中心、毕节市种子管理站、遵义市种子管理站、德江县种子管理站、黔西南州种子管理站、道真仡佬族苗族自治县种子管理站、安顺市农业科学院、镇远县种子管理站、黔南州农科所和铜仁市农科所。试点分布在海拔高度272~1470米,平均海拔917米。各试点均按贵州省种子总站的统一方案实施,小区采用随机区组排列,三次重复。五行区,小区面积20平方米(5米×4米)。种植密度为3300株/亩,每小区100株,每行20株。试验区四周设有面积不等的保护区,收获时以小区中间三行为准测产。

(三)试验完成情况

根据有关专家对大部分试点田间考察、测产的结果及对各试点上报材料的审阅,黔南州农科所试点因土壤肥力不均,试验误差大,试验报废;遵义市种子站试点由于土壤肥力高,后期雨水较多,受大风影响,多数参试组合倒伏情况严重,试验报废;其他 8 个试点田间管理及时到位,各项调查记载较全面,基本能按照试验方案要求完成试验任务,参试组合试验数据齐全,全部纳入汇总。

二、气候条件对玉米生长发育的影响

贵阳:播种后,前期雨水偏多,后期正常,对参试品种的产量无影响。

毕节:试验期间气候基本正常,雨后播种,土壤墒情好,出苗整齐;5 月、6 月、7 月雨水稍偏多,成熟期气候正常。

德江:4 月至 7 月中旬,因阴雨天过多、温度低,导致出苗慢,不整齐。

黔西南:玉米试验地 6 月 19 日受暴雨天气影响,20 日被水淹 2 小时,后采取排水处理,对试验未造成影响。

道真:播种至出苗期气候正常,出苗整齐;出苗后至乳熟期(4 月 15 至 7 月 6 日),多雨、光照少,玉米生长受到影响;蜡熟末期高温伏旱逼熟,成熟期提早,但对玉米产量影响不大;少数参试组合 7 月 14 日因短时急风骤雨发生倒伏、倒折现象。

安顺:播种时土壤墒情好,出苗整齐一致。后期气候条件较有利于玉米生长,对试验产量无影响。

镇远:4~5 月连续降雨,导致播种时间延迟;灌浆期干旱 20 余天,严重影响灌浆,秃尖率较高。

铜仁:4~5 月持续降雨,温度较低,光照不足,墒情重,玉米不能正常生长。

三、试验结果

试验产量、农艺性状等数据均采用平均数法进行统计。

(一)产量

参试组合平均亩产 666.6~774 千克,续试组合以黔单 16(650.3 千克/亩)为对照,新参试组合以组平均亩产(720.8 千克/亩)为对照(详见表 2)。

该组试验参试组合产量比对照增产 5%以上,增产点占试点总数 70%以上的有金玉 932、黔 1403、百隆玉 908 和裕丰 162 四个组合(详见表 2)。

(二)生育期

参试组合生育期 120~123 天,黔单 16 为 123 天。1326 与裕丰 162 两组合生育期与对照相当,其余参试组合生育期比黔单 16 短 1~3 天(详见表 3)。

（三）主要产量性状（详见表 2）

穗行数：参试组合穗行数平均 14.2~19.4 行，黔单 16 为 16.5 行。

百粒重：参试组合平均 33~39.5 克，黔单 16 为 34.3 克。

单穗粒重：参试组合平均 194.4~231.5 克，黔单 16 为 192.5 克。

（四）抗逆性

（1）抗倒性（详见表 3）

少数参试组合在个别试点有轻微倒伏现象发生。

（2）抗病性（详见表 3）

贵阳的大斑病、锈病，黔南的小斑病、青枯病、纹枯病，安顺的大斑病，少数组合有感病记载，其余试点病害较轻。

四、组合综述

（1）金玉 932[※]（两年试验）

2015 年平均亩产 734.9 千克，比参试组合平均亩产增产 6.58%，产量居第二位；10 个试点 8 增 2 减，增产点占总试点数的 80%。2016 年平均亩产 731.1 千克，比黔单 16 增产 12.42%，产量居第五位；8 个试点 7 增 1 减，增产点占总试点数的 87.5%。两年 18 点次平均亩产 733 千克，比对照增产 9.4%。2015 年和 2016 年分别有 80% 和 87.5% 的试点产量比对照增产，平均为 83.3%。2016 年生育期 121 天，比黔单 16 短 2 天。株高 281 厘米，穗位高 104 厘米，穗长 19.4 厘米，穗行数 14.2 行，秃尖 1 厘米；单穗粒重 208.9 克，百粒重 39.3 克，轴白色，硬粒，籽粒黄色。上位穗上叶轻度下披，花药紫红色，花丝浅紫色，果穗苞叶覆盖程度中等，籽粒排列直。抗大斑病、小斑病，中抗丝黑穗病、穗腐病，感纹枯病、茎腐病、灰斑病。毕节试点有倒伏、倒折现象发生。

（2）黔 1403[※]（两年试验）

2015 年平均亩产 730.1 千克，比参试组合平均亩产增产 5.87%，产量居第三位；10 个试点 9 增 1 减，增产点占总试点数的 90%。2016 年平均亩产 710.2 千克，比黔单 16 增产 9.21%，产量居第九位；8 个试点 7 增 1 减，增产点占总试点数的 87.5%。两年 18 点次平均亩产 720.2 千克，比对照增产 7.49%。2015 年和 2016 年分别有 90% 和 87.5% 的试点产量比对照增产，平均为 88.9%。2016 年生育期 121 天，比黔单 16 短 2 天。株高 303 厘米，穗位高 128 厘米，穗长 18.3 厘米，穗行数 15.5 行，秃尖 1.2 厘米；单穗粒重 196.5 克，百粒重 37.6 克，轴白色，硬粒，籽粒黄色。上位穗上叶中度下披，花药浅紫色，花丝浅紫色,果穗苞叶覆盖程度中等,籽粒排列直。抗丝黑穗病、中抗大斑病、小斑病、纹枯病丝、茎腐病、灰斑病,感穗腐病。无试点有倒伏、倒折现象发生。

(3)百隆玉908

平均亩产774千克,比参试组合平均亩产增产7.39%,产量居第一位;8个试点全部增产,增产点占总试点数的100%。生育期122天,比黔单16短1天。株高317厘米,穗位高138厘米,穗长19.2厘米,穗行数15.8行,秃尖0.9厘米;单穗粒重209克,百粒重34.6克,轴白色,硬粒,籽粒黄色。上位穗上叶中度下披,花药黄色,花丝浅紫色,果穗苞叶覆盖短,籽粒排列直。无四川农业科学院植保所抗病性鉴定资料。贵阳、道真、德江、毕节试点有倒伏、倒折现象发生。

(4)新中玉820

平均亩产720.6千克,比参试组合平均亩产减产0.02%,产量居第六位,8试点5增3减,增产点占总试点数的62.5%。生育期122天,比黔单16短1天。株高288厘米,穗位高114厘米,穗长18.2厘米,穗行数16.9行,秃尖1.4厘米;单穗粒重221.5克,百粒重39.5克,轴白色,半马齿粒,籽粒黄色。上位穗上叶中度下披,花药黄色,花丝浅紫色,果穗苞叶覆盖程度中等,籽粒排列直。无四川农业科学院植保所抗病性鉴定资料。贵阳、德江试点有轻微倒伏、倒折现象发生。

(5)1326

平均亩产710.3千克,比参试组合平均亩产减产1.45%,产量居第八位;8个试点3增5减,增产点占总试点数的37.5%。生育期123天,与黔单16相当。株高286厘米,穗位高119厘米,穗长19.6厘米,穗行数17.7行,秃尖2.7厘米;单穗粒重228.5克,百粒重37.7克,轴白色,马齿粒,籽粒黄色。上位穗上叶轻度下披,花药浅紫色,花丝浅紫色,果穗苞叶覆盖长,籽粒排列直。无四川农业科学院植保所抗病性鉴定资料。毕节试点倒伏情况严重。

(6)神农玉5808

平均亩产717.6千克,比参试组合平均亩产减产0.44%,产量居第七位;8个试点4增4减,增产点占总试点数的50%。生育期120天,比黔单16短3天。株高295厘米,穗位高121厘米,穗长20.3厘米,穗行数14.3行,秃尖0.8厘米;单穗粒重207.3克,百粒重37.8克,轴白色,半马齿粒,籽粒黄色。上位穗上叶中度下披,花药黄色,花丝白色,果穗苞叶覆盖长,籽粒排列直。无四川农业科学院植保所抗病性鉴定资料。贵阳、道真、毕节试点有倒伏、倒折现象发生。

（7）裕丰 162

平均亩产 758.2 千克，比参试组合平均亩产增产 5.2%，产量居第二位；8 个试点 6 增 2 减，增产点占总试点数的 75%。生育期 123 天，与黔单 16 相当。株高 281 厘米，穗位高 112 厘米，穗长 17.8 厘米，穗行数 19.4 行，秃尖 1.2 厘米；单穗粒重 231.5 克，百粒重 36.3 克，轴白色，马齿粒，籽粒黄色。上位穗上叶中度下披，花药黄色，花丝浅紫色，果穗苞叶覆盖长，籽粒排列直。无四川农业科学院植保所抗病性鉴定资料。毕节、贵阳试点有倒伏、倒折发生。

（8）QZM1501

平均亩产 750.6 千克，比参试组合平均亩产增产 4.14%，产量居第三位；8 个试点 6 增 2 减，增产点占总试点数的 75%。生育期 121 天，比黔单 16 短 2 天。株高 297 厘米，穗位高 112 厘米，穗长 20.7 厘米，穗行数 15.6 行，秃尖 1.6 厘米；单穗粒重 216 克，百粒重 35.3 克，轴白色，硬粒，籽粒黄色。上位穗上叶轻度下披，花药黄色，花丝浅紫色，果穗苞叶覆盖程度中等，籽粒排列不规则。无四川农业科学院植保所抗病性鉴定资料。德江、毕节试点有倒伏、倒折现象发生。

（9）金辉 807

平均亩产 666.6 千克，比参试组合平均亩产减产 7.52%，产量居第十位；8 个试点 2 增 6 减，增产点占总试点数的 25%。生育期 120 天，比黔单 16 短 3 天。株高 278 厘米，穗位高 111 厘米，穗长 19 厘米，穗行数 18.6 行，秃尖 3.4 厘米；单穗粒重 194.4 克，百粒重 33 克，轴白色，半马齿粒，籽粒黄色。上位穗上叶中度下披，花药紫红色，花丝浅紫色，果穗苞叶覆盖长，籽粒排列直。无四川农业科学院植保所抗病性鉴定资料。贵阳、毕节试点倒伏、倒折情况严重。

（10）JDY1601

平均亩产 738.9 千克，比参试组合平均亩产增产 2.52%，产量居第四位；8 个试点 6 增 2 减，增产点占总试点数的 75%。生育期 120 天，比黔单 16 短 3 天。株高 281 厘米，穗位高 98 厘米，穗长 19.4 厘米，穗行数 17.1 行，秃尖 1.3 厘米；单穗粒重 214.8 克，百粒重 36.2 克，轴红色，硬粒，籽粒黄色。上位穗上叶中度下披，花药黄色，花丝浅紫色，果穗苞叶覆盖短，籽粒排列直。无四川农业科学院植保所抗病性鉴定资料。德江、毕节试点有倒伏、倒折现象发生。

表 2-1 2016 年贵州省玉米区试 E 组产量汇总表

试点	金玉 932※				黔 1403※				百隆玉 908				新中玉 820			
	亩产(千克)	比CK(±%)	比组平均(±%)	位次	亩产(千克)	比CK(±%)	比组平均(±%)	位次	亩产(千克)	比CK(±%)	比组平均(±%)	位次	亩产(千克)	比CK(±%)	比组平均(±%)	位次
贵阳	795.8	17.6	2.48	5	739.9	9.33	-4.72	7	862.3	27.42	11.05	1	733.6	8.4	-5.53	8
道真	698.4	9.24	6.12	5	640.8	0.23	-2.63	7	699.8	9.47	6.34	4	727.4	13.79	10.54	1
镇远	531.5	50.48	14.25	2	439.1	24.32	-5.61	8	506	43.25	8.76	4	468.7	32.71	0.76	6
德江	732.6	9.43	1.11	6	690.6	3.15	-4.69	8	763.9	14.1	5.43	3	662.6	-1.03	-8.55	10
铜仁	526.9	-5.39	-2.83	7	542.8	-2.53	0.11	6	659.5	18.42	21.63	1	478.4	-14.1	-11.77	9
安顺	908.7	9.49	0.07	7	881	6.14	-2.99	9	974.3	17.39	7.29	1	922.6	11.16	1.6	6
毕节	832.8	24.8	3.57	6	871	30.52	8.32	2	835.6	25.22	3.92	4	875	31.13	8.82	1
黔西南	821.9	1.53	-7.36	10	876.5	8.28	-1.2	7	890.8	10.04	0.4	6	896.5	10.75	1.05	5
平均值	731.1	12.42	1.43	5	710.2	9.21	-1.46	9	774.0	19.03	7.39	1	720.6	10.81	-0.02	6

注:标"※"号的为续试组合,以黔单 16(CK)为对照。

表 2-2 2016 年贵州省玉米区试 E 组产量汇总表

试点	1326				神农玉 5808				裕丰 162				QZM1501			
	亩产(千克)	比CK(±%)	比组平均(±%)	位次	亩产(千克)	比CK(±%)	比组平均(±%)	位次	亩产(千克)	比CK(±%)	比组平均(±%)	位次	亩产(千克)	比CK(±%)	比组平均(±%)	位次
贵阳	716.1	5.83	-7.77	10	838.4	23.89	7.97	3	858.6	26.87	10.57	2	820.2	21.21	5.63	4
道真	654.5	2.37	-0.55	6	605.6	-5.27	-7.98	10	708.2	10.77	7.61	3	722.3	12.98	9.75	2
镇远	509.8	44.35	9.6	3	375.8	6.39	-19.23	10	437.8	23.95	-5.89	9	450.2	27.47	-3.22	7
德江	728.6	8.82	0.55	7	737.8	10.2	1.82	5	780	16.51	7.65	2	805.8	20.36	11.2	1
铜仁	519.3	-6.75	-4.23	8	464.1	-16.66	-14.4	10	638.6	14.66	17.77	2	578.5	3.89	6.7	3
安顺	941.9	13.48	3.72	2	884.3	6.54	-2.62	8	927.3	11.72	2.11	4	935.8	12.75	3.05	3
毕节	759.9	13.87	-5.5	10	833.7	24.94	3.69	5	777.1	16.45	-3.36	7	766.5	14.87	-4.67	8
黔西南	852.1	5.26	-3.96	8	1001	23.65	12.82	1	938	15.88	5.73	2	925.4	14.32	4.31	3
平均值	710.3	9.22	-1.45	8	717.6	10.35	-0.44	7	758.2	16.59	5.20	2	750.6	15.42	4.14	3

表 2-3　2016 年贵州省玉米区试 E 组产量汇总表

试点	金辉 807				JDY1601				黔单 16(CK)	
	亩产(千克)	比 CK(±%)	比组平均(±%)	位次	亩产(千克)	比 CK(±%)	比组平均(±%)	位次	亩产(千克)	位次
贵阳	720.6	6.49	-7.2	9	778.9	15.11	0.31	6	676.7	11
道真	517.2	-19.09	-21.4	11	625.6	-2.15	-4.94	9	639.3	8
镇远	480.4	36.01	3.27	5	564.8	59.92	21.42	1	353.2	11
德江	643.6	-3.88	-11.19	11	755.6	12.86	4.28	4	669.5	9
铜仁	434.5	-21.98	-19.87	11	564.8	1.43	4.18	4	556.9	5
安顺	923.9	11.32	1.74	5	859.5	3.55	-5.35	10	830	11
毕节	763.9	14.48	-5	9	862.5	29.24	7.26	3	667.3	11
黔西南	848.4	4.8	-4.38	9	899.5	11.12	1.39	4	809.5	11
平均值	666.6	2.50	-7.52	10	738.9	13.62	2.52	4	650.3	11

表 3-1　2016 年贵州省玉米区试区试 E 组主要性状汇总表

品种	试点	海拔(米)	播种期(日/月)	出苗期(日/月)	成熟期(日/月)	生育期(天)	比对照(±天)	株高(厘米)	穗位高(厘米)	穗长(厘米)	穗行数(行)	秃尖(厘米)	单穗粒重(克)	百粒重(克)	轴色	粒型	粒色
金玉932※	贵阳	1050	18/4	2/5	21/8	111	-3	246	101	18.7	14	1.9	234	42.6	白	硬	黄
	道真	616	28/3	11/4	18/8	129	0	298	108	19.8	15	0.9	223.9	39	白	硬	黄
	镇远	560	4/5	12/5	1/9	112	-2	278	108	16	13	3.2	113	30	白	硬	黄
	德江	830	19/4	3/5	31/8	120	0	296	100	20.0	14.4	0.2		44.7	白	硬	黄
	铜仁	272	28/3	10/4	7/8	119	+1	272	87	18.2	14	0.3	159	34.5	白	硬	黄
	安顺	1400	21/4	3/5	30/8	120	-9	280	97	20.2	14.8	0.2	250.1	43.8	白	硬	黄
	毕节	1470	8/4	22/4	12/9	144	-1	285	112	21.1	14	1.0	249.6	42	白	半马	黄
	黔西南	1140	25/4	7/5	25/8	111	0	296	120	21	14	0	232.5	37.4	白	半马	黄
	平均值	917				121	-2	281	104	19.4	14.2	1.0	208.9	39.3	白	硬	黄
黔1403※	贵阳	1050	18/4	2/5	24/8	114	0	257	134	18.5	14	2.1	224	41.1	白	硬	黄
	道真	616	28/3	11/4	18/8	128	-1	314	129	18.6	16	1.9	195.6	37	白	硬	黄
	镇远	560	4/5	12/5	1/9	112	-2	301	131	15.6	17	1.3	120.6	26	白	硬	黄
	德江	830	19/4	3/5	31/8	120	0	318	134	19.2	15.2	0.3		44.4	白	硬	黄
	铜仁	272	28/3	12/4	8/8	118	0	296	112	17.2	14	0.5	168	34.7	白	半马	黄
	安顺	1400	21/4	4/5	1/9	121	-8	307	117	18.8	16.4	1	219.5	38.7	白	硬	黄
	毕节	1470	8/4	23/4	14/9	145	0	313	141	17.6	16	1.9	205.6	39	白	硬	黄
	黔西南	1140	25/4	7/5	25/8	111	0	320	127	20.6	15	0.6	242.5	40.2	白	硬	黄
	平均值	917				121	-2	303	128	18.3	15.5	1.2	196.5	37.6	白	硬	黄

注:标"※"的为续试组合。

表 3-2　2016 年贵州省玉米区试 E 组主要性状汇总表

品种	试点	海拔(米)	播种期(日/月)	出苗期(日/月)	成熟期(日/月)	生育期(天)	比对照(±天)	株高(厘米)	穗位高(厘米)	穗长(厘米)	穗行数(行)	秃尖(厘米)	单穗粒重(克)	百粒重(克)	轴色	粒型	粒色
百隆玉908	贵阳	1050	18/4	2/5	26/8	116	+2	275	127	19.1	14	1.3	221	39.2	白	硬	黄
	道真	616	28/3	11/4	18/8	128	-1	327	131	18.9	16	0.8	207.5	34	白	硬	黄
	镇远	560	4/5	12/5	2/9	113	-1	313	152	15.8	16	2.6	131.6	26	白	硬	黄
	德江	830	19/4	3/5	31/8	120	0	346	154	18.7	16.4	0		39.5	白	硬	黄
	铜仁	272	28/3	11/4	8/8	119	+1	298	102	19.4	16	0.4	199	33.3	白	半马	黄
	安顺	1400	21/4	3/5	4/9	125	-4	335	148	20.7	16	0.5	238.1	35.9	白	硬	黄
	毕节	1470	8/4	22/4	15/9	147	+2	316	158	19.6	17	0.9	205.7	30	白	半马	黄
	黔西南	1140	25/4	7/5	22/8	108	-3	329	135	21	15	0.4	260	38.8	白	半马	黄
	平均值	917				122	-1	317	138	19.2	15.8	0.9	209.0	34.6	白	硬	黄
新中玉820	贵阳	1050	18/4	2/5	24/8	114	0	241	89	17.2	18	2.1	220	37.5	白	马	黄
	道真	616	28/3	11/4	18/8	131	+2	299	105	17.7	17	2.1	221.2	40	白	硬	黄
	镇远	560	4/5	12/5	4/9	115	+1	288	116	14.2	16	2.6	118.9	35	白	半马	黄
	德江	830	19/4	3/5	1/9	121	+1	300	127	17.7	16.4	0.2		44.2	白	半马	黄
	铜仁	272	28/3	11/4	9/8	120	+2	284	91	15.3	16	1.6	148	32.3	白	半马	黄
	安顺	1400	21/4	4/5	31/8	120	-9	301	123	20.4	17.8	0.9	260.6	38.9	白	马	黄
	毕节	1470	8/4	24/4	14/9	144	-1	283	122	21.0	17	1.3	255.9	42	白	马	黄
	黔西南	1140	25/4	7/5	24/8	110	-1	309	137	22.4	17	0.6	326	45.8	白	马	黄
	平均值	917				122	-1	288	114	18.2	16.9	1.4	221.5	39.5	白	半马	黄

表3-3　2016年贵州省玉米区试E组主要性状汇总表

品种	试点	海拔(米)	播种期(日/月)	出苗期(日/月)	成熟期(日/月)	生育期(天)	比对照(±天)	株高(厘米)	穗位高(厘米)	穗长(厘米)	穗行数(行)	秃尖(厘米)	单穗粒重(克)	百粒重(克)	轴色	粒型	粒色
1326	贵阳	1050	18/4	2/5	27/8	117	+3	236	98	17.6	18	2.4	228	38.5	白	硬	黄
	道真	616	28/3	11/4	18/8	127	-2	288	114	19.8	18	3.5	210	37	白	硬	黄
	镇远	560	4/5	12/5	4/9	114	0	296	135	17.1	17	2.5	154.1	31	白	半马	黄
	德江	830	19/4	3/5	2/9	122	+2	306	132	21.1	18.0	2.5		44.5	白	半	黄
	铜仁	272	28/3	12/4	8/8	121	+3	277	92	16.8	15	1.4	159	34	白	马	黄
	安顺	1400	21/4	4/5	4/9	124	-5	297	128	21.4	19.2	1.5	295.1	38.4	白	马	黄
	毕节	1470	8/4	25/4	16/9	145	0	286	127	21.0	18	5.4	241.1	39	白	马	黄
	黔西南	1140	25/4	7/5	25/8	111	0	301	126	22	18	2.5	312	39.2	白	马	黄
	平均值	917				123	0	286	119	19.6	17.7	2.7	228.5	37.7	白	马	黄
黔单16(CK)	贵阳	1050	18/4	2/5	24/8	114		213	107	16.8	14	0.8	203	36.5	红	马	黄
	道真	616	28/3	11/4	18/8	129		313	137	18.6	16	1.1	205.1	35	红	硬	黄
	镇远	560	4/5	12/5	4/9	114		283	112	14.5	17	2.7	107.6	27	红	马	黄
	德江	830	19/4	3/5	30/8	120		299	125	18.4	18.0	0.1		40.7	红	半马	黄
	铜仁	272	28/3	11/4	7/8	118		269	87	17.8	16	0.5	167	32.8	红	马	黄
	安顺	1400	21/4	3/5	8/9	129		303	138	19.3	17.2	0.1	232.3	35.4	红	马	黄
	毕节	1470	8/4	22/4	13/9	145		309	144	18.9	17	0.8	173.4	29	红	半马	黄
	黔西南	1140	25/4	7/5	25/8	111		281	106	20.1	17	0.6	259	38.2	红	半马	黄
	平均值	917				123		284	120	18.1	16.5	0.8	192.5	34.3	红	半马	黄

表 3-4 2016 年贵州省玉米区试 E 组主要性状汇总表

品种	试点	海拔（米）	播种期（日/月）	出苗期（日/月）	成熟期（日/月）	生育期（天）	比对照（±天）	株高（厘米）	穗位高（厘米）	穗长（厘米）	穗行数（行）	秃尖（厘米）	单穗粒重（克）	百粒重（克）	轴色	粒型	粒色
神农玉5808	贵阳	1050	18/4	2/5	21/8	111	−3	254	119	19.9	14	0.2	235	42.1	白	马	黄
	道真	616	28/3	11/4	18/8	128	−1	308	122	18	14	0.8	174.8	38	白	硬	黄
	镇远	560	4/5	12/5	2/9	112	−2	301	118	17.9	14	2.5	122.7	25	白	半马	黄
	德江	830	19/4	3/5	27/8	116	−4	310	111	20.6	14.6	0.1		42.0	白	硬	黄
	铜仁	272	28/3	11/4	9/8	119	+1	287	95	20.1	14	1.2	139	29.5	白	马	黄
	安顺	1400	21/4	3/5	29/8	119	−10	310	130	22	14.4	0.2	261.3	43	白	硬	黄
	毕节	1470	8/4	22/4	14/9	146	+1	297	151	22.0	15	0.8	248.5	40	白	半马	黄
	黔西南	1140	25/4	7/5	23/8	109	−2	290	120	21.9	14	0.3	269.5	42.4	白	半马	黄
	平均值	917				120	−3	295	121	20.3	14.3	0.8	207.3	37.8	白	半马	黄
裕丰162	贵阳	1050	18/4	2/5	22/8	112	−2	257	121	17	18	0.8	261	37.9	白	马	黄
	道真	616	28/3	11/4	18/8	131	+2	292	113	16.9	20	1.3	211.4	36	白	马	黄
	镇远	560	4/5	12/5	4/9	115	+1	278	114	13.3	17	1.5	119.6	29	白	马	黄
	德江	830	19/4	3/5	25/8	124	+4	295	103	16.6	18.8	1.2		44.6	白	半	黄
	铜仁	272	28/3	12/4	6/8	116	−2	264	76	19.7	18	0.2	195	32.5	白	马	黄
	安顺	1400	21/4	3/5	7/9	128	−1	293	123	20.3	21.4	1.3	291.8	38.5	白	马	黄
	毕节	1470	8/4	23/4	15/9	146	+1	275	117	20.0	21	1.7	229.9	32	白	马	黄
	黔西南	1140	25/4	7/5	25/8	111	0	293	125	18.5	21	1.3	311.5	39.6	白	半马	黄
	平均值	917				123	0	281	112	17.8	19.4	1.2	231.5	36.3	白	马	黄

表 3-5　2016 年贵州省玉米区试 E 组主要性状汇总表

品种	试点	海拔(米)	播种期(日/月)	出苗期(日/月)	成熟期(日/月)	生育期(天)	比对照(±天)	株高(厘米)	穗位高(厘米)	穗长(厘米)	穗行数(行)	秃尖(厘米)	单穗粒重(克)	百粒重(克)	轴色	粒型	粒色
QZM1501	贵阳	1050	18/4	2/5	20/8	110	-4	251	133	21	14	1.1	229	39.4	白	马	黄
	道真	616	28/3	11/4	18/8	127	-2	318	112	20.2	16	2.4	213.3	35	白	硬	黄
	镇远	560	4/5	12/5	3/9	114	0	312	127	17.3	15	4.1	131.4	29	白	半马	黄
	德江	830	19/4	3/5	29/8	128	+8	305	105	21.0	15.4	1.5		39.1	白	硬	黄
	铜仁	272	28/3	12/4	8/8	118	0	296	88	18.4	16	1	173	31.4	白	马	黄
	安顺	1400	21/4	4/5	29/8	118	-11	295	98	20.9	17	1.1	252.1	36.2	白	硬	黄
	毕节	1470	8/4	24/4	16/9	145	0	288	113	23.4	15	1.2	242.4	36	白	半马	黄
	黔西南	1140	25/4	7/5	23/8	109	-2	312	120	23	16	0.7	271	35.9	白	硬	黄
	平均值	917				121	-2	297	112	20.7	15.6	1.6	216.0	35.3	白	硬	黄
金辉807	贵阳	1050	18/4	2/5	21/8	111	-3	260	106	18.7	16	5	209	37.4	白	马	黄
	道真	616	28/3	11/4	18/8	131	2	272	102	15.3	18	2.2	161.1	33	白	硬	黄
	镇远	560	4/5	12/5	2/9	113	-1	291	116	15.9	20	5.1	133.7	29	白	半马	黄
	德江	830	19/4	3/5	23/8	112	-8	276	119	18.6	18.8	2.5		38.0	白	硬	黄
	铜仁	272	28/3	11/4	9/8	119	1	265	84	17.9	16	2.6	141	30.3	白	马	黄
	安顺	1400	21/4	3/5	29/8	119	-10	296	126	20.7	22	1.6	247.7	31.3	白	马	黄
	毕节	1470	8/4	22/4	12/9	144	-1	271	125	24.1	19	5.5	224.6	31	白	半马	黄
	黔西南	1140	25/4	7/5	25/8	110	-1	296	112	21	19	2.9	244	33.7	白	半马	黄
	平均值	917				120	-3	278	111	19.0	18.6	3.4	194.4	33.0	白	半马	黄

表 3-6 2016 年贵州省玉米区试 E 组主要性状汇总表

品种	试点	海拔（米）	播种期（日/月）	出苗期（日/月）	成熟期（日/月）	生育期（天）	比对照（±天）	株高（厘米）	穗位高（厘米）	穗长（厘米）	穗行数（行）	秃尖（厘米）	单穗粒重（克）	百粒重（克）	轴色	粒型	粒色
	贵阳	1050	18/4	2/5	22/8	112	-2	253	92	18.1	16	1.5	228	38.4	红	马	黄
	道真	616	28/3	11/4	18/8	127	-2	303	110	19.8	18	2.2	207.2	37	红	硬	黄
	镇远	560	4/5	12/5	4/9	115	+1	285	102	17	17	1.8	152	29	红	硬	黄
JDY1601	德江	830	19/4	3/5	23/8	112	-8	284	91	18.1	17.2	0.8		41.3	红	硬	黄
	铜仁	272	28/3	13/4	7/8	116	-2	271	61	18.6	16	1.1	169	32.4	红	半马	黄
	安顺	1400	21/4	3/5	31/8	121	-8	293	113	20.6	17.6	0.7	247.5	38.9	红	硬	黄
	毕节	1470	8/4	26/4	15/9	143	-2	272	94	22.7	18	0.8	251.6	37	红	半马	黄
	黔西南	1140	25/4	7/5	25/8	110	-1	289	119	20.6	17	1.2	248	35.8	红	硬	黄
	平均值	917				120	-3	281	98	19.4	17.1	1.3	214.8	36.2	红	硬	黄

表 4-1 2016 年贵州省玉米区试 E 组抗病性汇总表

金玉 932※

试点	大斑（级）	小斑（级）	丝黑穗（级）	青枯（级）	纹枯（级）	锈病（级）	倒伏率（%）	倒折率（%）
贵阳	3	3	1	1	3	3	0	0
道真	3	5	1	1	7	1	0	0
镇远	1	1	1	1	1	1	0	0
德江	1	1	0	0	3	1	0	0
铜仁	1	3	0	0	1	1	0	0
安顺	3	3	0	0	2	3	0	0
毕节	7	5	1	0	1	3	57	39
黔西南	3	1	1	1	1	5	0	0

黔 1403※

	大斑（级）	小斑（级）	丝黑穗（级）	青枯（级）	纹枯（级）	锈病（级）	倒伏率（%）	倒折率（%）
	3	3	1	1	3	3	0	0
	1	3	1	1	5	1	0	0
	1	1	1	1	1	1	0	0
	3	1	0	0	3	1	0	0
	3	1	1	0	1	1	0	0
	3	1	0	0	1	1	0	0
	3	3	1	0	1	1	0	0
	1	1	1	1	1	3	0	0

注："※"的为续试组合。

表 4-2 2016 年贵州省玉米区试 E 组抗病性汇总表

试点	百隆玉 908								新中玉 820							
	大斑(级)	小班(级)	丝黑穗(级)	青枯(级)	纹枯(级)	锈病(级)	倒伏率(%)	倒折率(%)	大斑(级)	小班(级)	丝黑穗(级)	青枯(级)	纹枯(级)	锈病(级)	倒伏率(%)	倒折率(%)
贵阳	3	3	1	1	3	3	1.7	0	5	3	1	1	3	3	1.7	0
道真	3	5	1	1	3	1	11	5	1	5	1	1	1	1	0	0
镇远	1	1	1	1	1	1	0	0	1	1	1	1	1	1	0	0
德江	3	1	0	0	1	1	2	1	1	1	0	0	5	1	1	1
铜仁	1	1	1	1	1	1	0	0	1	3	1	0	3	1	0	0
安顺	3	3	0	1	2	1	0	0	5	3	0	1	3	3	0	0
毕节	3	5	1	0	1	1	59.3	39	1	1	1	0	1	1	0	0
黔西南	5	1	1	1	1	5	0	0	1	3	1	1	1	7	0	0

表 4-3 2016 年贵州省玉米区试 E 组抗病性汇总表

试点	1326								黔单 16(CK)							
	大斑(级)	小班(级)	丝黑穗(级)	青枯(级)	纹枯(级)	锈病(级)	倒伏率(%)	倒折率(%)	大斑(级)	小班(级)	丝黑穗(级)	青枯(级)	纹枯(级)	锈病(级)	倒伏率(%)	倒折率(%)
贵阳	3	1	1	1	3	1	0	0	3	5	1	1	3	3	8.3	0
道真	1	1	1	1	7	1	0	0	1	5	1	1	3	1	0	0
镇远	1	1	1	1	1	1	0	0	1	1	1	1	1	1	0	0
德江	1	1	0	0	3	1	0	0	3	1	0	0	3	3	2	0
铜仁	1	1	1	0	1	3	0	0	1	1	1	1	1	1	0	0
安顺	5	3	0	1	3	1	0	0	7	5	0	0	3	3	0	0
毕节	1	1	1	89	1	1	34	11	7	5	1	1	1	3	0	0
黔西南	1	1	1	1	1	3	0	0	1	1	1	1	1	7	0	0

表 4-4　2016 年贵州省玉米区试 E 组抗病性汇总表

神农玉 5808

试点	大斑（级）	小斑（级）	丝黑穗（级）	青枯（级）	纹枯（级）	锈病（级）	倒伏率（%）	倒折率（%）
贵阳	3	3	1	1	3	3	5	1.7
道真	5	5	1	1	1	1	59	4
镇远	1	1	1	1	1	1	0	0
德江	5	3	0	0	3	1	0	0
铜仁	1	1	1	0	1	1	0	0
安顺	5	3	0	3	3	3	0	0
毕节	3	5	1	0	1	1	13	5
黔西南	1	1	1	1	1	7	0	0

裕丰 162

试点	大斑（级）	小斑（级）	丝黑穗（级）	青枯（级）	纹枯（级）	锈病（级）	倒伏率（%）	倒折率（%）
贵阳	3	3	1	1	3	3	10	1.7
道真	1	3	1	1	5	1	0	0
镇远	1	1	1	0	1	1	0	0
德江	5	3	0	0	1	1	0	0
铜仁	1	1	1	0	1	1	0	0
安顺	3	3	0	1	2	3	0	0
毕节	1	1	1	0	1	1	2	0
黔西南	1	3	1	1	1	5	0	0

表 4-5　2016 年贵州省玉米区试 E 组抗病性汇总表

QZM1501

试点	大斑（级）	小斑（级）	丝黑穗（级）	青枯（级）	纹枯（级）	锈病（级）	倒伏率（%）	倒折率（%）
贵阳	3	3	1	1	3	5	0	0
道真	1	3	1	1	5	1	0	0
镇远	1	1	1	1	1	1	0	0
德江	3	1	0	0	3	1	2	0
铜仁	1	1	1	0	1	1	0	0
安顺	3	1	0	0	2	3	0	0
毕节	5	3	1	0	1	3	11	3
黔西南	1	1	1	1	1	3	0	0

金辉 807

试点	大斑（级）	小斑（级）	丝黑穗（级）	青枯（级）	纹枯（级）	锈病（级）	倒伏率（%）	倒折率（%）
贵阳	5	7	1	1	3	3	13.3	0
道真	5	5	1	1	7	1	0	0
镇远	1	1	1	1	1	1	0	0
德江	1	3	0	0	3	3	5	4
铜仁	3	3	1	1	3	1	0	0
安顺	5	3	0	1	3	3	0	0
毕节	5	3	1	0	1	3	64	46
黔西南	3	3	1	1	1	3	0	0

表 4-6 2016 年贵州省玉米区试 E 组抗病性汇总表

JDY1601

试点	大斑（级）	小斑（级）	丝黑穗（级）	青枯（级）	纹枯（级）	锈病（级）	倒伏率（%）	倒折率（%）
贵阳	5	3	1	1	5	3	0	0
道真	1	5	1	1	1	1	0	0
镇远	1	1	1	1	1	1	0	0
德江	3	1	0	0	3	1	1	0
铜仁	1	1	1	0	1	1	0	0
安顺	5	3	0	1	3	3	0	0
毕节	3	3	1	0	1	3	24	15
黔西南	1	3	1	1	1	3	0	0

2016年贵州省玉米新品种区域试验F组
综合总结

本试验于2016年3月30日根据贵州省种子总站安排实施,目的是鉴定新育成组合在本省不同生态地区的丰产性、适应性及抗逆性,为品种审定提供科学依据。

一、试验概况

(一)参试组合及供种单位(表1)

表1 参试品种及供种单位

组合名称	供种单位	组合名称	供种单位
惠农试12※	毕节市七星关区惠农玉米所	GY2039	
金玉318	贵州金农农业科学研究所	禾睦玉153	贵州禾睦福种子有限公司
YH766	贵州友禾种业有限公司	黔1505	贵州金农科技有限责任公司
卓玉505	贵州卓豪农业科技有限公司	ZXY-1	贵州省水稻工程技术研究中心
青青1141	贵州省遵义市辉煌种业有限公司	黔单16(CK)	贵州省旱粮研究所
HZ11-30	贵州秋实农业发展有限公司		

注:标"※"号的为续试组合

(二)试点田间设计

全省设10个试点:德江县种子管理站、遵义市种子管理站、贵阳市农业试验中心、贞丰县种子管理站、道真县种子管理站、安顺市农业科学院、镇远县种子管理站、毕节七星关区种子站、平塘县种子站和铜仁市农科所。试点分布在海拔高度272~1470米,平均海拔880米。各试点均按贵州省种子总站的统一方案实施,小区采用随机区组排列,三次重复。五行区,小区面积20平方米(5米×4米),种植密度为3300株/亩,每小区100株,每行20株。试验区四周设有面积不等的保护区,收获时以小区中间三行为准测产。

(三)试验完成情况

根据有关专家对大部分试点田间考察、测产的结果及对各试点上报材料的审阅,遵义市种子站试验点由于土壤肥力高,后期雨水较多,受大风影响,多数参试组合倒伏情况严重,试验报废;其他9个试点田间管理及时到位,各项调查记载较全面,基本能按照试验方案要求完成试验任务,参试组合试验数据齐全,全部纳入汇总。

二、气候条件对玉米生长发育的影响

德江:4月至7月中旬,因阴雨天过多、温度低,导致出苗慢和不整齐。

贵阳:播种后,前期雨水偏多,后期正常,对参试品种的产量无影响。

贞丰:试验期间气候正常,7月下旬有两次大暴雨,但对试验影响不大。

道真:播种至出苗气候正常,出苗整齐;出苗后至乳熟期,雨水较历年同期多,光照较历年同期少,对玉米生长有一定影响;蜡熟末期遭遇高温伏旱逼熟,成熟期提前。

安顺:播种时土壤墒情好,出苗整齐一致。后期气候条件较有利于玉米生长,对试验产量无影响。

镇远:4~5月连续降雨,导致播种时间延迟;灌浆期干旱20余天,严重影响灌浆,秃尖大。

毕节:试验期间气候基本正常,雨后播种,土壤墒情好,出苗整齐;5月、6月、7月雨水稍偏多,成熟期气候正常。

平塘:无。

铜仁:4~5月持续降雨,温度较低、光照不足,玉米长势欠佳。7月5号因暴风雨,个别参试组合发生倒伏、倒折现象。

三、试验结果

试验产量、农艺性状等数据均采用平均数法进行统计。

(一)产量

参试组合平均亩产585.5~728.2千克,续试组合以黔单16(583千克/亩)为对照,新参试组合以组平均亩产(651.8千克/亩)为对照(详见表2)。

该组试验参试组合产量比对照增产5%以上,增产点占试点总数70%以上的有YH766、金玉318和禾睦玉153三个组合(详见表2)。

(二)生育期

参试组合生育期在121~125天之间,黔单16为123天。GY2039、禾睦玉153两个参试组合生育期与对照相当,其余参试组合生育期比黔单16长或短1~2天(详见表3)。

（三）主要产量性状（详见表 2）

穗行数：参试组合穗行数平均 15.9~19.6 行，黔单 16 为 16.4 行。

百粒重：参试组合平均 32.7~38.8 克，黔单 16 为 33.6 克。

单穗粒重：参试组合平均 197.4~226.8 克，黔单 16 为 195.3 克。

（四）抗逆性

（1）抗倒性（详见表 3）

少数参试组合在个别试点有轻微倒伏现象发生。

（2）抗病性（详见表 3）

贵阳的大、小斑病、锈病，道真的丝黑穗病，贞丰的纹枯病，少数组合有感病记载，其余试点病害较轻。

四、组合综述（抗病性根据四川农业科学院植保所鉴定）

（1）金玉 318

平均亩产 699.7 千克，比组平均增产 7.36%，产量居第二位；9 个试点全部增产，增产点占总试点数的 100%。生育期 122 天，比黔单 16 短 1 天。株高 309 厘米，穗位高 136 厘米，穗长 19.4 厘米，穗行数 16.9 行，秃尖 1.5 厘米；单穗粒重 226.8 克，百粒重 35.8 克，轴红色，硬粒，籽粒黄色。上位穗上叶中度下披，花药紫色，花丝浅紫色，果穗苞叶覆盖长，籽粒排列直。无四川农业科学院植保所抗病性鉴定资料。道真、德江试点有倒伏、倒折现象发生。

（2）YH766

平均亩产 728.2 千克，比组平均增产 11.72%，产量居第一位；9 个试点 8 增 1 减，增产点占总试点数的 88.9%。生育期 121 天，比黔单 16 短两天。株高 300 厘米，穗位高 130 厘米，穗长 20.5 厘米，穗行数 16.7 行，秃尖 1.5 厘米；单穗粒重 221.8 克，百粒重 37.6 克，轴红色，半马齿粒，籽粒黄色。上位穗上叶中度下披，花药紫红色，花丝紫色，果穗苞叶覆盖程度中等，籽粒排列直。无四川农业科学院植保所抗病性鉴定资料。德江试点有轻微倒伏、倒折现象发生。

（3）卓玉 505

平均亩产 647.1 千克，比组平均减产 0.72%，产量居第六位；9 个试点 4 增 5 减，增产点占总试点数的 44.4%。生育期 122 天，比黔单 16 短 1 天。株高 292 厘米，穗位高 126 厘米，穗长 19 厘米，穗行数 15.9 行，秃尖 1.1 厘米；单穗粒重 215.2 克，百粒重 36.2 克，轴白色,半马齿粒,籽粒黄色。上位穗上叶轻度下披,花药黄色,花丝浅紫色,果穗苞叶覆盖短,籽粒排列直。无四川农业科学院植保所抗病性鉴定资料。德江试点有轻微倒伏现象发生。

(4)青青1141

平均亩产672千克,比组平均增产3.11%,产量居第四位;9个试点5增4减,增产点占总试点数的55.6%。生育期122天,比黔单16短两天。株高268厘米,穗位高113厘米,穗长18.6厘米,穗行数18.5行,秃尖1厘米;单穗粒重213.9克,百粒重33.2克,轴白色,马齿粒,籽粒黄色。上位穗上叶中度下披,花药黄色,花丝浅紫色,果穗苞叶覆盖长,籽粒排列直。无四川农业科学院植保所抗病性鉴定资料。无试点有倒伏、倒折现象发生。

(5)HZ11-30

平均亩产628.5千克,比组平均减产3.57%,产量居第八位;9个试点3增6减,增产点占总试点数的33.3%。生育期125天,比黔单16长两天。株高308厘米,穗位高135厘米,穗长17.8厘米,穗行数16.2行,秃尖0.6厘米;单穗粒重205.7克,百粒重37.3克,轴红色,马齿粒,籽粒黄色。上位穗上叶中度下披,花药黄色,花丝白色,果穗苞叶覆盖短,籽粒排列直。无四川农业科学院植保所抗病性鉴定资料。德江试点有轻微倒伏、倒折现象发生。

(6)GY2039

平均亩产667千克,比组平均增产2.33%,产量居第五位;9个试点5增4减,增产点占总试点数的55.6%。生育期123天,与黔单16相当。株高286厘米,穗位高136厘米,穗长18.2厘米,穗行数19.6行,秃尖1.4厘米;单穗粒重206.1克,百粒重32.7克,轴白色,硬粒,籽粒黄色。上位穗上叶中度下披,花药紫色,花丝浅紫色,果穗苞叶覆盖程度中等,籽粒排列直。无四川农业科学院植保所抗病性鉴定资料。道真、德江试点有倒伏、倒折现象发生。

(7)禾睦玉153

平均亩产691.1千克,比组平均增产6.03%,产量居第三位;9个试点全部增产,增产点占总试点数的100%。生育期123天,与黔单16相当。株高275厘米,穗位高121厘米,穗长18.6厘米,穗行数16行,秃尖1.1厘米;单穗粒重216.9克,百粒重36.8克,轴红色,马齿粒,籽粒黄色。上位穗上叶中度下披,花药紫色,花丝白色,果穗苞叶覆盖长,籽粒排列直。无四川农业科学院植保所抗病性鉴定资料。道真、德江试点有倒伏、倒折现象发生。

（8）黔 1505

平均亩产 626 千克,比组平均减产 3.96%,产量居第九位;9 个试点 4 增 5 减,增产点占总试点数的 44.4%。生育期 121 天,比黔单 16 短两天。株高 295 厘米,穗位高 126 厘米,穗长 21.2 厘米,穗行数 16.2 行,秃尖 1.9 厘米;单穗粒重 210.8 克,百粒重 35.7 克,轴白色,马齿粒,籽粒黄色。上位穗上叶中度下披,花药浅紫色,花丝浅紫色,果穗苞叶覆盖长,籽粒排列直。无四川农业科学院植保所抗病性鉴定资料。道真、德江试点有倒伏、倒折现象发生。

（9）ZXY-1

平均亩产 585.5 千克,比组平均减产 10.17%,产量居第十位;9 个试点 1 增 8 减,增产点占总试点数的 11.1%。生育期 121 天,比黔单 16 短两天。株高 280 厘米,穗位高 126 厘米,穗长 17.6 厘米,穗行数 16.9 行,秃尖 1.6 厘米;单穗粒重 197.4 克,百粒重 37.1 克,轴红色,半马齿粒,籽粒黄色。上位穗上叶中度下披,花药紫黄色,花丝白色,果穗苞叶覆盖短,籽粒排列直。无四川农业科学院植保所抗病性鉴定资料。道真、德江试点有倒伏、倒折现象发生。

表 2-1　2016 年贵州省玉米区试 F 组产量汇总表

试点	惠农试12※ 亩产(千克)	比CK(±%)	比组平均(±%)	位次	金玉318 亩产(千克)	比CK(±%)	比组平均(±%)	位次	YH766 亩产(千克)	比CK(±%)	比组平均(±%)	位次	卓玉505 亩产(千克)	比CK(±%)	比组平均(±%)	位次
贵阳	833.2	26.41	10.8	1	819.1	24.28	8.92	3	817.6	24.05	8.73	4	742.8	12.7	-1.22	833.2
道真	593	0.47	-2.31	8	638.6	8.19	5.2	4	639.8	8.41	5.41	3	637.6	8.04	5.05	593
镇远	478.9	43.65	11.01	1	465.8	39.7	7.97	3	425.6	27.65	-1.35	7	414.8	24.43	-3.84	478.9
贞丰	630.4	4.23	-8.82	9	745.4	23.25	7.81	3	734.9	21.5	6.28	4	664.1	9.81	-3.95	630.4
平塘	586.1	26.46	12.16	3	612.3	32.09	17.16	2	680.6	46.84	30.23	1	523.5	12.95	0.18	586.1
德江	777.3	14.02	8.51	1	727.4	6.71	1.56	6	762.4	11.84	6.44	4	676.3	-0.79	-5.58	777.3
铜仁	164.5	-71.76	-70.28	11	615	5.62	11.14	4	669.8	15.03	21.04	1	593.4	1.9	7.22	164.5
安顺	993.2	19.82	12.19	2	940.6	13.48	6.25	3	1001.2	20.78	13.09	1	903.9	9.05	2.1	993.2
毕节	716.5	42.34	1.4	7	733.4	45.68	3.79	6	821.7	63.23	16.29	1	667.1	32.51	-5.59	716.5
平均值	641.5	10.02	-1.58	7	699.7	20.02	7.36	2	728.2	24.89	11.72	1	647.1	10.98	-0.72	641.5

注：标"※"的为续试组合。

表 2-2　2016 年贵州省玉米区试 F 组产量汇总表

试点	菁菁1141 亩产(千克)	比CK(±%)	比组平均(±%)	位次	HZ11-30 亩产(千克)	比CK(±%)	比组平均(±%)	位次	GY2039 亩产(千克)	比CK(±%)	比组平均(±%)	位次	禾睦玉153 亩产(千克)	比CK(±%)	比组平均(±%)	位次
贵阳	831.2	26.1	10.53	2	710.8	7.84	-5.48	8	744.7	12.98	-0.98	6	753	14.25	0.13	5
道真	646.7	9.57	6.54	1	580	-1.72	-4.44	10	616.5	4.46	1.57	6	642.6	8.88	5.87	2
镇远	421.7	26.48	-2.25	8	471.5	41.42	9.3	2	465.6	39.65	7.92	4	464.3	39.26	7.62	5
贞丰	617.4	2.09	-10.7	10	753.4	24.57	8.96	2	679.8	12.41	-1.67	6	801.9	32.59	15.98	1
平塘	476.9	2.89	-8.75	7	430.2	-7.18	-17.68	11	518.5	11.88	-0.78	6	541	16.71	3.51	4
德江	763.6	12.01	6.6	3	726.1	6.52	1.37	7	758.6	11.27	5.9	5	776.7	13.94	8.43	2
铜仁	667.4	14.62	20.61	2	549.1	-5.7	-0.78	9	625.8	7.47	13.08	3	578.2	-0.71	4.48	7
安顺	869.1	4.85	-1.83	6	793.7	-4.24	-10.34	11	840.4	1.39	-5.07	8	910.6	9.86	2.86	4
毕节	754.3	49.84	6.75	3	641.9	27.51	-9.16	10	752.8	49.55	6.54	4	751.5	49.29	6.36	5
平均值	672.0	15.26	3.11	4	628.5	7.80	-3.57	8	667.0	14.40	2.33	5	691.1	18.53	6.03	3

表 2-3　2016 年贵州省玉米区试 F 组产量汇总表

| 试点 | 黔 1505 | | | | ZXY-1 | | | | 黔单 16（CK） | |
	亩产（千克）	比 CK（±%）	比组平均（±%）	位次	亩产（千克）	比 CK（±%）	比组平均（±%）	位次	亩产（千克）	位次
贵阳	702.1	6.52	-6.64	9	658.7	-0.06	-12.4	11	659.1	10
道真	609.8	3.33	0.47	7	481.7	-18.39	-20.64	11	590.2	9
镇远	449.3	34.76	4.15	6	354.6	6.37	-17.79	10	333.4	11
贞丰	698	15.41	0.95	5	675.8	11.74	-2.26	7	604.8	11
平塘	474.5	2.37	-9.21	8	441.9	-4.67	-15.45	10	463.5	9
德江	636.3	-6.66	-11.16	10	592.6	-13.07	-17.27	11	681.7	8
铜仁	583.4	0.18	5.41	6	458.5	-21.25	-17.14	10	582.3	8
安顺	806.3	-2.72	-8.92	10	850.2	2.57	-3.96	7	828.9	9
毕节	673.9	33.87	-4.62	8	755.6	50.1	6.93	2	503.4	11
平均值	626.0	7.36	-3.96	9	585.5	0.42	-10.17	10	583.0	11

表3-1 2016年贵州省玉米区试 F 组主要性状汇总表

品种	试点	海拔(米)	播种期(日/月)	出苗期(日/月)	成熟期(日/月)	生育期(天)	比对照(±天)	株高(厘米)	穗位高(厘米)	穗长(厘米)	穗行数(行)	秃尖(厘米)	单穗粒重(克)	百粒重(克)	轴色	粒型	粒色
惠农试12*	贵阳	1050	18/4	2/5	25/8	115	+2	233	104	19.3	18	0.3	252	42.9	白	马	黄
	道真	616	28/3	13/4	16/8	125	-3	285	130	17.5	16	1	200.4	39	白	马	黄
	镇远	560	4/5	13/5	5/9	115	+1	301	145	15.2	15	2.2	105.5	31	白	马	黄
	贞丰	1000	9/5	14/5	12/9	121	+2	264	158	21	15	1.5	189.1	35.7	白	半马	黄
	平塘	720		12/4	5/8	115	-2	325	162	19.8	16	0.12	262.4	43.4	白	马	黄
	德江	830	27/4	11/5	29/8	111	-2	303	142	21.5	15.2	1		45	白	半马	黄
	铜仁	272	1/4	10/4	6/8	120	0	303	129	19.6	16	1.1	189	34.6	白	马	黄
	安顺	1400	21/4	5/5	2/9	121	-7	292	141	19.1	16.8	1.1	260.9	42.7	白	马	黄
	毕节	1470	7/4	22/4	20/9	151	0	283	139	17.8	17	2.9	246	35	白	马	黄
	平均值	880				122	-1	288	139	19.0	16.1	1.2	213.2	38.8	白	马	黄
金玉318	贵阳	1050	18/4	2/5	25/8	115	+2	251	105	18.9	16	1.8	249	35.8	红	硬	黄
	道真	616	28/3	11/4	17/8	128	0	333	131	17.5	16	1.4	208	38	红	硬	黄
	镇远	560	4/5	12/5	5/9	116	+2	315	131	17.1	17	2.3	153	30	红	半马	黄
	贞丰	1000	9/5	14/5	8/9	117	-2	292	186	22.1	18	2	223.6	30.2	红	硬	黄
	平塘	720	12/4	12/4	7/8	117	0	345	154	21.4	18	0.12	285	36.6	红	半马	黄
	德江	830	27/4	11/5	31/8	113	0	325	120	20.4	16.8	1.5		45	红	硬	黄
	铜仁	272	1/4	12/4	7/8	119	-1	318	125	17.4	16	1.6	197	35.4	红	半马	黄
	安顺	1400	21/4	3/5	2/9	123	-5	322	142	20	17.2	1	270.9	38.2	红	硬	黄
	毕节	1470	7/4	20/4	16/9	149	-2	278	126	19.4	17	1.7	228	33	红	半马	黄
	平均值	880				122	-1	309	136	19.4	16.9	1.5	226.8	35.8	红	硬	黄

表 3-2　2016 年贵州省玉米区试 F 组主要性状汇总表

品种	试点	海拔(米)	播种期(日/月)	出苗期(日/月)	成熟期(日/月)	生育期(天)	比对照(±天)	株高(厘米)	穗位高(厘米)	穗长(厘米)	穗行数(行)	秃尖(厘米)	单穗粒重(克)	百粒重(克)	轴色	粒型	粒色
YH766	贵阳	1050	18/4	2/5	21/8	111	-2	241	111	19.8	18	1.9	245	37.5	红	半马	黄
	道真	616	28/3	12/4	18/8	128	0	340	140	19.7	18	1.7	203.9	35	红	硬	黄
	镇远	560	4/5	12/5	3/9	114	0	302	128	16.3	17	2.4	141.6	34	红	硬	黄
	贞丰	1000	9/5	14/5	8/9	117	-2	279	184	23.5	17	2.1	220.4	36.2	红	半马	黄
	平塘	720		12/4	8/8	118	1	335	133	24	16	0.1	298	40.8	红	马	黄
	德江	830	27/4	11/5	25/8	107	-6	320	116	20.0	17.2	0.5		46	红	半马	黄
	铜仁	272	1/4	11/4	7/8	120	0	306	114	20.1	16	1.2	216	35.9	红	马	黄
	安顺	1400	21/4	4/5	1/9	121	-7	328	134	20.6	14.4	1.5	215.7	39.8	红	半马	黄
	毕节	1470	7/4	22/4	19/9	150	-1	253	109	20.3	17	2.3	234	33	红	半马	黄
	平均值	880				121	-2	300	130	20.5	16.7	1.5	221.8	37.6	红	半马	黄
卓玉505	贵阳	1050	18/4	2/5	21/8	111	-2	243	89	18.4	14	1.1	203	38.9	白	硬	黄
	道真	616	28/3	12/4	18/8	128	0	317	129	18.1	17	1	215.6	34	白	硬	黄
	镇远	560	4/5	12/5	3/9	114	0	282	106	16.7	16	3.9	143.7	32	白	半马	黄
	贞丰	1000	9/5	14/5	10/9	119	0	290	180	19.8	16	0.8	199.2	31.8	白	硬	黄
	平塘	720		12/4	7/8	117	0	320	160	20.4	18	0.1	276	37.2	白	马	黄
	德江	830	27/4	11/5	28/8	110	-3	312	132	21.0	15.4	0.0		44	白	半马	黄
	铜仁	272	1/4	11/4	8/8	121	+1	297	102	19.6	15	0.8	196	33.4	白	马	黄
	安顺	1400	21/4	3/5	5/9	126	-2	313	127	19.6	16	0.4	279.8	42.7	白	半马	黄
	毕节	1470	7/4	19/4	15/9	149	-2	252	110	17.8	16	1.5	208	32	白	半马	黄
	平均值	880				122	-1	292	126	19.0	15.9	1.1	215.2	36.2	白	半马	黄

表 3-3　2016 年贵州省玉米区试 F 组主要性状汇总表

品种	试点	海拔（米）	播种期（日/月）	出苗期（日/月）	成熟期（日/月）	生育期（天）	比对照（±天）	株高（厘米）	穗位高（厘米）	穗长（厘米）	穗行数（行）	秃尖（厘米）	单穗粒重（克）	百粒重（克）	轴色	粒型	粒色
青青1141	贵阳	1050	18/4	2/5	23/8	113	0	231	88	17.9	20	1.6	261	37.8	白	马	黄
	道真	616	28/3	13/4	19/8	128	0	280	116	16.3	18	0.7	187	31	白	马	黄
	镇远	560	4/5	13/5	6/9	116	+2	271	106	16.6	16	2	149.4	33	白	马	黄
	贞丰	1000	9/5	14/5	8/9	117	-2	262	160	21.7	18	1.7	185.2	24	白	马	黄
	平塘	720		12/4	7/8	117	0	283	117	17.2	16	0.1	225.4	30.6	白	马	黄
	德江	830	27/4	11/5	28/8	110	-3	275	110	19.8	19.4	0.5		44	白	半马	黄
	铜仁	272	1/4	12/4	10/8	122	+2	291	104	21.1	18	0.5	215	35.4	白	马	黄
	安顺	1400	21/4	4/5	1/9	121	-7	275	117	19.2	21	0.6	254.5	32.8	白	马	黄
	毕节	1470	7/4	23/4	21/9	151	0	244	103	17.6	20	1	234	30	白	半马	黄
	平均值	880				122	-1	268	113	18.6	18.5	1.0	213.9	33.2		马	黄
黔单16（CK）	贵阳	1050	18/4	2/5	23/8	113		226	107	17	16	1.4	207	35.2	红	马	黄
	道真	616	28/3	11/4	17/8	128		314	135	17.2	16	1.1	173.7	31	红	硬	黄
	镇远	560	4/5	12/5	4/9	114		291	113	15.1	16	2	133.5	29	红	马	黄
	贞丰	1000	9/5	14/5	10/9	119		289	180	20.2	17	0.9	181.4	29.1	红	马	黄
	平塘	720		12/4	7/8	117		315	146	15.6	16	0.1	225.2	33.4	红	马	黄
	德江	830	27/4	10/5	30/8	113		289	115	18.4	16.2	0.2		45	红	半马	黄
	铜仁	272	1/4	11/4	7/8	120		282	89	17.8	16	1	189	33.2	红	马	黄
	安顺	1400	21/4	4/5	8/9	128		296	130	18.4	17	0.3	231.2	35.2	红	马	黄
	毕节	1470	7/4	20/4	18/9	151		241	105	18.4	17	0.6	222	31	红	半马	黄
	平均值	880				123		283	124	17.6	16.4	0.8	195.3	33.6	红	马	黄

表 3-4 2016 年贵州省玉米区试 F 组主要性状汇总表

品种	试点	海拔(米)	播种期(日/月)	出苗期(日/月)	成熟期(日/月)	生育期(天)	比对照(±天)	株高(厘米)	穗位高(厘米)	穗长(厘米)	穗行数(行)	秃尖(厘米)	单穗粒重(克)	百粒重(克)	轴色	粒型	粒色
HZ11-30	贵阳	1050	18/4	2/5	24/8	114	+1	264	123	17.5	16	0.8	224	38.1	红	马	黄
	道真	616	28/3	11/4	19/8	130	+2	340	143	16	16	0.8	173	34	红	硬	黄
	镇远	560	4/5	12/5	5/9	116	+2	302	121	15.7	16	1.4	152.4	32	白	马	黄
	贞丰	1000	9/5	14/5	12/9	121	+2	321	211	20.1	17	0.2	226	35.8	红	半马	黄
	平塘	720		12/4	9/8	119	+2	315	122	18.6	16	0.1	215.2	34.8	红	马	黄
	德江	830	27/4	11/5	5/9	118	+5	324	122	19.6	16.6	0		45.5	红	半马	黄
	铜仁	272	1/4	11/4	11/8	122	+2	321	124	16.7	16	1.2	185	34.9	白	马	黄
	安顺	1400	21/4	3/5	10/9	131	+3	313	135	18.4	16.2	0.2	224.2	38.4	红	马	黄
	毕节	1470	7/4	21/4	21/9	153	+2	273	111	17.7	16	0.7	246	42	红	马	黄
	平均值	880				125	+2	308	135	17.8	16.2	0.6	205.7	37.3	红	马	黄
8GY2039	贵阳	1050	18/4	2/5	25/8	115	+2	249	128	18.2	20	1.9	233	33.7	白	硬	黄
	道真	616	28/3	13/4	21/8	130	+2	302	147	16.8	20	1.1	182.5	31	白	硬	黄
	镇远	560	4/5	12/5	5/9	116	+2	281	124	16.9	19	1.7	171	30	白	硬	黄
	贞丰	1000	9/5	14/5	12/9	121	+2	280	150	20.3	20	2.1	204	27.1	白	硬	黄
	平塘	720		12/4	9/8	119	+2	311	158	18	20	0.38	228.8	33.2	红	半马	黄
	德江	830	27/4	10/5	1/9	115	+2	305	140	20.1	21.0	1		41.0	白	硬	黄
	铜仁	272	1/4	12/4	8/8	120	0	301	129	17.9	18	0.9	206	34.2	白	硬	黄
	安顺	1400	21/4	3/5	2/9	123	-5	304	134	19.6	19.4	1.9	241.3	34.9	白	硬	黄
	毕节	1470	7/4	21/4	16/9	148	-3	239	110	16.4	19	1.9	182	29	白	硬	黄
	平均值	880				123	0	286	136	18.2	19.6	1.4	206.1	32.7	白	硬	黄

表3-5 2016年贵州省玉米区试F组主要性状汇总表

品种	试点	海拔(米)	播种期(日/月)	出苗期(日/月)	成熟期(日/月)	生育期(天)	比对照(±天)	株高(厘米)	穗位高(厘米)	穗长(厘米)	穗行数(行)	秃尖(厘米)	单穗粒重(克)	百粒重(克)	轴色	粒型	粒色
禾睦玉153	贵阳	1050	18/4	2/5	22/8	112	-1	248	108	18.3	16	0.9	248	39.4	白	马	黄
	道真	616	28/3	12/4	21/8	131	+3	286	115	17.4	17	2.3	189.1	33	红	马	黄
	镇远	560	4/5	12/5	6/9	117	+3	271	118	17.5	15	1.2	149.2	33	红	半马	黄
	贞丰	1000	9/5	14/5	12/9	121	+2	270	150	21.5	15	0.9	240.5	36.4	红	半马	黄
	平塘	720		12/4	7/8	117	0	295	167	17.4	16	0.2	234.2	34.4	红	半马	黄
	德江	830	27/4	10/5	4/9	118	+5	282	102	19.6	16.2	1.5		45	红	半马	黄
	铜仁	272	1/4	12/4	7/8	119	-1	290	112	17.6	16	1.4	189	36.4	红	马	黄
	安顺	1400	21/4	3/5	29/8	119	-9	285	111	20.6	16.4	0.3	255.2	38.9	红	马	黄
	毕节	1470	7/4	20/4	18/9	151	0	248	102	17.8	16	1.3	230	35	红	马	黄
	平均值	880				123	0	275	121	18.6	16.0	1.1	216.9	36.8			
黔1505	贵阳	1050	18/4	2/5	20/8	110	-3	272	117	21.9	18	3.6	246	36.8	白	马	黄
	道真	616	28/3	12/4	20/8	130	+2	302	118	19.6	17	1.3	186.4	36	白	马	黄
	镇远	560	4/5	13/5	6/9	117	+3	305	121	19.6	17	2.1	175.8	30	白	马	黄
	贞丰	1000	9/5	14/5	8/9	117	-2	298	188	23.8	15	2.9	209.4	33.6	白	半马	黄
	平塘	720		12/4	5/8	115	-2	320	128	22	14	0.38	236.8	38	白	马	黄
	德江	830	27/4	11/5	31/8	113	0	305	121	22.6	16.2	1.5		40.0	白	半马	黄
	铜仁	272	1/4	11/4	7/8	120	0	302	124	20.1	16	1.8	201	35.6	白	马	黄
	安顺	1400	21/4	4/5	26/8	115	-13	293	117	22.8	16.8	0.4	235.1	37.6	白	马	黄
	毕节	1470	7/4	20/4	17/9	150	-1	258	97	18.8	16	3	196	34	白	马	黄
	平均值	880				121	-2	295	126	21.2	16.2	1.9	210.8	35.7	白	马	黄

表 3-6 2016 年贵州省玉米区试 F 组主要性状汇总表

品种	试点	海拔(米)	播种期(日/月)	出苗期(日/月)	成熟期(日/月)	生育期(天)	比对照(±天)	株高(厘米)	穗位高(厘米)	穗长(厘米)	穗行数(行)	秃尖(厘米)	单穗粒重(克)	百粒重(克)	轴色	粒型	粒色
ZXY-1	贵阳	1050	18/4	2/5	21/8	111	-2	261	122	17.1	18	1.6	234	38.2	红	马	黄
	道真	616	28/3	11/4	19/8	130	+2	278	113	15.4	17	1	160.1	35	红	硬	黄
	镇远	560	4/5	12/5	5/9	116	+2	289	111	15	14	2	121.6	34	红	半马	黄
	贞丰	1000	9/5	14/5	8/9	117	-2	240	150	20.4	18	2.4	202.7	31.6	红	硬	黄
	平塘	720	12/4	12/5	9/8	119	+2	291	148	18.8	18	0.3	231	38.6	红	半马	黄
	德江	830	27/4	11/5	26/8	108	-5	288	123	19.1	16.8	2.3		44.0	红	硬	黄
	铜仁	272	1/4	13/4	6/8	115	-5	322	126	16.4	16	1.4	149	31.7	红	半马	黄
	安顺	1400	21/4	3/5	27/8	117	-11	292	119	18.6	18	1.4	234.7	39.8	红	硬	黄
	毕节	1470	7/4	19/4	19/9	153	+2	262	121	18	16	2.1	246	41	红	半马	黄
	平均值	880				121	-2	280	126	17.6	16.9	1.6	197.4	37.1	红	半马	黄

表 4-1 2016 年贵州省玉米区试 F 组抗逆性汇总表

	惠农试12※								金玉318							
试点	大斑(级)	小斑(级)	丝黑穗(级)	青枯(级)	纹枯(级)	锈病(级)	倒伏率(%)	倒折率(%)	大斑(级)	小斑(级)	丝黑穗(级)	青枯(级)	纹枯(级)	锈病(级)	倒伏率(%)	倒折率(%)
贵阳	3	3	1	1	1	1	0	0	3	3	1	1	3	1	0	0
道真	1	3	1	1	9	1	21	4	1	1	1	1	5	1	14	3
镇远	1	1	0	1	1	1	0	0	1	1	1	1	1	1	0	0
贞丰	1	1	0	1	1	20	70	0	1	0	0	3	1	0		
平塘	0	1	0	0	3	1	0	0	1	0	0	0	3	3	0	0
德江	3	1	0	0	3	3	2.3	2.0	5	3	0	0	3	3	1	1
铜仁	1	1	1	1	0	1	65	24	1	1	1	0	0	1	1	0
安顺	3	3	0	0	2	1	0	0	3	0	0	1	0	1	0	0
毕节	3	1	0	1.7	1	1	40	14	3	1	0	0	1	0	0	0

注:标"※"号的为续试组合。

表 4-2　2016 年贵州省玉米区试 F 组抗逆性汇总表

试点	YH766								卓玉 505							
	大斑(级)	小斑(级)	丝黑穗(级)	青枯(级)	纹枯(级)	锈病(级)	倒伏率(%)	倒折率(%)	大斑(级)	小斑(级)	丝黑穗(级)	青枯(级)	纹枯(级)	锈病(级)	倒伏率(%)	倒折率(%)
贵阳	5	3	1	1	3	1	0	0	5	3	1	1	5	3	0	0
道真	1	3	1	1	7	1	0	0	1	1	1	1	9	1	0	0
镇远	1	1	1	1	1	1	0	0	1	1	1	1	1	1	0	0
贞丰	1	1	0	1	1	0	0	0	1	3	0	1	3	50	0	0
平塘	0	1	0	0	1	1	0	0	0	0	0	0	1	7	0	0
德江	5	3	0	0	3	3	1	1	3	3	0	0	3	5	1	0
铜仁	1	1	1	0	0	1	0	0	1	1	1	1	0	1	0	0
安顺	3	1	0	0	1	1	0	0	5	3	0	0	2	3	0	0
毕节	1	1	0	0	1	0	0	0	3	1	0	1.7	0	0	0	0

表 4-3　2015 年贵州省玉米区试 F 组抗逆性汇总表

试点	青青 1141								黔单 16(CK)							
	大斑(级)	小斑(级)	丝黑穗(级)	青枯(级)	纹枯(级)	锈病(级)	倒伏率(%)	倒折率(%)	大斑(级)	小斑(级)	丝黑穗(级)	青枯(级)	纹枯(级)	锈病(级)	倒伏率(%)	倒折率(%)
贵阳	5	3	1	1	5	5	0	0	3	5	1	1	3	1	0	0
道真	3	3	1	1	9	1	0	0	1	3	1	1	5	1	64	4
镇远	1	1	1	1	1	1	0	0	1	1	1	1	1	1	0	0
贞丰	1	3	0	1	5	0	0	0	1	3	0	1	3	0	0	0
平塘	0	3	0	3	3	1	0	0	5	3	0	0	5	1	0	0
德江	3	3	0	0	3	3	0	0	1	3	0	0	3	3	1.5	0
铜仁	1	1	1	1	3	1	0	0	5	1	1	1	0	1	0	0
安顺	5	3	0	0	2	3	0	0	1	3	0	1	3	3	0	0
毕节	1	1	0	0	1	0	0	0	1	1	0	2.4	0	0	8.9	5.6

表 4-4　2015 年贵州省玉米区试 F 组抗逆性汇总表

HZ11-30

试点	大斑（级）	小斑（级）	丝黑穗（级）	青枯（级）	纹枯（级）	锈病（级）	倒伏率（%）	倒折率（%）
贵阳	3	5	1	1	3	1	0	0
道真	1	1	1	1	5	1	0	0
镇远	1	1	1	1	1	1	0	0
贞丰	1	1	0	1	1	0	0	0
平塘	0	1	0	0	1	1	0	0
德江	1	1	0	0	3	1	0	1
铜仁	1	1	1	1	0	1	0	0
安顺	1	1	0	0	0	0	0	0
毕节	1	1	0	0	0	0	0	0

GY2039

试点	大斑（级）	小斑（级）	丝黑穗（级）	青枯（级）	纹枯（级）	锈病（级）	倒伏率（%）	倒折率（%）
贵阳	5	5	1	1	3	3	0	0
道真	3	3	1	1	1	1	20	71
镇远	1	1	1	1	1	1	0	0
贞丰	1	3	0	1	1	0	0	0
平塘	1	3	0	0	7	1	0	0
德江	3	1	0	0	3	3	1	1
铜仁	1	3	1	1	0	1	0	0
安顺	3	3	0	0	2	1	0	0
毕节	1	1	0	0	1	0	0	0

表 4-5　2015 年贵州省玉米区试 F 组抗逆性汇总表

禾睦玉 153

试点	大斑（级）	小斑（级）	丝黑穗（级）	青枯（级）	纹枯（级）	锈病（级）	倒伏率（%）	倒折率（%）
贵阳	5	3	1	1	3	1	0	0
道真	3	3	1	1	3	1	14	56
镇远	1	1	1	1	1	1	0	0
贞丰	1	3	0	1	3	0	0	0
平塘	0	1	0	0	7	1	0	0
德江	3	3	0	0	3	3	1	1.5
铜仁	1	1	1	0	0	3	0	0
安顺	3	3	0	1	2	1	0	0
毕节	3	1	0	0	0	0	0	0

黔 1505

试点	大斑（级）	小斑（级）	丝黑穗（级）	青枯（级）	纹枯（级）	锈病（级）	倒伏率（%）	倒折率（%）
贵阳	5	5	1	1	3	1	0	0
道真	1	3	1	1	7	1	16	23
镇远	1	1	1	1	1	1	0	0
贞丰	1	1	0	1	1	0	0	0
平塘	0	3	0	1	3	1	0	0
德江	3	3	0	0	5	5	1	1
铜仁	1	3	1	0	0	1	0	0
安顺	5	3	0	1	3	3	0	0
毕节	3	1	0	0	0	0	0	0

表4-6 2015 年贵州省玉米区试 F 组抗逆性汇总表

ZXY-1

试点	大斑(级)	小斑(级)	丝黑穗(级)	青枯(级)	纹枯(级)	锈病(级)	倒伏率(%)	倒折率(%)
贵阳	5	5	1	1	3	1	0	0
道真	3	3	1	1	1	1	7	6
镇远	1	1	1	1	1	1	0	0
贞丰	1	3	0	1	3	0	0	0
平塘	0	1	0	0	1	1	0	0
德江	5	3	0	0	3	3	1	0
铜仁	1	3	1	1	0	1	0	0
安顺	3	1	0	0	1	3	0	0
毕节	1	1	0	5	0	0	0	0

2016年贵州省玉米新品种区域试验 G 组综合总结

本试验于 2016 年 3 月 30 日根据贵州省种子总站安排实施,目的是鉴定新育成组合在本省不同生态地区的丰产性、适应性及抗逆性,为品种审定提供科学依据。

一、试验概况

(一)参试组合及供种单位(表 1)

表 1　参试品种及供种单位

组合名称	供种单位	组合名称	供种单位
百三 1 号※	遵义市百隆源种业有限公司	迪卡 1202	中种国际种子公司
金玉 505※	贵州金农农业科学研究所	安 2601	安顺新金秋科技股份有限公司
W318	贵州三翔农业科技公司	JQY1236	贵州金黔农业科技有限公司
禾睦玉 601	贵州禾睦福种子有限公司	新科玉 1241	铜仁鑫天地农业发展有限公司
F529	贵州富邦种业有限公司	黔单 16(CK)	贵州省旱粮研究所
GY902			

注:标"※"号的为续试组合。

(二)试点田间设计

全省设 10 个试点:习水县种子管理站、铜仁市农科所、德江县种子管理站、毕节市农科所、黔西南州农科所、贵阳市农业试验中心、遵义市农科所、安顺市农科所、镇远县种子管理站和平塘县种子站。试点分布在海拔高度 272~1400 米,平均海拔 869 米。各试点均按贵州省种子总站的统一方案实施,小区采用随机区组排列,三次重复。五行区,小区面积 20 平方米(5 米×4 米)。种植密度为 3300 株/亩,每小区 100 株,每行 20 株。试验区四周设有面积不等的保护区,收获时以小区中间三行为准测产。

(三)试验完成情况

根据有关专家对大部分试点田间考察、测产的结果及对各试点上报材料的审阅,毕节试点由于土壤肥力不均,试验误差大,该试点试验数据不纳入汇总,只做试验参考;其他 9 个试点田间管理及时到位,各项调查记载较全面,基本能按照试验方案要求完成试验任务,参试组合试验数据齐全,全部纳入汇总。

二、气候条件对玉米生长发育的影响

习水:试验期间晴天少,中期雨水较多。

铜仁:4~5 月持续降雨,温度较低,光照不足,玉米长势欠佳。

德江:4 月至 7 月中旬,因阴雨天过多,温度低,导致出苗慢和不整齐。

黔西南:播种至出苗气候比较反常,晴天气温太高,下雨气温骤降。6 月 14 日和 19 日以及 7 月 3 日晚均强风暴雨,造成个别品种倒伏;灌浆期至成熟期雨水较多,个别参试品种穗腐较重。

贵阳:播种后,前期雨水偏多,后期正常,对参试品种的产量无影响。

遵义:无。

安顺:播种时土壤墒情好,出苗整齐一致。后期气候条件较有利于玉米生长,对试验产量无影响。

镇远:4~5 月连续降雨,导致播种时间延迟;灌浆期干旱达 20 余天,严重影响灌浆,秃尖大。

三、试验结果

试验产量、农艺性状等数据均采用平均数法进行统计。

(一)产量

参试组合平均亩产 631.9~715.9 千克,续试组合以黔单 16(630.2 千克/亩)为对照,新参试组合以组平均亩产(666.7 千克/亩)为对照(详见表 2)。

该组试验参试组合产量比对照增产 5%以上,增产点占试点总数 70%以上的有百三 1 号、金玉 505 和禾睦玉 601 三个组合(详见表 2)。

(二)生育期

参试组合生育期 116~120 天,黔单 16 为 119 天。GY902、迪卡 1202 两个参试组合生育期与对照相当,其余参试组合生育期比黔单 16 长或短 1~3 天(详见表 3)。

(三)主要产量性状(详见表 3)

穗行数:参试组合穗行数平均 14.1~18.6 行,黔单 16 为 16.4 行。

百粒重:参试组合平均 33.9~39.4 克,黔单 16 为 34.7 克。

单穗粒重:参试组合平均 171.9~202.5 克,黔单 16 为 178.8 克。

(四)抗逆性

(1)抗倒性(详见表 4)

少数参试组合在部分试点有倒伏、倒折现象发生。

(2)抗病性(详见表 4)

贵阳的大、小斑病、锈病,道真的丝黑穗病,贞丰的纹枯病,少数组合有感病记载,其余试点病害较轻。

四、组合综述(抗病性根据四川农业科学院植保所鉴定)

(1)百三 1 号(两年试验)

2015 年平均亩产 676.4 千克,比参试组合平均亩产增产 5.17%,产量居第三位;10 个试点 7 增 3 减,增产点占总试点数的 70%。2016 年平均亩产 715.9 千克,比黔单 16 增产 13.6%,产量居第一位;9 个试点 8 增 1 减,增产点占总试点数的 88.9%。两年 19 点次平均亩产 696.2 千克,比对照增产 9.35%。2015 年和 2016 年分别有 70% 和 88.9% 的试点产量比对照增产,平均为 78.9%。2016 年生育期 117 天,比黔单 16 短两天。株高 308 厘米,穗位高 130 厘米,穗长 19.4 厘米,穗行数 14.8 行,秃尖 1.1 厘米;单穗粒重 199.1 克,百粒重 39.1 克,轴白色,半马齿,籽粒黄色。上位穗上叶中度下披,花药黄紫色,花丝浅紫色,果穗苞叶覆盖长,籽粒排列直。抗纹枯病,中抗大斑病、小斑病、丝黑穗病、茎腐病、灰斑病,感穗腐病。德江、黔西南、习水试点有倒伏、倒折现象发生。

(2)金玉 505(两年试验)

2015 年平均亩产 679.5 千克,比参试组合平均亩产增产 5.66%,产量居第二位;10 个试点 8 增 2 减,增产点占总试点数的 80%。2016 年平均亩产 683.2 千克,比黔单 16 增产 8.41%,产量居第四位;9 个试点 7 增 2 减,增产点占总试点数的 77.8%。两年 19 点次平均亩产 681.4 千克,比对照增产 7.02%。2015 年和 2016 年分别有 80% 和 77.8% 的试点产量比对照增产,平均为 78.9%。2016 年生育期 118 天,比黔单 16 短 1 天。株高 291 厘米,穗位高 122 厘米,穗长 18.5 厘米,穗行数 17.3 行,秃尖 1.3 厘米;单穗粒重 202.5 克,百粒重 37.7 克,轴红色,硬粒,籽粒黄色。上位穗上叶强度下披,花药紫色,花丝浅紫色,果穗苞叶覆盖程度中等,籽粒排列直。中抗大斑病、小斑病、丝黑穗病、茎腐病、灰斑病,感纹枯病、穗腐病。德江、黔西南、习水试点有倒伏、倒折现象发生。

（3）W318

平均亩产 639.3 千克，比组平均减产 4.12%，产量居第九位；9 个试点 1 增 8 减，增产点占总试点数的 11.1%。生育期 118 天，比黔单 16 短 1 天。株高 306 厘米，穗位高 127 厘米，穗长 19.1 厘米，穗行数 16.2 行，秃尖 1 厘米；单穗粒重 183.4 克，百粒重 33.9 克，轴白色，硬粒，籽粒黄色。上位穗上叶轻度下披，花药紫色，花丝紫色，果穗苞叶覆盖程度中等，籽粒排列直。无四川农业科学院植保所抗病性鉴定资料。德江、黔西南、习水、遵义试点有倒伏、倒折现象发生。

（4）禾睦玉 601

平均亩产 709.2 千克，比组平均增产 6.37%，产量居第二位；9 个试点 7 增 2 减，增产点占总试点数的 77.8%。生育期 117 天，比黔单 16 短两天。株高 287 厘米，穗位高 120 厘米，穗长 19.5 厘米，穗行数 14.6 行，秃尖 0.9 厘米；单穗粒重 199.8 克，百粒重 39.4 克，轴白色，半马齿粒，籽粒黄色。上位穗上叶轻度下披，花药紫色，花丝浅紫色，果穗苞叶覆盖短，籽粒呈螺旋排列。无四川农业科学院植保所抗病性鉴定资料。德江、习水、遵义试点有倒伏、倒折现象发生。

（5）F529

平均亩产 661 千克，比组平均减产 0.86%，产量居第五位；9 个试点 3 增 6 减，增产点占总试点数的 33.3%。生育期 116 天，比黔单 16 短 3 天。株高 265 厘米，穗位高 104 厘米，穗长 20.9 厘米，穗行数 16.3 行，秃尖 1.6 厘米；单穗粒重 184.6 克，百粒重 35.1 克，轴白色，硬粒，籽粒黄色。上位穗上叶中度下披，花药紫红色，花丝浅紫色，果穗苞叶覆盖长，籽粒排列直。无四川农业科学院植保所抗病性鉴定资料。平塘、黔西南、习水、遵义试点有倒伏、倒折现象发生。

（6）GY902

平均亩产 659.1 千克，比组平均减产 1.14%，产量居第六位；9 个试点 5 增 4 减，增产点占总试点数的 55.6%。生育期 119 天，与黔单 16 相当。株高 295 厘米，穗位高 120 厘米，穗长 19.4 厘米，穗行数 18.6 行，秃尖 1.2 厘米；单穗粒重 187 克，百粒重 35.7 克，轴红色，硬粒，籽粒黄色。上位穗上叶中度下披，花药紫色，花丝浅紫色，果穗苞叶覆盖极长，籽粒排列不规则。无四川农业科学院植保所抗病性鉴定资料。德江、习水试点有倒伏、倒折现象发生。

（7）迪卡 1202

平均亩产 651.3 千克，比组平均减产 2.31%，产量居第八位；9 个试点 4 增 5 减，增产点占总试点数的 44.4%。生育期 119 天，与黔单 16 相当。株高 300 厘米，穗位高 128 厘米，穗长 18 厘米，穗行数 15.6 行，秃尖 1.9 厘米；单穗粒重 174.7 克，百粒重 38.7 克，轴红色，半马齿粒，籽粒黄色。上位穗上叶轻度下披，花药黄色，花丝白色，果穗苞叶覆盖短，籽粒排列直。无四川农业科学院植保所抗病性鉴定资料。习水试点有倒伏、倒折现象发生。

（8）安 2601

平均亩产 631.9 千克，比组平均减产 5.22%，产量居第十位；9 个试点 3 增 6 减，增产点占总试点数的 33.3%。生育期 120 天，比黔单 16 长 1 天。株高 300 厘米，穗位高 123 厘米，穗长 18.7 厘米，穗行数 14.1 行，秃尖 1.3 厘米；单穗粒重 171.9 克，百粒重 38.5 克，轴白色，硬粒，籽粒黄色。上位穗上叶中度下披，花药紫黄色，花丝白色，果穗苞叶覆盖程度中等，籽粒排列直。无四川农业科学院植保所抗病性鉴定资料。遵义、习水试点倒伏、倒折现象严重。

（9）JQY1236

平均亩产 695.1 千克，比组平均增产 4.26%，产量居第三位；9 个试点 5 增 4 减，增产点占总试点数的 55.6%。生育期 118 天，比黔单 16 短 1 天。株高 254 厘米，穗位高 112 厘米，穗长 17.6 厘米，穗行数 18.2 行，秃尖 1 厘米；单穗粒重 189 克，百粒重 37.3 克，轴白色，半马齿粒，籽粒黄色。上位穗上叶强度下披，花药黄色，花丝白色，果穗苞叶覆盖程度中等，籽粒排列直。无四川农业科学院植保所抗病性鉴定资料。平塘、习水试点有轻微倒伏、倒折现象发生。

（10）新科玉 1241

平均亩产 657.7 千克，比组平均减产 1.35%，产量居第七位；9 个试点 4 增 5 减，增产点占总试点数的 44.4%。生育期 118 天，比黔单 16 短 1 天。株高 315 厘米，穗位高 132 厘米，穗长 19.5 厘米，穗行数 17.7 行，秃尖 2 厘米；单穗粒重 180.9 克，百粒重 35.4 克，轴红色，半马齿粒，籽粒黄色。上位穗上叶中度下披，花药紫红色，花丝白色，果穗苞叶覆盖长，籽粒排列直。无四川农业科学院植保所抗病性鉴定资料。德江、习水试点有轻微倒伏、倒折现象发生。

表 2-1　2016 年贵州省玉米区试 G 组产量汇总表

| 试点 | 百三1号※ | | | | 金玉505※ | | | | W318 | | | | 禾睦玉601 | | | |
---	亩产(千克)	比CK(±%)	比组平均(±%)	位次	亩产(千克)	比CK(±%)	比组平均(±%)	位次	亩产(千克)	比CK(±%)	比组平均(±%)	位次	亩产(千克)	比CK(±%)	比组平均(±%)	位次
贵阳	726.7	-1.13	-2.13	7	799.7	8.8	7.7	1	699.8	-4.78	-5.74	10	760.2	3.43	2.39	4
铜仁	685.2	14.26	18.04	1	549.7	-8.34	-5.31	8	480.8	-19.83	-17.18	11	566.9	-5.47	-2.35	7
平塘	699.7	65.56	36.15	1	445.4	5.39	-13.33	8	507.4	20.07	-1.26	5	547.8	29.63	6.6	3
镇远	492.1	8.62	-2.43	7	468.5	3.43	-7.09	9	576.7	27.31	14.36	1	554.3	22.36	9.91	3
德江	763.2	8.47	10.48	1	698.6	-0.72	1.12	6	632.6	-10.09	-8.42	10	668.9	-4.93	-3.17	8
黔西南	924.3	14.64	5.15	4	956.7	18.65	8.84	2	830.8	3.04	-5.49	8	969.1	20.19	10.25	1
习水	585.4	0.67	-1.89	7	641	10.22	7.42	3	548.7	-5.64	-8.04	9	676.5	16.34	13.38	5
安顺	875.8	12.06	3.44	4	888.9	13.75	4.99	1	837.8	7.21	-1.05	7	875.2	11.99	3.37	1
遵义	690.4	17.32	6.86	4	700.6	19.05	8.43	2	638.7	8.54	-1.14	6	763.6	29.75	18.18	1
平均值	715.9	13.60	7.37	1	683.2	8.42	2.48	4	639.3	1.44	-4.12	9	709.2	12.53	6.37	2

注：标"※"号的为续试组合，以黔单16(CK)为对照。

表 2-2　2016 年贵州省玉米区试 G 组产量汇总表

| 试点 | F529 | | | | GY902 | | | | 迪卡1202 | | | | 安2601 | | | |
---	亩产(千克)	比CK(±%)	比组平均(±%)	位次	亩产(千克)	比CK(±%)	比组平均(±%)	位次	亩产(千克)	比CK(±%)	比组平均(±%)	位次	亩产(千克)	比CK(±%)	比组平均(±%)	位次
贵阳	795	8.17	7.08	3	694.3	-5.54	-6.49	11	708.7	-3.57	-4.55	8	703.9	-4.23	-5.2	9
铜仁	516.1	-13.93	-11.09	9	594.5	-0.87	2.41	6	491.5	-18.04	-15.33	10	602.6	0.49	3.81	4
平塘	689.1	63.06	34.09	2	538.7	27.48	4.83	4	407.6	-3.55	-20.68	10	405.8	-3.98	-21.04	11
镇远	434.3	-4.13	-13.88	11	478.2	5.56	-5.18	8	516.1	13.94	2.35	4	500.4	10.46	-0.77	6
德江	727.4	3.39	5.3	3	718.6	2.13	4.02	4	675.6	-3.98	-2.2	7	633.9	-9.9	-8.23	9
黔西南	813	0.83	-7.51	9	806	-0.04	-8.31	10	896.2	11.14	1.95	5	925.2	14.75	5.26	3
习水	548.2	-5.73	-8.13	10	623.2	7.17	4.44	4	658.4	13.22	10.33	2	484.7	-16.65	-18.78	11
安顺	810.4	3.7	-4.29	10	812.4	3.96	-4.05	9	881.7	12.82	4.13	3	881.9	12.85	4.16	2
遵义	615.6	4.6	-4.72	8	666.1	13.19	3.1	5	626	6.36	-3.12	7	549.1	-6.69	-15.01	11
平均值	661.0	4.89	-0.86	5	659.1	4.59	-1.14	6	651.3	3.35	-2.31	8	631.9	0.28	-5.22	10

表 2-3 2016 年贵州省玉米区试 G 组产量汇总表

试点	JQY1236				新科玉 1241				黔单 16（CK）	
	亩产（千克）	比 CK（±%）	比组平均（±%）	位次	亩产（千克）	比 CK（±%）	比组平均（±%）	位次	亩产（千克）	位次
贵阳	798	8.57	7.48	2	746	1.49	0.47	5	735	6
铜仁	659.3	9.94	13.57	2	639.1	6.57	10.1	3	599.7	5
平塘	498.2	17.88	-3.06	6	490.8	16.13	-4.5	7	422.6	9
镇远	572.8	26.45	13.58	2	500.6	10.5	-0.74	5	453	10
德江	761.3	8.21	10.21	2	615	-12.59	-10.97	11	703.6	5
黔西南	863	7.03	-1.82	7	878.7	8.99	-0.03	6	806.3	10
习水	595.6	2.42	-0.19	6	620.8	6.75	4.03	5	581.5	8
安顺	813.9	4.15	-3.87	8	853.7	9.24	0.83	6	781.5	11
遵义	694.1	17.95	7.43	3	574.8	-2.32	-11.03	10	588.5	9
平均值	695.1	10.31	4.26	3	657.7	4.37	-1.35	7	630.2	11

表3-1 2016年贵州省玉米区试G组主要性状汇总表

品种	试点	海拔(米)	播种期(日/月)	出苗期(日/月)	成熟期(日/月)	生育期(天)	比对照(±天)	株高(厘米)	穗位高(厘米)	穗长(厘米)	穗行数(行)	秃尖(厘米)	单穗粒重(克)	百粒重(克)	轴色	粒型	粒色
百三1号※	贵阳	1050	18/4	2/5	23/8	113	-3	274	118	17.9	14-16	1.1	232	42.6	白	硬	黄
	铜仁	272	1/4	12/4	9/8	119	+3	305	115	20.8	18	1.2	208	36.4	白	马	黄
	平塘	720	12/4	12/4	30/7	109	-8	334	152	22	14	0	287.8	41.6	白	半马	黄
	镇远	560	3/5	11/5	4/9	116	+2	302	135	17.4	14	1.8	154.3	34	白	半马	黄
	德江	830	27/4	10/5	30/8	113	0	311	142	19.7	14	1	2.69	44.4	白	半马	黄
	黔西南	1230	27/4	3/5	25/8	115	-4	301	120	22.3	14.4	1.1	292.4	42	白	硬	黄
	习水	855	25/3	29/3	2/8	127	-1	325	128	17.6	14	0.6	182.5	33	白	半马	黄
	安顺	1400	21/4	5/5	3/9	122	-7	300	121	19.5	15.6	0.6	235.6	40.2	白	半马	黄
	遵义	900	29/4	14/5	8/9	117	-3	320	143	17.8	14	2.7	196.3	37.4	白	硬	黄
	平均值	869				117		308	130	19.4	14.8	1.1	199.1	39.1	白	半马	黄
金玉505※	贵阳	1050	18/4	2/5	22/8	112	-4	249	112	18.6	18	2.2	257	39.3	红	硬	黄
	铜仁	272	1/4	12/4	7/8	117	+1	284	113	15.6	16	1.8	169	35.6	红	马	黄
	平塘	720	12/4	12/4	3/8	113	-4	304	128	18	18	0.2	222	37.4	红	马	黄
	镇远	560	3/5	11/5	5/9	117	+3	296	127	18	17	1.7	213.5	36	红	半马	黄
	德江	830	27/4	10/5	31/8	114	+1	310	139	19.8	17.4	1.5	2.7	37.4	白	硬	黄
	黔西南	1230	27/4	4/5	24/8	113	-6	285	110	20.8	17.8	0.7	293	39	红	硬	黄
	习水	855	25/3	30/3	5/8	129	+1	303	117	18.4	18	0.4	198.1	33	白	半马	黄
	安顺	1400	21/4	6/5	9/9	127	-2	292	128	19.8	17.2	1	266.1	42.4	红	硬	黄
	遵义	900	29/4	14/5	8/9	117	-3	292	121	17.2	16.4	1.9	200.9	39.1	红	硬	黄
	平均值	869				118		291	122	18.5	17.3	1.3	202.5	37.7	红	硬	黄

注:注:标"※"号的为续试组合。

表 3-2　2016 年贵州省玉米区试 G 组主要性状汇总表

品种	试点	海拔(米)	播种期(日/月)	出苗期(日/月)	成熟期(日/月)	生育期(天)	比对照(±天)	株高(厘米)	穗位高(厘米)	穗长(厘米)	穗行数(行)	秃尖(厘米)	单穗粒重(克)	百粒重(克)	轴色	粒型	粒色
W318	贵阳	1050	18/4	2/5	26/8	116	0	254	110	17.9	16	1.9	228	35.8	白	硬	黄
	铜仁	272	1/4	14/4	8/8	116	0	321	120	18.7	14	1	144	29.8	白	半马	黄
	平塘	720		12/4	5/8	115	−2	329	140	20	14	0.1	252	31.2	白	半马	黄
	镇远	560	3/5	11/5	6/9	118	+4	317	122	17.5	17	1.7	175.7	29	白	半马	黄
	德江	830	27/4	10/5	1/9	115	+2	327	140	21.9	16.8	0.5	2.85	50	红	半马	黄
	黔西南	1230	27/4	4/5	24/8	113	−6	286	103	20.8	18	0.5	248.6	35	白	硬	黄
	习水	855	25/3	29/3	2/8	127	−1	312	134	17.4	16	0.1	170.3	29	白	硬	黄
	安顺	1400	21/4	4/5	9/9	129	0	307	131	19.7	17.2	1.2	237.7	34.4	红	硬	黄
	遵义	900	29/4	14/5	8/9	117	−3	303	144	18.2	16.5	2	191.3	30.9	白	硬	黄
	平均值	869				118	−1	306	127	19.1	16.2	1.0	183.4	33.9	白	硬	黄
禾睦玉601	贵阳	1050	18/4	2/5	23/8	113	−3	243	117	19.5	14	1.6	249	41.1	白	马	黄
	铜仁	272	1/4	15/4	7/8	114	−2	289	115	16.6	16	1.4	168	35.4	白	马	黄
	平塘	720	12/4	12/4	31/7	110	−7	300	121	21	14	0.2	264	38.6	白	马	黄
	镇远	560	3/5	11/5	4/9	116	+2	291	126	18.1	15	2.5	159.3	36	白	马	黄
	德江	830	27/4	11/5	1/9	114	+1	302	128	19.5	14.6	0	2.6	46.6	白	硬	黄
	黔西南	1230	27/4	3/5	24/8	114	−5	275	112	22.8	15	0.2	304.2	41	白	半马	黄
	习水	855	25/3	30/3	3/8	127	−1	307	119	18.4	14	0.2	182	36	白	半马	黄
	安顺	1400	21/4	4/5	7/9	127	−2	279	112	19.8	14.6	1	235.6	40	白	马	黄
	遵义	900	29/4	14/5	8/9	117	−3	299	131	19.7	13.9	0.7	233.7	39.7	白	半马	黄
	平均值	869				117	−2	287	120	19.5	14.6	0.9	199.8	39.4	白	半马	黄

表 3-3　2016 年贵州省玉米区试 G 组主要性状汇总表

品种	试点	海拔(米)	播种期(日/月)	出苗期(日/月)	成熟期(日/月)	生育期(天)	比对照(±天)	株高(厘米)	穗位高(厘米)	穗长(厘米)	穗行数(行)	秃尖(厘米)	单穗粒重(克)	百粒重(克)	轴色	粒型	粒色
F529	贵阳	1050	18/4	2/5	24/8	114	-2	229	99	22	16	3	244	37.1	白	硬	黄
	铜仁	272	1/4	15/4	11/8	118	2	268	97	19.4	14	1.6	157	37	白	硬	黄
	平塘	720		12/4	30/7	109	-8	270	130	23	16	0.3	275	36.8	白	半马	黄
	镇远	560	3/5	11/5	2/9	114	0	273	105	19.3	16	4.9	114.6	31	白	硬	黄
	德江	830	27/4	11/5	30/8	112	-1	286	108	21.2	17.2	0.5	2.92	37.5	白	半马	黄
	黔西南	1230	27/4	3/5	20/8	110	-9	259	83	22.6	17	0.8	250.9	36	白	硬	黄
	习水	855	25/3	29/3	30/7	124	-4	264	104	20.8	17	1.2	206.9	31	白	硬	黄
	安顺	1400	21/4	4/5	2/9	122	-7	266	106	21.7	17.8	1	230.9	34.3	白	硬	黄
	遵义	900	29/4	14/5	11/9	120	0	272	106	17.8	15.6	1.5	179.2	34.8	白	硬	黄
	平均值	869				116	-3	265	104	20.9	16.3	1.6	184.6	35.1	白	硬	黄
黔单 16(CK)	贵阳	1050	18/4	2/5	26/8	116		248	109	18	16	0.5	215	35.3	红	马	黄
	铜仁	272	1/4	14/4	8/8	116		289	106	17.8	16	0.8	182	32.9	红	马	黄
	平塘	720		12/4	7/8	117		305	136	20.4	18	0.1	240	32.4	红	马	黄
	镇远	560	3/5	11/5	3/9	114	0	296	124	17.2	16	1.2	151.6	30	红	马	黄
	德江	830	27/4	10/5	30/8	113		306	133	18.5	16.4	0.2	2.41	48.2	红	半马	黄
	黔西南	1230	27/4	3/5	29/8	119		285	108	20.9	16.8	0.3	256.1	38	红	半马	黄
	习水	855	25/3	28/3	2/8	128		311	125	17.6	16	0.4	172.7	28	红	半马	黄
	安顺	1400	21/4	3/5	8/9	129		290	122	19.3	16	0.2	219.5	34.1	红	半马	黄
	遵义	900	29/4	14/5	11/9	120		308	135	17.7	16.3	1.5	170	33.2	红	马	黄
	平均值	869				119		293	122	18.6	16.4	0.6	178.8	34.7	红	马	黄

表 3-4　2016 年贵州省玉米区试 G 组主要性状汇总表

品种	试点	海拔(米)	播种期(日/月)	出苗期(日/月)	成熟期(日/月)	生育期(天)	比对照(±天)	株高(厘米)	穗位高(厘米)	穗长(厘米)	穗行数(行)	秃尖(厘米)	单穗粒重(克)	百粒重(克)	轴色	粒型	粒色
GY902	贵阳	1050	18/4	2/5	27/8	117	+1	257	106	19.4	16	2.6	219	38	红	硬	黄
	铜仁	272	1/4	14/4	9/8	117	+1	297	120	18.6	16	1.1	179	34.6	红	半马	黄
	平塘	720		12/4	3/8	113	-4	328	143	20	16	0.12	246	34.4	红	半马	黄
	镇远	560	3/5	11/5	3/9	115	+1	281	113	17.2	20	1.9	153.6	26	红	硬	黄
	德江	830	27/4	11/5	1/9	114	+1	323	141	19.2	20.6	0	2.7	46.7	白	半马	黄
	黔西南	1230	27/4	3/5	31/8	121	+2	280	104	21.5	19.6	0.9	246.3	40	红	硬	黄
	习水	855	25/3	28/3	4/8	130	+2	284	108	20.5	19	0.7	202.2	32	红	硬	黄
	安顺	1400	21/4	3/5	9/9	130	+1	297	125	20.2	20.2	1.9	235.7	35.3	红	硬	黄
	遵义	900	29/4	14/5	8/9	117	-3	310	124	17.9	20	1.8	198.7	34.6	红	硬	黄
	平均值	869				119	0	295	120	19.4	18.6	1.2	187.0	35.7	红	硬	黄
迪卡1202	贵阳	1050	18/4	2/5	28/8	118	+2	268	134	18.2	16	2	227	40.3	红	硬	黄
	铜仁	272	1/4	13/4	6/8	115	-1	304	124	16.4	15	2.3	149	36	红	半马	黄
	平塘	720		12/4	8/8	118	+1	299	150	19.6	18	0.28	213	42.2	红	马	黄
	镇远	560	3/5	11/5	3/9	115	+1	297	128	13.4	14	1.9	114.3	33	白	马	黄
	德江	830	27/4	11/5	31/8	113	0	309	127	19.8	15.6	2	2.61	45.2	红	半马	黄
	黔西南	1230	27/4	3/5	27/8	117	-2	292	92	20	15.4	1.8	274.9	42	红	硬	黄
	习水	855	25/3	29/3	4/8	129	+1	301	109	18.9	15	1.5	183.9	34	红	半马	黄
	安顺	1400	21/4	3/5	3/9	124	-5	308	142	18.5	15.2	2.5	207.6	39.9	红	半马	黄
	遵义	900	29/4	14/5	11/9	120	0	322	143	17.6	16.2	2.4	200.4	36.1	红	硬	黄
	平均值	869				119	0	300	128	18.0	15.6	1.9	174.7	38.7	红	半马	黄

表3-5 2016年贵州省玉米区试G组主要性状汇总表

品种	试点	海拔(米)	播种期(日/月)	出苗期(日/月)	成熟期(日/月)	生育期(天)	比对照(±天)	株高(厘米)	穗位高(厘米)	穗长(厘米)	穗行数(行)	秃尖(厘米)	单穗粒重(克)	百粒重(克)	轴色	粒型	粒色
安2601	贵阳	1050	18/4	2/5	23/8	113	-3	271	112	19.1	14	2.1	208	41.3	白	硬	黄
	铜仁	272	1/4	13/4	7/8	116	0	296	128	16.6	16	1.2	181	34.7	白	半马	黄
	平塘	720	27/4	12/4	8/8	118	+1	313	131	18	16	0.2	188	37.2	白	硬	黄
	镇远	560	3/5	11/5	7/9	119	+5	298	118	15.4	12	2	132.3	36	白	硬	黄
	德江	830	27/4	10/5	1/9	115	+2	320	120	19.3	13.6	1.5	2.23	44.3	红	半马	黄
	黔西南	1230	27/4	4/5	29/8	118	-1	304	125	20.9	14.2	0.4	259.9	41	白	硬	黄
	习水	855	25/3	29/3	6/8	131	+3	307	107	18.8	14	1.2	168.4	33	白	硬	黄
	安顺	1400	21/4	3/5	8/9	129	0	298	126	21	13.6	0.7	245.1	42.1	白	半马	黄
	遵义	900	29/4	14/5	8/9	117	-3	319	140	19	13.1	2.7	162.3	36.7	白	硬	黄
	平均值	869				120	+1	303	123	18.7	14.1	1.3	171.9	38.5	白	硬	黄
JQY1236	贵阳	1050	18/4	2/5	26/8	116	0	228	108	17	16	1.3	238	38.4	白	硬	黄
	铜仁	272	1/4	14/4	6/8	114	-2	274	98	18.7	17	0.7	197	35.7	白	马	黄
	平塘	720	27/4	12/4	6/8	116	-1	256	119	16	20	0.2	219	38	白	马	黄
	镇远	560	3/5	11/5	2/9	114	0	256	113	15.1	18	2.2	160.1	33	白	半马	黄
	德江	830	27/4	10/5	30/8	113	0	263	133	18.4	18.6	1	2.37	43.1	红	硬	黄
	黔西南	1230	27/4	10/5	24/8	114	-5	256	103	19.2	18.4	0.3	266.2	39	白	硬	黄
	习水	855	25/3	29/3	4/8	129	+1	244	103	17.6	18	1	186.1	33	白	半马	黄
	安顺	1400	21/4	3/5	7/9	128	-1	256	115	18.9	18.6	0.4	231.3	38.4	白	马	黄
	遵义	900	29/4	14/5	8/9	117	-3	256	112	17.1	18.8	2.2	200.6	37	白	半马	黄
	平均值	869				118	-1	254	112	17.6	18.2	1.0	189.0	37.3	白	半马	黄

表 3-6 2016 年贵州省玉米区试 G 组主要性状汇总表

品种	试点	海拔(米)	播种期(日/月)	出苗期(日/月)	成熟期(日/月)	生育期(天)	比对照(±天)	株高(厘米)	穗位高(厘米)	穗长(厘米)	穗行数(行)	秃尖(厘米)	单穗粒重(克)	百粒重(克)	轴色	粒型	粒色
新科玉1241	贵阳	1050	18/4	2/5	21/8	111	-5	291	125	20	18-20	3.5	243	36.5	红	硬	黄
	铜仁	272	1/4	14/4	8/8	116	0	305	121	21	16	0.8	194	35	红	马	黄
	平塘	720		12/4	7/8	117	0	351	170	20	20	0.3	251	34.4	红	马	黄
	镇远	560	3/5	11/5	5/9	117	+3	303	124	14.4	15	3	92.4	31	红	半马	黄
	德江	830	27/4	10/5	31/8	114	+1	326	144	20.8	18.6	2.5	2.48	40.5	白	半马	黄
	黔西南	1230	27/4	3/5	24/8	114	-5	302	106	21.4	18.4	1.1	262.6	39	红	硬	黄
	习水	855	25/3	28/3	3/8	129	+1	318	114	20.4	18	2	209.1	34	红	半马	黄
	安顺	1400	21/4	3/5	8/9	129	0	313	128	19	18	2.7	203.8	35.2	红	半马	黄
	遵义	900	29/4	14/5	8/9	117	-3	326	154	18.7	17.6	2.4	169.8	32.7	红	硬	黄
	平均值	869				118	-1	315	132	19.5	17.7	2.0	180.9	35.4	红	半马	黄

表 4-1 2016 年贵州省玉米区试 G 组抗逆性汇总表

百三1号※

试点	大斑(级)	小斑(级)	丝黑穗(级)	青枯(级)	纹枯(级)	锈病(级)	倒伏率(%)	倒折率(%)
贵阳	5	3	1	1	3	5	0	0
铜仁	1	1	1	0	1	1	0	0
平塘	0	0	0	0	0	1	0	0
镇远	1	1	1	0	1	1	0	0
德江	1	3	0	0	3	1	1.5	0
黔西南	3	3	1	0	3	3	5	0
习水	0	1	0	0	1	0	5	6
安顺	3	3	0	0	2	3	0	0
遵义	1	1	1	1	1	1	0	0

金玉505※

试点	大斑(级)	小斑(级)	丝黑穗(级)	青枯(级)	纹枯(级)	锈病(级)	倒伏率(%)	倒折率(%)
贵阳	3	5	1	1	5	5	0	0
铜仁	3	1	1	0	1	1	0	0
平塘	0	0	0	0	0	3	0	0
镇远	1	1	1	1	1	1	0	0
德江	3	3	0	0	3	5	1	1
黔西南	3	3	1	0	3	3	4	0
习水	1	1	0	0	0	0	3	10
安顺	3	3	0	1	2	3	0	0
遵义	1	1	1	1	1	1	0	0

注:标"※"号的为续试组合。

表 4-2　2016 年贵州省玉米区试 G 组抗逆性汇总表

试点	W318								禾睦玉 601							
	大斑（级）	小斑（级）	丝黑穗（级）	青枯（级）	纹枯（级）	锈病（级）	倒伏率（%）	倒折率（%）	大斑（级）	小斑（级）	丝黑穗（级）	青枯（级）	纹枯（级）	锈病（级）	倒伏率（%）	倒折率（%）
贵阳	5	5	1	1	3	5	0	0	5	5	1	1	5	3	0	0
铜仁	1	1	1	0	1	1	0	0	1	1	1	0	1	1	0	0
平塘	1	3	0	0	3	1	0	0	0	1	0	0	3	1	0	0
镇远	1	1	1	1	1	1	0	0	1	1	1	1	1	1	0	0
德江	1	1	0	0	1	3	2	1	3	3	0	0	3	3	0.6	0.3
黔西南	3	3	1	0	3	3	4	0	3	3	1	0	3	1	0	0
习水	0	1	0	0	1	0	6	7	1	0	0	0	0	0	5	4
安顺	3	3	0	1	3	3	0	0	3	1	0	0	3	1	0	0
遵义	1	3	1	1	1	1	1.7	0	1	1	1	1	1	1	0	2.8

表 4-3　2016 年贵州省玉米区试 G 组抗逆性汇总表

试点	F529								黔单 16（CK）							
	大斑（级）	小斑（级）	丝黑穗（级）	青枯（级）	纹枯（级）	锈病（级）	倒伏率（%）	倒折率（%）	大斑（级）	小斑（级）	丝黑穗（级）	青枯（级）	纹枯（级）	锈病（级）	倒伏率（%）	倒折率（%）
贵阳	5	5	1	1	3	3	0	0	5	5	1	1	5	3	0	0
铜仁	1	1	1	0	1	1	0	0	1	1	1	0	1	1	0	0
平塘	0	1	0	3	7	1	2	1	0	0	0	0	5	1	0	0
镇远	1	1	1	1	1	1	0	0	1	1	1	1	1	1	0	0
德江	1	3	0	0	1	1	0	0	5	3	0	0	3	3	1	1
黔西南	3	3	1	0	3	1	3	0	3	3	1	0	3	3	0	0
习水	3	0	0	0	0	0	4	3	3	0	0	0	0	0	6	10
安顺	5	5	0	3	3	3	0	0	5	3	0	3	3	3	0	0
遵义	1	1	1	1	1	1	10	25	1	1	1	1	1	1	0	0

表 4-4　2016 年贵州省玉米区试 G 组抗逆性汇总表

试点	GY902 大斑(级)	小斑(级)	丝黑穗(级)	青枯(级)	纹枯(级)	锈病(级)	倒伏率(%)	倒折率(%)	迪卡1202 大斑(级)	小斑(级)	丝黑穗(级)	青枯(级)	纹枯(级)	锈病(级)	倒伏率(%)	倒折率(%)
贵阳	3	5	1	1	5	3	0	0	3	3	1	1	3	3	0	0
铜仁	1	1	1	0	1	1	0	0	3	1	1	0	1	1	0	0
平塘	0	1	0	0	3	1	0	0	0	1	0	0	3	1	0	0
镇远	1	1	1	1	1	1	0	0	1	1	1	1	1	1	0	0
德江	3	3	0	0	3	3	1	1	1	1	0	0	3	3	0	0
黔西南	3	3	1	0	3	5	0	0	3	3	1	0	3	1	0	0
习水	1	0	0	0	0	0	3	8	3	0	0	0	0	0	4	7
安顺	3	3	0	0	3	3	0	0	5	3	0	0	3	3	0	0
遵义	1	1	1	1	1	1	0	0	3	1	1	1	1	1	0	0

表 4-5　2016 年贵州省玉米区试 G 组抗逆性汇总表

试点	安2601 大斑(级)	小斑(级)	丝黑穗(级)	青枯(级)	纹枯(级)	锈病(级)	倒伏率(%)	倒折率(%)	JQY1236 大斑(级)	小斑(级)	丝黑穗(级)	青枯(级)	纹枯(级)	锈病(级)	倒伏率(%)	倒折率(%)
贵阳	3	5	1	1	3	1	0	0	3	3	1	1	3	5	0	0
铜仁	1	1	1	0	1	1	0	0	1	1	1	0	1	1	0	0
平塘	1	1	0	0	1	1	0	0	0	1	0	0	1	5	1	0
镇远	1	1	1	1	1	1	0	0	1	1	1	0	1	1	0	0
德江	1	3	0	0	3	3	0	0	1	3	0	0	3	1	0	0
黔西南	3	3	1	0	3	3	0	0	3	3	1	0	5	3	0	0
习水	0	1	0	0	2	0	12	4	0	1	0	1	0	0	2	5
安顺	3	1	0	0	2	1	0	0	5	3	0	0	3	3	0	0
遵义	1	1	1	1	1	1	16.3	21.9	1	1	1	1	3	1	0	0

表 4-6 2016 年贵州省玉米区试 G 组抗逆性汇总表

新科玉 1241

试点	大斑 (级)	小斑 (级)	丝黑穗 (级)	青枯 (级)	纹枯 (级)	锈病 (级)	倒伏率 (%)	倒折率 (%)
贵阳	3	3	1	1	3	1	0	0
铜仁	1	1	1	0	1	1	0	0
平塘	0	1	0	0	1	1	0	0
镇远	1	1	1	1	1	1	0	0
德江	1	3	0	0	3	1	1.5	0
黔西南	3	3	1	0	3	1	0	0
习水	0	1	0	0	0	0	5	1
安顺	3	3	0	1	3	3	0	0
遵义	1	1	1	1	1	1	0	0

2016 年贵州省玉米新品种区域试验 H 组综合总结

本试验于 2016 年 3 月 30 日根据贵州省种子总站安排实施,目的是鉴定新育成组合在本省不同生态地区的丰产性、适应性及抗逆性,为品种审定提供科学依据。

一、试验概况

(一) 参试组合及供种单位(表 1)

表 1　参试品种及供种单位

组合名称	供种单位	组合名称	供种单位
WX1404	黔西南兴农种业有限公司	YH876	贵州友禾种业有限公司
金玉 988		黔 182	
SF1502	毕节市七星关区山丰玉米科学研究所	丰玉 29	贵州日月丰农业科技有限公司
GD9823		铜玉 55	铜仁市农科所
惠农 16	毕节市七星关区惠农玉米育种科学研究所	黔单 16(CK)	贵州省旱粮研究所
煌单 1970	贵州省遵义市辉煌种业有限公司		

注:标"※"号的为续试组合。

(二) 试点田间设计

全省设 10 个试点:习水县种子管理站、铜仁市农科所、德江县种子管理站、毕节市农科所、黔西南州种子站、贵阳市农业试验中心、遵义市种子站、安顺市农科所、黄平县种子管理站和独山县种子站。试点分布在海拔高度 272~1615 米,平均海拔 1002 米。各试点均按贵州省种子总站的统一方案实施,小区采用随机区组排列,三次重复。五行区,小区面积 20 平方米(5 米×4 米)。种植密度为 3300 株/亩,每小区 100 株,每行 20 株。试验区四周设有面积不等的保护区,收获时以小区中间三行为准测产。

(三) 试验完成情况

根据有关专家对大部分试点田间考察、测产的结果及对各试点上报材料的审阅,德江试点土壤肥力差异较大,试验结果不纳入汇总,只作试验参考;遵义试点由于土壤肥力高,后期雨水较多,受大风影响,多数参试组合倒伏情况严重,试验报废,独山试点由于前期缺苗严重,试验报废;其他 7 个试点田间管理及时到位,各项调查记载较全面,基本能按照试验方案要求完成试验任务,参试组合除惠农 16 在贵阳试点因缺苗严重无试验数据,煌单 1970 在黔西南试点因缺苗严重无试验数据,其他参试组合试验数据齐全,全部纳入汇总。

二、气候条件对玉米生长发育的影响

习水:今年总的来说晴天少,中期雨水较多。

铜仁:4~5 月持续降雨,温度较低,光照不足,墒情重,玉米不能正常生长。

毕节:试验期间无主要自然灾害。

黔西南:今年我州玉米试验地 6 月 19 日受暴雨天气影响,20 日被水淹 2 小时,后采取排水处理,未对试验造成影响。但玉米生长期雨水时多时少,故杂草生长过快。

贵阳:播种后,前期雨水偏多,后期正常,对参试品种的产量无影响。

安顺:播种时土壤墒情好,出苗整齐一致。后期气候条件较有利于玉米生长,对试验产量无影响。

黄平:①由于 3 月 20 日至 6 月 29 日以来我县出现连续降雨天气,截至 3 月 22 日 8 时,累积降雨量大于 50 毫米;4 月降雨日数 21 天,1961 年以来同期最多值第二位。播种期推迟,生育期缩短。由于 4 月降雨日数偏多,光照不足,玉米苗化苗严重。5 月全县共出现 4 站暴雨天气过程,6 月全县共出现 4 站暴雨天气过程。②6 月 29 日至 8 月 2 日我县出现连续高温干旱天气,有 34 天未下一滴雨,玉米正是灌浆期,严重影响籽粒充实,出现高温逼熟现象,有的小区玉米籽粒未充实就干掉苞了。③8 月 2 日、7 日及 8 月 14 日三场大暴雨及龙卷风,一些小区玉米被吹倒伏,严重出现倒折现象。

三、试验结果

试验产量、农艺性状等数据均采用平均数法进行统计。

(一)产量

参试组合平均亩产 652.1~769.5 千克,参试组合产量以组平均(722.5 千克/亩)为对照。该组参试组合产量比对照增产 5% 以上,增产点占试点总数 70% 以上的有 SF1502、YH876 两个组合(详见表 2)。

(二)生育期

参试组合生育期 119~122 天,黔单 16 为 121 天,WX1404、黔 182 两个参试组合生育期与对照相当,其余参试组合生育期比黔单 16 长或短 1~2 天(详见表 3)。

(三)主要产量性状(详见表 3)

穗行数:参试组合穗行数平均 15.5~18.3 行,黔单 16 为 16.3 行。

百粒重:参试组合平均 34.5~39.1 克,黔单 16 为 34.4 克。

单穗粒重:参试组合平均 210.2~238.2 克,黔单 16 为 199.5 克。

(四)抗逆性

(1)抗倒性(详见表 4)

少数参试组合在个别试点有轻微倒伏现象发生。

(2)抗病性(详见表 4)

贵阳的大、小斑病、锈病,道真的丝黑穗病,贞丰的纹枯病,少数组合有感病记载,其余试点病害较轻。

四、组合综述(抗病性根据四川农业科学院植保所鉴定)

(1)WX1404

平均亩产 695.7 千克,比组平均减产 3.71%,产量居第九位;7 个试点 2 增 5 减,增产点占总试点数的 28.6%。生育期 121 天,与黔单 16 相当。株高 286 厘米,穗位高 129 厘米,穗长 20.4 厘米,穗行数 16.1 行,秃尖 1.4 厘米;单穗粒重 210.2 克,百粒重 36.7 克,轴白色,半马齿粒,籽粒黄色。上位穗上叶强度下披,花药浅紫色,花丝紫红色,果穗苞叶覆盖短,籽粒排列直。无四川农业科学院植保所抗病性鉴定资料。黄平、习水试点有倒折现象发生。

(2)金玉 988

平均亩产 652.1 千克,比组平均减产 9.74%,产量居第十一位;7 个试点 2 增 5 减,增产点占总试点数的 28.6%。生育期 120 天,比黔单 16 短 1 天。株高 275 厘米,穗位高 117 厘米,穗长 19.1 厘米,穗行数 17.8 行,秃尖 1.5 厘米;单穗粒重 211.3 克,百粒重 35.7 克,轴白色,硬粒,籽粒黄色。上位穗上叶中度下披,花药黄色,花丝白色,果穗苞叶覆盖程度中等,籽粒排列直。无四川农业科学院植保所抗病性鉴定资料。黄平、习水试点有倒伏、倒折现象发生。

(3)SF1502

平均亩产 769.5 千克,比组平均增产 6.51%,产量居第一位;7 个试点 6 增 1 减,增产点占总试点数的 85.7%。生育期 122 天,比黔单 16 长 1 天。株高 307 厘米,穗位高 136

厘米,穗长 21.3 厘米,穗行数 17.7 行,秃尖 1 厘米;单穗粒重 234.2 克,百粒重 36.8 克,轴白色,马齿粒,籽粒黄色。上位穗上叶中度下披,花药黄色,花丝白色,果穗苞叶覆盖长,籽粒排列直。无四川农业科学院植保所抗病性鉴定资料。黄平、习水试点有倒伏、倒折现象发生。

(4)GD9823

平均亩产 719.4 千克,比组平均减产 0.42%,产量居第六位;7 个试点 2 增 5 减,增产点占总试点数的 28.6%。生育期 119 天,比黔单 16 短两天。株高 286 厘米,穗位高 104 厘米,穗长 19.7 厘米,穗行数 15.6 行,秃尖 1.3 厘米;单穗粒重 216 克,百粒重 36.4 克,轴白色,硬粒,籽粒黄色。上位穗上叶轻度下披,花药紫黄色,花丝浅紫色,果穗苞叶覆盖长,籽粒排列直。无四川农业科学院植保所抗病性鉴定资料。黄平、习水试点有倒伏、倒折现象发生。

(5)惠农 16

平均亩产 718.6 千克,比组平均减产 0.53%,产量居第七位;6 个试点 2 增 4 减,增产点占总试点数的 33.3%。生育期 119 天,比黔单 16 短两天。株高 315 厘米,穗位高 127 厘米,穗长 20.7 厘米,穗行数 15.5 行,秃尖 0.9 厘米;单穗粒重 214.7 克,百粒重 39.3 克,轴红色,马齿粒,籽粒黄色。上位穗上叶中度下披,花药紫色,花丝浅紫色,果穗苞叶覆盖短,籽粒排列直。无四川农业科学院植保所抗病性鉴定资料。黄平试点有倒伏、倒折现象发生。

(6)煌单 1970

平均亩产 748.2 千克,比组平均增产 3.82%,产量居第三位;6 个试点全部增产,增产点占总试点数的 100%。生育期 122 天,比黔单 16 长 1 天。株高 280 厘米,穗位高 109 厘米,穗长 20.3 厘米,穗行数 17.4 行,秃尖 1.1 厘米;单穗粒重 218.7 克,百粒重 36.3 克,轴白色,半马齿粒,籽粒黄色。上位穗上叶中度下披,花药黄色,花丝浅紫色,果穗苞叶覆盖长,籽粒排列直。无四川农业科学院植保所抗病性鉴定资料。黄平、习水试点有轻微倒伏、倒折现象发生。

(7)YH876

平均亩产 769.1 千克,比组平均增产 6.46%,产量居第二位;7 个试点 6 增 1 减,增产点占总试点数的 85.7%。生育期 120 天,比黔单 16 短 1 天。株高 290 厘米,穗位高 124 厘米,穗长 20.6 厘米,穗行数 16.9 行,秃尖 1.5 厘米;单穗粒重 238.2 克,百粒重 39.1

克,轴白色,半马齿粒,籽粒黄色。上位穗上叶中度下披,花药紫色,花丝白色,果穗苞叶覆盖极长,籽粒排列直。无四川农业科学院植保所抗病性鉴定资料。黄平、习水试点有轻微倒伏、倒折现象发生。

(8)黔 182

平均亩产 732.5 千克,比组平均增产 1.39%,产量居第五位;7 个试点 5 增 2 减,增产点占总试点数的 71.4%。生育期 121 天,与黔单 16 相当。株高 328 厘米,穗位高 140 厘米,穗长 21.4 厘米,穗行数 16 行,秃尖 2 厘米;单穗粒重 222.5 克,百粒重 38.4 克,轴红色,马齿粒,籽粒黄色。上位穗上叶中度下披,花药紫色,花丝浅紫色,果穗苞叶覆盖程度中等,籽粒排列直。无四川农业科学院植保所抗病性鉴定资料。习水试点有轻微倒折现象发生。

(9)丰玉 29

平均亩产 740.5 千克,比组平均增产 2.49%,产量居第四位;7 个试点 5 增 2 减,增产点占总试点数的 71.4%。生育期 119 天,比黔单 16 短 2 天。株高 300 厘米,穗位高 122 厘米,穗长 20.1 厘米,穗行数 18.3 行,秃尖 1.5 厘米;单穗粒重 231 克,百粒重 34.5 克,轴红色,马齿粒,籽粒黄色。上位穗上叶轻度下披,花药黄色,花丝紫色,果穗苞叶覆盖短,籽粒排列直。无四川农业科学院植保所抗病性鉴定资料。黄平试点有轻微倒折现象发生。

(10)铜玉 55

平均亩产 714 千克,比组平均减产 1.18%,产量居第八位;7 个试点 3 增 4 减,增产点占总试点数的 42.9%。生育期 119 天,比黔单 16 短两天。株高 314 厘米,穗位高 126 厘米,穗长 20.6 厘米,穗行数 16.1 行,秃尖 1.5 厘米;单穗粒重 217.6 克,百粒重 39.1 克,轴红色,半马齿粒,籽粒黄色。上位穗上叶轻度下披,花药黄色,花丝白色,果穗苞叶覆盖程度中等,籽粒排列直。无四川农业科学院植保所抗病性鉴定资料。黄平试点有轻微倒伏现象发生。

表 2-1　2016 年贵州省玉米区试 H 组产量汇总表

试点	WX1404			金玉 988			SF1502			GD9823		
	亩产(千克)	比组平均(±%)	位次	亩产(千克)	比组平均(±%)	位次	亩产(千克)	比组平均(±%)	位次	亩产(千克)	比组平均(±%)	位次
贵阳	743.2	-1.94	6	660.6	-12.84	10	839.5	10.76	2	704.5	-7.05	9
铜仁	613	4.41	4	591	0.66	6	678.4	15.55	1	577.3	-1.68	8
毕节	610.8	-7.51	8	518.7	-21.45	11	702.3	6.34	5	733.9	11.13	4
黄平	614.5	-6.27	9	665.8	1.55	5	617.8	-5.76	8	623.4	-4.92	7
黔西南	980.4	6.87	1	875.8	-4.54	8	972.3	5.98	3	894.3	-2.52	6
习水	517.8	-17.03	10	506.3	-18.87	11	670.6	7.45	4	657.3	5.31	6
安顺	790.2	-7.55	9	746.7	-12.65	11	905.6	5.94	3	845.4	-1.1	7
平均值	695.7	-3.71	9	652.1	-9.74	11	769.5	6.51	1	719.4	-0.42	6

表 2-2　2016 年贵州省玉米区试 H 组产量汇总表

试点	惠农 16			煌单 1970			YH876			黔 182		
	亩产(千克)	比组平均(±%)	位次	亩产(千克)	比组平均(±%)	位次	亩产(千克)	比组平均(±%)	位次	亩产(千克)	比组平均(±%)	位次
贵阳				854.1	12.7	1	812.3	7.17	3	787.8	3.95	4
铜仁	474.7	-19.15	11	675.4	15.04	2	606.9	3.37	5	504.8	-14.01	9
毕节	745	12.82	1	733.7	11.11	3	743	12.51	2	676.5	2.44	6
黄平	777.8	18.64	1	686.7	4.74	4	646	-1.47	6	698	6.47	3
黔西南	878	-4.29	7				948.9	3.44	5	831.2	-9.4	10
习水	582.3	-6.71	9	683.4	9.5	1	657.8	5.4	5	681.1	9.14	2
安顺	853.9	-0.1	6	867.3	1.46	6	969.1	13.37	1	948.2	10.93	2
平均值	718.6	-0.53	7	750.1	3.82	3	769.1	6.46	2	732.5	1.39	5

表 1-3　2016 年贵州省玉米区试 H 组产量汇总表

试点	丰玉 29					铜玉 55					黔单 16（CK）	
	亩产（千克）	比 CK（±%）	比组平均（±%）	位次	亩产（千克）	比 CK（±%）	比组平均（±%）	位次	亩产（千克）	位次	亩产（千克）	位次
贵阳	745.6	-1.62	5	721.9	-4.75	7	709.3	8	757.9	
铜仁	666.1	13.46	3	485.6	-17.29	10	585.2	7	587.1	
毕节	668.6	1.23	7	589.5	-10.74	9	541.9	10	660.4	
黄平	595.8	-9.13	10	720.8	9.94	2	564.7	11	655.6	
黔西南	962.1	4.87	4	979.7	6.79	2	851.2	9	917.4	
习水	641.5	2.79	7	677.8	8.61	3	589.3	8	624.1	
安顺	903.7	5.73	4	822.4	-3.78	8	749.9	10	854.8	
平均值	740.5	2.49	4	714.0	-1.18	8	655.9	10	722.5	

表 3−1　2016 年贵州省玉米区试 H 组主要性状汇总表

品种	试点	海拔(米)	播种期(日/月)	出苗期(日/月)	成熟期(日/月)	生育期(天)	比对照(±天)	株高(厘米)	穗位高(厘米)	穗长(厘米)	穗行数(行)	秃尖(厘米)	单穗粒重(克)	百粒重(克)	轴色	粒型	粒色
WX1404	贵阳	1050	18/4	2/5	27/8	117	+2	236	121	19.6	16	2.4	235	39.3	白	马	黄
	铜仁	272	1/4	11/4	12/8	123	+5	297	124	21.1	16	0.7	189	32.2	白	半马	黄
	毕节	1615	13/4	30/4	17/9	141	+3	302	133	23.9	18.2	0	195.2	39.6	白	马	黄
	黄平	680	28/4	3/5	26/8	116	+5	303	118	21	16	2.4	170.7	33	白	硬	黄
	黔西南	1140	25/4	7/5	23/8	108	−2	260	115	20.7	15	2	286.5	48.5	白	半马	黄
	习水	855	25/3	31/3	2/8	125	−7	295	144	18.9	15	1.5	186.1	29	白	半马	黄
	安顺	1400	21/4	6/5	2/9	120	−5	310	151	17.7	16.2	1.1	209	35.3	白	马	黄
	平均值	1002				121	0	286	129	20.4	16.1	1.4	210.2	36.7	白	半马	黄
金玉988	贵阳	1050	18/4	2/5	28/8	118	+3	221	92	18.5	16	3.8	233	36.9	白	硬	黄
	铜仁	272	1/4	11/4	9/8	120	+2	292	113	21	16	1.8	180	30.8	白	硬	黄
	毕节	1615	13/4	1/5	17/9	140	+2	269	122	19.2	19.8	0	169.7	36.7	白	马	黄
	黄平	680	28/4	3/5	20/8	110	−1	294	123	18.4	18	2	188.9	35	白	硬	黄
	黔西南	1140	25/4	7/5	21/8	106	−4	270	105	20.4	18	0.9	297.5	43.1	白	硬	黄
	习水	855	25/3	29/3	5/8	128	−4	284	126	18.8	17	0.9	183.7	31	白	硬	黄
	安顺	1400	21/4	7/5	4/9	121	−4	294	140	17.3	20	1.4	226.1	36.2	白	硬	黄
	平均值	1002				120	−1	275	117	19.1	17.8	1.5	211.3	35.7	白	硬	黄

表 3-2　2016 年贵州省玉米区试 H 组主要性状汇总表

品种	试点	海拔(米)	播种期(日/月)	出苗期(日/月)	成熟期(日/月)	生育期(天)	比对照(±天)	株高(厘米)	穗位高(厘米)	穗长(厘米)	穗行数(行)	秃尖(厘米)	单穗粒重(克)	百粒重(克)	轴色	粒型	粒色
SF1502	贵阳	1050	18/4	2/5	27/8	117	+2	243	109	19.3	20	1.6	251	38.2	白	马	黄
	铜仁	272	1/4	12/4	7/8	117	-1	301	121	20.6	18	0.8	207	33.3	白	马	黄
	毕节	1615	13/4	30/4	15/9	139	+1	288	128	22.7	17.6	1.1	217.8	38.3	白	马	黄
	黄平	680	28/4	3/5	21/8	111	0	325	137	20.8	18	1.8	187.6	35	白	半马	黄
	黔西南	1140	25/4	7/5	30/8	115	5	321	154	22.9	17	0.5	303.5	42.1	白	马	黄
	习水	855	25/3	1/4	7/8	128	-4	331	147	21	16	0.3	229.3	34	白	半马	黄
	安顺	1400	21/4	7/5	8/9	125	0	343	158	21.9	17	1.1	243.4	36.7	白	马	黄
	平均值	1002				122	+1	307	136	21.3	17.7	1.0	234.2	36.8	白	马	黄
GD9823	贵阳	1050	18/4	2/5	23/8	113	-2	236	81	19	16	1.8	220	36.4	白	硬	黄
	铜仁	272	1/4	11/4	8/8	119	+1	292	90	18.2	15	2.2	178	33.8	白	半马	黄
	毕节	1615	13/4	30/4	15/9	139	+1	289	126	23.1	15.8	1.2	229.4	40.3	白	马	黄
	黄平	680	28/4	3/5	15/8	105	-6	280	90	18.6	16	1.2	187.3	34	白	硬	黄
	黔西南	1140	25/4	7/5	25/8	110	0	303	113	20.8	15	0	267.5	37.5	白	硬	黄
	习水	855	25/3	30/3	7/8	129	-3	302	114	19.3	15	1.2	200.5	34	白	硬	黄
	安顺	1400	21/4	7/5	4/9	121	-4	300	111	19.2	16.2	1.4	229.4	38.9	白	硬	黄
	平均值	1002				119	-2	286	104	19.7	15.6	1.3	216.0	36.4	白	硬	黄

表 3-3　2016 年贵州省玉米区试 H 组主要性状汇总表

品种	试点	海拔(米)	播种期(日/月)	出苗期(日/月)	成熟期(日/月)	生育期(天)	比对照(±天)	株高(厘米)	穗位高(厘米)	穗长(厘米)	穗行数(行)	秃尖(厘米)	单穗粒重(克)	百粒重(克)	轴色	粒型	粒色
惠农16	贵阳	1050						304	109	18.1	14	2.3	155	36.1	红	马	黄
	铜仁	272	1/4	13/4	7/8	116	-2	284	118	22.8	16.8	0	235.9	41.4	红	马	黄
	毕节	1615.	13/4	3/5	16/9	137	-1	326	128	23	16	1	215.4	37	红	半马	黄
	黄平	680	28/4	3/5	15/8	105	-6	330	137	22.6	14	0.3	276	45.6	红	马	黄
	黔西南	1140	25/4	7/5	23/8	108	-2	298	131	19.5	16	0	182	32	红	半马	黄
	习水	855	25/3	31/3	9/8	132	0	346	141	18.4	16	1.9	223.9	43.7	红	马	黄
	安顺	1400	21/4	8/5	1/9	117	-8	315	127	20.7	15.5	0.9	214.7	39.3	红	马	黄
	平均值	1002				119	-2										
黔单16 (CK)	贵阳	1050	18/4	2/5	25/8	115		238	114	17.5	16	1.5	219	35.4	红	马	黄
	铜仁	272	1/4	12/4	8/8	118		276	92	18.9	16	0.8	179	35.4	红	半马	黄
	毕节	1615	13/4	30/4	14/9	138		297	127	22.9	17.6	1.3	176.5	36.6	白	马	黄
	黄平	680	28/4	3/5	21/8	111	0	300	129	19.4	16	0	178.6	33	红	半马	黄
	黔西南	1140	25/4	7/5	25/8	110		316	143	21	16	0	256.5	37.5	红	半马	黄
	习水	855	25/3	31/3	9/8	132		284	126	19.2	15	0.3	184.8	31	红	马	黄
	安顺	1400	21/4	7/5	8/9	125		309	145	17.4	17.4	1.1	202	31.9	红	半马	黄
	平均值	1002				121		289	125	19.5	16.3	0.7	199.5	34.4	红	马	黄

表 3-4　2016 年贵州省玉米区试 H 组主要性状汇总表

品种	试点	海拔(米)	播种期(日/月)	出苗期(日/月)	成熟期(日/月)	生育期(天)	比对照(±天)	株高(厘米)	穗位高(厘米)	穗长(厘米)	穗行数(行)	秃尖(厘米)	单穗粒重(克)	百粒重(克)	轴色	粒型	粒色
煌单1970	贵阳	1050	18/4	2/5	23/8	113	-2	221	93	18.4	20	1	245	39.9	白	马	黄
	铜仁	272	1/4	11/4	7/8	118	0	281	98	19.2	17	1	206	35.1	白	马	黄
	毕节	1615	13/4	2/5	16/9	138	0	263	112	24.8	18.2	0	231.2	38.9	白	马	黄
	黄平	680	28/4	3/5	23/8	113	+2	323	132	21.4	16	1.2	180.3	35	红	半马	黄
	黔西南	1140	25/4	7/5	2/9	118	+8	311	110	20.9	16	2.4	245.6	38.9	白	半马	黄
	习水	855	25/3	30/3	9/8	133	+1	271	103	20.7	16	1.2	216.6	33	红	半马	黄
	安顺	1400	21/4	8/5	3/9	119	-6	291	114	16.9	18.8	1	206.5	33.09	白	半马	黄
	平均值	1002				122	+1	280	109	20.3	17.4	1.1	218.7	36.3	白	半马	黄
YH876	贵阳	1050	18/4	2/5	22/8	112	-3	239	110	17.5	18	2.3	234	41.8	白	硬	黄
	铜仁	272	1/4	11/4	11/8	122	+4	280	101	20.2	16	2.4	186	34.3	白	半马	黄
	毕节	1615	13/4	1/5	15/9	138	0	287	125	24.7	17.8	0	235.1	41.6	白	马	黄
	黄平	680	28/4	3/5	19/8	109	-2	307	130	19	16	1.2	182.9	35	白	硬	黄
	黔西南	1140	25/4	7/5	25/8	110	0	315	129	22.6	17	1.2	326	45.5	白	半马	黄
	习水	855	25/3	30/3	6/8	130	-2	294	125	20.1	16	2.2	243.2	34	白	半马	黄
	安顺	1400	21/4	7/5	2/9	119	-6	309	145	20.1	17.2	1.5	260	41.8	白	半马	黄
	平均值	1002				120	-1	290	124	20.6	16.9	1.5	238.2	39.1	白	半马	黄

表 3-5　2016 年贵州省玉米区试 H 组主要性状汇总表

品种	试点	海拔(米)	播种期(日/月)	出苗期(日/月)	成熟期(日/月)	生育期(天)	比对照(±天)	株高(厘米)	穗位高(厘米)	穗长(厘米)	穗行数(行)	秃尖(厘米)	单穗粒重(克)	百粒重(克)	轴色	粒型	粒色
黔182	贵阳	1050	18/4	2/5	23/8	113	-2	287	103	20.5	18	2.8	243	41.3	红	马	黄
	铜仁	272	1/4	12/4	9/8	119	+1	312	138	22.6	14	2.6	160	35.2	红	马	黄
	毕节	1615	13/4	30/4	17/9	141	+3	327	146	23.7	15.8	1.7	215	35.9	红	马	黄
	黄平	680	28/4	3/5	20/8	110	-1	312	122	20.2	16	1.8	195.3	35	红	半马	黄
	黔西南	1140	25/4	7/5	25/8	110	0	341	151	22.8	16	2.6	276	44.4	红	马	黄
	习水	855	25/3	31/3	9/8	132	0	365	165	20.1	16	1.3	212.1	35	红	半马	黄
	安顺	1400	21/4	7/5	3/9	120	-5	349	153	20.2	16.4	1.2	256.1	41.8	红	半马	黄
	平均值	1002				121	0	328	140	21.4	16.0	2.0	222.5	38.4	红	马	黄
丰玉29	贵阳	1050	18/4	2/5	22/8	112	-3	262	107	17.3	18	2.3	218	35.6	红	马	黄
	铜仁	272	1/4	12/4	7/8	117	-1	296	116	20.3	16	1.2	201	35.1	红	半马	黄
	毕节	1615	13/4	2/5	14/9	136	-2	293	129	22.7	17.6	1	209.5	33.1	红	马	黄
	黄平	680	28/4	3/5	20/8	110	-1	320	119	19.6	20	2.4	171.5	32	红	半马	黄
	黔西南	1140	25/4	7/5	25/8	110	0	277	115	22.5	20	1.9	351	39.8	红	马	黄
	习水	855	25/3	30/3	5/8	129	-3	329	139	19.2	16	0.4	218.2	32	红	半马	黄
	安顺	1400	21/4	7/5	3/9	120	-5	321	130	18.8	20.6	1.6	247.9	34	红	马	黄
	平均值	1002				119	-2	300	122	20.1	18.3	1.5	231.0	34.5	红	马	黄

表 3-6 2016 年贵州省玉米区试 H 组主要性状汇总表

品种	试点	海拔(米)	播种期(日/月)	出苗期(日/月)	成熟期(日/月)	生育期(天)	比对照(±天)	株高(厘米)	穗位高(厘米)	穗长(厘米)	穗行数(行)	秃尖(厘米)	单穗粒重(克)	百粒重(克)	轴色	粒型	粒色
铜玉55	贵阳	1050	18/4	2/5	20/8	110	-5	265	116	19.8	14	0.9	239	41.1	红	马	黄
	铜仁	272	1/4	11/4	8/8	119	+1	320	121	19.3	16	2.2	153	34.9	红	半马	黄
	毕节	1615	13/4	30/4	15/9	139	+1	319	142	23.4	14.2	1	189.8	37.1	红	马	黄
	黄平	680	28/4	3/5	15/8	105	-6	312	117	21.4	18	1.6	205.7	36	红	半马	黄
	黔西南	1140	25/4	7/5	25/8	110	0	337	144	21.7	18	1.2	294.5	43.2	红	半马	黄
	习水	855	25/3	31/3	3/8	126	-6	325	124	19.9	17	1.8	209.9	38	红	硬	黄
	安顺	1400	21/4	6/5	6/9	124	-1	317	121	18.9	15.8	1.8	231.5	43.7	红	硬	黄
	平均值	1002				119	-2	314	126	20.6	16.1	1.5	217.6	39.1	红	半马	黄

表 4-1 2016 年贵州省玉米区试 H 组抗逆性汇总表

试点	WX1404								金玉988							
	大斑(级)	小斑(级)	丝黑穗(级)	青枯(级)	纹枯(级)	锈病(级)	倒伏率(%)	倒折率(%)	大斑(级)	小斑(级)	丝黑穗(级)	青枯(级)	纹枯(级)	锈病(级)	倒伏率(%)	倒折率(%)
贵阳	5	3	1	1	3	3	0	0	5	5	1	1	5	3	0	0
铜仁	1	1	1	1	0	1	0	0	1	1	1	1	0	1	0	0
毕节	3	1	0	0	5	1	0	0	5	1	0	0	3	1	0	0
黄平	0	0	0	0	0	0	0	31.3	0	0	0	0	0	0	2.3	7
黔西南	3	1	1	1	1	3	0	0	1	3	1	1	1	1	0	0
习水	1	3	0	0	0	5	0	25	0	1	0	0	0	0	2	10
安顺	3	3	0	1	1	1	0	0	3	1	1	1	1	1	0	0

表 4-2 2016 年贵州省玉米区试 H 组抗逆性汇总表

试点	SF1502								GD9823							
	大斑(级)	小斑(级)	丝黑穗(级)	青枯(级)	纹枯(级)	锈病(级)	倒伏率(%)	倒折率(%)	大斑(级)	小斑(级)	丝黑穗(级)	青枯(级)	纹枯(级)	锈病(级)	倒伏率(%)	倒折率(%)
贵阳	5	3	1	1	5	1	0	0	7	5	1	1	3	1	0	0
铜仁	1	1	1	1	0	1	0	0	1	1	1	1	0	1	0	0
毕节	3	1	0	0	3	1	0	0	1	3	0	0	1	1	0	0
黄平	0	0	0	0	0	0	3	5.3	0	0	0	0	0	3	7	0
黔西南	1	3	1	1	1	3	0	0	1	3	1	1	1	5	0	0
习水	3	0	0	0	0	0	3	0	0	0	0	0	0	0	3	2
安顺	3	1	0	0	1	1	0	0	3	3	0	0	2	3	0	0

表 4-3 2016 年贵州省玉米区试 H 组抗逆性汇总表

试点	惠农 16								黔单 16(CK)							
	大斑(级)	小斑(级)	丝黑穗(级)	青枯(级)	纹枯(级)	锈病(级)	倒伏率(%)	倒折率(%)	大斑(级)	小斑(级)	丝黑穗(级)	青枯(级)	纹枯(级)	锈病(级)	倒伏率(%)	倒折率(%)
贵阳		1	1	1	3	1	0	0	3	3	1	1	3	5	0	0
铜仁	1	1	1	1	3	1	0	0	1	1	1	1	0	1	0	0
毕节	3	0	0	0	1	0	0	0	5	3	0	0	3	1	0	0
黄平	0	0	0	0	0	0	7	2.3	0	0	0	0	0	0	5.6	15
黔西南	1	5	1	1	1	3	0	0	1	3	1	1	1	7	0	0
习水	0	1	0	0	0	0	0	0	0	0	0	0	0	0	0	2
安顺	1	1	0	0	1	1	0	0	5	3	0	1	3	3	0	0

表 4-4　2016 年贵州省玉米区试 H 组抗逆性汇总表

煌单 1970

试点	大斑（级）	小斑（级）	丝黑穗（级）	青枯（级）	纹枯（级）	锈病（级）	倒伏率（%）	倒折率（%）
贵阳	3	3	1	1	3	1	0	0
铜仁	1	1	1	1	0	1	0	0
毕节	1	1	0	0	1	1	0	0
黄平	0	0	0	0	0	0	1	1
黔西南	1	3	1	1	1	3	0	0
习水	0	0	0	0	0	0	0	1
安顺	3	1	0	1	1	1	0	0

YH876

试点	大斑（级）	小斑（级）	丝黑穗（级）	青枯（级）	纹枯（级）	锈病（级）	倒伏率（%）	倒折率（%）
贵阳	5	3	1	1	3	5	0	0
铜仁	3	1	1	1	0	1	0	0
毕节	1	1	0	0	1	1	0	0
黄平	0	0	0	0	0	0	2	4
黔西南	1	3	1	1	1	5	0	0
习水	1	0	0	0	0	0	3	0
安顺	3	1	0	0	1	1	0	0

表 4-5　2016 年贵州省玉米区试 H 组抗逆性汇总表

黔 182

试点	大斑（级）	小斑（级）	丝黑穗（级）	青枯（级）	纹枯（级）	锈病（级）	倒伏率（%）	倒折率（%）
贵阳	5	3	1	1	3	5	0	0
铜仁	1	1	1	1	0	1	0	0
毕节	3	3	0	0	3	1	0	0
黄平	0	0	0	0	0	0	0	0
黔西南	5	1	1	1	1	5	0	0
习水	0	0	0	0	0	0	0	3
安顺	3	3	0	0	2	3	0	0

丰玉 29

试点	大斑（级）	小斑（级）	丝黑穗（级）	青枯（级）	纹枯（级）	锈病（级）	倒伏率（%）	倒折率（%）
贵阳	5	3	1	1	3	5	0	0
铜仁	1	1	1	1	1	1	0	0
毕节	3	1	0	0	1	1	0	0
黄平	0	0	0	0	0	5	0	1.3
黔西南	3	0	1	1	1	3	0	0
习水	3	1	0	0	0	0	0	0
安顺	3	3	0	3	3	3	0	0

表 4-6　2016 年贵州省玉米区试 H 组抗逆性汇总表

铜玉 55

试点	大斑（级）	小斑（级）	丝黑穗（级）	青枯（级）	纹枯（级）	锈病（级）	倒伏率（%）	倒折率（%）
贵阳	5	3	1	1	3	3	0	0
铜仁	1	3	1	1	3	1	0	0
毕节	5	3	0	0	1	1	0	0
黄平	0	0	0	0	0	0	1.3	0
黔西南	1	5	1	1	1	3	0	0
习水	1	0	0	0	0	0	0	0
安顺	5	3	0	0	3	3	0	0

2016年贵州省鲜食(糯)玉米区域试验汇总总结

为适应我省种植业结构调整和人民生活水平逐步提高对鲜食玉米的需要,鉴定新育成(引进)鲜食玉米杂交种(组合)的品质及其在我省不同生态地区的丰产性、适应性及抗性,从而为鲜食玉米品种审定提供科学依据。按照2016年贵州省农作物品审会制定的《贵州省鲜食(糯、甜)玉米杂交种区域试验实施方案》要求,特组织实施了全省鲜食(糯)玉米杂交种区域试验,现将各试点试验结果进行汇总。

一、参试组合(品种)及供种单位(表1)

表1 参试品种及供种单位

编号	参试组合	供种单位	编号	参试组合	供种单位
1	筑甜糯1313※	贵阳市农业试验中心	7	翔糯18	贵州三翔农业发展公司
2	BSS141N※	毕节市农科所	8	QYW2438	贵州三翔农业发展公司
3	金彩糯627※	北京金农科种子公司	9	紫糯66	贵州新中一种业股份有限公司
4	南农紫黑糯※	南京神州种业研究院有限公司	10	老农单糯1号	张绍绿
5	金糯691	贵州卓豪农业科技有限公司	11	丰糯1号	遵义裕丰种苗科技研所
6	邦糯7号	贵州富邦种业有限公司	12	黔糯868(CK)	贵州省旱粮研究所

注:标"※"号的为续试组合。

二、承试单位及试点情况

承试单位有贵阳市农业试验中心、毕节市农业科学研究所、遵义市农业科学院、铜仁市科学研究所、黔南州农科所、安顺市农业科学院、黔西南州农业林业科学研究院等7家单位。承试单位的7个试点分布于全省的7个地、州、市,海拔272~1475米。地势平坦向阳,土质多为黄壤和壤土。黔西南试点土壤肥力为上等,安顺、黔南、铜仁试点肥力为中等,贵阳、毕节、遵义试点肥力为中等。前作黔西南、黔南试点为蔬菜,安顺试点为绿肥,其余试点前作均为冬闲地。

三、试验方法

各试点均按照实施方案执行。采用随机区组排列,二次重复。小区面积 16 平方米,小区长 5 米,宽 3.2 米,4 行区,每行 20 株(单株留苗),亩密度 3333 株。收中间两行(面积 8 平方米)去壳鲜果穗计产,边行用于品质鉴定。试验地四周设保护行(每区组两边设两行保护行),四周及重复间走道 0.8 米。贵阳市农业试验中心试点还按照《方案》要求,单独在试验地旁设一小区,将各组合根据它们的熟期错期播于其中,并对这一小区的各组合均套袋自交 25 个以上果穗,用于贵州省品种审定委员会组织专家进行品质现场鉴定和籽粒完熟后送样测试分析。观察记载项目和标准参照《2014 年国家鲜食(甜、糯)玉米记载和标准》进行。

四、栽培管理及气候情况

播种方式均为直播。各点的底肥、追肥、虫害防治及气候情况等记载工作详见表 3。

五、试验结果

(一)品质(详见表 4、表 5)

贵州省品种审定委员会 7 月 8 日组织专家对贵阳点 11 个参试品种(组合)及对照黔糯 868 的感观品质和气味、色泽、糯性、甜度、风味、柔嫩性、皮厚薄等蒸煮品质进行现场鉴评,综合得分高低依次是:金彩糯 627(81.5 分)、紫糯 66(81.0 分)、邦糯 7 号(80.8 分)、筑甜糯 1313(80.5 分)、金糯 691(80.4 分)、黔糯 868(80.0 分)、翔糯 18(79.8 分)、南农紫黑糯和老农单 1 号(79.5 分)、QYW2438(79.4 分)、BSS141N(78.7 分)、丰糯 1 号(76.4 分)。

4 个续试组合(筑甜糯 1313、金彩糯 627、南农紫黑糯、BSS141N)和对照黔糯 868,2016 年送样到贵州师范大学分析测试中心进行品质化验分析,测定蛋白质含量(%)、支链淀粉含量(%)、色氨酸含量(毫克/100 克)和赖氨酸含量(毫克/克),结果为蛋白含量分别是 8.33、9.41、9.71、8.37、8.65,支链淀粉含量分别为 99.25、99.20、99.38、99.20、99.18,色氨酸含量分别是 89.1、51.7、98.9、84.3、73.4,赖氨酸含量分别是 4.347、3.097、3.334、4.126、3.861。

(二)产量(详见表 6)

12 个组合的鲜果穗 7 个试点平均亩产量为 686.9~936.1 千克。产量由高到低顺序是 BSS141N(12.1%)、筑甜糯 1313(8.5%)、QYW2438(5.2%)、金彩糯 627(5.0%)、翔糯 18(4.6%)、金糯 691(3.1%)、黔糯 868(835.0 千克)、紫糯 66(-1.3%)、丰糯 1 号(-

9.2%)、邦糯 7 号(-9.9%)、老农单糯 1 号(-10.2%)、南农紫黑糯(-17.7%)。组平均产量为 828.1 千克/亩,比组平均产量由高到低的顺序是 BSS141N(13.0%)、筑甜糯 1313(9.4%)、QYW2438(6.1%)、金彩糯 627(5.8%)、翔糯 18(5.4%)、金糯 691(4.0%)、黔糯 868(0.8%)、紫糯 66(0%)、丰糯 1 号(-8.5%)、邦糯 7 号(-9.2%)、老农单糯 1 号(-9.5%)、南农紫黑糯(-17.1%)。各组合鲜果穗平均亩产量试点间变异系数为 7.5%—19.7%,丰糯 1 号最小,QYW2438 最大。

(三)生育期(详见表 5)

12 个组合 7 个试点播种至采收嫩玉米的生育期平均数由长到短分别是:QYW2438(101.9 天)、黔糯 868(98.0 天)、翔糯 18(98.0 天)、金彩糯 627(97.9 天)、紫糯 66(97.0 天)、南农紫黑糯(96.4 天)、BSS141N(95.6 天)、邦糯 7 号(95.6 天)、筑甜糯 1313(95.3 天)、老农单糯 1 号(95.3 天)、丰糯 1 号(92.6 天)、金糯 691(92.0 天)。

(四)抗病虫、抗倒性

按《方案》要求,续试组合抗病虫性鉴定统一由四川省农业科学院植保所鉴定,鉴定结果如表 2 所示。

表 2　试验组合抗性鉴定结果

品种名称	大斑病		小斑病		丝黑穗病		纹枯病		茎腐病		穗腐病		灰斑	
	病级	抗性	病级	抗性	病株(%)	抗性	病指	病级	病株(%)	抗性	病株(%)	抗性	病级	抗性
筑甜糯 1313	7	S	5	MR	60.0	HS	78.8	S	68.2	HS	7.4	S	9	HS
BSS141N	7	S	5	MR	63.0	HS	72.0	S	81.8	HS	4.0	MR	9	HS
金彩糯 627	3	R	5	MR	21.4	S	79.3	S	77.3	HS	5.2	MR	9	HS
南农紫黑糯	9	HS	5	MR	12.2	S	79.8	S	100.0	HS	7.2	S	9	HS
黔糯 868(CK)	3	R	5	MR	19.0	S	90.1	HS	76.2	HS	6.5	S	9	HS

从表 2 可以看到,对于大斑病,南农紫黑糯表现为高感,筑甜糯 1313 和 BSS141N 表现为感,金彩糯 627 和对照表现为抗;对于小斑病所有品种均表现为中抗;对于丝黑穗病,筑甜糯 1313 和 BSS141N 表现为高感,其余品种为感;对于纹枯病,黔糯 968 表现为高感,其余品种表现为感;对于茎腐病 4 个品种均表现为高感;对于穗腐病,BSS141N 和金彩糯 627 表现为中抗,其余组合表现为感;对于灰斑病,5 个品种均表现为高感。

(五)性状综合概述(详见表 7)

(1)株高、穗位高和株型

12 个参试组合的平均株高为 200.4~269.2 厘米,QYW2438 最高,南农紫黑糯最低。

平均穗位高为75.7~113.6厘米,QYW2438穗位最高,金糯691最低。

(2)保绿度、分蘖率、双穗率和空杆率

平均保绿度77.6%~87.4%,QYW2438最高,紫糯66最低。平均分蘖率0.0%~2.3%,以QYW2438最强,翔糯18和黔糯868最弱。平均双穗率0.4%~14.9%,紫糯66最高,QYW2438最低。平均空杆率0.0%~1.8%,其中筑甜糯1313最高,BSS141N和金糯691最低。

(3)穗长和穗粗

平均穗长从长到短的顺序为:筑甜糯1313(21.3厘米)、QYW2438(21.1厘米)、翔糯18(20.2厘米)、BSS141N(20.0厘米)、紫糯66(19.5厘米)、丰糯1号(19.2厘米)、金彩糯627(18.8厘米)、黔糯868(18.6厘米)、老农单糯1号(18.1厘米)、邦糯7号(17.9厘米)、金糯691(17.3厘米)、南农紫黑糯(16.7厘米)。平均穗粗从粗到细依次是:金彩糯627和金糯691(5.2厘米),筑甜糯1313和紫糯66为(5.1厘米),BSS141N、翔糯18、黔糯868和邦糯7号(5.0厘米),老农单糯1号(4.8厘米),丰糯1号为(19.3厘米),QYW2438(4.7厘米),南农紫黑糯(4.5厘米)。

(4)穗形、秃尖长度

全部组合均为锥形。平均秃尖度0.8~3.5厘米,其中超过3.0厘米的品种是老农单糯1号(3.5厘米)和QYW2438(3.3厘米)。

(5)穗行数和行粒数

12个参试组合的穗行数13.0~16.0行,以QYW2438最多,筑甜糯1313最少。平均行粒数32.1~38.4粒,筑甜糯1313最多,丰糯1号最少。

(6)鲜百粒重及鲜出籽率

参试组合平均鲜百粒重为30.5~38.9克,以南农紫黑糯最轻,筑甜糯1313最重。参试组合平均鲜出籽率为58.1%~79.8%,以翔糯18最低,QYW2438最高。

六、组合(品种)综述

(1)BSS141N[※]

感观和蒸煮品质综合评分78.9分,品质较差。2015年和2016年分别为79.0分和78.7分,分别居第五位和第十位(对照为80.0分,分别是第四位和第六位)。2015年平均亩产鲜果穗880.6千克,较对照增产5.0%,居12个组合第二位,7个试点6增1减,试点间变异系数CV为10.3%。2016年平均亩产鲜果穗936.1千克,比对照增产12.1%,

居 12 个组合第一位,7 个试点全部增产,点间变异系数 CV 为 13.6%;两年 14 个点次平均亩产 908.4 千克,较对照增产 8.6%,增产点次 13 个,增产点次占总试点次百分比为 92.9%。2015 年播种至采收鲜果穗生育期 95.4 天,比对照早 2.7 天;2016 年播种至采收鲜果穗生育期 95.6 天,比对照早 2.4 天;两年平均生育期为 95.5 天,较对照早 2.6 天。两年平均株高 234.7 厘米,穗位高 100.2 厘米;保绿度 71.9%,分蘖率 0.5%,双穗率 6.5%,空秆率为 0.6%。果穗锥形,穗长 19.5 厘米,穗粗 5.0 厘米,秃尖长 1.2 厘米,穗行数 14.5 行,行粒数 34.8 粒;籽粒浅黄色,排列整齐,鲜百粒重 35.7 克,鲜出籽率 69.0%。抗倒性较好。

经贵州师范大学测试中心检测:支链淀粉含量为 99.20%,蛋白质含量 8.37%,赖氨酸 4.126 毫克/克,色氨酸 84.3 毫克/100 克。

2016 年四川农业科学院植保所接种鉴定结果:感大斑病、纹枯病,高感丝黑穗病、茎腐病和灰斑病,中抗小斑病、穗腐病。

(2)金彩糯 627[※]

感观和蒸煮品质综合评分 82.0 分,品质好。2015 年和 2016 年分别为 82.4 分和 81.5 分,分别居第二位和第一位(对照为 80.0 分,分别是第四位和第六位)。2015 年平均亩产鲜果穗 808.1 千克,较对照减产 3.6%,居 12 个组合第九位,7 个试点 2 增 5 减,试点间变异系数 CV 为 7.6%。2016 年平均亩产鲜果穗 876.5 千克,比对照增产 5.0%,居 12 个组合第四位,7 个试点全部增产,试点间变异系数 CV 为 8.9%;两年 14 个点次平均亩产 842.3 千克,较对照增产 0.7%,增产点次 13 个,增产点次占总试点次百分比为 64.3%。2015 年播种至采收鲜果穗生育期 95.9 天,比对照早 2.2 天;2016 年播种至采收鲜果穗生育期 97.9 天,比对照相当;两年平均生育期为 96.9 天,较对照早 1.2 天。两年平均株高 224.2 厘米,穗位高 91.2 厘米,株型半紧凑;保绿度 72.7%,分蘖率 1.0%,双穗率 6.5%,空秆率 1.3%。果穗锥形,穗长 18.7 厘米,穗粗 5.0 厘米,秃尖长 1.3 厘米,穗行数 13.6 行,行粒数 36.0 粒;籽粒紫、白色,排列整齐,鲜百粒重 35.6 克,鲜出籽率 68.4%。抗倒性好。

经贵州师范大学测试中心检测:支链淀粉含量为 99.20%,蛋白质含量 9.41%,赖氨酸 3.097 毫克/克,色氨酸 51.7 毫克/100 克。

2016 年四川农业科学院植保所接种鉴定结果:感丝黑穗病、纹枯病,高感茎腐病和灰斑病,中抗小斑病、穗腐病,抗大斑病。

（3）南农紫黑糯※

感观和蒸煮品质综合评分 81.0 分。2015 年和 2016 年分别为 82.4 分和 79.5 分，分别居第二位和第八位（对照为 80.0 分，分别是第四位和第六位）。2015 年平均亩产鲜果穗 690.1 千克，较对照减产 17.7%，居 12 个组合第十二位，7 个试点全部减产，试点间变异系数 CV 为 17.4%。2016 年平均亩产鲜果穗 686.9 千克，较对照减产 17.7%，居 12 个组合第十二位，7 个试点全部减产，试点间变异系数 CV 为 12.6%；两年 14 个点次平均亩产 688.5 千克，较对照减产 17.7%，全部减产，减产点次占总试点次百分比为 100.0%。2015 年播种至采收鲜果穗生育期 97.0 天，比对照早 1.1 天；2016 年播种至采收鲜果穗生育期 96.4 天，比对照早 1.6 天；两年平均生育期为 96.7 天，较对照早 1.4 天。两年平均株高 206.8 厘米，穗位高 89.5 厘米，株型松散，保绿度 69.0%，分蘖率 1.5%，双穗率 11.9%，空杆率为 1.2%，果穗锥形，穗长 16.4 厘米，穗粗 4.5 厘米，秃尖长 1.0 厘米，穗行数 14.0，行粒数 32.9 粒；籽粒紫色，排列螺旋，鲜百粒重 30.6 克，鲜出籽率 72.0%。综合抗倒性好。

经贵州师范大学测试中心检测：支链淀粉含量为 99.38%，蛋白质含量 9.71%，赖氨酸 3.334 毫克/克，色氨酸 98.9 毫克/100 克。

2016 年四川农业科学院植保所接种鉴定结果：感丝黑穗病、纹枯病、穗腐病，高感大斑病、茎腐病和灰斑病，中抗小斑病。

（4）筑甜糯 1313※

感观和蒸煮品质综合评分 81.8 分，品质好。2015 年和 2016 年分别为 83.0 分和 80.5 分，分别居第一位和第四位（对照为 80.0 分，分别是第四位和第六位）。2015 年平均亩产鲜果穗 882.9 千克，较对照增产 5.3%，居 12 个组合第一位，7 个试点 6 增 1 减，试点间变异系数 CV 为 5.4%。2016 年平均亩产量 905.9 千克，较对照增产 8.5%，比组平均对照增产 9.4%（组平均为 828.1 千克/亩），居 12 个组合第二位，7 个试点 6 增 1 减，试点间变异系数 CV 为 14.2%。两年 14 个点次平均亩产 894.4 千克，较对照增产 6.9%，增产点次 12 个，增产点次占总试点次百分比为 85.7%。2015 年播种至采收鲜果穗生育期 95.7 天，比对照早 2.4 天，播种至采收鲜果穗生育期 95.3 天，比对照早 2.7 天；两年平均生育期为 95.5 天，较对照早 2.6 天；两年平均株高 232.3 厘米，穗位高 94.7 厘米，株型松散，保绿度 71.7%，分蘖率 0.7%，双穗率 1.3%，空杆率 1.4%。果穗锥形，穗长 20.9 厘米，穗粗 5.1 厘米，秃尖长 2.0 厘米，穗行数 13.0 行，行粒数 38.0 粒；籽粒白色，排列整齐，鲜百粒重 38.2 克，鲜出籽率 71.3%。幼苗长势好，抗倒性较强。

经贵州师范大学测试中心检测：支链淀粉含量为 99.25%，蛋白质含量 8.33%，赖氨酸 4.347 毫克/克，色氨酸 89.1 毫克/100 克。

2016 年四川农业科学院植保所接种鉴定结果：感大斑病、纹枯病、穗腐病，高感丝黑穗病、茎腐病和灰斑病，中抗小斑病。

（5）翔糯 18

感观和蒸煮品质综合评分为 79.8 分，居 12 个参试组合第七位（对照为 80.0 分，居第六位）。2016 年鲜果穗平均亩产量 873.1 千克，较对照增产 4.6%，比组平均对照增产 5.4%（组平均为 828.1 千克/亩），居 12 个组合第五位，7 个试点 5 增 2 减，试点间变异系数 CV 为 10.3%。播种至采收鲜果穗生育期 98.0 天，比对照相当。株高 227.8 厘米，穗位高 98.9 厘米，株型松散，保绿度 85.4%，分蘖率 0%，双穗率 4.7%，空杆率 0.4%。果穗锥形，穗长 20.2 厘米，穗粗 5.0 厘米，秃尖长 1.6 厘米，穗行数 14.9 行，行粒数 33.8 粒；籽粒白色，排列整齐，鲜百粒重 34.8 克，鲜出籽率 58.1%。幼苗长势及抗倒性好。

（6）黔糯 868（CK）

2016 年鲜果穗平均亩产量 835.0 千克，比组平均对照增产 0.8%（组平均为 828.1 千克/亩），居 12 个组合第七位，试点间变异系数 CV 为 12.4%。播种至采收鲜果穗生育期 98.0 天。株高 231.4 厘米，穗位高 102.3 厘米，株型松散，保绿度 82.9%，分蘖率 0%，双穗率 4.6%，空杆率 0.4%。果穗锥形，穗长 18.6 厘米，穗粗 5.0 厘米，秃尖长 1.3 厘米，穗行数 15.5 行，行粒数 34.2 粒；籽粒白色，排列整齐，鲜百粒重 33.9 克，鲜出籽率 67.7%。幼苗长势及抗倒性好。

（7）邦糯 7 号

感观和蒸煮品质综合评分为 80.8 分，居 12 个参试组合第三位（对照为 80.0 分，居第六位）。2016 年 7 个试点鲜果穗平均亩产量 752.1 千克，较对照减产 9.9%，比组平均对照减产 9.2%（组平均为 828.1 千克/亩），居 12 个组合第十位，7 个试点 1 增 6 减，试点间变异系数 CV 为 13.1%。播种至采收鲜果穗生育期 95.6 天，比对照早 2.4 天。株高 213.3 厘米，穗位高 84.0 厘米，株型松散，保绿度 82.0%，分蘖率 0.3%，双穗率 0.8%，空杆率 0.4%。果穗锥形，穗长 17.9 厘米，穗粗 5.0 厘米，秃尖长 1.6 厘米，穗行数 14.3 行，行粒数 33.6 粒；籽粒白色，排列整齐，鲜百粒重 36.5 克，鲜出籽率 69.2%。幼苗长势中等，抗倒性好。

（8）紫糯66

感观和蒸煮品质综合评分为81.0分，居12个参试组合第二位（对照为80.0分，居第六位）。2016年7个试点鲜果穗平均亩产量824.4千克，较对照减产1.3%，比组平均对照减产0.0%（组平均为828.1千克/亩），居12个组合第八位，7个试点3增4减，试点间变异系数CV为14.7%。播种至采收鲜果穗生育期97.0天，比对照早1.0天。株高223.0厘米，穗位高80.4厘米，株型松散，保绿度77.6%，分蘖率1.0%，双穗率14.9%，空杆率0.7%。果穗锥形，穗长19.5厘米，穗粗5.1厘米，秃尖长1.7厘米，穗行数14.6行，行粒数34.9粒；籽粒白色，排列整齐，鲜百粒重31.7克，鲜出籽率68.0%。幼苗长势及抗倒性好。

（9）QYW2438

感观和蒸煮品质综合评分为79.4分，居12个参试组合第九位（对照为80.0分，居第六位）。2016年7个试点鲜果穗平均亩产量878.4千克，较对照增产5.2%，比组平均对照增产6.1%（组平均为828.1千克/亩），居12个组合第三位，7个试点5增2减，试点间变异系数CV为19.7%。播种至采收鲜果穗生育期101.9天，比对照晚3.9天。株高269.2厘米，穗位高113.6厘米，株型松散，保绿度87.4%，分蘖率2.3%，双穗率0.4%，空杆率0.5%。果穗锥形，穗长21.1厘米，穗粗4.7厘米，秃尖长3.3厘米，穗行数16.0行，行粒数38.1粒；籽粒白色，排列整齐，鲜百粒重32.0克，鲜出籽率79.8%。幼苗长势及抗倒性好。

（10）老农单糯1号

感观和蒸煮品质综合评分为79.5分，居12个参试组合第八位（对照为80.0分，居第六位）。2016年7个试点鲜果穗平均亩产量749.2千克，较对照减产10.2%，比组平均对照减产9.5%（组平均为828.1千克/亩），居12个组合第11位，7个试点全部减产，试点间变异系数CV为13.9%。播种至采收鲜果穗生育期95.3天，比对照早2.7天。株高223.3厘米，穗位高90.9厘米，株型松散，保绿度78.1%，分蘖率0.2%，双穗率2.3%，空杆率0.4%。果穗锥形，穗长18.1厘米，穗粗4.8厘米，秃尖长3.5厘米，穗行数14.8行，行粒数33.1粒；籽粒白色，排列整齐，鲜百粒重32.4克，鲜出籽率64.5%。幼苗长势及抗倒性好。

（11）丰糯1号

感观和蒸煮品质综合评分为76.4分，居12个参试组合第十一位（对照为80.0分，居第六位）。2016 年 7 个试点鲜果穗平均亩产量 758.1 千克，较对照减产 9.2%，比组平均对照减产 8.5（组平均为 828.1 千克/亩），居 12 个组合第九位，7 个试点 1 增 6 减，试点间变异系数 CV 为 7.5%。播种至采收鲜果穗生育期 92.6 天，比对照早 5.4 天。株高 234.4 厘米，穗位高 95.0 厘米，株型紧凑，保绿度 78.1%，分蘖率 0.9%，双穗率 0.9%，空杆率 0.2%。果穗锥形，穗长 19.2 厘米，穗粗 4.8 厘米，秃尖长 2.1 厘米，穗行数 14.9 行，行粒数 32.1 粒；籽粒白色，排列整齐，鲜百粒重 34.0 克，鲜出籽率 68.1%。幼苗长势及抗倒性好。

（12）金糯 691

感观和蒸煮品质综合评分为 80.4 分，居 12 个参试组合第五位（对照为 80.0 分，居第六位）。2016 年 7 个试点鲜果穗平均亩产量 861.0 千克，较对照增产 3.1%，比组平均对照增产 4.0%（组平均为 828.1 千克/亩），居 12 个组合第六位，7 个试点 6 增 1 减，试点间变异系数 CV 为 15.5%。播种至采收鲜果穗生育期 92.0 天，比对照早 6.0 天。株高 204.5 厘米，穗位高 75.7 厘米，株型半紧凑，保绿度 79.1%，分蘖率 0.4%，双穗率 11.9%，空杆率 0%。果穗锥形，穗长 17.3 厘米，穗粗 5.2 厘米，秃尖长 1.1 厘米，穗行数 15.7 行，行粒数 33.0 粒；籽粒白，排列整齐，鲜百粒重 33.8 克，鲜出籽率 66.0%。幼苗长势及抗倒性好。

七、各试点品种性状情况（见表 8-1，表 6-2 及表 6-3）

表3 贵州省2016年鲜食（糯）玉米区试点基本情况汇总表

试点状况	贵阳市农业试验中心	毕节市农科所	遵义市农业科学院	铜仁市农科所	黔南州农科所	安顺市农业科学院	黔西南州农科所
纬度(N)经度(E)	26°6′~106°7′			27°43′~109°11′		26°15′~105°55′	25°07′~104°51′
海拔、地势、土壤、肥力	海拔1050米,地势平坦,黄壤,肥力中等	海拔1596米,地势平坦,黄壤,肥力中等	海拔900米,地势平坦,黄壤,肥力中等	海拔272米,地势平坦,砂壤,肥力上等	海拔1000米,地势平坦,黄壤,肥力中等	海拔1400米,平坦,黄土,肥力中上等	海拔1250米,地势平坦,土质棕色土,中上等
前作	冬闲	冬闲	冬闲	空闲	油菜	绿肥	油菜
栽培及时间	直播,4月1日播种,4月22日间定苗	直播,4月15日播种,5月15日定苗	直播,5月3日播种,5月19日定苗	直播,4月1日播种,5月10日间定苗,5月21日定苗	直播,5月3日播种,5月10日出苗	直播,4月28日播种,5月22日定苗	直播,双株留苗,4月23日播种,5月20日间定苗,5月25日定苗
底肥(千克/亩)	亩施牛粪1500,复合肥50	腐熟有机肥1000,施复合肥50	施尿素5,钾肥10,普钙25,锌肥1	亩施磷肥50	亩施有机复合肥50	亩施农家肥1000和复合肥15	亩施复合肥40
追肥(千克/亩)	追尿素两次,4月20日,5月25日施15	追尿素两次,5月18日施尿素14,6月28日施尿素14	追尿素两次,5月30日施尿素7.5,5月27日施尿素15	追肥两次,5月22日亩施尿素15.0,6月1日施复合肥50.0	追施尿素两次,5月30日追15,6月20日追25	追肥3次,5月23日亩施尿素9,6月14日亩施尿素15,7月5日亩施尿素6	追肥两次,5月26日追尿素20,复合肥20;6月25日用追尿素40,结合中耕除草
虫害防治	用"锄地虎"1000~1500倍灌根杀地老虎	无	无	5月1日喷施"一支清杀虫剂"防土蚕	定苗后打药一次,防治地老虎	5月20日,施用"飘甲敌"1000倍稀释液喷施防治地下害虫,6月15日施"杀虫双"颗粒剂丢心防治玉米螟	无
气候情况	试验前期雨水较多,后期正常,对产量有所影响	苗期雨水偏多,灌浆后期阴天气晴朗	正常	前期雨水偏多	苗期雨水较多,后期雨水正常	正常	从5月30日后雨水较多,6月份大风暴雨频繁,7月3~4日大暴雨造成玉米倒伏、倒折
收获期	6月30日至7月8日	7月31日至8月15日	8月1日至8月8日	7月5日至7月9日	8月3日至8月16日	7月25日至8月5日	7月14日至7月24日

表 4　2016 年贵州省鲜食(糯)玉米区试省品审会专家品质品现场鉴评结果表

组合名称	金彩糯627※	紫糯66	邦糯7号	筑甜糯1313※	金糯691	黔糯868(CK)	翔糯18	南农紫黑糯※	老农单1号	QYW2438	BSS141N※	丰糯1号
品质总评分	81.5	81.0	80.8	80.5	80.4	80	79.8	79.5	79.5	79.4	78.7	76.4
位次	1	2	3	4	5	6	7	8	8	9	10	11
品质定等(级)	2	2	2	2	2	2	2	2	2	2	2	2

注:标"※"号的为续试组合。

表 5　2016 年贵州省鲜食(糯)玉米区试品质化验分析结果表

组合名称	蛋白质含量(%)	色氨酸含量(毫克/100克)	支链淀粉占总淀粉(%)	赖氨酸含量(毫克/克)
金彩糯627※	9.41	51.7	99.20	3.097
南农紫黑糯※	9.71	98.9	99.38	3.334
BSS141N※	8.37	84.3	99.20	4.126
筑甜糯1313※	8.33	89.1	99.25	4.347
黔糯968(CK)	8.65	73.4	99.18	3.861

注:标"※"号的为续试组合。

表 6-1 2016 年贵州省鲜食(糯)玉米区试鲜果产量汇总表

试点	BSS141N 亩产(千克)	比CK(±%)	排名	金彩糯627 亩产(千克)	比CK(±%)	排名	南农紫黑糯 亩产(千克)	比CK(±%)	排名	筑甜糯1313 亩产(千克)	比CK(±%)	排名	翔糯18 亩产(千克)	比CK(±%)	排名	黔糯868(CK) 亩产(千克)	比CK(±%)	排名
贵阳	870.9	12.6	3	840.0	8.6	7	670.0	-13.4	12	920.9	19.1	1	864.2	11.7	5	773.4	0.0	9
毕节	995.0	11.2	2	916.7	2.4	6	797.5	-10.9	11	953.4	6.5	4	940.9	5.1	5	895.0	0.0	7
铜仁	1017.6	16.8	1	882.5	1.3	6	799.2	-8.2	9	954.2	9.6	4	981.7	12.7	2	870.9	0.0	7
贵定	693.4	8.3	5	739.2	15.5	2	563.4	-12.0	10	630.9	-1.4	8	765.9	19.7	1	640.0	0.0	7
兴义	1043.4	11.2	2	965.9	2.9	4	695.0	-25.9	11	938.4	0.0	5	875.0	-6.8	7	938.4	0.0	5
安顺	1040.9	13.4	2	950.0	3.5	4	659.2	-28.2	12	1040.1	13.4	3	938.4	2.3	5	917.5	0.0	6
遵义	891.7	10.1	2	840.9	3.8	5	624.2	-22.9	12	903.4	11.5	1	745.9	-7.9	8	810.0	0.0	6
平均产量	936.1	12.1	1	876.5	5.0	4	686.9	-17.7	12	905.9	8.5	2	873.1	4.6	5	835.0	0.0	7
比组平均产量		13.0			5.8			-17.1			9.4			5.4			0.8	
变异系数(CV)(%)		13.6			8.9			12.6			14.2			10.3			12.4	
增减点数		全部增产			全部增产			全部减产			6增1减			5增2减			—	

表 6-2 2016 年贵州省鲜食(糯)玉米区试鲜果产量汇总表

试点	邦糯7号 亩产(千克)	比CK(±%)	排名	紫糯66 亩产(千克)	比CK(±%)	排名	QYW2438 亩产(千克)	比CK(±%)	排名	老农单糯1号 亩产(千克)	比CK(±%)	排名	丰糯1号 亩产(千克)	比CK(±%)	排名	金糯691 亩产(千克)	比CK(±%)	排名
贵阳	866.7	12.1	4	796.7	3.0	8	906.7	17.2	2	728.4	-5.8	10	689.2	-10.9	11	857.5	10.9	6
毕节	815.0	-8.9	9	990.0	10.6	3	1091.7	22.0	1	816.7	-8.7	8	800.0	-10.6	10	747.5	-16.5	12
铜仁	707.5	-18.8	12	770.0	-11.6	11	963.4	10.6	3	833.4	-4.3	8	785.0	-9.9	10	885.9	1.7	5
贵定	558.4	-12.8	11	601.7	-6.0	9	710.9	11.1	3	533.4	-16.7	12	700.0	9.4	4	645.9	0.9	6
兴义	780.0	-16.9	9	886.7	-5.5	9	1062.6	13.2	1	830.0	-11.6	8	769.2	-18.0	10	970.9	3.5	3
安顺	777.7	-15.2	9	884.2	-3.6	9	758.4	-17.3	11	766.7	-16.4	10	843.4	-8.1	8	1049.2	14.4	1
遵义	759.2	-6.3	7	841.7	3.9	7	655.0	-19.1	11	739.2	-8.7	9	720.0	-11.1	10	870.0	7.4	3
平均产量	752.1	-9.9	10	824.4	-1.3	8	878.4	5.2	3	749.7	-10.2	11	758.1	-9.2	9	861.0	3.1	6
比组平均产量		-9.2			0			6.1			-9.5			-8.5			4.0	
变异系数(CV)(%)		13.1			14.7			19.7			13.9			7.5			15.5	
增减点数		1增6减			3增4减			5增2减			全部减产			1增6减			6增1减	

注：组平均产量为 828.1 千克/亩。

表 7 2016 年贵州省鲜食（糯）玉米区试各试点性状平均数表

品种	播种至收鲜果生育期(天)	比CK(±%)	幼苗长势	抗倒性	株高(厘米)	穗位(厘米)	株型	保绿度(%)	分蘖率(%)	双穗率(%)	空杆率(%)	穗长(厘米)	穗粗(厘米)	秃尖(厘米)	穗形	穗行数(行)	行粒数(粒)	粒色	籽粒排列	鲜百粒重(克)
BSS141N	95.6	−2.4	中	强	228.2	95.4	半紧	81.0	0.2	6.2	0	20.0	5.0	0.8	锥形	14.3	35.8	浅黄	整齐	35.1
金彩糯 627	97.9	−0.1	强	强	220.2	85.6	紧凑	79.7	0.3	2.3	0.4	18.8	5.2	1.8	锥形	13.8	34.1	紫、白	不规则	36.3
南农紫黑糯	96.4	−1.6	弱	较弱	200.4	85.2	半紧	77.9	1.6	6.8	1.2	16.7	4.5	1.5	锥形	14.5	33.5	紫	螺旋	30.5
筑甜糯 1313	95.3	−2.7	中	强	237.7	101.6	松散	82.7	0.2	1.8	1.8	21.3	5.1	2.1	锥形	13.0	38.4	白	整齐	38.9
翔糯 18	98.0	0	中	中	227.8	98.9	半紧	85.4	0	4.7	0.4	20.2	5.0	1.6	锥形	14.9	33.8	白	整齐	34.8
黔糯 868（CK）	98.0	0	中	强	231.4	102.3	半紧	82.9	0	4.6	0.4	18.6	5.0	1.3	锥形	15.5	34.2	白	整齐	33.9
邦糯 7 号	95.6	−2.4	中	强	213.3	84.0	半紧	82.0	0.3	0.8	0.4	17.9	5.0	1.6	锥形	14.3	33.6	白	不规则	36.5
紫糯 66	97.0	−1.0	弱	中	223.0	80.4	紧凑	77.6	1.0	14.9	0.7	19.5	5.1	1.7	锥形	14.6	34.9	紫	整齐	31.7
QYW2438	101.9	3.9	强	强	269.2	113.6	半紧	87.4	2.3	0.4	0.5	21.1	4.7	3.3	锥形	16.0	38.1	白	整齐	32.0
老农单糯 1 号	95.3	−2.7	中	强	223.3	90.9	半紧	78.1	0.2	2.3	0.4	18.1	4.8	3.5	锥形	14.8	33.1	白	螺旋	32.4
丰糯 1 号	92.6	−5.4	中	较强	234.4	95.0	半紧	78.1	0.9	0.9	0.2	19.2	4.8	2.1	锥形	14.9	32.1	白	整齐	34.0
金糯 691	92.0	−6.0	中	中	204.5	75.7	半紧	79.1	0.4	11.9	0	17.3	5.2	1.1	锥形	15.7	33.0	白	不规则	33.8

表 8-1 2016 年贵州省鲜食(糯)玉米区试性状汇总表

试点及品种	播种至采鲜收果穗(天)	幼苗至采鲜长势	大斑病(级)	小斑病(级)	丝黑穗病(级)	茎腐病(级)	纹枯病(级)	矮花叶病(级)	玉米螟(级)	抗倒性	株高(厘米)	穗位高(厘米)	株型	保绿度(%)	分蘖率(%)	双穗率(%)	空杆率(%)	穗长(厘米)	穗粗(厘米)	秃尖度(厘米)	穗型	穗行数(行)	行粒数(粒)	粒色	籽粒排列	鲜百粒重(克)	鲜出籽率(%)	评分	等级
贵阳 (BSS 141N)	85	中	1	1	1	1	3	1	3	强	210	78	半紧	97	0	0	0	18.1	4.7	1.1	锥	16	33	浅黄	整齐	36.0	62.1		
毕节	111	强	3	3	1	1	0	1	1	抗	195.5	99.4	松散	85	0	27.5	0	18.8	5.3	0.3	锥	15	41	黄白		35.8	71.3	80	2
铜仁	99	好	1	1	1		0	1	1	抗	245	98	松散	50	0	0	0	18.3	5.1	1.8	短锥	16	30	白	齐	33.6	70.1	75	2
贵定	92	好	1	1	1		1	1	1	好	193	67	松散	95	0	0	0	20.0	5.0	0.8	长筒	14.0	40.0	浅黄	齐	35	68.8	90	1
兴义	85	下	3	3	1		3	1	1	好	261	89	半紧	85	0	4	0	24.0	5.1	0	锥	16	36	黄白	整齐	27.2	61.3	78	3
安顺	102	中	1	1	1		0	1	1	0	232	109	半展	60	1.2	12.2	0	20.1	5.1	0.4	锥	15	34.2	黄	规则	41.1	74.5	85	2
遵义	95	强	3	3	1	3	3	1	3	强	260.8	127.2	紧	95	0	0	0	20.6	4.6	1.0	锥	14.9	36.1	白	齐	37.3	68.0	87	2
贵阳 (金彩糯 627)	88	强	1	1	1	1	1	1	1	强	197	96	紧凑	95	0	0	0	18.0	5.1	2.4	锥	16	39	白紫	不规则	33.7	60.0		
毕节	114	中	3	5	1	3	3	1	1	抗	244.2	111.5	松散	75	0	7.5	0	19.8	5.5	1.4	锥	15	38	紫	齐	40.3	67.4	81	2
铜仁	100	一般	1	1	1	1	0	1	1	抗	250	80	半紧	60	0	0	0	17.6	4.7	1.1	短锥	15	27	白	不齐	35.4	70.5	75	3
贵定	95	好	3	3	1	3	3	1	1	好	180	57	半紧	90	0	0	0	18.8	5.5	1.5	长锥	12.0	33.0	花紫	齐	35	68.5	91	1
兴义	87	中	3	3	1		0	1	1	好	241	72	半紧	83	0	4	0	19.5	5.3	0	锥	12	36	黄	整齐	32.1	58.0	86	2
安顺	106	强	1	1	1		0	1	1	0	214	90	半紧	60	2.3	4.6	2.5	18.9	5.2	2.9	锥	13.2	31.8	白	规则	39.9	67.6	82	2
遵义	95	强	1	3	1		3	1	1	强	215.1	92.7	紧	95	0	0	0	18.9	5.0	3.1	锥	13.4	33.7	紫白	中	37.4	64.5	84	2

续表

品种	试点	播种至采收鲜果穗(天)	幼苗长势	大斑病(级)	小斑病(级)	丝黑穗病(级)	茎腐病(级)	纹枯病(级)	矮花叶病(级)	玉米螟(级)	抗倒性	株高(厘米)	穗位高(厘米)	株型	保绿度(%)	分蘖率(%)	双穗率(%)	空杆率(%)	穗长(厘米)	穗粗(厘米)	秃尖度(厘米)	穗型	穗行数(行)	行粒数(粒)	粒色	籽粒排列	鲜百粒重(克)	鲜出籽率(%)	品质评分	品质等级
南农紫黑糯	贵阳	85	弱	1	3	1	1	1	1	3	较弱	199	95	半紧	97	7.5	5.0	0	15.6	4.4	0.4	锥	15	35	紫	螺旋	26.7	66.8		
	毕节	117	中	5	5	1	1	3	1	1	抗	174.5	88.2	松散	80	2.5	30.0	0	16.5	4.6	1.1	锥	15	35	紫	不齐	30.0	75.1	77	2
	铜仁	99	一般	1	1	1	1	0	1	1	抗	216	84	松散	65	0	0	1.1	16.8	4.6	0.5	筒形	14	29	紫	齐	34.7	71.4	80	2
	贵定	91	中	3	3	1	3	3	1	3	好	176	58	松	83	0	0	5	19.0	4.8	1.0	长筒	13.0	36.0	花紫	整齐	30.0	56.6	89	2
	兴义	86	下	3	5	1	1	3	1	1	好	234	95	平展	80	0	0	0	16.6	4.3	6.2	锥	16	34	紫白	规则	28.8	75.8	65	3
	安顺	102	强	1	1	1	1	0	1	2	0	186	77	平展	50	1.2	11.4	0	15.6	4.5	0.3	锥	14	31.0	紫	齐	31.8	78.7	85	2
	遵义	95	强	1	3	1	1	1	1	1	强	217.5	99.1	半紧	90	0	1.3	2.5	17.1	4.5	0.9	锥	14.5	34.8	紫	整齐	31.6	72.3	85	2
筑甜糯1313	贵阳	87	中	1	5	1	1	1	1	1	强	216	94	松散	97	0	0	0	20.8	5.0	2.9	锥	14	43	白	整齐	38.0	70.4	77	2
	毕节	115	弱	3	3	1	1	1	1	1	抗	295.0	131.2	松散	80	0	12.5	2.5	22.3	5.5	1.4	锥	13	45	白	齐	42.7	73.5	85	1
	铜仁	95	一般	1	1	1	1	0	1	1	抗	208	78	松散	75	0	0	0	19.3	4.7	0.8	长锥	14	31	白	齐	32.8	67.9	84	2
	贵定	89	中	3	3	1	1	1	1	3	好	188	59	松	80	0	0	5	20.0	5.2	3.0	长筒	12.0	29.0	黄花	齐	40	73.9	74	3
	兴义	84	下	1	3	1	1	3	1	1	好	267	130	平展	87	0	0	0	22.6	4.9	0.8	锥	12	40	白	整齐	37.6	67.3	77	2
	安顺	102	强	1	1	1	1	0	1	1	0	234	109	平展	70	1.2	0	2.5	22.3	5.2	3.0	锥	13.4	40.1	白	规则	41.6	77.0	77	2
	遵义	95	强	1	1	1	1	1	1	1	强	255.8	110.0	半紧	90	0	0	2.5	21.7	5.0	3.1	筒	12.8	40.9	白	齐	39.8	70.7	84	2

表8-2 2015年贵州省鲜食(糯)玉米区试性状汇总表

品种	试点	播种至采收鲜果穗(天)	幼苗长势	大斑病(级)	小斑病(级)	丝黑穗病(级)	茎腐病(级)	纹枯病(级)	矮花叶病(级)	玉米螟(级)	抗倒性	株高(厘米)	穗位高(厘米)	株型	保绿度(%)	分蘖率(%)	双穗率(%)	空杆率(%)	穗长(厘米)	穗粗(厘米)	秃尖度(厘米)	穗型	穗行数(行)	行粒数(粒)	粒色	籽粒排列	鲜百粒重(克)	鲜出籽率(%)	品质评分	品质等级
翔糯18	贵阳	86	中	1	3	1	1	1	1	1	中	223	99	半紧	95	0	0	0	19.0	4.9	1.9	锥	15	36	白	整齐	36.0	68.0		
翔糯18	毕节	122	中	3	3	1	1	3	1	1	抗	187.5	88.2	松散	85	0	10.0	0	18.1	4.8	1.2	锥	13	35	紫		36.2	72.1	78	2
翔糯18	铜仁	97	好	1	3	1	1	0	1	1	抗	246	89	松散	55	0	0	0	21.3	4.8	0.6	长锥	15	32	白	不齐	33.7	71.3	85	1
翔糯18	贵定	95	好	1	1	3	3	3	3	3	好	196	75	松	93	0	0	0	20.5	5.3	2.2	长筒	13.5	31.0	白	齐	40	69.5	89	2
翔糯18	兴义	85	中	1	3	1	3	3	1	1	好	261	124	平展	85	0	0	0	20.9	5.5	0.3	锥	16	36	白	整齐	30.4	63.7	69	3
翔糯18	安顺	106	强	1	1	1	1	0	1	1	0	227	94	半紧	90	0	23.1	0	20.7	4.9	1.4	锥	15.8	32.8	白	规则	35	70.3	79	2
翔糯18	遵义	95	强	1	1	1	1	1	1	1	强	254.3	123.2	半紧	95	0	0	2.5	21.1	4.7	3.5	锥	16.1	33.6	白	齐	32.5	63.4	82	2
黔糯868(CK)	贵阳	88	中	3	3	1	1	3	1	1	强	207	74	半紧	97	0	0	0	17.7	5.0	0.7	锥	17	32	白	整齐	31.0	65.3		
黔糯868(CK)	毕节	120	中	3	3	1	1	3	1	1	抗	204.8	98.4	松散	80	0	15.0	0	17.8	4.8	0.5	锥	15	34	白		35.5	69.2	80	2
黔糯868(CK)	铜仁	100	好	1	1	1	1	0	1	1	抗	251	91	松散	50	0	0	1.3	18.2	4.9	2.3	长锥	16	30	白	齐	34.1	66.9	70	3
黔糯868(CK)	贵定	92	好	1	1	1	3	3	1	1	好	200	80	半紧	95	0	3	0	19.0	5.5	2.0	长筒	14.0	38	白	齐	38.2	68.5	91	1
黔糯868(CK)	兴义	89	下	1	3	1	1	3	1	2	好	257	117	半紧	83	0	14.3	0	19.1	5.0	0	锥	16	37	紫	整齐	30.5	56.6	84	2
黔糯868(CK)	安顺	102	强	1	1	1	1	0	1	1	0	238	117	半紧	80	0	0	0	19.5	5.2	0.4	锥	17.0	37.9	白	规则	33.4	72.2	84	2
黔糯868(CK)	遵义	95	强	1	1	1	1	1	1	1	强	261.8	138.7	紧	95	0	0	1.3	18.7	4.7	3.1	锥	15.2	35.7	白	齐	32.0	68.0	85	2

续表

试点及品种	播种至采收鲜果穗(天)	幼苗长势	大斑病(级)	小斑病(级)	丝黑穗病(级)	茎腐病(级)	纹枯病(级)	矮花叶病(级)	玉米螟(级)	抗倒性	株高(厘米)	穗位高(厘米)	株型	保绿度(%)	分蘖率(%)	双穗率(%)	空杆率(%)	穗长(厘米)	穗粗(厘米)	秃尖度(厘米)	穗型	穗行数(行)	行粒数(粒)	粒色	籽粒排列	鲜百粒重(克)	鲜出籽率(%)	品质评分	品质等级
邦糯7号 贵阳	85	中	3	3	1		1	1	1	强	211	91	半紧	97	0	0	0	16.7	4.9	1.1	锥	16	36	白	不规则	30.2	63.0		
毕节	118	强	5	5	1		3	1	1	抗	182.5	85.2	松散	80	0	0	0	19.0	5.2	1.2	锥	15	37	白		42.0	73.1	76	2
铜仁	102	差	1	3	1		0	1	1	抗	265	82	松散	75	0	0	0	17.9	4.8	2.1	短锥	14	31	白	不齐	35.2	67.9	75	2
贵定	90	差	3	1	1		3	1	3	好	180	61	松	87	0	0	0	17.5	5.5	2.5	长锥	13.5	32.0	白	齐	40.0	74.7	86	2
兴义	85	中	1	1	1		0	1	1	好	237	99	半紧	80	0	3	0	19.2	5.2	0.9	锥	14	34	白	整齐	36.7	67.7	75	3
安顺	99	强	1	1	1		1	1	1	0	202	81	紧	60	2.4	2.4	2.5	16.9	5.0	1.0	锥	14	30.8	白	规则	35.6	73.4	82	2
遵义	90	强	1	1	1		3	1	1	强	215.6	88.7	半紧	95	0	0	0	18.3	4.8	2.3	锥	13.4	34.6	白	中	35.5	64.5	82	2
紫糯66 贵阳	88	弱	3	5	1		0	1	1	中	216	65	紧	95	0	12.5	0	19.0	4.8	2.0	锥	16	36	紫	整齐	31.1	66.7		
毕节	119	中	5	5	1		1	1	1	抗	225.2	81.3	松散	75	2.5	45.0	0	21.7	5.0	1.7	锥	16	43	紫		35.1	68.5	77	2
铜仁	102	差	3	3	1		3	1	3	抗	218	78	半紧	50	0	0	3.4	17.3	4.6	1.0	短锥	12	28	紫	齐	31.3	69.4	70	3
贵定	88	差	3	3	1		0	1	1	好	192	55	松	90	0	10	0	18.0	4.7	2.0	锥	12.0	32.0	紫	齐	35.0	65.5	87	2
兴义	90	下	1	3	1		3	1	1	好	235	100	平展	83	0	0	0	20.1	4.3	0.7	锥	16	34	黄白	整齐	26.7	78.3	88	2
安顺	102	较弱	1	3	1		0	1	3	0	222	88	半紧	60	4.8	20.7	0	19.9	4.6	1.5	锥	14.8	33.2	紫	规则	30.8	65.0	81	2
遵义	90	强	1	1	1		1	1	1	强	252.7	95.7	紧	90	0	16.0	1.3	20.4	4.6	2.8	锥	15.2	38.2	紫	齐	31.8	62.7	82	2

表8-3 2015年贵州省鲜食(糯)玉米区试性状汇总表

试点及品种		播种至采收鲜果穗(天)	幼苗长势	大斑病(级)	小斑病(级)	丝黑穗病(级)	茎腐病(级)	纹枯病(级)	矮花叶病(级)	玉米螟(级)	抗倒性	株高(厘米)	穗位高(厘米)	株型	保绿度(%)	分蘖率(%)	双穗率(%)	空秆率(%)	穗长(厘米)	穗粗(厘米)	秃尖度(厘米)	穗型	穗行数(行)	行粒数(粒)	粒色	籽粒排列	鲜百粒重(克)	鲜出籽率(%)	品质 评分	品质 等级
QYW 2438	贵阳	91	强	3	5	1	1	3	1	1	强	245	98	半紧	95	12.5	0	0	19.7	4.8	2.3	锥	18	39	白	齐整	32.0	70.0		
	毕节	124	强	1	1	1	1	3	1	1	抗	279.5	138.9	松散	80	0	2.5	0	23.1	4.5	0.6	锥	15	51	白		31.2	75.8	75	2
	铜仁	103	好	1	3	1	1	0	1	1	抗	249	81	松散	70	0	0	0	19.6	5.0	0.8	长锥	14	33	白	齐	34.1	70.6	80	2
	贵定	99	好	1	3	1	1	1	1	1	好	215	71	半紧	95	0	0	0	22.0	5.0	2.2	长筒	14.0	35.0	白	齐	35.0	70.6	88	2
	兴义	93	中	3	1	1	1	3	1	1	好	317	142	半紧	87	0	0	0	23.7	4.9	10.0	锥	16	40	黄白	整齐	30.7	72.3	71	3
	安顺	106	强	1	3	1	1	0	1	1	0	268	110	半紧	90	3.6	0	2.5	21.2	4.9	3.9	锥	17.8	38.4	白	规则	29.0	65.8	81	2
	遵义	97	强	3	3	1	1	3	1	1	强	310.6	154.5	半紧	95	0	0	1.3	18.2	4.6	3.5	筒	16.9	30.5	白	齐	31.9	63.3	86	2
老农 单糯 1号	贵阳	84	中	3	3	1	1	1	1	3	强	215	89	半紧	95	0	0	0	18.3	4.7	3.8	锥	15	36	白	螺旋	32.0	55.2		
	毕节	122	强	5	5	1	1	5	1	1	抗	215.6	106.8	松散	80	0	12.5	0	18.2	5.3	1.9	锥	16	38	白		36.7	73.6	79	2
	铜仁	97	一般	3	1	1	3	0	3	3	抗	257	76	松散	50	0	0	0	17.1	4.9	2.2	短锥	14	28	白	齐	33.8	66.3	75	2
	贵定	89	中	3	1	1	3	3	1	1	好	185	65	松	85	0	0	0	17.0	5.0	3.0	筒形	14.0	30.0	白	齐	30	63.2	89	2
	兴义	86	中	3	3	1	1	3	1	1	好	249	108	半紧	82	1.2	0	0	19.8	4.9	9.0	锥	16	34	白	整齐	28.8	64.5	66	3
	安顺	99	强	1	1	1	1	0	1	2	0	203	90	半紧	60	3.6	0	2.5	17.7	4.9	1.1	锥	14	32.4	白	规则	34.5	68.7	80	2
	遵义	90	强	1	1	1	1	1	1	1	强	241.3	101.5	半紧	95	0	0	0	18.5	4.8	3.2	锥	14.7	33.2	白	齐	30.7	60.1	82	2

续表

试点及品种		播种至采收鲜果穗(天)	幼苗长势	大斑病(级)	小斑病(级)	丝黑穗病(级)	茎腐病(级)	纹枯病(级)	矮花叶病(级)	玉米螟(级)	抗倒性	株高(厘米)	穗位高(厘米)	株型	保绿度(%)	分蘖率(%)	双穗率(%)	空杆率(%)	穗长(厘米)	穗粗(厘米)	秃尖度(厘米)	穗型	穗行数(行)	行粒数(粒)	粒色	籽粒排列	鲜百粒重(克)	鲜出籽率(%)	品质评分	品质等级
丰糯1号	贵阳	83	中	1	3	1	1	1	1	3	较强	222	81	半紧	97	0	0	0	19.0	4.5	3.2	锥	15	31	白	整齐	34.1	61.9		
	毕节	112	强	5	5	1	1	3	1	1	抗	252.1	125.7	松散	85	5.0	5.0	0	17.3	5.5	0.3	锥	17	35	白		34.5	75.6	77	2
	铜仁	95	好	3	3	1	1	0	1	1	抗	218	74	松散	55	0	0	0	16.2	4.5	1.1	短锥	16	29	白	齐	32.0	75.3	70	3
	贵定	86	好	3	5	1	1	3	1	3	好	195	70	松散	85	0	0	0	19.5	5.3	2.5	锥	14.0	32.0	白	齐	34	69.1	89	2
	兴义	85	下	3	3	1	1	3	1	1	好	243	96	半紧	80	0	0	0	22.1	4.7	2.1	锥	14	36	白	整齐	33.3	64.7	80	2
	安顺	97	强	1	1	1	1	0	1	1	0	235	103	半紧	50	1.2	1.2	0	19.3	4.7	1.6	锥	14	29.6	白	规则	38.0	70.1	78	2
	遵义	90	强	1	3	1	1	1	1	1	强	275.4	115.4	紧	95	0	0	1.3	20.8	4.4	3.5	锥	14.6	31.9	白	齐	32.1	60.2	87	2
金糯691	贵阳	83	中	1	3	1	1	1	1	3	中	170	61	半紧	97	0	15	0	17.9	5.2	1.9	锥	18	35	白	不规则	35.0	63.7		
	毕节	108	中	3	3	1	1	3	3	1	抗	221.2	90.5	松散	80	0	30.0	0	15.1	5.6	0.4	锥	17	34	白		33.2	73.2	77	2
	铜仁	94	一般	1	3	1	1	1	1	1	抗	211	71	松散	50	0	0	0	17.5	5.0	1.4	短锥	14	28	白	不齐	36.8	68.9	75	2
	贵定	86	差	3	3	1	1	3	1	3	好	180	55	松散	80	0	0	0	18.5	5.5	2.2	长筒	14.5	35.0	白	齐	35	70.0	87	2
	兴义	84	中	3	3	1	1	1	1	1	好	219	69	紧凑	82	0	2	0	18.3	5.2	0	锥	16	36	白	整齐	32.5	58.5	86	2
	安顺	99	强	1	1	1	1	0	1	1	0	204	86	紧凑	70	2.5	28.4	0	16.0	5.2	1.1	锥	14.4	28	白	规则	31.3	66.5	78	2
	遵义	90	强	1	1	1	1	1	1	1	强	226.6	97.4	紧	95	0	7.6	0	18.1	5.0	0.7	锥	16.3	35.3	白	齐	33.0	61.2	85	2

八、汇总单位建议

（一）续试过关品种

（1）BSS141N[※]

感观和蒸煮品质综合评分78.9分,品质较差（2015年为79.0分）。两年14个点次平均亩产908.4千克,较对照增产8.6%,增产点次13个,增产点次占总试点次百分比为92.9%;两年平均生育期为95.5天,较对照早2.6天。

（2）金彩糯627[※]

感观和蒸煮品质综合评分82.0分,品质好。两年14个点次平均亩产842.3千克,较对照增产0.7%,增产点次13个,增产点次占总试点次百分比为64.3%;两年平均生育期为96.9天,较对照早1.2天。

（3）筑甜糯1313[※]

感观和蒸煮品质综合评分81.8分,品质好。两年14个点次平均亩产894.4千克,较对照增产6.9%,增产点次12个,增产点次占总试点次百分比为85.7%;两年平均生育期为95.5天,较对照早2.6天。

（二）可参加续试品种

（1）翔糯18

感观和蒸煮品质综合评分为79.8分,居12个参试组合第七位（对照为80.0分,居第六位）。2016年鲜果穗平均亩产量873.1千克,较对照增产4.6%,居12个组合第五位,7个试点5增2减;播种至采收鲜果穗生育期98.0天,比对照相当。

（2）QYW2438

感观和蒸煮品质综合评分为79.4分,居12个参试组合第九位（对照为80.0分,居第六位）。2016年7个试点鲜果穗平均亩产量878.4千克,较对照增产5.2%,居12个组合第三位,7个试点5增2减;播种至采收鲜果穗生育期101.9天,比对照晚3.9天。

（3）金糯691

感观和蒸煮品质综合评分为80.4分,居12个参试组合第五位（对照为80.0分,居第六位）。2016年7个试点鲜果穗平均亩产量861.0千克,较对照增产3.1%,居12个组合第六位,7个试点6增1减,点间变异系数CV为15.5%。播种至采收鲜果穗生育期92.0天,比对照早6.0天。

(4)紫糯 66

感观和蒸煮品质综合评分为 81.0 分,居 12 个参试组合第二位(对照为 80.0 分,居第六位)。2016 年 7 个试点鲜果穗平均亩产量 824.4 千克,较对照减产 1.3%,居 12 个组合第八位,7 个试点 3 增 4 减,点间变异系数 CV 为 14.7%。播种至采收鲜果穗生育期 97.0 天,比对照早 1.0 天。

2016 年贵州省玉米新品种区域试验
低热河谷组综合总结

一、试验目的

通过本试验鉴定新育成(引进)品种(组合)在我省的丰产性、适应性及抗逆性,筛选出适宜我省不同地区种植的玉米新品种,从而为品种审定提供科学依据。

二、参试组合及供种单位(表1)

表1　参试品种及供种单位

序号	参试组合	供种单位	邮编	联系人	联系电话
K1	友玉 2208※	贵州友禾种业有限公司	550006	杨云	13308510879
K2	新中玉 818※	贵州新中一种业股份有限公司	400060	刘文亮	15985024888
K3	百隆单 369※	遵义市百隆源农科所	563102	彭亮	13308523788
K4	ZH396	贵州卓豪农业科技有限公司	563100	左祥文	18108527158
K5	L667	贵州秋实农业发展有限公司	558200	孟锦勇	13518542222
K6	正大 808(CK)	云南正大种子有限公司	651100	普提玛	13888626357
K7	先达 901	三北种业有限公司	68150	封宠伟	13832411229
K8	桂玉 821	广西亚航农业科技有限公司	530007	方勇	13978879639
K9	正大 608	云南正大种子有限公司	651100	普提玛	13888626357
K10	隆瑞 888	贵州禾睦福种子有限公司	550008	程尚明	13985587909
K11	佳福 399	贵州众望种业有限公司	558400	吴飞	13985752825

注:标"※"号的为续试组合。

三、试验设计与管理

(一)试点田间设计

该试验参试品种(组合)共 11 个,其中百隆单 369、友玉 2208、新中玉 818 为续试品种。全省设 6 个承试单位:兴义市种子管理站、罗甸县种子管理站、荔波县种子管理站、望谟县种子管理站、册亨县种子管理站和紫云县种子管理站(其中册亨试点因气候灾害导致试验报废,未参与汇总)。参汇试点分布在海拔高度 485~847 米,平均海拔 699.8 米。各试点均按贵州省种子总站的统一方案实施,小区采用随机区组排列,三次重复。五行区,小区面积 20 平方米(5 米×4 米),种植密度为 3167 株/亩,小区每行 19 窝,单株留苗。试验区四周设有面积不等的保护区。收获时以小区中间三行测产。

(二)试验地及播种情况

田间管理望谟和紫云试点前作为空地,荔波试点前作为玉米,兴义试点前作为蔬菜,罗甸前作为油菜和萝卜。播种前各试点均用拖拉机或牛犁耙 1~2 次,并辅以人工碎土平整,基肥用量:复合肥 13~50 千克/亩,农家肥 800~1300 千克/亩。6 个试点均采用直播方式播种。多数试点土地肥力中等,玉米生育期内均无灌溉。

各试点在苗期都进行了匀苗补苗工作,最后定苗。所有试点中耕及追肥两次,追肥均使用尿素。

四、气候条件对玉米生长发育的影响

兴义点:播种当天温度 20~31℃,出苗期日气温保持在 21~30℃,抽雄期在 22~32℃,成熟期气温 19~30℃。5 月底至 6 月底时晴时雨,尤其在 6 月 8 日、6 月 20 日降雨量较大,气温 19~32℃。

罗甸点:8 月 3 日白天大到暴雨,夜间阴有大雨且伴有大风,造成玉米倒伏。

荔波点:3 月 16 日至 5 月 1 日,天气多以阴天陈雨为主,气温 15~23℃。5 月 2 日至5 月 14 日,天气多以阴天陈雨为主,气温 19~30℃;5 月 15 日降温,中雨,气温 15~23℃;7 月 23~31 日高温 25~35℃;8 月 14 日出现大风降雨,部分品种出现倒折、倒伏现象。

册亨点:5 月 22~28 日持续大雨。5 月 31 日试验人员临田查看,发现 5 号品种在三次重复中植株矮小、枯萎、心叶霉烂、植株发红和植株死亡。7 月 17 日至 8 月 10 日遭遇20 多天的持续高温天气,部分参试品种不能正常灌浆。8 月 14 日晚 18 时左右试验所在地刮大风下大雨,大雨持续到 15 日上午 8 时左右,试验品种因大风大雨恶劣天气的危害已全部发生倒伏,试验报废。

望谟点:由于8月15日刮大风,导致区试、生试部分倒伏及折断。

紫云点:今年我县4~7月份有暴雨天气,降水量超过同年降水量,雨水过多,造成试验过程中二、三重复区部分小区集水过多,长势较差,影响了后期产量。另外,因今年雨水多,在进行二次人工除草后,杂草依然生长过快,因而在玉米抽穗时对试验地进行了一次化学除草,造成5号品种在抽穗后出孔,三个重复叶片枯死不结实,因此验收中缺少5号品种数据。

由于紫云试点L667试验品种数据缺失,试验产量数据无法采用作物品种区域试验统计分析软件进行分析。为了能进行分析,其他4个试点的5号品种产量取其平均数据作为紫云点数据进行分析。

试验产量数据采用RCT99软件进行分析,产量联合方差分析采用混合模型,品种间差异性比较采用最小差数显著(LSD)法,品种稳定性分析采用均值变异系数法,其他农艺性状采用平均数法进行统计。

各试点的误差变异系数CV%在3.146%~7.490%,品种比较精确度RLSD0.05在12.781%以下。整组试验的误差变异系数为5.819%,详见表2、表3。

表2 2016年单年单点试验的品种比较精度(RLSD0.05=LSD0.05/试验均值) 性状:产量

年份	试点	RLSD0.05(%)
2016	荔波	12.269
2016	罗甸	12.781
2016	望谟	6.216
2016	兴义	5.368
2016	紫云	11.748

表3 2016年单年单点试验的误差变异系数(CV) 性状:产量

年份	试点	CV(%)
2016	荔波	7.190
2016	罗甸	7.490
2016	望谟	3.642
2016	兴义	3.146
2016	紫云	6.884

试验方差分析与多重比较,见表4。

表4　多重比较结果(LSD 法)

LSD0 0.05 = 0.4927

LSD0 0.01 = 0.6511

品种	品种均值	0.05 显著性	0.01 显著性
正大 608	12.73800	a	A
先达 901	12.72400	a	A
佳福 399	12.23000	b	AB
L667	12.01733	bc	B
新中玉 818	11.89600	bc	BC
友玉 2208	11.83733	bc	BC
正大 808	11.62667	cd	BC
隆瑞 888	11.27933	de	CD
百隆单 369	10.95467	ef	DE
桂玉 821	10.51800	f(克)	E
ZH396	10.34333	克	E

五、试验结果

本年参试品种(组合)平均亩产 574.7~707.58 千克,对照正大 808 亩产 646.2 千克,参试组合平均亩产 640 千克,参试品种中友玉 2208、新中玉 818、L667、先达 901、正大 608、佳福 399 比对照正大 808 平均亩产增产,详见表5。

(一)产量

详见表5。

(二)生育期

详见表6。

(三)主要产量性状(详见表7)

六、组合综述

参试品种(组合)生育期 110~120 天,对照为 114 天。参试品种(组合)穗行数平均 13.3~18.5 行,其中 9 号穗行数最多,对照为 17.0 行。参试品种(组合)百粒重平均 29.5~41.2 克,其中 4 号最轻,7 号最重,对照为 34.3 克。参试品种(组合)单穗粒重平均

188.2~226.6 克,其中 4 号最轻,9 号最重,对照为 215.1 克。

七、存在的问题

各试验点对试验的抗性鉴定观察不够重视,我们对中期检查中抗性鉴定的观察也未重视,出现观察不足的问题。

各试验点上报表格格式不同,建议制作统一表格。

表 5　2016 年贵州省玉米区试低热河谷组产量汇总表

试点	友玉 2208 亩产(千克)	比 CK(±%)	位次	新中玉 818 亩产(千克)	比 CK(±%)	位次	百隆单 369 亩产(千克)	比 CK(±%)	位次	ZH396 亩产(千克)	比 CK(±%)	位次	L667 亩产(千克)	比 CK(±%)	位次
兴义市	861.7	+11.03	2	815	+5.01	5	637.8	-17.82	11	668.4	-13.88	10	741.1	-4.51	7
荔波县	626.6	+4.24	4	628.3	+4.53	3	625.6	+4.08	5	551.1	-8.32	11	597.2	-0.65	9
望谟县	598.9	+0.47	5	647.8	+8.67	1	584.5	-1.95	7	556.1	-6.71	9	543.4	-8.84	11
紫云县	651.1	-4.42	5	641.1	-5.89	7	641.7	-5.80	6	627.3	-7.91	9			
罗甸县	550	-4.63	8	571.7	-0.87	8	553.4	-4.04	7	470.6	-18.40	11	474.5	-17.72	9
平均值	657.7	+1.77	5	660.8	+2.25	4	608.6	-5.82	8	574.7	-11.07	11	589.1	-8.85	9

表 6　2016 年贵州省玉米区试低热河谷组产量汇总表

试点	正大 808 亩产(千克)	比 CK(±%)	位次	先达 901 亩产(千克)	比 CK(±%)	位次	桂玉 821 亩产(千克)	比 CK(±%)	位次	正大 608 亩产(千克)	比 CK(±%)	位次	隆瑞 888 亩产(千克)	比 CK(±%)	位次	佳福 399 亩产(千克)	比 CK(±%)	位次
兴义市	776.1	0	6	847.8	+9.24	4	673.9	-13.17	9	875	+12.74	1	713.4	-8.08	8	852.8	+9.88	3
荔波县	601.1	0	8	650	+8.14	2	585.6	-2.58	10	613.9	+2.13	7	614.4	+2.21	6	670	+11.46	1
望谟县	596.1	0	6	618.9	+3.82	3	547.2	-8.20	10	612.8	+2.80	4	563.9	-5.40	8	625	+4.85	2
紫云县	681.2	0	2	618.9	-9.15	10	640.6	-5.96	8	767.8	+12.71	1	671.1	-1.48	4	676.7	-0.66	3
罗甸县	576.7	0	3	788.4	+36.71	1	474.5	-17.72	9	668.4	+15.90	2	570	-1.16	6	572.8	-0.68	4
平均值	646.2	0	6	704.8	+9.06	2	584.4	-9.58	10	707.6	+9.49	1	626.6	-3.05	7	679.5	+5.14	3

表7 2016年贵州省玉米区试低热河谷组主要性状汇总表

品名	试点	海拔(米)	播种期(日/月)	出苗期(日/月)	成熟期(日/月)	生育期(天)	比对照(±天)	株高(厘米)	穗位高(厘米)	穗长(厘米)	穗行数(行)	行粒数(粒)	秃尖(厘米)	单穗粒重(克)	百粒重(克)	实秆率(%)	倒伏率(%)	轴色	粒型	粒色
K1	兴义	810	5/5	11/5	30/8	117	-1	331	195	18.8	15.6	42.4	0.2	246.0	39.0	0	0	白	半马	白黄
	荔波	847	16/4	26/4	24/8	120	0	248	87	18.9	16	39	1.3	231.5	36.0	0	25	白	半马	白色
	望谟	485	26/4	3/5	18/8	106	-1	288.3	105.7	18.1	15.5	39.3	1.7	205.0	33.6	0	15	白	半马齿	白色
	紫云	780	18/4	23/4	11/8	110	-9	259	84	18.4	14	43	0	255.0	40.0	0	0	白	半马齿	白色
	罗甸	577	11/4	18/4	4/8	109	+2	289	122	15.4	16	32	1.3	181.9	35.0	0	0	白	马齿	白色
	平均值	669.8				112.4	-1.8	283.1	118.7	17.9	15.4	39.1	0.9	223.9	36.7	0.0				
K2	兴义	810	5/5	11/5	30/8	117	-1	354	170.2	20.4	16.2	39.4	1.1	236.0	37.0	0	0	白	半马	黄
	荔波	847	16/4	25/4	24/8	120	0	306	131	19.4	16	36	1.7	196.8	33.0	0	6	白	硬粒	黄色
	望谟	485	26/4	3/5	19/8	107	0	323.3	151.1	19.6	174	40	1	219.0	31.6	0	13	白	硬	黄
	紫云	780	18/4	23/4	15/8	114	-5	294	117	23.1	15	45	0.03	257.0	41.0	0	0	白	硬粒	黄
	罗甸	577	11/4	18/4	30/7	105	-2	312	149	19.5	15	41	0.4	208.1	30.0	0	白	半马齿	黄	
	平均值	699.8				112.6	-1.6	317.9	143.7	20.4	15.9	40.3	0.8	223.4	34.5	0.00				
K3	兴义	810	5/5	10/5	28/8	115	-3	347.2	153	22.9	15	32.7	0.2	240.0	42.0	0	0	白	半马	黄
	荔波	847	16/4	26/4	22/8	118	+2	289	115	22.2	15	40	1.1	211.0	35.0	0	4	白	半马	黄色
	望谟	485	26/4	3/5	17/8	105	-2	306.5	137.9	21.6	15.8	39	1	201.0	32.7	0	8	白	半马	黄色
	紫云	780	18/4	23/4	4/8	103	-16	281	117	27	16	43	0	258.4	43.0	0	0	白	马齿	黄白
	罗甸	577	11/4	18/4	4/8	109	+2	310	134	20.8	17	45	0.3	221.3	35.0	0	0	白	半马齿	黄
	平均值	699.8				110.0	-3.4	306.7	131.4	22.9	15.8	39.9	0.5	226.3	37.5	0.0				
K4	兴义	810	5/5	11/5	30/8	117	-1	277.4	119.6	18.9	18.6	39.7	0.3	204.0	32.0	0	0	白	硬	黄
	荔波	847	16/4	26/4	24/8	120	0	276	119	18.4	17	38	1	181.5	29.0	0	0	白	硬粒	黄色
	望谟	485	26/4	3/5	18/8	106	-1	277.8	115.8	17.9	17	38.5	1.2	194.0	29.7	0	6	白	硬	黄
	紫云	780	18/4	23/4	11/8	110	-9	245	90	18	17	39	0.03	211.0	32.0	0	0	白	硬粒	黄
	罗甸	577	11/4	18/4	2/8	107	0	253	117	17.7	18	36	1.1	1507	25.0	0	0	白	半马齿	黄
	平均值	699.8				112.0	-2.2	265.8	112.3	18.2	17.5	38.2	0.7	188.2	29.5	0.0				

续表

品名	试点	海拔(米)	播种期(日/月)	出苗期(日/月)	成熟期(日/月)	生育期(天)	比对照(±天)	株高(厘米)	穗位高(厘米)	穗长(厘米)	穗行数(行)	行粒数(粒)	秃尖(厘米)	单穗粒重(克)	百粒重(克)	实秆率(%)	倒伏率(%)	轴色	粒型	粒色
K5	兴义	810	5/5	13/5	5/9	123	+5	333.8	173.8	21.8	15.4	39.9	0.3	203.0	37.0	0	0	白	硬	黄
	荔波	847	16/4	26/4	26/8	122	-2	304	146	21	15	38	1.5	208.3	36.0	0	0	白	硬粒	黄色
	望谟	485	26/4	3/5	26/8	114	+7	287.9	135.1	20.7	15	36.7	1.6	188.0	34.2	0	7	白	硬	黄
	紫云	780																	半马齿	黄
	罗甸	577	11/4	18/4	14/8	119	+12	296	151	20	15	36	2.8	187.2	30.0	0	0	白		
	平均值	699.8				119.5	+5.5	305.4	151.5	20.9	15.1	37.7	1.6	196.6	34.3	0.0	0			
K6	兴义	810	5/5	12/5	31/8	118	0	327.4	164.8	15.3	17.4	36	0.8	180.0	30.0	0	0	白	半马	黄
	荔波	847	16/4	26/4	24/8	120	0	288	127	17.3	18	34	2	184.8	30.0	0	9	白	半马	黄色
	望谟	485	26/4	3/5	19/8	107	0	299.5	130.8	15.1	16.8	40.8	1.9	208.0	30.3	0	11	白	半	黄
	紫云	780	18/4	23/4	20/8	119	0	256	98	17.47	17	40	0.03	242.0	37.0	0	0	白	马齿	黄白
	罗甸	577	11/4	18/4	2/8	107	0	280	122	16.4	15	33	2.3	164.0	30.0	0	1.1	白	半马齿	黄
	平均值	699.8				114.2	0	290.2	128.5	16.3	16.8	36.8	1.4	195.8	31.5	0.0				
K7	兴义	810	5/5	11/5	30/8	117	-1	326	157	19.5	15.2	34.3	0.3	230.0	43.0	0	0	白	半马	黄
	荔波	847	16/4	26/4	24/8	120	0	276	111	18.9	14	43	1.3	207.6	44.0	0	3	白	半马	黄色
	望谟	485	26/4	3/5	18/8	106	-1	302.1	135.9	18.8	15.4	41.6	1	217.0	33.9	0	5	白	半硬粒	淡黄
	紫云	780	18/4	23/4	11/8	110	-9	240	83	18.03	14	33	0.07	210.0	45.0	0	0	白	半马齿	黄
	罗甸	577	11/4	18/4	4/8	109	+2	262	111	19.5	15	34	1	236.4	40.0	0	0	白	半马齿	黄
	平均值	669.8				112.4	-1.8	281.2	119.6	18.9	14.7	37.2	0.7	220.2	41.2	0.0				
K8	兴义	810	5/5	11/5	30/8	117	-1	312.8	167.4	19.7	13.4	45.5	0.2	199.0	35.0	0	0	白	半马	黄
	荔波	847	16/4	26/4	25/8	121	-1	272	117	20.9	13	46	0	200.6	34.0	0	7	白	半马	黄色
	望谟	485	26/4	3/5	26/8	114	+7	279.3	134.5	18.9	14.2	43.1	0.5	189.0	31.0	0	0	白		黄
	紫云	780	18/4	23/4	16/8	115	-4	259	121	17.75	13	41	0	194.0	37.0	0	8	白	半硬粒	黄
	罗甸	577	11/4	18/4	7/8	112	+5	280	140	18.9	13	39	1	183.7	30.0	0	0	白	半马齿	黄
	平均值	669.8				115.8	1.2	280.6	136.0	19.2	13.3	42.9	0.3	193.3	33.4	0.0				

续表

品名	试点	海拔(米)	播种期(日/月)	出苗期(日/月)	成熟期(日/月)	生育期(天)	比对照(±天)	株高(厘米)	穗位高(厘米)	穗长(厘米)	穗行数(行)	行粒数(粒)	秃尖(厘米)	单穗粒重(克)	百粒重(克)	实秆率(%)	倒伏率(%)	轴色	粒型	粒色
K9	兴义	810	5/5	10/5	25/8	112	-6	313.4	132.4	17	19	36.9	0.2	240.0	38.0	0	0	白	半马	黄
	荔波	847	16/4	26/4	22/8	118	+2	258	101	16.3	17	33	0	226.7	38.0	0	4	白	半马	黄色
	望谟	485	26/4	3/5	18/8	106	-1	298	119.1	16.5	18.5	35.7	1.7	214.0	32.4	0	6	白	半马	淡黄
	紫云	780	18/4	23/4	9/8	108	-11	265	97	15.73	18	34	0.07	240.0	41.0	0	0	白	马齿	黄白
	罗甸	577	11/4	18/4	30/7	105	-2	273	102	16.2	20	32	0.4	212.2	35.0	0	0.35	白	马齿	黄
	平均值	669.8				109.8	-3.6	281.5	110.3	16.4	18.5	34.3	0.5	226.6	36.9	0.0	0			
K10	兴义	810	5/5	12/5	31/8	118	0	315.8	155.8	22	14.2	43.2	0.5	19.0	34.0	0	0	白	半马	黄
	荔波	847	16/4	26/4	24/8	120	0	283	121	20.7	14	42	1	208.1	27.0	0	4	白	半马	黄色
	望谟	485	26/4	3/5	17/8	105	-2	294.9	142	22.2	14.6	41.2	1.5	199.0	33.1	0	4	白	半马	淡黄
	紫云	780	18/4	23/4	16/8	115	-4	262	107	20.75	14	45	0.05	211.0	34.0	0	0	白	半硬粒	黄
	罗甸	577	11/4	18/4	2/8	107	0	272	124	19.3	16	40	0.7	198.2	35.0	0	0.35	白	硬粒	黄
	平均值	669.8				113.0	-1.2	285.5	130.0	21.0	14.6	42.3	0.8	201.3	32.6	0.0				
K11	兴义	810	5/5	12/5	2/9	120	+2	323.2	13.94	18.6	17.6	38.5	1.1	216.0	34.0	0	0	白	半马	黄
	荔波	847	16/4	26/4	24/8	120	0	274	108	18.3	16	38	0.8	202.7	33.0	0	0	白	硬粒	黄色
	望谟	485	26/4	3/5	19/8	107	0	290.4	125.8	18.1	18.4	36.7	2.1	218.0	32.3	0	2	白	半马	黄
	紫云	780	18/4	23/4	11/8	110	-9	247	83	17.53	16	38	0.07	224.0	37.0	0	0	白	半硬粒	黄
	罗甸	577	11/4	18/4	4/8	109	+2	261	113	16.9	17	32	2.1	214.9	35.0	0	0	白	马齿	黄
	平均值	669.8				113.2	-1.0	279.1	113.8	17.9	17.0	36.6	1.2	215.1	34.3	0.2				

表 8-1　2016 年贵州省玉米区试低热河谷组抗病性汇总表

试点	K1							K2							K3						
	大斑(级)	小斑(级)	丝黑穗(%)	茎腐(级)	纹枯(级)	锈病(级)	心叶期玉米螟危害(%)	大斑(级)	小斑(级)	丝黑穗(%)	茎腐(级)	纹枯(级)	锈病(级)	心叶期玉米螟危害(%)	大斑(级)	小斑(级)	丝黑穗(%)	茎腐(级)	纹枯(级)	锈病(级)	心叶期玉米螟危害(%)
兴义市	1	1	1	1	0	0	1	1	1	1	1	0	1	1	1	1	1	1	0	0	1
荔波县	1	1	1	1	1	1	1	1	1	1	1	1	1	1	1	1	1	1	1	3	1
望谟县	1	1	0	0	1	1	0	1	1	0	0	1	1	0	1	1	0	0	1	1	0
紫云县	1	1	1	1	0	1	0	1	1	1	1	0	1	0	1	1	1	1	0	1	0
罗甸县	1	1	1	1	2	1	0	1	1	1	1	0	1	0	1	1	1	1	0	1	0

表 8-2　2016 年贵州省玉米区试低热河谷组抗病性汇总表

试点	K4							K5							K6						
	大斑(级)	小斑(级)	丝黑穗(%)	茎腐(级)	纹枯(级)	锈病(级)	心叶期玉米螟危害(%)	大斑(级)	小斑(级)	丝黑穗(%)	茎腐(级)	纹枯(级)	锈病(级)	心叶期玉米螟危害(%)	大斑(级)	小斑(级)	丝黑穗(%)	茎腐(级)	纹枯(级)	锈病(级)	心叶期玉米螟危害(%)
兴义市	1	1	1	1	0	0	1	1	1	1	1	0	0	1	1	1	1	1	0	3	1
荔波县	1	1	1	1	1	1	1	1	1	1	1	1	1	1	1	1	1	1	1	1	1
望谟县	1	1	0	0	1	1	0	1	1	0	0	0	1	0	1	1	0	0	1	1	0
紫云县	1	1	1	1	0	1	0	1	1	1	1	0	1	0	1	1	1	1	0	1	0
罗甸县	1	1	1	1	0	1	0	1	1	1	1	0	1	0	1	1	1	1	0	1	0

2016 年贵州省玉米新品种区域试验高山组综合总结

一、目的

本试验根据 2016 年贵州省种子总站安排实施,目的是鉴定新育成(引进)品种(组合)在我省"高山生态区"的丰产性、适应性及抗性,为品种审定提供科学依据。

二、参试组合与供种单位(详见表1)

表 1　参试组合及供种单位表

编号	参试组合	供种单位	编号	参试组合	供种单位
HQ1	SAU15170	毕节市农业科学研究所	HQ8	毕单 17 号(CK1)	毕节市农业科学研究所
HQ2	金白玉 3000	四川嘉禾种子有限公司	HQ9	盛农 10※	毕节市盛农种业公司
HQ3	西抗 18※	云南大天种业有限公司	HQ10	L668	贵州新中一种业股份有限公司
HQ4	水白玉 1 号※	贵阳金黔农业科技有限公司	HQ11	DY3709※	贵州三正种业有限公司
HQ5	金玉 7 号	六枝金辉农科所	HQ12	嘉白单 7 号※	贵州鑫玉种业有限公司
HQ6	SF1602	毕节市山丰玉米研究所	HQ13	WL1501※	贵州三翔农业科技公司
HQ7	荷玉 1 号 CK2	贵州物华种业有限公司	HQ14	BSL151※	毕节市农业科学研究所

注:※表示续试组合,采用毕单 17 号作为黄粒品种对照、荷玉 1 号作为白粒品种对照。

三、试验设计与管理

(一)试点安排、试验设计与各试点实施情况

试验在毕节市和六盘水市两市区布试点,即威宁县种子站、赫章县种子站、大方县种子站、纳雍县种子站、水城县农科所、盘州市种子站和六盘水市种子站 7 个试点。

设计方案:随机区组排列,三次重复,小区面积 20 平方米,长 5 米,宽 4 米,密度为 3667 株/亩,每个小区 5 行,110 株,每行 11 穴、22 株。试验采取直播双株定苗,高海拔试点可采用覆膜栽培。黄粒种对照(CK1)为毕单 17 号,白粒种对照(CK2)为荷玉 1 号。

（二）试点、试验地、施肥管理情况（详见表 2、表 3）

表 2　试点试验地栽培方式施肥管理情况表

试点	承试人员	试点名称	海拔（米）	前茬	播种期（月/日）	定苗（月/日）
威宁种子管理站	李文远	小海镇卯家村	2183	玉米	4/10	4/29
大方种子管理站	张真华	核桃乡民生村	1450	冬闲	4/11	5/2
纳雍种子管理站	李焕峰	勺窝乡 五一村	1542	绿肥	4/7	5/8
水城县农科所	李俊霖	木果镇木果居委会	1850	空闲	4/10	5/2
赫章种子管理站	陶勇	野马川镇乌木村	1560	冬闲	4/6	5/7
六盘水市种子管理站	全刚等	盘州市坪地乡莫西里村	2000	冬闲	4/7	4/28
盘州市种管理子站	刘榕	两河街道办岩脚村	1720		4/18	5/8

表 3　试点试验地栽培方式施肥管理情况表

试点	基肥（千克/亩）		追肥尿素（千克/亩）			收获期（月/日）
	复合肥	有机肥	第一次	第二次	合计	
威宁县种子管理站	40	1000	25	0	25	10/22
大方县种子管理站	1000	15	25	40		9/22
纳雍县种子管理站	1000		20 尿素（复合肥 15）	15 尿素（复合肥 25）	尿素 35 千克复合肥 40 千克	9/11
水城县农科所	30	1000	25	35	尿素 60	9/28
赫章县种子管理站	1000		7.5	40	47.5	10/6
六盘水市种子管理站	25	1000	15	35	50	9/29
盘州市种管理子站	1500		20	33.3	53.3	9/28

四、特殊气候对试验的影响

威宁：6 月 20 号起阴雨低温，影响授粉灌浆成熟。

大方：播种后当天下大雨，出苗整齐，缺苗极少；6 月下旬至 7 月中旬雨水偏多；7 月下旬至 8 月中旬雨水偏少，连续干旱 20 天。

纳雍：在试验期间，雨水调匀，无极端恶劣天气影响。8 月 14 日受到中等风力影响，导致个别品种有轻微倒伏现象。

水城：无。

赫章：2016 年 4 月至 9 月整个玉米生长期，5~9 月雨水偏多，加之 6 月 17 日又遇风灾，造成部分小区植株倒伏，采取扶正措施后暂时没有倒伏，但是后来一直多雨，到玉米基本成熟时,由于雨水太多,又造成部分小区植株倒伏。

六盘水:苗期雨水过多,成熟期受低温影响。

盘州市:今年气候为近五年来最好的一年,自4月18日播种以来气候基本正常;于5月7日发生冰雹灾情,好在影响不大;唯成熟后持续下雨两个星期,导致收获时间推迟。

五、试验精确度分析

对区域试验各承试点的产量数据进行统计分析,根据各试点的误差变异系数CV%和相对最小显著差数RLSD0.05来判断试点的整体试验水平。由表5可以看出,(黄粒)所有参试品种单产较对照1(毕单17号)都达级显著水平,(白粒)所有参试品种中除SF1602外其余品种单产较对照2(荷玉1号)均达到极显著水平。试点的误差变异系数CV%黄粒在13.15%以下,白粒在8.3以下,品种比较精确度RLSD0.05黄粒在26.31以下,白粒在14.31以下。各试点对品种分辨力黄粒在24.49以下,白粒在10.02以下,整组试验的变异系数黄粒为7.323%,白粒为5.508%。试验数据误差变异系数比较小,个别试点品种的比较精度、分辨力较差,详见表4。

表4　区域试验各试点试验均值、误差变异系数、品种比较精度、分辨力(黄粒)

试点	试点小区均值(千克)(CV)(%)	RLSD0.05(%)	分辨力(GCV)(%)
六盘水市种子管理站	9.45　　1.58	3.17	14.56
盘州市种子管理站	11.84　　4.49	8.97	24.49
赫章县种子管理站	13.67　　8.17	16.34	8.99
大方县种子管理站	14.66　　3.68	7.37	12.92
纳雍县种子管理站	13.97　　4.97	9.95	7.82
水城县农科所	11.25　　7.35	14.70	14.89
威宁县种子管理站	12.93　　13.15	26.31	2.08

表5　区域试验各试点试验均值、误差变异系数、品种比较精度、分辨力(白粒)

试点	试点小区均值(千克)(CV)(%)	RLSD0.05(%)	分辨力(GCV)(%)
六盘水市种子管理站	9.51　　3.08	5.30	6.13
盘州市种子管理站	12.95　　4.26	7.34	5.53
赫章县种子管理站	13.12　　8.30	14.31	8.75
大方县种子管理站	14.61　　2.29	3.95	7.05
纳雍县种子管理站	12.89　　5.56	9.57	5.05
水城县农科所	12.29　　5.08	8.75	8.67
威宁县种子管理站	13.16　　6.82	11.75	10.02

六、试验结果

试验产量数据采用中国农业大学和全国农技中心联合研制的作物品种区域试验统计分析软件进行分析,其他农艺性状采用平均数法进行统计。

（一）产量

黄粒参试品种有 SAU15170、L668、DY3709 三个组合，其中 DY3709 为续试组合，平均亩产 654.9~796.8 千克。对照毕单 17 号平均亩产 606.5 千克(作为续试品种对照)，组平均产量 719.1 千克(作为 2016 年新参试品种对照)。2016 年新参试组合 SAU15170、L668 均比组平均减产，减产幅度为−8.9%~−1.9%。续试品种 DY3709 单产比对照(毕单 17 号)增产 31.4%，增产点率 100%(详见表 6)。

白粒参试品种平均亩产 511.81~774.77 千克，对照荷玉 1 号平均亩产 647.0 千克(作为续试品种对照)，组平均产量 709.6 千克(作为 2016 年新参试品种对照)。2016 年新参试品种有金白玉 3000、SF1602、金玉 7 号三个组合，其中 SF1602、金玉 7 号比组平均减产，减产幅度为−8.1%~−3.0%。金白玉 3000 比组平均增产 3.0%，其余为续试品种，均比对照增产，增产幅度为 5.7%~15.8%(详见表 6)。

（二）生育期

参试品种(黄粒)生育期为 147~149 天，对照为 147 天。SAU15170 生育期为 149 天，比对照晚两天，L668 比对照早两天，DY3709 与对照相当。

(白粒)品种生育期为 150~152 天，对照为 150 天，除西抗 18、金玉 7 号、WL1501、嘉白单 7 号比对照长 1~2 天外，其余组合均与对照相当(详见表 6)。

（三）主要产量性状(详见表 6)

穗行数:参试组合穗行数(黄粒)平均为 17 行，对照为 17 行。白粒为 14~17 行，对照为 14 行。

百粒重:参试组合(黄粒)为 30~40 克，对照为 31 克。白粒为 33~40 克，对照为 40 克。

单穗粒重:参试组合(黄粒)为 187~235 克，对照为 187 克。白粒为 179~223 克，对照为 179 克。

（四）抗逆性(详见表 7)

今年纳雍、赫章、六盘水均有倒伏现象。

抗病性(详见表 7):今年大、小斑病较重。

七、组合综述(黄粒品种对照为毕单 17 号)

（1）SAU15170

平均亩产 654.9 千克，比组平均减产 8.9%，产量居第三位，7 个试点较组平均 1 增 6

减,增产点占总试点数的 14%。生育期 149 天,比对照长两天。株高 275 厘米,穗位高 124 厘米,穗长 18.0 厘米,穗行数 17 行,秃尖 0.7,单穗粒重 200 克,百粒重 30 克。轴红色,硬粒型,籽粒黄色。

（2）L668

平均亩产 705.5 千克,比组平均减产 1.9%,产量居第二位,7 个试点较组平均 3 增 4 减,增产点占总试点数的 43%。生育期 145 天,比对照短两天。株高 232 厘米,穗位高 93 厘米,穗长 17.1 厘米,穗行数 17 行,秃尖 1.3,单穗粒重 202 克,百粒重 34 克。轴红色,马齿型,籽粒黄色。

（3）DY3709※

续试品种,2015 年平均亩产 729.9 千克,比对照增产 9.6%,居第二位,5 个试点较对照 4 增 1 减,增产点占总试点数的 80%。2016 年平均亩产 796.8 千克,比对照增产 31.4%,产量居第一位。7 个试点较对照全增产,增产点率 100%。两年 12 点次平均亩产 763.4 千克, 比对照增产 19.9%。2015 年和 2016 年分别有 80%和 100%的试点比对照增产,平均为 91.7%。2016 年生育期 147 天,与对照相同。株高 272 厘米,穗位高 115 厘米,穗长 17 厘米,穗行数 17 行,秃尖 1.5 厘米,单穗粒重 235 克,百粒重 40 克。轴白色,马齿型,籽粒黄色。

以下为白粒品种对照毕玉 7 号。

（4）金白玉 3000

平均亩产 731.1 千克,比组平均增产 3.0%,产量居第四位,7 个试点较组平均 5 增 2 减,增产点占总试点数的 71.4%。生育期 150 天,与对照相当。株高 305 厘米,穗位高 145 厘米,穗长 20.3 厘米,穗行数 15 行,秃尖 0.8 厘米,单穗粒重 199 克,百粒重 37 克。轴白色,马齿型,籽粒白色。

（5）西抗 18※

续试品种。2015 年平均亩产 652.9 千克,比对照增产 7.6%,产量居第七位,5 个试点较对照 4 增 1 减,增产点占总试点数的 80%。2016 年平均亩产 722.7 千克,比对照增产 11.7%,产量居第五位,7 个试点较对照全增产,增产点率 100%。两年 12 点次平均亩产 687.8 千克, 比对照增产 9.7%。2015 年和 2016 年分别有 80%和 100%的试点比对照增产,平均为 91.7%。2016 年生育期 152 天,比对照长两天。株高 289 厘米,穗位高 129 厘米,穗长 18.1 厘米,穗行数 16 行,秃尖 1.1 厘米,单穗粒重 199 克,百粒重 33 克。轴白色,硬粒型,籽粒白色。

（6）水白玉 1 号[※]

2015 年平均亩产 774.77 千克,比对照增产 27.6%,产量居第一位,5 试点全增,增产点占总试点数的 100%。2016 年平均亩产 749.0 千克,比对照增产 15.8%,产量居第一位。7 个试点较对照全增产,增产点率 100%。两年 12 点次平均亩产 761.9 千克,比对照增产 21.5%。2015 年和 2016 年均有 100% 的试点比对照增产。2016 年生育期 150 天,与对照相当。株高 282 厘米,穗位高 121 厘米,穗长 17.6 厘米,穗行数 16 行,秃尖 1.0 厘米,单穗粒重 201 克,百粒重 35 克。轴白色,半硬粒型,籽粒白色。

（7）金玉 7 号

平均亩产 688.6 千克,比组平均减产 3.0%,产量居第六位,7 个试点较组平均 2 增 5 减,增产点占总试点数的 28.6%。生育期 152 天,比对照长两天。株高 275 厘米,穗位高 122 厘米,穗长 19.0 厘米,穗行数 15 行,秃尖 2.1 厘米,单穗粒重 212 克,百粒重 40 克。轴白色,半马齿型,籽粒白色。

（8）SF1602

平均亩产 651.8 千克,比组平均减产 8.1%,产量居第九位,7 个试点较组平均 1 增 6 减,增产点占总试点数的 14.3%。生育期 150 天,与对照相当。株高 271 厘米,穗位高 121 厘米,穗长 16.3 厘米,穗行数 17 行,秃尖 1.2 厘米,单穗粒重 199 克,百粒重 34 克。轴白色,马齿型,籽粒白色。

（9）盛农 10[※]

2015 年平均亩产 680.5 千克,比对照增产 12.1%,产量居第五位,5 个试点较对照全增,增产点占总试点数的 100%。2016 年平均亩产 687.0 千克,比对照增产 6.2%,产量居第七位,7 个试点较对照 5 增 2 减,增产点率 71.4%。两年 12 点次平均亩产 683.6 千克,比对照增产 9.1%。2015 年和 2016 年分别有 100% 和 71.4% 的试点比对照增产,平均为 83.3%。2016 年生育期 150 天,与对照相当。株高 282 厘米,穗位高 131 厘米,穗长 19.0 厘米,穗行数 14 行,秃尖 1.0 厘米,单穗粒重 196 克,百粒重 35 克。轴白色,马齿型,籽粒白色。

（10）嘉白单 7 号[※]

2015 年平均亩产 675.5 千克,比对照增产 11.3%,居第六位,5 个试点全增,增产点占总试点数的 100%。2016 年平均亩产 738.0 千克,比对照增产 14.1%,产量居第二位。

7 个试点较对照全增产,增产点率 100%。两年 12 点次平均亩产 706.8 千克,比对照增产 12.7%。2015 年和 2016 年均有 100% 的试点比对照增产,平均为 100%。2016 年生育期 152 天,比对照长两天。株高 290 厘米,穗位高 122 厘米,穗长 18.1 厘米,穗行数 16 行,秃尖 0.9 厘米,单穗粒重 223 克,百粒重 36 克。轴白色,半马齿型,籽粒白色。

（11）WL1501[※]

2015 年平均亩产 703.5 千克,比对照增产 15.9%,居第四位,5 个试点全增,增产点占总试点数的 100%。2016 年平均亩产 734.0 千克,比对照增产 13.4%,产量居第三位,7 个试点较对照 6 增 1 减,增产点率 85.7%。两年 12 点次平均亩产 718.8 千克,比对照增产 14.6%。2015 年和 2016 年分别有 100% 和 85.7% 的试点比对照增产,平均为 91.7%。2016 年生育期 151 天,比对照长 1 天。株高 283 厘米,穗位高 121 厘米,穗长 17.7 厘米,穗行数 15 行,秃尖 1.1 厘米,单穗粒重 220 克,百粒重 40 克。轴白色,硬粒型,籽粒白色。

（12）BSL151[※]

2015 年平均亩产 738.4 千克,比对照增产 21.6%,居第二位,5 个试点较对照 4 增 1 减,增产点占总试点数的 80%。2016 年平均亩产 684.2 千克,比对照增产 5.7%,产量居第八位,7 个试点较对照 6 增 1 减,增产点率 85.7%。两年 12 点次平均亩产 711.3 千克,比对照增产 13.4%。2015 年和 2016 年分别有 80% 和 85.7% 的试点比对照增产,平均为 83.3%。2016 年生育期 150 天,与对照相当。株高 283 厘米,穗位高 120 厘米,穗长 17.5 厘米,穗行数 15 行,秃尖 0.9 厘米,单穗粒重 188 克,百粒重 35 克。轴白色,半马齿型,籽粒白色。

八、小结

从试验结果分析来看,DY3709、水白玉 1 号、西抗 18、盛农 10、嘉白单 7 号、BSL151、WL1501 等品种已经完成了全部试验程序,综合表现较好,增产幅度,增产点次均达到审定标准的要求。金白玉 3000 综合表现较好达到续试条件,可继续区试,同时同步进行生产试验。

表 6-1 2016 贵州省高山组玉米新品种区试产量汇总表（黄粒）

试点	SAU15170				L668				DY3709※			毕单17	
	亩产(千克)	比CK2(±%)	比平均(±%)	位次	亩产(千克)	比CK2(±%)	比平均(±%)	位次	亩产(千克)	比CK2(±%)	位次	亩产(千克)	平均
六盘水市种子管理站	493.4	+12.9	-11.0	3	554.5	+26.8	+0.1	2	614.5	+40.6	1	437.2	554.1
盘州市种子管理站	627.7	+33.5	-12.9	3	669.8	+42.4	-7.0	2	864.0	+83.7	1	470.3	720.5
赫章县种子管理站	705.6	-0.4	-7.5	4	711.1	+0.4	-6.8	2	872.2	+23.1	1	708.3	763.0
大方县种子管理站	829.5	+24.7	-4.2	3	920.6	+38.4	+6.4	1	846.2	+27.2	2	665.0	865.4
纳雍县种子管理站	571.1	-22.3	-23.5	4	824.4	+12.2	+10.5	2	843.5	+14.8	1	735.0	746.3
水城县农科所	602.1	+12.9	-8.6	3	608.7	+14.1	-7.6	2	764.7	+43.3	1	533.5	658.5
威宁县种子管理站	755.0	+8.5	+4.0	2	649.5	-6.7	-10.5	4	772.8	+11.0	1	696.1	725.8
平均值	654.0	+8.0	-8.9	3	705.5	+16.3	-1.9	2	796.8	+31.4	1	606.5	719.1

注：打"※"号者为续试组合。

表 6-2 2016 贵州省高山组玉米新品种区试产量汇总表（白粒）

试点	金白玉3000				水白玉1号※			西抗18※			金玉7号			
	亩产(千克)	比CK2(±%)	比平均(±%)	位次	亩产(千克)	比CK2(±%)	位次	亩产(千克)	比CK2(±%)	位次	亩产(千克)	比CK2(±%)	比平均(±%)	位次
六盘水市种子管理站	584.5	+21.9	+9.6	1	545	+13.7	3	522.8	+9.0	5	516.1	+7.6	-3.2	6
盘州市种子管理站	622.9	-7.6	-14.0	10	769	+14.0	1	729.9	+8.2	6	729.4	+8.2	+0.7	7
赫章县种子管理站	775.0	+19.4	+5.1	5	788.3	+21.5	4	802.2	+23.6	1	649.4	+0.1	-12.0	8
大方县种子管理站	790.6	+6.0	-3.5	8	894.5	+19.9	1	823.9	+10.4	4	796.2	+6.7	-2.8	7
纳雍县种子管理站	803.9	+13.4	+11.9	1	756.1	+6.7	2	723.0	+2.0	5	696.5	-1.8	-3.1	7
水城县农科所	742.3	+28.1	+6.5	2	730.6	+26.1	4	710.2	+22.6	5	639.7	+10.4	-8.2	8
威宁县种子管理站	798.4	+15.4	+8.3	2	759.5	+9.8	5	747.3	+8.0	6	792.8	+14.6	+7.5	3
平均值	731.1	+13.0	+3.0	4	749.0	+15.8	1	722.7	+11.7	5	688.6	+6.4	-3.0	6

表 6-3 2016 贵州省高山组玉米新品种区试产量汇总表（白粒）

试点	SF1602				盛农 10※			嘉白单 7 号※		
	亩产（千克）	比 CK2（±%）	比平均（±%）	位次	亩产（千克）	比 CK2（±%）	位次	亩产（千克）	比 CK2（±%）	位次
六盘水市种子管理站	514.5	+7.3	-3.5	7	536.7	+11.9	4	503.4	+5.0	8
盘州市种子管理站	742.7	+10.1	2.6	3	732.3	+8.6	5	751.4	+11.4	2
赫章县种子管理站	620.6	-4.4	-15.9	10	741.7	+14.3	6	793.9	+22.3	3
大方县种子管理站	707.3	-5.2	-13.6	10	844.5	+13.2	3	815	+9.2	5
纳雍县种子管理站	665.6	-6.1	-7.4	10	678.7	-4.3	8	747.4	+5.4	3
水城县农科所	646.3	+11.5	-7.3	7	676.5	+16.7	6	768.2	+32.6	1
威宁县种子管理站	665.6	-3.8	-9.7	8	598.4	-13.5	10	786.7	+13.7	4
平均值	651.8	+0.7	-8.1	9	687.0	+6.2	7	738.0	+14.1	2

注：打"※"号者为续试组合。

表 4-4 2016 贵州省高山组玉米新品种区试产量汇总表（白粒）

试点	WL1501※			BSL151※			荷玉 1 号	
	亩产（千克）	比 CK2（±%）	位次	亩产（千克）	比 CK2（±%）	位次	亩产（千克）	平均
六盘水市种子管理站	578.4	+20.6	2	498.9	+4.0	9	479.5	533.4
盘州市种子管理站	700.3	+3.8	8	740.1	+9.7	4	674.4	724.2
赫章县种子管理站	795.6	+22.6	2	672.2	+3.6	7	648.9	737.7
大方县种子管理站	805.6	+8.0	6	892.8	+19.7	2	746.1	818.9
纳雍县种子管理站	670.9	-5.4	9	725.9	+2.4	4	708.9	718.7
水城县农科所	739.7	+27.6	3	618.9	+6.8	9	579.5	696.9
威宁县种子管理站	847.3	+22.5	1	640.6	-7.4	9	691.7	737.4
平均值	734.0	+13.4	3	684.2	+5.7	8	647.0	709.6

注：打"※"号者为续试组合。

(五)方差分析

(1)单年多点(随机区组,白粒)

试点 1:六盘水市。试点 2:盘州市。试点 3:赫章县。试点 4:大方县。试点 5:纳雍县。试点 6:水城县。试点 7:威宁县。

品种 1:SAU15170。品种 2:(对照)毕单 17 号。品种 3:L668。品种 4:DY3709[※]。

重复:按方差分析表(表 7)三次重复。

表 7　方差分析表(试点效应固定)

变异来源	自由度	平方和	均方	F 值	概率(小于 0.05 显著)
试点内区组	14	10.22396	0.73028	0.86635	0.598
品种	3	125.03125	41.67708	49.44219	0.000
试点	6	235.85472	39.30912	46.63304	0.000
品种×试点	18	67.89804	3.77211	4.47492	0.000
误差	42	35.40372	0.84295		
总变异	83	474.41169			

本试验的误差变异系数(CV)(%)= 7.323

多重比较结果(LSD 法,见表 8):

LSD0 0.05 = 0.5723

LSD0 0.01 = 0.7650

表 8　多种比较结果

品种	品种均值	0.05 显著性	0.01 显著性
品种 4	14.32810	a	A
品种 3	12.67476	b	B
品种 1	12.23619	b	B
品种 2	10.91333	c	C

(2)单年多点(随机区组,白粒)

试点 1:六盘水市。试点 2:盘州市。试点 3:赫章县。试点 4:大方县。试点 5:纳雍县。试点 6:水城县。试点 7:威宁县。

品种 1:金白玉 3000。品种 2:水白玉 1 号※。品种 3:西抗 18※。品种 4:金玉 7 号。品种 5:SF1602。品种 6:(对照)荷玉 1 号。品种 7:盛农 10※。品种 8:嘉白单 7 号※。品种 9:WL1501※。品种 10:BSL151※。

重复:按方差分析表(表 9,试点效应固定)三次重复。

表 9 方差分析表(试点效应因定)

变异来源	自由度	平方和	均方	F 值	概率(小于 0.05 显著)
试点内区组	14	13.45215	0.96087	1.98095	0.024
品种	9	80.79226	8.97692	18.50709	0.000
试点	6	434.46845	72.41141	149.28562	0.000
品种×试点	54	125.91159	2.33170	4.80710	0.000
误差	126	61.11665	0.48505		
总变异	209	715.74111			

本试验的误差变异系数(CV)(%)= 5.508

多重比较结果(LSD 法,见表 10):

LSD0 0.05 = 0.4256

LSD0 0.01 = 0.5631

表 10 多重比较结果

品种	品种均值	0.05 显著性	0.01 显著性
品种 3	13.46857	a	A
品种 8	13.27191	ab	A
品种 9	13.19714	ab	A
品种 1	13.10238	ab	A
品种 2	12.99286	b	A
品种 4	12.38238	c	B
品种 7	12.37143	c	B
品种 10	12.31191	c	B
品种 5	11.72048	d	C
品种 6	11.62905	d	C

表11-1 2016年贵州省玉米区试高山组主要性状汇总表（黄粒）

品名	试点	出苗期(日/月)	抽雄期(日/月)	成熟期(日/月)	生育期(天)	比对照(±天)	株高(厘米)	穗位高(厘米)	穗长(厘米)	穗粗(厘米)	穗行数(行)	行粒数	秃尖(厘米)	单穗粒重(克)	百粒重(克)	实收株数	轴色	粒型	粒色
SAU15170	六盘水	18/4	16/7	25/9	160	6	279	135	17	4.7	18	39	0.2	185	27	64	红	硬	黄
	盘州市	29/4	18/7	16/9	140	-3	282	140	19.4	5	17	44.2	0.7	196.6	32	66	红	半马	黄
	赫章	18/4	12/7	11/9	147	-7	278	128	20.4	5	17.8	41.2	0.4	240	36.5	66	红	硬粒	黄
	大方	28/4	15/7	21/9	146	3	276	113	20.4	5.1	16	40	0.6	217	30	66	红	硬	橙
	纳雍	14/4	4/7	7/9	146	1	280	120	17.3	4.7	16.4	35.6	1	186	33.3	66	红	硬	黄
	水城	25/4	24/6	14/9	139	2	260	120	13.3	5.1	13.8	29.9	1	170	24.3	66	红	马	黄
	威宁	22/4	17/7	3/10	164	11	272	109	17.9	4.6	17.8	45.3	0.3	208.3	28.9	66	红	马齿	黄
	平均值				149	2	275	124	18.0	4.9	17	39	0.7	200	30	66	红	硬	黄
L668	六盘水	18/4	7/2	14/9	148	-6	243	90	16.4	5.2	19	33	0.7	202	30	61	红	马	黄
	盘州市	29/4	19/7	17/9	141	-2	252	87	16.9	5.3	18	37	1.5	205.3	39	66	红	马齿	黄
	赫章	20/4	7/8	19/9	153	-1	205	130	20	4.9	14	41.2	1.1	240	41.7	66	白	半马	黄
	大方	27/4	7/4	11/9	137	-6	242	86	18.5	5.6	17	35	1.8	225	36	65.	红	半马	桔红
	纳雍	14/4	1/7	6/9	145	0	230	85	17	5.2	17.8	33	1.6	216	36.6	66	红	半马	黄
	水城	25/4	25/6	16/9	141	5	210	90	14.5	4.9	16.4	28.2	1.5	159	28.1	66	白	马	黄
	威宁	22/4	7/7	20/9	151	-2	241	83	16.7	4.9	19.2	37.6	1.1	166.6	26.7	66	红	马齿	黄
	平均值				145	-2	232	93	17.1	5.1	17	35	1.3	202	34	65	红	马	黄
DY3709※	六盘水	19/4	15/7	22/9	156	2	282	131	14.6	5.4	17	28	1.6	172	39	62	白	硬	黄
	盘州市	29/4	19/7	18/9	142	-1	285	115	18.9	6	17	38	1.5	258.1	46	66	白	半马	黄
	赫章	20/4	2/7	19/9	153	-1	240	90	21.6	6	17.6	39.6	1	297	45	66	红	马齿	黄
	大方	27/4	11/7	17/9	143	1	265	97	18.3	6.4	18	35	1.7	275	41	66	白	半马	黄
	纳雍	14/4	2/7	7/9	146	1	270	105	16.8	5.6	17.2	31.1	2.5	229	43.1	66	白	硬	黄
	水城	25/4	23/6	11/9	136	-1	270	130	15.1	5.5	17	30	1	180	31.1	66	白	半马	黄
	威宁	22/4	7/9	22/9	153	2	290	135	16.3	5.6	17.6	38.6	0.9	231.1	36.2	66	白	马齿	黄
	平均值				147	0	272	115	17.4	5.8	17	34	1.5	235	40	65	白	马	黄

表 11-2 2016 年贵州省玉米区试高山组主要性状汇总表（黄粒）

品名	试点	出苗期（日/月）	抽雄期（日/月）	成熟期（日/月）	生育期（天）	比对照（±天）	株高（厘米）	穗位高（厘米）	穗长（厘米）	穗粗（厘米）	穗行数（行）	行粒数	秃尖（厘米）	单穗粒重（克）	百粒重（克）	实收株数	轴色	粒型	粒色
毕单 17 号（CK1）	六盘水	19/4	7/7	20/9	154		272	130	16.9	4.9	18	39	0.7	175	25	63	白	半马	黄
	盘州市	30/4	19/7	20/9	143		267	120	18.7	5.3	17	39	1.1	183.3	32	66	白	马齿	黄
	赫章	17/4	4/7	17/9	154		290	125	18.4	5.6	14.8	38.4	0.1	238	43.5	66	白	马齿	黄
	大方	28/4	14/7	18/9	143		274	103	18.8	5.4	16	36	2	200	31	66	白	半马	桔红
	纳雍	14/4	2/7	6/9	145		250	126	15.1	4.7	16.9	31.1	1.6	183	35.7	66	白	硬	黄
	水城	25/4	23/6	12/9	137		255	120	14.9	4.8	18	32	0	154	25.1	66	白	马	黄
	威宁	22/4	7/9	22/9	153		281	116	17.9	5.1	17	40	1	175.9	27.8	66	白	马齿	黄
	平均值				147		270	120	17.2	5.1	17	37	0.9	187	31	66	白	马	黄

表11-3 2016年贵州省玉米区试高山组主要性状汇总表（白粒）

品名	试点	出苗期(日/月)	抽雄期(日/月)	成熟期(日/月)	生育期(天)	比对照(±天)	株高(厘米)	穗位高(厘米)	穗长(厘米)	穗粗(厘米)	穗行数(行)	行粒数	秃尖(厘米)	单穗粒重(克)	百粒重(克)	实收株数	轴色	粒型	粒色
金白玉3000	六盘水	19/4	16/7	25/9	159	1	305	159	18	4.8	15	36	0.5	183	35	65	白	马	白
	盘州市	29/4	18/7	16/9	140	-4	309	151	21.2	5.2	14	40	1.4	181.7	39	66	白	半马	白
	赫章	16/4	3/7	12/9	150	-3	310	120	21.2	5.3	14.4	44.4	0.8	260	41.8	66	白	半马	白
	大方	27/4	18/7	20/9	146	0	288	130	21	5.4	15	39	1.7	178	36	66	白	半马	白
	纳雍	14/4	6/7	7/9	146	1	300	155	19.7	5.1	15	40.2	0.8	235	39.7	66	白	半马	白
	水城	25/4	26/6	18/9	143	0	295	145	18.5	5.3	16.4	40	0	158	33.9	66	白	马	白
	威宁	22/4	17/7	3/10	164	5	328	153	22.2	4.9	14.2	31.1	0.5	198.8	36.7	66	白	马齿	白
	平均值				150	0	305	145	20.3	5.1	15	39	0.8	199	37	66	白	马	白
西抗18※	六盘水	19/4	14/7	23/9	157	-1	283	143	17.9	4.8	16	36	0.5	163	31	63	白	半马	白
	盘州市	29/4	18/7	16/9	140	-4	288	121	20.2	5.5	16	42	1.2	226.9	39	66	白	半马	白
	赫章	17/4	7/7	18/9	155	2	315	135	21.4	5.4	16.4	44.6	1.2	274	40	66	白	半马	白
	大方	27/4	19/7	25/9	151	5	285	112	18.6	5.4	16	38	1.8	156	28	66	白	半马	白
	纳雍	14/4	6/7	10/9	149	4	280	120	16.2	5.1	16	33.8	1.6	185	35.5	66	白	硬	白
	水城	25/4	28/6	23/9	148	5	295	145	15.4	4.7	15.8	33.7	1	170	29.2	66	白	半硬	白
	威宁	22/4	15/7	30/9	161	2	280	126	17.3	4.7	15.2	37.7	0.6	214.6	25.8	66	白	半硬	白
	平均值				152	2	289	129	18.1	5.1	16	38	1.1	199	33	66		硬	白
水白玉1号※	六盘水	19/4	19/7	20/9	154	-4	203	139	16.3	5.1	15	36	1	164	32	62	白	半马	白
	盘州市	30/4	19/7	18/9	141	-3	310	120	18.1	5.6	15	38	1.4	193.3	40	66	白	半马	白
	赫章	17/4	7/7	17/9	154	1	315	115	20.2	5.5	17.3	45.3	1.5	267	36.5	66	白	硬粒	白
	大方	28/4	19/7	24/9	149	3	276	106	19.2	5.6	16	37	2.1	212	35	65	白	半马	白
	纳雍	14/4	7/7	9/9	148	3	295	120	16.5	5.4	16.8	32	1	194	35.6	66	白	硬	白
	水城	25/4	26/6	19/9	144	1	270	130	14.4	4.8	15.6	31	0	181	32.8	66	白	硬	白
	威宁	22/4	15/7	1/10	162	3	307	114	18.5	5.4	16.2	38	0.3	197.4	33	66	白	半硬	白
	平均值				150	0	282	121	17.6	5.3	16	37	1.0	201	35	65	白	半硬	白

注：标"※"号的为续试组合。

表11-4　2016年贵州省玉米区试高山组主要性状汇总表（白粒）

品名	试点	出苗期(日/月)	抽雄期(日/月)	成熟期(日/月)	生育期(天)	比对照(±天)	株高(厘米)	穗位高(厘米)	穗长(厘米)	穗粗(厘米)	穗行数(行)	行粒数	秃尖(厘米)	单穗粒重(克)	百粒重(克)	实收株数	轴色	粒型	粒色
金玉7号	六盘水	20/4	14/7	25/9	158	0	274	130	20	5.2	15	40	2.2	243	40	61	白	半马	白
	盘州市	30/4	19/7	18/9	141	-3	289	116	19.5	5.4	14	40	1.7	220.9	45	66	白	半马	白
	赫章	18/4	8/7	13/9	149	-4	281	123	20.8	5.4	14.4	32.8	4.6	228	47.5	66	白	硬粒	白
	大方	27/4	18/7	24/9	150	4	272	109	19.6	5.4	16	33	3	187	35	65	白	半马	白
	纳雍	14/4	8/7	10/9	149	4	275	125	17.3	5	14.8	29.8	2	202	40.9	66	白	硬	白
	水城	25/4	28/6	22/9	147	4	275	135	16.8	5	14.8	35.4	1	153	33	66	白	马	白
	威宁	22/4	20/7	8/10	169	10	262	117	19	5.1	15	38.5	0.5	247.1	37.4	66	白	半硬	白
	平均值				152	2	275	122	19.0	5.2	15	36	2.1	212	40	65	白	半马	白
SF1602	六盘水	18/4	12/7	19/9	154	-4	268	124	15.3	5	16	33	0.6	167	32	64	白	马	白
	盘州市	28/4	16/7	15/9	140	-4	266	111	18.3	5.8	18	41	1.3	253.3	38	66	白	马齿	白
	赫章	17/4	10/7	15/9	156	3	280	130	16.4	5.6	17.6	34	1	214	36.5	66	白	马齿	白
	大方	25/4	13/7	20/9	148	2	270	110	17.3	5.6	16	35	1.8	180	30	66	白	马	白
	纳雍	14/4	4/7	7/9	146	1	280	130	14	5.1	17.4	30.1	0.7	167	32.9	66	白	半马	白
	水城	25/4	27/6	21/9	146	3	270	130	14.5	4.9	17	31.4	2	211	38.1	66	白	马	白
	威宁	22/4	14/7	28/9	159	0	260	113	18.2	5.4	16.8	38.7	0.7	200.3	33.6	66	白	马齿	白
	平均值				150	0	271	121	16.3	5.3	17	35	1.2	199	34	66	白	马齿	白
盛农10※	六盘水	19/4	12/7	24/9	158	0	298	143	18.8	4.5	14	41	0.3	195	31	63	白	半马	白
	盘州市	29/4	18/7	17/9	141	-3	286	116	20.5	5.1	13	42	0.6	218.2	43	66	白	半马	白
	赫章	19/4	3/7	18/9	153	-1	268	128	18.8	5.4	17.6	42	1.4	249	35	66	白	半马	白
	大方	28/4	21/7	21/9	146	0	279	115	22	5.4	14	38	1.8	225	36	63	白	半马	白
	纳雍	14/4	4/7	7/9	146	1	290	120	17.6	4.6	13.4	34.9	1.5	159	35.9	66	白	半马	白
	水城	25/4	27/6	20/9	145	2	285	145	17	4.7	14	36	1.5	150	29.2	66	白	马	白
	威宁	22/4	15/7	1/10	162	3	266	152	18.6	4.7	13.6	40	0	172.7	36	66	白	马齿	白
	平均值				150	0	282	131	19.0	4.9	14	39	1.0	196	35	65	白	马齿	白

注：标"※"号的为续试组合。

表 11-5　2016 年贵州省玉米区试高山组主要性状汇总表（白粒）

品名	试点	出苗期(日/月)	抽雄期(日/月)	成熟期(日/月)	生育期(天)	比对照(±天)	株高(厘米)	穗位高(厘米)	穗长(厘米)	穗粗(厘米)	穗行数(行)	行粒数	秃尖(厘米)	单穗粒重(克)	百粒重(克)	实收株数	轴色	粒型	粒色
嘉白单7号※	六盘水	20/4	12/7	29/9	163	5	312	126	16.9	4.9	16	38	0.7	177	32	64	白	半马	白
	盘州市	29/4	18/7	18/9	142	-2	284	110	19.7	5.6	17	41	0.8	260.7	43	66	白	马齿	白
	赫章	19/4	27/6	16/9	159	6	280	136	19.6	6.2	16.4	38.6	1	275	42.5	66	白	半马	白
	大方	28/4	18/7	26/9	151	5	285	117	19	5.6	16	36	2.2	220	35	66	白	半马	白
	纳雍	14/4	6/7	9/9	148	3	285	120	16.4	5.1	16.2	32.9	1	185	35.5	66	白	硬	白
	水城	25/4	26/6	19/9	144	1	270	130	16.9	5.1	16.8	36.1	0	193	32.5	66	白	马	白
	威宁	22/4	15/7	28/9	159	0	315	117	18	5	15.8	37.4	0.8	251.7	34.3	66	白	马齿	白
	平均值				152	2	290	122	18.1	5.4	16	37	0.9	223	36	66	白	半马	白
WL1501※	六盘水	20/4	9/7	26/9	159	1	276	114	15.1	5	14	34	0.6	172	37	63	白	硬	白
	盘州市	29/4	18/7	17/9	141	-3	270	124	19.6	5	16	41	1.9	212.6	43	66	白	硬粒	白
	赫章	18/4	8/7	17/9	153	0	330	130	20.8	5.7	16	40	1.4	271	42.5	66	白	半马	白
	大方	27/4	13/7	20/9	146	0	271	110	19	5.7	14	36	1.9	237	40	64.	白	半马	白
	纳雍	14/4	4/7	7/9	146	1	275	120	16	5.2	14.2	32.1	1.4	186	40	66	白	硬	白
	水城	25/4	27/6	19/9	144	1	260	120	14.7	4.9	13.6	32.8	0	177	39	66	白	硬	白
	威宁	22/4	20/7	8/10	169	10	297	127	18.7	5.4	15.2	40.6	0.3	285.8	42	66	白	半硬	白
	平均值				151	1	283	121	17.7	5.3	15	37	1.1	220	40	65	白	硬	白

注：标"※"号的为续试组合。

表 11-3　2015 年贵州省玉米区试 H 组主要性状汇总表（白粒）

品名	试点	出苗期(日/月)	抽雄期(日/月)	成熟期(日/月)	生育期(天)	比对照(±天)	株高(厘米)	穗位高(厘米)	穗长(厘米)	穗粗(厘米)	穗行数(行)	行粒数	秃尖(厘米)	单穗粒重(克)	百粒重(克)	实收株数	轴色	粒型	粒色
BSL151※	六盘水	20/4	10/7	24/9	157	1	310	129	15.7	4.4	16	33	1.3	136	30	62	白	半马	白
	盘州市	28/4	17/7	15/9	140	-4	260	106	17.6	5.4	13	39	1.4	180.9	36	66	白	半马	白
	赫章	19/4	9/7	13/9	156	3	290	110	16.6	5.4	14	36	1	228	45.5	66	白	硬粒	白
	大方	28/4	13/7	20/9	145	-1	276	117	19.2	5.3	16	37	1.6	204	35	64	白	半马	白
	纳雍	14/4	4/7	9/9	148	2	265	115	18.4	5	16.2	35.4	0.6	213	38.8	66	白	半马	白
	水城	25/4	26/6	19/9	144	1	280	140	16.1	4.5	16.4	33.5	0	153	29.3	66	白	马	白
	威宁	22/4	16/7	2/10	163	4	298	122	18.6	4.8	16	37.4	0.5	198.8	31.1	66	白	马齿	白
	平均值				150	0	283	120	17.5	5.0	15	36	0.9	188	35	65	白	半马	白
荷玉 1 号(CK2)	六盘水	18/4	11/7	19/9	158		261	127	13.8	4.7	14	31	0.3	140	30	62	白	马	白
	盘州市	29/4	19/7	20/9	144		271	113	16.9	5.6	13	38	0.6	221.1	50	66	白	半马	白
	赫章	18/4	11/7	17/9	153		296	126	16.6	5.8	14.4	35.2	0	224	44.8	66	白	马齿	白
	大方	27/4	13/7	20/9	146		270	105	16	5.8	14	32	1.9	178	39	66	白	半马	白
	纳雍	14/4	4/7	6/9	145		260	110	12.1	5	14.9	28.1	0.4	168	43.5	66	白	半马	白
	水城	25/4	26/6	18/9	143		250	120	14.8	5.2	14.2	34.2	0	134	36.2	66	白	马	白
	威宁	22/4	14/7	28/9	159		270	129	15.1	5.2	14.6	34.8	0	185.8	37.7	66	白	半硬	白
	平均值				150		268	119	15.0	5.3	14	33	0.5	179	40	65	白	半马	白

注：标"※"号的为续试组合。

表 12-1　2016 年贵州省玉米区试高山组 抗逆性状汇总表（黄粒）

试点	SAU15170										L668									
	大斑病（级）	小斑病（级）	丝黑穗病（%）	（穗）粒腐病（级）	茎腐病（级）	纹枯病（级）	锈病（级）	倒伏率（%）	倒折率（%）	心叶螟危（%）	大斑病（级）	小斑病（级）	丝黑穗病（级）	（穗）粒腐病（级）	茎腐病（级）	纹枯病（级）	锈病（级）	倒伏率（%）	倒折率（%）	心叶螟危（%）
六盘水	1	1	0	0	0	0	0	0	0	0	3	3	0	0	0	0	0	0	0	0
盘州市	5	3	1	1	1	1	1	0	0	1	3	3	1	1	1	1	1	0	0	1
赫章	0	0	0	0	1	0	1	0	0	0	0	0	0	0	0	0	0	0	0	0
大方	1	1	0	1	1	1	1	0	0	2.7	1	1	0	1	1	1	1	0	0	0
纳雍	1	1	0	0	1	1	1	0	0	0	3	3	0	0	1	1	1	0	0	0
水城	3	3	0	1	1	1	1	0	0	0	1	1	1	1	1	1	1	3	4	0
威宁	0	1	0	0	0	0	1	0	0	0	2	3	0	0	0	1	1	0	0	0

表 12-2　2016 年贵州省玉米区试高山组 抗逆性状汇总表（黄粒）

试点	DY3709※										毕单 17 号（CK）									
	大斑病（级）	小斑病（级）	丝黑穗病（%）	（穗）粒腐病（级）	茎腐病（级）	纹枯病（级）	锈病（级）	倒伏率（%）	倒折率（%）	心叶螟危（%）	大斑病（级）	小斑病（级）	丝黑穗病（级）	（穗）粒腐病（级）	茎腐病（级）	纹枯病（级）	锈病（级）	倒伏率（%）	倒折率（%）	心叶螟危（%）
六盘水	3	3	0	0	0	0	0	0	20	0	1	3	0	0	0	0	0	0	0	0
盘州市	3	5	1	1	1	1	1	0	0	1	3	3	1	1	1	1	1	0	0	1
赫章	0	0	0	0	0	0	0	0	0	0	0	0	0	0	0	0	1	0	0	0
大方	1	1	0	1	1	1	1	0	0	0	3	3	0	1	1	1	3	0	0	1.8
纳雍	1	1	0	0	1	1	1	0	0	0	3	3	0	0	1	1	1	8	3	0
水城	1	1	0	1	1	1	1	0	0	0	1	1	0	1	1	1	1	0	0	0
威宁	2	1	0	0	0	1	1	0	0	0	1	1	0	0	0	1	0	0	0	0

表 12-3　2016 年年贵州省玉米区试高山组 抗逆性状汇总表（白粒）

试点	金白玉3000 大斑病(级)	小斑病(级)	丝黑穗病(%)	(穗)粒腐病(级)	茎腐病(级)	纹枯病(级)	锈病(级)	倒伏率(%)	倒折率(%)	心叶喇危(%)	西抗18※ 大斑病(级)	小斑病(级)	丝黑穗病(%)	(穗)粒腐病(级)	茎腐病(级)	纹枯病(级)	锈病(级)	倒伏率(%)	倒折率(%)	心叶喇危(%)	水白玉1号※									
六盘水	3	3	0	0	0	0	0	0	20	0	1	3	0	0	0	0	0	8	0	3	3	3	0	0	0	0	0	0	0	0
盘州市	3	3	1	1	1	1	0	0	0	1	3	5	1	1	1	0	0	0	1	5	3	5	1	1	1	1	0	1	0	1
赫章	0	0	0	0	0	1	0	0	0	0	0	0	0	0	0	0	8	0	0	0	0	0	0	1	0	1	0	0	0	0
大方	1	0	0	1	0	1	0	0	0	0	1	0	0	0	1	1	1	0	1	1	1	1	1	1	1	1	1	1	0	0
纳雍	1	0	0	0	0	0	0	1	0	0	1	1	0	0	1	1	1	0	1	1	1	1	1	1	1	1	1	1	0	0
水城	1	0	0	1	0	0	0	0	0	0	1	1	0	0	0	0	1	0	1	1	2	0	0	0	0	0	0	0	0	0
威宁	1	0	0	0	0	0	1	1	0	0	1	1	0	0	0	0	0	0	2	2	1	1	1	0	0	0	0	0	0	0

表 12-4　2016 年年贵州省玉米区试高山组 抗逆性状汇总表（白粒）

试点	金玉7号 大斑病(级)	小斑病(级)	丝黑穗病(%)	(穗)粒腐病(级)	茎腐病(级)	纹枯病(级)	锈病(级)	倒伏率(%)	倒折率(%)	心叶喇危(%)	SF1602 大斑病(级)	小斑病(级)	丝黑穗病(%)	(穗)粒腐病(级)	茎腐病(级)	纹枯病(级)	锈病(级)	倒伏率(%)	倒折率(%)	心叶喇危(%)	盛农10号※									
六盘水	3	3	0	0	0	0	0	0	0	0	3	3	0	0	0	0	1	1	0	3	3	3	0	0	0	0	0	0	0	0
盘州市	3	5	1	1	1	1	0	0	0	5	3	3	1	1	1	1	5	0	1	7	3	7	1	1	1	1	1	1	0	1
赫章	0	0	0	0	0	0	0	3	0	0	0	0	0	0	0	0	0	6	0	0	0	0	0	0	0.5	0	0	0	0	3
大方	1	1	0	1	1	1	0	0	1.8	0	3	3	0	1	1	3	0	7.3	0	1	1	1	0	1	1	1	1	1	3	0
纳雍	1	1	0	0	1	1	0	0	0	0	1	1	0	0	3	3	0	0	0	1	1	1	0	0	0	0	0	6	0	0
水城	1	1	0	1	1	0	0	0	0	0	3	3	1	1	1	1	1	10	12	1	1	1	1	1	0	1	1	1	1	0
威宁	0	2	0	0	0	0	1	0	0	0	2	2	0	0	0	0	1	2	0	1	0	1	0	1	0	0	0	0	0	0

表 12-5　2016 年年贵州省玉米区试高山组抗逆性状汇总表（白粒）

嘉白单7号[※]

试点	大斑病（级）	小斑病（级）	丝黑穗病（%）	（穗）粒腐病（级）	茎腐病（级）	纹枯病（级）	锈病（级）	倒伏率（%）	倒折率（%）	心叶蟆危（%）
六盘水	1	3	0	0	0	0	0	0	0	0
盘州市	3	3	1	1	1	1	1	0	0	1
赫章	0	3	0	0	0	0	2	0	0	0
大方	1	1	0	1	1	1	1	0	0	0
纳雍	1	1	0	0	1	1	0	9	0	0
水城	1	1	0	1	0	1	0	0	0	0
威宁	0	1	7	0	0	1	1	0	0	0

WL1501[※]

试点	大斑病（级）	小斑病（级）	丝黑穗病（级）	（穗）粒腐病（级）	茎腐病（级）	纹枯病（级）	锈病（级）	倒伏率（%）	倒折率（%）	心叶蟆危（%）
六盘水	1	1	0	1	0	0	0	0	0	0
盘州市	3	3	1	1	1	0	1	0	0	1
赫章	0	0	0	0	1	0	0	7	0	0
大方	1	1	0	1	1	1	0	0	0	0
纳雍	1	1	0	1	1	0	1	0	0	0
水城	1	1	0	0	1	0	0	0	0	0
威宁	0	1	0	0	0	1	1	0	0	0

表 12-6　2016 年年贵州省玉米区试高山组抗逆性状汇总表（白粒）

BSLJ51[※]

试点	大斑病（级）	小斑病（级）	丝黑穗病（%）	（穗）粒腐病（级）	茎腐病（级）	纹枯病（级）	锈病（级）	倒伏率（%）	倒折率（%）	心叶蟆危（%）
六盘水	3	3	0	0	0	0	0	0	0	0
盘州市	3	3	1	1	1	0	1	0	0	1
赫章	0	0	0	0	0	0	1	4	0	0
大方	1	1	0	1	1	1	1	0	0	0
纳雍	1	1	0	0	1	1	3	0	0	0
水城	1	1	0	0	1	1	1	0	0	0
威宁	1	2	0	0	0	1	1	0	0	0

荷玉1号[※]

试点	大斑病（级）	小斑病（级）	丝黑穗病（级）	（穗）粒腐病（级）	茎腐病（级）	纹枯病（级）	锈病（级）	倒伏率（%）	倒折率（%）	心叶蟆危（%）
六盘水	1	3	0	0	0	0	0	0	0	0
盘州市	3	3	1	1	1	1	5	0	0	5
赫章	0	0	0	1	1	0	0	5	0	0
大方	3	3	0	0	1	1	3	0	0	2.7
纳雍	3	3	0	1	0	3	1	0	0	0
水城	1	1	0	1	0	1	1	0	0	0
威宁	2	2	0	0	0	1	2	2	0	0

2016 年贵州省玉米新品种生产试验高山组综合总结

本试验旨在对 2015 年贵州省玉米新品种区域试验中表现优良的金秋 7209、煌单 658 进行生产试验,对已审定品种正大 808、惠农单 2 号进行东部扩区生产试验,在接近大田的实际条件下进一步鉴定其适应性、丰产性和抗逆性,为扩大示范、推荐审定和品种推广提供科学依据。

一、试验概况

(一) 参试组合及供种单位(表 1)

表 1　参试品种及供种单位

组合	供种单位
金秋 7209	安顺新金秋科技股份有限公司
煌单 658	贵州省遵义市辉煌种业公司
正大 808(东扩)	襄阳正大农业开发有限公司
惠农单 2 号(东扩)	贵州省毕节市盛农种业有限公司
中单 808(CK)	金色农华种业有限责任公司

(二)试点、试验设计及基本情况(表 2)

全省设 6 个试点:贵阳市种子管理站、余庆县种子管理站、习水县种子管理站、思南县种子管理站、都匀市种子管理站和黄平县种子管理站。

表 2　试点基本情况

试点	海拔(米)	前茬	重复	面积(平方米)	密度(株/亩)
思南	590	空闲	2	100	3200
贵阳	1250	空闲	2	100	3200
都匀	910	空闲	2	100	3167
黄平	680	水稻	2	100	3200
习水	850	油菜	2	100	3330
余庆	840	烤烟	2	100	3330

（三）试验完成情况

根据有关专家田间考察、测产的结果以及对各试点上报材料的审阅,六个试点田间管理及时到位,各项调查记载较全面,基本能按照试验方案要求完成试验任务。参试组合试验数据齐全,全部纳入汇总。

（四）气候条件对玉米生长发育的影响

思南:6 月 8 日刮旋头风,致使金秋 7209 倒伏。

贵阳:6 月中旬因受大风影响,导致试验出现 30% 的倒苗现象,因此组织农户对试验进行扶苗措施;7 月中旬至 8 月份,玉米生长中后期,出现一个月的高温干旱天气。组织农户抽水灌溉,对结实、灌浆有一定影响。

都匀:播种移栽后遇长期低温阴雨天气,导致植株发育缓慢,影响产量。

黄平:玉米生长前期降雨日数多,光照不足,植株长势较差;6 月 29 日至 8 月 2 日连续高温干旱天气,严重影响籽粒灌浆,出现高温逼熟现象;8 月 2 日、8 月 7 日和 8 月 14 日三场大暴雨及龙卷风,导致部分参试组合发生倒伏、倒折现象。

习水:玉米生长中期雨水较多。

余庆:从出苗至抽穗吐丝期雨水较多、日照较少,对玉米生长有一定影响。

二、组合评价

（1）煌单 658

特征特性:全生育期 125 天;株高 280 厘米,穗位高 130 厘米,穗长 19.5 厘米,穗粗 6.1 厘米,秃尖 1.7 厘米;穗行数 19.3 行,行粒数 33.8 粒,单穗粒重 206.7 克,百粒重 32.3 克,出籽率 73.3%;籽粒黄色,半马齿粒。

产量表现:平均亩产 566.6 千克,较对照增产 1.48%,产量居第四位,66.7% 的试点增产。

（2）金秋 7209

特征特性：全生育期 125 天；株高 277 厘米，穗位高 113 厘米，穗长 22.2 厘米，穗粗 5.2 厘米，秃尖 1.1 厘米；穗行数 16 行，行粒数 39.8 粒，单穗粒重 206.9 克，百粒重 31.8 克，出籽率 77.2%；籽粒黄色，硬粒。

产量表现：平均亩产 582.6 千克，较对照增产 4.35%，产量居第二位，83.3% 的试点增产。

（3）正大 808

特征特性：全生育期 126 天；株高 286 厘米，穗位高 129 厘米，穗长 19 厘米，穗粗 5.6 厘米，秃尖 2.1 厘米；穗行数 17.8 行，行粒数 37 粒，单穗粒重 198.1 克，百粒重 30.8 克，出籽率 75.5%；籽粒黄色，半马齿粒。

产量表现：平均亩产 578.8 千克，较对照增产 3.66%，产量居第三位，83.3% 的试点增产。

（4）惠农单 2 号

特征特性：全生育期 125 天；株高 294 厘米，穗位高 131 厘米，穗长 21 厘米，穗粗 5.5 厘米，秃尖 1 厘米；穗行数 15 行，行粒数 39 粒，单穗粒重 195.5 克，百粒重 36.8 克，出籽率 7.8%；籽粒黄色，半马齿粒。

产量表现：平均亩产 598 千克，较对照增产 7.09%，产量居第一位，100% 的试点增产。

表 3　贵州省玉米生产试验东部组产量表

品种	试点	小区产量(千克/100平方米)		折合亩产(千克)	对照亩产(千克)	比 CK(±%)	位次
		I	II				
煌单658	思南	79.92	77.35	529	515	2.72	3
	贵阳	81.7	71.5	510.7	567.4	-9.99	5
	都匀	71.48	73.42	483	468.5	3.09	3
	黄平	89.11	82.98	544.5	488.5	11.46	4
	习水			573.7	578.4	-0.81	4
	余庆	114.81	112.85	758.9	732.4	3.62	4
	平均值			566.6	558.4	1.48	4
金秋7209	思南			523.6	515	1.67	4
	贵阳	88.4	90.2	595.4	567.4	4.93	1
	都匀	68.91	72.76	472.3	468.5	0.81	4
	黄平	82.33	85.9	545.4	488.5	11.65	3
	习水			560.8	578.4	-3.04	5
	余庆	119.95	119.53	798.3	732.4	9.00	1
	平均值			582.6	558.4	4.35	2
正大808	思南	80.83	81.43	540.9	515	5.03	1
	贵阳	80.4	75.3	519	567.4	-8.53	4
	都匀	70.7	75.6	487.7	468.5	4.10	2
	黄平			553.1	488.5	13.22	2
	习水	102.34	82.37	615.7	578.4	6.45	1
	余庆	113.23	113.7	756.5	732.4	3.29	3
	平均值			578.8	558.4	3.66	3
惠农单2号	思南	79.9	79.7	532.2	515	3.34	2
	贵阳	88.1	86.6	582.4	567.4	2.64	2
	都匀	79.44	71.91	504.5	468.5	7.68	1
	黄平			566.4	488.5	15.95	1
	习水	89.31	93.59	609.7	578.4	5.41	2
	余庆	119.2	118.57	792.6	732.4	8.22	2
	平均值			598.0	558.4	7.09	1

表 4 贵州省玉米生产试验东部组主要性状表

品种	试点	生育期（天）	株高（厘米）	穗位高（厘米）	穗长（厘米）	穗粗（厘米）	秃尖（厘米）	穗行数（行）	行粒数（粒）	单穗粒重（克）	百粒重（克）	出籽率（%）	粒色	粒型
煌单 658	思南	122	268	123	20.8	6.2	2.5	20	32	189	28	69.1	黄	半马
	贵阳	145	251	130	18.7	6.3	2	20	32	206.0	36	66.7	黄	半马
	都匀	124	255	117								80		
	黄平	110	295	123	19.4	5.8	1.6	18	32	182.8	31	73.1	黄	半马
	习水	124	307	145	18.9	6.1	0.7	19	39	249.0	34	72	黄	半马
	余庆	124	305	140								78.9		
	平均值	125	280	130	19.5	6.1	1.7	19.3	33.8	206.7	32.3	73.3	黄	半马
金秋 7209	思南	120	260	113	23.2	5.2	1.0	16	40	199	30	73.1	黄	硬
	贵阳	145	236	101	22	5.6	2.2	16	38	208.0	36	70	黄	硬
	都匀	122	254	100								83		
	黄平	110	291	110	21.6	5.0	0.6	16	36	175.1	30	77.8	黄	硬
	习水	127	306	120	22.1	5.1	0.5	16	45	245.3	31	77	黄	半马
	余庆	124	317	134								82		
	平均值	125	277	113	22.2	5.2	1.1	16.0	39.8	206.9	31.8	77.2	黄	硬
正大 808	思南	120	276	124	19.4	5.5	3.9	18	35	177	27	70.7	黄	半马
	贵阳	145	258	146	19	5.7	1.5	18	40	222.0	32	70.5	黄	马
	都匀	124	250	109								84		
	黄平	116	305	129	18.6	5.6	2.6	18	33	163.6	29	72.7	黄	马
	习水	126	310	130	18.9	5.5	0.2	17	40	229.9	35	74	黄	半马
	余庆	127	316	133								81.2		
	平均值	126	286	129	19.0	5.6	2.1	17.8	37.0	198.1	30.8	75.5	黄	半马

续表

品种	试点	生育期（天）	株高（厘米）	穗位高（厘米）	穗长（厘米）	穗粗（厘米）	秃尖（厘米）	穗行数（行）	行粒数（粒）	单穗粒重（克）	百粒重（克）	出籽率（%）	粒色	粒型
惠农单2号	思南	120	292	158	19.6	5.2	0.8	15	33	178	34	76	黄	半马
	贵阳	145	250	129	21.6	5.9	1.5	16	35	241.0	40	72	黄	半马
	都匀	124	266	119								87		
	黄平	113	327	146	21.6	5.2	0.2	14	34	183.1	36	81	黄	半马
	习水	123	329	159	20.0	5.5	0.0	16	38	232.0	37	70	黄	半马
	余庆	124	312	148								82.2		
	平均值	125	296	143	20.7	5.5	0.6	15.3	35.0	208.5	36.8	78.0	黄	半马
中单808（CK）	思南	123	298	151	20.8	5.2	0.6	14	36	186	35	74.9	黄	半马
	贵阳	145	260	127	22	5.7	1.5	16	42	212.0	42	62.5	黄	马
	都匀	124	291	137								80		
	黄平	112	297	107	20.2	5.5	1.8	16	33	165	31	75	黄	马
	习水	124	308	125	20.8	5.6	0.0	14	45	219.0	39	73	黄	马
	余庆	122	311	139								79		
	平均值	125	294	131	21.0	5.5	1.0	15.0	39.0	195.5	36.8	74.1	黄	马

表 5　抗病抗逆性表

品种	试点	倒伏(%)	大斑病(级)	小斑病(级)	丝黑穗病(级)	纹枯病(级)
煌单 658	思南	14.9	1	3	0	0
	贵阳					
	都匀	0	0	0	0	0
	黄平	30.8	1	1	0	1
	习水	7	1.0	1.0	0	1.3
	余庆	0.0	0	0	0	1
金秋 7209	思南	9.0				
	贵阳					
	都匀	0	0	0	0	1
	黄平	36.3	1	1	0	1
	习水	8	1.0	1.0	0	0.7
	余庆	3.6	1	3	0	0
正大 808	思南	13.5				
	贵阳	80				
	都匀	8.3	0	0	0	2
	黄平	1	1	1	0	1
	习水	2.1	1.0	1.0	0	0.3
	余庆					

续表

品种	试点	倒伏(%)	大斑病(级)	小斑病(级)	丝黑穗病(级)	纹枯病(级)
惠农单2号	思南	9.0	0	3	0	1
	贵阳	0			0	
	都匀					
	黄平	4.6	0	0	0	2
	习水	4	1	1	0	1
	余庆	0.0	1.0	1.0	0	0.5
中单808(CK)	思南	39.5	1	1	0	1
	贵阳					
	都匀	80				
	黄平	23.8	0	0	0	4
	习水	5	3	3	0	1
	余庆	3.9	1.0	1.0	0	0.5

2016 年贵州省玉米新品种生产试验东部组综合总结

本试验旨在对 2015 年贵州省玉米新品种区域试验中表现优良的金秋 7209、煌单 658 进行生产试验,对已审定品种正大 808、惠农单 2 号进行东部扩区生产试验,在接近大田的实际条件下进一步鉴定其适应性、丰产性和抗逆性,为扩大示范、推荐审定和品种推广提供科学依据。

一、试验概况

(一)参试组合及供种单位(表 1)

表 1　参试品种及供种单位

组合	供种单位
金秋 7209	安顺新金秋科技股份有限公司
煌单 658	贵州省遵义市辉煌种业公司
正大 808(东扩)	襄阳正大农业开发有限公司
惠农单 2 号(东扩)	贵州省毕节市盛农种业有限公司
中单 808(CK)	金色农华种业有限责任公司

(二)试点、试验设计及基本情况(表 2)

全省设 6 个试点:贵阳市种子管理站、余庆县种子管理站、习水县种子管理站、思南县种子管理站、都匀市种子管理站和黄平县种子管理站。

表 2　试点基本情况

试点	海拔（米）	前茬	重复	面积（平方米）	密度（株/亩）
思南	590	空闲	2	100	3200
贵阳	1250	空闲	2	100	3200
都匀	910	空闲	2	100	3167
黄平	680	水稻	2	100	3200
习水	850	油菜	2	100	3330
余庆	840	烤烟	2	100	3330

（三）试验完成情况

根据有关专家田间考察、测产的结果以及对各试点上报材料的审阅，六个试点田间管理及时到位，各项调查记载较全面，基本能按照试验方案要求完成试验任务。参试组合试验数据齐全，全部纳入汇总，见表3、表4及表5。

（四）气候条件对玉米生长发育的影响

思南：6月8日刮旋头风，致使金秋7209倒伏。

贵阳：6月中旬因大风影响，导致试验出现30%的倒苗现象，因此组织农户对试验进行扶苗措施；7月中旬至8月份，玉米生长中后期，出现一个月的高温干旱天气。组织农户抽水灌溉，对结实、灌浆有一定影响。

都匀：播种移栽后遇长期低温阴雨天气，导致植株发育缓慢，影响产量。

黄平：玉米生长前期降雨日数多，光照不足，植株长势较差；6月29日至8月2日连续高温干旱天气，严重影响籽粒灌浆，出现高温逼熟现象；8月2日、8月7日和8月14日三场大暴雨及龙卷风，导致部分参试组合发生倒伏、倒折现象。

习水：玉米生长中期雨水较多。

余庆：从出苗至抽雄吐丝期雨水较多、日照较少，对玉米生长有一定影响。

二、组合评价

（1）煌单658

特征特性：全生育期125天；株高280厘米，穗位高130厘米，穗长19.5厘米，穗粗6.1厘米，秃尖1.7厘米；穗行数19.3行，行粒数33.8粒，单穗粒重206.7克，百粒重32.3克，出籽率73.3%；籽粒黄色，半马齿粒。

产量表现：平均亩产566.6千克，较对照增产1.48%，产量居第四位，66.7%的试点增产。

（2）金秋 7209

特征特性：全生育期 125 天；株高 277 厘米，穗位高 113 厘米，穗长 22.2 厘米，穗粗 5.2 厘米，秃尖 1.1 厘米；穗行数 16 行，行粒数 39.8 粒，单穗粒重 206.9 克，百粒重 31.8 克，出籽率 77.2%；籽粒黄色，硬粒。

产量表现：平均亩产 582.6 千克，较对照增产 4.35%，产量居第 2 位，83.3% 的试点增产。

（3）正大 808

特征特性：全生育期 126 天；株高 286 厘米，穗位高 129 厘米，穗长 19 厘米，穗粗 5.6 厘米，秃尖 2.1 厘米；穗行数 17.8 行，行粒数 37 粒，单穗粒重 198.1 克，百粒重 30.8 克，出籽率 75.5%；籽粒黄色，半马齿粒。

产量表现：平均亩产 578.8 千克，较对照增产 3.66%，产量居第 3 位，83.3% 的试点增产。

（4）惠农单 2 号

特征特性：全生育期 125 天；株高 294 厘米，穗位高 131 厘米，穗长 21 厘米，穗粗 5.5 厘米，秃尖 1 厘米；穗行数 15 行，行粒数 39 粒，单穗粒重 195.5 克，百粒重 36.8 克，出籽率 7.8%；籽粒黄色，半马齿粒。

产量表现：平均亩产 598 千克，较对照增产 7.09%，产量居第 1 位，100% 的试点增产。

表 3　贵州省玉米生产试验西部组产量表

品种	试点	小区产量(千克/100 平方米)		折合亩产(千克)	对照亩产(千克)	比 CK(±%)	位次
		I	II				
惠农 15	贵阳	92.8	75.3	560.6	532.3	5.3	2
	镇宁	117.77	115.84	778.7	807.7	-3.59	3
	毕节	132.54	89.44	740.3	661.6	11.9	1
	六枝	119.38	124.36	812.9	776.5	4.68	1
	兴义	99.3	103.8	677	621.9	8.87	1
	黔西	108.81	117	752.7	612.3	22.94	1
	平均值	111.77	104.30	720.4	668.7	7.73	1
多玉 3 号	贵阳	105.7	84.6	634.6	532.3	19.2	1
	镇宁	122.39	135.27	858.9	807.7	6.34	1
	毕节	128.33	85.89	714.4	661.6	8	2
	六枝	120.4	115.01	785.1	776.5	1.09	2
	兴义	107.3	95.5	676	621.9	8.7	2
	黔西	96.13	96.71	642.8	612.3	4.99	2
	平均值	113.38	102.16	718.6	668.7	7.46	2

表 4 贵州省玉米生产试验西部组主要性状表

品种	试点	生育期(天)	株高(厘米)	穗位高(厘米)	穗长(厘米)	穗粗(厘米)	秃尖(厘米)	穗行数(行)	行粒数(粒)	单穗粒重(克)	百粒重(克)	出籽率(%)	粒色	粒型
惠农 15	贵阳	145	197	102	24	6	4	16	35	265.0	42	70.8	黄	马
	镇宁	116	290	133	22.1	5.8	2.7	16	38	284	41	64.2	黄	马
	毕节	152	292	132	21	5.9	1.2	16.2	42	235	41		黄	马
	六枝	129	303	153	22.1	6.2	1.3	17.4	39.8	306	45.7	87.7	黄	半马
	兴义	121	274	102	19.9	5.4	1.0	14.2	38.1	221	43	89.1	黄	半马
	黔西	136	290	126	21.7	6.0	2	14.8	35.4	227.1	40		黄	马
	平均值	133	274	125	21.8	5.9	2.0	15.8	38.1	256.4	42.1	78.0	黄	马
多玉 3 号	贵阳	145	204	86	23.5	6	3.2	20	38	184.0	37	62.5	黄	半马
	镇宁	117	273	111	23.6	6.2	3.6	16.6	40	289	36	58.6	黄	硬
	毕节	152	260	108	20	5.7	1.1	18.4	40	229	36		黄	半马
	六枝	134	284	130	24.3	6.4	2.1	18.4	40.5	297	39.5	87.4	黄	硬
	兴义	123	270	96.7	20.1	5.9	1.1	16.2	39.2	209	35	82.9	黄	硬
	黔西	128	284	113	18.7	5.4	2.3	18.4	33	183.7	31.1		黄	半马
	平均值	133	263	107	21.7	5.9	2.2	18.0	38.5	232.0	35.8	72.9	黄	硬
贵单 8 号(CK)	贵阳	145	220	103	20	5.7	2	16	37	191.0	42	64	黄	半马
	镇宁	114	276	130	20.7	5.8	1.4	15.7	34	234	38	65.4	黄	硬
	毕节	144	244	104	18	5.5	0.4	14.8	34	217	43.5		黄	硬
	六枝	131	290	144	19.8	5.8	1.1	16.6	40.9	224	40.7	85.5	黄	硬
	兴义	122	296	125	17.9	5.8	0.5	18.0	34.8	192	31	83.8	黄	硬
	黔西	130	273	121	19.2	5.4	1.4	15.4	33.4	186	35.5		黄	硬
	平均值	131	267	121	19.3	5.7	1.1	16.1	35.7	207.3	38.5	74.7	黄	硬

表 5 抗病抗逆性表

品种	试点	倒伏（%）	大斑病（级）	小斑病（级）	丝黑穗病（级）	纹枯病（级）
惠农 15	贵阳					
	镇宁	2.2	0	0	0	0
	毕节	0	3	3	1	2
	六枝	0	3	3	1	0
	兴义	5	1	1	1	1
	黔西	0	1	1	0	1
多玉 3 号	贵阳	3.7	0	0	0	0
	镇宁	0	1	3	1	1
	毕节	0	3	3	1	1
	六枝	0	1	1	1	1
	兴义	0	1	3	1	1
	黔西					
贵单 8 号（CK）	贵阳	2.4	0	0	0	0
	镇宁	9	3	3	1	1
	毕节	0	1	3	1	1
	六枝	0	1	1	1	1
	兴义	12	1	1	1	0
	黔西					

2016年贵州省玉米新品种生产试验跨区组综合总结

本试验旨在对2015年贵州省玉米新品种区域试验中表现优良的友玉8号、金玉932、金秋20151、金玉505、百三1号、惠农试12、丰玉28、黔1403进行生产试验,在接近大田的实际条件下进一步鉴定其适应性、丰产性和抗逆性,为扩大示范、推荐审定和品种推广提供科学依据。

一、试验概况

（一）参试组合及供种单位（表1）

表1　参试品种及供种单位

组合	供种单位	组合	供种单位
友玉8号	贵州友禾种业有限公司	惠农试12	毕节市七星关区惠农玉米所
金玉932	贵州金农科技有限责任公司	丰玉28	贵州日月丰农业科技有限公司
金秋20151	安顺新金秋科技股份有限公司	黔1403	贵州省农业科学院玉米工程中心
金玉505	贵州金农农业科学研究所	黔单16（CK）	贵州省旱粮研究所
百三1号	遵义市百隆源种业有限公司		

（二）试点、试验设计及基本情况（表2）

全省设9个试点:贵阳市种子管理站、余庆县种子管理站、习水县种子管理站、都匀市种子管理站、龙里县种子管理站、镇宁县种子管理站、思南县种子管理站、毕节市种子管理站和兴义市种子管理站。

表 2　试点基本情况

试点	海拔(米)	前茬	重复	面积(平方米)	密度(株/亩)
贵阳	1250	空闲	2	100	3500
余庆	840	玉米	2	100	3333
习水	850	油菜	2	100	3200
黔南	910	空闲	2	100	3420
龙里	1080	空闲	2	100	3330
镇宁	1241	油菜	2	100	3300
思南	590	空闲	2	100	3300
毕节	1460	空闲	2	100	3300
兴义	1143	油菜	2	100	3300

(三)试验完成情况

根据有关专家田间考察、测产的结果以及对各试点上报材料的审阅,惠农试 12 在都匀、镇宁、毕节等多个试点倒伏严重,作田间淘汰处理;九个试点田间管理及时到位,各项调查记载较全面,基本能按照试验方案要求完成试验任务。参试组合试验数据齐全,全部纳入汇总。

(四)气候条件对玉米生长发育的影响

贵阳:6 月中旬因受大风影响,导致试验出现 30%的倒苗现象,故组织农户对试验进行扶苗措施;7 月中旬至 8 月份,玉米生长中后期出现一个月的高温干旱天气,又组织农户抽水灌溉,对结实、灌浆有一定影响。

余庆:从出苗至抽穗吐丝期雨水较多,日照较少,对玉米生长有一定影响。

习水:玉米生长中期雨水较多。

都匀:移栽后遇长期低温阴雨天气,导致植株生长缓慢影响产量。

镇宁:7 月中旬到 8 月上旬,持续 20 多天高温干旱天气,玉米植株旱情严重;8 月 6 日暴雨,致使部分参试组合倒伏,产量受到一定影响。

思南:无。

毕节:前期雨水较多,造成植株旺长;乳熟期持续高温天气,导致成熟期较往年提前。

兴义:播种期旱情重,导致补种较多;6 月 8 日、6 月 20 日因暴雨致涝,对玉米长势影响较大;成熟期持续阴雨,对收获有影响。

二、组合评价(表 3、表 4)

(1)友玉 8 号

特征特性:全生育期 127 天;株高 262 厘米,穗位高 103 厘米,穗长 20.8 厘米,穗粗 5.6 厘米,秃尖 1.3 厘米;穗行数 16.5 行,行粒数 40.9 粒,单穗粒重 231.1 克,百粒重 36.9 克,出籽率 80%;籽粒黄色,半马齿粒。

产量表现:平均亩产 628.1 千克,较对照增产 12.61%,产量居第一位,77.8%的试点 增产。

(2)金玉 932

特征特性:全生育期 126 天;株高 259 厘米,穗位高 89 厘米,穗长 20.7 厘米,穗粗 5.2 厘米,秃尖 0.7 厘米;穗行数 14.5 行,行粒数 40.1 粒,单穗粒重 206.2 克,百粒重 38.7 克,出籽率 82.2%;籽粒黄色,硬粒。

产量表现:平均亩产 610.3 千克,较对照增产 9.42%,产量居第四位,77.8%的试点 增产。

(3)金秋 20151

特征特性:全生育期 126 天;株高 279 厘米,穗位高 93 厘米,穗长 21.9 厘米,穗粗 5.4 厘米,秃尖 2.1 厘米;穗行数 15 行,行粒数 41.1 粒,单穗粒重 214.8 克,百粒重 36 克,出籽率 79.4%;籽粒黄色,半马齿粒。

产量表现:平均亩产 623.9 千克,较对照增产 11.86%,产量居第二位,88.9%的试点 增产。

(4)金玉 505

特征特性:全生育期 127 天;株高 267 厘米,穗位高 109 厘米,穗长 21.2 厘米,穗粗 6.2 厘米,秃尖 2.2 厘米;穗行数 17.1 行,行粒数 37.5 粒,单穗粒重 242.8 克,百粒重 39.3 克,出籽率 79%;籽粒黄色,半马齿粒。

产量表现:平均亩产 605.8 千克,较对照增产 8.61%,产量居第 6 位,77.8%的试点 增产。

(5)百三 1 号

特征特性:全生育期 127 天;株高 272 厘米,穗位高 109 厘米,穗长 20 厘米,穗粗 5.4 厘米,秃尖 1.6 厘米;穗行数 14.8 行,行粒数 36.5 粒,单穗粒重 209.3 克,百粒重 40.1 克,出籽率 82%;籽粒黄色,半马齿粒。

产量表现:平均亩产 617 千克,较对照增产 10.61%,产量居第三位,66.7%的试点增产。

(6)丰玉 28

特征特性:全生育期 128 天;株高 257 厘米,穗位高 102 厘米,穗长 19.9 厘米,穗粗 6 厘米,秃尖 2.5 厘米;穗行数 17.7 行,行粒数 37.6 粒,单穗粒重 216 克,百粒重 34.1 克,出籽率 78.4%;籽粒黄色,半马齿粒。

产量表现:平均亩产 606.6 千克,较对照增产 8.75%,产量居第五位,88.9%的试点增产。

(7)黔 1403

特征特性:全生育期 126 天;株高 281 厘米,穗位高 104 厘米,穗长 20.5 厘米,穗粗 5.1 厘米,秃尖 0.8 厘米;穗行数 15.6 行,行粒数 38 粒,单穗粒重 198.9 克,百粒重 38 克,出籽率 79.4%;籽粒黄色,硬粒。

产量表现:平均亩产 599.9 千克,较对照增产 7.56%,产量居第七位,66.7%的试点增产。

表 3-1 贵州省玉米生产试验西部组产量表

| 品种 | 试点 | 小区产量(千克/100 平方米) | | 折合亩产(千克) | 对照亩产(千克) | 比 CK(±%) | 位次 |
		I	II				
友玉 8 号	贵阳	82.7	51.5	447.4	412	8.59	1
	余庆	116.31	115.97	774.3	639.7	21.04	1
	习水	74.45	75.26	499.1	509.2	-1.98	7
	黔南	76.4	72.7	497	374.6	32.67	1
	龙里	125.99	112.79	796	745.7	6.75	1
	镇宁	107.98	109.45	724.8	579	25.18	7
	思南	86.6	83.83	568.1	499	13.85	2
	毕节	105.1	103	693.7	554	25.22	4
	兴义	92	103.8	652.7	706.7	-7.64	8
	平均值	96.39	92.03	628.1	557.8	12.61	1
金玉 932	贵阳	80.8	45.9	422.4	412	2.52	3
	余庆	106.17	102.77	696.5	639.7	8.88	3
	习水	92.8	80.21	576.7	509.2	13.26	3
	黔南	66	70.6	455.4	374.6	21.57	5
	龙里	109.2	108.24	724.8	745.7	-2.80	8
	镇宁	109.01	111.56	735.3	579	26.99	5
	思南	75.36	78.52	513	499	2.81	4
	毕节	105.8	106.8	708.7	554	27.92	3
	兴义	93	105	660	706.7	-6.61	7
	平均值	93.13	89.96	610.3	557.8	9.42	4

续表

品种	试点	小区产量(千克/100 平方米)		折合亩产(千克)	对照亩产(千克)	比 CK(±%)	位次
		I	II				
	贵阳	84	44.7	429	412	4.13	2
	余庆	111.47	111.01	741.6	639.7	15.93	2
	习水	86.1	94.14	600.8	509.2	17.99	1
	黔南	60.2	73.73	446.5	374.6	19.19	7
金秋 20151	龙里	113.89	116.01	766.4	745.7	2.78	3
	镇宁	106.43	111.66	727	579	25.56	6
	思南	83.65	81.05	549	499	10.02	3
	毕节	101.4	105.1	688.4	554	24.26	5
	兴义	102	98	666.7	706.7	-5.66	6
	平均值	94.35	92.82	623.9	557.8	11.86	2

表 3-2　贵州省玉米生产试验西部组产量表

| 品种 | 试点 | 小区产量（千克/100 平方米） | | 折合亩产（千克） | 对照亩产（千克） | 比 CK（±%） | 位次 |
		I	II				
金玉505	贵阳	67.1	44.3	371.4	412	-9.85	6
	余庆	103.7	100.99	682.3	639.7	6.66	5
	习水	70.39	85.99	521.3	509.2	2.38	5
	黔南	63.5	73	455	374.6	21.46	6
	龙里	115.06	110.02	750.3	745.7	0.62	5
	镇宁	103.24	118.86	740.4	579	27.88	4
	思南	77.81	75.89	512.4	499	2.69	5
	毕节	113.2	108	737.4	554	33.10	1
	兴义	100.5	104	681.7	706.7	-3.54	5
	平均值	90.50	91.23	605.8	557.8	8.61	6
百三1号	贵阳	55	47.7	342.4	412	-16.89	7
	余庆	100.92	99.43	667.9	639.7	4.41	6
	习水	87.19	90.78	593.3	509.2	16.52	2
	黔南	68.9	76.75	485.5	374.6	29.60	2
	龙里	112.8	117.15	766.5	745.7	2.79	2
	镇宁	116.31	121.87	794	579	37.13	1
	思南	72.9	75	493	499	-1.20	7
	毕节	110.7	105.3	720	554	29.96	2
	兴义	99.5	107.5	690	706.7	-2.36	4
	平均值	91.58	93.50	617.0	557.8	10.61	3

续表

品种	试点	小区产量(千克/100 平方米)		折合亩产(千克)	对照亩产(千克)	比 CK(±%)	位次
		I	II				
丰玉 28	贵阳	42	56.2	327.3	412	-20.56	8
	余庆	103.32	102.75	686.9	639.7	7.38	4
	习水	83.97	78.92	543	509.2	6.64	4
	黔南	68.1	70	460.4	374.6	22.90	3
	龙里	112.46	114.06	755.1	745.7	1.26	4
	镇宁	112.89	115.73	762.1	579	31.62	3
	思南	88.21	87.11	584.4	499	17.11	1
	毕节	88.8	89.2	593.4	554	7.11	7
	兴义	114	110	746.7	706.7	5.66	2
	平均值	90.42	91.55	606.6	557.8	8.75	5

表 3-3　贵州省玉米生产试验西部组产量表

品种	试点	小区产量（千克/100 平方米）		折合亩产（千克）	对照亩产（千克）	比 CK（±%）	位次
		I	II				
黔 1403	贵阳	64.2	61.2	418	412	1.46	4
	余庆	97.4	95.23	642.1	639.7	0.38	7
	习水	67.22	76.45	478.9	509.2	-5.95	8
	黔南	65.5	72	458.4	374.6	22.37	4
	龙里	106.97	113.83	736	745.7	-1.30	7
	镇宁	112.87	117.29	767.2	579	32.50	2
	思南	75.07	72.61	492.3	499	-1.34	8
	毕节	95.6	95.5	637	554	14.98	6
	兴义	113.8	117	769.4	706.7	8.87	1
	平均值	88.74	91.23	599.9	557.8	7.56	7

表 4-1 贵州省玉米生产试验西部组主要性状表

品种	试点	生育期(天)	株高(厘米)	穗位高(厘米)	穗长(厘米)	穗粗(厘米)	秃尖(厘米)	穗行数(行)	行粒数(粒)	单穗粒重(克)	百粒重(克)	出籽率(%)	粒色	粒型
友玉8号	贵阳	145	210	95	20	5.8	2.2	16	40	209.0	39		黄	半马
	余庆	122	301	128								80.5		半马
	习水	128	277	115	18.9	5.4	1.1	17	40	202.9	32	75	黄	半马
	黔南	122	233	96								80		半马
	龙里	130	263	110	21.8	5.8	1.6	16	42	263	42.3		黄	半马
	镇宁	112	298	130	22.4	5.7	1.4	16.7	43	305.0	36		黄	半马
	思南	120	260	102	21.4	5.5	1.8	17	36	184	30		黄	半马
	毕节	142	271	78	22	5.5	0	15.2	41	240	44.2	83.7	黄	半马
	兴义	121	248	72.0	19	5.4	1.1	17.4	44.1	214	35	81	黄	半马
	平均值	127	262	103	20.8	5.6	1.3	16.5	40.9	231.1	36.9	80.0	黄	半马
金玉932	贵阳	145	202	70	21	5.3	3.1	16	36	167.0	40	80.7	黄	硬
	余庆	120	284	89									黄	
	习水	125	295	97	20.1	5.2	0.0	15	43	229.8	38	78	黄	硬
	黔南	120	219	75								80		
	龙里	131	240	78	20.2	5.3	0.4	15	40	199	40.0		黄	硬
	镇宁	112	261	104	21.9	5.5	0.4	14	43	262.5	41		黄	硬
	思南	120	256	77	22.5	5.1	0.6	13	38	189	34		黄	半马
	毕节	142	299	120	20	5.8	0	16.8	39	222	42.6	85.5	黄	半马
	兴义	121	274	90	19.5	4.4	0.2	11.6	41.4	174	35	87	黄	硬
	平均值	126	259	89	20.7	5.2	0.7	14.5	40.1	206.2	38.7	82.2	黄	硬
金秋2015l	贵阳	145	230	85	21	5.7	4.2	14	39	175.0	40	78.9	黄	硬
	余庆	122	317	101									黄	
	习水	127	319	114	21.0	5.4	0.1	16	43	226.0	34	72	黄	半马
	黔南	120	258	85								79		半马
	龙里	128	232	91	22.4	5.5	2.5	15	40	219	41.2		黄	半马
	镇宁	111	284	98	23.5	5.7	2.3	15.4	45	286.5	35		黄	半马
	思南	121	291	91	22.6	5.1	2.3	14	38	186	33		黄	半马
	毕节	143	298	98	22	5.5	1.0	16.8	43	236	35.8	84.1	黄	半马
	兴义	118	286	72	20.5	4.9	2.2	13.8	39.4	175	33	83	黄	半马
	平均值	126	279	93	21.9	5.4	2.1	15.0	41.1	214.8	36.0	79.4	黄	半马

表 4-2 贵州省玉米生产试验西部组主要性状表

品种	试点	生育期(天)	株高(厘米)	穗位高(厘米)	穗长(厘米)	穗粗(厘米)	秃尖(厘米)	穗行数(行)	行粒数(粒)	单穗粒重(克)	百粒重(克)	出籽率(%)	粒色	粒型
金玉505	贵阳	145	202	90	19	6.1	4	16	32	151.0	40		黄	半马
	余庆	124	297	129		5.9	0.7	18	38	234.9	33	76.1	黄	半马
	习水	130	302	119	21		1.9	18	41	292	45.7	73	黄	半马
	黔南	120	229	90			2.7	18	38	335.5	40	82	黄	硬
	龙里	128	264	117	22	6.5	4.2	16	34	172	32		黄	半马
	镇宁	113	282	120	232	6.5	0.5	18.0	42	274	41.2	81.7	黄	半马
	思南	123	264	100	21.4	5.9	1.3	15.8	37.5	240	43	82	黄	半马
	毕节	142	291	136	23	6.5	2.2	17.1	37.5	242.8	39.3	79.0	黄	半马
	兴义	122	272	81	19.1	5.8	3.3	14	31	155.0	40		黄	半马
	平均值	127	267	109	51.1	6.2						79.0		
百三1号	贵阳	145	184	86	17	5.4	3.3	15	36	213.7	39	81.1	黄	硬
	余庆	121	293	111			0.9							
	习水	130	323	128	19.4	5.3	0.6	16	39	251	45.0	77	黄	硬
	黔南	119	245	89			1.9					81	黄	马
	龙里	126	276	109	19.7	5.7	1.9	15	38	232.5	40	81	黄	半马
	镇宁	113	292	149	20.9	5.8	1.2	14	34	169	36	85.0	黄	半马
	思南	123	277	109	21.7	5.4	1.6	16.8	42	258	38.4	86	黄	半马
	毕节	142	265	104	23	5.4	1.6	13.0	35.5	186	42	82.0	黄	半马
	兴义	120	293	98	18.6	4.9		14.8	36.5	125.0	40.1		黄	
	平均值	127	272	109	20.0	5.4		14	35	209.3	29	82.0	黄	
丰玉28	贵阳	145	170	70	17	5.3	2.5	14	35	125.0	29	76.3	黄	半马
	余庆	125	284	121	17.8	6.1	1.0	18	36	207.0	33	76	黄	半马
	习水	129	291	111	20.9	6.6	3.4	19	36	242	40.5	79	黄	半马
	黔南	121	220	81	22.6	6.2	3.5	18	34	267.0	37		黄	半马
	龙里	126	261	107	22.8	6.0	5.0	18	36	195	30		黄	半马
	镇宁	114	268	103	19	6.1	1.2		42	229	34.2		黄	半马
	思南	124	261	105	19.3	5.9	0.6	19.6	44.1	247	35	79.7	黄	半马
	毕节	143	277	115				17.4				81	黄	半马
	兴义	123	277	108									黄	半马
	平均值	128	257	102	19.9	6.0	2.5	17.7	37.6	216.0	34.1	78.4	黄	半马

表 4-3　贵州省玉米生产试验西部组主要性状表

品种	试点	生育期(天)	株高(厘米)	穗位高(厘米)	穗长(厘米)	穗粗(厘米)	秃尖(厘米)	穗行数(行)	行粒数(粒)	单穗粒重(克)	百粒重(克)	出籽率(%)	粒色	粒型
黔 1403	贵阳	145	186	77	19	5	2.2	16	35	142.0	38		黄	半马
	余庆	120	315	120								80.9		
	习水	130	309	110	18.9	5.0	0.6	16	38	194.5	34	73	黄	硬
	黔南	119	258	91								81		
	龙里	126	284	97.6	20.5	5.3	0.8	15	38	209	42.3		黄	硬
	镇宁	113	292	127	21.8	5.1	0.5	15.3	39	252.0	38		黄	硬
	思南	119	264	90	21.5	5.0	1.1	15	35	163	31		黄	硬
	毕节	142	304	105	21	5.6	0	17.2	40	206	41.4	76.9	黄	硬
	兴义	120	318	116	20.5	4.9	0.3	14.4	40.8	226	41	85	黄	半马
	平均值	126	281	104	20.5	5.1	0.8	15.6	38.0	198.9	38.0	79.4	黄	硬
黔单 16 (CK)	贵阳	145	197	94	18	5.6	1.2	16	36	169	34	81.4	黄	半马
	余庆	124	306	135								75		半马
	习水	130	308	136	19	5	0	16	37	210.8	31	85	黄	马
	黔南	120	254	98										
	龙里	126	268	115	20.9	5.8	0.4	18	40	257	39.5		黄	半马
	镇宁	112	261	115	20.8	5.8	2.4	16	35	247.0	36		黄	马
	思南	123	284	127	20.2	5.4	1.5	17	33	165	30		黄	半马
	毕节	142	287	137	19	5.1	0.5	15.5	42	175	32.8	82.6	黄	半马
	兴义	121	298.6	111	19.5	5.1	0	15.8	40.1	222	37	82	黄	半马
	平均值	127	274	119	19.6	5.4	0.9	16.3	37.6	206.5	34.3	81.2	黄	半马

2016 年贵州省玉米新品种生产试验低热河谷组总结

一、试验目的

为鉴定新育成(引进)品种(组合)在我省的丰产性、适应性及抗逆性,同时为品种审定提供科学依据,筛选出适宜我省不同地区种植的玉米新品种,特安排了本试验。

二、参试组合及供种单位(表1)

表1　参试品种及供种单位

序号	参试组合	供种单位
1	百隆单369	遵义市百隆源农科所
2	友玉2208	贵州友禾种业有限公司
3	新中玉818	贵州新中一种业股份有限公司
4	正大808(CK)	云南正大种子有限公司

三、试验设计与管理(表2)

(一)试点安排

全省共设5个试点:兴义市、望谟县、荔波县、罗甸县和紫云县。

表2　参试点基本情况

试点	海拔(米)	前茬	重复数	小区面积(平方米)	对照	密度(株/亩)
兴义	825	蔬菜	2	100	正大808	3465
望谟	485	无	2	100	正大808	3500
罗甸	577	油菜、萝卜	2	100	正大808	3000
荔波	847	玉米	2	100	正大808	2963
紫云	780	生姜	2	100	正大808	3333

（二）试验地及播种情况

田间管理：望谟和紫云点前作为空地，荔波点前作为玉米，兴义点前作为蔬菜，罗甸前作为油菜和萝卜。播种前各试点均用拖拉机或耕牛犁耙1~2次，辅以人工碎土平整。基肥亩用量：复合肥13~50千克，农家肥800~1300千克。5个试点均采用直播方式播种。多数试点土地肥力中等，玉米生育期内均无灌溉。

各试点在苗期都进行了匀苗补苗工作，最后定苗。所有试点中耕及追肥两次，追肥均使用尿素。

四、气候条件对玉米生长发育的影响

兴义点：播种当天温度20~31℃，出苗期气温保持在21~30℃，抽雄期在22~32℃，成熟期气温19~30℃。5月底至6月底时晴时雨，尤其是6月8日、6月20日降雨量较大，气温19~32℃。

罗甸点：8月3日白天大到暴雨，夜间阴有大雨且伴有大风，造成玉米倒伏。

荔波点：3月16日至5月1日，天气多以阴天陈雨为主，气温15~23℃。5月2日至5月14日，天气多以阴天至陈雨为主，气温19~30℃；5月15日降温，中雨，气温15~23℃；7月23~31日高温25~35℃；8月14日出现大风降雨，部分品种出现倒折、倒伏现象。

望谟点：由于8月15日刮大风，导致区试、生试部分发生倒伏及折断现象。

紫云点：4~7月份有暴雨天气，降水量超过往年降水量，雨水过多，造成试验过程中Ⅱ、Ⅲ重复区部分小区集水过多，长势较差，影响了后期产量。另外，因今年雨水多，在进行二次人工除草后，杂草依然生长过快，因而在玉米抽穗时对试验地进行了一次化学除草，造成5号品种在抽穗后出孔，三个重复叶片枯死不结实现象发现，因此验收中缺少5号品种数据。

五、试验结果

(一)产量(表3)

表 3-1　2016 年玉米新品种生产试验低热河谷组产量汇总表

试点	百隆单 369			友玉 2208			新中玉 818			正大 808(CK)		
	亩产(千克)	比 CK2(±%)	位次	亩产(千克)	比 CK2(±%)	位次	亩产(千克)	比 CK2(±%)	位次	亩产(千克)	比 CK2(±%)	位次
兴义	635.9	−24.03	4	849.4	+1.48	1	798.0	−4.66	3	837.0		2
荔波	512.4	−3.34	4	561.2	+5.87	2	598.3	+12.87	1	530.1		3
望谟	610.4	+0.66	2	593.7	−2.09	4	640.0	+5.54	1	606.4		3
紫云	633.8	+3.02	2	646.4	+5.07	1	594.1	−3.43	4	615.2		3
罗甸	502.8	−7.78	4	554.6	+1.72	1	537.4	−1.43	3	545.2		2
平均值	579.1	−7.61	4	641.1	+2.28	1	633.6	+1.08	2	626.8		3

友玉 2208:平均亩产 641.1 千克,较对照增产 2.28%,产量居第一位,4 个试点增产,增产点占总试点数的 80%。

新中玉 818:平均亩产 633.6 千克,较对照增产 1.08%,产量居第二位,两个试点增产,增产点占总试点数的 40%。

百隆单 369:平均亩产 579.1 千克,较对照减产 7.61%,产量居第四位。

表 3-2　2016 年贵州省玉米区试低热河谷组产量汇总表

试点	友玉 2208			新中玉 818			百隆单 369			ZH396			L667		
	亩产(千克)	比CK(±%)	位次	亩产(千克)	比CK(±%)	位次	亩产(千克)	比CK(±%)	位次	亩产(千克)	比CK(±%)	位次	亩产(千克)	比CK(±%)	位次
兴义市	861.7	+11.03	2	815	+5.01	5	637.8	-17.82	11	668.4	-13.88	10	741.1	-4.51	7
荔波县	626.6	+4.24	4	628.3	+4.53	3	625.6	+4.08	5	551.1	-8.32	11	597.2	-0.65	9
望谟县	598.9	+0.47	5	647.8	+8.67	1	584.5	-1.95	7	556.1	-6.71	9	543.4	-8.84	11
紫云县	651.1	-4.42	5	641.1	-5.89	7	641.7	-5.80	6	627.3	-7.91	9			
罗甸县	550	-4.63	8	571.7	-0.87	5	553.4	-4.04	7	470.6	-18.40	11	474.5	-17.72	9
平均值	657.7	+1.77	5	660.8	+2.25	4	608.6	-5.82	8	574.7	-11.07	11	589.1	-8.85	9

表 3-3　2016 年贵州省玉米区试低热河谷组产量汇总表

试点	正大 808			先达 901			桂玉 821			正大 608			隆瑞 888			佳福 399		
	亩产(千克)	比CK(±%)	位次	亩产(千克)	比CK(±%)	位次	亩产(千克)	比CK(±%)	位次	亩产(千克)	比CK(±%)	位次	亩产(千克)	比CK(±%)	位次	亩产(千克)	比CK(±%)	位次
兴义市	776.1	0	6	847.8	+9.24	4	673.9	-13.17	9	875	+12.74	1	713.4	-8.08	8	852.8	+9.88	3
荔波县	601.1	0	8	650	+8.14	2	585.6	-2.58	10	613.9	+2.13	7	614.4	+2.21	6	670	+11.46	1
望谟县	596.1	0	6	618.9	+3.82	3	547.2	-8.20	10	612.8	+2.80	4	563.9	-5.40	8	625	+4.85	2
紫云县	681.2	0	2	618.9	-9.15	10	640.6	-5.96	8	767.8	+12.71	1	671.1	-1.48	4	676.7	-0.66	3
罗甸县	576.7	0	3	788.4	+36.71	1	474.5	-17.72	9	668.4	+15.90	2	570	-1.16	6	572.8	-0.68	4
平均值	646.2	0	6	704.8	+9.06	2	584.4	-9.58	10	707.6	+9.49	1	626.6	-3.05	7	679.5	+5.14	3

(二)抗逆性(表4)

表 4 2016 年玉米新品种生产试验低热河谷组抗逆性汇总表

试点	病虫害	百隆单 369	友玉 2208	新中玉 818	正大 808
兴义	大斑病(级)	0	0	0	0
	小斑病(级)	1	0	1	0
	丝黑穗病(级)	1	1	1	1
	纹枯病(级)	1	0	0	0
荔波	大斑病(级)	1	1	1	1
	小斑病(级)	1	1	1	1
	丝黑穗病(级)	1	1	1	1
	纹枯病(级)	1	1	1	1
望谟	大斑病(级)	1	1	1	1
	小斑病(级)	1	1	1	1
	丝黑穗病(级)	0	0	0	0
	纹枯病(级)	1	1	1	1
紫云	大斑病(级)	1	1	1	1
	小斑病(级)	1	1	1	1
	丝黑穗病(级)	1	1	1	1
	纹枯病(级)	0	0	0	0
罗甸	大斑病(级)	1	1	1	1
	小斑病(级)	1	1	1	1
	丝黑穗病(级)	1	1	1	1
	纹枯病(级)	2	1	1	1

（三）主要性状（表 5）

表 5　2016 年贵州省玉米区试低热河谷组主要性状汇总表

品名	试点	海拔(米)	播种期(日/月)	出苗期(日/月)	成熟期(日/月)	生育期(天)	比对照(±天)	株高(厘米)	穗位高(厘米)	穗长(厘米)	穗行数(行)	行粒数(粒)	秃尖(厘米)	单穗粒重(克)	百粒重(克)	实杆率(%)	倒伏率(%)	轴色	粒型	粒色
K1	兴义	810	5/5	11/5	30/8	117	-1	331	195	18.8	15.6	42.4	0.2	246.0	39.0	0	0	白	半马	白黄
	荔波	847	16/4	26/4	24/8	120	0	248	87	18.9	16	39	1.3	231.5	36.0	0	25	白	半马	白色
	望谟	485	26/4	3/5	18/8	106	-1	288.3	105.7	18.1	15.5	39.3	1.7	205.0	33.6	0	15	白	半	白
	紫云	780	18/4	23/4	11/8	110	-9	259	84	18.4	14	43	255.0	40.0	0	0	白	半马齿	白	
	罗甸	577	11/4	18/4	4/8	109	2	289	122	15.4	16	32	1.3	181.9	35.0	0	0	白	马齿	白色
	平均值	669.8				112.4	-1.8	283.1	118.7	17.9	15.4	39.1	0.9	223.9	36.7	0.0	0			
K2	兴义	810	5/5	1/5	30/8	117	-1	354	170.2	20.4	16.2	39.4	1.1	236.0	37.0	0	0	白	半马	黄
	荔波	847	16/4	25/4	24/8	120	0	306	131	19.4	16	36	1.7	196.8	33.0	0	6	白	硬粒	黄色
	望谟	485	26/4	3/5	19/8	107	0	323.3	151.1	19.6	7.4	40	1	219.0	31.6	0	13	白	硬	黄
	紫云	780	18/4	23/4	15/8	114	-5	294	117	23.1	15	45	0.03	257.0	41.0	0		白	硬粒	黄
	罗甸	577	11/4	18/4	30/7	105	-2	312	149	19.5	15	41	0.4	208.1	30.0	0		白	半马齿	黄
	平均值	669.8				112.6	-1.6	317.9	143.7	20.4	15.9	40.3	0.8	223.4	34.5	0.0				
K3	兴义	810	5/5	10/5	28/8	115	-3	347.2	153	22.9	15	32.7	0.2	240.0	42.0	0	0	白	半马	黄
	荔波	847	16/4	26/4	22/8	118	2	289	115	22.2	15	40	1.1	211.0	35.0	0	4	白	半马	黄色
	望谟	485	26/4	3/5	17/8	105	-2	306.5	137.9	21.6	15.8	39	1	201.0	32.7	0	8白	半	淡黄	黄白
	紫云	780	18/4	23/4	4/8	103	-16	281	117	27	16	43	0	258.4	43.0	0	0	白	马齿	黄
	罗甸	577	11/4	18/4	4/8	409	2	310	134	20.8	17	45	0.3	221.3	35.0	0	0	白	半马齿	黄
	平均值	669.8				110.0	-3.4	306.7	131.4	22.9	15.8	39.9	0.5	226.3	37.5	0.0				
K4	兴义	810	5/5	11/5	30/8	117	-1	277.4	119.6	18.9	18.6	39.7	0.3	204.0	32.0	0	0	白	硬	黄
	荔波	847	16/4	26/4	24/8	120	0	276	119	18.4	17	38	1	181.5	29.0	0	6	白	硬粒	黄色
	望谟	485	26/4	3/5	18/8	106	-1	277.8	115.8	17.9	17	38.5	1.2	194.0	29.7	0	0	白	硬	黄
	紫云	780	18/4	23/4	11/8	110	-9	245	90	18	17	39	0.03	211.0	32.0	0	0	白	硬粒	黄
	罗甸	577	11/4	18/4	2/8	107	0	253	117	17.7	18	36	1.1	150.7	25.0	0	0	白	半马齿	黄
	平均值	669.8				112.0	-2.2	265.8	112.3	18.2	17.5	38.2	0.7	188.2	29.5	0.0				

续表

品名	试点	海拔(米)	播种期(日/月)	出苗期(日/月)	成熟期(日/月)	生育期(天)	比对照(±天)	株高(厘米)	穗位高(厘米)	穗长(厘米)	穗行数(行)	行粒数(粒)	秃尖(厘米)	单穗粒重(克)	百粒重(克)	实秆率(%)	倒伏率(%)	轴色	粒型	粒色
K5	兴义	810	5/5	13/5	5/9	123	5	33.8	173.8	21.8	15.4	39.9	0.3	203.0	37.0	0	0	白	硬	黄
	荔波	847	16/4	26/4	26/8	122	-2	304	146	21	15	38	1.5	208.3	36.0	0	0	白	硬粒	黄色
	望谟	485	26/4	3/5	26/8	114	7	287.9	135.1	20.7	15	36.7	1.6	188.0	34.2	0	7	白	硬	黄
	紫云	780	18/4																	
	罗甸	577	11/4	18/4	14/8	119	12	296	151	20	15	36	2.8	187.2	30.0	0	0	白	半马齿	黄
	平均值	669.8				119.5	5.5	305.4	151.5	20.9	15.1	37.7	1.6	196.6	34.3	0.0				
K6	兴义	810	5/5	12/5	31/8	118	0	327.4	164.8	15.3	17.4	36	0.8	180.0	30.0	0	0	白	半马	黄
	荔波	847	16/4	26/4	24/8	120	0	288	127	17.3	18	34	2	184.8	30.0	0	9	白	半马	黄色
	望谟	485	26/4	3/5	19/8	107	0	299.5	130.8	15.1	16.8	40.8	1.9	208.0	30.3	0	11	白	马	黄
	紫云	780	18/4	23/4	20/8	119	0	256	98	17.47	17	40	0.03	242.0	37.0	0	0	白	马齿	黄白
	罗甸	577	11/4	18/4	2/8	107	0	280	122	16.4	15	33	2.3	164.0	30.0	0	1.1	白	半马齿	黄
	平均值	669.8				114.2	0.0	290.2	128.5	16.3	16.8	36.8	1.4	195.8	31.5	0.0				
K7	兴义	810	5/5	11/5	30/8	117	-1	326	157	19.5	15.2	34.3	0.3	230.0	43.0	0	0	白	半马	黄
	荔波	847	16/4	26/4	24/8	120	0	276	111	18.9	14	43	1.3	207.6	44.0	0	3	白	半马	黄色
	望谟	485	26/4	3/5	18/8	106	-1	302.1	135.9	18.8	15.4	41.6	1	217.0	33.9	0	5	白	半马	淡黄
	紫云	780	18/4	23/4	11/8	110	-9	240	83	18.03	14	33	0.07	210.0	45.0	0	0	白	半硬粒	黄
	罗甸	577	11/4	18/4	4/8	109	2	262	111	19.5	15	34	1	236.4	40.0	0	0	白	半马齿	黄
	平均值	669.8				112.4	-1.8	281.2	119.6	18.9	14.7	37.2	0.7	220.2	41.2	0.0				
K8	兴义	810	5/5	11/5	30/8	117	-1	312.8	167.4	19.7	13.4	45.5	0.2	199.0	35.0	0	0	白	半马	黄
	荔波	847	16/4	26/4	25/8	121	-1	272	117	20.9	13	46	0	200.6	34.0	0	7	白	半马	黄色
	望谟	485	26/4	3/5	26/8	114	7	279.3	134.5	18.9	14.2	43.1	0.5	189.0	31.0	0	8	白	半马	黄
	紫云	780	18/4	23/4	16/8	115	-4	259	121	17.75	13	41	0	194.0	37.0	0	白	半硬粒	黄	
	罗甸	577	11/4	18/4	7/8	112	5	280	140	18.9	13	39	1	183.7	30.0	0	0	白	半马齿	黄
	平均值	669.8				115.8	1.2	280.6	136.0	19.2	13.3	42.9	0.3	193.3	33.4	0.0				

续表

品名	试点	海拔(米)	播种期(日/月)	出苗期(日/月)	成熟期(日/月)	生育期(天)	比对照(±天)	株高(厘米)	穗位高(厘米)	穗长(厘米)	穗行数(行)	行粒数(粒)	秃尖(厘米)	单穗粒重(克)	百粒重(克)	实秆率(%)	倒伏率(%)	轴色	粒型	粒色
K9	兴义	810	5/5	10/5	25/8	112	-6	313.4	132.4	17	19	36.9	0.2	240.0	38.0	0	0	白	半马	黄
	荔波	847	16/4	26/4	22/8	118	2	258	101	16.3	17	33	0	226.7	38.0	0	4	白	半马	黄色
	望谟	485	26/4	3/5	18/8	106	-1	298	119.1	16.5	18.5	35.7	1.7	214.0	32.4	0	6	白	半马	淡黄
	紫云	780	18/4	23/4	9/8	108	-11	265	97	15.73	18	34	0.07	240.0	41.0	0	0	白	马齿	淡黄
	罗甸	577	11/4	18/4	30/7	105	-2	273	102	16.3	20	32	0.4	212.2	35.0	0	0.35	白	马齿	黄
	平均值	669.8				109.8	-3.6	281.5	110.3	16.4	18.5	34.3	0.5	226.6	36.9	0.0				
K10	兴义	810	5/5	12/5	31/8	118	0	315.8	155.8	22	14.2	43.2	0.5	190.0	34.0	0	0	白	半马	黄
	荔波	847	16/4	26/4	24/8	120	0	283	121	20.7	14	42	1	208.1	27.0	0	4	白	半马	黄色
	望谟	485	26/4	3/5	17/8	105	-2	294.9	142	22.2	14.6	41.2	1.5	199.0	33.1	0	4	白	半马	淡黄
	紫云	780	18/4	23/4	16/8	115	-4	262	107	20.75	14	45	0.05	211.0	34.0	0	0	白	半硬粒	黄
	罗甸	577	11/4	18/4	2/8	107	0	272	124	19.3	16	40	0.7	198.2	35.0	0	0.35	白	半硬粒	黄
	平均值	669.8				113.0	-1.2	285.5	130.0	21.0	14.6	42.3	0.8	201.3	32.6	0.0				
K11	兴义	810	5/5	12/5	2/9	120	2	323.2	139.4	18.6	17.6	38.5	1.1	216.0	34.0	0	0	白	半马	黄
	荔波	847	16/4	26/4	24/8	120	0	274	108	18.3	16	38	0.8	202.7	33.0	0	0	白	硬粒	黄色
	望谟	485	26/4	3/5	19/8	107	0	290.4	125.8	18.1	18.4	36.7	2.1	218.0	32.3	0	2	白	半马	黄
	紫云	780	18/4	23/4	11/8	110	-9	247	83	17.53	16	38	0.07	224.0	37.0	0	0	白	半硬粒	黄
	罗甸	577	11/4	18/4	4/8	109	2	261	113	16.9	17	32	2.1	214.9	35.0	0	0	白	马齿	黄
	平均值	669.8				113.2	-1.0	279.1	113.8	17.9	17.0	36.6	1.2	215.1	34.3	0.0				

表6-1 2016年贵州省玉米区试低热河谷组抗病性汇总表

试点	K1 大斑(级)	K1 小斑(级)	K1 丝黑穗(%)	K1 茎腐(级)	K1 纹枯(级)	K1 锈病(级)	K1 心叶期玉米螟危害(%)	K2 大斑(级)	K2 小斑(级)	K2 丝黑穗(%)	K2 茎腐(级)	K2 纹枯(级)	K2 锈病(级)	K2 心叶期玉米螟危害(%)	K3 大斑(级)	K3 小斑(级)	K3 丝黑穗(%)	K3 茎腐(级)	K3 纹枯(级)	K3 锈病(级)	K3 心叶期玉米螟危害(%)
兴义市	1	1	1	1	0	0	1	1	1	1	1	0	1	1	1	1	1	1	0	0	1
荔波县	1	1	1	1	1	1	1	1	1	1	1	1	1	1	1	1	1	1	1	3	1
望谟县	1	1	0	0	1	1	0	1	1	0	0	1	1	0	1	1	0	0	1	1	0
紫云县	1	1	1	1	0	1	0	1	1	1	1	0	1	0	1	1	1	1	0	1	0
罗甸县	1	1	1	1	2	1	0	1	1	1	1	1	1	0	1	1	1	1	0	1	0

表6-2 2016年贵州省玉米区试低热河谷组抗病性汇总表

试点	K4 大斑(级)	K4 小斑(级)	K4 丝黑穗(%)	K4 茎腐(级)	K4 纹枯(级)	K4 锈病(级)	K4 心叶期玉米螟危害(%)	K5 大斑(级)	K5 小斑(级)	K5 丝黑穗(%)	K5 茎腐(级)	K5 纹枯(级)	K5 锈病(级)	K5 心叶期玉米螟危害(%)	K6 大斑(级)	K6 小斑(级)	K6 丝黑穗(%)	K6 茎腐(级)	K6 纹枯(级)	K6 锈病(级)	K6 心叶期玉米螟危害(%)
兴义市	1	1	1	1	0	0	1	1	1	1	1	0	0	1	1	1	1	1	0	3	1
荔波县	1	1	1	1	1	1	1	1	1	1	1	1	1	1	1	1	1	1	1	1	1
望谟县	1	1	0	0	1	1	0	1	1	0	0	1	1	0	1	1	0	0	1	1	0
紫云县	1	1	1	1	0	1	0	1	1	1	1	0	1	0	1	1	1	1	0	1	0
罗甸县	1	1	1	1	0	1	0	1	1	1	1	0	1	0	1	1	1	1	0	1	0

2016 年贵州省玉米新品种生产试验高山组综合总结

本试验旨在对 2015 年贵州省玉米新品种区试"黔西北特殊生态区高山组"中表现优良的 DY3709、西抗 18、水白玉 1 号、盛农 10、BSL151、WL1501、嘉白单 7 号等进行生产试验,在接近大田的实际条件下进一步鉴定其适应性、丰产性和抗逆性,为扩大示范、推荐审定和品种推广提供科学依据。

一、参试组合及供种单位(详见表 1)

表 1　参试组合及供种单位

参试组合	供种单位
DY3709	贵州三正种业有限公司
水白玉 1 号	贵阳金黔农业科技有限公司
西抗 18	云南大天种业有限公司
盛农 10	毕节市盛农种业公司
嘉白单 7 号	贵州鑫玉种业有限公司
WL1501	贵州三翔农业科技公司
BSL151	毕节市农业科学研究所
毕单 17 号(CK1)	毕节市农业科学研究所
荷玉 1 号(CK2)	贵州物华种业有限公司

二、试验情况

(一)试验设计及试点基本情况

试验在毕节市和六盘水市两市区布试点,即威宁县种子站、赫章县种子站、大方县种子站、纳雍县种子站、水城县农科所、盘州市种子站和六盘水市种子站 7 个试点实施。

设计方案:直播双株定苗,高海拔试点可采用覆膜栽培。黄粒种对照(CK1)为毕单 17 号,白粒种对照(CK2)为荷玉 1 号。每亩密度 3667 株,每个小区面积为 100 平方米,两次重复,每个小区 550 株,以全区收成计产。土壤肥力依当地的生产水平,田间管理略高于当地大田。各个试点均按统一的试验方案实施,各试点的种植情况详见表2、表3。

表2　试点试管理情况表

试点	承试人员	试点名称	海拔（米）	前茬	播种期（月/日）	定苗（月/日）
威宁	李文远	小海镇卯家村	2183	玉米	4/10	4/29
大方	张真华	核桃乡民生村	1450	冬闲	4/11	5/2
纳雍	李焕峰	勺窝乡 五一村	1542	绿肥	4/7	5/8
水城	李俊霖	木果镇木果居委会	1850	空闲	4/10	5/2
赫章	陶勇	野马川镇乌木村	1560	冬闲	4/6	5/7
六盘水	全刚	盘州市坪地乡莫西里村	2000	冬闲	4/7	4/28
盘州市	刘榕	两河街道办岩脚村	1720		4/18	5/8

表3　试验地管理情况表

试点	基肥（千克/亩）		追肥尿素（千克/亩）			收获期（月/日）
	复合肥	有机肥	第一次	第二次	合计	
威宁	40	1000	25	0	25	10/22
大方		1000	15	25	40	9/22
纳雍	1000		20 尿素（15 复合肥）	15 尿素（25 复合肥）	35 尿素（40 复合肥）	9/11
水城	30	1000	25	35	尿素 60	9/28
赫章		1000	7.5	40	47.5	10/6
六盘水	25	1000	15	35	50	9/29
盘州市		1500	20	33.3	53.3	9/28

（三）不良气候对玉米生长发育的影响

威宁:6 月 20 日起阴雨低温天气,影响授粉灌浆成熟。

大方:播种后当天下大雨,出苗整齐,缺苗极少;6 月下旬至 7 月中旬雨水偏多;7 月下旬至 8 月中旬雨水偏少,连续干旱 20 天。

纳雍:试验期间,雨水适宜,无极端恶劣天气。8 月 14 日,受到中等风力影响,导致个别品种有轻微倒伏现象。

水城:无。

赫章:4 月至 9 月玉米生长期间,5 月至 9 月雨水偏多,加之 6 月 17 日遇大风,造成部分小区植株倒伏。经过采取扶正措施后暂时没有倒伏,但是后来一直多雨,到玉米基本成熟时,由于雨水太多,又造成部分小区植株倒伏。

六盘水:苗期雨水过多,成熟期受低温天气影响。

盘州市:今年气候为近五年来最好的一年,自 4 月 18 日播种以来气候基本正常。5 月 7 日发生冰雹灾情,好在影响不大,成熟后持续下雨两个星期,导致收获时间推迟。

三、组合综述(表 4、表 5)

(1)DY3709

选育单位:贵州三正种业有限公司

特征特性:全生育期 147 天,与(黄粒)对照毕单 17 号相当。株高 265 厘米,穗位高 116 厘米,穗长 17 厘米,穗粗 6 厘米,秃尖 1.5 厘米,穗行数 17 行,行粒数 34 粒,单穗重 223 克,百粒重 38 克;籽粒黄色,半马齿型;威宁点倒伏严。

产量表现:平均亩产 648.1 千克,较对照毕单 17 号增产 16.1%,产量在黄粒玉米中居第一位,7 个试点 6 增 1 减。

(2)水白玉 1 号

选育单位:贵阳金黔农业科技有限公司。

特征特性:全生育期 153 天,比(白粒)对照荷玉 1 号长 3 天。株高 294 厘米,穗位高 128 厘米,穗长 18 厘米,穗粗 5 厘米,秃尖 1.0 厘米,穗行数 16 行,行粒数 36 粒,单穗重 202 克,百粒重 35 克;籽粒白色,硬粒型。

产量表现:平均亩产 655.0 千克,较对照荷玉 1 号增产 16.0%,产量在白粒玉米中居第二位,7 个试点全部增产。

(3)盛农 10

选育单位:毕节市盛农种业公司。

特征特性:全生育期 151 天,比(白粒)对照荷玉 1 号长 1 天。株高 268 厘米,穗位高 126 厘米,穗长 18 厘米,穗粗 5 厘米,秃尖 1.4 厘米,穗行数 14 行,行粒数 37 粒,单穗重 174 克,百粒重 35 克;籽粒白色,马齿型。

产量表现:平均亩产 606.3 千克,较对照荷玉 1 号增产 7.4%,产量在白粒玉米中居第六位,7 个试点 6 增 1 减。

(4)BSL151

选育单位:毕节市农业科学研究所。

特征特性:全生育期 150 天,与(白粒)对照荷玉 1 号相当。株高 287 厘米,穗位高

122 厘米,穗长 19 厘米,穗粗 5 厘米,秃尖 1.0 厘米,穗行数 16 行,行粒数 38 粒,单穗重 192 克,百粒重 32 克;籽粒白色,马齿型。

产量表现:平均亩产 607.8 千克,较对照荷玉 1 号增产 7.7%,产量在白粒玉米中居第五位,7 个试点全部增产。

(5)西抗 18

选育单位:云南大天种业有限公司。

特征特性:全生育期 153 天,比(白粒)对照荷玉 1 号长 3 天。株高 289 厘米,穗位高 131 厘米,穗长 18 厘米,穗粗 5 厘米,秃尖 1.1 厘米,穗行数 16 行,行粒数 36 粒,单穗重 198 克,百粒重 33 克;籽粒白色,半马齿型。

产量表现:平均亩产 624.9 千克,较对照荷玉 1 号增产 10.7%,产量在白粒玉米中居第四位,7 个试点全部增产。

(6)嘉白单 7 号

选育单位:贵州鑫玉种业有限公司。

特征特性:全生育期 153 天,比(白粒)对照荷玉 1 号长 3 天。株高 302 厘米,穗位高 125 厘米,穗长 18 厘米,穗粗 5 厘米,秃尖 1.5 厘米,穗行数 16 行,行粒数 37 粒,单穗重 213 克,百粒重 36 克;籽粒白色,马齿型。

产量表现:平均亩产 664.1 千克,较对照荷玉 1 号增产 17.6%,产量在白粒玉米中居第一位,7 个试点全部增产。

(7)WL1501

选育单位:贵州三翔农业科技公司。

特征特性:全生育期 153 天,比(白粒)对照荷玉 1 号长 3 天。株高 273 厘米,穗位高 119 厘米,穗长 17 厘米,穗粗 5 厘米,秃尖 0.9 厘米,穗行数 14 行,行粒数 36 粒,单穗重 214 克,百粒重 41 克;籽粒白色,半硬粒型。

产量表现:平均亩产 653.0 千克,较对照荷玉 1 号增产 15.7%,产量在白粒玉米中居第三位,7 个试点全部增产。

表 4-1 2016 年贵州省玉米新品种生产试验高山组产量表（白粒）

| 品种 | 试点 | 小区产量（千克/100 平方米） | | 折合亩产（千克） | 比 CK（±%） | 位次 |
		I	II			
盛农 10 号	赫章	76.59	75.37	506.53	11.1	7
	六盘水	84.3	82.5	556.3	8.1	1
	纳雍	99.92	90.32	634.13	2.3（%）	3
	盘州市	88.4	95.2	612	11.07	3
	水城	98.12	109.24	691.2	7.3	6
	大方	99.8	99.5	798.5	13.1	1
	威宁	63.68	70.04	445.7	−3.05	9
	平均值	87.26	88.88	606.3	7.4（%）	6
水白玉 1 号	赫章	92.98	94.43	624.73	37	1
	六盘水	79.8	81.4	537.5	4.4	3
	纳雍	103.07	111.48	715.17	15.4（%）	16
	盘州市	81.3	97.1	594.7	7.93	4
	水城	108.47	112.1	735.3	14.14	3
	大方	97.3	97.1	778.9	10.3	3
	威宁	96.6	82.97	598.6	30.16	3
	平均值	94.22	96.65	655.0	16.0（%）	2

续表

品种	试点	小区产量(千克/100平方米)		折合亩产(千克)	比CK(±%)	位次
		Ⅰ	Ⅱ			
	赫章	83.79	65.55	497.8	9.18	8
	六盘水	80.1	79.3	531.8	3.3	5
	纳雍	95.77	100.75	655.06	5.7(%)	6
BSL151	盘州市	89.8	84.5	581.3	5.5	5
	水城	104.15	115.58	732.5	13.71	4
	大方	99.5	99	795.3	12.6	2
	威宁	71.64	66.67	461.1	0.26	7
	平均值	89.25	87.34	607.8	7.7(%)	5
	赫章	82.3	80.39	542.33	18.95	5
	六盘水	78.8	83.4	540.6	5	2
	纳雍	89.23	103.45	642.27	3.6(%)	4
西抗18	盘州市	91.1	99.2	634.4	15.14	2
	水城	107.57	107	715.3	11.04	5
	大方	89	88.7	712	0.8	7
	威宁	89.3	86.95	587.5	27.75	4
	平均值	89.61	92.73	624.9	10.7(%)	4

表 4-2 2016 年贵州省玉米新品种生产试验高山组产量表（白粒）

品种	试点	小区产量（千克/100 平方米）		折合亩产（千克）	比 CK（±%）	位次
		I	II			
嘉白单 7 号	赫章	94.6	89.35	613.2	34.5	2
	六盘水	77.3	81.9	530.7	3.1	6
	纳雍	104.75	102.53	690.93	12	2
	盘州市	86.9	83.4	567.7	3.03	6
	水城	122.16	124.5	822.2	27.63	1
	大方	93.5	92.5	745.2	5.6	4
	威宁	107.54	96.21	678.7	47.6	1
	平均值	98.11	95.77	664.1	17.6（%）	1
WL1501	赫章	95.12	86.39	605.07	32.7	3
	六盘水	81.5	79.1	535.1	4	4
	纳雍	103.12	103.21	687.77	11	3
	盘州市	97.4	96.6	646.7	17.37	1
	水城	112.52	111.11	745.5	15.73	2
	大方	89.5	90	719.2	1.9	5
	威宁	102.27	87.29	631.9	37.4	2
	平均值	97.35	93.39	653.0	15.7（%）	3
荷玉 1 号（CK2）	赫章	71.86	64.92	455.93		
	六盘水	74.4	80	514.7		
	纳雍	90.72	95.19	619.73		
	盘州市	84	81.3	551		
	水城	92.14	101.1	644.2		
	大方	91.6	84.6	706		
	威宁	71.56	66.4	459.9		
	平均值	82.33	81.93	564.5		7

表 4-3　2016 年贵州省玉米新品种生产试验高山组产量表（黄粒）

品种	试点	小区产量（千克/100 平方米）		折合亩产（千克）	比 CK（±%）	位次
		I	II			
DY3709	赫章	94.82	85.67	601.67	15.16	1
	六盘水	82.7	85.1	559.4	17.7	1
	纳雍	106.77	97.48	680.83	7	1
	盘州市	90.2	98.6	629.5	20.76	1
	水城	115.6	114.7	767.7	57.54	1
	大方	96.8	94.9	768.1	8.9	1
	威宁	92.4	66.53	529.8	-4.95	2
	平均值	97.04	91.85	648.1	16.1（%）	1
毕单 17 号（CK1）	赫章	88.23	68.5	522.47		2
	六盘水	68.3	74.3	475.4		2
	纳雍	95.94	95.73	638.9		2
	盘州市	77	79.3	521.3		2
	水城	78.75	67.43	487.3		2
	大方	88.5	87.6	705.6		2
	威宁	88.2	79.02	557.4		1
	平均值	83.56	78.84	558.3		2

表5-1 2016年贵州省玉米新品种生产试验（高山组）性状抗性表（黄粒）

品种与试点		生育期（天）	株高（厘米）	穗位高（厘米）	穗长（厘米）	穗粗（厘米）	秃尖（厘米）	穗行数（行）	行粒数（粒）	单穗粒重（克）	百粒重（克）	粒色	粒型	倒伏（%）	大斑病（级）	小斑病（级）	丝黑穗病（级）	纹枯病（级）
DY3709	赫章	154	260	110	17.4	6	2.8	16	33	220	41	黄	马齿	8	0	0	0	0
	六盘水	155	249	114	18.4	5.6	1.5	18	37	231	33	黄	半马	0	1	3	0	0
	纳雍		238	100	17.5	5.9	1.2	17	35.2	249	42.5	黄	硬	8	1	1	1	1
	盘州市	142	290	119	18.1	6.1	2.1	18	32	202.1	38	黄	马齿	0	7	7	3	3
	大方	144	261	101	18.3	6.3	2	17	34	250	42	黄	半马	0	1	1	0	1
	威宁	153	290	135	16.3	5.6	0.9	17.6	38.6	231.1	36.2	黄	马齿	50	2	1	0	1
	水城	136	270	130	14	5.2	0	18	31	180	31.9	黄	半马	0	1	1	0	1
	平均值	147	265	116	17	6	1.5	17	34	223	38	黄	半马	9	2	2	1	1
毕单17号（CK1）	赫章	148	260	100	18.2	5	1.6	15.2	36	188	34.3	黄	半马	9	0	0	0	0
	六盘水	154	258	100	17.7	4.8	1.5	17	40	156	25	黄	马	0	1	1	0	0
	纳雍	143	250	100	16.7	5.2	0.7	16.8	36.3	193	32.1	黄	硬	0	1	3	1	1
	盘州市	143	282	120	20	5.4	1.7	17	40	210.3	33	黄	马齿	0	5	5	3	3
	大方	146	270	120	18.3	5.6	2.1	17	36	210	32	黄	半马	2.8	3	3	0	1
	威宁	153	281	116	17.9	5.1	1	17	40	175.9	27.8	黄	马齿	0	1	1	0	1
	水城	137	255	120	15.2	5	0	16.4	35	153	26.4	黄	马齿	0	1	1	0	1
	平均值	147	265	111	18	5	1.2	17	38	184	30	黄	马齿	2	2	2	1	1

表 5-2　2016 年贵州省玉米新品种生产试验（高山组）性状抗性表（白粒）

品种与试点		生育期（天）	株高（厘米）	穗位高（厘米）	穗长（厘米）	穗粗（厘米）	秃尖（厘米）	穗行数（行）	行粒数（粒）	单穗粒重（克）	百粒重（克）	粒色	粒型	倒伏（%）	大斑病（级）	小斑病（级）	丝黑穗病（级）	纹枯病（级）
盛农10号	赫章	156	280	120	19.2	5	1.4	14	33	181	40	白	半马	7	0	0	0	0
	六盘水	157	298	127	18.3	4.5	0.7	14	37	184	35	白	半马	0	1	3	0	0
	纳雍		250	90	17.8	4.8	2.6	13.4	36.7	182	36.7	白	半马	0	1	1	1	1
	盘州市	140	210	134	18.7	5	2	14	41	174.7	35	白	硬粒	0	5	5	3	3
	大方	146	285	115	19.6	5.2	1.8	14	37	175	33	白	半马	0	1	1	0	1
	威宁	162	266	152	18.6	4.7	0	13.6	40	172.7	36	白	马齿	0	1	2	0	1
	水城	145	290	145	15.2	4.6	1	14.2	34.2	152	30.2	白	马齿	0	1	1	0	1
	平均值	151	268	126	18	5	1.4	14	37	174	35	白	马齿	1	1	2	1	1
水白玉1号	赫章	160	300	115	17.6	5.3	1.8	15	35.6	221	39.5	白	硬	0	0	0	0	0
	六盘水	156	299	133	15.7	5.1	0.3	16	33	165	32	白	硬	0	1	3	0	0
	纳雍	143	296	140	17.5	5.3	1.4	16.2	33	191	33.7	白	硬	0	3	3	3	1
	盘州市	143	310	139	19.1	5.8	1	15	41	231.2	38	白	半马	0	1	3	3	3
	大方	150	277	124	19.5	5.8	2	16	36	235	38	白	半马	0	0	1	0	1
	威宁	162	307	114	18.5	5.4	0.3	16.2	38	197.4	33	白	半硬	0	1	1	0	0
	水城	144	270	130	16.2	5.2	0	16.4	34.5	176	33.4	白	硬	0	1	1	0	1
	平均值	153	294	128	18	5	1.0	16	36	202	35	白	硬	0	1	1	1	1

表 5-3　2016 年贵州省玉米新品种生产试验（高山组）性状抗性表（白粒）

品种与试点		生育期（天）	株高（厘米）	穗位高（厘米）	穗长（厘米）	穗粗（厘米）	秃尖（厘米）	穗行数（行）	行粒数（粒）	单穗粒重（克）	百粒重（克）	粒色	粒型	倒伏（%）	大斑病（级）	小斑病（级）	丝黑穗病（级）	纹枯病（级）
BSL151	赫章	150	285	110	19	4.2	1	16	32.6	175	34.5	白	半马	0	0	0	0	0
	六盘水	153	311	124	19.9	4.8	1.5	16	40	202	30	白	马	20	1	3	0	0
	纳雍		248	110	19.3	5	0.5	16	38.7	218	35	白	半马	0	1	3	1	1
	盘州市	144	317	130	21.2	5.1	1.8	16	40	205.3	36	白	半马	0	1	1	3	3
	大方	148	273	120	19.5	5.1	1.4	15	38	182	30	白	半马	0	1	3	0	1
	威宁	163	298	122	18.6	4.8	0.5	16	37.4	198.8	31.1	白	马齿	0	2	2	0	1
	水城	144	280	140	17.2	4.8	0	16.2	37.8	163	29.6	白	马	3	1	1	0	1
	平均值	150	287	122	19	5	1.0	16	38	192	32		马齿	0	1	2	1	1
西抗18	赫章	156	280	115	18.8	5.2	0	15	34	190	37.2	白	半马	0	0	0	0	0
	六盘水	156	291	130	17.5	4.9	1.7	16	35	170	31	白	半马	0	1	3	0	0
	纳雍		286	136	18.2	5.2	0.7	17.2	35.9	208	32.5	白	硬	0	1	1	1	1
	盘州市	144	312	148	19.2	5.4	1.6	15	38	211.1	40	白	半马	0	1	1	3	3
	大方	152	276	117	19.2	5.5	1.9	16	37	220	33	白	半马	0	1	1	0	1
	威宁	161	280	126	17.3	4.7	0.6	15.2	37.7	214.64	25.8	白	半硬	0	1	1	0	1
	水城	148	296	143	16	4.9	1	16.4	36	171	31.2	白	硬	0	1	1	0	1
	平均值	153	289	131	18	5	1.1	16	36	198	33	白	半马	0	1	1	1	1

表 5-4　2016 年贵州省玉米新品种生产试验（高山组）性状抗性表（白粒）

品种与试点		生育期（天）	株高（厘米）	穗位高（厘米）	穗长（厘米）	穗粗（厘米）	秃尖（厘米）	穗行数（行）	行粒数（粒）	单穗粒重（克）	百粒重（克）	粒色	粒型	倒伏（%）	大斑病（级）	小斑病（级）	丝黑穗病（级）	纹枯病（级）
嘉白单7号	赫章	161	290	120	19.8	4.2	3	15.2	34.5	222	42	白	半马	0	0	0	0	0
	六盘水	160	328	134	18.7	5	2.3	16	38	204	34	白	半马	0	3	3	0	0
	纳雍		293	118	17.2	5.2	0.8	16.2	38.2	217	35.7	白	硬	0	1	1	0	1
	盘州市	143	312	127	18.9	5.4	1.6	16	37	215.2	41	白	马齿	0	1	1	3	3
	大方	150	280	115	18.6	5.7	2.1	16	36	227	36	白	半马	0	1	1	0	1
	威宁	159	315	117	18	5	0.8	15.8	37.4	251.7	34.3	白	马齿	0	0	1	0	1
	水城	144	295	145	16.4	5	0	16.2	37.1	155	30.1	白	马	0	1	1	0	1
	平均值	153	302	125	18	5	1.5	16	37	213	36	白	马齿	0	1	1	0	1
WL1501	赫章	155	250	100	16.6	5.2	1.6	14.2	34.4	210	44.2	白	硬粒	0	0	0	0	0
	六盘水	157	288	130	16	5.1	1	15	35	175	33	白	硬	0	1	1	0	0
	纳雍		256	106	16.8	5.2	1.1	14.4	34.5	209	43.3	白	硬	0	1	1	0	1
	盘州市	141	284	131	17.8	5.5	0.7	13	40	214.8	45	白	半马	0	7	7	3	3
	大方	150	276	118	18.6	5.6	1.7	14	35	230	41	白	半马	0	1	1	0	1
	威宁	169	297	127	18.7	5.4	0.3	15.2	40.6	285.8	42	白	半硬	0	0	1	0	1
	水城	144	260	120	14.8	5	0	14.2	33	170	37.2	白	硬	0	1	1	0	1
	平均值	153	273	119	17	5	0.9	14	36	214	41	白	半硬	0	2	2	1	1

表 5-5 2016 年贵州省玉米新品种生产试验（高山组）性状抗性表（黄粒）

品种与试点		生育期（天）	株高（厘米）	穗位高（厘米）	穗长（厘米）	穗粗（厘米）	秃尖（厘米）	穗行数（行）	行粒数（粒）	单穗粒重（克）	百粒重（克）	粒色	粒型	倒伏（%）	大斑病（级）	小斑病（级）	丝黑穗病（级）	纹枯病（级）
荷玉 1 号（CK2）	赫章	149	260	120	15.2	5.4	1	13.6	28.6	165	40.5	白	马齿	7	0	0	0	0
	六盘水	159	264	128	16.8	5.4	0.6	14	37	176	36	白	马	0	0	3	0	0
	纳雍		240	110	13.5	5.4	0.5	14.4	28.9	178	42.8	白	半马	0	1	3	1	1
	盘州市	144	264	121	16.5	5.7	0.9	14	40	212.4	47	白	半马	0	5	5	3	3
	大方	147	270	113	16.4	6	1.2	14	32	220	40	白	半马	0	3	1	0	1
	威宁	159	270	129	15.1	5.2	0	14.6	34.8	185.75	37.7	白	半硬	0	2	2	0	1
	水城	143	253	120	15.1	5.1	0	14.6	35.1	145	36.15	白	马	0	1	1	0	1
	平均值	150	260	120	16	5	0.6	14	34	183	40	白	马齿	1	2	2	1	1

2016 年贵州省青贮玉米区域试验总结

为了加快青贮玉米新组合的选育和推广,促进种植业结构调整,从而为青贮玉米组合审定和布局提供可靠依据,特安排本试验。

一、参试组合及供种单位(表1)

表1　参试品种及供种单位

序号	参试组合	供种单位	序号	参试组合	供种单位
1	筑黄 123/146	贵阳市农科所	7	青糯 7921	贵州省旱粮研究所
2	6906	贵州大学	8	327002	贵州省旱粮研究所
3	安 2501	安顺市农业科学院	9	746927	贵州省旱粮研究所
4	粱青玉 3 号	粱丰公司	10	黔青 4546	贵州省旱粮研究所
5	青糯 627	贵州省旱粮研究所	11	筑青 1 号(CK1)	贵阳市农科所
6	青糯 2521	贵州省旱粮研究所	12	黔糯 868(CK2)	贵州省旱粮研究所

二、试点与承试单位情况(表2)

表2　试点布置情况

序号	试点	承试单位	联系人及电话
1	贵阳	省旱粮所	王春梅 18286156670
2	普定	安顺市农业科学院	汪朝明 13885367235
3	播州区	贵州卓豪	赵耀 18108527155
4	都匀	都匀种子站	吴站长 13985078470
5	兴义	黔西南州	王勋 13308598958
6	七星关区	毕节市种子站	张荣达 13885788116
7	铜仁	铜仁市农科所	邓海平 13885610860

承试单位的 7 个试点分布于全省的 7 个地、州、市,海拔 254~1465 米。地势平坦向阳,土质多为壤土,土壤肥力贵阳试点为中等,毕节试点为上等,其余试点为中上等。都匀试点前作是油菜,其余试点为冬闲地。

遵义点由于天气原因,出苗差,故试验报废。

三、试验设计

(1)区域试验

区域试验采用随机区组设计,三次重复。小区面积 20 平方米,5 行区,实收中间 3 行计产。试验密度 4500 株/亩(小区行长 5 米,行距 0.8 米,株距 0.19 米,每行 27 株)。试验地周边应设置与小区行数相同的保护行。

(2)对照组合

设对照组合两个,普通玉米为筑青 1 号(CK1),糯玉米为黔糯 868(CK2)。

四、栽培管理及气候情况

都匀试点采用育苗移栽,其余各点均为直播;各点的基肥种类及其用量和追肥有一定的差异。试验期间,铜仁点后期温度较高,对晚收的普通玉米产量有一定影响(详见表 3)。

五、试验结果

(一)品质

贵阳点对各参试组合在收获后连续选择 10 株带果穗样品,送贵州省草业科学研究所进行青贮品质测试,参试的糯玉米组合还选择了 10 株不带果穗的样品做测试。

测试结果:糯玉米组合收获时的水分为 67.62%~71.93%,普通玉米组合收获时的水分为 61.24%~66.94%,干物质含量为 33.06%~39.4%。

(二)产量

各参试组合 6 点平均鲜重亩产为 2625.25~3970.80 千克,产量从高到低分别是:黔青 4546(3970.8 千克)、327002(3682.72 千克)、746927(3665.42 千克)、6906(3607.30 千克)、筑青 1 号(CK1)(3524.39 千克)、安 2501(3480.64 千克)、梁青玉 3 号(3400.56 千克)、筑黄 123/146(3365.70 千克)、青糯 627(全株 3043.56 千克,鲜果穗 1141.96 千克)、青糯 7921(全株 2901.37 千克,鲜果穗 1133.87.96 千克)、青糯 2521(全株 2728.74 千克,鲜果穗 1086.1 千克)以及黔糯 868(CK2)(全株 2625.25 千克,鲜果穗 1050.42 千克)。干物质亩产为 681.8~1199.8 千克,产量从高到低分别是:327002(1199.8 千克)、

筑青1号（CK1）（1193.7千克）、黔青4546（1168.2千克）、筑黄123/146（1119.4千克）、746927（1114.3千克）、6906（1104.9千克）、梁青玉3号（1099.7千克）、安2501（1069.6千克）、青糯627（1782.5千克）、青糯2521（779.6千克）、青糯7921（709.1千克）和黔糯868（CK2）（681.8千克），详见表2。

（三）生育期等性状

各参试组合生育期、株高、穗位高等性状详见表5。

六、各参试组合综述

（1）黔青4546

鲜重亩产2131.5~5060.31千克，平均鲜重亩产3970.8千克，全部增产，比对照CK1增产12.67%，排第一位。6个试点平均干物质亩产1168.2千克，比对照CK1减产2.14%，排第三位。青贮生育期115天，株型平展，株高287.4厘米，穗位高125.5厘米，持绿性好，倒伏率3.4%，倒折率0.7%，双穗率0.3%，空杆率1.2%。

（2）327002

鲜重亩产1905.9~4996.94千克，平均鲜重亩产3682.72千克，6个试点3增3减，比对照CK1增产4.49%，排第二位。6个试点平均干物质亩产1199.8千克，比对照CK1增产0.51%，排第一位。青贮生育期111.7天，株型平展，株高290.9厘米，穗位高137.2厘米，持绿性好，倒伏率5.1%，倒折率1.9%，双穗率1.3%，空杆率0.9%。

（3）746927

鲜重亩产1894.3~4973.61千克，平均鲜重亩产3665.42千克，6个试点5增1减，比对照CK1增产4.00%，排第三位。6个试点平均干物质亩产1114.3千克，比对照CK1减产6.65%，排第五位。青贮生育期116天，株型平展，株高279.7厘米，穗位高123.4厘米，持绿性好，倒伏率7.5%，倒折率5.3%，双穗率0.4%，空杆率1.2%。

（4）6909

鲜重亩产1943.1~4494.47千克，平均鲜重亩产3607.3千克，6个试点4增2减，比对照CK1增产2.35%，排第四位。6个试点平均干物质亩产1104.9千克，比对照CK1减产7.44%，排第六位。青贮生育期114.7天，株型半紧凑，株高271.4厘米，穗位高122.1厘米，持绿性较好，倒伏率27.8%，倒折率4.8%，双穗率0%，空杆率1.0%。

（5）筑青1号（CK1）

鲜重亩产1854.4~4523.37千克，平均先亩产3524.39千克，排第五位。6个试点平均干物质亩产 1193.7 千克,排第二位。青贮生育期 116 天,株型平展,株高 309.3 厘米,穗位高 155.2 厘米,持绿性较好,倒伏率 7.1%,倒折率 2.2%,双穗率 0%,空杆率 3.3%。

(6)安 2501

鲜重亩产 1887.5~4341.06 千克,平均鲜重亩产 3480.64 千克,6 个试点 4 增 2 减,比对照 CK1 减产 1.24%,排第六位。6 个试点平均干物质亩产 1069.6 千克,比对照 CK1 减产 10.40%,排第八位。青贮生育期 114.5 天,株型平展,株高 279.3 厘米,穗位高 124.1 厘米,持绿性较好,倒伏率 20.0%,倒折率 12.7%,双穗率 0%,空杆率 2.2%。

(7)梁青玉 3 号

鲜重亩产 2029.2~4372.74 千克,平均鲜重亩产 3400.56 千克,6 个试点 1 增 5 减,比对照 CK1 减产 3.51%,排第七位。6 个试点平均干物质亩产 1099.7 千克,比对照 CK1 减产 7.87%,排第七位。青贮生育期 116.7 天,株型平展,株高 304.3 厘米,穗位高 143.3 厘米,持绿性较好,倒伏率 13.6%,倒折率 3.1%,双穗率 0%,空杆率 2.5%。

(8)筑黄 123/146

鲜重亩产 1653.7~4262.69 千克,6 点平均鲜重亩产 3365.7 千克,1 增 5 减,比对照 CK1 减产 4.5%,排第八位。6 点平均干物质亩产 1119.4 千克,比对照 CK1 减产 6.22%,排第四位。青贮生育期 114.8 天,株型平展,株高 273.8 厘米,穗位高 127.7 厘米,持绿性较好,倒伏率 15.7%,倒折率 5.3%,双穗率 0.4%,空杆率 1.4%。

(9)青糯 627

鲜重(全株)亩产 2187.2~3741.68 千克,平均鲜重(全株)亩产 3043.56 千克,比对照 CK1 减产 13.64%,比 CK2 增产 15.93%,排第九位;6 个试点平均干物质(全株)亩产 782.5 千克,比对照 CK2 增产产 14.77%,排第九位。鲜果穗亩产 804.4~1403.48 千克,平均 1141.96 千克,比 CK2 增产 8.71%。青贮生育期 104.8 天,株型平展,株高 260.9 厘米,穗位高 131.0 厘米,持绿性较好,倒伏率 7.1%,倒折率 4.9%,双穗率 0.4%,空杆率 0.9%。

(10)青糯 7921

鲜重(全株)亩产 2139.8~4135.77 千克,平均鲜重(全株)亩产 2901.37 千克,比对照 CK1 减产 17.68%,比 CK2 增产 10.52%,排第十位。6 个试点平均干物质(全株)亩产 709.1 千克,比对照 CK2 增产产 4.00%,排第十一位。鲜果穗亩产 775.5~1415.15 千克,平均亩产 1133.87 千克,比 CK2 增产 7.94%。青贮生育期 104.7 天,株型平展,株高

265.7 厘米,穗位高 123.8 厘米,持绿性较好,倒伏率 5.8%,倒折率 4.2%,双穗率 0.0%,空杆率 1.7%。

（11）青糯 2521

鲜重(全株)亩产 2370.85～3523.98 千克,平均鲜重(全株)亩产 2728.74 千克,比对照 CK1 减产 22.58%,比 CK2 增产 3.94%,排第十一位;6 个试点平均干物质(全株)亩产 883.57 千克,比对照 CK2 增产产 14.34%,排第十位。鲜果穗亩产 960.5～1351.23 千克,平均亩产 1086.10 千克,比 CK2 增产 3.40%。青贮生育期 105.0 天,株型平展,株高 263.5 厘米,穗位高 121.8 厘米,持绿性较好,倒伏率 5.0%,倒折率 3.3%,双穗率 0.3%,空杆率 0.8%。

（12）黔糯 868(CK2)

鲜重(全株)亩产 2085.9～3646.64 千克,平均鲜重(全株)亩产 2625.25 千克,比对照 CK1 减产 25.51%,排第十二位。6 个试点平均干物质(全株)亩产 681.8 千克,排第十二位。鲜果穗亩产 802.7～1426.82 千克,平均亩产 1050.42 千克。青贮生育期 104.8 天,株型平展,株高 254.5 厘米,穗位高 120.2 厘米,持绿性较好,倒伏率 13%,倒折率 6.6%,双穗率 0.9%,空杆率 2.6%。

表 3 各个承试点情况

试点及试验情况	贵州省农业科学院	毕节种子站	铜仁地区农科所	黔南州种子站	安顺市农科所	黔西南州种子站
海拔,地势,土壤,肥力	1015 米,地势平坦,黄壤,肥力中等	1465 米,黄壤,地势平坦,向阳,肥力上等	254 米,地势平坦,沙壤,肥力中等	1100 米,平坦,沙壤,肥力中等	1430 米,地势平坦,土壤肥沃,肥力上等	1170 米,地势平坦,黄壤,肥力中等
前作	空闲	空闲	空闲	油菜	冬闲	冬闲
栽培及时间	直播播种期 5 月 5 日,间定,补苗期 5 月 16 日	直播播种期 4 月 13 日,定苗期 5 月 19 日	直播播种期 4 月 17 日,出苗,间苗 4 月 25~28 日,定苗期 5 月 7 日,定苗期 5 月 12 日	移栽播种期 4 月 18 日,4 月 28 日移栽,定苗中耕时间为 5 月 17 日	直播播种期 4 月 19 日,间苗期 5 月 13 日,定苗期 6 月 1 日	直播播种期 4 月 26 日,间定苗期 5 月 16 日
底肥(千克/亩)	复合肥 40	基肥 50	基肥,复混肥 30	基肥 60	基肥 1000,有机肥+多元复合肥 25	基肥 25,复合肥,含量为 N、P、K,比例为 15：15：15
追肥(千克/亩)	追肥 1 次:尿素+玖源 BB 肥(缓释肥混合施用,尿素含量 46.4%)中耕除草两次,并打除草剂	追尿素两次。第一次:5 月 24 日,尿素 0.35 千克/小区,折合 10;第二次:7 月 8 日,尿素 0.6,折合 20	追肥两次:5 月 8 日第一次苗追废香菇菌棒燃烧灰肥 500,增钾肥抗倒,人工除草一次;5 月 15 日第二次苗施澳特尔复合肥 25+尿素 5 千克,人工第二次培土拥览	追施尿素两次:结合定苗的同时追肥,时间为 5 月 17 日;另一次,的三元料种类为 45% 的三元复合肥,数量 30	追尿素两次:5 月 26 日,施尿素第一次中耕追肥,施尿素 15;6 月 17 日第二次施尿素 25 中耕追肥及培土,施尿素 25	追肥一次:6 月 2 日追尿素 25 并中耕除草,6 月 10 日喷施玉洋洋秀去津除草济除草
虫害防治	苗期喷"点阵"防治地老虎		防虫于 4 月 28 日采用一支清(高效氯氰菊脂,含量 45%)两支兑水 15 千克,防地老虎一次,6 月 22 日施辛硫磷颗粒(含量 3%)防钻心螟虫一次,苗用药粒量 2 千克			6 月 17 日喷施农药"一窝端"防治虫害
气候情况	气候正常,后期雨水较多,刮大风导致局部倒伏严重	气候情况为基本正常,雨后秋旱,出苗整齐,5、6、7 月份雨水稍多,但并未影响各参试组合的花剪授粉和灌浆结实		7 月 29 日突遇大风天气,导致玉米出现倒伏情况;糯玉米由于收获时间过晚,突遇大风受暴雨过湿,倒折现象,及时采取补救措施天气倒伏情况最为严重	前期气候条件有利于玉米生长,大喇叭口期(7 月 2 日至 7 月 3 日)受暴雨影响部分组有倒伏,倒折现象,及时采取了补救措施	播种期间雨水墒情较好,出苗整齐。6 月 19 日晚上 7 月 3 日降雨量在 100 毫米以上月 3 日降雨并有大风,造成一定倒伏,后期比较正常
收获期	8 月 1~20 日	8 月 19~22 日	7 月 22~12 日	8 月 20 日	8 月 1~19 日	8 月 1~12 日

表 4-1　各个参试组合产量汇总表

试点	筑黄123/146 平均亩产(千克)	与CK1(±%)	位次	6906 平均亩产(千克)	与CK1(±%)	位次	安2501 平均亩产(千克)	与CK1(±%)	位次	梁青王3号 平均亩产(千克)	与CK1(±%)	位次	327002 平均亩产(千克)	与CK1(±%)	位次	746927 平均亩产(千克)	与CK1(±%)	位次
贵阳	3199.50	-9.56	7	3705.40	4.75	1	3021.67	-14.59	8	3486.16	-1.45	6	3531.80	-0.16	5	3539.76	0.07	3
都匀	3053.38	-6.65	8	3201.6	-2.11	6	3280.65	0.30	2	3063.26	-6.34	7	3211.48	-1.81	5	3260.89	-0.30	4
黔西南	4262.69	-5.76	8	4494.47	-0.64	5	4341.06	-4.03	7	4372.74	-3.33	6	4996.94	10.47	2	4973.6	9.95	3
毕节	4131.80	5.65	5	3973.00	1.59	6	4192.70	7.20	3	3754.80	-3.99	8	4585.30	17.24	2	4183.10	6.96	4
安顺	3893.15	-3.86	7	4326.24	6.84	2	4160.23	2.74	3	3697.22	-8.70	10	3864.89	-4.56	8	4140.87	2.26	4
铜仁	1653.7	-10.82	12	1943.1	4.78	7	1887.5	1.78	7	2029.2	9.43	6	1905.9	2.78	8	1894.3	2.15	9
平均值	3365.70	-4.50	8	3607.30	2.35	4	3480.64	-1.24	4	3400.56	-3.51	6	3682.72	4.49	2	3665.42	4.00	3
变异系数	28.89			25.95			27.25			23.38			29.69			28.67		
增产点数	1增5减			4增2减			4增2减			1增5减			3增3减			5增1减		

表 4-2　各个参试组合产量汇总表

试点	黔青4546 平均亩产(千克)	与CK1(±%)	位次	筑青1号(CK1) 平均亩产(千克)	位次	青糯627 产量鲜重(千克/亩) 全株	鲜果穗	产量鲜重全株与CK1(±%)	位次	与CK2(±%) 全株	鲜果穗	位次 全株	鲜果穗	鲜果	青糯2521 产量鲜重(千克/亩) 全株	鲜果穗	产量鲜重全株与CK1(±%)	位次	与CK2(±%) 全株	鲜果穗	位次 全株	鲜果穗	鲜果
贵阳	3666.89	3.66	2	3537.40	4	2818.92	1071.05	-20.31	9	8.92	5.65	9	1	1	2370.85	938.22	-32.98	12	-8.39	-7.46	4	4	4
都匀	3863.66	18.13	1	3270.77	3	2796.46	1215.42	-14.50	9	29.86	17.14	1	1	1	2430.84	1146.25	-25.68	11	12.89	10.48	3	3	3
黔西南	5060.31	11.87	1	4523.37	4	3584.57	1403.48	-20.75	9	19.56	-1.64	1	1	3	2629.65	1351.23	-41.87	12	-12.29	-5.30	4	4	4
毕节	4669.70	19.40	1	3911.00	7	3132.5	1173.2	-19.91	9	37.47	63.15	2	2	1	3004.6	1035.9	-23.18	11	31.86	44.06	3	2	2
安顺	4432.77	9.47	1	4049.43	6	3741.68	1184.2	-7.60	9	2.61	-9.08	2	2	0	3523.98	1084.5	-12.98	12	-3.36	-16.74	4	4	0
铜仁	2131.5	14.94	4	1854.4	11	2187.2	804.4	17.95	2	4.86	0.21	2	2	2	2412.5	960.5	30.10	1	15.66	19.66	1	1	1
平均值	3970.80	12.67	1	3524.39	5	3043.56	1141.96	-13.64	9	15.93	8.71	1	1	1	2728.74	1086.10	-22.58	11	3.94	3.40	3	3	3
变异系数	26.11			26.24		18.78									16.67								
增产点数	全部增产																						

表 4-3 各个参试组合产量汇总表

试点	青糯7921 产量鲜重(千克/亩) 全株	鲜果穗	产量鲜重全株与CK1(±%)	位次	与CK2(±%) 全株	鲜果穗	位次 全株	鲜果	黔糯868(CK2) 产量鲜重(千克/亩) 全株	鲜果穗	产量鲜重全株与CK1(±%)	位次	位次 全株	鲜果
贵阳	2534.13	997.04	-28.36	11	-2.08	-1.66	3	3	2588.02	1013.82	-26.84	10	2	2
都匀	2529.66	1175.9	-22.66	10	17.48	13.33	2	2	2154.16	1037.56	-34.14	12	2	1
黔西南州	2856.43	1415.15	-36.85	11	-4.73	-0.82	3	2	2998.17	1426.82	-33.72	10	2	1
毕节	3212.4	1114.4	-17.86	10	40.98	54.97	1	3	2278.60	719.10	-41.74	12	4	4
安顺	4135.77	1325.2	2.13	5	13.41	1.74	1	0	3646.64	1302.5	-9.95	11	3	0
铜仁	2139.8	775.5	15.39	3	2.58	-3.39	3	4	2085.9	802.7	12.48	5	4	3
平均值	2901.37	1133.87	-17.68	10	10.52	7.94	2	2	2625.25	1050.42	-25.51	12	4	4
变异系数	24.25								22.96					

表 4-4 2016 年各参试组合干物质产量汇总(千克/亩)(普通组合与 CK1 比,糯组合与 CK2 比)

品种名称	鲜玉米水分(%)	烘干水分(%)	干物质含量(%)	平均鲜重(千克/亩)	鲜重产量排名	干物质(千克/亩)	与CK(±%)	干物质产量排名
筑黄123/146	63.27	3.47	33.26	3365.70	8	1119.4	-6.22	4
6906	65.48	3.89	30.63	3607.30	4	1104.9	-7.44	6
安2501	65.68	3.59	30.73	3480.64	6	1069.6	-10.40	8
梁青玉3号	64.24	3.42	32.34	3400.56	7	1099.7	-7.87	7
327002	63.84	3.58	32.58	3682.72	2	1199.8	0.51	1
746927	66.28	3.32	30.4	3665.42	3	1114.3	-6.65	5
黔青4546	66.94	3.64	29.42	3970.80	1	1168.2	-2.14	3
筑青1号(CK1)	62.76	3.37	33.87	3524.39	5	1193.7		2
糯青627(全株)	70.88	3.41	25.71	3043.56	9	782.5	14.77	9
糯青2521(全株)	67.62	3.81	28.57	2728.74	11	779.6	14.34	10
糯青7921(全株)	71.93	3.63	24.44	2901.37	10	709.1	4.00	11
黔糯868(CK2)	70.38	3.65	25.97	2625.25	12	681.8		12

表 5 各个参试组合农艺性状表

组合	试点	出苗期(月/日)	抽雄期(月/日)	吐丝期(月/日)	收获日期(月/日)	生育期(天)	叶鞘色	株型(紧凑/半紧凑/平展)	株高(厘米)	穗位(厘米)	持绿性	收获时籽粒乳线位置(%)	倒伏率(%)	倒折率(%)	双穗率(%)	空秆率(%)
筑黄123/146	贵阳	5/3	7/6	7/7	8/16	105	绿	平展	272.7	112.4	差	25	40	3.3	0	0
	毕节	4/27	7/14	7/17	8/22	131	绿	半紧	301.4	153.0	较好	25	31.36	9.88	0	3.95
	安顺	5/7	7/15	7/16	8/19	122		平展	273	130	较好	25	0	0	2.1	0.8
	铜仁	4/25	7/2	7/4	8/6	111	紫	半紧	245	105	一般	30	0.0	0.0	0.0	3.9
	黔西南	5/2	7/3	7/5	8/10	98	浅紫	平展	284.0	140.5	中		22.6	18.6	0	0
	黔南	4-20	6-26	6-28	8-20	122	绿	平展	266.5	125.5	好	21.21	15.7	5.3	0.4	1.4
	平均值					114.8			273.8	127.7						
6906	贵阳	5/3	7/6	7/8	8/16	105	紫	半紧凑	289.3	121.8	好	25	66.6	0	0	0
	毕节	4/26	7/21	7/25	8/22	131	绿	半紧	296.9	149.6	好	25	29.88	12.35	0	4.44
	安顺	5/6	7/14	7/15	8/19	122		平展	275	124	较好	25	0	0	0	0
	铜仁	4/25	7/4	7/6	8/6	111	紫	半紧	258	113	较好	30	6.25	0.0	0.0	1.3
	黔西南	5/1	7/5	7/8	8/9	98	紫	半紧凑	265.5	119.9	中		64.3	16.3	0	0
	黔南	4-21	6-28	6-30	8-20	121	绿	平展	243.5	104.5	好	24.19	0	0	0	0
	平均值					114.7			271.4	122.1			27.8	4.8	0.0	1.0
安2501	贵阳	5/3	7/5	7/7	8/16	105	绿	平展	289.8	117	差	25	45	50.5	0	0
	毕节	4/29	7/16	7/19	8/22	131	绿	半紧	293.4	136.2	一般	25	23.21	3.46	0	5.43
	安顺	5/6	7/13	7/15	8/19	122		半紧凑	294	128	较好	25	4.3	1.3	0	0
	铜仁	4/25	6/29	7/2	8/6	111	紫	半紧	259	112	较好	30	0.0	0.0	0.0	7.7
	黔西南	5/3	7/1	7/4	8/9	96	浅紫	平展	285.9	131.1	中		47.7	21	0	0
	黔南	4-20	6-26	6-28	8-20	122	绿	平展	253.9	120.4	好	20.59	20.0	0	0.0	2.2
	平均值					114.5			279.3	124.1				12.7	0.0	
梁青玉3号	贵阳	5/3	7/8	7/10	8/20	109	紫	平展	301.2	140	差	25	36.3	1.4	0	0
	毕节	4/30	7/20	7/24	8/22	131	浅紫	半紧	325.7	172.0	好	25	26.42	9.38	0	3.95
	安顺	5/9	7/13	7/17	8/19	122		平展	275	145	较好	25	6.5	0.9	0	0
	铜仁	4/28	7/2	7/5	8/12	117		半紧	308	115	较好	25	0.0	0.0	0.0	11.3
	黔西南	5/3	7/5	7/8	8/12	99	紫	平展	314.2	151.6	好		12.6	7	0	0
	黔南	4-20	6-26	6-28	8-20	122	绿	平展	301.6	136	好	21.95	0	0	0	0
	平均值					116.7			304.3	143.3			13.6	3.1	0.0	2.5

续表

组合	试点	出苗期 (月/日)	抽雄期 (月/日)	吐丝期 (月/日)	收获日期 (月/日)	青贮生育期 (天)	叶鞘色	株型 (紧凑/半紧凑/平展)	株高 (厘米)	穗位 (厘米)	持绿性	收获时籽粒乳线位置 (%)	倒伏率 (%)	倒折率 (%)	双穗率 (%)	空秆率 (%)
青糯627	贵阳	5/2	7/5	7/6	8/1	91	紫	平展	262.2	117.6	好		0	0	0	0
	毕节	4/28	7/15	7/19	8/19	128	绿	半紧	268.3	144.5	较好		27.41	8.64	0	4.20
	安顺	5/6	7/12	7/13	8/1	104		平展	275	145	较好		0	0.4	0	0
	铜仁	4/25	7/2	7/4	7/22	95	紫	半紧	240	120	差	0.0	0.0	0.0	0.0	1.3
	黔西南	5/2	7/2	7/4	8/1	90	浅紫	半紧凑	269.9	135.5	中	88.24	15	15	0	0
	黔南	4-21	6-27	6-28	8-20	121	绿	平展	249.9	123.1	好	88.24	88.24	5.1	2.51	0
	平均值					104.8			260.9	131.0			7.1	4.9	0.4	0.9
青糯2521	贵阳	5/2	7/6	7/8	8/1	91	紫	平展	272.7	112.8	中	0	0	0	1.2	0
	毕节	4/27	7/14	7/17	8/19	128	紫	半紧	243.7	131.9	较好		5.19	1.73	0.74	3.21
	安顺	5/5	7/7	7/12	8/1	104		平展	278	131	较好		0	0.4	0	0
	铜仁	4/25	6/27	7/1	7/22	95	紫	平展	269	117	一般	0.0	0.0	0.0	0.0	1.3
	黔西南	5/3	6/30	7/5	8/2	90	紫	半紧凑	270.0	127.9	差	0.0	24.6	17.7	0	0
	黔南	4-20	6-28	6-30	8-20	122	绿	平展	247.8	110.1	好	93.06	0	0	0	0
	平均值					105.0			263.5	121.8			5.0	3.3	0.3	0.8
青糯7921	贵阳	5/3	7/6	7/8	8/1	90	淡紫	平展	281.5	112.6	好	0	5.0	3.3	0	0
	毕节	4/28	7/17	7/20	8/19	128	浅紫	半紧	245.7	127.2	好		16.05	8.15	0	5.19
	安顺	5/4	7/7	7/10	8/1	104		平展	287	145	较好		0	0.0	0	0
	铜仁	4/25	6/28	7/1	7/22	95	紫	半紧凑	274	120	一般	0.0	0.0	0.0	0.0	5.1
	黔西南	5/3	7/2	7/8	8/2	90	浅紫	半紧凑	264.6	128.0	差	94.05	18.6	17	0	0
	黔南	4-21	6-23	6-24	8-20	121	绿	平展	241.3	110.2	好		0	0.0	0	0
	平均值					104.7			265.7	123.8			5.8	4.2	0.0	1.7
327002	贵阳	5/2	7/9	7/11	8/16	106	紫	平展	289.8	119.4	好	25	3.3	0	0	0
	毕节	4/28	7/15	7/18	8/22	131	浅紫	半紧	299.0	153.2	较好	25	21.23	7.65	0	5.43
	安顺	5/5	7/10	7/12	8/19	104		平展	306	155	较好	25	0	0.4	7.9	0
	铜仁	4/25	7/1	7/4	8/6	111	紫	平展	285	130	好	35	0.0	0.0	0.0	0.0
	黔西南	5/3	7/3	7/5	8/10	97	浅紫	平展	300	139.9	好		6	2.3	0	0.0
	黔南	4-21	6-25	6-26	8-20	121	绿	平展	265.6	125.5	好	27.03	0	1.1	0	0
	平均值					111.7			290.9	137.2			5.1	1.9	1.3	0.9

续表

组合	试点	出苗期(月/日)	抽雄期(月/日)	吐丝期(月/日)	收获日期(月/日)	青贮生育期(天)	叶鞘色	株型(紧凑/半紧凑/平展)	株高(厘米)	穗位(厘米)	持绿性	收获时籽粒乳线位置(%)	倒伏率(%)	倒折率(%)	双穗率(%)	空秆率(%)
746927	贵阳	5/3	7/9	7/11	8/16	105	绿	半紧凑	288.2	117.2	好	25	7	0	0	0
	毕节	4/29	7/18	7/20	8/22	131	紫	半紧	287.4	146.6	好	25	0.74	0.25	0.99	1.98
	安顺	5/6	7/11	7/15	8/19	122		平展	291	128	较好	25	0	0	1.3	0
	铜仁	4/25	6/29	7/2	8/12	117	紫	平展	278	118	较好	25	5.06	30.4	0.0	5.1
	黔西南	5/3	7/4	7/6	8/12	99	绿	平展	281.4	126.4	好	25	32	1	0	0
	黔南	4-20	6-23	6-25	8-20	122	绿	半紧	252.1	104.2	好	22.22	0	0	0	0
	平均值					116.0			279.7	123.4			7.5	5.3	0.4	1.2
黔青4546	贵阳	5/3	7/8	7/10	8/16	105	绿	半紧凑	283.3	110	好	25	5	0	0	0
	毕节	4/29	7/16	7/19	8/22	131	绿	半紧	294.5	153.1	一般	25	2.47	0.74	0.99	7.16
	安顺	5/6	7/10	7/15	8/19	122		平展	305	137	较好	25	6.9	1.7	0.9	0.0
	铜仁	4/25	6/29	7/2	8/6	111	紫	半紧	283	120	较好	35	0.0	0.0	0.0	0.0
	黔西南	5/3	7/3	7/6	8/12	99	紫	平展	299.3	124.0	好		6	1.6	0	0
	黔南	4-20	6-23	6-24	8-20	122	绿	半紧	259.3	108.8	好	26.32	0	0	0	0
	平均值					115.0			287.4	125.5			3.4	0.7	0.3	1.2
筑青1号(CK1)	贵阳	5/2	7/9	7/10	8/16	106	紫	平展	286.2	131.4	中	25	4.2	0	0	0
	毕节	4/29	7/18	7/22	8/22	131	浅紫	半紧	305.9	165.0	差	25	21.73	4.69	0	3.21
	安顺	5/6	7/12	7/17	8/19	122		平展	326	172	一般	25	0	0	0	5.2
	铜仁	4/25	7/3	7/6	8/12	117	紫	平展	336	172	较好	25	2.90	0.0	0.0	11.6
	黔西南	5/3	7/7	7/10	8/12	99	绿	平展	314.9	156.4	好	25	14	7.7	0.0	0
	黔南	4-21	6-26	6-28	8-20	121	绿	平展	286.5	134.6	好	18.75	0	1.1	0.0	0
	平均值					116.0			309.3	155.2			7.1	2.2	0.0	3.3
黔糯868(CK2)	贵阳	5/2	7/4	7/6	8/1	91	紫	平展	262.5	108.2	中	0		2.2	0	0
	毕节	4/29	7/16	7/20	8/19	128	浅紫	半紧	256.6	124.6	较好		54.57	28.15	0	15.56
	安顺	5/7	7/7	710	8/1	104		平展	268	172	较好		0	0	0	0
	铜仁	4/28	6/27	6/30	7/22	95	紫	半紧凑	252	105	一般	0.0	0.0	0.0	5.6	0.0
	黔西南	5/3	6/30	7/4	8/1	90	紫	半紧凑	252.3	108.4	中	93.75	23.3	11.7	0	0
	黔南	4-21	6-25	6-28	8-20	121	绿	平展	235.6	102.9	好					
	平均值					104.8			254.5	120.2			13.0	6.6	0.9	2.6

2016 年贵州省农作物种质(玉米)DNA 指纹鉴定报告

一、检测目的

受贵州省农作物品种审定委员会和贵州省种子管理站委托,参照我国农业行业标准《玉米品种鉴定技术规程–SSR 标记法》(NY/T 1432–2014),贵州省农业生物工程重点实验室对贵州省 2016 年区试杂交玉米种子进行了 SSR 分子标记分析,以便于贵州省品种管理部门对玉米品种试验进行有效的质量管理,为品种审定提供科学依据。

二、送检材料

供试材料来源于 2016 年贵州省种子管理站提供的 26 个区试杂交玉米种子及亲本,具体名称如表 1 所示。

表 1　DNA 指纹测试组合

序号	材料名称
2016–Y01–01	煌单 658
2016–Y01–02	金种 7209
2016–Y01–03	惠农 15
2016–Y01–04	JDY1504
2016–Y01–05	友玉 8 号
2016–Y01–06	金玉 932
2016–Y01–07	金秋 20151
2016–Y01–08	金玉 505
2016–Y01–09	百三 1 号
2016–Y01–10	惠农试 12
2016–Y01–11	丰玉 28
2016–Y01–12	黔 1403
2016–Y01–13	筑甜糯 1313
2016–Y01–14	BSS141N

续表

序号	材料名称
2016-Y01-15	金彩糯 627
2016-Y01-16	南农紫黑糯
2016-Y01-17	百煌单 369
2016-Y01-18	友玉 2208
2016-Y01-19	新中玉 818
2016-Y01-20	DY3709
2016-Y01-21	盛农 10
2016-Y01-22	水白玉 1 号
2016-Y01-23	BSL151
2016-Y01-24	WL1501
2016-Y01-25	嘉白单 7 号
2016-Y01-26	西抗 18

三、检测方法

(一)测试方法

参照我国农业行业标准 NY/T 1432-2014 的规定执行。主要测试工作程序:各品种进行 DNA 的提取→20 对基本核心 SSR 引物的 PCR 多态性扩增→凝胶电泳检测→谱带分析→统计分析→SSR 检测报告。

所用 20 对基本核心 SSR 引物名称和分布见表 2。

表 2　用于 SSR 分子标记分析的 20 对核心引物

编号	引物名称	染色体位置	引物序列
P01	bnlg439w1	1.03	上游:AGTTGACATCGCCATCTTGGTGAC 下游:GAACAAGCCCTTAGCGGGGTTGTC
P02	umc1335y5	1.06	上游:CCTCGTTACGGTTACGCTGCTG 下游:GATGACCCCGCTTACTTCGTTTATG
P03	umc2007y4	2.04	上游:TTACACAACGCAACACGAGGC 下游:GCTATAGGCCGTAGCTTGGTAGACAC
P04	bnlg1940k7	2.08	上游:CGTTTAAGAACGGTTGATTGCATTCC 下游:GCCTTTATTTCTCCCTTGCTTGCC
P05	umc2105k3	3.00	上游:GAAGGGCAATGAATAGAGCCATGAG 下游:ATGGACTCTGTGCGACTTGTACCG
P06	phi053k2	3.05	上游:CCCTGCCTCTCAGATTCAGAGATTG 下游:TAGGCTGGCTGGAAGTTTGTTGC
P07	phi072k4	4.01	上游:GCTCGTCTCCTCCAGGTCAGG 下游:CGTTGCCCATACATCATGCCTC
P08	bnlg2291k4	4.06	上游:GCACACCCGTAGTAGCTGAGACTTG 下游:CATAACCTTGCCTCCCAAACCC
P09	umc1705w1	5.03	上游:GGAGGTCGTCAGATGGAGTTCG 下游:CACGTACGGCAATGCAGACAAG
P10	bnlg2305k4	5.07	上游:CCCCTCTTCCTCAGCACCTTG 下游:CGTCTTGTCTCCGTCCGTGTG

P11	bnlg161k8	6.00	上游：TCTCAGCTCCTGCTTATTGCTTTCG 下游：GATGGATGGAGCATGAGCTTGC
P12	bnlg1702k1	6.05	上游：GATCCGCATTGTCAAATGACCAC 下游：AGGACACGCCATCGTCATCA
P13	umc1545y2	7.00	上游：AATGCCGTTATCATGCGATGC 下游：GCTTGCTGCTTCTTGAATTGCGT
P14	umc1125y3	7.04	上游：GGATGATGGCGAGGATGATGTC 下游：CCACCAACCCATACCCATACCAG
P15	bnlg240k1	8.06	上游：GCAGGTGTCGGGGATTTTCTC 下游：GGAACTGAAGAACAGAAGGCATTGATAC
P16	phi080k15	8.08	上游：TGAACCACCCGATGCAACTTG 下游：TTGATGGGCACGATCTCGTAGTC
P17	phi065k9	9.03	上游：CGCCTTCAAGAATATCCTTGTGCC 下游：GGACCCAGACCAGGTTCCACC
P18	umc1492y13	9.04	上游：GCGGAAGAGTAGTCGTAGGGCTAGTGTAG 下游：AACCAAGTTCTTCAGACGCTTCAGG
P19	umc1432y6	10.02	上游：GAGAAATCAAGAGGTGCGAGCATC 下游：GGCCATGATACAGCAAGAAATGATAAGC
P20	umc1506k12	10.05	上游：GAGGAATGATGTCCGCGAAGAAG 下游：TTCAGTCGAGCGCCCAACAC

（二）数据处理及分析

SSR 扩增产物按在相同迁移位置上（相同分子量片段）有带记为"1"，无带记为"0"，全部以 1、0 统计建立数据库。转换为数值矩阵后，用 NTSYSpc 2.10e 分析软件中的 Qualitative data 进行矩阵分析，用 SAHN Clusterin 克计算遗传距离，并按 UPMGA 法构建亲缘关系树状图。

四、检测结果

（一）一致性检测结果

根据农业行业标准《国家区试玉米品种一致性及真实性 DNA 指纹检测技术》，品种一致性分级的标准如下。

（1）单个引物位点的一致性（r）

$r \leqslant 85\%$（一致性差），$85\% < r < 95\%$（一致性中），$r \geqslant 95\%$（一致性高）。

（2）所有引物位点的平均一致性比率（R）

$R \leqslant 85\%$（一致性差），$85\% < R < 95\%$（一致性中），$R \geqslant 95\%$（一致性高）。

综合以上两个指标，对品种一致性进行综合评价，将品种一致性级别分为 5 级，分级标准见表 3。

表 3　品种 DNA 指纹检测一致性分级标准

一致性分级	分级标准
1 级(好)	R≥99% 或所有位点一致性均为高
2 级(较好)	95%≤R<99%,且一致性差的位点数为≤2
3 级(一般)	95%≤R<99%,且一致性差的位点数为≥3;或90%≤R<95%;或85%<R<90%,一致性差的位点数为≤2
4 级(较差)	85%<R<90%,且一致性差的位点数为3-4个;或90%≤R<95%,且一致性差的位点数≥5
5 级(差)	R≤85%,或85%<R<90%,且一致性差的位点数≥5

从标准公布的 20 对基本核心 SSR 引物中随机选取 10 对引物:bnl 克 439w1、bnl 克 1940k7、umc2105k3、Phi072k4、bnl 克 2305k4、bnl 克 161k8、umc1545y2、bnl 克 240k1、phi065k9、umc1432y6,分别对供试材料做一致性检测,检测结果见表4、表5。

表 4　一致性检测结果

序号	名称	10 对引物检测的一致性比率(r)										平均(R)	级别
		1	2	3	4	5	6	7	8	9	10		
01	煌单 658	1.00	0.95	1.00	0.95	1.00	1.00	1.00	0.95	0.95	1.00	0.98	1
02	金种 7209	0.95	0.90	1.00	1.00	0.90	0.90	0.85	1.00	1.00	0.95	0.94	3
03	惠农 15	0.90	0.95	0.95	1.00	1.00	1.00	1.00	1.00	1.00	1.00	0.98	2
04	JDY1504	0.85	1.00	1.00	0.90	1.00	0.95	1.00	0.80	0.95	0.80	0.93	3
05	友玉 8 号	1.00	0.95	1.00	0.95	1.00	1.00	0.85	0.90	1.00	0.95	0.96	2
06	金玉 932	0.95	1.00	1.00	1.00	0.95	1.00	1.00	0.95	1.00	1.00	0.98	1
07	金秋 20151	0.90	0.95	1.00	1.00	1.00	0.90	0.95	1.00	1.00	0.85	0.94	3
08	金玉 505	1.00	0.95	1.00	0.95	1.00	1.00	1.00	0.95	0.95	1.00	0.98	1
09	百三 1 号	0.90	1.00	1.00	1.00	1.00	1.00	0.95	1.00	1.00	1.00	0.97	2
10	惠农试 12	1.00	0.95	0.95	1.00	0.95	1.00	1.00	1.00	1.00	1.00	0.98	1
11	丰玉 28	0.95	1.00	1.00	1.00	1.00	1.00	0.85	0.90	1.00	0.95	0.96	2
12	黔 1403	1.00	0.85	1.00	0.80	1.00	0.95	1.00	1.00	0.95	1.00	0.93	3
13	筑甜糯 1313	1.00	1.00	0.95	0.95	1.00	1.00	0.95	1.00	1.00	1.00	0.98	1
14	BSS141N	1.00	0.90	1.00	1.00	1.00	0.90	1.00	1.00	1.00	1.00	0.97	2
15	金彩糯 627	1.00	1.00	1.00	0.95	1.00	0.95	1.00	1.00	0.95	1.00	0.98	1
16	南农紫黑糯	1.00	0.95	1.00	0.95	1.00	1.00	1.00	0.95	1.00	1.00	0.98	1
17	百煌单 369	1.00	0.95	1.00	0.90	1.00	1.00	0.95	1.00	1.00	0.95	0.98	2
18	友玉 2208	0.95	1.00	1.00	1.00	0.90	1.00	0.85	1.00	0.95	1.00	0.94	3
19	新中玉 818	0.95	1.00	1.00	1.00	1.00	1.00	1.00	0.95	1.00	0.95	0.98	1
20	DY3709	0.90	1.00	0.95	1.00	1.00	0.95	1.00	1.00	0.95	1.00	0.98	2
21	盛农 10	0.90	1.00	1.00	0.90	1.00	1.00	1.00	0.95	1.00	1.00	0.97	2
22	水白玉 1 号	0.90	0.95	1.00	0.85	1.00	1.00	1.00	1.00	1.00	0.95	0.94	3
23	BSL151	0.90	1.00	0.95	1.00	1.00	1.00	1.00	1.00	0.95	1.00	0.98	2
24	WL1501	0.90	0.95	1.00	0.90	1.00	0.95	1.00	1.00	1.00	0.85	0.94	3
25	嘉白单 7 号	1.00	0.90	1.00	1.00	1.00	1.00	1.00	0.95	1.00	1.00	0.97	2
26	西抗 18	0.95	1.00	0.95	1.00	1.00	0.85	0.95	0.90	1.00	1.00	0.96	2

表5　DNA 指纹检测一致性分级情况表

级数	1 级	2 级	3 级
材料名称	煌单 658、金玉 932、金玉 505、惠农试 12、筑甜糯 1313、金彩糯 627、南农紫黑糯、新中玉 818	惠农 15、友玉 8 号、百三 1 号、丰玉 28、BSS141N、百煌单 369、DY3709、BSL151、嘉白单 7 号、西抗 18、盛农 10	金种 7209、JDY1504、金秋 20151、黔 1403、友玉 2208、水白玉 1 号、WL1501
所占比率	8/26 = 30.8(%)	11/26 = 42.3(%)	7/26 = 26.9(%)

根据分级标准,从表 4 和表 5 可以看出,一致性好(1 级)的组合有 8 个,占 30.8%;一致性较好(2 级)的组合有 11 个,占 42.3%;一致性一般(3 级)的组合有 7 个,占 26.9%;没有 3 级以下的组合。

(二)送检样品的 DNA 指纹图谱

对 26 份玉米 DNA 样品进行 SSR 多态性分析。26 份材料对应的 20 个引物所得到的一行由"0""1"组成的数字,构成了各个品种的 DNA 指纹,见表 6。

表6　送检玉米样品的 DNA 指纹

引物名称	1	2	3	4	5	6	7	8	9	10	11	12	13	14	15	16	17	18	19	20	21	22	23	24	25	26
P01	0	0	0	0	0	0	0	0	0	0	0	0	0	0	0	0	0	0	0	0	0	0	0	0	0	0
	0	0	0	0	1	1	1	1	0	1	0	1	1	1	1	1	1	1	0	1	1	1	1	1	1	0
	1	1	1	1	0	0	0	0	0	1	0	0	0	0	0	0	0	0	1	0	0	0	0	0	1	0
	0	0	0	0	1	1	1	1	0	1	0	1	1	1	1	1	1	1	0	1	1	1	1	1	0	1
	0	0	0	0	0	1	0	0	0	1	1	1	0	0	0	0	0	0	0	0	0	0	1	0	0
	0	0	0	0	0	0	0	0	0	0	0	0	0	0	0	0	0	0	0	0	0	0	0	0	0	0
	0	0	0	0	0	0	0	0	0	0	0	0	0	0	0	0	0	0	0	0	0	0	0	0	0	0
	0	0	0	0	0	0	0	0	0	0	0	0	0	0	0	0	0	0	0	0	0	0	0	0	0	0
	0	0	0	0	0	0	0	0	0	0	0	0	0	0	0	0	0	0	0	0	0	0	0	0	0	0
	0	0	0	0	0	0	0	0	0	0	0	0	0	0	0	0	0	0	0	0	0	0	0	0	0	0
	0	0	0	0	0	0	0	0	0	0	0	0	0	0	0	0	0	0	0	0	0	0	0	0	0	0
	0	0	0	0	0	0	0	0	0	0	0	0	0	0	0	0	0	0	0	0	0	0	0	1	0	0
	0	0	0	0	0	0	0	0	0	0	0	0	0	0	0	0	0	0	0	0	0	0	0	0	0	0
	0	0	0	0	0	0	0	0	0	0	0	0	0	0	0	0	0	0	0	0	0	0	0	0	0	0
	1	1	1	1	1	1	1	1	1	1	1	1	1	1	1	1	1	1	1	1	1	1	1	1	1	1
	0	0	0	0	0	0	0	0	0	0	0	0	0	0	0	0	0	0	0	0	0	0	0	0	0	0
P02	0	1	0	1	1	1	1	1	0	1	1	1	0	0	1	0	0	1	0	0	0	0	0	0	0	0
	0	0	0	0	0	0	1	1	0	1	1	0	0	0	0	0	1	0	0	1	1	1	1	1	0	0
	0	0	0	0	0	0	0	0	0	0	0	0	0	0	0	0	0	0	0	0	0	0	0	0	0	0
	1	0	1	1	0	0	0	0	0	0	0	0	0	0	0	0	0	0	0	0	0	0	0	0	0	0
	0	1	0	0	1	1	0	1	0	1	0	0	1	0	0	1	0	1	0	0	0	0	0	1	1	1

续表

引物名称	品种序号																									
	1	2	3	4	5	6	7	8	9	10	11	12	13	14	15	16	17	18	19	20	21	22	23	24	25	26
P03	1	1	0	0	1	0	1	0	0	0	0	0	0	0	0	0	1	0	1	0	1	0	0	0	0	0
	0	0	0	0	0	0	0	0	0	0	0	0	0	0	0	0	0	0	0	0	0	0	0	0	0	0
	0	0	1	0	0	0	0	0	0	0	0	0	0	0	1	0	0	0	1	0	0	0	0	0	0	1
	0	0	0	0	0	0	0	0	0	0	0	0	0	0	1	0	0	0	1	0	0	0	0	0	0	1
	0	0	0	0	0	0	0	0	0	0	0	0	0	1	0	0	0	0	1	1	1	0	0	0	1	1
	0	0	0	1	1	1	0	0	0	0	0	0	0	1	0	0	0	0	0	0	0	0	0	0	1	1
	0	0	0	0	0	0	0	1	0	0	0	0	0	0	0	1	0	1	0	0	0	0	0	0	0	0
	1	1	0	0	0	0	0	0	0	0	0	1	1	0	1	0	1	0	0	0	0	0	0	0	1	1
	0	0	1	1	1	0	0	0	1	1	1	1	0	0	1	1	0	1	0	0	0	0	0	0	1	1
	0	0	0	0	0	0	0	0	0	0	0	0	0	0	0	0	0	0	0	0	0	0	0	0	0	0
	0	0	0	0	0	0	0	0	0	0	0	0	0	1	0	1	0	0	0	0	0	0	0	0	1	1
	0	0	0	0	0	0	0	0	0	0	0	0	0	0	0	0	0	0	0	0	0	0	0	0	0	0
	0	0	0	0	0	0	0	0	0	0	0	0	0	0	0	0	0	0	0	0	0	0	0	0	0	0
	0	0	1	1	1	1	1	1	0	1	0	0	0	0	1	0	0	1	0	0	0	0	0	0	1	1
	0	0	0	0	0	0	0	0	0	0	0	0	0	0	0	0	0	0	0	0	0	0	0	0	0	0
	1	1	1	0	0	0	0	0	0	0	0	0	1	0	0	1	0	1	0	0	0	0	0	0	1	1
	0	0	0	0	0	1	0	1	0	0	0	0	0	0	1	0	0	0	0	0	0	0	0	0	0	0
P04	0	0	0	0	0	0	0	0	0	0	0	0	0	0	0	0	0	0	0	0	0	0	0	0	0	0
	0	0	0	1	1	0	0	0	1	0	0	1	0	1	1	1	1	1	1	1	1	1	1	0	0	0
	0	0	0	0	0	0	0	0	0	0	0	0	0	0	0	0	0	0	0	0	0	0	0	0	0	0
	0	0	0	0	0	1	0	0	0	0	1	0	1	1	0	0	0	0	0	0	0	0	0	0	0	0
	0	0	0	0	0	0	0	0	0	0	0	0	0	0	0	0	0	0	0	0	0	0	0	0	0	0
	0	0	0	0	0	0	0	0	0	0	0	0	0	0	0	0	0	0	0	0	0	0	0	0	0	0
	0	0	1	0	0	0	0	0	1	0	0	0	0	1	0	0	0	0	0	0	0	0	0	0	0	0
	1	1	1	1	1	1	1	1	1	1	1	1	1	1	1	1	1	1	1	1	1	1	1	1	1	1
	1	1	1	1	1	1	1	1	1	1	1	1	1	1	1	1	1	1	1	1	1	1	1	1	1	1
	1	1	1	1	1	1	1	1	1	1	1	1	1	1	1	1	1	1	1	1	1	1	1	1	1	1
	1	1	1	1	1	1	1	1	1	1	1	1	1	1	1	1	1	1	1	1	1	1	1	1	1	1
	1	1	1	1	1	1	1	1	1	1	1	1	1	1	1	1	1	1	1	1	1	1	1	1	1	1
	0	0	0	0	0	0	0	0	0	0	0	0	0	0	0	0	0	0	0	0	0	0	0	0	0	0
	1	1	1	1	1	1	0	1	0	0	0	1	1	1	1	1	1	1	0	0	0	0	0	0	1	0
P05	0	0	0	0	0	0	0	0	0	0	0	0	0	0	0	0	0	0	0	0	0	0	0	0	0	0
	0	0	0	0	0	0	0	0	0	0	0	0	0	0	0	0	0	0	0	0	0	0	0	0	0	0
	0	0	0	0	0	0	0	0	0	0	0	0	0	0	0	0	0	0	0	0	0	0	0	0	0	0
	0	0	0	0	0	0	0	0	0	0	0	0	0	0	0	0	0	0	0	0	0	0	0	0	0	0
	1	1	1	1	1	1	0	1	1	1	1	1	1	1	1	1	1	1	1	1	1	1	1	1	0	0
	0	0	0	0	0	0	0	0	0	0	0	0	0	0	0	0	0	0	0	0	0	0	0	0	0	0
	0	0	0	0	0	0	0	0	0	0	0	0	0	0	0	0	0	0	0	0	0	0	0	0	0	0
	0	0	0	0	0	0	0	0	0	0	0	0	0	0	0	0	0	0	0	0	0	0	0	0	0	0
	1	1	1	1	1	1	1	1	0	1	0	1	1	1	1	1	1	0	1	1	1	1	1	0	0	0
	0	0	0	0	0	0	0	0	0	0	0	0	0	0	0	0	0	0	0	0	0	0	0	0	0	0
	0	0	1	0	1	1	1	1	0	0	1	0	0	0	1	1	1	0	0	1	0	0	0	0	0	0

引物名称	品种序号																									
	1	2	3	4	5	6	7	8	9	10	11	12	13	14	15	16	17	18	19	20	21	22	23	24	25	26
	0	0	0	1	0	0	0	0	0	0	0	0	0	0	0	0	0	0	0	0	0	0	0	0	0	0
	0	0	0	0	1	1	1	1	1	1	1	1	0	0	0	1	1	1	1	1	1	1	1	1	0	0
P06	0	0	0	1	0	0	0	0	0	0	0	0	1	1	1	1	0	0	0	0	0	0	0	0	0	0
	0	0	0	0	0	0	0	0	0	0	0	0	0	0	0	0	0	0	0	0	0	0	0	0	0	0
	0	0	0	0	0	0	0	0	0	0	0	0	0	0	0	0	0	0	0	0	0	0	0	0	0	0
	1	1	0	1	0	1	1	1	1	1	1	1	1	1	1	1	1	1	1	1	1	1	1	1	1	1
	0	0	0	0	0	0	0	0	0	0	0	0	0	0	0	0	0	0	0	0	0	0	0	0	0	0
	0	0	0	0	0	0	1	0	1	1	1	1	1	1	0	0	1	1	1	1	1	1	1	1	1	1
P07	0	0	0	0	0	0	0	0	0	0	0	0	0	0	0	0	0	0	0	0	0	0	0	0	0	0
	0	0	0	0	0	0	0	0	0	0	0	0	0	0	0	0	0	0	0	0	0	0	0	0	0	0
	0	0	0	0	0	0	0	0	0	0	0	0	0	0	0	0	0	0	0	0	0	0	0	0	0	0
	0	0	0	0	0	0	0	0	0	0	0	0	0	0	0	0	0	0	0	0	0	0	0	0	0	0
	0	0	0	0	0	0	0	0	0	0	0	0	0	0	0	0	0	0	0	0	0	0	0	0	0	0
	1	1	1	1	1	1	1	1	1	1	1	1	1	1	1	1	1	1	1	0	1	0	0	0	1	0
	1	1	1	1	1	1	1	1	1	1	1	1	1	1	1	1	1	1	1	1	1	1	1	1	1	1
	0	0	0	0	0	0	0	0	0	0	0	0	0	0	0	0	0	0	0	0	0	0	0	0	0	0
	1	1	1	1	1	1	1	1	1	0	1	0	1	1	1	1	1	0	1	0	1	0	0	0	1	0
P08	0	0	0	0	0	0	0	0	0	0	0	0	0	0	0	0	0	0	0	0	0	0	0	0	0	0
	0	0	0	0	0	0	0	0	0	0	0	0	0	0	0	0	0	0	0	0	0	0	0	0	0	0
	0	0	1	0	0	0	0	1	0	1	1	0	1	0	1	1	1	1	1	0	1	1	1	1	1	1
	0	0	0	0	0	0	0	0	0	0	0	0	0	0	0	0	0	0	0	0	0	0	0	0	0	0
	1	0	0	1	1	1	0	1	1	1	1	1	1	0	1	0	1	0	0	1	0	0	0	0	1	1
	1	1	1	1	0	0	0	0	1	1	1	1	0	0	0	1	0	1	1	1	0	0	0	0	0	0
	0	0	0	0	0	0	0	0	0	0	0	0	0	0	0	0	0	0	0	0	0	0	0	0	0	0
	0	0	0	0	0	0	0	0	0	0	0	0	0	0	0	0	0	0	0	1	0	0	0	0	0	0
	0	0	0	0	0	0	0	0	0	0	0	0	0	0	0	0	0	0	0	0	0	0	0	0	0	0
	0	0	0	0	0	0	0	0	0	0	0	0	0	0	0	0	0	0	0	0	0	0	0	0	0	0
	0	0	0	0	0	0	0	0	0	0	0	0	0	0	0	0	0	0	0	0	0	0	0	0	0	0
	0	0	0	0	0	0	0	0	0	0	0	0	0	0	0	0	0	0	0	0	0	0	0	0	0	0
	0	0	0	0	0	0	0	0	0	0	0	0	0	0	0	0	0	0	0	0	0	0	0	0	0	0
P09	0	0	0	0	0	0	0	0	0	0	0	0	0	0	0	0	0	0	0	0	0	0	0	0	0	0
	0	0	1	0	1	0	0	1	1	1	1	1	1	1	1	0	1	1	1	1	1	1	1	1	1	1
	1	1	0	0	0	1	0	0	0	0	0	0	0	1	0	0	0	0	0	0	0	0	0	0	0	1
	0	0	0	1	0	0	0	0	0	0	0	0	0	0	0	1	0	0	0	0	0	0	0	0	0	0
	0	0	0	0	0	0	0	0	0	0	0	0	0	0	0	0	0	0	0	0	0	0	0	0	0	0
	0	0	0	0	0	0	0	0	0	0	0	0	0	0	0	0	0	0	0	0	0	0	0	0	0	0
	0	0	0	0	0	0	0	0	0	0	0	0	0	0	0	0	0	0	0	0	0	0	0	0	0	0

续表

引物名称	品种序号																									
	1	2	3	4	5	6	7	8	9	10	11	12	13	14	15	16	17	18	19	20	21	22	23	24	25	26
P10	0	1	0	0	0	1	0	0	0	0	1	1	0	0	1	1	0	0	1	1	0	1	1	1	0	0
	1	0	1	1	1	1	1	0	1	1	0	1	1	1	1	0	1	1	1	1	1	1	1	1	0	0
	0	0	0	0	1	1	1	1	0	0	0	1	0	0	0	0	0	0	0	0	0	0	0	0	0	0
	0	0	0	0	0	0	0	0	0	1	1	0	1	0	1	1	1	0	0	0	0	1	0	1	1	1
	1	0	1	1	0	0	0	0	0	1	1	0	0	0	1	1	1	0	0	0	0	0	0	0	0	0
	0	0	0	0	0	0	0	0	0	0	0	0	0	0	0	0	0	0	0	0	0	0	0	0	0	0
	0	1	1	0	0	0	0	0	0	1	1	1	0	1	1	1	1	0	0	1	0	0	0	0	0	0
	1	1	1	1	1	1	1	1	1	1	1	1	1	1	0	1	1	1	1	0	1	1	0	1	0	1
	0	0	1	0	0	0	0	1	0	0	0	0	0	0	0	0	0	1	0	0	0	0	0	0	0	0
	1	1	1	1	1	1	1	1	1	1	1	1	1	1	1	1	1	1	1	1	1	1	1	1	0	0
P11	0	0	0	0	0	0	0	0	0	0	0	0	0	0	0	1	0	0	0	0	0	0	0	0	0	0
	0	0	0	0	0	0	0	0	0	0	0	0	0	0	0	0	0	0	0	0	0	0	0	0	0	0
	0	0	0	0	0	0	0	0	0	0	0	0	0	0	0	0	0	0	0	0	0	0	0	0	0	0
	0	0	0	0	0	0	0	0	0	0	0	0	0	0	0	0	0	0	0	0	0	0	0	0	0	0
	1	0	0	0	0	0	0	0	0	0	0	0	0	0	0	0	1	0	0	0	0	0	0	0	0	0
	0	0	0	0	0	0	0	0	0	0	0	0	0	0	0	0	1	0	1	0	0	0	0	0	0	0
	0	0	0	0	0	0	0	0	0	0	0	0	0	0	0	0	0	0	0	0	0	0	0	0	0	0
	0	0	0	0	0	0	0	0	0	0	0	0	0	0	0	0	0	0	0	0	0	0	0	0	0	0
	0	0	0	0	0	0	0	0	0	0	0	0	0	0	0	0	0	0	0	0	0	0	0	0	0	0
	0	0	0	1	0	0	0	0	0	1	0	0	0	1	0	0	0	1	0	1	1	1	1	0	0	0
	0	0	0	0	0	0	0	0	0	0	0	0	0	0	0	0	0	0	0	0	0	0	0	0	0	0
	0	0	0	0	0	0	0	0	0	0	0	0	0	0	0	0	0	0	0	0	0	0	0	0	0	0
	1	0	0	0	0	0	0	0	0	1	0	1	0	0	0	0	0	0	0	1	0	0	0	0	0	1
	1	1	0	0	1	0	0	1	0	0	0	0	1	1	1	0	1	1	0	1	0	0	0	0	0	1
	0	0	0	0	0	0	0	0	0	0	0	0	0	0	0	0	0	0	0	0	0	0	0	0	0	0
	0	0	0	0	0	0	0	0	0	0	0	0	0	0	0	0	0	0	0	0	0	0	0	0	0	0
	0	1	1	0	1	1	1	1	0	0	0	0	1	0	0	1	1	0	0	0	1	0	0	0	0	0
	0	0	0	0	0	0	0	0	0	0	0	0	0	0	0	0	0	0	0	0	0	0	0	0	0	0
	0	0	0	0	0	0	0	0	0	0	0	0	0	0	0	0	0	0	0	0	0	0	0	0	0	0
	1	0	1	0	0	0	0	1	0	0	0	0	1	1	0	1	0	0	0	0	0	0	0	0	0	1
	0	0	0	0	0	0	0	0	0	0	0	0	0	0	0	0	0	0	0	0	0	0	0	0	0	0
	1	1	1	0	1	1	1	1	1	1	1	1	1	1	0	1	1	1	1	1	1	1	1	1	0	1

续表

引物名称	品种序号																									
	1	2	3	4	5	6	7	8	9	10	11	12	13	14	15	16	17	18	19	20	21	22	23	24	25	26
P12	0	0	0	0	0	0	0	0	0	0	0	0	0	0	0	0	0	0	0	0	0	0	0	0	0	0
	0	0	0	0	0	0	0	0	0	0	0	0	0	0	0	0	0	0	0	0	0	0	0	0	0	0
	0	1	1	0	0	0	0	0	1	1	1	1	0	0	0	0	1	0	0	0	0	0	1	1	0	0
	0	0	0	0	0	0	0	0	0	0	0	0	0	0	0	0	0	0	0	0	0	0	0	0	0	0
	0	1	1	1	1	1	1	1	1	1	1	1	0	0	0	0	1	1	0	0	0	0	0	0	1	1
	0	0	0	0	0	0	0	0	0	0	0	0	0	0	0	0	0	0	0	0	0	0	0	0	0	0
	0	0	0	1	1	1	1	1	1	1	1	1	0	1	0	0	1	1	0	0	0	1	1	1	1	1
	0	0	0	0	0	0	0	0	0	0	0	0	0	0	0	0	0	0	0	0	0	0	0	0	0	0
	0	0	0	0	0	0	0	0	0	0	0	0	0	0	0	0	0	0	0	0	0	0	0	0	0	0
	0	0	0	0	0	0	0	0	0	0	0	0	0	0	0	0	0	0	0	0	0	0	0	0	0	0
	0	0	0	0	0	0	0	0	0	0	0	0	0	0	0	0	0	0	0	0	0	0	0	0	0	0
	0	0	0	0	0	0	0	0	0	0	0	0	0	0	0	0	0	0	0	0	0	0	0	0	0	0
	0	0	0	0	0	0	0	0	0	0	0	0	0	0	0	0	0	0	0	0	0	0	0	0	0	0
	0	0	0	1	1	1	1	1	1	1	1	1	0	1	0	0	1	1	0	0	0	1	1	1	1	1
	1	1	0	0	0	0	0	0	1	0	0	0	0	0	1	1	1	1	1	1	1	1	1	1	1	1
	0	0	0	0	0	0	0	0	0	0	0	0	0	0	0	0	0	0	0	0	0	0	0	0	0	0
	1	0	1	0	0	0	0	0	0	0	0	0	0	0	1	1	1	1	1	1	1	1	1	1	1	1
P13	1	1	1	1	1	1	1	1	1	1	1	1	1	1	1	1	1	1	1	1	0	1	1	1	0	1
	0	0	0	0	0	0	0	0	0	0	0	0	0	0	0	0	0	0	0	0	0	0	0	0	0	0
	0	0	0	0	0	0	0	0	0	0	0	0	0	0	0	0	0	0	0	0	0	0	0	0	0	0
	0	0	0	0	0	0	0	0	0	0	0	0	0	0	0	0	0	0	0	0	0	0	0	0	1	0
	0	0	1	1	0	0	0	1	1	1	1	1	1	1	1	1	1	1	1	0	0	1	1	1	0	1
	0	0	0	0	0	0	0	0	0	0	0	0	0	0	0	1	0	0	0	0	1	0	1	0	1	0
P14	0	0	0	0	0	0	0	0	0	0	0	0	0	0	0	0	0	0	0	0	0	0	0	0	0	0
	0	0	0	0	0	0	0	0	0	0	0	0	0	0	0	0	0	0	0	0	0	0	0	0	0	0
	0	0	0	0	0	0	0	0	0	0	0	0	0	0	0	0	0	0	0	0	0	0	0	0	0	0
	0	0	0	0	0	0	0	0	0	0	0	0	0	0	0	0	0	0	0	0	0	0	0	0	0	0
	0	0	0	0	0	0	0	0	0	0	0	0	0	0	0	0	0	0	0	0	0	0	0	0	0	0
P15	0	0	0	0	0	0	0	0	0	0	0	0	0	0	0	0	0	0	0	0	0	0	0	0	1	1
	0	0	0	0	0	0	0	0	0	0	0	0	0	0	0	0	0	0	0	0	0	0	0	0	0	0
	0	0	0	0	0	0	0	0	0	0	0	0	0	0	0	0	0	0	0	0	0	0	0	0	0	0
	0	0	0	0	0	0	0	0	0	0	0	0	0	0	0	0	0	0	0	0	0	0	0	0	0	0
	0	0	0	0	0	0	0	0	0	0	0	0	0	0	0	0	0	0	0	0	0	0	0	0	0	0
	0	0	1	1	1	1	1	1	1	0	1	1	1	1	1	1	1	1	0	1	1	1	1	1	0	1
P16	1	1	1	1	1	1	1	1	1	0	1	1	1	0	0	0	1	1	0	0	0	0	0	0	1	1
	1	1	0	0	1	1	1	1	1	1	1	0	0	0	1	1	1	1	1	1	1	1	1	1	0	0
	0	0	0	0	0	0	0	0	0	0	0	0	0	0	0	0	0	0	0	0	0	0	0	0	1	0
	0	0	0	0	0	0	0	0	0	0	0	0	0	0	0	0	0	0	0	0	0	0	0	0	0	0
	1	1	1	1	1	1	1	1	1	1	1	1	1	1	1	1	1	1	1	1	1	1	1	1	0	0
	1	1	1	1	1	1	1	1	1	0	1	1	1	1	0	1	1	1	1	1	0	1	1	1	0	0

续表

引物名称	品种序号																									
---	1	2	3	4	5	6	7	8	9	10	11	12	13	14	15	16	17	18	19	20	21	22	23	24	25	26
P17	0	0	0	0	0	0	0	1	0	0	0	0	0	0	0	0	1	0	1	0	0	1	1	1	1	0
	0	0	0	0	0	0	0	0	0	0	0	0	0	0	0	0	0	0	0	0	0	0	0	0	0	0
	0	0	0	0	0	0	0	0	0	0	0	1	1	1	0	0	0	0	0	0	0	0	0	0	0	0
	0	0	0	0	0	0	0	0	0	0	0	0	0	0	0	0	0	0	0	0	0	0	0	0	0	0
P18	1	1	1	1	1	1	1	0	0	1	1	1	1	1	1	1	1	1	1	1	1	1	1	1	0	1
	1	1	1	1	1	1	1	1	1	1	1	1	1	1	1	1	0	1	1	1	1	1	0	1	0	0
	0	0	0	0	0	0	0	0	0	0	0	0	0	0	0	0	0	0	0	0	0	0	0	0	0	0
P19	0	1	1	1	1	1	1	1	0	1	0	1	1	1	1	0	0	0	0	0	0	0	0	0	0	0
	1	0	0	0	0	0	0	0	0	0	0	0	0	1	0	1	0	0	0	0	0	0	0	1	0	0
	0	0	0	0	1	1	0	1	0	1	0	0	0	1	0	1	1	0	0	0	0	0	0	0	0	0
	1	1	1	1	1	1	1	0	0	0	0	0	0	0	0	0	0	0	0	0	0	0	0	0	0	0
	0	0	0	0	0	0	0	0	0	0	0	0	0	0	0	0	0	0	0	0	0	0	0	0	1	1
	0	0	0	0	0	1	0	1	0	0	0	0	0	0	0	0	0	1	1	1	1	1	1	1	1	1
P20	0	0	1	1	1	0	0	0	0	0	0	0	0	0	0	0	0	0	0	0	0	0	0	0	0	0
	0	1	0	0	0	0	0	0	0	0	0	0	0	0	0	0	0	0	0	0	0	0	0	0	0	0
	0	0	0	0	0	0	0	0	0	0	0	0	0	0	0	0	0	0	0	0	0	0	0	0	0	0
	0	0	1	1	1	1	1	1	1	0	1	1	0	1	0	0	0	0	0	0	0	0	0	0	0	0
	0	0	0	1	0	1	0	1	1	1	1	0	1	0	1	0	1	1	0	0	1	1	1	1	1	0
	1	1	1	1	1	1	0	1	0	0	0	1	0	1	1	1	0	0	1	0	1	0	1	0	0	0

注:每个引物所扩增谱带从上到下分子量依次降低。

(三)样品间的聚类分析

26份材料的遗传相似系数值见图1。利用26份材料的DNA指纹进行聚类分析,其遗传相似系数变化范围为:0.742-0.969。以相似系数为基础进行聚类分析,结果见图2。

```
       1     2     3     4     5     6     7     8     9    10    11    12    13    14    15    16    17    18    19    20    21    22    23    24    25    26
 1  1.000
 2  0.907 1.000
 3  0.855 0.856 1.000
 4  0.840 0.830 0.871 1.000
 5  0.820 0.851 0.851 0.876 1.000
 6  0.814 0.856 0.814 0.851 0.933 1.000
 7  0.820 0.851 0.830 0.856 0.918 0.912 1.000
 8  0.804 0.814 0.856 0.820 0.902 0.897 0.871 1.000
 9  0.820 0.840 0.820 0.856 0.845 0.820 0.866 0.809 1.000
10  0.809 0.830 0.871 0.876 0.897 0.881 0.887 0.861 0.866 1.000
11  0.789 0.830 0.840 0.866 0.825 0.851 0.856 0.830 0.897 0.907 1.000
12  0.825 0.835 0.825 0.835 0.840 0.840 0.881 0.861 0.871 0.871 0.871 1.000
13  0.835 0.814 0.814 0.830 0.840 0.845 0.861 0.855 0.840 0.851 0.851 0.866 1.000
14  0.789 0.766 0.799 0.784 0.814 0.809 0.794 0.799 0.773 0.784 0.765 0.799 0.830 1.000
15  0.814 0.825 0.804 0.830 0.830 0.835 0.840 0.804 0.830 0.861 0.861 0.845 0.836 0.799 1.000
16  0.830 0.830 0.851 0.814 0.876 0.830 0.825 0.871 0.784 0.866 0.804 0.789 0.820 0.814 0.830 1.000
17  0.820 0.820 0.809 0.814 0.855 0.830 0.855 0.851 0.851 0.887 0.876 0.840 0.851 0.794 0.851 0.845 1.000
18  0.835 0.814 0.825 0.799 0.820 0.784 0.830 0.814 0.830 0.830 0.789 0.814 0.825 0.830 0.825 0.881 0.820 1.000
19  0.835 0.825 0.825 0.809 0.809 0.814 0.830 0.804 0.871 0.809 0.855 0.835 0.820 0.856 0.809 0.851 0.855 0.851 1.000
20  0.861 0.851 0.799 0.784 0.835 0.820 0.835 0.820 0.866 0.825 0.825 0.892 0.840 0.814 0.861 0.814 0.835 0.851 0.902 1.000
21  0.804 0.794 0.794 0.809 0.830 0.825 0.871 0.845 0.871 0.820 0.861 0.825 0.845 0.778 0.845 0.809 0.881 0.845 0.897 0.861 1.000
22  0.794 0.784 0.773 0.799 0.799 0.804 0.840 0.825 0.881 0.820 0.871 0.820 0.845 0.778 0.860 0.809 0.881 0.835 0.928 0.881 0.938 1.000
23  0.804 0.804 0.794 0.809 0.809 0.814 0.851 0.835 0.892 0.830 0.855 0.845 0.778 0.855 0.809 0.881 0.845 0.918 0.871 0.969 0.959 1.000
24  0.794 0.784 0.773 0.789 0.789 0.804 0.830 0.814 0.881 0.830 0.871 0.855 0.845 0.778 0.866 0.809 0.861 0.845 0.897 0.871 0.918 0.959 0.949 1.000
25  0.763 0.763 0.742 0.768 0.768 0.763 0.789 0.773 0.799 0.778 0.778 0.742 0.814 0.747 0.763 0.758 0.778 0.804 0.784 0.778 0.794 0.794 0.784 0.773 1.000
26  0.784 0.763 0.763 0.747 0.768 0.763 0.768 0.773 0.799 0.768 0.789 0.763 0.825 0.768 0.773 0.768 0.758 0.794 0.804 0.799 0.784 0.804 0.794 0.794 0.887 1.000
```

图1 样品的相似系数

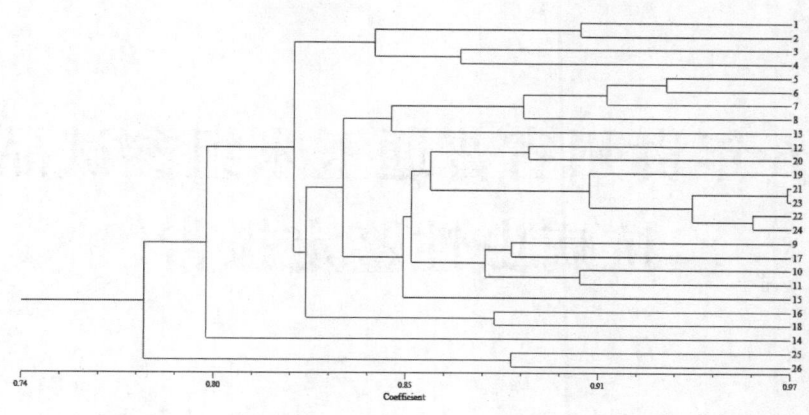

图 2　26 份材料的遗传相似系数聚类图

(四)真实性检测结果

用 20 对基本核心 SSR 引物对 26 个参试组合进行 PCR 扩增,将每对引物的扩增谱带组合起来,发现所有的参试组合之间互不相同,其中遗传相似系数最大的为盛农 10 与 BSL151 的 0.969。在 4 对引物上有差异,其他材料间则至少在 5 对引物以上有差异,差异位点数都 > 5。同时,与前几年和其他批次贵州参加区试的玉米材料比较,除相同名称材料外,26 个参试材料与它们也不相同,至少在 3 对引物上有差异,差异位点数都大于 3,说明这 26 个参试组合与其他组合也不相同。

五、结论

(一)一致性

根据分级标准,26 个参试组合中一致性好(1 级)的组合有 8 个,占 30.8%;一致性较好(2 级)的组合有 11 个,占 42.3%;一致性一般(3 级)的组合有 7 个,占 26.9%;没有 3 级以下的组合。

(二)真实性

本试验所有参试组合其 SSR-DNA 指纹互不相同,与前几年和其他批次贵州参加区试的玉米材料比较,除相同名称材料外,26 个参试材料与它们也不相同,至少在 3 对引物上有差异,差异位点数都大于 3。

六、其他说明

本检测结果只对本次送检样品负责。

本报告一共 12 页,一式二份,一份留鉴定单位存档,一份送送检单位。

2016年贵州省普通玉米组参试品种抗病虫性鉴定报告

一、材料和方法

(一)材料来源

由贵州省种子站统一编号并提供煌单658等32份普通玉米品种,参加贵州省普通玉米组抗病虫性鉴定。由中国农业科学院作物科学研究所提供获白、Mo17、罗31、掖478、黄早四、齐319、昌7-2等材料作为抗性鉴定的标准对照。

(二)鉴定圃设置和鉴定内容

大斑病、小斑病、丝黑穗病、纹枯病、镰孢茎腐病、禾谷镰孢穗腐病鉴定圃设在四川省成都市新都区,灰斑病鉴定圃设在云南省德宏州芒市。具体鉴定方法按《2016年国家玉米区试品种抗病性鉴定工作方案》执行。

(1)玉米大斑病抗性鉴定圃

于3月29日播种,按行长4.7米、行距0.85米和穴距0.235米的要求穴播,每个品种播两行,正常田间管理。病原菌为2015年在西南玉米生产区采集的病样,经分离纯化后,再进行扩大培养。接种时采用混合菌种于5月18日接种,7月8日进行抗性调查。

(2)玉米小斑病抗性鉴定圃

于5月9日播种,按行长4.7米、行距0.85米和穴距0.235米的要求穴播,每个品种播两行,正常田间管理。病原菌为2015年在西南玉米生产区采集的病样,经分离纯化后,再进行扩大培养。接种时采用混合菌种于6月21日接种,7月30日进行抗性调查。

(3)玉米丝黑穗病抗性鉴定圃

于3月30日播种,按行长4.7米、行距0.85米和穴距0.235米的要求穴播,每个品种播4行,正常田间管理。病原菌为2015年在西南玉米生产区采集并保存,在播种的同时进行接种。将配制好的0.1%的菌土以100克/穴的用量覆盖种子,随后再进行盖土。

在 7 月 8~10 日进行抗性调查。

（4）玉米纹枯病抗性鉴定圃

于 4 月 1 日播种，按行长 4.7 米、行距 0.85 米和穴距 0.235 米的要求穴播，每个品种播两行，正常田间管理。病原菌为 2015 年在西南地区采集的病样，分离纯化后，在接种前进行扩大培养。于 6 月 1 日接种，7 月 13 日进行抗性调查。

（5）玉米禾谷镰孢菌穗腐病抗性鉴定圃

于 3 月 31 日播种，按行长 4.7 米、行距 0.85 米和穴距 0.235 米的要求穴播，每个品种播两行，正常田间管理。病原菌为 2015 年在西南玉米生产区采集的病样，经分离纯化后，在接种前进行产孢培养。于 6 月 18 日至 7 月 4 日进行接种，8 月 16 日进行抗性调查。

（6）玉米镰孢茎腐病抗性鉴定圃

于 3 月 31 日播种，按行长 4.7 米、行距 0.85 米和穴距 0.235 米的要求穴播，每个品种播两行，正常田间管理。病原菌为 2015 年在西南玉米生产区采集的病样，经分离纯化后，在接种前进行扩大培养后备用。在播种的同时进行接种，按 30 克/穴用量撒在种子旁边接种，随后再进行盖土。于 6 月 14 日按 30 克/株采用埋根法再次进行接种，于 8 月 15 日进行抗性调查。

（7）玉米灰斑病抗性鉴定圃

于 4 月 28 日播种，按行长 4.7 米、行距 0.85 米和穴距 0.235 米的要求穴播，每个品种播两行，正常田间管理。鉴定时采用了自然诱发辅以人工接种，于 8 月 30 日进行抗性调查。

二、抗病虫性鉴定结果与分析

（一）参试品种抗病虫性鉴定结果

参试品种在田间生长正常，获得了鉴定结果，数据详见表 1。

表 1 贵州省普通玉米组参试品种抗病虫性鉴定结果

品种名	大斑		小斑		丝黑穗		纹枯		穗腐		茎腐		灰斑	
	病级	抗性	病级	抗性	病株率(%)	抗性	病指	抗性	病级	抗性	病株率(%)	抗性	病级	抗性
煌单 658	5	MR	5	MR	10.9	S	25.9	R	6.2	S	72.7	HS	7	S
金秋 7209	5	MR	5	MR	18.2	S	46.5	MR	4.1	MR	31.8	S	7	S
中单 808(CK)	3	R	3	R	14.0	S	38.2	R	5.7	S	45.5	HS	9	HS
惠农 15	3	R	3	R	6.8	MR	57.7	MR	5.4	MR	25.0	MR	3	R
JDY1504	5	MR	3	R	2.3	R	79.7	S	4.9	MR	86.4	HS	7	S
贵单 8 号(CK)	3	R	3	R	11.6	S	60.4	S	5.3	MR	13.0	MR	5	MR
友玉 8 号	3	R	3	R	11.1	S	67.1	S	6.0	S	21.7	MR	5	MR
金玉 932	3	R	3	R	6.8	MR	68.1	S	4.5	MR	31.8	S	7	S
金秋 20151	5	MR	3	R	4.7	R	69.3	S	5.5	MR	14.3	MR	5	MR
金玉 505	5	MR	5	MR	8.9	MR	65.7	S	6.0	S	19.0	MR	5	MR
百三 1 号	5	MR	5	MR	8.9	MR	36.2	R	6.1	S	15.0	MR	5	MR
惠农试 12	3	R	5	MR	20.5	S	30.3	R	6.6	S	20.0	MR	5	MR
丰玉 28	3	R	5	MR	4.7	R	79.9	S	6.6	S	35.0	S	7	S
黔 1403	5	MR	5	MR	4.7	R	43.4	MR	6.0	S	22.7	MR	5	MR
黔单 16(CK)	5	MR	5	MR	25.0	S	48.5	MR	5.0	MR	22.7	MR	7	S
筑糯 1313	7	S	5	MR	60.0	HS	78.8	S	7.4	S	68.2	HS	9	HS
BSS141N	7	S	5	MR	63.0	HS	72.0	S	4.0	MR	81.8	HS	9	HS
金彩糯 627	3	R	5	MR	21.4	S	79.3	S	5.2	S	77.3	HS	9	HS
南农紫黑糯	9	HS	5	MR	12.2	S	79.8	S	7.2	S	100.0	HS	9	HS
黔糯 868(CK)	3	R	5	MR	19.0	S	90.1	HS	6.5	S	76.2	HS	9	HS
百隆单 369	3	R	5	MR	29.3	S	71.0	S	4.4	MR	9.1	R	5	MR

续表

品种名	大斑 病级	大斑 抗性	小斑 病级	小斑 抗性	丝黑穗 病株率(%)	丝黑穗 抗性	纹枯 病指	纹枯 抗性	穗腐 病级	穗腐 抗性	茎腐 病株率(%)	茎腐 抗性	灰斑 病级	灰斑 抗性
友玉 2208	5	MR	5	MR	28.9	S	95.2	HS	5.8	S	31.8	S	1	HR
新中玉 818	5	MR	3	R	19.0	S	37.2	R	4.6	MR	17.4	MR	1	HR
正大 808(CK)	5	MR	5	MR	19.6	S	27.5	R	5.2	MR	14.3	MR	1	HR
DY3709	3	R	3	R	0.0	HR	77.8	S	7.3	S	25.0	MR	3	R
盛农 10	3	R	5	MR	13.6	S	55.6	MR	6.4	S	13.6	MR	5	MR
水白玉 1 号	3	R	3	R	12.2	S	70.0	S	4.5	MR	9.1	R	3	R
BSL151	3	R	5	MR	17.8	S	59.4	MR	6.2	S	18.2	MR	3	R
WL1501	3	R	5	MR	7.0	MR	79.7	S	3.7	MR	33.3	S	3	R
嘉白单 7 号	3	R	5	MR	38.3	S	62.0	S	5.5	MR	11.1	MR	1	HR
西抗 18	3	R	3	R	20.9	S	67.1	S	4.6	MR	20.8	MR	1	HR
毕单 17(CK1)	5	MR	5	MR	6.7	MR	78.8	S	6.0	S	21.7	MR	9	HS
Mo17	5	MR	5	MR	2.2	R								
获白	9	HS												
罗 31			9	HS										
黄早四					42.5	HS								
齐 319											23.1	MR	5	MR
掖 478							93.9	HS			47.8	HS	9	HS
昌 7-2							75	S						
X178									4.8	MR				
B73									6.9	S				

（二）参试品种抗病虫性分析

（1）对大斑病的抗性

对照材料发病正常。18 份品种表现为抗（R），12 份为中抗（MR），两份为感（S），1 份品种为高感（HS）。

（2）对小斑病的抗性

对照材料发病正常。11 份为抗（R），22 份为中抗（MR）。

（3）对丝黑穗病的抗性

对照材料发病正常。1 份表现高抗（HR），4 份表现抗（R），6 份表现中抗（MR），20 份为感（S），两份为高感（HS）。

（4）对纹枯病的抗性

对照材料发病正常。6 份表现抗（R），6 份表现中抗（MR），19 份为感（S），两份为高感。

（5）对穗腐病的抗性

对照材料发病正常。17 份品种表现中抗（MR），16 份表现感（S）。

（6）对茎腐病的抗性

对照材料发病正常。3 份表现抗（R），17 份表现中抗（MR），5 份表现感（S），8 份表现高感（HS）。

（7）对灰斑病的抗性

对照材料发病正常。5 份表现高抗（HR），6 份表现抗（R），9 份表现中抗（MR），6 份表现感（S），7 份表现高感（HS）。

三、品种处理意见

参试的 32 份普通玉米品种中，筑甜糯 1313、BSS141N 高感丝黑穗病，友玉 2208 高感纹枯病。

2016年贵州省普通玉米品质测试报告

测试单位:农业部谷物品质监督检验测试中心(北京)

样品名称及编号	容重(克/升)	粗蛋白质 (干基,%)	粗脂肪 (干基,%)	粗淀粉 (干基,%)	赖氨酸 (干基,%)
玉米 KY3709	776	8.95	5.72	74.15	0.30
玉米 盛农 10	762	10.38	4.81	74.48	0.29
玉米水白玉 1 号	776	9.98	6.12	73.21	0.30
玉米 BSL151	764	10.29	4.42	75.42	0.29
玉米西抗 18	782	9.14	4.58	75.51	0.28
玉米嘉白单 7 号	768	10.03	5.29	73.56	0.29
玉米 WL1501	777	10.93	5.58	72.45	0.30
玉米毕单 17 号	752	10.45	4.48	71.88	0.31
玉米荷玉 1 号	714	9.87	3.59	73.55	0.31
玉米金秋 7209	815	10.31	4.74	72.59	0.31
玉米煌单 658	798	10.48	3.33	74.36	0.33
玉米正大 808	774	10.99	4.22	72.87	0.32
玉米惠农单 2 号	780	9.63	4.62	73.50	0.30
玉米中单 808	761	8.52	4.42	75.54	0.29
玉米惠农 15	753	10.23	4.49	73.67	0.31
玉米多玉 3 号	758	8.13	5.39	72.62	0.29
玉米贵单 8 号	810	10.44	4.55	72.82	0.31
玉米友玉 8 号	800	9.39	4.14	75.21	0.29
玉米金玉 932	822	11.18	4.81	72.56	0.33
玉米金秋 20151	811	11.45	4.38	71.68	0.35
玉米金玉 505	800	10.43	4.91	70.50	0.33
玉米百三 1 号	736	9.93	4.35	73.72	0.32
玉米丰玉 28	779	10.59	4.27	70.69	0.31
玉米黔 1403	833	10.90	4.90	70.67	0.35
玉米黔单 16 号	787	10.22	5.23	71.81	0.34
玉米百隆单 369	758	10.05	4.24	71.91	0.33
玉米友玉 2208	771	10.26	4.86	71.57	0.29
玉米新中玉 818	796	9.55	5.10	72.72	0.34

2015～2016年贵州省小麦新品种
区域试验综合总结

一、试验目的

本试验根据贵州省农作物品种审定委员会2015年9月1日确定的《贵州省小麦新品种区域试验实施方案》进行,目的是对各参试品系在不同生态类型地区的适应性、丰产性和抗逆性等方面进行鉴定,确定其利用价值,为品种的审定和示范推广提供科学依据。

二、供试品种(系)及供种单位

以贵农19为对照,参试品种(系)共计12个,品种(系)名称及供种单位见表1。

表1 参试吕种及供种单位

品种(系)	供种单位	品种(系)	供种单位
B13-7※	四川农大小麦所	安2015-5	安顺市农业科学院
贵农12-6※	国家小麦改良中心贵州分中心	黔西麦1号	贵州三正种业有限公司
黔育22	贵州省旱粮研究所 贵州绿美农业科技有限公司	川麦91	四川省农业科学院作物所 赫章县六曲河镇农业服务中心
黔0509	贵州省旱粮研究所 贵州绿美农业科技有限公司	中科糯麦6907	贵州省旱粮研究所
贵农12-16	国家小麦改良中心贵州分中心	川麦54	四川省农业科学院作物所 赫章县六曲河镇农业服务中心
兴育0336	黔西南喀斯特区域发展研究院	贵农19(CK)	国家小麦改良中心贵州分中心

注:打"※"号为续试品系(下同)。

三、试验设计与管理

(一)试点田间设计

全省设十个试点:贵州省旱粮研究所、遵义市农业科学院、铜仁市农科所、毕节市农科所、黔东南州农业科学院、黔西南喀斯特区域发展研究院、安顺市农业科学院、黔南州农科所、盘州市种子站和仁怀市贵州省红缨子农业科技发展有限公司。试点海拔分布272～1690米,平均海拔为1058米。各试点均按贵州省种子管理站的统一方案实施,小区面积 0.02 亩,小区采用随机区组排列,三次重复。各试点每小区 8 行,小区形状为长方形,长宽幅度为 5 米×2.67 米,播种行距(含播幅)0.33 米左右,小区间距 0.33～0.40 米,重复间距 0.5 米左右,试验区四周设有面积不等的保护区。

(二)试验地及播种情况

试验地九个设于旱地,一个设于水田;旱地前茬为玉米、荞麦、高粱,水田为水稻。播种前各试点均用拖拉机或耕牛犁耙 1～2 次,并辅以人工碎土,平整分厢。基肥用量多为 30～2000 千克,种类以农家肥、圈肥、复合肥、氯化钾和普钙为主。播种量多数试点以供种单位提供的发芽率按亩发芽种子 15 万粒分行称种,贵州省旱粮研究所在此基础上加大了 20% 的播种量,各试点均为条播。

(三)田间管理

黔南、盘州市两试点在田间喷洒了除草剂灭杂草。各试点年前完成第一次中耕及追肥管理,追肥多数试点用尿素,亩用量为 5～30 千克。小麦生长后期,贵阳、黔西南两试点在田间喷洒比虫啉、蚜虫速杀等药物防治麦蚜。

(四)试验完成情况

根据对上报材料的审核,十个试点田间管理及时到位,各项调查记载较全面,基本能按照试验方案要求完成试验任务,所有参试品系试验数据齐全,全部纳入汇总。

四、气候条件对小麦生长发育的影响

贵阳:播种后,土壤墒情不好,出苗欠整齐;拔节期、孕穗期气候无异常,灌浆期雨水较多,对灌浆不利。

遵义:播种后,土壤墒情不好,11 月 1 日用水灌溉一次,出苗整齐,未受冻害影响,分蘖期受雨水的影响,分蘖较差,小麦拔节抽穗期气候正常,扬花灌浆期雨水较多,小麦结实率一般,籽粒不饱满。

铜仁:灌浆期、成熟期雨水过多,籽粒饱满度差,对产量有一定影响,赤霉病普遍发生。

毕节:播种时土壤墒情较好,利于出苗,分蘖-拔节期有适度降雨,利于分蘖形成,抽穗-扬花期温度、降雨均较适合抽穗和扬花,灌浆-成熟期低温阴雨天气较多,导致成熟期延迟、籽粒饱满度降低。除了 B13-7 未倒伏外,其余品系都有不同程度的倒伏现象发生,其中黔育 22、黔 0509、川麦 91 是 100% 倒伏,导致大幅减产。

黔东南:气候条件较正常,对试验未造成影响。

黔西南:播种后土壤墒情较好,出苗整齐;分蘖至抽穗期,雨水偏少,影响小麦分蘖。5月上旬,持续高温干旱天气不利小麦灌浆,影响了产量和品质;收割期多雨少晴,不利于收获。

安顺:2016年3月19日至3月24日,连绵细雨造成黔育22、黔0509和兴育0336中等倒伏。

盘州市:3月中旬至4月底持续干旱,5月初至5月中旬一直下雨,4月10日和5月7日发生两次冰雹灾情,严重影响产量。

仁怀:播种时雨水充足,出苗较好;抽穗至开花期遇到长期阴雨天气,使小麦结实率不高,子粒不饱满,颜色差。

黔南:播种后土壤墒情不好,使出苗推迟3~4天;11月底雨水充沛,小麦发育及分蘖良好;4月14号晚8点的暴风雨使小麦大面积倒伏,影响小麦正常灌浆,致使千粒重及产量都很低。

五、试验结果

试验产量数据及其他农艺性状采用平均数法进行统计。

(一)产量

本年参试品种(系)平均亩产190.1~272.3千克,对照贵农19平均亩产229.7千克。续试品系B13-7、贵农12-6较对照贵农19增产,新参试品系黔西麦1号、川麦91、兴育0336较对照增产,增产幅度为1.48%~6.63%;其他参试品系较对照减产,减产幅度为2.91~17.24%(详见表1、表2、表3、表4)。

(二)生育期

本年各参试品种(系)生育期为189~193天,对照为191天。B13-7、贵农12-6、黔0509、贵农12-16生育期与对照相当,其余参试品种(系)生育期较对照早熟或晚熟1~2天(详见表5)。

(三)主要产量性状

亩穗数:本年各参试品种(系)亩穗数的变幅17.2~19.6万,对照为18.4万穗。

穗粒数:本年各参试品种(系)穗粒数的变幅35.2~44.9粒,对照为38.9粒。

千粒重:本年各参试品种(系)千粒重的变幅35.9~45.6克,对照为35.1克(详见表6、表7)。

（四）抗逆性

参试品系抗逆性评价均以各试点田间自然鉴定结果为准。

抗冻及抗倒性：川麦 91 在黔西南试点受中等冻害，其他参试品系无冻害发生。毕节试点倒伏普遍发生，除了 B13-7 未倒伏外，其余品系都有不同程度的倒伏，其中黔育 22、黔 0509、川麦 91 倒伏严重，为 100% 倒伏。安顺试点黔育 22、黔 0509 和兴育 0336 发生中等倒伏。黔南试点黔 0509、贵农 12-16 发生中等倒伏，兴育 0336 倒伏较重，其他试点无倒伏现象发生（详见表 8）。

抗病性：遵义、铜仁试点赤霉病普遍发生，其中遵义试点除贵农 12-6 表现为中抗赤霉病外，其他参试品系均中感赤霉病。黔西南试点安 2015-5、川麦 91 中感叶锈病，中科糯麦 6907 中感叶锈病及高感白粉病，其他试点病害轻微，感病品种少，多为高抗以上（详见表 9）。

六、品系综合评价

（1）B13-7（续试）

今年平均亩产 266.1 千克，比对照增产 15.85%，较对照极显著增产，10 个试点全部增产，100% 试点增产，产量居第二位。生育期为 191 天，与对照相当。2015 年平均亩产 334.3 千克，比对照增产 6.47%，9 个试点 6 增 3 减，增产点数占总试点数的 66.7%，产量居第二位。生育期为 188 天，较对照早熟 1 天。两年 19 个试点次平均亩产 300.2 千克，比对照增产 10.43%，增产点数占总试点数的 84.2%。两年平均生育期为 190 天，与对照相当。今年亩穗数 19.4 万穗，穗粒数 40.7 粒，千粒重 40.7 克。株高 81 厘米，幼苗半匍匐，分蘖和成穗率较强，穗层整齐，熟相好。纺锤穗，长芒、白壳、红粒，半硬质。黔西南试点叶锈病表现为中抗，其他病害各试点均在高抗以上。抗倒性好，无一试点有倒伏现象发生；抗寒能力强。

（2）贵农 12-6（续试）

今年平均亩产 272.3 千克，比对照增产 18.52%，较对照极显著增产，10 个试点全部增产，100% 试点增产，产量居第一位。生育期为 191 天，与对照相当。2015 年平均亩产 324.5 千克，比组平均亩产增产 3.32%，9 个试点 6 增 3 减，增产点数占总试点数的 66.7%，产量居第三位。生育期为 189 天，与对照相当。两年 19 个试点次平均亩产 298.4 千克，比对照增产 9.77%，增产点数占总试点数的 84.2%。两年平均生育期为 190 天，与对照相当。今年亩穗数 19.6 万穗，穗粒数 35.6 粒，千粒重 42.4 克。株高 90 厘米，幼苗半匍匐,分蘖和成穗率较强,穗层较整齐,熟相好。纺锤穗、长芒、白壳、红粒、半硬质。黔西南试点叶锈病表现为中抗,其他病害各试点均在高抗以上。毕节、黔南两试点有轻微倒伏现象发生;抗寒能力强。

(3)黔育 22

今年平均亩产 223 千克,比对照减产 2.91%,较对照减产不显著,10 个试点 6 增 4 减,增产点数占总试点数的 60%,产量居第七位。生育期为 190 天,较对照早熟 1 天。亩穗数 17.9 万穗,穗粒数 39.4 粒,千粒重 36.8 克。株高 87 厘米,幼苗直立,分蘖和成穗率较强,穗层较整齐,熟相好。纺锤穗、长芒、白壳、红粒、半硬质。铜仁、仁怀试点中感条锈病、赤霉病,其他试点各病害均在高抗以上。毕节试点倒伏严重,安顺试点中等倒伏,黔南试点倒伏轻微,抗倒性差;抗寒能力强。

(4)黔 0509

平均亩产 214.8 千克,比对照减产 6.5%,较对照极显著减产,10 个试点 6 增 4 减,增产点数占总试点数的 60%,产量居第九位。生育期为 191 天,与对照相当。亩穗数 17.7 万穗,穗粒数 37.1 粒,千粒重 37.5 克。株高 88 厘米,幼苗半匍匐,分蘖力较强,成穗率中等,穗层较整齐,熟相好。长方穗、长芒、白壳、红粒、粉质。遵义试点中感叶锈病、赤霉病,黔西南试点叶锈病表现为中抗,仁怀试点条锈病表现为中抗,其他试点各病害均在高抗以上。毕节试点倒伏较重、安顺及黔南试点中等倒伏,抗倒性差;抗寒能力强。

(5)贵农 12-16

平均亩产 221.2 千克,比对照减产 3.69%,较对照减产不显著,10 个试点 5 增 5 减,增产点数占总试点数的 50%,产量居第八位。生育期为 191 天,与对照相当。亩穗数 18 万穗,穗粒数 44.9 粒,千粒重 35.9 克。株高 87 厘米,幼苗直立,分蘖力一般,成穗率强,穗层较整齐,熟相好。长方穗、长芒、白壳、白粒、粉质。黔西南试点叶锈病表现为中抗,其他试点各病害均在高抗以上。毕节及黔南试点中等倒伏,抗倒性差;抗寒能力强。

(6)兴育 0336

平均亩产 233.1 千克,比对照增产 1.48%,较对照增产不显著,10 个试点 7 增 3 减,增产点数占总试点数的 70%,产量居第五位。生育期为 193 天,较对照晚熟 2 天。亩穗数 17.2 穗,穗粒数 39.2 粒,千粒重 45.6 克。株高 84 厘米。幼苗半匍匐,分蘖力一般,成穗率较强,穗层整齐,熟相好。纺锤穗、长芒、白壳、红粒、硬质。遵义试点中感赤霉病,黔西南试点叶锈病表现为中抗,仁怀条锈病、赤霉病表现为中抗,其他试点各病害均在高抗以上。毕节试点倒伏严重,安顺试点中等倒伏,黔南试点倒伏较重,抗倒性差;抗寒能力强。

（7）安 2015-5

平均亩产 204.6 千克,比对照减产 10.93%,较对照极显著减产,10 个试点 2 增 8 减,增产点数占总试点数的 20%,产量居第十一位。生育期为 190 天,较对照早熟 1 天。亩穗数 17.2 万穗,穗粒数 39.8 粒,千粒重 38.5 克。株高 82 厘米。幼苗直立,分蘖力一般,成穗率较强,穗层较整齐,熟相好。纺锤穗、长芒、白壳、红粒,半硬质。遵义试点中感赤霉病,黔西南试点中感叶锈病,铜仁试点赤霉病表现为中抗,仁怀试点叶锈病、条锈病、赤霉病表现为中抗,其他试点各病害均在高抗以上。毕节试点倒伏较重,黔南试点倒伏轻微,抗倒性差;抗寒能力强。

（8）黔西麦 1 号

平均亩产 244.9 千克,比对照增产 6.63%,较对照极显著增产,10 个试点 7 增 3 减,增产点数占总试点数的 70%,产量居第三位。生育期为 190 天,较对照早熟 1 天。亩穗数 19.9 万穗,穗粒数 34.5 粒,千粒重 37.9 克。株高 84 厘米。幼苗半匍匐,分蘖力和成穗率强,穗层整齐,熟相好。长方穗,短芒、白壳、红粒,半硬质。遵义试点中感赤霉病,毕节、黔西南试点叶锈病表现为中抗,其他试点各病害均在高抗以上。毕节试点倒伏轻微,抗倒性较好;抗寒能力强。

（9）川麦 91

平均亩产 239.6 千克,比对照增产 4.32%,较对照显著增产,10 试点 6 增 4 减,增产点数占总试点数的 60%,产量居第四位。生育期为 190 天,较对照早熟 1 天。亩穗数 20 万穗,穗粒数 29.5 粒,千粒重 41.7 克。株高 83 厘米。幼苗半匍匐,分蘖力强,成穗率一般,穗层整齐,熟相好。纺锤穗、长芒、白壳、红粒,粉质。遵义试点中感赤霉病,黔西南试点中感叶锈病,毕节试点叶锈病表现为中抗,仁怀试点条锈病、赤霉病表现为中抗,其他试点各病害在高抗以上。毕节试点倒伏严重,黔南试点倒伏轻微,抗倒性差;黔西南试点受中等冻害,抗寒能力较强。

（10）中科糯麦 6907

平均亩产 207.9 千克,比对照减产 9.48%,较对照极显著减产,10 个试点 4 增 6 减,增产点数占总试点数的 40%,产量居第十位。生育期为 189 天,较对照早熟两天。亩穗数 18.5 万穗,穗粒数 37.1 粒,千粒重 37.7 克。株高 82 厘米,幼苗直立,分蘖力较强,成穗率一般,穗层较整齐,熟相好。长方穗,长芒、白壳、红粒,粉质。遵义试点中感赤霉病,黔西南试点中感叶锈病、高感白粉病,黔东南试点白粉病表现为中抗,仁怀试点条锈病、赤霉病表现为中抗,其他试点各病害在高抗以上。毕节试点倒伏轻微,抗倒性较好,抗寒能力强。

(11)川麦54

平均亩产 190.1 千克,比对照减产 17.24%,较对照极显著减产,10 个试点 4 增 6 减,增产点数占总试点数的 40%,产量居第十二位。生育期为 190 天,较对照早熟一天。亩穗数 17.2 万穗,穗粒数 38.9 粒,千粒重 38.3 克。株高 81 厘米。幼苗半匍匐,分蘖力较强,成穗率一般,穗层整齐,熟相好。纺锤穗,长芒、白壳、红粒,半硬质。遵义试点中感条锈病、赤霉病,铜仁试点赤霉病表现为中抗,黔西南试点叶锈病表现为中抗,仁怀试点条锈病、赤霉病表现为中抗,其他试点各病害均在高抗以上。毕节试点倒伏较重,黔南试点倒伏轻微,抗倒性差,抗寒能力强。

表2-1 2015~2016年贵州省小麦区域试验产量汇总表

试点	B13-7※			贵农12-6※			黔育22			黔0509		
	亩产(千克)	比CK(±%)	位次	亩产(千克)	比CK(±%)	位次	亩产(千克)	比CK(±%)	位次	亩产(千克)	比CK(±%)	位次
贵阳	287.3	1.71	7	307.7	8.91	2	295.5	4.60	3	289.5	2.48	5
遵义	280.0	6.34	1	276.7	5.08	2	165.0	-37.33	10	161.7	-38.60	11
铜仁	212.3	7.78	3	207.8	5.50	5	217.8	10.58	1	216	9.64	2
毕节	331.7	53.05	1	278.3	28.44	3	60.0	-72.31	12	91.7	-57.70	11
黔东南	249.3	4.45	4	260.8	9.27	2	219.8	-7.90	9	207.7	-13.00	11
黔西南	308.2	6.74	7	429.0	48.60	1	368.8	27.76	2	344.0	19.15	4
安顺	298.7	2.28	6	307.2	5.19	4	321.0	9.93	1	301.0	3.08	5
盘州市	280.3	39.47	1	241.0	19.90	3	144.2	-28.28	10	112.2	-44.20	12
仁怀	175.0	45.83	4	160.0	33.33	8	188.3	56.94	2	191.7	59.72	1
黔南	238.2	20.71	4	254.0	28.74	1	249.8	26.63	3	232.3	17.76	5
平均值	266.1	15.85	2	272.3	18.52	1	223.0	-2.91	7	214.8	-6.50	9

表2-2 2015~2016年贵州省小麦区域试验产量汇总表

试点	贵农12-16			兴育0336			安2015-5			黔西麦1号		
	亩产(千克)	比CK(±%)	位次	亩产(千克)	比CK(±%)	位次	亩产(千克)	比CK(±%)	位次	亩产(千克)	比CK(±%)	位次
贵阳	288.5	2.12	6	264.3	-6.43	9	255.7	-9.50	11	263.3	-6.78	10
遵义	225.0	-14.55	6	168.3	-36.07	8	166.7	-36.70	9	238.3	-9.48	5
铜仁	182.3	-7.45	10	209.0	6.09	4	184.7	-6.26	9	174.0	-11.68	12
毕节	235.0	8.44	5	263.3	21.52	4	230.0	6.14	6	293.3	35.36	2
黔东南	217.8	-8.74	10	244.3	2.36	5	198.3	-16.91	12	264.8	10.95	1
黔西南	271.7	-5.90	9	359.2	24.41	3	244.5	-15.31	11	315.8	9.40	6
安顺	145.5	-50.17	12	308.5	5.65	3	230.3	-21.12	10	298.0	2.05	7
盘州市	240.8	19.82	4	141.0	-29.85	11	176.8	-12.02	8	202.0	0.50	5
仁怀	173.3	44.4	5	171.7	43.06	6	170.0	41.67	7	146.7	22.22	9
黔南	232.3	17.76	5	201.5	2.13	6	189.0	-4.21	10	253.2	28.32	2
平均值	221.2	-3.69	8	233.1	1.48	5	204.6	-10.93	11	244.9	6.63	3

表 2-3　2015～2016 年贵州省小麦区域试验产量汇总表

试点	川麦 91			中科糯麦 6907			川麦 54			贵农 19(CK)		
	亩产(千克)	比CK(±%)	位次	亩产(千克)	比CK(±%)	位次	亩产(千克)	比CK(±%)	位次	亩产(千克)	比CK(±%)	位次
贵阳	319.2	12.98	1	292.0	3.36	4	219.7	-22.24	12	282.5	8	
遵义	246.7	-6.32	4	200.0	-24.04	7	138.3	-47.46	12	263.3	3	
铜仁	205.8	4.48	6	176.5	-10.41	11	205.2	4.15	7	197	8	
毕节	145.0	-33.09	9	218.3	0.75	7	95.0	-56.16	10	216.7	8	
黔东南	233.2	-2.32	7	225.5	-5.53	8	256.5	7.46	3	238.7	6	
黔西南	270.3	-6.36	10	214.3	-25.76	12	328.2	13.67	5	288.7	8	
安顺	320.2	9.65	2	269.3	-7.76	9	159.5	-45.38	11	292	8	
盘州市	269.3	34.00	2	148.5	-26.12	9	182.2	-9.37	7	201	6	
仁怀	185.0	54.17	3	135.0	12.50	10	123.3	2.78	11	120	12	
黔南	201.5	2.13	6	199.8	1.28	7	193.2	-2.09	9	197.3	8	
平均值	239.6	4.32	4	207.9	-9.48	10	190.1	-17.24	12	229.7	6	

表 3　联合方差分析表

变异来源	平方和	自由度	均方	F 值	概率(小于 0.05 显著)
试点内区组	5.82339	20	0.29117	2.03992	0.007
品种	77.79115	11	7.07192	49.54546	0.000
试点	271.99410	9	30.22157	211.73045	0.000
品种×试点	224.53638	99	2.26804	15.88978	0.000
误差	31.40193	220	0.14274		
总变异	611.54694	359			

表 4 品种（系）间产量差异比较表

LSD$_{0.05}$=0. 1931 LSD$_{0.01}$=0. 2536

品种（系）	品种均值	F$_{0.05}$	F$_{0.01}$
贵农 12-6※	5. 445	a	A
B13-7※	5. 322	a	A
黔西麦 1 号	4. 899	b	B
川麦 91	4. 79233	bc	BC
兴育 0336	4. 66233	cd	BCD
贵农 19（CK）	4. 59433	de	CD
黔育 22	4. 46067	ef	DE
贵农 12-16	4. 42467	ef	DE
黔 0509	4. 29533	f（克）	EF
中科糯麦 6907	4. 15867	克 h	F
安 2015-5	4. 092	h	F
川麦 54	3. 802	i	G

表 5-1 2015~2016 年贵州省小麦区域试验生育期汇总表

试点	B13-7 生育期(天)	B13-7 比CK(±%)	贵农12-6 生育期(天)	贵农12-6 比CK(±%)	黔育22 生育期(天)	黔育22 比CK(±%)	黔0509 生育期(天)	黔0509 比CK(±%)	贵农12-16 生育期(天)	贵农12-16 比CK(±%)	兴育0336 生育期(天)	兴育0336 比CK(+)
贵阳	196	1	194	-1	196	1	196	1	195	0	197	2
遵义	194	0	196	2	192	-2	194	0	195	1	195	1
铜仁	185	5	181	1	183	3	184	4	181	1	184	4
毕节	206	0	206	0	206	0	206	0	206	0	207	1
黔东南	182	-2	180	-4	184	0	185	1	185	1	185	1
黔西南	168	-8	171	-5	174	-2	173	-3	171	-5	177	1
安顺	199	3	198	2	196	0	196	0	196	0	198	2
盘州市	186	-1	186	-1	187	0	186	-1	186	-1	189	2
仁怀	186	-6	190	-2	180	-12	188	-4	191	-1	192	0
黔南	203	1	205	3	203	1	204	2	202	0	208	6
平均值	191	0	191	0	190	-1	191	0	191	0	193	2

表 5-2 2015~2016 年贵州省小麦区域试验生育期汇总表

试点	安2015-5 生育期(天)	安2015-5 比CK(±%)	黔西麦1号 生育期(天)	黔西麦1号 比CK(±%)	川麦91 生育期(天)	川麦91 比CK(±%)	中科糯麦6907 生育期(天)	中科糯麦6907 比CK(±%)	川麦54 生育期(天)	川麦54 比CK(±%)	贵农19(CK) 生育期(天)	贵农19(CK) 比CK(+)
贵阳	196	1	193	-2	193	-2	193	-2	193	-2	196	
遵义	194	0	194	0	192	-2	193	-1	192	-2	194	
铜仁	184	4	179	-1	183	3	182	2	180	0	180	
毕节	207	1	208	2	207	1	206	0	207	1	206	
黔东南	181	-3	184	0	184	0	180	-4	183	-1	184	
黔西南	169	-7	175	-1	166	-10	167	-9	170	-6	176	
安顺	197	1	196	0	195	-1	195	-1	196	0	196	
盘州市	187	0	186	-1	186	-1	186	-1	187	0	187	
仁怀	183	-9	182	-10	190	-2	189	-3	193	1	192	
黔南	204	2	202	0	204	2	201	-1	199	-3	202	
平均值	190	-1	190	-1	190	-1	189	-2	190	-1	191	

注："+"为晚，"-"为早。（下同）。

表 6-1　2015~2016 年贵州省小麦区域试验群体及产量结构汇总表

试点	B13-7					贵农12-6					黔育22			
	基本苗(万/亩)	最高苗(万/亩)	亩穗数(万/亩)	穗粒数(粒)	千粒重(克)	基本苗(万/亩)	最高苗(万/亩)	亩穗数(万/亩)	穗粒数(粒)	千粒重(克)	基本苗(万/亩)	最高苗(万/亩)	亩穗数(万/亩)	穗粒数(粒)
贵阳	13.3	24.4	20.7	38.2	42.6	13.4	23.5	18.6	37.8	43.2	13.6	25.3	17.4	37.7
遵义	12.0	25.3	18.7	34.8	43.5	12.0	28.0	23.3	26.7	45.3	12.0	23.5	18.8	34.7
铜仁	12.4	24.0	16.2	38	35.8	10.3	23.6	15.3	33.5	38.3	15.6	27.4	18.8	32.9
毕节	16.4	36.5	27.7	46.6	32.2	14.8	35.8	28.5	30.6	34.9	16.6	32.5	22.5	29.8
黔东南	13.8	23.5	16.5	48.1	32.3	13.2	39.3	18.6	38.9	38.6	12.9	21.3	16.4	47.2
黔西南	10.55		20.4	44.9	38	11.17		21.2	47	41.3	9.64		20.5	56.8
安顺		21.8	17	41.1	56.4		20	15.8	29.1	50.2		17.2	17.2	42.1
盘州市	12.2	24.7	18.5	43	46	12.5	25.5	18.2	44	50	13.4	26.9	12.5	40
仁怀	13.7	21.3	18.5	32.5	44	13.2	20.1	16.6	34	40	13.5	19.8	16.7	35
黔南	15	27.8	19.7	39.8	36	15	30	19.7	34	42.9	15	35.2	17.9	38.2
平均值	13.3	25.5	19.4	40.7	40.7	12.8	27.3	19.6	35.6	42.4	13.6	25.5	17.9	39.4

表 6-2　2015~2016 年贵州省小麦区域试验群体及产量结构汇总表

试点	黔0509					贵农12-16					兴育0336			
	基本苗(万/亩)	最高苗(万/亩)	亩穗数(万/亩)	穗粒数(粒)	千粒重(克)	基本苗(万/亩)	最高苗(万/亩)	亩穗数(万/亩)	穗粒数(粒)	千粒重(克)	基本苗(万/亩)	最高苗(万/亩)	亩穗数(万/亩)	穗粒数(粒)
贵阳	13.7	25.8	16.7	37.2	41.5	13.4	24.2	19.4	44.3	39.3	12.7	21.5	16.7	33.4
遵义	12.0	25.1	18.8	28.8	36.3	12.0	22.0	17.2	39.2	36.3	12.0	21.2	16.1	30.3
铜仁	16.6	26.4	17.2	30.7	38.2	10.0	17.0	15.2	39.9	34.8	11.6	18.5	15.4	38.9
毕节	15.2	32.8	23.6	33.8	19.5	11.4	33.2	22.5	43.1	27.2	12	35.6	29.9	32
黔东南	13.3	24.7	17.6	38.5	32.3	12.7	23.9	16.4	49.6	29.4	14.3	28.3	17.6	34.2
黔西南	9.67		18.2	55.1	36	9.11		19.2	58	30.1	9.95		18.5	50.4
安顺		16.8	15	34.8	49.5		18.3	13.7	37.8	43.9		14.5	12.8	50.1
盘州市	13.7	25	12.9	33	44	13.5	25.5	19.1	45	40	13.6	26	10.2	41
仁怀	13.5	19.7	17.3	35.5	44.5	13.5	19.9	17.7	36.5	40.5	13.2	17.4	15.2	36.5
黔南	15	32.2	19.2	43.6	33.5	15	27	19.8	55.6	37.2	15	28.2	19.1	45.2
平均值	13.6	25.4	17.7	37.1	37.5	12.3	23.4	18.0	44.9	35.9	12.7	23.5	17.2	39.2

表6-3　2015～2016年贵州省小麦区域试验群体及产量结构汇总表

试点	安2015-5					黔西麦1号					川麦91			
	基本苗（万/亩）	最高苗（万/亩）	亩穗数（万/亩）	穗粒数（粒）	千粒重（克）	基本苗（万/亩）	最高苗（万/亩）	亩穗数（万/亩）	穗粒数（粒）	千粒重（克）	基本苗（万/亩）	最高苗（万/亩）	亩穗数（万/亩）	穗粒数（粒）
贵阳	13.2	22.9	17.6	36.2	43.1	13.6	25.2	17.4	32.6	40.2	13.8	25.8	17.4	36.3
遵义	12.0	25.4	17.4	30.4	37.5	12.0	21.3	18.5	32.1	40.8	12.0	25.9	19.1	32.3
铜仁	10.4	22.3	13.6	42.8	38	15.3	26.8	18.5	36.7	40.9	11.0	23.2	14.2	26
毕节	13.4	32.9	22.1	59.4	27.1	15.7	37.6	28.9	31.1	39.3	16.8	32.6	24.3	38.4
黔东南	14.5	25.2	16.4	42.3	32.3	14.2	32.7	18.2	42.6	36.7	13.6	32.8	17.5	36.6
黔西南	11.41		17.2	46.6	35.3	12.29		20.8	44.7	41	10.27		20.3	40.4
安顺	12.6	19.3	15.6	34.7	45	13.1	19	17.3	42	51	13.3	23	21.5	34.7
盘州市	13.5	23.4	17.3	31	44	13.0	25.1	18.2	33	48	13.5	27	18.3	43
仁怀	15	19.7	17.5	32.5	44	15	17.6	15.2	31.5	35.5	15	18.6	16	29.5
黔南		27.6	17.3	41.6	34.8		34.6	19.9	34.5	37.9		35.6	20	29.5
平均值	12.9	24.3	17.2	39.8	38.5	13.8	26.7	19.3	35.2	41.1	13.3	27.2	18.9	35.2

表6-4　2015～2016年贵州省小麦区域试验群体及产量结构汇总表

试点	中科糯麦6907					川麦54					贵农19（CK）			
	基本苗（万/亩）	最高苗（万/亩）	亩穗数（万/亩）	穗粒数（粒）	千粒重（克）	基本苗（万/亩）	最高苗（万/亩）	亩穗数（万/亩）	穗粒数（粒）	千粒重（克）	基本苗（万/亩）	最高苗（万/亩）	亩穗数（万/亩）	穗粒数（粒）
贵阳	13.5	27.3	17.4	35.8	39.9	13.4	25.8	15.9	35.7	40.6	13.4	26.5	16.8	37.3
遵义	12.0	22.5	18.9	33.7	37.8	12	21.4	18.3	33.3	27.8	12.0	25.8	21.2	33.9
铜仁	12.4	23.5	15.2	40.9	33.6	12	21.6	14.4	37	38.3	10.1	19.4	17.4	36
毕节	13.4	34	22.9	44.7	32.2	12	34.9	25.6	43.3	26.2	12	35.8	24.8	35.4
黔东南	12.5	38.3	19.8	32.8	38.8	12.5	32.3	18.4	39.5	37.9	12.9	32.6	19.2	37.9
黔西南	10.16		21.8	38.5	34.6	9.87		18.1	50.1	37.6	11.2		18.5	42.5
安顺	13.0	19.9	17.6	38.9	46.9	12.9	15.2	14.1	48	49.2	12.4	18.4	17.2	50.1
盘州市	13.5	23.9	12.9	41	40	13.0	26	15.2	39	44	13.0	23.8	14.9	46
仁怀	15	19.9	17.7	26.5	35.5	15	17.8	16.5	26.5	36.5	15	16.8	15.2	26
黔南		35	20.7	38.4	33.8		32	15.9	36.1	44.9		37.4	18.4	44.3
平均值	12.8	27.1	18.5	37.1	37.7	12.5	25.2	17.2	38.9	38.3	12.4	26.3	18.4	38.9

表 7-1　2015~2016 年贵州省小麦区域试验株高汇总表

株高单位：厘米

试点	海拔（米）	B13-7	贵农 12-6	黔育 22	黔 0509	贵农 12-16	兴育 0336
贵阳	1040	84	90	87	89	89	86
遵义	801	90	89	93	95	100	89
铜仁	272	82	92	89	90	87	85
毕节	1560	75	96	91	88	85	83
黔东南	648	83	98	80	86	88	86
黔西南	1300	73	89	83	87	76	74
安顺	1400	75	81	95	90	80	88
盘州市	1690	70	88	79	82	84	73
仁怀	845	85	80	75	73	80	80
黔南	1030	90	98	95	96	98	95
平均值	1058	81	90	87	88	87	84

表 7-2　2015~2016 年贵州省小麦区域试验株高汇总表

株高单位：厘米

试点	海拔（米）	安 2015-5	黔西麦 1 号	川麦 91	中科糯麦 6907	川麦 54	贵农 19（CK）
贵阳	1040	84	86	84	87	83	80
遵义	801	85	90	82	94	91	81
铜仁	272	81	83	80	75	76	75
毕节	1560	86	92	93	86	86	82
黔东南	648	83	84	92	83	87	84
黔西南	1300	71	75	74	73	75	69
安顺	1400	79	74	75	76	74	76
盘州市	1690	72	77	77	81	72	72
仁怀	845	85	85	85	75	70	72
黔南	1030	92	98	90	89	93	81
平均值	1058	82	84	83	82	81	77

株高单位:厘米

表 8-1 2015～2016 年贵州省小麦区域试验抗逆性汇总表

试点	B13-7 倒伏 面积(%)	B13-7 倒伏 程度	B13-7 冻害级	贵农12-6 倒伏 面积(%)	贵农12-6 倒伏 程度	贵农12-6 冻害级	黔育22 倒伏 面积(%)	黔育22 倒伏 程度	黔育22 冻害级	黔0509 倒伏 面积(%)	黔0509 倒伏 程度	黔0509 冻害级
贵阳	0	1	1	0	1	1	0	1	1	0	1	1
遵义	0	1	1	0	1	1	0	1	1	0	1	1
铜仁	0	1	1	0	1	1	0	1	1	0	1	1
毕节	0	1	1	10	2	1	100	5	1	100	4	1
黔东南	0	1	1	0	1	1	0	1	1	0	1	1
黔西南	0	1	1	0	1	1	0	1	1	0	1	1
安顺	0	1	1	0	1	1	40	3	1	40	3	1
盘州市	0	1	1	0	1	1	0	1	1	0	1	1
仁怀	0	1	1	0	1	1	0	1	1	0	1	1
黔南	0	1	1	26	2	1	33	2	1	40	3	1

表 8-2 2015～2016 年贵州省小麦区域试验抗逆性汇总表

试点	贵农12-16 倒伏 面积(%)	贵农12-16 倒伏 程度	贵农12-16 冻害级	兴育0336 倒伏 面积(%)	兴育0336 倒伏 程度	兴育0336 冻害级	安2015-5 倒伏 面积(%)	安2015-5 倒伏 程度	安2015-5 冻害级	黔西麦1号 倒伏 面积(%)	黔西麦1号 倒伏 程度	黔西麦1号 冻害级
贵阳	0	1	1	0	1	1	0	1	1	0	1	1
遵义	0	1	1	0	1	1	0	1	1	0	1	1
铜仁	0	1	1	0	1	1	0	1	1	0	1	1
毕节	40	3	1	90	5	1	80	4	1	10	2	1
黔东南	0	1	1	0	1	1	0	1	1	0	1	1
黔西南	0	1	1	0	1	1	0	1	1	0	1	1
安顺	0	1	1	40	3	1	0	1	1	0	1	1
盘州市	0	1	1	0	1	1	0	1	1	0	1	1
仁怀	0	1	1	0	1	1	0	1	1	0	1	1
黔南	46	3	1	40	4	1	13	2	1	0	1	1

表 8-3　2015～2016 年贵州省小麦区域试验抗逆性汇总表

试点	川麦 91			中科糯麦 6907			川麦 54			贵农 19（CK）		
	倒伏		冻害等级	倒伏		冻害等级	倒伏		冻害等级	倒伏		冻害等级
	面积（%）	程度		面积（%）	程度		面积（%）	程度		面积（%）	程度	
贵阳	0	1	1	0	1	1	0	1	1	0	1	1
遵义	0	1	1	0	1	1	0	1	1	0	1	1
铜仁	0	1	1	0	1	1	0	1	1	0	1	1
毕节	100	5	1	20	2	1	80	4	1	10	2	1
黔东南	0	1	1	0	1	1	0	1	1	0	1	1
黔西南	0	1	3	0	1	1	0	1	1	0	1	1
安顺	0	1	1	0	1	1	0	1	1	0	1	1
盘州市	0	1	1	0	1	1	0	1	1	0	1	1
仁怀	0	1	1	0	1	1	0	1	1	0	1	1
黔南	26	2	1	0	1	1	16	2	1	46	3	1

贵州省农作物新品种试验汇编（2016 年）

严重度、普遍率的计量:%

表 9-1　2015～2016 年贵州省小麦区域试验抗病性汇总表

B13-7

试点	叶锈病反应型	严重度	普遍率	条锈病反应型	严重度	普遍率	赤霉病病穗率	严重度	白粉病
贵阳	1	0	0	1	0	0	0	1	2
遵义	1	0	0	1	0	0	4	40	1
铜仁	1	0	0	1	0	0	20	2	1
毕节	1	0	0	1	0	0	0	1	1
黔东南	1	0	0	1	0	0	0	1	4
黔西南	3	20	50	1	0	0	0	1	3
安顺	1	0	0	1	0	0	0	1	1
盘州市	1	0	0	1	0	0	0	1	1
仁怀	2	1	0	3	2	1	2	3	1
黔南	2	10	40	2	10	30	0	1	1

贵农 12-6

试点	叶锈病反应型	严重度	普遍率	条锈病反应型	严重度	普遍率	赤霉病病穗率	严重度	白粉病
贵阳	1	0	0	1	0	0	0	1	2
遵义	1	0	0	1	0	0	3	30	1
铜仁	1	0	0	1	0	0	20	2	1
毕节	2	5	10	1	0	0	0	1	1
黔东南	3	25	50	1	0	0	0	1	4
黔西南	1	0	0	1	0	0	0	1	3
安顺	1	0	0	1	0	0	0	1	1
盘州市	1	0	0	1	0	0	0	1	1
仁怀	2	1	0	3	2	1	2	3	1
黔南	2	10	0	2	0	0	0	1	1

黔育 22

试点	叶锈病反应型	严重度	普遍率	条锈病反应型	严重度	普遍率	赤霉病病穗率	严重度	白粉病
贵阳	1	0	0	1	0	0	0	1	2
遵义	1	0	0	4	50	45	4	65	1
铜仁	1	0	0	1	0	0	30	3	1
毕节	3	4	50	1	0	0	0	1	1
黔东南	1	0	0	1	0	0	0	1	2
黔西南	3	30	60	2	10	40	0	1	1
安顺	1	0	0	1	0	0	0	1	1
盘州市	1	0	0	1	0	0	0	1	1
仁怀	2	1	0	3	2	1	2	3	1
黔南	1	0	0	1	0	0	0	1	1

严重度、普遍率的计量:%

表 9-2　2015～2016 年贵州省小麦区域试验抗病性汇总表

黔 0509

试点	叶锈病反应型	严重度	普遍率	条锈病反应型	严重度	普遍率	赤霉病病穗率	严重度	白粉病
贵阳	1	0	0	1	0	0	0	1	2
遵义	4	50	50	1	0	0	4	30	1
铜仁	1	0	0	1	0	0	20	2	1
毕节	1	0	0	1	0	0	0	1	1
黔东南	1	0	0	1	0	0	0	1	2
黔西南	3	20	25	2	15	50	0	1	1
安顺	1	0	0	1	0	0	0	1	1
盘州市	1	0	0	1	0	0	0	1	1
仁怀	2	5	5	3	5	5	2	3	1
黔南	1	0	0	1	0	0	0	1	1

贵农 12-16

试点	叶锈病反应型	严重度	普遍率	条锈病反应型	严重度	普遍率	赤霉病病穗率	严重度	白粉病
贵阳	1	0	0	1	0	0	0	1	2
遵义	1	0	0	1	0	0	4	30	1
铜仁	1	0	0	1	0	0	20	2	1
毕节	1	0	0	1	0	0	0	1	1
黔东南	1	0	0	1	0	0	0	1	2
黔西南	3	35	60	1	0	0	0	1	1
安顺	1	0	0	1	0	0	40	3	1
盘州市	1	0	0	1	0	0	0	1	1
仁怀	2	10	30	3	6	6	2	3	1
黔南	2	10	0	2	10	20	0	2	1

兴育 0336

试点	叶锈病反应型	严重度	普遍率	条锈病反应型	严重度	普遍率	赤霉病病穗率	严重度	白粉病
贵阳	1	0	0	1	0	0	0	1	2
遵义	1	0	0	1	0	0	4	40	1
铜仁	1	0	0	1	0	0	20	2	1
毕节	1	0	0	1	0	0	0	1	1
黔东南	1	0	0	1	0	0	0	1	2
黔西南	3	20	50	1	0	0	0	1	2
安顺	1	0	0	1	0	0	0	1	1
盘州市	1	0	0	1	0	0	0	1	1
仁怀	3	1	5	3	5	5	2	3	1
黔南	1	0	0	1	0	0	0	1	1

· 492 ·

表 9-3 2015-2016 年贵州省小麦区域试验抗病性汇总表

严重度、普遍率的计量:%

安 2015-5

试点	叶锈病 反应型	叶锈病 严重度	叶锈病 普遍率	条锈病 反应型	条锈病 严重度	条锈病 普遍率	赤霉病 病穗率	赤霉病 严重度	白粉病
贵阳	1	0	0	1	0	0	0	1	2
遵义	1	0	0	1	0	0	4	40	1
铜仁	1	0	0	1	0	0	35	3	1
毕节	1	0	0	1	0	0	0	1	1
黔东南	1	0	0	1	0	0	0	1	4
黔西南	4	35	60	1	0	0	0	1	5
安顺	1	0	0	1	0	0	20	2	1
盘州市	1	0	0	1	0	0	0	1	1
仁怀	3	6	1	3	6	6	2	3	1
黔南	1	0	0	1	0	0	20	2	1

黔西麦 1 号

试点	叶锈病 反应型	叶锈病 严重度	叶锈病 普遍率	条锈病 反应型	条锈病 严重度	条锈病 普遍率	赤霉病 病穗率	赤霉病 严重度	白粉病
贵阳	1	0	0	1	0	0	0	1	2
遵义	1	0	0	1	0	0	4	40	1
铜仁	1	0	0	1	0	0	25	2	1
毕节	3	10	50	1	0	0	0	0	1
黔东南	1	0	0	1	0	0	0	0	2
黔西南	3	25	50	1	0	0	0	0	1
安顺	1	0	0	1	0	0	20	2	1
盘州市	1	0	0	1	0	0	0	0	1
仁怀	2	1	1	3	5	5	2	3	1
黔南	1	0	0	1	0	0	0	2	1

川麦 91

试点	叶锈病 反应型	叶锈病 严重度	叶锈病 普遍率	条锈病 反应型	条锈病 严重度	条锈病 普遍率	赤霉病 病穗率	赤霉病 严重度	白粉病
贵阳	1	0	0	1	0	0	0	1	2
遵义	1	0	0	1	0	0	4	40	1
铜仁	2	7	7	1	0	0	20	2	1
毕节	3	50	50	1	0	0	0	1	1
黔东南	1	0	0	1	0	0	0	1	3
黔西南	4	40	70	1	0	0	0	1	5
安顺	1	0	0	1	0	0	0	1	1
盘州市	1	0	0	1	0	0	0	1	1
仁怀	3	1	0	3	3	2	2	3	1
黔南	2	30	50	2	20	40	20	2	1

表 9-4 2015-2016 年贵州省小麦区域试验抗病性汇总表

严重度、普遍率的计量:%

中科糯麦 6907

试点	叶锈病 反应型	叶锈病 严重度	叶锈病 普遍率	条锈病 反应型	条锈病 严重度	条锈病 普遍率	赤霉病 病穗率	赤霉病 严重度	白粉病
贵阳	1	0	0	1	0	0	0	1	2
遵义	1	0	0	1	0	0	4	40	1
铜仁	1	0	0	1	0	0	35	3	1
毕节	1	0	0	1	0	0	0	1	1
黔东南	1	0	0	1	0	0	0	1	3
黔西南	4	35	60	1	0	0	0	1	5
安顺	1	0	0	1	0	0	20	2	1
盘州市	1	0	0	1	0	0	0	1	1
仁怀	2	1	0	3	3	2	2	3	1
黔南	3	30	40	3	30	40	30	3	3

川麦 54

试点	叶锈病 反应型	叶锈病 严重度	叶锈病 普遍率	条锈病 反应型	条锈病 严重度	条锈病 普遍率	赤霉病 病穗率	赤霉病 严重度	白粉病
贵阳	1	0	0	1	0	0	0	1	2
遵义	1	0	0	1	0	0	4	40	1
铜仁	2	8	8	4	50	60	35	3	1
毕节	3	50	60	1	0	0	0	1	1
黔东南	1	0	0	1	0	0	0	1	3
黔西南	3	15	50	1	0	0	0	1	5
安顺	1	0	0	1	0	0	20	2	1
盘州市	1	0	0	1	0	0	0	1	1
仁怀	2	1	0	3	3	2	2	3	1
黔南	3	30	0	1	0	0	20	2	2

贵农 19 (CK)

试点	叶锈病 反应型	叶锈病 严重度	叶锈病 普遍率	条锈病 反应型	条锈病 严重度	条锈病 普遍率	赤霉病 病穗率	赤霉病 严重度	白粉病
贵阳	1	0	0	1	0	0	0	1	2
遵义	1	0	0	1	0	0	4	40	1
铜仁	2	8	8	1	0	0	25	2	1
毕节	3	50	60	1	0	0	0	1	1
黔东南	1	0	0	1	0	0	0	1	2
黔西南	4	40	70	1	0	0	0	1	2
安顺	1	0	0	1	0	0	20	2	1
盘州市	1	0	0	1	0	0	0	1	1
仁怀	3	1	1	3	3	2	2	3	1
黔南	1	0	0	1	0	0	0	1	1

2015~2016年贵州省小麦新品种生产试验综合总结

本试验旨在对2015年贵州省小麦新品种区域试验中表现优良的黔0504-1、黔0507-2、贵农12-6、B13-7等组合进行生产试验，在接近大田的实际条件下进一步鉴定其适应性、丰产性和抗逆性，为扩大示范、推荐审定和品种推广提供科学依据。

一、试验概况

(一)参试组合及供种单位(表1)

表1　参试品种及供种单位

参试品系	供种单位
黔0504-1	贵州省旱粮研究所
黔0507-2	贵州省旱粮研究所
贵农12-6	国家小麦改良中心贵州分中心
B13-7	四川农大小麦所

(二)试点、试验设计及基本情况

全省设5个试点：铜仁地区农科所、仁怀市贵州省红缨子农业科技发展有限公司、毕节市种子站、贵阳市种子站和黔西南喀斯特区域发展研究院。

试点、试验设计及基本情况详见表2。

表2　试点、试验设计基本情况

试点	海拔(米)	前茬	重复数	面积(亩)	对照
铜仁	272	空闲	2	0.1	贵农19
毕节	1708	烤烟	2	0.153	黔麦18
贵阳	1230	玉米	2	0.15	贵农19
黔西南	1300	高粱	2	0.1	丰优8号

（三）试验完成情况

除仁怀市贵州省红缨子农业科技发展有限公司因灾试验报废外,其他4个试点上报材料及时。根据对上报材料的审核,各试点田间管理及时到位,各项调查记载较全面,基本能按照试验方案要求完成试验任务,所有参试品系试验数据齐全,全部纳入汇总。

（四）气候条件对小麦生长发育的影响

贵阳:成熟期雨水过多,又遇鸟害,小麦产量受到一定影响。

黔西南:播种后土壤墒情较好,出苗整齐;分蘖至抽穗期,雨水偏少,影响小麦分蘖。5月上旬,持续高温干旱天气不利于小麦灌浆,影响了产量和品质;收割期多雨少晴,不利于收获。

毕节:播种后旱情严重,持续时间长,出苗不整齐;抽穗、扬花期,温湿度适宜,灌浆中期遇冰雹,收成损失大。收获期连续多天阴雨,致使部分小麦穗发芽。

铜仁:无。

二、组合测试结果（表3、表4）

（1）黔0504-1

选育单位:贵州省旱粮研究所。

特征特性:全生育期194天。株高77厘米,基本苗12.4万株/亩,有效穗15.6万穗/亩,穗粒数41.1粒,千粒重38.9克。

产量表现:平均亩产224.4千克,较对照增产4.43%,产量居第四位,100%的试点增产。

（2）黔0507-2

选育单位:贵州省旱粮研究所。

特征特性:全生育期192天。株高82厘米,基本苗10.1万株/亩,有效穗13.4万穗/亩,穗粒数44.7粒,千粒重39.5克。

产量表现:平均亩产224.9千克,较对照增产4.66%,产量居第三位,75%的试点增产。

（3）B13-7

选育单位:四川农大小麦所。

特征特性:全生育期191天。株高80厘米,基本苗12.1万株/亩,有效穗17.6万穗/亩,穗粒数39.7粒,千粒重40.3克。

产量表现:平均亩产 237.5 千克,较对照增产 10.5%,产量居第二位,100%的试点增产。

(4)贵农 12-6

选育单位:国家小麦改良中心贵州分中心。

特征特性:全生育期 189 天。株高 86 厘米,基本苗 11.1 万株/亩,有效穗 15.3 万穗/亩,穗粒数 38.5 粒,千粒重 43.7 克。

产量表现:平均亩产 248.8 千克,较对照增产 15.75%,产量居第一位,100%的试点增产。

表 3　贵州省小麦生产试验产量表

序号	品种	试点	小区产量(千克/100 平方米)		折合亩产(千克)	比 CK(±%)	位次
			I	II			
1	黔 0504-1	铜仁	18.3	19.8	190.5	4.1	3
		毕节	25.07	26.74	169	0.21	4
		贵阳	30.44	34.92	217.9	8.11	4
		黔西南	31.64	32.41	320.3	4.62	3
		平均值			224.4	4.43	4
2	黔 0507-2	铜仁	19.7	18.3	190	3.8	4
		毕节	29.98	28.64	191.6	13.38	1
		贵阳	36.03	32.49	228.4	13.35	3
		黔西南	28.70	29.23	289.7	-5.36	5
		平均值			224.9	4.66	3
3	B13-7	铜仁	19.1	20.2	196.5	7.4	1
		毕节	27.03	27.98	179.8	6.4	2
		贵阳	37.79	36.51	247.7	22.91	1
		黔西南	32.15	33.03	325.9	6.47	2
		平均值			237.5	10.50	2

续表

序号	品种	试点	小区产量（千克/100 平方米）		折合亩产（千克）	比 CK（±%）	位次
			I	II			
4	贵农 12-6	铜仁	18.5	20.4	194.5	6.3	2
		毕节	26.11	26.73	172.7	2.2	3
		贵阳	38.95	34.58	245.1	21.63	2
		黔西南	38.87	37.67	382.7	25.03	1
		平均值			248.8	15.75	1
5	贵农 19（CK）	铜仁	17.9	18.7	183		5
		毕节	25.04	26.66	169		5
		贵阳	29.16	31.29	201.5		5
		黔西南	31.18	30.04	306.1		4
		平均值			214.9		5

注：贵阳小区面积为 0.15 亩，毕节小区面积为 0.153 平方米。

表 4　贵州省小麦生产试验主要性状表

序号	品种	试点	生育期(天)	基本苗(万/亩)	有效穗(万/亩)	株高(厘米)	穗粒数(粒)	千粒重(克)	锈病(级)	白粉病(级)
1	黔0504-1	铜仁	183	16.2	15.2	85	36.2	36.8	1	1
		毕节	206	8.31	9.42	67	43	44.8	2	1
		贵阳	212	12.5		83		38.7	4	2
		黔西南	176	12.58	22.19	71	44.2	35.3	3	1
		平均值	194	12.4	15.6	77	41.1	38.9		
2	黔0507-2	铜仁	181	12.6	14.2	88	35.3	35.4	1	1
		毕节	200	8.26	9.16	78	47	44.5	2	1
		贵阳	210	12.2		91		38.7	3	1
		黔西南	175	7.24	16.73	69	51.7	39.3	3	1
		平均值	192	10.1	13.4	82	44.7	39.5		
3	B13-7	铜仁	183	12.1	21.8	90	37.5	35.3	1	1
		毕节	197	8.12	9.41	68	41	47.6	2	1
		贵阳	215	12.1		91		36.9	3	1
		黔西南	168	16.23	21.47	72	40.7	41.4	3	3
		平均值	191	12.1	17.6	80	39.7	40.3		
4	贵农12-6	铜仁	180	10.4	14.3	93	34.3	37.9	1	1
		毕节	194	8.23	9.53	77	40	46.9	2	1
		贵阳	210	11.4		89		43	3	1
		黔西南	171	14.2	22.1	86	41.3	47	3	1
		平均值	189	11.1	15.3	86	38.5	43.7		
5(CK)	贵农19	铜仁	180	11.3	13.8	76	35.8	37.2	1	1
	黔麦18	毕节	193	8.76	9.22	68	41	45.7	2	1
	贵农19	贵阳	210	12.1		80			4	2
	丰优8号	黔西南	173	16.7	20.7	75	46.8	38.9	3	2
		平均值	189	12.2	14.6	75	41.2	40.6		

2015~2016 年贵州省小麦区试品系抗病性鉴定报告

一、试验目的

本试验对贵州 2015~2016 年小麦区试材料进行抗病性鉴定,明确其对条锈病、白粉病、赤霉病及叶锈病的抗性。

二、试验方法

(一)供试材料

安 2015-5、B13-7、贵农 12-6、贵农 12-16、川麦 54、川麦 91、黔 0509、黔西麦 1 号、黔育 22、兴育 0336、中科糯麦 6907、贵农 19。

(二)供试菌株

条锈菌(Puccinia striiformis West. f. sp. tritici Eriks et Henn):流行生理小种 CYR32、CYR33、V26 及致病类型 CH42。

白粉菌(Blumeria 克 raminis f. sp. tritici E. O. Speer):采自田间混合菌株。

赤霉菌(Fusarium 克 raminearum Schabe):西北农林科技大学曹淑琳博士惠赠。

叶锈菌(Puccinia recondita Rober 克 e ex Desmaz. f. sp. tritici):田间菌株。

(三)鉴定方法

(1)育苗及材料田间布局

条锈病、白粉病苗期抗性鉴定在贵州省植保所人工气候室内进行,采用育苗杯育苗,小麦三叶期接种,铭贤 169 做感病对照,每品种重复三次;条锈病、赤霉病成株期接种抗性鉴定及叶锈病自然抗性鉴定在贵州省植保所试验地进行,白粉病及条锈病成株期自然抗性鉴定在贵州省旱粮所试验地进行,每个小麦材料种行长 1 米,行距 0.3 米,SY95-71 作感病对照,铭贤 169 作诱发行,每个小麦材料重复三次。

(2)菌种培养及接种浓度

条锈菌和白粉菌采用铭贤 169 繁殖菌种,条锈菌用干燥试管收集,白粉菌活体植株保存;赤霉菌利用 PDA 培养基和绿豆培养液扩繁菌种。

（3）接种

条锈病抗性鉴定:苗期接种,将条锈菌生理小种扩繁后混匀与滑石粉按约 1∶30 比例混合,采用"撒粉法"进行接种;成株期接种,采用孢子悬浮液"喷雾法"接种。

白粉病抗性鉴定:用充分发病后的活体植株采用"扫粉法"进行接种。

赤霉病抗性鉴定:在小麦扬花期,调孢子浓度为 1×105CFU/毫升,采用"穗滴注"法接种。

（4）病情调查及抗性评价标准

条锈病抗性鉴定:参照《小麦抗病虫评价技术规范——第 1 部分:小麦抗条锈病评价技术规范》(NY/T 1443.1-2007)进行侵染型、严重度分级及抗性评价。

白粉病抗性评价:参照(盛宝钦,1988)的方法进行苗期侵染型分级及抗性评价,参照(吴全安,1991)的方法进行成株期叶段分级及抗性评价。

赤霉病抗性鉴定:参照《小麦抗病虫评价技术规范——第 4 部分:小麦抗赤霉病评价技术规范》(NY/T 1443.4-2007)进行严重度分级及抗性评价。

叶锈病抗性鉴定:参照《小麦抗病虫评价技术规范——第 2 部分:小麦抗叶锈病评价技术规范》(NY/T 1443.2-2007)进行成株期侵染型、严重度分级及抗性评价。

三、试验结果

通过苗期、成株期接种小麦条锈菌及田间自然抗条锈鉴定,结果表明:B13-7、黔西麦 1 号、川麦 54、黔 0509、中科糯麦 6907 和贵农 19 表现近免疫,贵农 12-16 表现高抗,黔育 22 表现中抗;安 2015-5、兴育 0336 苗期接种中感成株期高抗条锈,贵农 12-6 苗期接种中感成株期中抗条锈,川麦 91 苗期接种中抗成株期高抗条锈。

通过苗期接种小麦白粉菌及田间自然抗白粉鉴定,结果表明:川麦 54、黔西麦 1 号表现免疫,贵农 12-6、贵农 12-16、黔 0509 和黔育 22 表现近免疫,贵农 19 表现高抗,兴育 0336 表现中抗,安 2015-5、B13-7、川麦 91 和中科糯麦 6907 中感白粉。

通过成株期接种小麦赤霉菌进行抗性鉴定,结果表明:安 2015-5、贵农 12-6、兴育 0336 和贵农 19 表现抗病,黔 0509、黔育 22 和中科糯麦 6907 表现中抗,B13-7 表现中感,贵农 12-16、川麦 54、川麦 91 和黔西麦 1 号表现感病。

通过田间自然抗叶锈鉴定,结果表明:贵农 12-6 表现高抗,安 2015-5 表现中抗,B13-7、贵农 12-16、川麦 54、黔 0509、黔西麦 1 号、黔育 22、兴育 0336、贵农 19 和中科糯麦 6907,川麦 91 表现高感。

具体鉴定结果见表 1、表 2。

表1 2016年贵州省小麦区试材料抗病性鉴定结果

材料名称	条锈病							白粉病					赤霉病		叶锈病	
	苗期接种反应型	抗性评价	田间接种反应型/病指	抗性评价	自然鉴定反应型/病指	抗性评价	综合抗性评价	苗期接种反应型	抗性评价	田间自然鉴定病级	抗性评价	综合抗性评价	田间接种病指	抗性评价	自然鉴定反应型/病指	抗性评价
安2015-5	3	中感	1	高抗	0	近免疫	成株高抗	3	中感	6	中感	中感	1.4	抗病	2(反应型)	中抗
B13-7	0	近免疫	0	近免疫	0	近免疫	近免疫	3	中感	5	中感	中感	3	中感	24	慢锈
贵农12-6	3	中感	1	高抗	2	中抗	成株中抗	0	近免疫	0	免疫	近免疫	1.7	抗病	1(反应型)	高抗
贵农12-16	0	近免疫	1	高抗	0	高抗	高抗	0	近免疫	0	免疫	近免疫	3.8	感病	24	慢锈
川麦54	0	近免疫	0	高抗	0	免疫	近免疫	0	免疫	0	免疫	免疫	4	感病	24	慢锈
川麦91	2	中抗	1	高抗	0	高抗	中抗	3	中感	5	中感	中感	3.6	感病	72	高感
黔0509	0	近免疫	0	高抗	0	近免疫	近免疫	1	高抗	0	免疫	高抗	2.67	中抗	12	慢锈
黔西麦1号	0	近免疫	0	近免疫	0	近免疫	近免疫	0	免疫	0	免疫	免疫	3.1	感病	8	慢锈

表 2 2016 年贵州省小麦区试材料抗病性鉴定结果

材料名称	条锈病					白粉病					赤霉病		叶锈病	
	苗期接种反应型	抗性评价	田间接种反应型/病指	抗性评价	综合抗性评价	苗期接种反应型	抗性评价	田间自然鉴定病级	抗性评价	综合抗性评价	田间接种病指	抗性评价	自然鉴定反应型/病指	抗性评价
黔育 22	0	近免疫	2	中抗	中抗	0	近免疫	0	免疫	近免疫	2.6	中抗	16	慢锈
兴育 0336	3	中感	1	高抗	成株高抗	1	高抗	3	中抗	中感	1.8	抗病	12	慢锈
贵农 19	0	近免疫	0	近免疫	近免疫	1	高抗	0	免疫	高抗	1.8	抗病	24	慢锈
中科糯麦 6907	0	近免疫	0	近免疫	近免疫	3	中感	6	中感	中感	2.5	中抗	24	慢锈
SY95-71（自然鉴定 CK）		高感	54（病指）	高感	高感			8	高感	高感	3.33	中感	24	慢锈
铭贤 169（接种鉴定 CK）	4	高感			高感	4	高感			高感				

2015~2016年贵州省小麦区域试验新品系品质检测报告

受贵州省农作物品种审定委员会的委托,根据中华人民共和国国家标准《主要粮食质量标准》(GB 1350-1999)要求,贵州大学麦作研究中心承担了参加2015~2016年贵州省小麦区域试验新品系的品质检测工作,旨在确定其使用价值,为我省小麦品种的审定、鉴定、生产、加工及利用提供一定的科学依据。

一、供试品种(系)及送样单位

供检材料为参加2015~2016年贵州省小麦区域试验的12个小麦品种(系)(含对照品种贵农19号),品种名称、育种单位以及品质送样单位、送样情况详见表1。

表1 2015~2016年贵州省小麦区域试验品种(系)来源情况表

编号	品种名称	选育或参试单位	区试品质检测送样单位	送样情况
1	B13-7	四川农大小麦所	贵州省旱粮研究所	正常
2	贵农12-6	国家小麦改良中心贵州分中心		
3	黔育22	贵州省旱粮研究所 贵州绿美农业科技有限公司		
4	黔0509	贵州省旱粮研究所 贵州绿美农业科技有限公司	黔西南州农科所	正常
5	贵农12-16	国家小麦改良中心贵州分中心		
6	兴育0336	黔西南喀斯特区域发展研究院		
7	安2015-5	安顺市农业科学院	铜仁地区农科所	正常
8	黔西麦1号	贵州三正种业有限公司		
9	川麦91	四川省农业科学院作物所 赫章县六曲河镇农业服务中心		
10	中科糯麦0697	贵州省旱粮研究所	毕节地区农科所	正常
11	川麦54	四川省农业科学院作物所 赫章县六曲河镇农业服务中心		
12	贵农19(CK)	国家小麦改良中心贵州分中心		

二、测试程序与方法

（一）测试工作程序

样品收集→样品登记→样品筛选处理→等量混样→籽粒品质检测→制粉→面粉品质检测→检测结果汇总→按照国家标准进行品质分类及评价→区试品质检测报告。

（二）测试方法依据

按照 GB 1351-1999 标准对送样单位提供的小麦种子进行清理，去除发芽、发霉、破损粒、以及机械混杂的籽粒，按品种分点等量均匀混合。

每个品种（系）称取 300 克种子进行磨粉、过筛，置于密闭容器贮藏后熟 15 天。

容重测定法：按照 GB/T 5498-2013 执行。

粗蛋白质测定法（半微量凯氏定氮法）（籽粒）：按照 NY/T 3-1982 执行。

小麦粉湿面筋测定法：按照 GB/T 14086-1993 执行。

小麦沉降试验（SDS）：按照 AACC 56-61A 执行。

小麦硬度测定：采用应用近红外分析仪（IM9100 型）测定小麦籽粒的硬度。

三、品质检测结果与分析（表 2）

表 2　2015～2016 年贵州省小麦区域试验品系的品质检测结果与分析表

编号	参试品系	容重（克/升）	蛋白质（干基,%）	湿面筋含量（%）	SDS沉降值（毫升）	硬度（%）	品质分类
1	B13-7	773	13.6	28.68	36	43.8	中筋小麦
2	贵农 12-6	776	12.1	26.32	31	40.4	弱筋小麦
3	黔育 22	769	13.2	29.67	36	41.2	中筋小麦
4	黔 0509	756	12.8	27.15	32	40.6	弱筋小麦
5	贵农 12-16	772	13.6	30.84	42	41.5	中筋小麦
6	兴育 0336	787	14.6	31.86	44	45.6	中筋小麦
7	安 2015-5	762	13.4	29.27	37	42.1	中筋小麦
8	黔西麦 1 号	781	13.5	30.36	41	43.5	中筋小麦
9	川麦 91	786	13.4	27.18	35	41.8	弱筋小麦
10	中科糯麦 6907	773	13.3	28.26	33	38.2	中筋小麦
11	川麦 54	761	14.7	31.64	36	40.9	中筋小麦
12	贵农 19（CK）	758	13.8	31.27	39	37.1	中筋小麦
检测依据	GB 1351-1999、GB/T 5498-2013、NY/T 3-1982、GB/T 14086-1993、AACC 56-61A						

四、各参试品种(系)品质的综合评价

(1)B13-7

容重 773 克/升,蛋白质含量 13.6%,湿面筋含量 28.68%,沉降值 36 毫升,硬度 43.8%,属于中筋小麦。

(2)贵农 12-6

容重 776 克/升,蛋白质含量 12.1%,湿面筋含量 26.32%,沉降值 31 毫升,硬度 40.4%,属于弱筋小麦。

(3)黔育 22

容重 769 克/升,蛋白质含量 13.2%,湿面筋含量 29.67%,沉降值 36 毫升,硬度 41.2%,属于中筋小麦。

(4)黔 0509

容重 756 克/升,蛋白质含量 12.8%,湿面筋含量 27.15%,沉降值 32 毫升,硬度 40.6%,属于弱筋小麦。

(5)贵农 12-16

容重 772 克/升,蛋白质含量 13.6%,湿面筋含量 30.84%,沉降值 42 毫升,硬度 41.5%,属于中筋小麦。

(6)兴育 0336

容重 787 克/升,蛋白质含量 14.6%,湿面筋含量 31.86%,沉降值 44 毫升,硬度 45.6%,属于中筋小麦。

(7)安 2015-5

容重 762 克/升,蛋白质含量 13.4%,湿面筋含量 29.27%,沉降值 37 毫升,硬度 42.1%,属于中筋小麦。

(8)黔西麦 1 号

容重 781 克/升,蛋白质含量 13.5%,湿面筋含量 30.36%,沉降值 41 毫升,硬度 43.5%,属于中筋小麦。

(9)川麦 91

容重 786 克/升,蛋白质含量 13.4%,湿面筋含量 27.18%,沉降值 35 毫升,硬度 41.8%,属于弱筋小麦。

(10)中科糯麦 6907

容重 773 克/升,蛋白质含量 13.3%,湿面筋含量 28.26,沉降值 33 毫升,硬度 38.2%,属于中筋小麦。

(11)川麦 54

容重 761 克/升,蛋白质含量 14.7%,湿面筋含量 31.64%,沉降值 36 毫升,硬度 40.9%,属于中筋小麦。

(12)贵农 19(CK)

容重 758 克/升,蛋白质含量 13.8%,湿面筋含量 31.27%,沉降值 39 毫升,硬度 37.1%,属于中筋小麦。

贵州大学麦作研究中心

2016 年 9 月 5 日

小麦品质评价依据见表3。

表3　小麦类型主要判定指标

项目		指标		
		强筋小麦	中筋小麦	弱筋小麦
籽粒	容重(克/升)	≥770	≥770	≥770
	蛋白质含量(干基,%)	≥14.0	≥13.0	<13.0
面粉	湿面筋含量(%)	≥32.0	≥28.0	<28.0
	沉降值(毫升)	≥45.0	30.0~45.0	<30.0
	吸水率(%)	≥60.0	≥56.0	<56.0
	稳定时间(分钟)	≥7.0	3.0~7.0	<3.0

2015～2016 年贵州省小麦区域试验新品系 SSR 检测报告

根据贵州省农作物品种审定委员会的要求,依据我国小麦 DUS 测试国家标准《植物新品种特异性、一致性和稳定性测试指南——普通小麦》(GB/T 19557.2-2004)的规定,国家小麦改良中心贵州分中心采用 SSR 分子标记技术,对参加 2015～2016 年贵州省小麦区域试验普通组的 12 个品系或种(11 个新品系,1 个对照品种)进行了特异性检测,旨在初步检测小麦品系的特异性、一致性和稳定性,为我省小麦品种的审定、鉴定、保护及利用提供一定的参考依据。

一、供检品种(系)及送样单位

供检材料为 2015～2016 年贵州省小麦区域试验 12 个参试品种(系),品种名称和送样单位见表 1。

表 1　参试品系名称

编号	品种名称	选育或参试单位
1	B13-7	四川农大小麦所
2	贵农 12-6	国家小麦改良中心贵州分中心
3	黔育 22	贵州省旱粮研究所、贵州绿美农业科技有限公司
4	黔 0509	贵州省旱粮研究所、贵州绿美农业科技有限公司
5	贵农 12-16	国家小麦改良中心贵州分中心
6	兴育 0336	黔西南喀斯特区域发展研究院
7	安 2015-5	安顺市农业科学院
8	黔西麦 1 号	贵州三正种业有限公司
9	川麦 91	四川省农业科学院作物所、赫章县六曲河镇农业服务中心
10	中科糯麦 0697	贵州省旱粮研究所
11	川麦 54	四川省农业科学院作物所、赫章县六曲河镇农业服务中心
12	贵农 19(CK)	国家小麦改良中心贵州分中心

二、测试程序与方法

(一)测试工作程序

样品收集→样品登记→种子发芽取叶→单株叶片 DNA 提取→纯度和一致性检验→SSR 引物筛选→多态性检测→扩增谱带 0-1 数据化→聚类分析→区试品系 SSR 检测报告。

(二)测试方法依据

参照我国小麦 DUS 测试国家标准《植物新品种特异性、一致性和稳定性测试指南——普通小麦》(GB/T 19557.2-2004)的规定执行。

三、SSR 检测结果与分析

(一)种子纯度检测

随机从每个材料中取 50 粒种子于 25℃恒温浅土中培养,保持适当水分,于三叶期取单株叶片 0.2 克用 CTAB 法提取各单株总 DNA,提取的 DNA 样品以 4℃恒温保存。从每个新品系材料中随机选择 20 个植株叶片 DNA 进行 SSR 扩增,选择 10 对 SSR 核心引物(见表 2)为 11 个新品系进行纯度检测。

检测依据:当一个小麦品种的某 SSR 位点在不同单株间产生两种或两种以上 SSR 带型时,某单株在三个或三个以上 SSR 位点上的带型与该品种或多数单株的带型不同,则视为杂株。

计算公式:品种纯度(%)=(20-杂株株数)/20 ×100%

检测结果见表 2。从检测结果看,平均纯度为 93%~97%。

表 2　种子纯度检测结果

材料	引物										平均值
	X 克 wm 268	X 克 wm 614	X 克 wm 261	X 克 wm 155	X 克 wm 389	X 克 wm 44	X 克 wm 617	X 克 wm 272	X 克 wm 297	X 克 pw 334	
1	95	95	100	95	90	100	100	90	95	95	96
2	95	95	90	95	90	100	90	95	100	95	95
3	95	95	95	100	90	95	95	95	100	95	96
4	95	95	95	95	95	95	100	95	90	95	95
5	95	100	95	95	95	95	95	95	100	95	96
6	95	100	95	100	95	95	90	90	90	100	95
7	95	90	90	100	90	95	90	95	95	100	94
8	90	95	90	90	100	90	95	100	90	90	93
9	95	100	100	95	90	95	100	100	90	100	97
10	95	95	95	100	100	95	100	95	100	95	97
11	95	90	95	95	95	95	95	100	95	95	95
12	100	95	100	95	95	100	90	95	95	100	97

注:材料编号与表 1 相同。

（二）品种 SSR 位点纯度的检测

采用 10 对 SSR 核心引物(引物名称见表 3)为 11 个参试品系进行 SSR 位点纯度检测,每个品种共检测了 54 个位点。

表 3　10 对核心引物名称及检测位点数

序号	引物	检测位点数
1	X 克 wm44	4
2	X 克 wm155	6
3	X 克 wm268	7
4	X 克 wm261	5
5	X 克 wm272	6
6	X 克 wm334	4
7	X 克 wm297	6
8	X 克 wm389	5
9	X 克 wm614	5
10	X 克 wm617	6

测到的位点纯合率为 94.4%~98.1%,均高于 90%,统计结果见表 4。

表 4　SSR 位点纯合率的检测结果

材料名称	纯和位点比率(%)	不纯位点数
1	96.3	2
2	96.3	2
3	96.3	2
4	96.3	2
5	98.1	1
6	96.3	2
7	94.4	3
8	94.4	3
9	98.1	1
10	98.1	1
11	96.3	2

注:材料编号与表 1 相同。计算公式:纯合位点比率=纯合位点数/被分析的所有位点数×100(%)

(三)品种特异性检测

在进行品种 DNA 指纹比对时,首先清除杂株 DNA 样品,并选择能够代表品种特点的 10 个稳定单株 DNA 样品混合后进行品种特异性检测。利用 21 对引物进行了 SSR 多态性分析。经进一步扩增分析,21 对 SSR 引物在 12 份材料间有差异,其扩增谱带稳定,多态性较好,可以构建品种的 SSR 指纹代码。根据 SSR 引物扩增图谱结果,SSR 扩增产物按在相同迁移位置上(相同分子量片段)有带记为"1",无带记为"0",全部以 1、0 统计建立数据库,转换为数值矩阵后,用 NTSYSpc 2.10e 分析软件进行分析,所得 11 个新品系与对照品种的遗传相似系数见表 5。利用软件的 Qualitative data 进行矩阵分析和用 SASAHN Clusterin 克计算遗传距离,按 UPMGA 法构建亲缘关系树状图,见图 1。

表 5 2015~2016 年贵州省区试小麦材料 SSR 分析遗传相似系数表

	1	2	3	4	5	6	7	8	9	10	11	12
1	1.000											
2	0.626	1.000										
3	0.644	0.635	1.000									
4	0.617	0.713	0.713	1.000								
5	0.644	0.617	0.704	0.661	1.000							
6	0.626	0.704	0.635	0.678	0.687	1.000						
7	0.609	0.617	0.670	0.626	0.722	0.652	1.000					
8	0.548	0.661	0.626	0.635	0.644	0.591	0.713	1.000				
9	0.504	0.548	0.565	0.574	0.670	0.635	0.600	0.626	1.000			
10	0.565	0.557	0.626	0.652	0.591	0.574	0.591	0.548	0.644	1.000		
11	0.600	0.626	0.574	0.617	0.539	0.591	0.557	0.513	0.539	0.600	1.000	
12	0.565	0.609	0.591	0.617	0.574	0.626	0.522	0.600	0.661	0.670	0.600	1.000

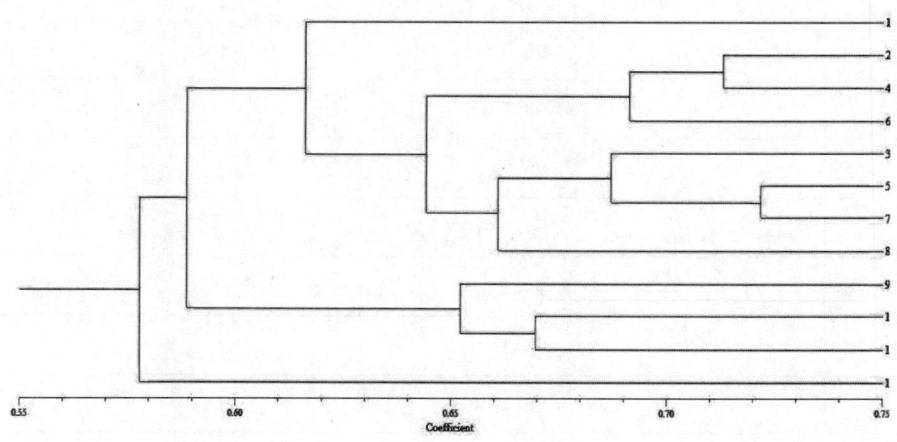

图 1 2015~2016 年贵州省区试小麦材料 SSR 分析聚类图

从表 5 看,所有 12 个材料间的遗传相似系数值为 0.504~0.722,说明各材料间不相同。与往年审定品种进行聚类分析,除相同名称材料基本一致外,其他遗传相似系数在 0.407~0.870,小于 0.9,说明与往年参试品种亦不相同。

四、总结

参试品系的平均纯度为 93%~97%,均高于 90%。

参试品系检测到的位点纯合率为 94.4%~98.1%,不纯位点数 1~3 个。

11 个参试品系与对照品种贵农 19 的遗传相似系数为 0.504~0.722,表明参试品系及对照品种贵农 19 之间具有一定的品种特异性。

与往年审定品种进行聚类分析,除相同名称材料基本一致外,其他遗传相似系数为 0.407~0.870,小于 0.9,说明与往年参试品种不相同。

2016 年贵州省大豆新品种区域试验
汇总总结

本年参试品种（系）8 个（含对照品种），对照品种为黔豆 6 号。安 1032、黔豆 14-80 和中黄 76 为第二年参加试验，其他 4 个品种（系）均为第一年参试，即安 1270、安 0965、黔豆 14-78 和黔豆 14-69。

试验在贵阳、桐梓、毕节、安顺、盘州市五个地区进行，这五个地区比较能代表贵州的气候、生态、土壤类型、生产方式等。

一、2016 年区域试验情况

（一）参试品种及供种单位

2016 年参试品种 8 个（包括对照品种），由 3 个育种单位提供；试验由贵州省农业科学院油料所承担。现将参试品种（系）名称、供种单位、试验承担单位及试验负责人等信息列于表 1 中。

表 1　2016 年贵州省大豆品种区域试验参试验品种表

序号	参试组合	供种单位	地址	邮编
1	安 1032※	安顺市农业科学院	安顺市普定县白岩	562109
2	安 1270	安顺市农业科学院	安顺市普定县白岩	562109
3	安 0965	顺市农业科学院	安顺市普定县白岩	562109
4	黔豆 14-80	贵州省油料研究所	贵阳市小河区省农业科学院	550006
5	黔豆 14-78	贵州省油料研究所	贵阳市小河区省农业科学院	550006
6	黔豆 14-69	贵州省油料研究所	贵阳市小河区省农业科学院	550006
7	中黄 76※	中国农业科学院作物科学研究所	北京市中关村南大街 12 号	100081
8	黔豆 6 号（CK）	贵州省油料研究所	贵阳市小河区省农业科学院	550006

注：标"※"号的为续试组合。

（二）试验设计

采用随机区组排列,三次重复。小区行长 4 米,宽 3.2 米,小区面积 12.8 平方米。每小区 8 行,行距 40 厘米,株距 10 厘米,每行定苗 40 株,每小区 320 株,折密度 1.67 万株/667 平方米,重复间或小区间过道宽 50 厘米,试验地四周设保护行。小区测产时去掉边行与边株,实收 6 行,每行实收 38 株,共 228 株(含考种 10 株),面积 9.12 平方米。

（三）田间排列图（图 1）

保护行										
保护行	I	1	2	3	4	5	6	7	8	I	保护行
	II	7	8	5	6	1	2	3	4	II	
	III	6	4	7	3	8	5	2	1	III	
保护行										

图 1　各试点田间排列图

（四）试验执行情况

各试验点试验设计按照统一方案执行,选择试验地地势及土壤类型符合当地特点,具有代表性。各试验点在 4 月 5 日至 4 月 27 日完成播种工作,播种期符合气候特点和试验要求。管理及时,管理措施一致,试验结果客观、正确、有效。

（五）试验结果汇总方法

5 个试验点提供试验结果,试验误差较小,精确度高。将产量结果纳入汇总,进行一年多点试验方差及稳定性分析。农艺性状按 5 点平均,品质按贵阳试验点抽样分析结果。

对参加两年试验或生产试验品系进行综合评价。

（六）试验结果与分析

（1）产量结果

8 个品种(系)通过一年多点方差分析(表 2)可以看出,各试点、各品种间差异以及地点×品种间互作均达到极显著水平,品种与试点间互作程度较大,因此须进一步进行品种间多重比较以及稳定性分析。

表2　2016年贵州省大豆区试产量数据方差分析结果

变异来源	自由度	SS	MS	F 值	P 值
环境	4	216065.1	54016.27	47.9134	0.000
品种	7	32396.39	4628.055	17.7164	0.000
品种×环境	28	31566.44	1127.373	4.5717	0.000
试验误差	80	19727.7	246.5962		
总的	119	299755.6			

各参试品种平均亩产量结果(表3。5点平均,小区折算成亩产,下同)为166.01~214.30千克,相比对照产量变化幅度为-11.65%~6.17%。对照品种黔豆6号(CK)平均亩产为193.07千克。比对照增产的品种有4个,即安1270、安0965、黔豆14-80和中黄76,增产2.39%~6.17%。安1270和黔14-80增产显著,安0965和中黄76增产不显著;比对照减产的品种有3个,即安1032、黔豆14-78和黔豆14-69,减产0.01%~11.65%。安1032减产不显著,黔14-78减产显著,黔14-69减产极显著。

表3　2016年贵州省大豆区试品种丰产性分析

品种名称	品种均值	比 CK(±%)	显著性水平		位次
			5%	1%	
安 1032	192.87	-0.01	b	ABC	5
安 1270	214.30	6.17	a	A	1
安 0965	191.62	2.39	b	BC	6
黔 14-80	214.09	4.08	a	A	2
黔 14-78	173.97	-3.98	c	CD	7
黔 14-69	166.01	-11.65	c	D	8
中黄 76	206.47	2.47	ab	AB	3
黔豆 6 号(CK)	193.07		b	ABC	4

注:多重比较 LSD 法。

进一步分析品种稳定性可知,地点、品种间以及地点×品种间互作均达到极显著水平。通过方差显著性检验(表4)可知,除黔14-69方差概率小于0.01,变异系数较大,产量稳定性较差外,其余品种方差概率均大于0.01,变异系数较小,产量稳定性较好。综合丰产性和稳产性结果可知,安1270和黔14-80丰产性和稳产型均较好。

表4   2016 年贵州省大豆区试品种 Shukla 方差及显著性检验(F 检验)

品种名称	地点、品种间				地点×品种				变异系数(%)
	方差	自由度	F 值	p 值	方差	F 值	p 值	品种均值	
安 1032	87.3359	4	1.00297	0.41196	0.10495	0.00121	1.000	192.933	4.84385
安 1270	299.992	4	3.44514	0.01254	15.7158	0.18048	0.94778	214.288	8.0827
安 0965	623.798	4	7.16376	0.0001	137.622	1.58047	0.1891	191.714	13.0277
黔 14-80	12.9777	4	0.14904	0.96284	3.44277	0.03954	0.99696	214.191	1.68189
黔 14-78	258.102	4	2.96408	0.0254	4.40646	0.0506	0.99509	174.064	9.22971
黔 14-69	1303.37	4	14.9681	0.00001	351.921	4.0415	0.00525	166.067	21.7395
中黄 76	270.019	4	3.10092	0.02077	33.9964	0.39042	0.81482	206.487	7.958
黔豆 6 号	150.731	4	1.73101	0.15288	36.8487	0.42317	0.7914	193.225	6.35385
误差	87.0768	70							

(2)参试品系主要生物学、经济和生育性状

生育期:各品种全生育期为 117.2~127.8 天,对照品种黔豆 6 号(CK)为 117.2 天,为最短;最长的中黄 76 全生育期为 127.8 天。除中黄 76 外,各品种间全生育期差异不大,均符合西南山区栽培要求。

抗病性:田间植株感花叶病毒病程度,各品种在不同试验地点田间植株表现感大豆花叶病毒病较轻或不发病。

倒伏性:除安 1270 和中黄 76 在盘州市和贵阳试验点有轻度倒伏外,其他品种在多数试验点均未倒伏,抗倒伏性好。

裂荚性:各品种在各试验点表现不裂荚或轻度裂荚,抗裂荚性好。

落叶性:所有品种在各试验点落叶性表现较好。

产量相关性状:根据室内考种结果(表 6 至表 18),参试品种平均株高为 53.1~71.0 厘米,黔 14-78 最高,黔豆 6 号最低;底荚高度为 9.1~14.1 厘米,安 1032 最高,黔豆 6 号最低;主茎节数为 11.9~13.9,中黄 76 最少,黔 14-69 最多;分枝数为 1.6~2.6,安 0965 最少,安 1032 最多;单株粒重为 11.1~16.3 克,黔 14-80 最大,黔 14-69 最小;百粒重 17.9~24.0 克,中黄 76 最大,黔 14-69 最小;完全粒率 78.7%~92.4%,安 1032 最高,中黄 76 最低。

(3)参试品种品质分析情况

由表 5 可知,参试品种蛋白质含量为 41.38%~47.1%,其中黔 14-69 最高,属高蛋白型品种,中黄 76 最低;脂肪含量为 17.47%~22.2%,中黄 76 最高,为高油型品种,黔 14-69 最

低;蛋白质和脂肪合计含量为 63%~64.58%,均超过 59.00%,符合参试品种品质要求。

表 5   2016 年贵州省大豆区试品种品质分析结果

编号	品种名称	粗蛋白(干基,%)	粗脂肪(干基,%)	蛋白质+脂肪(%)	备注
1	安 1032	44.3	18.7	63	
2	安 1270	44.57	18.68	63.25	
3	安 0965	45.91	18.67	64.58	高蛋白品种
4	黔 14-80	44.33	18.89	63.22	
5	黔 14-78	45.98	17.9	63.88	高蛋白品种
6	黔 14-69	47.1	17.47	64.57	高蛋白品种
7	中黄 76	41.38	22.2	63.58	高油型品种
8	黔豆 6 号(CK)	45.27	18.56	63.83	高蛋白品种

二、2015~2016 年参试品种区域试验结果

(一)产量结果

2015~2016 年参试的三个品种安 1032、黔 14-80 和中黄 76,对照品种为黔豆 6 号。安 1032 两年平均亩产为 183.70 千克,比两年对照(黔豆 6 号两年平均亩产 183.53 千克)增产 0.1%;黔 14-80 两年平均亩产为 204.88 千克,比两年对照(黔豆 6 号两年平均亩产 183.53 千克)增产 11.63%;中黄 76 两年平均亩产为 184.60 千克,比两年对照(黔豆 6 号两年平均亩产 183.53 千克)增产 0.59%。

(二)参试品系的主要生物学、经济和生育性状

(1)生育期

安 1032 两年平均生育期数 114.5 天,比对照黔豆 6 号(113.7 天)长 0.8 天;黔 14-80 两年平均生育期数 114.2 天,比对照黔豆 6 号(113.7 天)长 0.5 天;中黄 76 两年平均生育期数 121.5 天,比对照黔豆 6 号(113.7 天)长 7.8 天。

(2)抗逆性

抗病性:两年田间感 SMV 调查结果表明,安 1032、黔 14-80 和中黄 76 在各试点感 SMV 轻或不发病。

倒伏性:在两年试验中,除中黄 76 在盘州市试点 2016 年有轻度倒伏外,其他试点抗倒性均较好;安 1032 和黔 14-80 两年在各试点抗倒性好。

裂荚性:在两年试验中,三个品种抗裂荚性均较好。

落叶性:在两年试验中,三个品种在各试点落叶性均较好。

(3)产量相关性状

根据两年考种结果,安 1032 平均株高为 58.29 厘米,总荚数为 34.57,单株粒重为

11.46克,百粒重为21.18克;黔14-80平均株高为50.49厘米,总荚数为36.34,单株粒重为13.96克,百粒重为24.06克;中黄76平均株高为52.98厘米,总荚数为36.27,单株粒重为12.47克,百粒重为23.05克。

三、品系评价(表6至表17)

(一)完成两年区域试验品种

(1)安1032

该品种在贵州省区域试验中产量结果表现:2015年平均亩产174.54千克,较对照品种黔豆6号(CK,亩产173.98千克)增产0.32%,增产不显著,居参试品种第五位;2016年平均亩产192.87千克,较CK(亩产193.07千克)减产0.01%,减产未达显著水平,居参试品种第五位。两年平均亩产183.70千克,比CK增产0.10%。

该品种全生育期为114.5天,比对照品种黔豆6号(113.7天)长0.8天。白花棕毛,有限结荚习性,株型收敛。株高58.29厘米,底荚高度11.77厘米,主茎节数13.34个,分枝数2.54个,单株荚数34.57个,单株粒重11.46克,百粒重21.18克,完全粒率90.34%,紫、褐斑及其他粒率少。种皮黄色,种脐深褐色。田间植株抗倒伏性强,感SMV程度轻,成熟时不裂荚,落叶性好。

农业部谷物质量监督检验中心测定品质结果:2015年蛋白质含量44.15%,脂肪含量19.96%,蛋白+脂肪总含量为64.11%。2016年蛋白质含量44.3%,脂肪含量18.7%,蛋白+脂肪总含量为63.00%。两年平均蛋白质含量为44.22%,脂肪含量为19.33%,蛋白+脂肪总含量为63.56%。

该品种在两年区域试验中,表现全生育期比对照品种短,田间综合抗性好,百粒重较大,籽粒外观优,但是丰产性表现一般。

(2)黔14-80

该品种在贵州省区域试验中产量结果表现:2015年平均亩产195.67千克,较对照品种黔豆6号(CK,亩产173.98千克)增产12.47%,增产显著,居参试品种第一位;2016年平均亩产214.09千克,较CK(亩产193.07千克)增产4.08%,增产未达显著水平,居参试品种第二位。两年平均亩产204.88千克,比CK增产11.68%。

该品种全生育期为114.2天,比对照品种黔豆6号(113.7天)长0.5天。紫花棕毛,有限结荚习性,株型收敛。株高50.49厘米,底荚高度9.92厘米,主茎节数12.92个,分枝数1.93个,单株荚数36.34个,单株粒重13.96克,百粒重24.06克,完全粒率

85.07%,紫斑粒率较高为5.71%,褐斑及其他粒率少。种皮黄色,种脐褐色。田间植株抗倒伏性强,感SMV程度轻,成熟时不裂荚,落叶性好。

农业部谷物质量监督检验中心测定品质结果:2015年蛋白质含量43.2%,脂肪含量19.5%,蛋白+脂肪总含量为62.7%。2016年蛋白质含量44.33%,脂肪含量18.89%,蛋白+脂肪总含量为63.22%。两年平均蛋白质含量为43.76%,脂肪含量为19.20%,蛋白+脂肪总含量为62.96%。

该品种在两年区域试验中,表现全生育期比对照品种短,田间综合抗性好,百粒重较大,籽粒外观优,但丰产性表现一般。因两年试验产量均比对照增产且达到审定标准,建议进入生产试验。

(3)中黄76

该品种在贵州省区域试验中产量结果表现:2015年平均亩产162.73千克,较对照品种黔豆6号(CK,亩产173.98千克)减产6.74%,减产显著,居参试品种第八位;2016年平均亩产206.47千克,较CK(亩产193.07千克)增产2.47%,增产不显著,居参试品种第三位。两年平均亩产184.6千克,比CK增产0.59%,增产不显著。

该品种全生育期为121.5天,比对照品种黔豆6号(113.7天)长7.8天。紫花棕毛,有限结荚习性,株型收敛。株高52.98厘米,底荚高度9.47厘米,主茎节数11.58个,分枝数1.80个,单株荚数36.27个,单株粒重12.47克,百粒重23.05克,完全粒率79.87%,紫斑粒率较高为9.24%,其他粒率为5.48%,褐斑和虫食粒率少。种皮黄色,种脐褐色。田间植株抗倒伏性较好,感SMV程度轻,成熟时不裂荚,落叶性好。

农业部谷物质量监督检验中心测定品质结果:2015年蛋白质含量38.15%,脂肪含量24.06%,蛋白+脂肪总含量为62.21%。2016年蛋白质含量41.38%,脂肪含量22.2%,蛋白+脂肪总含量为63.58%。两年平均蛋白质含量为39.76%,脂肪含量为23.13%,蛋白+脂肪总含量为62.90%。

该品种在两年区域试验中,表现全生育期比对照品种长,田间综合抗性好,百粒重较大,籽粒外观优,但丰产性表现一般。因两年品质分析检测结果粗脂肪含量均大于21.0%,且平均含量≥21.5%,属于高油类型的优质品种,且2016年产量比对照增产,建议进入生产试验。

(4)黔豆6号

该品种在贵州省区域试验中产量结果表现:2015年平均亩产195.67千克,居参试品种第六位;2016 年平均亩产 214.09 千克,居参试品种第四位。两年平均亩产 183.53 千克。

该品种全生育期为 113.7 天。紫花棕毛,有限结荚习性,株型收敛。株高 46.56 厘米,底荚高度 8.42 厘米,主茎节数 12.20 个,分枝数 2.08 个,单株荚数 40.96 个,单株粒重 12.06 克,百粒重 18.25 克,完全粒率 85.17%,其他粒率较高为 6.25%,紫斑及褐斑粒率少。种皮黄色,种脐褐色。田间植株抗倒伏性强,感 SMV 程度轻,成熟时不裂荚,落叶性好。

农业部谷物质量监督检验中心测定品质结果:2015 年蛋白质含量 42.38%,脂肪含量 20.22%,蛋白+脂肪总含量为 62.60%。2016 年蛋白质含量 45.27%,脂肪含量 18.56%,蛋白+脂肪总含量为 63.83%。两年平均蛋白质含量为 43.83%,脂肪含量为 19.39%,蛋白+脂肪总含量为 63.22%。

该品种在两年区域试验中,丰产性和稳产性较好,田间综合抗性好,百粒重较小,籽粒外观优,作为我省区试的对照品种具有较好的代表性。

(二) 完成一年区域试验品种

(1) 安 1270

该品系 2016 年平均亩产为 214.30 千克,比对照品种黔豆 6 号(CK)增产 6.17%,增产显著,居参试品种第一位。

该品系全生育期为 117.6 天,紫花棕毛,有限结荚习性,株型收敛。株高 55.0 厘米,底荚高度 11.8 厘米,主茎节数 13.5 个,分枝数 2.0 个,单株荚数 43.8 个,单株粒重 13.2 克,百粒重 19.8 克,完全粒率 89.6%,其他各种粒率较少。田间植株抗性表现好,感大豆花叶病毒病较轻,不倒伏、不裂荚,落叶性好。

品质:经抽取贵阳试验点样品委托农业部谷物质量监督检验中心测定结果,蛋白质含 44.57%,脂肪含量 18.68%,蛋白+脂肪总含量为 63.25%。

该品种在试验中丰产性和稳产性表现较好,生育期适中,果荚数多,籽粒性状好,植株综合性状优,抗逆性较好。该品系产量比对照增产且蛋白质含量大于 44%,建议继续参加区域试验,同时进入生产试验。

(2) 安 0965

该品系 2016 年平均亩产为 191.62 千克,比对照品种黔豆 6 号(CK)增产 2.39%,增产不显著,居参试品种第六位。

该品系全生育期为 118.4 天,紫花棕毛,亚有限结荚习性,株型收敛。株高 57.2 厘米,底荚高度 10.9 厘米,主茎节数 13.4 个,分枝数 1.6 个,单株荚数 35.9 个,单株粒重

12.4克,百粒重22.5克,完全粒率88.2%,其他各种粒率较少。田间植株抗性表现好,感大豆花叶病毒病较轻,不倒伏、不裂荚,落叶性好。

品质:经抽取贵阳试验点样品委托农业部谷物质量监督检验中心测定结果,蛋白质含45.91%,脂肪含量18.67%,蛋白+脂肪总含量为64.58%。

该品种在试验中丰产性和稳产性表现一般,生育期适中,籽粒性状好,植株综合性状优,抗逆性较好。

（3）黔14-78

该品系2016年平均亩产为173.97千克,比对照品种黔豆6号(CK)减产3.98%,减产不显著,居参试品种第七位。

该品系全生育期为119.0天,紫花棕毛,有限结荚习性,株型收敛。株高71.0厘米,底荚高度12.3厘米,主茎节数13.7个,分枝数2.4个,单株荚数37.7个,单株粒重11.2克,百粒重20.9克,完全粒率90.0%,其他各种粒率较少。田间植株抗性表现好,感大豆花叶病毒病较轻,不倒伏、不裂荚,落叶性好。

品质:经抽取贵阳试验点样品委托农业部谷物质量监督检验中心测定结果,蛋白质含45.98%,脂肪含量17.9克,蛋白+脂肪总含量为63.88%。

该品种在试验中丰产性表现一般,稳产性表现较好,生育期适中,完全粒率高,籽粒性状好,植株综合性状优,抗逆性较好。

（4）黔14-69

该品系2016年平均亩产为166.01千克,比对照品种黔豆6号(CK)减产11.65%,增产显著,居参试品种第八位。

该品系全生育期为118.6天,白花棕毛,有限结荚习性,株型收敛。株高67.3厘米,底荚高度13.1厘米,主茎节数13.9个,分枝数2.5个,单株荚数36.7个,单株粒重11.1克,百粒重17.9克,完全粒率91.7%,其他各种粒率较少。田间植株抗性表现好,感大豆花叶病毒病较轻,不倒伏、不裂荚,落叶性好。

品质:经抽取贵阳试验点样品委托农业部谷物质量监督检验中心测定结果,蛋白质含47.1%,脂肪含量17.47%,蛋白+脂肪总含量为64.57%,为高蛋类型优质品种。

该品种在试验中丰产性较差,稳产性表现较好,生育期适中,籽粒较小,蛋白含量高,植株综合性状优,抗逆性较好。

表 6　2016 贵州大豆品种试验各试点小区产量原始结果

品种名称	试验地点	小区产量(千克)				亩产(千克)	比 CK(±%)	位次
		I	II	III	平均			
安1032	贵阳	2.71	3.31	3.15	3.06	223.55	-0.132	6
	毕节	3.3	3.1	3.35	3.25	237.69	3.83	5
	盘州市	2.69	2.47	2.08	2.41	176.26	0.096	4
	安顺	2.64	2.51	2.54	2.56	187.39	-4	5
	桐梓	1.96	2.04	1.72	1.91	139.45	0.1349	3
	平均值	2.66	2.686	2.568	2.638	192.868	-0.01422	4.6
安1270	贵阳	3.26	3.52	4.04	3.61	263.78	0.0241	2
	毕节	3.85	4	3.75	3.87	283.04	23.64	1
	盘州市	2.59	2.49	2.65	2.58	188.33	0.171	3
	安顺	2.82	2.85	2.9	2.86	208.83	6.99	2
	桐梓	1.8	1.86	1.57	1.74	127.5	0.0377	4
	平均值	2.864	2.944	2.982	2.932	214.296	6.17256	2.4
安0965	贵阳	2.41	3.39	2.87	2.89	211.24	-0.1798	7
	毕节	3.4	3.2	3.55	3.38	247.2	7.99	4
	盘州市	2.38	1.93	1.86	2.06	150.42	-0.0647	8
	安顺	2.73	2.8	2.8	2.78	202.98	4	3
	桐梓	1.98	2.09	1.93	2	146.27	0.1905	1
	平均值	2.58	2.682	2.602	2.622	191.622	2.3872	4.6
黔14-80	贵阳	3.85	3.78	3.45	3.59	270.16	0.0487	1
	毕节	3.35	3.5	3.6	3.48	254.51	11.17	3
	盘州市	2.74	2.77	2.38	2.63	192.13	0.1947	2
	安顺	2.85	2.93	2.94	2.91	212.49	8.86	1
	桐梓	1.87	1.94	1.98	1.93	141.15	0.1488	2
	平均值	2.932	2.984	2.87	2.708	214.088	4.08444	1.8

续表

品种名称	试验地点	小区产量（千克）				亩产（千克）	比 CK（±%）	位次
		Ⅰ	Ⅱ	Ⅲ	平均			
黔豆 14-78	贵阳	3.04	2.55	2.81	2.8	204.54	-0.2059	8
	毕节	2.85	2.6	2.9	2.78	203.32	-11.18	7
	盘州市	1.97	2.14	2.49	2.2	160.97	0.0009	5
	安顺	2.48	2.38	2.47	2.44	178.62	-8.49	7
	桐梓	1.79	1.58	1.65	1.67	122.38	-0.004	6
	平均值	2.426	2.25	2.464	2.378	173.966	-3.9758	6.6
黔豆 14-69	贵阳	3.76	3.33	3.1	3.39	248.17	-0.0364	5
	毕节	2.65	2.55	2.8	2.67	195.27	-14.7	8
	盘州市	2.01	2.12	2.23	2.12	154.8	-0.0374	7
	安顺	1.52	1.48	1.53	1.51	110.39	-43.45	8
	桐梓	1.71	1.62	1.65	1.66	121.41	-0.0119	7
	平均值	2.33	2.22	2.262	2.27	166.008	-11.6471	7
中黄 76	贵阳	3.68	3.1	3.84	3.54	258.78	0.0047	3
	毕节	3.55	3.85	3.6	3.67	268.41	17.25	2
	盘州市	3.03	2.05	3.03	2.7	197.59	0.2286	1
	安顺	2.48	2.56	2.56	2.53	185.19	-5.12	6
	桐梓	1.67	1.76	1.59	1.67	122.38	-0.004	6
	平均值	2.882	2.664	2.924	2.822	206.47	2.47186	3.6
黔豆 6 号（CK）	贵阳	3.63	3.63	3.31	3.52	257.56		4
	毕节	3.05	3.35	3	3.13	228.92		6
	盘州市	2.32	2.17	2.12	2.2	160.82		6
	安顺	2.56	2.7	2.75	2.67	195.19		4
	桐梓	1.75	1.74	1.55	1.68	122.87		5
	平均值	2.662	2.718	2.546	2.64	193.072		5

备注：

表 7 2016 贵州大豆区试品种产量结果分析

品种名称	比 CK(±%)	显著性水平		位次
		5%	1%	
安 1032	-0.01	b	ABC	5
安 1270	6.17	a	A	1
安 0965	2.39	b	BC	6
黔 14-80	4.08	a	A	2
黔 14-78	-3.98	c	CD	7
黔 14-69	-11.65	c	D	8
中黄 76	2.47	ab	AB	3
黔豆 6 号(CK)		b	ABC	4

表 8 安 1032 在各试点物候期及主要性状调查原始结果

试验地点	播种日期(月/日)	出苗日期(月/日)	开花日期(月/日)	成熟期(月/日)	生育日数(月/日)	株高(厘米)	底荚高(厘米)	主茎节数	分枝数	有效荚数	总荚数	每荚粒数	单株粒数	单株粒重(克)	百粒重(克)	倒伏程度	各种粒率(%)			
																	紫斑粒率	褐斑粒率	虫食粒率	其他粒率
毕节	4/13	4/28	7/2	8/24	133.0	78.3	12.9	17.1	4.0	70.6	74.5	1.9	131.8	18.9	20.5	0.0	0.0	0.6	1.5	0.6
贵阳	4/16	4/25	6/21	8/5	112.0	67.9	8.1	11.7	1.6	23.0	28.0	1.6	43.8	8.4	22.7	1.0	2.0	1.6	0.4	8.5
盘州市	4/13	4/21	7/1	8/5	116.0	62.9	15.3	14.6	3.0	29.6	33.2	1.8	52.2	13.5	25.8	0.0	0.4	1.0	1.0	0.0
安顺	4/27	5/5	6/19	8/9	104.0	70.4	15.6	12.2	3.1	30.1	31.7	1.9	60.4	13.6	22.5	0.0	0.2	1.1	0.4	2.6
桐梓	4/5	4/14	6/20	8/8	126.0	51.9	18.8	13.3	1.2	18.8	19.8	2.0	37.3	7.7	20.8	0.0	0.1	0.6	1.5	2.3
平均值					118.2	66.3	14.1	13.8	2.6	34.4	37.4	1.8	65.1	12.4	22.5	0.2	0.5	1.0	1.0	2.8

表 9　安 1270 在各试点物候期及主要性状调查原始结果

试验地点	播种日期(月/日)	出苗日期(月/日)	开花日期(月/日)	成熟期(月/日)	生育日数(日)	株高(厘米)	底荚高(厘米)	主茎节数	分枝数	有效荚数	总荚数	每荚粒数	单株粒数	单株粒重(克)	百粒重(克)	倒伏程度	各种粒率(%)			
																	紫斑粒率	褐斑粒率	虫食粒率	其他粒率
毕节	4/13	4/28	7/3	8/24	133.0	55.1	12.0	13.3	3.4	106.8	109.3	1.7	186.2	24.7	17.8	0.0	0.0	1.4	3.2	0.0
贵阳	4/16	4/25	6/22	8/3	110.0	50.9	6.5	11.4	1.4	24.1	31.2	1.7	52.3	9.3	18.7	1.0	0.0	9.9	4.0	6.3
盘州市	4/13	4/23	7/3	8/3	114.0	56.5	12.2	14.3	1.9	28.9	31.0	2.1	60.0	12.7	22.0	2.0	2.0	2.2	0.3	0.0
安顺	4/27	5/5	6/19	8/10	105.0	69.3	14.1	14.6	2.0	26.7	27.7	2.7	60.8	11.9	19.6	0.0	1.5	3.2	1.7	3.5
桐梓	4/5	4/14	6/20	8/8	126.0	43.2	14.0	13.7	1.1	18.4	20.0	1.9	35.0	7.4	21.2	0.0	0.0	1.7	0.9	1.0
平均值					117.6	55.0	11.8	13.5	2.0	41.0	43.8	2.0	78.9	13.2	19.8	0.6	0.7	3.7	2.0	2.2

表 10　安 0965 在各试点物候期及主要性状调查原始结果

试验地点	播种日期(月/日)	出苗日期(月/日)	开花日期(月/日)	成熟期(月/日)	生育日数(日)	株高(厘米)	底荚高(厘米)	主茎节数	分枝数	有效荚数	总荚数	每荚粒数	单株粒数	单株粒重(克)	百粒重(克)	倒伏程度	各种粒率(%)			
																	紫斑粒率	褐斑粒率	虫食粒率	其他粒率
毕节	4/13	4/28	6/30	8/24	133.0	58.1	12.6	13.9	2.4	79.5	82.8	1.7	137.7	21.4	24.3	0.0	3.5	1.6	3.8	0.0
贵阳	4/16	4/25	6/21	8/3	110.0	55.0	7.9	10.8	1.0	17.7	24.0	1.2	28.6	6.8	23.7	2.0	0.0	2.1	1.8	4.5
盘州市	4/13	4/21	6/26	8/1	112.0	56.8	11.6	14.3	0.5	18.4	19.3	2.0	60.0	12.1	20.9	0.0	2.8	3.1	0.3	0.4
安顺	4/27	5/5	6/17	8/16	111.0	65.5	8.3	13.9	2.9	28.4	30.5	1.8	55.7	12.7	22.7	0.0	1.1	2.1	0.8	2.2
桐梓	4/5	4/14	6/20	8/8	126.0	50.5	14.3	13.9	1.4	21.6	22.7	2.0	43.7	9.1	20.7	0.0	0.0	2.7	1.4	1.6
平均值					118.4	57.2	10.9	13.4	1.6	33.1	35.9	1.7	65.1	12.4	22.5	0.4	1.5	2.3	1.6	1.7

表 11 黔 14-80 在各试点物候期及主要性状调查原始结果

试验地点	播种日期(月/日)	出苗日期(月/日)	开花日期(月/日)	成熟期(月/日)	生育日数(月/日)	株高(厘米)	底荚高(厘米)	主茎节数	分枝数	有效荚数	总荚数	每荚粒数	单株粒数	单株粒重(克)	百粒重(克)	倒伏程度	紫斑粒率	褐斑粒率	虫食粒	其他粒率
毕节	4/13	4/30	7/1	8/27	136.0	50.5	7.0	13.9	4.9	86.8	90.1	1.7	147.6	23.1	24.2	0.0	4.6	3.2	2.6	0.0
贵阳	4/16	4/25	6/21	8/2	109.0	54.5	6.6	12.0	2.3	33.7	40.9	2.0	80.8	17.7	23.7	2.0	0.0	0.0	1.9	5.6
盘州市	4/13	4/21	6/29	8/3	114.0	53.8	12.8	14.8	1.7	31.6	34.5	2.1	65.0	17.4	26.3	1.0	8.3	1.9	0.8	0.0
安顺	4/27	5/6	6/17	8/16	111.0	74.8	13.2	13.4	1.9	28.1	29.3	2.0	58.2	13.8	23.7	0.0	4.2	2.3	0.9	7.9
桐梓	4/5	4/14	6/17	8/2	120.0	49.8	14.1	14.1	1.0	22.6	24.1	2.0	45.5	9.7	21.3	0.0	0.6	2.3	1.4	3.4
平均值					118.0	56.7	10.7	13.6	2.4	40.6	43.8	1.9	79.4	16.3	23.8	0.6	3.5	1.9	1.5	3.4

表 12 黔 14-78 在各试点物候期及主要性状调查原始结果

试验地点	播种日期(月/日)	出苗日期(月/日)	开花日期(月/日)	成熟期(月/日)	生育日数(月/日)	株高(厘米)	底荚高(厘米)	主茎节数	分枝数	有效荚数	总荚数	每荚粒数	单株粒数	单株粒重(克)	百粒重(克)	倒伏程度	紫斑粒率	褐斑粒率	虫食粒率	其他粒率
毕节	4/13	4/30	7/2	8/24	133.0	87.4	11.0	17.2	5.0	66.8	70.4	1.4	96.3	15.2	19.9	2.0	4.9	3.2	2.3	1.6
贵阳	4/16	4/25	6/22	8/6	113.0	66.3	6.5	13.1	1.7	26.2	34.6	1.4	47.6	9.2	20.4	3.0	0.2	7.9	0.4	1.4
盘州市	4/13	4/20	6/25	8/6	117.0	70.6	12.8	13.6	2.7	35.0	37.2	1.7	61.0	12.6	23.8	0.0	4.9	1.8	1.4	0.5
安顺	4/27	5/6	6/20	8/15	110.0	70.4	13.4	11.8	1.5	25.1	27.0	2.3	61.2	12.5	20.4	0.0	0.8	1.9	1.0	2.6
桐梓	4/5	4/14	6/19	8/4	122.0	60.4	17.6	13.0	1.1	17.6	19.1	1.9	32.8	6.6	20.1	1.0	0.1	1.1	2.1	2.3
平均值					119.0	71.0	12.3	13.7	2.4	34.1	37.7	1.7	59.8	11.2	20.9	1.2	2.2	3.2	1.4	1.7

表13　黔14-69在各试点物候期及主要性状调查原始结果

试验地点	播种日期(月/日)	出苗日期(月/日)	开花日期(月/日)	成熟期(月/日)	生育日数(天)	株高(厘米)	底荚高(厘米)	主茎节数	分枝数	有效荚数	总荚数	每荚粒数	单株粒数	单株粒重(克)	百粒重(克)	倒伏程度	紫斑粒率	褐斑粒率	虫食粒率	其他粒率
毕节	4/13	4/28	7/2	8/24	133.0	78.7	11.3	17.4	5.1	55.4	60.1	1.4	78.7	14.5	16.7	2.0	0.0	4.5	1.0	0.0
贵阳	4/16	4/25	6/22	8/5	112.0	67.2	8.6	11.9	1.7	26.2	31.3	1.5	47.4	9.1	17.5	2.0	2.1	0.0	1.2	6.5
盘州市	4/13	4/25	6/30	8/10	121.0	70.1	14.8	13.0	3.6	39.7	43.7	1.8	73.0	13.5	20.2	0.0	0.0	1.7	0.7	0.4
安顺	4/27	5/5	6/21	8/10	105.0	69.9	15.2	12.4	1.2	23.2	25.1	2.4	60.9	10.6	17.4	3.0	0.4	0.8	2.2	2.7
桐梓	4/5	4/14	6/19	8/4	122.0	50.5	15.8	14.7	1.1	22.3	23.3	2.0	44.3	7.8	17.6	0.0	0.2	2.1	2.1	4.0
平均值					118.6	67.3	13.1	13.9	2.5	33.4	36.7	1.8	60.9	11.1	17.9	1.4	0.5	1.8	1.4	2.7

表14　中黄76在各试点物候期及主要性状调查原始结果

试验地点	播种日期(月/日)	出苗日期(月/日)	开花日期(月/日)	成熟期(月/日)	生育日数(天)	株高(厘米)	底荚高(厘米)	主茎节数	分枝数	有效荚数	总荚数	每荚粒数	单株粒数	单株粒重(克)	百粒重(克)	倒伏程度	紫斑粒率	褐斑粒率	虫食粒率	其他粒率
毕节	4/13	4/28	7/4	9/6	146.0	62.8	8.8	11.8	4.0	91.0	94.8	1.8	164.7	24.0	28.3	0.0	14.6	7.0	0.0	0.0
贵阳	4/16	4/26	6/25	8/11	118.0	56.0	7.8	11.1	1.7	28.6	34.6	1.5	52.8	10.7	21.7	1.0	4.5	3.6	1.5	22.1
盘州市	4/13	4/23	7/4	8/23	134.0	65.6		13.2	0.7	30.1	31.5	1.1	66.6	15.7	24.7	3.0	17.3	7.1	2.6	0.0
安顺	4/27	5/5	6/16	8/16	111.0	64.2	12.0	11.6	1.8	28.8	31.0	1.7	51.9	12.3	23.7	0.0	8.5	1.3	0.8	4.0
桐梓	4/5	4/14	6/27	8/12	130.0	43.7	13.2	11.6	0.8	15.9	17.3	1.9	30.3	6.5	21.6	0.0	0.0	0.9	2.1	2.2
平均值					127.8	58.5	10.4	11.9	1.8	38.9	41.8	1.6	73.3	13.8	24.0	0.8	9.0	4.0	1.4	5.7

表15 黔豆6号各试点物候期及主要性状调查原始结果

试验地点	播种日期(月/日)	出苗日期(月/日)	开花日期(月/日)	成熟期(月/日)	生育日数(月/日)	株高(厘米)	底荚高(厘米)	主茎节数	分枝数	有效荚数	总荚数	每荚粒数	单株粒数	单株粒重(克)	百粒重(克)	倒伏程度	各种粒率(%)			
																	紫斑粒率	褐斑粒率	虫食粒率	其他粒率
毕节	4/13	4/30	7/2	8/24	133.0	49.4	6.6	11.4	3.8	88.0	89.8	1.4	120.8	18.0	18.3	0.0	3.3	4.1	1.1	0.0
贵阳	4/16	4/26	6/20	8/6	113.0	61.7	7.3	11.8	2.1	28.2	36.7	1.5	54.9	8.6	17.3	1.0	0.0	2.5	0.4	18.9
盘州市	4/13	4/23	7/2	8/5	116.0	50.0	8.0	13.1	0.5	33.8	36.8	2.2	75.0	14.8	21.9	0.0	3.4	1.0	1.6	0.0
安顺	4/27	5/6	6/19	8/15	110.0	66.8	12.6	13.3	1.7	27.3	28.9	2.1	61.9	11.0	17.8	0.0	0.5	2.0	1.8	9.0
桐梓	4/13	4/14	6/19	8/4	114.0	37.7	11.2	11.9	2.2	18.4	20.4	2.0	36.1	6.8	18.7	1.0	0.7	2.1	1.3	2.1
平均值					117.2	53.1	9.1	12.3	2.1	39.1	42.5	1.9	69.7	11.8	18.8	0.4	1.6	2.4	1.2	6.0

表16 2015～2016 年区域试验各试点小区产量原始结果

品种名称	年份	试验地点	小区产量（千克/100 平方米）				亩产（千克）	比 CK（±%）	增产点率（%）
			I	II	III	平均			
黔 14-80	2015	贵阳	2.63	2.7	2.66	2.66	195.06	27.07	
		桐梓	1.62	1.43	1.72	1.59	177.02	15.5	
		安顺	2.89	2.78	2.8	2.82	206.4	1.07	
		毕节	2.86	2.28	3.06	2.73	195.0	-2.5	
		盘州市	2.44	2.83	3.13	2.8	204.87	28.9	
		平均值	2.49	2.4	2.67	2.52	195.67	12.47	80
	2016	贵阳	3.85	3.78	3.45	2.59	270.16	4.89	
		毕节	3.35	3.5	3.6	3.48	254.51	11.18	
		盘州市	2.74	2.77	2.38	2.63	192.13	19.47	
		安顺	2.85	2.93	2.94	2.91	212.49	8.86	
		桐梓	1.87	1.94	1.98	1.93	141.15	14.88	
		平均值	2.93	2.98	2.87	2.71	214.09	10.89	100
		两年平均				2.61	204.88	11.63	
中黄 76	2015	贵阳	1.82	1.97	1.8	1.86	136.38	-11.15	
		桐梓	1.22	1.37	1.32	1.3	145.1	-5.3	
		安顺	2.71	2.8	2.72	2.74	200.6	-1.79	
		毕节	2.3	2.02	2.64	2.32	165.71	-17.15	
		盘州市	2.04	2.68	2.09	2.27	165.88	4.37	
		平均值	2.02	2.17	2.11	2.1	162.73	-6.47	20
	2016	贵阳	3.68	3.1	3.84	3.54	258.78	0.47	
		毕节	3.55	3.85	3.6	3.67	268.41	17.25	
		盘州市	3.03	2.05	3.03	2.7	197.59	22.86	
		安顺	2.48	2.56	2.56	2.53	185.19	-5.12	
		桐梓	1.67	1.76	1.59	1.67	122.38	-0.4	
		平均值	2.88	2.66	2.92	2.82	206.47	6.94	60
		两年平均				2.46	184.6	0.59	

续表

品种名称	年份	试验地点	小区产量(千克/100平方米)				亩产(千克)	比CK(±%)	增产点率(%)
			I	II	III	平均			
	2015	贵阳	1.92	2.12	2.25	2.1	153.5		
		桐梓	1.68	1.1	1.35	1.38	153.27		
		安顺	2.77	2.85	2.76	2.79	204.2		
		毕节	2.5	2.86	3.04	2.8	200.0		
		盘州市	1.9	2.38	2.24	2.17	158.94		
黔豆6号		平均值	2.15	2.26	2.33	2.25	173.98		
	2016	贵阳	3.63	3.63	3.31	3.52	257.56		
		毕节	3.05	3.35	3	3.13	228.92		
		盘州市	2.32	2.17	2.12	2.2	160.82		
		安顺	2.56	2.7	2.75	2.67	195.19		
		桐梓	1.75	1.74	1.55	1.68	122.87		
		平均值	2.66	2.72	2.55	2.64	193.07		
		两年平均				2.45	183.53		

表17 参试品系主要特征特性及农艺性状综合表现汇总（各品系参加2015年,2016年两年区域试验平均结果）

品种名称	试验年份	生育日数(天)	株高(厘米)	底荚高度(厘米)	主茎节数	分枝数	总荚数	批荚数	单株粒数	单株粒重(克)	百粒重(克)	各种粒率(%) 完好	紫斑	褐斑	虫食	其他	花色	茸毛色	结荚习性	生育习性	株型	种皮色	子叶色	种脐色
黔14-80	2015	110.4	44.3	9.1	12.2	1.5	28.9	2.0	50.7	11.6	24.3	82.8	7.9	1.9	2.7	4.7								
	2016	118.0	56.7	10.7	13.6	2.4	43.8	3.2	79.4	16.3	23.8	87.4	3.5	1.9	1.5	3.4	紫	灰	有限	直立	收敛	黄	黄	褐
	平均值	114.2	50.5	9.9	12.9	2.0	36.35	2.6	65.05	13.95	24.05	85.1	5.7	1.9	2.1	4.05								
中黄76	2015	115.2	47.5	8.5	11.3	1.8	30.7	4.8	48.2	11.1	22.1	81.0	9.5	1.8	2.4	5.3								
	2016	127.8	58.5	10.4	11.9	1.8	41.8	2.9	73.3	13.8	24.0	78.7	9.0	4.0	1.4	5.7	紫	灰	有限	直立	收敛	黄	黄	褐
	平均值	121.5	53	9.45	11.6	1.8	36.25	3.85	60.75	12.45	23.05	79.85	9.25	2.9	1.9	5.5								
黔豆6号(CK)	2015	110.2	40.0	7.7	12.1	2.1	39.4	2.1	71.6	12.3	17.7	84.4	3.5	2.2	3.4	6.5								
	2016	117.2	53.1	9.1	12.3	2.1	42.5	3.4	69.7	11.8	18.8	85.9	1.6	2.4	1.2	6.0	紫	棕	有限	直立	收敛	黄	黄	褐
	平均值	113.7	46.55	8.4	12.2	2.1	40.95	2.75	70.65	12.05	18.25	85.15	2.55	2.3	2.3	6.25								